普通高等教育“十二五”规划教材

工 业 分 析

龙彦辉　主　编

赖坤容　徐　岚
邱会东　陈立功　副主编

中国石化出版社

内 容 提 要

工业分析是分析化学在工业生产中的应用，有指导和促进生产的作用，是国民经济各部门不可缺少的一种专用技术，它集生产、管理、鉴定、评价于一身，被誉为工业生产的"眼睛"，在工业生产中起着"把关"的作用。

本书包括试样的采取和制备、硅酸盐分析、矿石分析、金属材料分析、煤分析、石油产品分析、日用化学品分析、肥料分析、农药及其残留分析、气体分析、水质分析、基本有机产品分析、其他精细化工品分析、工业生产中的在线分析技术等内容。

本书可作为高等院校教材，也可供科研单位、工矿企业分析人员学习参考。

图书在版编目(CIP)数据

工业分析／龙彦辉主编．—北京：中国石化出版社，2011.1(2021.8 重印)
普通高等教育"十二五"规划教材
ISBN 978-7-5114-0695-8

Ⅰ.①工… Ⅱ.①龙… Ⅲ.①工业分析 Ⅳ.①TB4

中国版本图书馆 CIP 数据核字(2010)第 259277 号

中国石化出版社出版发行

地址：北京市东城区安定门外大街 58 号
邮编：100011 电话：(010)57512500
发行部电话：(010)57512575
http://www.sinopec-press.com
E-mail：press@sinopec.com
北京富泰印刷有限责任公司印刷
全国各地新华书店经销

*

787×1092 毫米 16 开本 24.5 印张 599 千字
2021 年 8 月第 1 版第 5 次印刷
定价：58.00 元

前 言

工业分析是分析化学在工业生产中的应用，有指导和促进生产的作用，是国民经济各部门不可缺少的一种专用技术，被誉为工业生产的“眼睛”，在工业生产中起着“把关”的作用。工业分析的结果可用来评定原料质量、进行产品质量过程控制、检查工艺流程是否正常、环境是否受到污染等，从而做到合理组织生产，合理使用原料、燃料，及时发现、消除生产中的缺陷，减少废品，提高产品质量，保证工艺过程顺利进行和提高企业经济效益。工业分析在国民经济建设中有着重要的地位和作用，根据各高等院校、科研单位和生产企业的需要，结合多年教学、科研及生产实际所积累的经验，我们组织编写了《工业分析》一书。

本书主要涉及石油、天然气、煤炭、矿石、硅酸盐、钢铁、化工、农药、日用化学品、精细化学品、环境、进出口商检等行业和部门。

全书共分十五章，包括试样的采取和制备、硅酸盐分析、矿石分析、金属材料分析、煤分析、石油产品分析、日用化学品分析、肥料分析、农药及其残留分析、气体分析、水质分析、基本有机产品分析、其他精细化工品分析、工业生产中的在线分析技术。

本书可作为高等院校应用化学、工业分析、工业分析与检验、商检技术等专业的通用教材，也可作为科研单位、工矿企业分析工作者的参考书。

本书由龙彦辉(重庆科技学院，编写第一章、第四章、第五章、第八章、第九章)任主编，徐岚(西南大学，编写第八章、第十章、第十三章、第十四章)、赖坤容(长安大学，编写第二章、第三章、第十二章)、邱会东(重庆科技学院，编写第六章、第十一章、第十五章)、陈立功(解放军后勤工程学院，编写第七章)任副主编。全书由龙彦辉进行校改和统稿。

本书引用了国内一些专家、学者的著作、教材、文献资料，在此一并致以诚挚谢意。

本书的编写和出版得到了中国石化出版社的大力支持，在此也致以衷心的感谢！

由于编者水平有限，书中疏漏和不当之处，恳请读者批评指正。

编　者

目　录

第一章　绪　论

第一节　工业分析的任务和作用

工业分析是分析化学的一个重要组成部分，是分析化学在工业生产中的具体应用。它的任务是研究和测定工业生产的原材料、中间产品、产品、副产品以及生产过程中产生的各种废物(包括气体、液体和固体)的化学组成及其含量，以指导工业生产。基础分析化学以分析方法为系统，而工业分析以测定对象为系统，更具针对性和实用性。

工业分析的结果是评定工业生产中的原料和产品质量的依据，是对工业生产进行过程控制、维持工艺正常运行的依据，也是正确组织生产，合理使用原料、辅助材料，减少废品，提高产品质量的依据，还是控制生产过程对环境的影响、诊断疾病的主要依据。工业分析在工业生产中具有指导和优化过程的作用，称为工业生产上的“眼睛”

工业生产的行业性很强，产品种类繁多。因此，工业分析是综合应用各种基础分析化学的分析方法(包括化学分析和仪器分析)和物理性质进行测定，对生产过程的各项指标进行监控，确保生产的正常进行并保证产品的质量。

第二节　工业分析的特点

工业分析以各工业生产部门对生产过程的条件控制、产品质量的检测等为对象。由于生产的时间性、物料的复杂性、产品的多样性等，使工业分析具有以下特点：

(1) 分析对象量大、组成复杂，必须正确取样和制备样品，保证用于分析测定的样品有充分的代表性。

工业生产中原料、产品等的数量很大，往往以千吨或万吨计，而其组成又很不均匀，但在进行分析时却只能测定其中很小的一部分，因此，正确采取能够代表全部物料的平均组成的少量样品，是工业分析中的重要环节，是获得准确分析结果的先决条件。

(2) 由于物料的复杂性，必然带来溶(熔)样的艰巨性。由于多数分析操作是在溶液中进行的，因此，在工业分析中，应根据测定样品的性质，选择适当的方法来分解试样。既要使样品分解完全，又不能引入干扰物质或丢失被测组分。

(3) 在研究和选择工业分析方法时，必须考虑共存组分的影响，并且采取相应的措施消除其干扰。根据样品的具体情况，采用单一方法或多种分析方法进行分析测定。并根据生产实际的要求，确定分析测定结果的准确度和允许差。

(4) 工业分析的一个重要作用，是用来指导和控制生产的正常进行，因此，必须快速、准确地得到分析结果，在符合生产所要求的准确度的前提下，尽可能采用快速的测定方法，以适应生产过程的控制分析的需要。

第三节　工业分析的分析方法

工业分析的方法主要是采用国家技术监督局发布的国家标准(GB)和行业标准，如化工行业标准(HG)、石油天然气行业标准(SY)、石油化工行业标准(SH)、冶金行业标准(YJ)、轻工行业标准(QG)等。制定和采用标准方法是质量保证的重要措施。国际标准化组织(ISO)下设162个技术委员会(TC)，专门负责制定各种标准方法，ISO每年都颁布一些新的标准方法，每五年对已有的方法进行修改，但ISO标准不带强制性。国家技术监督局和各行业根据生产的发展和对产品质量的要求，每隔一段时间(一般四年一次)会发布新的标准来代替旧标准，并采用新研制成功的先进仪器代替旧仪器，以快速和准确的新方法代替旧方法，使得工业分析向着快、简、准的方向发展。各企业根据生产的需要，往往也制定适合本企业使用的方法，即企业标准，但必须得到有关部门的认准。企业标准的应用相当广泛，各生产部门可根据生产的需要和对分析测定准确度的不同，选择相应的标准。

在工业分析中，可以将分析方法分为仲裁分析法、常规分析法和快速分析法。

仲裁分析法是准确的方法，不受工作时间的限制。当对某一分析结果有争议时，则要求权威的分析测试部门采用仲裁分析法进行测定，以判断原分析测定结果是否准确。

常规分析法又称之为例行分析法，是分析实验室日常分析工作的方法。

快速分析方法主要用于生产关键控制过程的控制分析，要求迅速得到分析结果，一般对准确度则允许在符合生产要求的限度内适当降低要求。

过去，人们总认为仲裁分析法准确但太慢，而快速分析法又不太准确。随着科学技术的不断发展和进步，上述方法的差别已逐渐缩小，仲裁分析法和常规分析法也向快速和准确的方向发展。目前，已有许多既快又准的方法应用到生产的中间控制和产品质量的检测，大大提高了分析测定的质量和效率。

在国家标准、行业标准或企业标准中，一般对某一对象的分析会提供不止一种的测试方法，各使用部门可以根据本单位的实际情况，选择能开展工作的方法来使用。对于常量组分的测定，一般都采用化学分析方法，如质量分析法、滴定分析法和气体容量法等。而对于微量组分或痕量组分的测定则要采用仪器分析法，如光谱分析法、电化学分析法和色谱分析法等。

在选择分析方法时，首先必须了解被测组分是以常量或以微量的状态存在、试样组分的复杂性、干扰组分的性质和本单位所具备的条件等等。由于实际的样品一般都比较复杂，因此，必须全面考虑各方面的具体情况，再确定选择合适的测试方法。

第四节　工业分析过程的误差

标准分析方法都注有允许误差(工业分析的允许误差又叫公差)。

允许误差或允许差又叫公差，允许误差是指某一分析方法所允许的平行测定值间的绝对偏差。允许误差是根据特定的分析方法统计出来的，它仅反映本方法的精确度，而不适用于另一种方法。

一般工业分析只做两次平行测定，若两次平行测定的绝对偏差超出允许差，称为超差，则必须重新测定。

允许误差分类：室内允许差和室间允许差。

室内允许差：在同一实验室内，用同一种分析方法，对同一试样，独立地进行两次分析，所得两次分析结果之间在95%置信度下可允许的最大差值。如果两个分析结果之差的绝对值不超过相应的允许误差，则认为室内的分析精度达到了要求，可取两个分析结果的平均值报出；否则即为超差，认为其中至少有一个分析结果不准确。

例如，用氯化铵重量法测定水泥熟料中的二氧化硅含量。国家标准规定SiO_2允许差范围为0. 15%，若实际测得数值为23. 56%和23. 34%，其差值为0. 22%，必须重新测定。

如果再测得数据为23. 48%，与23. 56%的差值为0. 08%，小于允许误差，则测得数据有效，可以取其平均值23. 52%作为测定结果。

室间允许差：两个实验室，采用同一种分析方法，对同一试样各自独立地进行分析时，所得两个平均值之间在95%置信度下可允许的最大差值。两个结果的平均值之差符合允许差规定，则认为两个实验室的分析精度达到了要求；否则就叫做超差，认为其中至少有一个平均值不准确。

极差：是指按此方法进行多次测定所得的一系列数据中最大值与最小值的允许差即极差。

思考题及习题

1. 什么是工业分析？其任务和作用是什么？
2. 工业分析的特点是什么？工业分析的方法是什么？什么是允许差？
3. 酸量法测定碳酸氢铵的氮含量，标准规定允许差<0. 10%。实际测得数据为17. 16%和16. 92%，可否报告测定结果的平均值为17. 04%？如果再测得数据为17. 08%，则测得结果的平均值应为多少？

第二章　试样的采取、制备及分解

试样的采取、制备及分解是分析工作者首先面对的问题，由于工业生产和工业产品复杂性、多样性以及对分析结果要求的差异性，从而决定了试样的采取、制备及分解方法各有不同。

第一节　试样的采取

一、试样采取的重要性

按照规定的方法和使用适当的工具，采取一定数量的可以代表整批物料质量的一小部分供分析检测用的被检物质称之为样品。采集样品的过程称为采样或取样、抽样。工业分析的分析对象统称为工业物料，其成分往往比较复杂，干扰元素较多。此外，工业物料的数量很大(千克级、吨级、甚至万吨级)，而实际用于分析测定的物料却又只能是其中很小的一部分(克甚至毫克量)。因此，这很小的一部分物料必须能代表大宗物料，即具有代表性，和大宗物料有极为相近的平均组成。否则，即使分析工作十分精密、准确，其分析结果因不能代表原始的大宗物料，因而没有意义，甚至可能把生产引入歧途，造成严重的损失。

为了使样品具有代表性，常常需从大宗物料中规定若干采样点进行样点采集。在规定的采样点采集的规定量物料称为“子样”(小样或分样)，合并所有的“子样”便得到“原始平均试样”或称之为“送检样”。所采集的一个“原始平均试样”的物料总量，称为一个“分析化验单位”。

经前人研究得知，分析结果总的标准偏差 S_o 是与取样(含制样)的标准偏差 S_s 和分析操作(含分析方法本身)的标准偏差 S_a 有关，并且符合下述关系：

$$S_o^2 = S_s^2 + S_a^2 \tag{2-1}$$

由上可以看出，样本变异的方差分量与测量变异的方差分量具有同等重要性。然而，过去许多分析工作者主要着力于降低分析测量的不确定度，而忽视样本质量问题。W. J. Youden 曾指出，一旦分析的不确定度降低到样本不确定度的1/3或更低时，再进一步降低分析的不确定度就没有什么意义了。对于样品中待测组分呈不均匀的固体试样，这一点尤其突出。另外，样品中待测组分含量愈低，所采用的分析测定方法的灵敏度愈高，样本变异对分析结果的影响愈大。

二、采样误差

人们很早就注意到采样存在误差，并从不同对象和不同角度进行了各种研究。早在1928年，B. Baule 等就对固体样品的采样误差进行估计：

$$S_s = \left| \frac{\rho_2 q}{100\rho\sqrt{m}} \sqrt{a^3 w(100\rho_1 - w\rho)} \right| \times 100\% \tag{2-2}$$

式中　S_s——取样的标准偏差；

w——混合物的矿石含量；

ρ_1——矿石的密度；

q——矿石中的金属含量；

ρ_2——矿渣的密度；

m——样品质量；

ρ——混合物的密度；

a——颗粒的边长。

可见，矿石特性、样品粒度与质量及待测组分含量对取样误差有明显的影响。

N. H. 普拉克辛根据误差理论，在把各项偏差代入平均偏差的基本公式之后，得出取样误差的计算公式为：

$$y=\frac{0.6745}{\sqrt{n-1}}\sqrt{x(x-1)} \tag{2-3}$$

式中 y——取样体积误差；

n——样品的颗粒数；

x——物料中所测组分体积含量的近似值。

可以看出，取样误差与样品的颗粒数及组分的含量密切相关。

三、采样量

在充分保证样品具有代表性的前提下，采样量愈少，制样的工作量也愈小。但采样量太少则不能保证其具有代表性。能代表研究对象整体的样品最小量，称为样品最低可靠质量。

样品的粒度和取样量的多少可由采制者所控制。因此，根据试样粒度的大小，确定采集试样的最小质量，以及确定制样程序和最后分析样品的粒度，就成为取样理论的基本问题之一。

早在1908年理查德(RichardsR.)就提出了根据试样质量确定试样颗粒极限度的“理查表”。之后，苏联学者P. O. 切乔特根据理查表中的数据，于1932年提出适合最小样品质量与颗粒大小关系的理查–切乔特公式：

$$Q=kd^2 \tag{2-4}$$

式中 Q——最小样品质量(或称为样品最低可靠质量)，kg；

d——最大颗粒直径，mm；

k——与试样密度等有关的矿石特性系数。

捷蒙德和哈尔费尔达里在进行一系列研究之后，提出了比理查–切乔特公式较为完善的计算公式：

$$Q=kd^a \tag{2-5}$$

式中，Q、k、d 含义与理查–切乔特公式相同，a 为随矿石类型和粒度而变化的一个系数且 $a<3$。但是，他们认为用数学方法难以解决试样质量问题，而必须用实验方法来确定。而且，为了简化计算，长期以来，国内外工业分析工作者仍广泛采用理查–切乔特公式。

例：采取一矿石样品，若颗粒的最大直径为8mm，k 值取0.5，则最低采样试样量为：

$$Q=kd^2=0.5\times8^2=32(\text{kg})$$

即对于最大颗粒直径为8mm，k 值取0.5的矿石样品，采样的最低质量为32kg，若低于此量，则所采样品就失去了代表性。

理查-切乔特公式 k 值的确定一般都是用实验的方法，有关部门经实验确定的各类岩石矿物的 k 值见表 2-1。

表 2-1　各类岩石矿物的 k 的参考值

矿石种类	k 值	矿石种类	k 值
铁矿（接触交代沉积）	0.1~0.2	脉金（d<0.6mm）	0.4
铁矿（风化型）	0.2	脉金（d>0.6mm）	0.8~1.0
铜矿	0.1~0.2	镍矿（硫化物）	0.2~0.5
锰矿	0.1~0.2	镍矿（硅酸盐）	0.1~0.3
铬矿	0.2~0.3	钼矿	0.1~0.5
铅矿	0.2~0.3	锑矿、汞矿	0.1~0.2
铅矿、钨矿	0.2	铀矿	0.5~1.0
铝土矿	0.1~0.3	磷灰石	0.1~0.15
脉金（d<0.5mm）	0.2		

四、采样单元

从统计学的观点出发，为了获得具有代表性的试样，最重要的是考虑应选取多少个采样单元，而不是应取多少质量试样的问题。一般来说，采样单元数越多，即子样数多，采样误差就越小。但采样单元数多了，给采样、制样以及测定都可能带来麻烦。

采样单元的多少，取决于物料的均匀性和采样准确度的要求。物料越不均匀或要求采样误差愈小，则采样单元数就愈多。早在 20 世纪 30 年代，T.A. 克拉克就指出，采样的平均误差随采样时份样数的增加而急剧下降，并提出了矿石物料采样时份样数（即采样单元数）的计算公式：

$$n=\left(\frac{r}{mR}\right)^2 \qquad (2-6)$$

式中　n——采样单元数（份样数）；

r——份样的或然误差；

m——系数值，它随取样的可靠程度而变；

R——总样的或然误差。

取样单元是根据对分析结果的置信水平要求来确定的，克拉克公式有些不甚明确。后来人们在进一步研究中提出了一些较为完善的采样单元数估计公式：

$$n=\left(\frac{tS_s}{RX}\right)^2 \qquad (2-7)$$

式中　n——采样单元数（份样数）；

t——给定置信水平的概率系数值（查 t 值表）；

S_s——采样方差；

R——分析结果的相对误差；

X——分析结果的均值。

五、采样方式

为了获得具有代表性的试样，不仅要考虑采样单元，而且还要考虑采样方式。

采样方式有随机采样、系统采样、分层采样和二步取样等规则采样方式。在实际工作中还将随机采样与规则采样结合起来应用。

随机采样又称概率采样，适用于组成、含量较均匀的物料。其基本原理是物料总体中每份被取样的概率相等。将取样对象的全体划分成不同编号的部分，应用随机数表进行采样。

分层采样，当物料总体中有明显的不同组成时，将物料分成几个层次，按层数大小成比例地取样。分层时，层间物料组成可以有较明显的差别，但层内物料应是均匀的。

系统采样，指按已知的变化规律取样。例如：按时间间隔或物料量的间隔采用二步采样，将物料分为几个部分，首先用随机采样的方式从物料堆中取出若干个一次取样单元，然后再分别从各个单元中取出几个试样。

因此，一个成功的采样，从统计学上应满足以下要求：

① 样本均值应能保证总体均值的无偏估计。一般说来，随机采样是保证这种无偏估计的基本方法；

② 样本分析结果能提供总体方差的无偏估计。例如，系统采样，能够提供分析对象有关参量随时间的变化等；

③ 在给定的时间和人力消耗下，采样方法应将随机取样与规则取样巧妙地结合，能收到良好的效果。

[例 1] 把 8 筒粉末样品每瓶按上、中、下三部分各 100 层构成，每层样品分装到 400 小瓶中，则可装成 960000 小瓶。若随机抽取 1%的样本，则需要分析 9600 瓶。而考虑到 8 个筒之间的差异要比一筒内差异大；而一筒内的差异是由于粉末状物的密度、粒度不完全一致所造成的，从一筒的上、中、下部位取样，能充分反映筒内的不均匀性。对筒内的每一层来说是均匀的，任取一瓶均可代表本层，而在 100 层中随机抽 5%，这样既充分保证其代表性，还可减少取份样数：

$$5\times3\times8=120$$

即分析 120 瓶就可以了。

六、采样方法

工业分析物料由于其赋存状态的不同，因而采样方法也是不同的。下面分别介绍。

1. 固体物料的采样

固体物料可以是各种坚硬的金属物料、矿物原料、天然成品等，也可以是各种颗粒状、膏状的工业产品、半成品等。

各种金属材料，虽然经过熔融、冶炼处理，组成比较均匀，但在冷却、凝固过程中，由于纯组分常常在物体表面先凝固，杂质向内部移动，物体内部后凝固，其杂质含量较高。铸件越大，这种不均匀现象越严重。因此，不能从物体表面取试样，也不应从物体的不同部位钻取部分试样，而是应使钻孔穿过整个物体或物体的一半，收集钻屑作为试样。

矿物原料如矿石、煤炭等，常常露天堆放，这些物料一般来讲分布是不均匀的(粒度、组分等)。在堆放过程中往往发生“分层”现象，使得物料更加不均匀。因而从堆好的物料堆中采取试样时，应从物料的不同部位、不同深度分别采取试样。但是，在实际操作时不可能扒开物料堆进行取样，这会破坏物料的贮存条件，促使空气流通，引起物料组分发生变化。如果贮存的是燃料，甚至可能引起自燃。因此，在堆积的物料中取出代表性的试样是较为困难的。一般用相互垂直的线将物料堆分成若干区域(单元)，用锹或铲以深 0.5~0.7m 处各

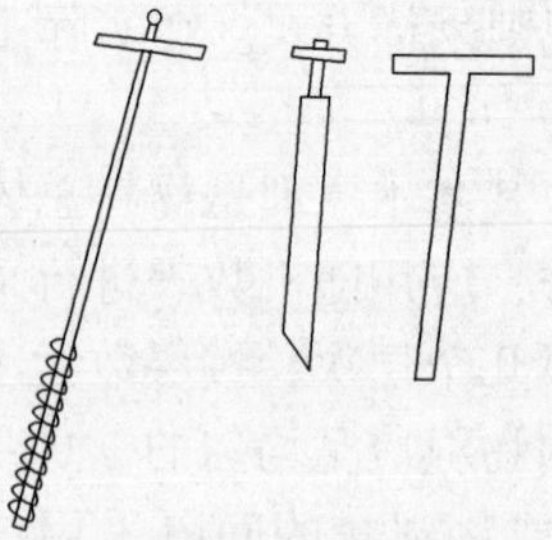

图 2-1　几种不同形式的采样器

取一份作为试样。

在运输皮带上取样较为容易，只要间隔一定时间采取一份试样即可。但取样时必须从皮带全宽上取得，因为在输送过程中也会发生“分层”现象。

如果物料是桶、袋、箱、捆等形式，首先应从一批包装中确定若干件，然后用适当的取样器从每件中取出若干份。这类取样器一般都可以插入各种包装的底部，以便从不同深度采取试样，如图 2-1。

2. 液体物料的采样

液体物料的组成一般是比较均匀的，采样也比较容易，采样数量可以较少。但是采样时也要考虑可能存在的任何不均匀性。在采样时主要注意以下两点：

① 采样容器和采样用的管道必须清洁，在取样前应用被采取的物料冲洗。

② 在取样过程中要避免物料组分发生任何变化。

此外，取得的试样应保存在密闭的容器中。如果试样见光有可能发生变化，则应贮存在棕色瓶中。同时，还应注意试样的贮存温度、时间等因素。

3. 气体物料的采样

由于气体分子的扩散作用，物料组分都较为均匀，因而要取得具有代表性的气体试样，主要考虑取样时如何防止杂质的混入。气体取样装置主要由取样探头、试样导出管和贮样器组成，有时还需要备有流量计和抽气装置。最简单的气体取样装置是医用注射器。

七、不同工业物料的采样示例

1. 固态物料的采样

工业分析中所面临的原材料分析、生产工艺过程控制分析、产品质量检定的采样方法大多都有国家或行业标准。尚无国家或行业标准的，要根据采样理论和行业生产实际，制行业标准。不同行业、不同工厂的不同对象的采样方法大同小异。

(1) 物料堆中采样

以商品煤采样方法为例，从商品煤堆中采样时，子样数目按表 2-2 及表 2-3 规定计算确定。然后，根据煤堆的不同形状，将子样数目均匀地分布在顶、腰、底的部位上。底部应距地面 0.5m。顶部采样时，先除去表层 0.1m，沿和煤堆表面垂直方向挖深度 0.3m 的坑，在坑底部取样 5kg，最后将所取子样合并作为一个化验单位的采样量。

表 2-2　灰分小于 20%的商品煤应取子样数

批量(K_t)	≤1	1~2	1~2	3~4	4~5	5~6	6~7	7~8	8~9	9~10
应采子样数目/个	40	55	75	80	90	100	105	110	120	130

表 2-3　灰分大于 20%的商品煤应取子样数

批量(K_t)	≤1	1~2	1~2	3~4	4~5	5~6	6~7	7~8	8~9	9~10
应采子样数目/个	80	110	140	160	180	200	210	230	240	250

工业生产中散装的固体原料、材料产品，可按类似的方法取样。其子样数目可按有关规程确定。对于袋(或桶)装的工业产品，每一袋(或桶)为一件。多少件为一个化验单位，视

不同产品而定。例如，对于袋装化学肥料，通常规定为：

50件以内，　　抽取5件；

51~100件，　　每增10件，加取1件；

101~500件，　　每增50件，加取2件；

501~1000件，　　每增100件，加取2件；

1001~5000件，每增100件，加取1件。

若某批化学肥料为2000件，则应抽取的件数为：

$$5+5\times1+8\times2+5\times2+10\times1=46\text{ 件}$$

然后根据各物料堆的取样件数，利用取样钻由包装袋的一角斜插入袋内（或桶中），直达相对的另一角，旋转180°后，抽出，刮出取样钻槽中物料，作为一个子样。

（2）物料流中采样

由运输皮带、链板运输机等物料流中采样时，大都是使用机械化的自动采样器，定时、定量连续采取。对确定好子样数目的物料流，根据其流量的大小及有效流过时间，均匀地分布采样时间，调整采样器工作条件，一次横截物料流的断面采取一个子样。也可以分两次或三次采取一个子样，但必须按左右或左、中、右的顺序进行，采样的部位不得交错重复，在横截皮带运输机采样时，采样器必须紧贴皮带，不允许悬空铲取样品。

2. *液态物料的采样*

液态物料一般比固态物料均匀。因此较易于采取平均试样。通常是对于静止的液体，在不同部位采取子样；对于流动的液体，则在不同时间采取子样，然后混合成平均试样。

（1）自大贮存容器中采样

自大贮存容器中采样，一般是在容器上部距液面200mm处采子样1个，在中部采子样3个，在下部采子样1个。采样工具可以使用装在金属架上的玻璃瓶。但是，最好使用特制的采样器。例如，图2-2为液态石油产品采样器。

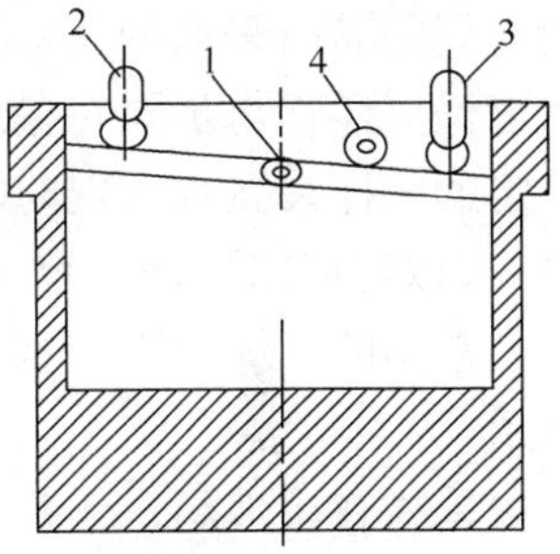

图2-2　液态石油产品采样器

1—轴；2，3—挂钩；4—套环

液态石油产品采样器是一支高156mm、内径126mm、底51mm、壁厚8~10mm的金属圆筒。有固定在轴1上和筒的内径完全吻合，并能沿轴翻转90°的盖。盖上面有两个挂钩，挂钩3上装有链条，用以升降采样器；挂钩2上也装有链条，用以控制盖的开闭，盖上还有一个套环，用以固定钢卷尺。

采样时，装好钢卷尺，放松挂钩2上的链条。借挂钩3上的链条将采样器缓缓沉入贮存器中，并由钢卷尺观测沉入的深度。然后放松链条3，拉紧链条2打开盖，则样品进入采样器，同时有气泡冒出，当停止冒泡时，表明采样器已盛满。放松链条2，借链条3提出采样器，由此采得一个子样，倾于样品瓶中。

对于有腐蚀性的物料，应使用不受物料腐蚀的采样工具。一般可以用玻璃瓶或陶瓷瓶。

由不太深的贮存容器中采样时，可以使用直径约20mm的长管，插至容器底部后，塞紧管的上口，抽出采样管，转移样品于样品瓶中。

（2）自小贮存容器中采样

自小贮存容器中采样的工具多用直径约20mm的长玻璃管或虹吸管，按一般方法采取子样的件数，一般规定为总件数的2%~5%，但不得少于2件。

(3) 自槽车中采样

自槽车中采样的份数及体积，根据槽车的大小及每批的车数确定。通常是每车采样一份，每份不少于500mL。但是当车数多时，也可以抽车采样。抽车采样规定，总车数多于10车时，抽车数不得少于5车。

(4) 自输送管道中采样

对于输送管道中流动的液态物料，用装在输送管道上的采样阀(图2-3)采样。阀上有几个一端弯成直角的细管，以便于采取管道中不同部位的液流。根据分析的目的，按有关规程，每隔一定时间，打开阀门，最初流出的液体弃去，然后采样。采样量按规定或实际需要确定。

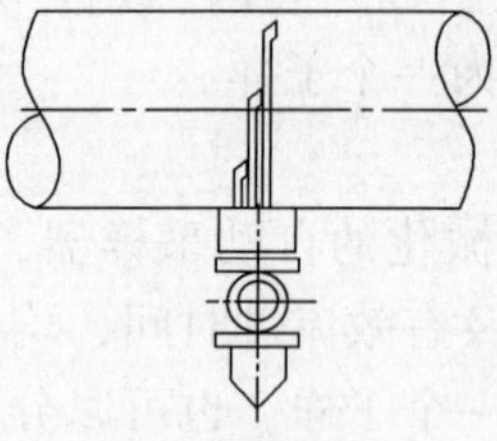

图2-3 采样阀

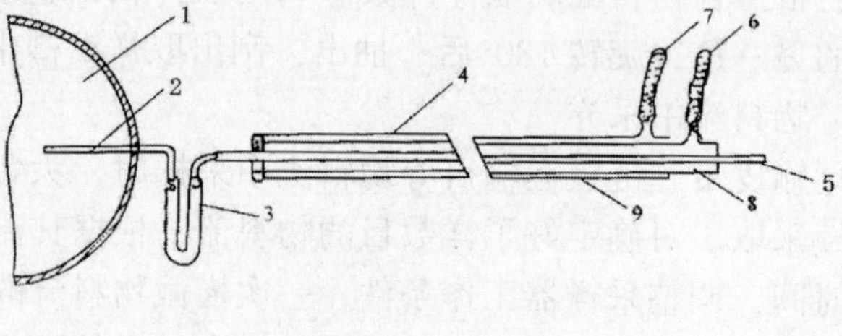

图2-4 气体采样装置

1—气体管道；2—采样管；3—过滤器；4—冷却器；5—导气管；6—冷却水入口；7—冷却水出口；8，9—冷却管

3. 气态物料的采样

气态物料的采样，根据不同情况和分析项目，用不同方式采取不同形式的样品。在一定的时间间隔内采取的气体样品，称为定期试样；在生产设备的一定部位采取的气体样品，称为定位试样；自不同对象或同一对象的不同时间内采取的混合气体样品，称为混合试样；用一定的采样装置在一定时间范围内采取的气体样品，或者一个生产循环中(或一个生产周期内)采取的可以代表一个过程(或循环)的气体样品，称为平均试样。

常用的气体采样装置一般由采样管、过滤管、冷却器及气样容器等四部分组成，图2-4所示。

采样管用玻璃、陶瓷或金属制成，可根据需要选用。过滤管内装有玻璃丝，用于除去气体中可能含有的机械杂质。对于被采气体温度高于200℃时，须使用冷却器。气样容器视气体条件和分析要求而定。有时可以将采样管直接和气体分析仪器连接。

自气体管道中采样时，可以将采样管插入管道的采样点部位至管道直径的1/3处，用橡皮管和气样容器连接。自气体容器中采取静止的气态物料时，可以将采样管安装在气体容器的一定部位上，用橡皮管和气样容器连接。

工业生产中的气体通常有常压(等于大气压或低正压及低负压)、正压及负压等三种状态。对于不同状态的气体，应该用不同方法采样。

(1) 常压状态气体的采样

采取常压状态气体样品，通常使用封闭液采样法。如果采气样的量较大，可以选取用图2-5所示的采样瓶。如果采取气样量较小时，可以选用图2-6所示的采样管。

(2) 正压状态气体的采样

气体压力远远高于大气压力的为正压气体。正压气体的采样装置简单，可以采用上述常用气体采样工具进行。气体容器也可以采用橡皮气囊。如果气压过大，则应注意调节采样管旋塞或在采样装置与气样容器之间加装缓冲瓶。

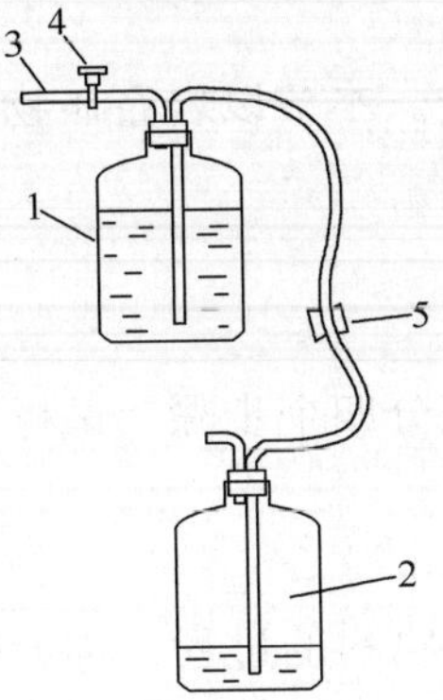

图 2-5　采样瓶

1—气样瓶；2—封闭液瓶；3—橡皮管；4—旋塞；5—弹簧夹

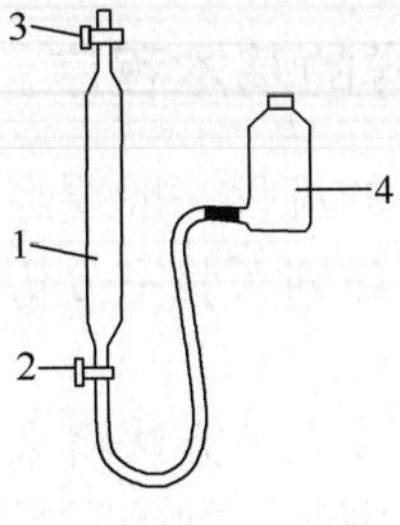

图 2-6　气样管

1—气样管；2，3—旋塞；4—封闭液

(3) 负压状态气体的采样

气体压力远远低于大气压力的为负压气体。当负压不太高时，可以用抽气泵减压法采样。抽气泵减压法所用抽气泵，可用如图 2-7 所示的流水真空泵，也可以用机械真空泵；若气体负压过高，则气样容器应使用如图 2-8 所示抽空容器。抽空容器一般是 0.5~3L 容积的厚壁、优质玻璃瓶或管。瓶或管上有旋塞。采样前将其抽至内压 8~13kPa。

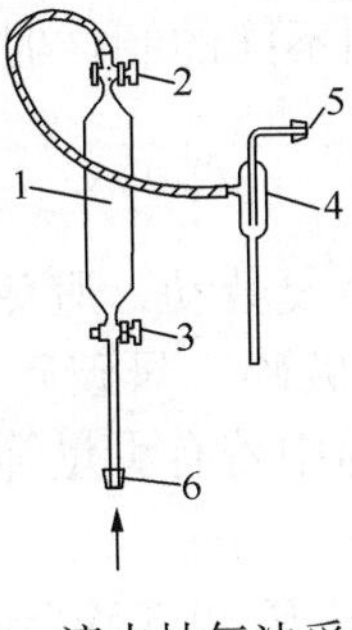

图 2-7　流水抽气法采样装置

1—气样管；2，3—旋塞；4—流水真空泵；5，6—橡皮筏

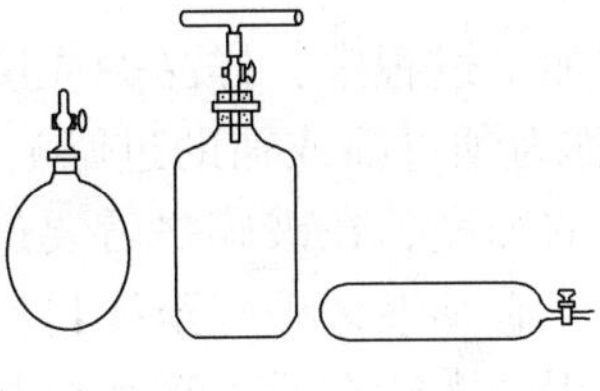

图 2-8　负压采样抽空容器

第二节　试样的制备

固态分析试样的获得包括采集和制备两个过程。将状态处于可以开始用化学或物理方法进行分析的物料称为分析试样，而把从母体物料中采集的具有代表性的平均试样，称为送检试样。因此试样的采集就是获得送检试样的过程。而用送检试样制备成为分析试样的过程就是样品制备过程或称为样品加工或样品缩制。

样品制备的目的是根据各种不同样品、不同分析项目及不同分析方法的不同要求，将数量较大(如数千克或数十千克)、粒度较大的送检样加工成满足实验室分析要求的分析试样。送检样经过制样，其数量缩减到几百克，组成均匀(能代表原始样品)，粒度细(易于分解)。制样应充分保证分析试样的真实性。真实性包含两个含义：一要保证送到分析者手中的数百克或数十克，甚至更少的分析试样有充分的代表性，即它能真正代表用来加工的原始平均试样；二要保证分析者得到的分析试样有高度的均匀性，即使称取数毫克用于测定时也能代表分析试样及送检样，亦能真正代表所取的大宗物料的真实情况。同时，样品的制备能否以最经济、最有效的方法进行，也是极其重要的。

固体试样有多种，大体可分为金属及非金属两大类。本节以岩石矿物试样为例，介绍岩石、矿物、土壤等非金属试样的制备方法。

一、制样的基本程序

试样制备的流程一般要经过破碎、过筛、混匀和缩分四个步骤。试样制备的四个步骤反复进行，直至达到实验室分析试样要求为止。

1. 破碎

通过机械或人工方法将大块的物料分散成一定细度物料的过程，称为破碎。试样的破碎过程有粗碎、中碎、细碎和粉碎。根据分析项目的不同要求，使用不同的设备和方法破碎至不同的粒度。

① 粗碎　若样品粒度过大，先用大锤在铁板上碎至其最大颗粒直径 $d<50$mm，然后用颚式破碎机将 $d<50$mm 的样品碎至 $d<4$mm。

② 中碎　用磨盘式破碎机或对辊式破碎机将粗碎后的样品碎压 $d<0.920$mm（通过 20 目筛）。

③ 细碎　用磨盘式碎样机将中碎样品碎至 $d<0.196$mm（通过 80 目筛）。

④ 粉碎　由球（棒）磨机或密封式化验碎样机完成，最终样品粒度 $d<0.080$mm（通过 180 目筛）。用球（棒）磨机或密封式碎样机粉碎样品时，控制不同的制样时间，可得到不同细度的样品。

2. 过筛

试样加工过程中，样品的粒度变化很大。为了减少重复劳动，避免浪费，在破碎之前先行过筛（称为预过筛或辅助过筛）。对于筛下部分可不必破碎，只破碎筛上部分。为了保证样品加工的细度，在破碎之后要进行检查过筛。检查过筛中若有少量筛上部分，不能强制过筛或抛弃，必须继续破碎至能自然通过为止。

粗碎用的大筛有手工筛和机械筛，筛孔直径 4mm。中碎和细碎常用成套的孔径不同的金属网筛，称为套筛。我国采用十级套筛，筛号也称为目级。目是筛子孔径大小的量度。目数是指每英寸（25.4mm）长度内金属网线数（即筛孔数—目数）。由于各国所用的金属网线的截面积不尽一致，故不同标准的套筛，在同一目值时，筛孔孔径大小有所不同。表 2-4 给出我国沈阳套筛与泰勒标准套筛的目与孔径的关系。

表 2-4　不同套筛目与孔径对比

沈阳套筛		泰勒标准筛		沈阳套筛		泰勒标准筛	
筛号（目数）	筛孔直径/mm	筛号（目数）	筛孔直径/mm	筛号（目数）	筛孔直径/mm	筛号（目数）	筛孔直径/mm
20	0.920	20	0.835	100	0.152	100	0.147
—	—	35	0.417	120	0.121	120	0.125
40	0.442	40	0.425	140	0.101	140	0.106
—	0.272	48	0.295	160	0.088	170	0.090
60	—	60	0.250	180	0.080	200	0.074
—	—	70	0.212	200	0.065	270	0.053
80	0.196	80	0.180	—	—	400	0.038

3. 混匀

对一个不均匀的固体试样来说，其中所含的不同组分，由于其物理、化学性质不同，分布也可能不均匀，在破碎前后若要缩分，则必须先进行混匀。混匀的方法有数种。

① 圆锥法：将破碎至一定粒度的试样，用铁铲在钢板(或橡皮垫)上堆成一个圆锥。然后，围绕试料堆，由圆锥体底部一铲一铲地将试样铲起，在距圆锥一定距离的部位堆起另一个圆锥体，如此反复三次以上。

② 环锥法：如上法将试样堆锥，然后压锥顶使之成圆饼，从里向外将试样铲起，堆成圆环状，如此反复2~3次。

③ 掀角法(或称翻滚法)：将样品平展于正方形光滑橡皮垫上，交叉提起每对对角后再展开样品，如此反复10次左右。

④ 机械混匀法：球(棒)磨机在磨细的过程中，本身就是一种很好的混匀。另外还可以用机械分样器(图2-9)或其他特制的混样器混匀。

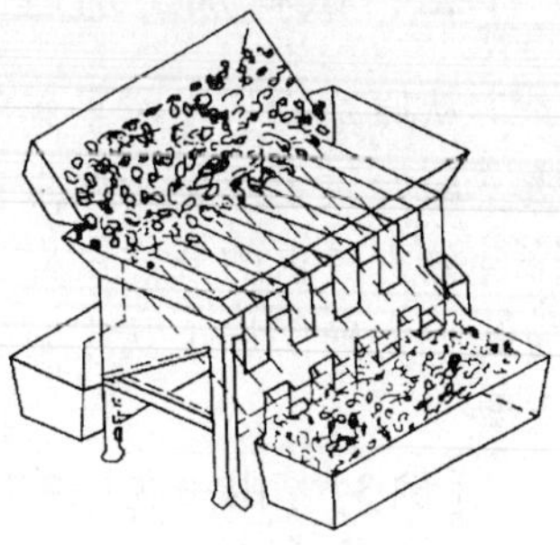

图2-9 格槽分样器

4. 缩分

制样过程中的缩分，其目的在于在不改变试样的平均组成的情况下缩小试样量，这可以大大减少制样的工作量，提高工作效率。

缩分的依据是理查-切乔特公式：

若制样某一阶段时其粒度为 d，质量为 Q'，则依缩分公式得到：

$$Q'/kd^2=n \qquad (2-8)$$

当 $n<1$ 时，一般开始阶段才会出现，说明送检样数量不足，应重新取样或与送检单位商议决定；

当 $1\leqslant n<2$ 时，应先破碎，后缩分；

当 $n\geqslant 2$ 时，可以先混匀、缩分，再取部分进行破碎。若以每次缩减一半而论，则缩分次数 m 可按下式计算：

$$n=2^m \qquad (2-9)$$

将式(2-9)代入式(2-10)中，可求出缩分公式。

$$m=\frac{\lg(Q\text{采样})-\lg(Q\text{缩分})}{\lg 2} \qquad (2-10)$$

m 值若为小数，不能进位，例 $m=2.8$，只能缩分2次。

缩分方法常用四分法和方形法：

① 四分法：将已混匀的样品压展成平坦的正方形或圆形，用十字形分样铲或双对角线将样品分隔成四等分，取对角两部分，使样品量缩减1/2。

② 方形法(或称棋盘法)：将样品摊成一定厚度的均匀薄层。然后，以用铁皮做成的、有若干个长宽各为25~30mm的格板将样品薄层分剖成若干个小方块。再用平底小方铲每隔一个小方块铲出一个小方块，合并，使样品缩至1/2。

[例2] 有一矿样质量为2kg，已全部通过20目筛，求需要缩分出有代表性的样品最小质量，至多缩分多少次(K 取0.2)？

解：通过20目筛的矿样最大颗粒直径 d 由表2-4中的泰勒标准筛查得0.835，应保留样品的最小质量为：

$$Q(\text{缩分})=kd^2=0.2\times0.835^2=0.139(\text{kg})$$

缩分次数 m 为：

$$m=\frac{\lg(Q\text{采样})-\lg(Q\text{缩分})}{\lg 2}=\frac{\lg 2-\lg 0.139}{\lg 2}=3.8$$

计算结果说明保留试样的最小质量为0.139kg，只允许缩分3次，否则将失去代表性。

二、试样加工流程

从原始物料中所采集的试样，一般数量较多，粒度较大，在制样过程中要根据样品的性质、原始质量及分析要求进行加工，有时要按上述四个程序反复进行，直至将送检样加工成符合分析要求的分样试样，分取数十克送实验室分析用，余下保存副样，以备检查分析用。为此，为确保加工既省时省力，又符合要求，制订一个科学的样品加工流程图，就显得十分重要。

[**例3**]　由一送样单位送来样品16kg，给定 k 值为0.2，最大颗粒直径为0.8cm，试拟定样品加工方案。(泰勒标准筛号)

确定样品加工工序　$Q'/kd^2=16/0.2\times8^2=1.25$

1.25<2 样品加工工序从破碎开始

比较样品粒度　因为8mm>4mm，所以，破碎从粗碎开始，碎至 $d<4$mm

缩分次数

$$m=\frac{\lg(Q\text{采样})-\lg(Q\text{缩分})}{\lg2}=\frac{\lg16-\lg0.2\times4^2}{\lg2}=2.32$$

粗碎完后，根据计算，混匀缩分2次，$16\xrightarrow{1}8\xrightarrow{2}4$(kg)

缩分完后，继续中碎，碎至样品粒度 $d<0.835$mm：

$$m=\frac{\lg(Q\text{采样})-\lg(Q\text{缩分})}{\lg2}=\frac{\lg4-\lg0.2\times0.835^2}{\lg2}=4.82$$

中碎完后，根据计算可得，混匀缩分4次，

$4\xrightarrow{1}2\xrightarrow{2}1\xrightarrow{3}0.5$(kg)(注意：试样加工量最低不小于400g，否则样品将失去代表性。所以实际操作只缩分3次。

将中碎缩分完后的样品，根据样品分析要求粒度，进行细碎。

样品加工流程图：

16kg $\xrightarrow{\text{粗碎}}$ 碎至粒度<4mm $\xrightarrow{\text{混匀、缩分、2次}}$ 4kg $\xrightarrow{\text{中碎}}$ 碎至粒度<0.835mm $\xrightarrow{\text{混匀、缩分3次}}$ (留粗付样)0.5kg $\xrightarrow{\text{细碎}}$ 根据样品分析要求粒度(留细付样)。

三、特殊样品的制样

有些样品不能按前述介绍的常规方法制备，这些样品要视其性质及分析要求，进行特殊处理。

有的样品含水分太多，在磨盘式碎样机上破碎时将变成糨糊状，一般需预先烘干。

黄铁矿和其他硫化物以及氧化亚铁，在过度粉碎或较高温度烘烤时，均可能被氧化。为此，这类样品只碎至过100目筛，并控制烘烤温度低于60℃。但铬铁矿难分解，其测定亚铁试样仍需碎至过 200 目筛；全分析和单矿物分析测定其中亚铁或硫化物试样与测定其他组分试样相同，一般都过 160 目筛。

对于石英、高岭土样品的铁含量分析，由于其本身的铁含量很低，因此不能用钢铁器械制样，以防被铁元素污染。通常用铜研钵敲碎后，再用玛瑙研钵研磨至所需粒度。最好用石锤在石墩上击碎，再用玛瑙研钵研细。

石棉、云母等可用剪刀剪碎，再用玛瑙研钵研细；也可以先经煅烧后，再进行破碎。

汞矿和供物相分析的样品碎至过 100 目筛，不烘样进行分析。

测定金的岩石、矿物试样碎至过 200 目筛。粒度过大，不便于试样分解；粒度过细，由于过度破碎时自然金被压成片状，易被沾在器械上而造成损失。但当试样含有较大颗粒的明金时，过筛过程中要注意收集明金。

另外，不同来源和不同测定要求的煤样的制备要求和制备方法、生物样品制备方法均有特殊要求，见有关资料，本书不再赘述。

四、样品的玷污、损失及制样的质量要求

在采样、包装、运输和制样等过程中，样品都可能发生玷污。在制样过程中，机械、器皿污染和样品与样品的交叉污染是其主要污染来源。盘式破碎机等微小磨损，均将使样品受到铁、锰的污染；用铜网筛时样品可能受到铜的玷污；用研钵磨样则可能带入硅；用翡翠或陶瓷碳化钨、碳化硼等制造的乳钵和磨盘制样，则可能引入硅、铅、钙、镁、钨或硼等。机械、器皿对样品的污染程度的大小与被碎样品的硬度大小有关。为减少这种污染对分析结果的影响，就必须根据样品性质及分析要求来选定制样器械。样品与样品的交叉污染也相当普遍，破碎高品位样品后若不彻底清洗机械与器皿，即随之破碎低品位样品，其分析结果将严重偏高。为此，制样前最好将送检样分类，按品位不同由低含量到高含量顺序制样。同时，每破碎一个样品，碎样机械与器皿均需用吹风机吹干净或用水冲洗干净。

制样过程中，除有样品玷污现象外，不可避免地也会有一定的样品质量损失。应尽可能减少这种损失。

为保证制样的质量，防止玷污与损失，使送检样与分析试样成分一致，我国地矿部门规定：样品经过制样，累计损失率不得超过原始样品的 5%；缩分样品时，每次缩分误差不得超过 2%；制得的分析试样，用玻璃板压平后，不能有花纹和明显的颗粒。

第三节　试样的分解

分解试样的目的就是将试样中的待测组分全部转变为适于测定的状态，或将组成复杂的试样处理成简单、便于分离和测定的形式，为各组分的分析测定创造最佳条件。

分析工作中对试样分解的一般要求是：

① 试样分解完全。

试样分解完全是正确分析的先决条件。应选择适当的分解方法，控制适当的温度和时间等，使试样完全分解。

② 组分不应有损失。

③ 不引入含有待测组分的物质。

在分解试样时，要防止加入的试剂或被腐蚀的容器中含有待测组分。

④ 不引入对待测组分有干扰的物质。

由于试样的性质不同，分解的方法也有所不同，分解试样的方法有溶解法、熔融法、半熔(烧结)法、燃烧法、升华法及增压溶解技术等。在实际工作中，较常用的是溶解法、熔融法、半熔(烧结)法三种。溶解法是将试样溶解于水、酸、碱或其他溶剂中；熔融法是将试样与固体熔剂混合，在高温下加热，使欲测组分转变为可溶于水或酸的化合物；半熔法是将试样与固体溶剂在低于熔剂熔点的温度下进行反应，达到分解的目的。

溶解法和熔融(半融)分解法各有其优缺点。

溶解法特别是酸分解法的优点主要是：酸较易提纯，分解时不致引入除氢以外的阳离子；除磷酸外，过量的酸也较易用加热方法除去；一般的酸分解法温度低，对容器腐蚀小，操作简便，便于成批生产。其缺点是溶解法的分解能力有限，对有些试样分解不完全；有些易挥发组分在加热分解试样时可能会挥发损失。

熔融(半融)分解，特别是全熔分解法的最大优点就是只要熔剂及处理方法选择适当，许多难分解的试样均可完全分解。但是，由于熔融温度高，操作不如湿法方便，同时，由于其分解能力强，器皿腐蚀及其对分析结果可能带来的影响，有时不能忽略。

一、溶解法

溶解法包括水溶、酸溶、碱溶三种方法。由于其简单、快速，所以分解试样尽可能采用溶解法。如果试样不能溶解或溶解不完全时，才采用熔融法或半熔法。

1. 水溶法

水做溶剂，只能溶解一般的可溶性盐。

2. 酸溶法

酸溶法是利用酸的氢离子效应、氧化还原性和配合性，使试样中被测组分转入溶液。钢铁、合金、有色金属、纯金属、碳酸盐类矿物、部分硫化物、氧化物和磷酸盐类矿物，可采用此法。

常用作溶剂的酸有盐酸、硝酸、硫酸、磷酸、高氯酸、氢氟酸，以及它们的混合溶剂等。

(1) 盐酸(HCl，相对密度 1.19，含量 38%，$c(\mathrm{HCl}) \approx 12\mathrm{mol/L}$，沸点 110℃)

盐酸是硅酸盐系统分析中最常使用的溶剂，其主要优点在于生成的金属氯化物大多数溶于水，盐酸易于提纯，杂质较少，同时，分解试样时过量的酸易蒸发除去。盐酸对试样的分解作用主要表现在以下几方面：

① 盐酸是强酸，H^+作用显著。在金属电位次序中，氢以前的金属或合金都能溶于盐酸，产生氢气和氯化物。其反应式为：

$$\mathrm{Me}+n\mathrm{HCl} = \mathrm{MeCl}_n+\frac{1}{2}\mathrm{H}_2$$

式中 Me——代表金属；

n——金属离子价态。

多数金属氯化物易溶于水，只有银、一价汞和铅的氯化物($AgCl$，Hg_2Cl_2，$PbCl_2$)难溶于水(氯化铅易溶于热水)。

盐酸能分解许多金属的氧化物、氢氧化物和碳酸盐类矿物。如：

$$\mathrm{CuO+2HCl = CuCl_2+H_2O}$$

$$\mathrm{Al(OH)_3+3HCl = AlCl_3+3H_2O}$$

$$\mathrm{BaCO_3+2HCl = BaCl_2+H_2O+CO_2}\uparrow$$

盐酸能分解一部分硫化物，生成 H_2S 和氯化物。如：

$$CdS+2HCl = CdCl_2+H_2S\uparrow$$

$$FeS+2HCl = FeCl_2+H_2S\uparrow$$

② 盐酸中的 Cl^- 与某些金属离子(如 Fe^{3+} 等)形成氯配合离子，能帮助溶解。

③ 盐酸对 MnO_2，Pb_3O_4 等有还原性，也能帮助溶解。其反应式为：

$$MnO_2+4HCl = MnCl_2+Cl_2\uparrow+2H_2O$$

$$Pb_3O_4+8HCl = 3PbCl_2+Cl_2\uparrow+4H_2O$$

金属铜不溶于盐酸，但能溶于 $HCl+H_2O_2$ 中，其反应式为：

$$Cu+2HCl+H_2O_2 = CuCl_2+2H_2O$$

单独使用盐酸，不适宜于钢铁试样的分解，因为会留下一些褐色的碳化物。

(2) 硝酸(HNO_3，相对密度 1.42，含量 70%，$c(HNO_3)\approx 16$mol/L，沸点 122℃)

纯硝酸是无色的液体，加热或受光的作用即可促使它分解，分解的产物是 NO_2 致使硝酸呈现黄棕色。其分解反应式为：

$$4HNO_3 = 4NO_2\uparrow+O_2\uparrow+2H_2O$$

浓硝酸是最强的酸和最强的氧化剂之一，随着硝酸的稀释，其氧化性能亦随之而降低。所以，硝酸作为溶剂，兼有酸的作用和氧化作用，溶解能力强而且快。除铂、金和某些稀有金属外，浓硝酸能分解几乎所有的金属试样。硝酸与金属作用不产生 H_2，这是由于所产生的氢在反应过程中被过量硝酸所氧化。绝大部分金属与硝酸作用生成硝酸盐，几乎所有的硝酸盐都易溶于水。

硝酸被还原的程度，是根据硝酸的浓度和金属活泼的程度决定的，浓硝酸一般被还原为 NO_2，稀硝酸通常被还原为 NO。若硝酸很稀，而金属相当活泼时，则生成 NH_3，而 NH_3 与过量 HNO_3 作用生成 NH_4NO_3。例如：

$$Cu+4HNO_3(浓) = Cu(NO_3)_2+2NO_2\uparrow+2H_2O$$

$$3Pb+8HNO_3(稀) = 3Pb(NO_3)_2+2NO\uparrow+4H_2O$$

$$4Mg+10HNO_3(极稀) = 4Mg(NO_3)_2+NH_4NO_3+3H_2O$$

有些金属如铁、铝、铬等虽然能溶于稀硝酸，但却不易和浓硝酸反应。这是因为浓硝酸将它们表面氧化生成一层致密的氧化物薄膜，阻止了进一步的反应。

锑、锡与浓硝酸作用产生白色 H_2SbO_3、H_2SnO_3 沉淀。

硝酸也能溶解许多金属氧化物，生成硝酸盐和水。如：

$$CuO+2HNO_3 = Cu(NO_3)_2+2H_2O$$

硝酸还能氧化许多非金属使之成为酸，如硫被氧化成硫酸，磷被氧化成磷酸，碳被氧化成碳酸等。其反应式为：

$$S+2HNO_3 = H_2SO_4+2NO\uparrow$$

$$3P_4+20HNO_3+8H_2O = 12H_3PO_4+20NO\uparrow$$

$$3C+4HNO_3 = 3CO_2+2H_2O+4NO\uparrow$$

用硝酸分解试样后，溶液中产生亚硝酸和氮的其他氧化物，常能破坏有机显色剂和指示剂，需要把溶液煮沸将其除掉，或采用其他方法消除。

(3) 硫酸(H_2SO_4，相对密度 1.84，含量 98%，$c(H_2SO_4)\approx 18$mol/L，沸点 339℃)

纯硫酸是无色油状液体，它与水混合时，放出大量热，故在配制稀硫酸时必须将浓硫酸徐徐加入水中，并不断搅拌以散热，切不可相反进行，否则由于放出大量热，水迅速蒸发致使溶液飞溅。

浓硫酸具有强烈的吸水性，可吸收有机物中的水使碳析出，是一种强的脱水剂。在高温时，又是一种相当强的氧化剂（稀 H_2SO_4 无氧化能力），与碳作用，碳被氧化为二氧化碳。

$$C+2H_2SO_4(浓) \xlongequal{} CO_2\uparrow +2SO_2\uparrow +2H_2O$$

硫酸沸点（339℃）比较高，溶样时加热蒸发到冒出 SO_3 白烟，可除去试液中挥发性的 HCl、HNO_3、HF 及水等。这个性质在化学分析中被广为应用，以消除上述这些酸的阴离子对测定可能造成的干扰，但冒白烟的时间不宜过长，否则会生成难溶于水的焦硫酸盐。

硫酸可溶解铁、钴、镍、锌等金属及其合金。常用来分解独居石、萤石和锑、钛、铀等矿物，也常用于破坏试样中的有机物。除钙、锶、钡、铅、一价汞的硫酸盐难溶于水外，其他金属的硫酸盐一般都易溶于水。

（4）磷酸（H_3PO_4，相对密度 1.69，含量 85%，$c(H_3PO_4)\approx 15mol/L$，沸点 213℃）

纯磷酸是无色糖浆状液体，中强酸，是一种较强的配合剂，能与许多金属离子生成可溶性配合物。磷酸在高温时分解试样的能力很强，绝大多数过去认为不溶于酸的矿，如铬铁矿（$FeCrO_4$）、钛铁矿（$FeTiO_3$）、铌铁矿（$FeMnNb_2O_6$）、金红石等都能被磷酸分解。钨、钼、铁等在酸性溶液中都能与磷酸形成无色配合物，因此，常用磷酸作某些合金钢的溶剂。

磷酸溶样的缺点是：由于磷酸是无恒沸溶液，受热时逐步失水，如加热温度过高，时间过长，将析出难溶性的焦磷酸盐沉淀；对玻璃器皿腐蚀严重；溶样后如冷却过久，再用水稀释会析出凝胶。为了克服上述缺点，应将试样研磨细一些，加热温度低些、时间短些，并不断摇动，冒白烟就应停止加热，溶液未完全冷却时即用水稀释。

（5）高氯酸（$HClO_4$，相对密度 1.67，含量 70%，$c(HClO_4)\approx 12mol/L$，沸点 203℃）

又名过氯酸，纯高氯酸是无色液体，在热、浓的情况下，它是一种强氧化剂和脱水剂。用 $HClO_4$ 分解试样时，能把铬氧化为 $Cr_2O_7^{2-}$，钒氧化为 VO_3^-，硫氧化为 SO_4^{2-}。高氯酸的沸点较高，常用它蒸发赶走低沸点酸。因为绝大多数金属的高氯酸盐都是溶于水的，故用高氯酸驱赶低沸点酸的优点是：蒸发后的残渣加水很容易溶解，而用 H_2SO_4 蒸发后的残渣则常常不易溶解。

高氯酸常被用来溶解铬矿石、不锈钢、钨铁及氟矿石等。热、浓 $HClO_4$ 遇有机物常会发生爆炸，当试样含有机物时，应先用浓硝酸蒸发破坏有机物，然后加入 $HClO_4$。蒸发 $HClO_4$ 的浓烟容易在通风橱和烟道中凝聚，故经常使用 $HClO_4$ 的通风橱和烟道应定期用水冲洗，以免在热蒸汽通过时，凝聚的 $HClO_4$ 与尘埃、有机物作用，引起燃烧或爆炸。70%的 $HClO_4$ 沸腾时（不遇有机物）没有任何爆炸危险。热、浓的 $HClO_4$ 造成的烫伤疼痛且不易愈合，使用时要极其注意。

（6）氢氟酸（HF，相对密度 1.13，含量 40%，$c(HF)\approx 22mol/L$，沸点 120℃）

纯氢氟酸是无色液体，弱酸，它对一些高价元素有很强的配合作用，能腐蚀玻璃、陶瓷器皿。氢氟酸和大多数金属均能产生反应。反应后，金属表面生成一层难溶的金属氟化物，能阻止进一步反应。因此，它常与 HNO_3、H_2SO_4 或 $HClO_4$ 混合作为溶剂，用来分解硅铁、硅酸盐以及含钨、铌的合金钢等。使用氢氟酸分解试样的目的是为了除去 SiO_2 以测定其他组分。分解时 SiO_2 与氢氟酸生成挥发性的 SiF_4 而与其他组分分离：

$$SiO_2+4HF \xlongequal{} SiF_4\uparrow +2H_2O$$

加入硝酸、硫酸、高氯酸的目的是使氟配合物转变为易溶于盐酸的盐类，防止试样中少量的钛、锆、铌、钽等元素生成氟化物挥发损失，同时利用硫酸、高氯酸的高沸点，加热除去剩余的氢氟酸，以免给以后的元素测定带来干扰。

用氢氟酸分解试样应在铂器皿或聚四氟乙烯塑料器皿中进行。氢氟酸对人体有毒性和腐蚀性，皮肤被氢氟酸灼伤溃烂，不易愈合。使用氢氟酸时应戴上橡皮手套，注意安全。

(7) 混合溶剂

在实际工作中常应用混合溶剂，混合溶剂具有更强的溶解能力。最常用的混合溶剂是王水(3 份 HCl+1 份 HNO_3)。由于 HCl 的配合能力和 HNO_3的氧化能力，它可以溶解单独用 HCl 或 HNO_3所不能溶解的贵金属如铂、金等以及难溶的 HgS 等。

$$3Pt+4HNO_3+18HCl = 3H_2PtCl_6+4NO\uparrow+8H_2O$$

所以在洗涤铂器皿时不能用王水。

常用的混合溶剂还有逆王水(1 份 HCl+3 份 HNO_3)，常用于分解硫化物矿石。

硫酸与磷酸、硫酸和氢氟酸、盐酸和高氯酸、盐酸和过氧化氢等也是常用的混合溶剂。无机酸中加入氧化剂(还原剂)配成各种氧化剂或还原剂混合溶剂，常常具有更强的溶解能力，可加速溶解反应的进行。如用 HCl 溶解铁矿时，加入少量 $SnCl_2$，以还原 Fe^{3+}，使其溶解速度加快。无机酸和溴水、无机酸和高锰酸钾也是常用的混合试剂。

3. 碱溶法

一般用 20%~30%NaOH 溶液作溶剂，主要溶解铝和铝合金以及某些酸性为主的两性氧化物(如 Al_2O_3)。

$$2Al+2NaOH+2H_2O = 2NaAlO_2+3H_2\uparrow$$

反应可在银或聚四氟乙烯塑料器皿中进行，试样中的铁、锰、铜、镍、镁等形成金属残渣析出，铝、锌、铅、锡和部分硅形成含氧酸根进入溶液中。可以将溶液与金属残渣过滤分开，溶液用酸酸化，金属残渣用 HNO_3溶解后，分别进行分析。

二、熔融法

用溶解法不能分解或分解不完全的试样，常采用熔融分解法。进行熔融分解的目的是利用碱性或酸性熔剂与试样在高温下的复分解反应，生成易溶解的反应产物。由于熔融时反应物的浓度和温度(300~1000℃)都比用溶剂溶解高得多，所以分解能力比溶解法强得多。

熔融法按使用的熔剂性质不同，分为碱熔法和酸熔法两种。常用的碱性熔剂有无水碳酸钠、碳酸钾、氢氧化钾、氢氧化钠、过氧化钠等；常用的酸性熔剂有焦硫酸钾、硼砂、偏硼酸锂等。选择熔剂的基本原则是：酸性试样用碱性熔剂，碱性试样用酸性熔剂。使用时还可加入氧化剂、还原剂助熔。

熔融多在坩埚中进行。坩埚是进行灼烧和熔融试样的容器，分析工作中常用的坩埚容积为 1~30mL，种类有瓷坩埚、铂坩埚、银坩埚、铁坩埚、镍坩埚等。坩埚的材料不同，耐高温耐腐蚀的程度也不同。熔融时应根据分析试样的组成和对分析的不同要求选择熔剂和容器。

由于熔融法的操作温度较高，有时可达 1000℃以上，且必须在一定的容器中进行，除由熔剂带进大量碱金属离子外，所有的容器因受到熔剂的侵蚀，还会带入相应的容器材料离子。同时某些组分在高温下挥发损失严重，也会给以后的分析测定带来影响，甚至使某些测定不能进行。因此，在选择试样分解方法时，应尽可能地采用溶解法。某些试样，也可以先用酸溶分解，剩下的残渣再用熔融法分解。

1. 酸熔法

(1) 焦硫酸钾熔融($K_2S_2O_7$)

焦硫酸钾是一种强烈的酸性熔剂，熔点为 419℃，熔融时分解析出 SO_3，能与各种难于分解的碱性氧化矿物如铝土矿、磁铁矿、铌铁矿、钛铁矿等反应，使之转变硫酸盐。

例如：分解金红石(天然 TiO_2)的反应为

$$K_2S_2O_7 \xlongequal{} SO_3 + K_2SO_4$$

$$TiO_2 + 2SO_3 \xlongequal{} Ti(SO_4)_2$$

焦硫酸钾可在瓷坩埚或石英坩埚中进行，也可在铂坩埚中进行，但对铂坩埚有腐蚀，通常每次熔融消耗约为 1mg 铂。

熔融温度控制在 400℃左右，时间不宜过长，以免 SO_3 大量挥发或使硫酸盐分解为难溶的氧化物。熔块一般用稀硫酸浸出，必要时可加入酒石酸、草酸等配合剂，以防止某些金属离子[如 Ta(Ⅴ)，Nb(Ⅴ)等]水解析出沉淀。

(2) 硫酸氢钾(钠)熔融法

硫酸氢钾(钠)在分解温度下形成焦硫酸钾(钠)盐。

$$2KHSO_4 \xrightarrow{\geqslant 210℃} K_2S_2O_7 + H_2O$$

$$2NaHSO_4 \xrightarrow{\geqslant 315℃} Na_2S_2O_7 + H_2O$$

焦硫酸钾(钠)盐可分解钛磁铁矿、铬铁矿、铌铁矿、铀矿、铝土矿、高铝砖以及铁、铝、钛的氧化物。

使用硫酸氢钾(钠)熔融样品时，需先加热，除去水分，冷却后才加入试样，一般在铂器皿中慢慢升温，以防飞溅。

(3) 硼酸熔融法

硼酸加热失水后为硼酸酐(B_2O_3)。硼酸酐为酸性熔剂，对碱性矿物溶解性能较好，如铝土矿、铬铁矿、钛铁矿、硅铝酸盐等。同时，当样品中含有氟时，可使氟以 BF_3 形式除去，消除氟对 SiO_2 测定的影响。另外，由于不引进钾、钠盐，用硼酸(或硼酸酐)熔融分解试样，可同时测定钾和钠。

(4) 铵盐熔融法

铵盐熔融分解试样是基于铵盐在加热过程中可以分解出相应的无水酸，无水酸在较高温度下能与试样反应生成相应的水溶性盐。

几种强酸的铵盐的分解反应如下：

$$NH_4Cl \xrightarrow{\geqslant 337.8℃} HCl + NH_3$$

$$2NH_4NO_3 \xrightarrow{\geqslant 190℃} HNO_3 + N_2O + 2H_2O + NH_3$$

$$NH_4F \xrightarrow{\geqslant 110℃} HF + NH_3$$

$$(NH_4)_2SO_4 \xrightarrow{\geqslant 355℃} H_2SO_4 + 2NH_3$$

使用单一铵盐或它们的混合物可以分解硫化物、硅酸盐、碳酸盐、氧化物及铌(钽)矿等。铵盐易吸湿潮解或结块，使用前应烘干，否则加热时易溅跳。铵盐分解试样时，试样粒度宜细，器皿的底面积和熔融温度均应控制适度。

2. 碱熔法

(1) 碳酸盐熔融

碳酸钠熔融　碳酸钠是分解硅酸盐矿物常用的熔剂，也是氧化物、硫酸盐、磷酸盐、碳化物、氟化物等矿物的良好熔剂。例如熔融分解长石($NaAlSiO_3$)，其分解反应为：

$$NaAlSiO_3+3Na_2CO_3 \xlongequal{} NaAlO_2+3Na_2SiO_3+3CO_2\uparrow$$

熔融产物$NaAlO_2$可溶于一般酸中，制得可供分析测定用的溶液。

碳酸钠熔融分解的温度一般为950~1000℃，时间为0.5~1h。遇有锆石、金红石、铬铁矿、铝土矿等难分解的矿物时，须在硅碳棒熔炉中加热至1200℃，但时间不宜超过15min，以防硅碳棒老化和试样中某些组分分解挥发造成损失。采用碳酸钠熔融分解时，一般应在铂坩埚中进行，不能使用银坩埚。

在碳酸钠中加入少量氧化剂助熔，可以提高分解能力。常用的氧化剂有硝酸钾、氯酸钾、高锰酸钾、过氧化钠等。例如在测定矿石中总硫量时($BaSO_4$重量法)，在碳酸钠中加入少许氧化剂熔融分解试样，不仅可避免各种价态的硫的损失，而且试样分解也较彻底。但是加入的氧化剂比例不宜过大，以免侵蚀铂坩埚。

在某些情况下，还可以在碳酸钠中加入还原剂，在熔融过程中逐步还原来分解试样。例如分解含砷、锑、锡、钼、铋、钒、钨的试样所采用的“硫-碱熔法”。此法可在瓷坩埚中进行，一般按Na_2CO_3：S=4：3混合作为熔剂，先以低温逐渐升温至300℃，保温30min，再升至450℃，保温30min即可使试样分解完全。

碳酸钾熔融　碳酸钾易吸湿，而且钾盐被沉淀吸附的倾向较钠盐大，因此碳酸钾较少单独作熔剂。但是，如含有铌、钽的试样，由于铌酸、钽酸的钠盐微溶于水，为防止其析出沉淀，在分解这类试样时，也可以用碳酸钾作熔剂。

在分解硅酸盐等试样时，为了降低氟、氯等元素的挥发损失，常采用1：1的K_2CO_3和Na_2CO_3作熔剂，其熔点降至700℃。

(2) 碱金属氢氧化物熔融

碱金属氢氧化物都是低熔点的强碱性熔剂，熔融速度快、熔块易被水或稀酸溶解。可分解各种硅酸盐，也可将含氧化铝、二氧化钛、二氧化锡的矿样以及铬铁矿、独居石等分解。另外，铝土矿、铌(钽)酸盐矿物宜用氢氧化钾，不用氢氧化钠。

由于氢氧化钠、氢氧化钾固体都易吸收水分，熔融开始时要缓慢加热，以防水分逸出引起溅失。熔融温度应控制在450~600℃。熔融不能在铂坩埚中进行，只能在铁、镍、银、金、石墨、刚玉坩埚中进行。

在分解难熔的试样时，也可用NaOH与少量Na_2O_2或KNO_3混合作熔剂。在用碳酸钠作熔剂时，加入氢氧化钠可以降低熔点，提高分解试样的能力。

(3) 过氧化钠熔融

过氧化钠的熔点为495℃，呈粉状，易吸收空气中的水，分解为NaOH和O_2，使用时应注意密闭封存。

过氧化钠既是强碱又是强氧化剂，主要用来分解某些Na_2CO_3和NaOH不能分解的试样，如锡石、钛铁矿、钨矿、铬铁矿、绿柱石等。熔融前应将试样与熔剂混合，缓慢升温以防飞溅。熔融温度为600~700℃，一般在铁坩埚中进行。熔块以水浸取时，许多金属阳离子形成氢氧化物沉淀析出，两性元素或非金属元素形成含氧酸根离子进入溶液。浸取液应煮沸驱除过量的Na_2O_2溶解后所形成的H_2O_2。

过氧化钠分解含有大量有机质、硫化物或砷化物的试样时，应先灼烧再进行熔融，以防反应激烈而引起飞溅，甚至爆炸。由于过氧化钠试剂不易提纯，常含有微量的硅、铝、钙、铜以及由包装用的铁皮引入的锡等，因此在全分析中较少采用。若采用$Na_2O_2+Na_2CO_3$

(NaOH)混合熔剂，既可应用过氧化钠的强氧化性，又可避免过氧化钠对坩埚的侵蚀及过氧化钠不纯而造成的影响。

三、半熔法

半熔法又称烧结法，是让试样与固体试剂在低于试剂熔点的温度下进行反应，达到分解试样的目的。因为加热温度较低，时间需要较长，所以不易腐蚀坩埚，通常可在瓷坩埚中进行。

1. 过氧化钠半熔法

过氧化钠是强碱，又是强氧化剂，分解试样效果很好，但由于该熔剂在高温下严重腐蚀坩埚，限制了它的应用范围。但是，许多矿物在铂坩埚中与四倍量的过氧化钠混匀后，于480℃的高温中烧结7min就能将试样分解，熔块可溶于水或无机酸，并且试剂对铂坩埚基本没有腐蚀。

过氧化钠半熔法能分解的矿物有磁铁矿、重晶石、天青石、石膏、黑钨矿、白钨矿、锆英石、烙铁矿等。铱铱矿较难熔，重复几次也能分解。

2. 碳酸钠-过氧化钠半熔法

用1∶1的Na_2CO_3和Na_2O_2与一般的硅酸盐试样混匀，在镍坩埚中效果较好，对坩埚腐蚀极微。将磷酸盐试样与6倍量的Na_2CO_3-KNO_3(12∶1)混合熔剂于瓷坩埚中混匀，700~750℃烧结30~40min，即可完全分解，手续简便，坩埚不易损坏。

3. 碳酸钠-氧化镁(氧化锌)半熔法

常用于分解硫化物、氧化物、硅酸盐以及煤等矿物。该法最初主要用来灰化煤以测量煤中的全硫量(硫酸钡重量法)。目前常用于测定试样中硫、硼、硒、氯和氟的试样分解，通常在无盖的瓷坩埚或刚玉坩埚中进行。

4. 碳酸钙-氯化铵半熔法

常用于测定硅酸盐中钾和钠的试样分解。烧结温度为750~800℃，反应产物仍为粉末状，但钾、钠已转变为氯化物，可用水浸取。一般情况下，NH_4Cl的用量与试样量相当，$CaCO_3$量为8~15倍试样量。熔融前将试样和试剂在研钵中研磨、混匀，容器采用特制的铂坩埚(高型铂坩埚)。

四、其他分解方法

1. 增压(封闭)溶解方法

采用密闭容器，用酸或混合酸加热分解较难溶的矿物。由于蒸气压增高，酸的沸点也提高，因而使酸溶法的分解效率提高。在常压下难溶于酸的物质，在加压下可溶解，同时还可避免挥发性反应产物损失。例如，用HF-$HClO_4$在加压条件下可分解刚玉(Al_2O_3)、钛铁矿($FeTiO_3$)、铬铁矿($FeCr_2O_4$)、铌钽铁矿[$FeMn(Nb、Ta)_2O_5$]等难熔试样。

2. 超声波振荡溶解方法

利用超声波振荡是加速试样溶解的一种物理方法。一般适宜室温溶解样品，把盛有样品和溶剂的烧杯置于超声换能器内，把超声波变幅杆插入烧杯中，根据需要调节功率和频率，使之产生振荡，可使试样粉碎变小，还可使被溶解的组分离开样品颗粒的表面而扩散到溶液中，降低浓度梯度，从而加速试样溶解。对难溶盐的熔块溶解，使用超声波振荡更为有效。

3. 电解溶解方法

通过外加电源，使阳极氧化，溶解金属。把用作电解池阳极的一块金属放在适宜的电解液中，通过外加电流，可使其溶解。用铂或石墨作阴极，如果电解过程的电流效率为100%，可用库仑法测定金属溶解量。同时还可将阳极溶解与组分在阴极析出统一起来，用作分离提取和富集某些元素。

4. 微波加热分解方法

利用微波对玻璃、陶瓷、塑料的穿透性和被水、含水或脂肪等物质的吸收性，使样品与酸(水)的混合物通过吸收微波能产生瞬时深层加热，同时，微波产生的变磁场使介质分子极化，极化分子在交变高频磁场中迅速转向和定向排列，导致分子高速振荡。由于分子与相邻分子间的相互作用使这种振荡受到干扰和阻碍，从而产生高速摩擦，迅速产生很高的热量。高速振荡与高速摩擦这两种作用，使样品表面层不断搅动破坏，不断产生新鲜表面与溶剂反应，促使样品迅速溶解。因此，微波溶解技术具有如下突出优点：

① 微波加热避免了热传导，并且里外一起加热，瞬时可达高温，热损耗少，能量利用率高、快速、节能。

② 加热从介质本身开始，设备基本上不辐射能量，避免了环境高温，改善了劳动条件。

③ 微波穿透能力强，加热均匀，对某些难溶样品尤为有效。

④ 采用封闭容器微波溶解，因所用试剂量小，空白值显著降低，且避免了痕量元素的挥发损失和样品的污染，提高了分析的准确度。

⑤ 易于与其他设备联用实现自动化。

五、试样分解用器皿

试样分解所用器皿有烧杯、锥形瓶、坩埚、蒸发皿等，根据制作材料不同，分为金属器皿和非金属器皿两大类。

1. 非金属器皿

玻璃器皿　含 SiO_2 80%左右，软化温度 800℃左右，只适用于酸性溶剂分解试样，不宜与碱久煮，会受过氧化钠严重腐蚀。

石英器皿　含 SiO_2 99.8%左右，软化温度 1500℃，上限温度 1300℃。适用于酸性溶剂分解试样，会受氢氟酸、磷酸、浓碱液严重腐蚀。

瓷坩埚　软化温度 1530℃，使用上限 1100℃，适用于酸性熔剂全熔试样。

高铝或刚玉器皿　刚玉有铝刚玉和铬刚玉，高铝或刚玉坩埚主要成分为 Al_2O_3熔点，熔点约 2000℃，可用于酸性及碱性熔剂。氢氟酸能严重腐蚀普通刚玉，但经高温煅烧后的高纯刚玉(含 Al_2O_3大于 99.9%)坩埚对氢氟酸有抵抗能力。

热解石墨坩埚　使用上限温度 700℃，对各种强酸具有抗腐蚀性，对强碱有一定抵抗能力，在一定条件下，可代替铂、银、镍、刚玉坩埚。

聚四氟乙烯器皿　使用温度-100~250℃，耐酸、碱，甚至王水。

2. 金属器皿

铂坩埚　熔点 1772℃，主要用于碱金属碳酸盐熔融分解试样和氢氟酸-硫酸(高氯酸)分解试样。不耐苛性碱、王水、溴水、HCl-氧化剂混合溶剂。

金坩埚　熔点 1064℃，主要用于苛性碱分解试样的容器。王水、HCl-氧化剂混合溶剂可以溶解金坩埚。

银坩埚　熔点962℃，使用最高温度为650℃。主要作为苛性碱熔融分解试样的器皿。银在硝酸、王水中速溶，加热时，含硫试样对银坩埚有严重腐蚀。

镍坩埚　纯镍熔点1453℃，99%的镍熔点1450℃。可耐酸、碱。主要用于苛性碱熔融分解试样的器皿。

铁坩埚　熔点1553℃。铁坩埚使用前需作钝化处理。铁坩埚可用于苛性碱和过氧化钠熔融分解矿样的容器。条件是后续测定允许存在大量的铁盐或铁离子。

思考题及习题

1. 名词解释：子样、送检样、分析试样、分析化验单位、样品最低可靠质量。

2. 简述样品采集的重要性和固、液、气态物料采样的一般原则和方法。

3. 样品最低可靠质量与样品粒度的关系如何？写出切乔特经验公式，并说明符号的意义及计量单位？简述切乔特公式的意义和用途。

4. 原始样品质量为16kg，若该类样品的k值为0.5，当破碎至颗粒直径为4mm时，最低可靠质量是多少？样品可否缩分？若可缩分，可缩分几次？拟定样品加工流程。

5. 简述分析工作中制样的重要性及对制样工作的基本要求。

6. 对于测定亚铁的样品、石英砂样品、含自然金的样品、云母样品以及欲作物相分析的试样，在试样制备中对粒度、烘样情况、破碎方式有何特殊要求？

7. 试样分解的目的和关键是什么？常用的分解方法有哪些？对试样分解的一般要求是什么？

8. 熔融法和半熔法的主要区别是什么？

9. 用酸作为分解试剂时，主要利用它们的什么性质起分解作用？

10. 熔融分解时试样在熔融过程中与熔剂的主要反应是什么？

11. 溶解法和熔融法各有什么优缺点？

12. 归纳总结常用熔剂的如下内容：(1)熔剂名称和性质；(2)适宜器皿及使用注意事项；(3)分解试样时的温度和时间。

第三章 硅酸盐分析

第一节 概 述

一、硅酸盐分析

硅位于元素周期表第三周期Ⅳ$_A$族，是典型的亲氧元素，与氧结合形成硅氧四面体(SiO_4^{4-})，硅氧四面体与几乎所有元素以各种形式结合生成不同的硅酸盐。硅酸盐是硅酸($H_2SiO_3 \cdot nH_2O$)中氢被铁、铝、钙、镁、钾、钠及其他金属离子取代而形成的盐($MeSiO_3 \cdot nH_2O$)。硅酸盐在自然界中分布极广，种类繁多，是构成地壳岩石、土壤和许多矿物的主要成分。天然的硅酸盐有长石、石英、砂岩、高岭土、云母、石棉、滑石、蜡石、白云石等。

在工业生产中，有些天然硅酸盐本身就是产品，如花岗岩和砂岩用作建筑材料。以硅酸盐矿物为主要原料，经过高温煅烧、熔融，可以生产出各种硅酸盐制品和硅酸盐材料，如水泥、玻璃、陶瓷、耐火材料、砖瓦、混凝土制品等。

硅酸盐分析在国民经济建设中具有重要的意义。它可以帮助地质学家了解岩石内部组分和含量变化、元素在地壳中的迁移情况和变化规律、元素的集中和分散、岩浆的来源及可能出现的矿物，可以解决矿体岩相分带，阐明岩石成因等问题；对硅酸盐生产中的原料、燃料、半成品、成品的化学成分进行分析，及时提供准确可靠的测定数据，对科学地指导生产、稳定产品质量、减少废品、提高企业经济效益起着重要的作用。

二、硅酸盐的组成及分析项目

硅酸盐的种类很多，几乎所有天然元素都有可能与硅形成硅酸盐。组成硅酸盐的主要元素是氧、硅、铝、铁、钙、镁、钠、钾，其次是锰、钛、硼、锆、锂、氟等。

1. 硅酸盐的分子式

天然硅酸盐和人造硅酸盐的分子式十分复杂，通常用硅酸酐及构成硅酸盐的金属氧化物的分子式分开写来表示，如：

长石为$K_2Al_2Si_6O_{16}$可写成$K_2O \cdot Al_2O_3 \cdot 6SiO_2$。

白云母为$H_4K_2Al_6Si_6O_{24}$可写成$K_2O \cdot 3Al_2O_3 \cdot 6SiO_2 \cdot 2H_2O$。

常见的硅酸盐水泥，一般组成为SiO_2 20%~24%、Al_2O_3 2%~7%、Fe_2O_3 2%~4%、CaO 64%~68%、MgO 0%~4%、SO_3 0%~2%、酸不溶物1.5%~3%。

耐火材料的组成为SiO_2 50%~60%、Al_2O_3 30%~45%、Fe_2O_3约1.5%、CaO约2%、MgO约1.5%。

常用的中性玻璃一般组成为SiO_2>69.69%、Al_2O_3及Fe_2O_3约4%、CaO约7%、Na_2O约10%、B_2O_3约6%、MgO及K_2O少量。

2. 硅酸盐的分析项目

由于硅酸盐组成非常复杂，根据实际工作的需要，通常测定以下一些成分：

主要成分　SiO_2、Al_2O_3、Fe_2O_3、FeO、MnO、TiO_2、CaO、MgO、Na_2O、K_2O、P_2O_5、H_2O^+(化合水)、H_2O^-(吸附水)。

次要成分　Cr_2O_3、V_2O_5、ZrO_2、$(Ce、Y)_2O_3$、SrO、BaO、CuO、NiO、CoO、Li_2O、B_2O_3。

某些稀有元素　如铷、铯、铌、钽以及贵金属等。稀土元素在有些情况下，也要进行测定。

三、试样的分解

分解试样的目的是将固体试样处理成溶液，或将组成复杂的试样处理成简单、便于分离和测定的形式，为各组分的分析测定创造最佳条件。因此，对于像黏土、石灰石、菱镁石、水泥生料、水泥熟料、水泥、玻璃、陶瓷、耐火材料等复杂的硅酸盐试样，在选择分解试样的方法时，应充分考虑测定对象、测定方法和干扰元素等方面的因素，不能只考虑物质的可溶性以及分解的速度等，并尽量将试样的分解与干扰元素的分离相结合，形成简单、快速并符合准确度要求的分析方法。

1. 酸溶分解法

硅酸盐试样能否被酸分解，主要决定于其 SiO_2 含量与碱性氧化物含量之比，其比值越大，则越不易被酸溶解；其比值越小，则越易被酸溶解，甚至可溶于水。如水玻璃(硅酸钠)可溶于水，硅酸钙不溶于水，可溶于酸，而硅酸铝则不能被酸分解。

常用来分解硅酸盐样品的酸有以下几种：

(1) 盐酸(HCl)

利用盐酸的强酸性、Cl^- 的弱还原性及配位性可以分解20多种天然矿物，如石灰石、白云石、菱镁石、磷灰石、赤铁矿、闪锌矿等。利用盐酸分解试样的反应如下：

石灰石　$$CaCO_3+2HCl═CaCl_2+CO_2\uparrow+H_2O$$

磷矿石　$$Ca_3(PO_4)_2+6HCl═3CaCl_2+2H_3PO_4$$

赤铁矿　$$Fe_2O_3+6HCl═2FeCl_3+3H_2O$$

闪锌矿　$$ZnS+2HCl═ZnCl_2+H_2S\uparrow$$

用盐酸分解试样时，通常在玻璃器皿中进行，也可在陶瓷、石英、金、铂、塑料等器皿中进行。若在较高温度下(250℃)分解试样，对玻璃、陶瓷器皿有一定的腐蚀作用。在有氧化剂存在下，盐酸对金、铂器皿均有腐蚀性。

(2) 氢氟酸(HF)

氢氟酸能分解绝大部分硅酸盐，是分解玻璃、陶瓷、耐火材料试样的常用溶剂。使用氢氟酸分解试样的目的是为了除去 SiO_2，以测定其他组分。分解时 SiO_2 生成挥发性的 SiF_4 而与其他组分分离：

$$SiO_2+4HF═SiF_4\uparrow+2H_2O$$

在玻璃、耐火材料等原材料分析中，对 SiO_2 的质量分数大于95%的石英砂、硅砂、砂岩等高硅试样也常利用上述原理，采用氢氟酸挥发法测定其 SiO_2 的质量分数。

通常在使用氢氟酸作溶剂时，总要加入少量硫酸或高氯酸作辅助酸，目的是使氟配合物转变成易溶于盐酸的盐类，防止试样中少量钛、锆、铌、钽等元素生成氟化物挥发损失，同时利用硫酸(沸点339℃)和高氯酸(沸点203℃)的沸点高于氢氟酸(120℃)的特点，加热除去剩余的氢氟酸，以免给其后铝、钛等元素的测定带来干扰。

氢氟酸与辅助酸的用量要适当，量太多造成浪费，而且分解时间长，增加空气污染。通常0.4~0.5g试样加入5~7mL氢氟酸，试样分解不完全时，可再加5mL重复处理一次。

H_2SO_4(1+1)用量以0.25~0.5mL(7~8滴)为宜。氢氟酸分解试样通常用铂、金及聚四氟乙烯器皿或热解石墨坩埚作分解容器，不能在玻璃或瓷坩埚中进行。由于氢氟酸气体有毒，需要在通风橱中进行分解。加氢氟酸时要用塑料量筒或涂蜡玻璃量筒，戴胶皮手套。使用时要特别小心，注意安全。如不慎弄在皮肤上会造成灼烧和剧烈疼痛，应立即用水冲洗，然后用稀氨水浸泡或用体积分数为70%的乙醇溶液(溶液中加一小块冰)浸泡30min。

(3) 磷酸(H_3PO_4)

磷酸是无氧化性的不挥发性酸，213℃失去一部分水缩合变成焦磷酸、三聚及多聚磷酸。磷酸的溶解能力是由于磷酸转变生成的焦磷酸、聚磷酸是强配位剂，并具有较强的酸效应，分解时可加热到较高的温度。因此，磷酸能溶解一般不为盐酸所分解的硅酸盐、铝酸盐、铁矿石、铬铁矿、红宝石、电气石等矿物。

例如，在水泥生产控制中，水泥生料中三氧化二铁的快速测定常采用磷酸分解试样，反应如下：

$$Fe_2O_3+4H_3PO_4 = 2[Fe(PO_4)_2]^{3-}+3H_2O+6H^+$$

磷酸溶样只适用于某些单项组分的测定，而不适用于系统分析，因为它与许多金属生成难溶化合物。

(4) 硫酸(H_2SO_4)

硫酸可以分解萤石(CaF_2)，破坏试样中的有机物，能分解铬铁矿，用以单项测定铬。

硫酸经常与其他酸混合使用，如H_2SO_4和H_3PO_4、H_2SO_4和HCl等，用来分解一些难溶的硅酸盐试样。

(5) 高氯酸($HClO_4$)

高氯酸广泛应用于分解试样和测定方解石、白云石、菱镁石、玻璃及含有碱土金属试样中的SiO_2，硅酸凝胶析出比较完全、纯净，性能优于盐酸和硫酸。但在加热浓的高氯酸时，遇有机物则发生爆炸，应特别注意。高氯酸价格较贵，一般在必要时才使用。

2. 熔融法

(1) 碳酸钠(Na_2CO_3)

碳酸钠与硅酸盐一起熔融时，硅酸盐被分解为碱金属硅酸盐、铝酸盐等的混合物，熔融物用酸处理时，则分解成相应的盐类并析出硅酸。以碳酸钠熔融分解黏土和长石为例，熔融时的化学反应如下：

熔黏土 $Al_2O_3\cdot 2SiO_2\cdot 2H_2O+3Na_2CO_3 = 2Na_2SiO_3+2NaAlO_2+3CO_2\uparrow +2H_2O$

熔长石 $K_2O\cdot Al_2O_3\cdot 2SiO_2+6Na_2CO_3 = 6Na_2SiO_3+2KAlO_2+6CO_2\uparrow$

熔融物用热水提取，再用盐酸处理，则分解成各种金属氯化物并析出硅酸的胶状沉淀，可用重量法测其SiO_2含量，滤液供测定铁、铝、钙、镁等组分。

硅酸盐分析中常用碳酸钠熔融分解玻璃制品及原料、水泥制品及原料、陶瓷制品及原料，但用来熔融部分陶瓷釉料和耐火材料则分解不完全。碳酸钠的用量一般为试料用量的6~8倍，熔融温度为950~1000℃，熔融时间20~40min，由于熔融温度高，熔器一般选用铂坩埚。

(2) 硼砂-碳酸钠混合熔剂($Na_2B_4O_7$-Na_2CO_3)

硼砂常与无水碳酸钠混合使用，是一种熔融力很强的非氧化性熔剂，熔融作用与碳酸钠相似。无水碳酸钠与硼砂的质量比(Na_2CO_3 : $Na_2B_4O_7$)通常是1 : 1或2 : 1，混合熔剂可先在铂皿中于500~600℃下焙烧，除去硼砂中的结晶水，防止硼砂脱水时溅失。混合熔剂用量一般为试料量的5~10倍。将样品、混合溶剂放入铂坩埚中，然后置于马弗炉内，从低温升起至950℃，熔融20min，即可将样品完全分解。

用此熔剂熔融，熔融物黏度大，浸取时间长，加酸分解速度慢。可在熔剂与试样的混合物中加入10%的溴化铵(NH_4Br)溶液1~2mL，先低温加热，逐渐升高熔融温度，所得的熔物极易浸取脱出，加酸处理后溶液澄清透明。

(3) 氢氧化钠(钾)(NaOH、KOH)

以KOH融熔为例，常用于单独称样以氟硅酸钾容量法测定SiO_2，在玻璃、水泥、陶瓷及其原料分析中已成为公认的标准方法。但由于氢氧化钾的吸湿性较强，熔融时易溢埚，熔块加酸分解后易出现浑浊，因此很少用于系统分析中。

用氢氧化钠或氢氧化钾作熔剂时，一般在铁、镍、银、金坩埚中进行，金坩埚特别耐氢氧化物的腐蚀，但价格较贵，质地很软，易变形，故较少使用。铁、镍、银虽有一定的耐腐蚀性，但长时间熔融时，坩埚材料即被腐蚀。熔融所需氢氧化钠的质量与试样的种类以及试样质量有关，一般为试料质量的10~20倍，熔融温度在600~700℃，熔融时间20~30min。

(4) 过氧化钠(Na_2O_2)

是强碱、强氧化剂，常用来分解Na_2CO_3和NaOH所不能分解的试样。如：锆刚玉、锆英石、铬铁矿及一些陶瓷釉料等试样，进行硼、磷、硫、铬等元素的测定。

四、硅酸盐系统分析

1. 系统分析与分析系统

试样分解后，通过分离与掩蔽的方法，消除干扰离子对测定的影响后，系统地、连贯地进行数个项目的依次测定，称为系统分析。

在系统分析中，从试样的分解、组分分离到依次测定的程序安排称为分析系统。当一个样品需要测定其中多个组分时，如能建立一个科学的分析系统，则可以减少试样用量，避免重复工作，加快分析速度，降低成本，提高效率。

分析系统的优劣不仅影响分析速度和成本，而且常常影响分析结果的可靠性，一个好的分析系统必须具备下述条件：

① 称样次数少。一次称样可测定多个项目，完成全分析所需要的称样次数少，不仅减少了称样、分解试样的操作，节省时间和试剂，而且可以减少由这些操作所引入的误差。

② 尽可能避免分析过程的介质转换和引入分离方法这样不仅可以加快分析速度，而且可以避免由此引入误差。

③ 所选择的方法必须要有好的精密度和准确度。这是保证分析结果可靠性的基础。同时，分析方法选择性高，这是避免分离、提高分析速度的前提。

④ 适用范围广。其包含两方面含意：一方面分析系统适用的试样类型多；另一方面分析系统中各测定项目含量变化范围大时均可适用。

2. 硅酸盐分析系统

硅酸盐试样的系统分析，已有100多年的历史，从20世纪40年代后期以来，由于试样分解方法的改进和新的测定方法与仪器的应用，至今已有很多种分析系统，习惯上粗略可分为经典分析系统和快速分析系统两大类。这里介绍几个有代表性的分析系统。

(1) 经典分析系统

该系统如图3-1所示。

在图3-1分析系统中，通常称样0.5000~1.000g。试样于铂坩埚中用无水碳酸钠在950

~1000℃熔融分解，熔块用水提取，盐酸酸化，蒸干后在110℃烘约1h，用浓HCl浸取，滤出沉淀；滤液重复蒸干、熔烘、酸浸、过滤，把两次滤得的沉淀置于铂坩埚中灼烧、称重。用$HF-H_2SO_4$驱硅，灼烧并称量残渣，失重部分即为SiO_2质量。

残渣经$K_2S_2O_7$熔融，稀盐酸提取后并入滤出SiO_2后的滤液。滤液用氨水两次沉淀铁、铝、钛等的氢氧化物，灼烧、称重，测得二三氧化物含量。再用$K_2S_2O_7$熔融灼烧称重过的R_2O_3残渣，稀硫酸提取，溶液分别用重铬酸钾或高锰酸钾滴定法测定Fe_2O_3，用过氧化氢光度法测定TiO_2含量，差减法计算Al_2O_3含量。酸提取时的不溶性白色残渣，滤出，灼烧称重，于R_2O_3中减去此量并加入二氧化硅含量中。

在分离氢氧化物沉淀后的滤液中，用草酸钙沉淀钙，于950~1000℃灼烧成氧化钙，用重量法测定钙含量。

于分离草酸钙后的滤液中，在有过量氨水存在下加入磷酸氢二铵，使镁以磷酸铵镁的形式沉淀，于1000~1050℃灼烧成$Mg_2P_2O_7$后称重，即可求得MgO含量。

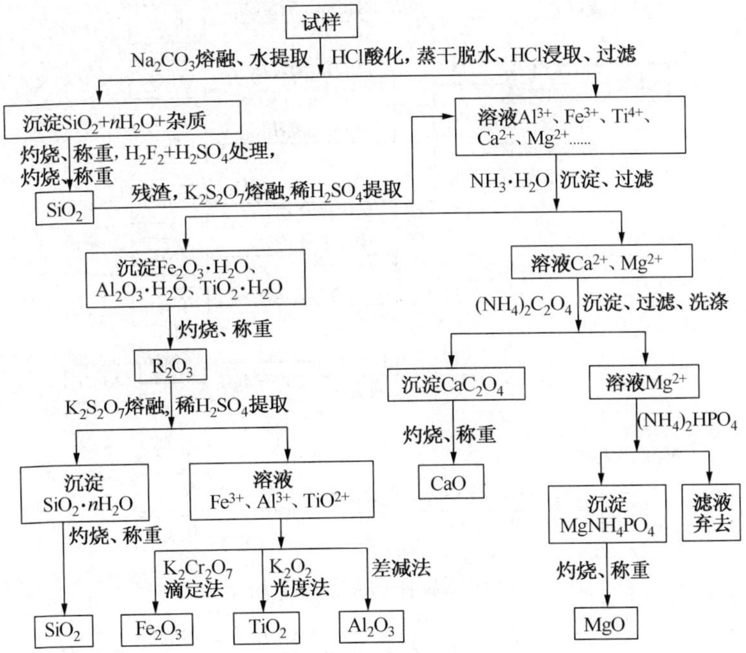

图3-1　硅酸盐岩石全分析的经典分析系统

经典分析系统，一份称样只能测定SiO_2、Fe_2O_3、Al_2O_3、TiO_2、CaO、MgO等六种项目，而K_2O、Na_2O、MnO、P_2O_5须另取样测定，因此不属于一个完整的全分析系统。

事实上，在目前的行业分析中，经典分析系统已几乎完全被一些快速分析系统代替，但其分析结果比较准确，适用范围比较广泛，目前在标准试样的研制、外检试样分析及仲裁分析中仍有应用。然而在采用经典分析系统时，除SiO_2的分析过程仍保持原状外，其余常综合应用配位滴定法、吸光光度法和原子吸收光度法进行测定。

（2）快速分析系统

硅酸盐经典分析系统的主要特点是具有显著的连续性，但是，由于测定各个组分时，需要反复进行沉淀、过滤分离，再结合灼烧，称重等重量法操作。因此难以满足快速分析的要求。近代科学技术的发展与大批物料分析和行业分析的需要，从1947年开始，陆续出现了快速分析系统。这些快速分析系统随着试样分解方法和各主要组分测定方法的改进，分析系统不断发生变化、发展。20世纪40年代后期，EDTA滴定法的发展和对钙、镁等组分测定方法的成熟，快速分析系统逐步建立，到50年代形成以重量法、滴定法和比色法等纯化学方法为主的快速分析系统，60年代，由于HF、锂硼酸盐分解试样方法和原子吸收分光光度法、等离子体光谱、X射线荧光法、电化学分析方法等仪器分析方法的迅速发展并将其应用到硅酸盐分析中，加上计算机在分析化学中应用的迅速发展，快速分析系统不断改进，出现了很多以仪器分析方法为主的，完成整个流程所需时间越来越少的快速分析系统。

这些快速分析系统以分解试样的手段为特征，可分为碱熔、酸溶和锂硼酸盐三类，分别见图3-2至图3-4。

碱熔快速分析系统：分析系统的特征是以 Na_2CO_3、Na_2O_2 或 NaOH 等碱性熔剂与试样混合，在高温下熔融分解，熔融物以盐酸酸化，无须经过复杂的分离手续，可直接分液分别进行硅、铝、锰、铁、钙、镁、磷、钛的测定。钾、钠须另取样测定。

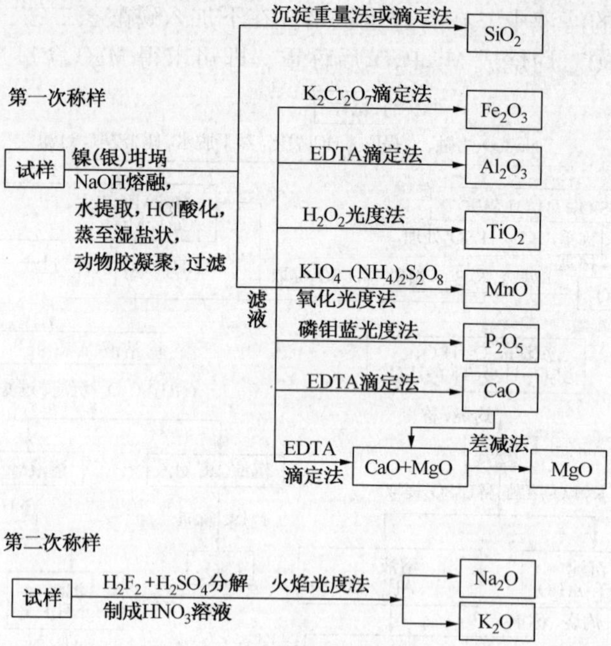

图3-2　NaOH熔融快速分析系统

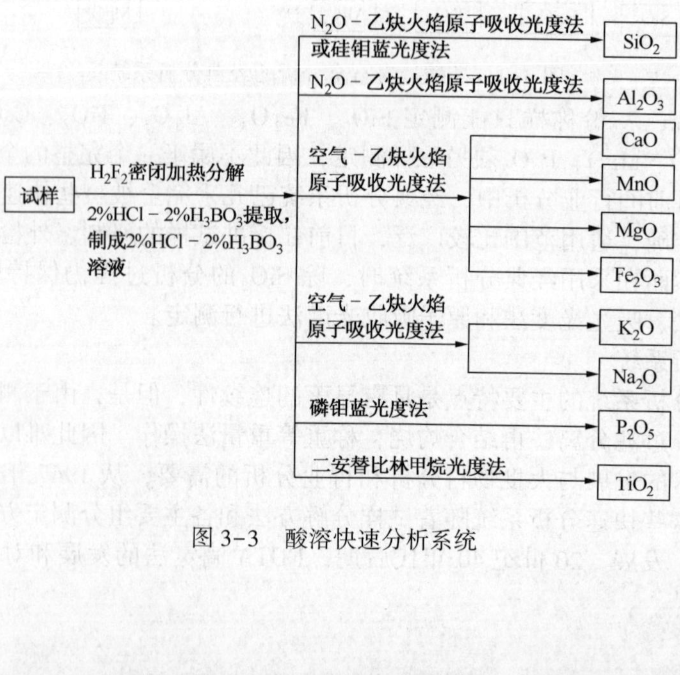

图3-3　酸溶快速分析系统

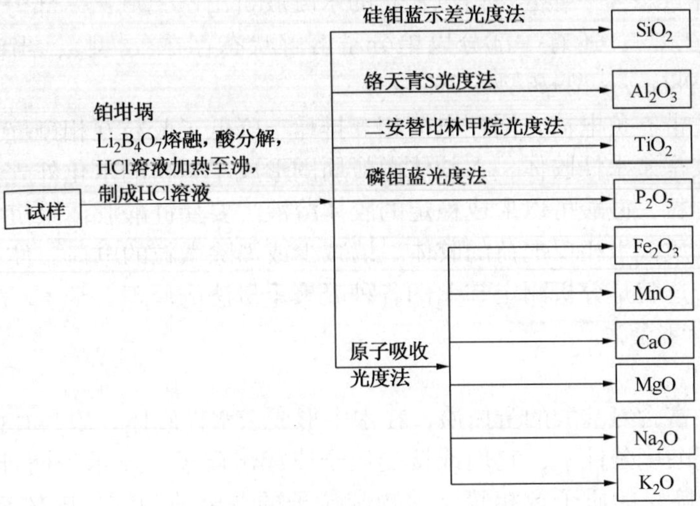

图 3-4　四硼酸锂熔融分析系统

总之，硅酸盐岩石全分析的分析系统及其中项目的测定方法是在不断改进中得到了迅速的发展。

第二节　二氧化硅的测定

硅酸盐中二氧化硅的测定常用的方法有重量法、容量法、分光光度法等，现分别介绍如下。

一、重量法

测定SiO_2的重量法分为氢氟酸挥发重量法和硅酸脱水灼烧重量法两类。

氢氟酸挥发重量法是将试样置于铂器皿中灼烧至恒重后，加$H_2F_2+H_2SO_4$(或$H_2F_2+HNO_3$)处理，使样品中SiO_2转化为SiF_4逸出，再灼烧至恒重，差减计算SiO_2的含量。这种方法只能适用于较纯的石英样品中SiO_2的测定。

硅酸脱水灼烧重量法在经典和快速分析系统中都得到应用。其中两次盐酸蒸干脱水重量法是经典分析系统中的方法，曾被公认为对高、中含量SiO_2的测定的最精确方法。而用动物胶、聚环氧乙烷、十六烷基三甲基溴化铵、聚乙烯醇等凝聚硅酸胶体的快速重量法，则是快速分析系统中较长时间采用的方法，较普遍用于例行分析中。下面介绍动物胶凝聚硅酸重量法测定SiO_2含量。

1. 硅酸的性质和硅酸胶体的结构

硅酸有多种形式，其中偏硅酸是硅酸中最简单的形式。它是二元弱酸，其电离常数K_1、K_2分别为$10^{-9.3}$和$10^{-12.16}$。在pH值为1~3的低浓度(<1mg/mL)硅酸溶液中，硅酸以单分子形式存在。当pH值小于1或大于3，硅酸即胶体化，且聚合速度迅速加快，在pH值为3~8，尤其5~6时，聚合速率最快，并形成二聚物。二聚物的水溶性甚小。所以调节硅酸溶液pH值为4~8，硅酸可几乎完全沉淀。这是硅与其他元素分离的方法之一。

硅酸存在三种状态，一部分呈白色片状的水凝胶析出(γ 型)；一部分呈水溶胶，以胶体状态留在溶液中(β 型)；还有一部分以单分子溶解状态存在(α 型)，当溶液酸度≥8mol/L 时，γ 型达 92%～98%，α 型+β 型达 2%～8%。

硅酸溶胶胶粒带有负电荷，同性电荷相互排斥，降低了胶粒互相碰撞结合成较大颗粒的可能性；硅酸溶胶是亲水性胶体，在胶体微粒周围形成了紧密的水化外壳，也阻碍着微粒互相结合成较大的颗粒，硅酸可以形成稳定的胶体溶液。要使硅酸胶体聚沉，必须破坏其水化外壳和加入强电解质或带相反电荷的胶体。以减少或消除微粒的电荷，使硅酸微粒凝聚成较大的颗粒而聚沉，这就是分析测定 SiO_2 的各种凝聚重量法的原理。

2. 动物胶凝聚重量法

(1) 测定原理

动物胶是一种富含氨基酸的蛋白质，在水中形成亲水性胶体。因为其中氨基酸的氨基和羧基并存，在不同酸度条件下，它们或接受质子或放出质子，显示为两性电解质。当 pH＝4.7 时，其放出和接受的质子数相等，动物胶粒子的总电荷为零，即体系处于等电态。在 pH<4.7 时，其中之氨基—NH_2 与 H^+ 结合成—NH_3^+ 而带正电荷；pH>4.7 时，其中之羧基电离放出质子，成为—COO^-，使动物胶粒子带负电荷：

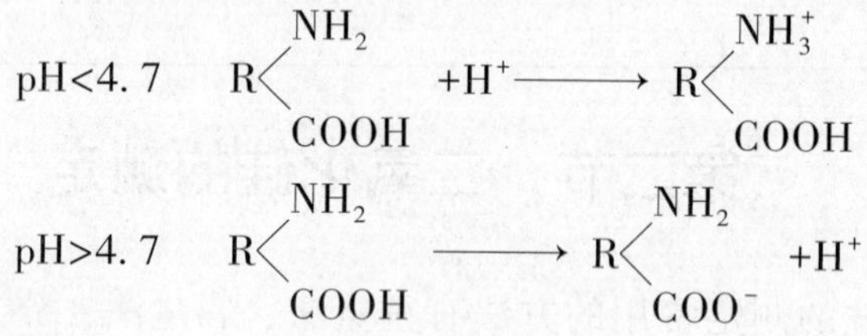

在酸性介质中，由于硅酸胶粒带负电荷，动物胶质点带正电荷，可以发生相互吸引和电荷中和，使硅酸胶体凝聚。另外，由于动物胶是亲水性很强的胶体，它能从硅酸质点上夺取水分，破坏其水化外壳，促使硅酸凝聚。

正长石(橄榄石)熔融物用水提取，盐酸酸化时，偏硅酸钠转变为难离解的偏硅酸，金属离子均成为氯化物。

$$Na_2SiO_3+2HCl = H_2SiO_3+2NaCl$$
$$KAlO_2+4HCl = KCl+AlCl_3+2H_2O$$
$$NaFeO_2+4HCl = FeCl_3+NaCl+2H_2O$$
$$MgO+2HCl = MgCl_2+H_2O$$

将酸化后的溶液，在低温电热板上蒸至湿盐状，加入浓盐酸、动物胶，使硅酸凝聚，过滤硅酸沉淀，滤液收集定容以供其他离子测定。沉淀经洗涤、过滤、灼烧、称量后得 SiO_2 含量。

(2) 分析步骤

称取约 0.5g 试样，精确至 0.0001g，加入 5g 无水碳酸钠置于铂坩埚中，在 950～1000℃ 下熔融 20～30min，取出冷却。放入 250mL 的烧杯中。加入 20～30mL 热水浸提，使熔块全部转移到烧杯中，加入 1∶2 盐酸 30～40mL，加热至熔块全部溶解，用蒸馏水洗净坩埚。将烧杯放在水浴上或低温电热板上蒸至湿盐状，取下冷却。用玻璃棒压碎盐类，加入浓盐酸 20mL，搅拌均匀，加热微沸 1min。将烧杯置于 70℃ 的水浴中，加入新配制的 1% 的动物胶 10mL，充分搅拌 1min，于水浴中保温 20min。取下加入热水 20mL，搅拌使盐类溶解，用中速定量滤纸过滤，滤液收集于 250mL 容量瓶中(供测定铁、铝、钛、钙、镁、锰、磷用)。

用热的2%的盐酸溶液洗涤烧杯、沉淀各数次，用一小片定量滤纸擦净烧杯，然后用热水洗涤沉淀8~10次，洗涤完毕（$AgNO_3$检查至滤液中无Cl^-）。将滤纸连同沉淀一起移入已经恒重好的瓷坩埚中，置于马弗炉中，从低温开始灰化，于1000℃灼烧1h，取出放入干燥器中冷却至室温，称重。反复灼烧，直至恒重。

（3）结果计算

二氧化硅（SiO_2）的含量（w）以质量分数（%）表示，计算如下：

$$w(SiO_2)=\frac{m_1-m_2}{m}\times 100 \tag{3-1}$$

式中 m_1——恒重后坩埚重量+沉淀质量，g；

m_2——坩埚质量，g；

m——试样质量，g。

（4）注意事项

① 动物胶凝聚硅酸的酸度、温度及用量。

在酸性介质中，由于硅酸胶粒带负电荷，动物胶质点带正电荷，可以发生相互吸引和电荷中和，使硅酸胶体凝聚。酸度越高，胶团的水化程度越小，凝聚能力愈强；因此，在加入动物胶之前，先把溶液蒸至湿盐状，然后加入浓盐酸，并控制其酸度在8mol/L。凝聚温度控制在60~70℃。加入动物胶并不断搅拌1min，于水浴中保温20min。温度过低，一方面凝聚速度慢，另一方面，吸附的杂质多；温度过高，动物胶会分解，其凝聚能力减弱。动物胶的用量一般为25~100mg，少于此量时，硅酸凝聚不完全，反之，大量的动物胶存在会使硅酸复溶、过滤速度减慢。

② 沉淀的过滤及洗涤。

过滤沉淀时，采用倾泻法。为防止钛、铝、铁水解产生氢氧化物沉淀及硅酸形成胶体漏失，首先应以温热的稀盐酸（2+98）洗涤沉淀3~4次，然后再以热水充分洗涤沉淀，直到无氯离子为止。但洗涤次数也不要过多，否则漏失的可溶性硅酸会明显增加，一般洗液体积不要超过120mL。

③ 沉淀灰化。

沉淀灼烧前滤纸一定要缓慢灰化完全。坩埚盖要半开，不要产生火焰，以防造成二氧化硅沉淀的损逸，也不要有残余炭存在，以免高温灼烧时生成黑色的碳化硅，影响测定。

④ 氢氟酸处理。

即使严格掌握凝聚、洗涤、灰化等步骤的实验条件，二氧化硅沉淀仍会吸附铁、铝等杂质。消除吸附现象最好的办法是将灼烧过的不纯二氧化硅沉淀用氢氟酸加硫酸处理，处理后SiO_2以SiF_4的形式逸出，减轻的质量即为纯SiO_2的质量。

用氢氟酸处理时，除SiO_2以SiF_4的形式逸出外，应防止其余化合物逸出或改变形态而引起测定误差。其一是钛，钛与氢氟酸反应生成TiF_4，亦可逸出而使二氧化硅结果偏高。故用氢氟酸处理前，应先加入硫酸，使钛生成$Ti(SO_4)_2$，不再生成TiF_4；其二是$CaC1_2$，高温下会分解成CaO，加入硫酸使其生成$CaSO_4$，则可防止分解。因此在灼烧不纯二氧化硅时应加入3滴硫酸（1+4）。使用硫酸还有一个作用，即可以通过三氧化硫白烟的逸尽，来判断挥发性氟化物及多余的氢氟酸是否已完全逸出。

二、容量法

下面介绍氟硅酸钾容量法。

(1) 测定原理

试样经碱熔，使 SiO_2转变为易溶于酸的硅酸盐(K_2SiO_3或 Na_2SiO_3)，在强酸性溶液中，有过量的氟离子和钾离子存在条件下，硅酸根离子能与氟离子作用，生成氟硅酸根离子(SiF_6^{2-})，并进而与钾离子作用，生成氟硅酸钾沉淀。

$$SiO_3^{2-}+6F^- = SiF_6^{2-}+3H_2O$$

$$SiF_6^{2-}+2K^+ = K_2SiF_6\downarrow$$

沉淀经过滤洗涤及中和沉淀物中与滤纸上的残余酸后，加沸水使氟硅酸钾沉淀水解，生成等物质的量的氢氟酸。

$$K_2SiF_6+3H_2O = 2KF+H_2SiO_3+4HF$$

用氢氧化钠标准溶液进行滴定，以酚酞作指示剂，终点为粉红色。

$$HF+NaOH = NaF+H_2O$$

(2) 分析步骤

称取约 0.5g 试样，精确至 0.0001g，置于银坩埚中，加入 5~6g 氢氧化钠，在 650~700℃的高温下熔融 30min。取出冷却，将坩埚放入已盛有 100mL 近沸腾水的烧杯中，盖上表面皿，于电热板上适当加热，待熔块完全浸出后，取出坩埚，用水冲洗坩埚和盖，在搅拌下一次加入 25~30mL 盐酸，用热盐酸(1+5)洗净坩埚和盖，将溶液加热至沸腾，冷却，然后移入 250mL 容量瓶中，加水稀释至标线，摇匀。

自容量瓶中吸取 50.00mL 溶液，放入 250~300mL 塑料杯中，加入 10~15mL 硝酸，搅拌，冷却至 30℃以下。加入氯化钾并仔细搅拌至饱和并有少量氯化钾析出，再加 2g 氯化钾及 10mL 氟化钾溶液，仔细搅拌(如氯化钾析出量不够，应再补充加入)，放置 15~20min。用中速滤纸过滤，用氯化钾溶液洗涤塑料杯及沉淀 3 次。将滤纸连同沉淀取下，置于原塑料杯中，沿杯壁加入 10mL 30℃以下的氯化钾-乙醇溶液及 1mL 酚酞指示剂溶液，用氢氧化钠标准溶液中和未洗尽的酸，仔细搅动滤纸并随之擦洗杯壁直至溶液呈红色。向杯中加入 200mL 沸水(煮沸并用氢氧化钠溶液中和至酚酞呈微红色)，用氢氧化钠标准溶液滴定至微红色。记录消耗氢氧化钠标准溶液的体积。

(3) 结果计算

二氧化硅(SiO_2)的含量(w)以质量分数(%)表示：

$$w(SiO_2)=\frac{cV\times 15.02\times 5}{m\times 1000}\times 100 \quad (3-2)$$

式中 c——氢氧化钠标准溶液的浓度，mol/L；

V——滴定时消耗氢氧化钠标准溶液的体积，mL；

15.02——1/4 二氧化硅的摩尔质量，g/mol；

5——全部试样溶液与所分取试样溶液的体积比；

m——试样质量，g。

(4) 注意事项

① 溶液的酸度。

为了使 K_2SiF_6定量地沉淀，除保证有适当过量的 F^-、K^+外，酸度对 K_2SiF_6沉淀影响较大，沉淀过程溶液的酸度应保持在3mol/L左右。当沉淀酸度（硝酸环境）大于3mol/L时，K_2SiF_6的溶解度增大，沉淀不完全，使结果偏低；当沉淀酸度小于3mol/L时，易形成其他金属的氟化物沉淀（如K_3AlF_6）而干扰测定。

使用硝酸比使用盐酸好，使用硝酸不易析出硅酸胶体，还可减弱铝的干扰。

沉淀过程使用硝酸调酸度时，50mL试验液中加入10~15mL浓硝酸，可使溶液中硝酸的浓度维持在3mol/L左右。

② 氯化钾加入量。

氯化钾应加至饱和，过量的钾离子，由于同离子效应而有利于K_2SiF_6沉淀反应完全，否则，因钾离子不足，氟硅酸钾难以定量生成，这是本法的关键之一。

操作过程中应注意在加入固体氯化钾时，一定要不断地仔细搅拌，将氯化钾颗粒压碎，促使其溶解后，再加入氯化钾，直至不再溶解为止，再过量1~2g。溶液中加入浓硝酸后，溶液温度升高，应先将溶液冷却至30℃以下，再加入氯化钾至饱和。如果不冷却而加氯化钾至饱和，由于氯化钾的溶解度随温度升高而增大，待放置15~20min后，溶液温度降低，氯化钾因溶解度降低而析出大量细小氯化钾晶体，给操作带来很大困难。

③ 氟化钾的加入量。

氟化钾的加入量要适宜。如加入量过多，则铝离子易与过量的氟离子生成K_3AlF_6沉淀，氟铝酸钾水解亦生成氢氟酸而使结果偏高。

量取氟化钾溶液要用塑料量杯，否则会因腐蚀玻璃而带入空白。

④ 氟硅酸钾沉淀的陈化。

放置时间，从加入氟化钾溶液算起，沉淀15~20min较为适宜。放置时间短，氟硅酸钾沉淀不完全；放置时间过长，会增强Al^{3+}的干扰，特别是高铝试样，放置时间更要严格控制。

氟硅酸钾的沉淀反应是放热反应，所以冷却有利于沉淀反应完全。沉淀时的温度以不超过25℃为宜，K_2SiF_6沉淀反应进行不完全，结果将严重偏低。

⑤ 氟硅酸钾的过滤和洗涤。

氟硅酸钾属中等细度晶体，过滤时用一层中速滤纸。过滤时采用倾泻法，先将溶液倒入漏斗中，而将氯化钾固体和氟硅酸钾沉淀留在塑料杯中，溶液滤完后，再用50g/L氯化钾洗2~3次。一般烧杯洗2次，漏斗洗1次，洗涤液总量不超过25mL。洗涤时先往烧杯中加入5~10mL（50g/L）氯化钾溶液，搅拌，使固体氯化钾溶解后，稍静置，再将溶液倒入漏斗中。再加入5~10mL（50g/L）氯化钾溶液，将固体氯化钾溶解后倒入漏斗中。洗涤时，应等上次洗涤液漏完后，再洗下一次，以保证洗涤效果。

洗涤液的温度不宜超过30℃。否则，需用流水或冰箱将洗涤液温度降至30℃以下。

⑥ 中和残余酸。

氟硅酸钾晶体中夹杂的金属阳离子不会干扰测定，而夹杂的硝酸却严重干扰测定。采用洗涤的方法彻底除去硝酸，会使氟硅酸钾严重水解，因而，只能洗涤2~3次，残余的酸则采用中和的方法予以消除。

中和残余酸时要特别注意快速、准确，以防氟硅酸钾提前水解。

中和介质为10mL 50g/L氯化钾-50%乙醇溶液，以酚酞为指示剂，以0.15mol/L氢氧化钠溶液进行中和。中和时要将滤纸展开，捣烂，用塑料棒反复挤压滤纸，使其吸附的酸能进入溶液被碱中和，最后还要用滤纸擦洗杯内壁，中和至溶液呈红色。

中和操作要尽快完成，以防止氟硅酸钾沉淀的溶解。中和完放置后如有褪色，则不能再作为残余酸继续中和了。

⑦ 水解、滴定过程。

氟硅酸钾沉淀的水解反应分两个阶段，氟硅酸钾沉淀的溶解及氟硅酸根离子的水解：

$$K_2SiF_6 = 2K^+ + SiF_6^{2-}$$

$$SiF_6^{2-} + 3H_2O = 2F^- + H_2SiO_3 + 4HF$$

两步反应均为吸热反应，水解时水的温度越高、体积越大，越有利于上述两步反应的进行。故实际操作中应用刚刚沸腾的水，并使总体积在200mL以上。

上述水解反应并不是在加水之后就立即完成，而是随着氢氧化钠溶液的加入，氟硅酸钾不断水解，直至到达滴定终点时，水解反应才趋于完全，因此滴定速度不可过快，但滴定速度也不能过慢，以免硅酸发生水解，使终点不敏锐。滴定时应保持溶液的温度在终点时不低于70℃。水解温度低于70℃，水解不完全，滴定终点易返回，找不到正确终点，致使结果偏低。滴定终点以刚刚微红为宜。

⑧ 干扰消除。

试样中的铝对测定产生干扰，但在操作中采用钾盐不用钠盐，用硝酸而不用盐酸，可以消除铝的干扰。因为K_3AlF_6在盐酸中溶解度小，在硝酸中溶解度大，而Na_3AlF_6在硝酸中溶解度小于K_3AlF_6。所以，只要操作中不引入钠盐，在3mol/L的硝酸中进行沉淀就能消除铝的干扰。

试液中加入浓硝酸时会产生硅胶白色沉淀。当加入氟化钾后硅胶很快就会转变为K_3AlF_6沉淀，对测定无影响。

⑨ 空白。

测定试样前，应检查水、试剂及用具的空白。一般不应超过0.1mL 0.15mol/L氢氧化钠溶液，并将此值从滴定所消耗的氢氧化钠溶液体积中扣除。

三、分光光度法

1. 测定原理

在一定的酸度下，硅酸与钼酸铵生成黄色的硅钼杂多酸（$H_8[Si(Mo_2O_7)_6]$），又称为硅钼黄，可借以进行硅的比色测定，一般称为硅钼黄光度法，但硅钼黄不够稳定，灵敏度也不够高。通常用还原剂（如抗坏血酸或$(NH_4)_2Fe(SO_4)_2$）将其还原成蓝色的硅钼杂多酸，也称硅钼蓝（$H_8[Si(Mo_2O_5)(Mo_2O_7)_5]$），再进行比色测定。

2. 测定步骤

（1）试样的分解

经过氢氟酸处理后得到的残渣中加入0.5g焦硫酸钾熔融，熔块用热水和数滴盐酸（1+1）溶解，溶液并入装有经沉淀分离二氧化硅后得到的滤液和洗液的250mL容量瓶中，用水稀释至标线，摇匀。

（2）标准曲线的绘制

吸取每毫升含有0.02mg二氧化硅的标准溶液0、2.00、4.00、6.00、8.00、10.00mL分别放入100mL容量瓶中，加水稀释至约40mL，依次加入5mL盐酸（1+1）、8mL 95%（v/v）乙醇、6mL钼酸铵溶液。放置30min后，加入20mL盐酸（1+1）、5mL抗坏血酸溶液，用水稀释至标线，摇匀。放置1h后，使用分光光度计，用1cm比色皿，以水作参比，于660nm

处测定溶液的吸光度，绘制标准曲线。

(3) 二氧化硅的测定

从试样溶液中吸取25.00mL溶液放入100mL容量瓶中，用水稀释至40mL，依次加入0.5mL盐酸(1+1)、8mL 95%(v/v)乙醇、6mL钼酸铵溶液，放置30min后加入20mL盐酸(1+1)、5mL抗坏血酸溶液，用水稀释至标线，摇匀。放置1h后，使用分光光度计、1cm比色皿，以水作参比，于660nm处测定溶液的吸光度，在标准曲线上查出二氧化硅的含量。

3. 结果计算

二氧化硅(SiO_2)的含量(w)以质量分数(%)表示，计算如下：

$$w(SiO_2)=\frac{m}{m_o\times\frac{25}{250}\times1000}\times100 \tag{3-3}$$

式中　m——测定的100mL溶液中二氧化硅的含量，mg；

m_o——试样的质量，g。

4. 注意事项

(1) 控制硅酸聚合

硅酸在溶液中能发生聚合反应，以双分子聚合物、三分子聚合物等多种聚合状态存在，高聚合状态的硅酸不能与钼酸盐形成杂多酸，仅单分子硅酸能与钼酸盐生成黄色硅钼杂多酸，再进一步被还原成硅钼蓝。因此，防止硅酸的聚合是光度法测定SiO_2的关键。

硅酸的聚合程度与酸度、温度、硅酸浓度及煮沸和放置的时间有关。硅酸的浓度越高，溶液的酸度越大，加热煮沸和放置的时间越长，则硅酸的聚合现象越严重。

(2) 硅钼黄的形成

硅酸与钼酸铵生成硅钼黄与溶液的酸度有关，一般来说，生成硅钼黄时的酸度以0.1mol/L左右为宜，酸度过高，硅钼黄生成不完全，过低则生成速度缓慢。在乙醇或丙酮存在下可加快硅钼黄生成并使其稳定性提高，所以形成硅钼黄时常加入定量的乙醇溶液。

(3) 硅钼黄的还原

硅钼黄还原为硅钼蓝的适宜酸度为0.8~1.35mol/L，酸度过低时，部分钼酸盐被还原。硅钼蓝对酸的适应性很强，酸度增大至8~9mol/或降低至0.1~0.2mol/L都不会引起颜色减退。温度对硅钼蓝的显色影响不大，但温度低时反应较慢。一般加还原剂后，放置5min即可进行比色。常用的还原剂有抗坏血酸、$SnCl_2$、$(NH_4)_2Fe(SO_4)_2$等，抗坏血酸的灵敏度较好，但还原速度较慢。

(4) 干扰消除

Fe^{3+}存在时能与钼酸铵作用生成钼酸铁沉淀，PO_4^{3-}和AsO_4^{3-}与钼酸铵作用生成杂多酸，还原后也同样产生蓝色杂多酸。加入草酸能溶解钼酸铁沉淀形成$[Fe(C_2O_4)_3]^{3-}$配合物离子，增大还原时的酸度可避免磷、砷的干扰。

如果锡和钛存在，则由于生成硅钼黄时酸度很低，会水解产生沉淀，带走部分硅酸，使结果偏低，此时应注意控制适应酸度，防止其发生水解。

第三节　三氧化二铁的测定

硅酸盐试样中铁的测定方法通常采用滴定分析法、原子吸收光谱法、分光光度法等。在滴定法中，一类是以形成配合物反应为基础的配位滴定法，如 EDTA 滴定法；另一类是以氧化-还原反应为基础的氧化-还原滴定法，如重铬酸钾滴定法。本节重点介绍重铬酸钾氧化-还原滴定法，原子吸收光谱法。

一、氧化-还原滴定法

1. 测定原理（氯化亚锡还原-重铬酸钾氧化滴定法）

在热盐酸介质中，用 $SnCl_2$ 作还原剂，将溶液中的 Fe^{3+} 还原成 Fe^{2+}，过量的 $SnCl_2$ 用 $HgCl_2$ 除去，在硫-磷混合酸存在下，以二苯胺磺酸钠为指示剂，用 $K_2Cr_2O_7$ 标准溶液滴定 Fe^{2+}，至溶液呈现稳定的紫色为终点。

$$2Fe^{3+}+Sn^{2+}+6Cl^- \xlongequal{} 2Fe^{2+}+SnCl_6^{2-}$$

$$Sn^{2+}+4Cl^-+2HgCl_2 \xlongequal{} SnCl_6^{2-}+Hg_2Cl_2\downarrow$$

$$6Fe^{3+}+Cr_2O_7^{2-}+14H^+ \xlongequal{} 6Fe^{2+}+2Cr^{3+}+7H_2O$$

2. 测定步骤

吸取分离二氧化硅后的滤液 50.00mL 于 250mL 烧杯中，低温浓缩至 NaCl 开始析出，补加 5mL HCl，加入少量水使 NaCl 溶解，加热近沸，趁热在摇动下逐滴加入 15% 的 $SnCl_2$ 溶液至 $FeCl_3$ 黄色完全消失并过量 1～2 滴，用水冲洗杯壁，迅速用流水冷却至室温，加入 $HgCl_2$ 饱和溶液，搅匀，放至 3～5min，用水稀释至 100mL，加入 15mL $H_2SO_4-H_3PO_4$ 混合酸，加入 2 滴 1% 二苯胺磺酸钠指示剂，用 $K_2Cr_2O_7$ 标准溶液滴定溶液呈现稳定的紫色为终点。

3. 结果计算

三氧化二铁（Fe_2O_3）的含量（w）以质量分数（%）表示，计算如下：

$$w(Fe_2O_3)=\frac{T\times(V_1-V_0)}{m\times\frac{50}{250}}\times1.4297\times100 \qquad (3-4)$$

式中 T——$K_2Cr_2O_7$ 标准溶液对 Fe 的滴定度，g/mL；

V_1——滴定消耗的体积，mL；

V_0——随同试样空白消耗的体积，mL；

1.4297——Fe 换算为 Fe_2O_3 的因子；

m——试样的质量，g。

4. 注意事项

（1）Fe^{3+} 还原的酸度及温度

为了使 Fe^{3+} 能较为迅速地还原完全，常将制备溶液加热到小体积时，趁热滴加 $SnCl_2$ 溶液至黄色褪去。趁热加入 $SnCl_2$ 溶液，是因为 Sn^{2+} 还原 Fe^{3+} 的反应在室温下进行得很慢，提高温度到近沸，可大大加快反应过程。浓缩至小体积，一方面提高了酸度，可防止 $SnCl_2$ 的水解，另一方面提高反应物浓度，有利于 Fe^{3+} 的还原和还原完全时颜色变化的观察。

（2）为了使试液中的 Fe^{3+} 被还原为 Fe^{2+} 并阻止 Fe^{2+} 再被氧化，通常需加入稍微过量的 $SnCl_2$，然后加入 $HgCl_2$，除去过量的 $SnCl_2$，生成白色 Hg_2Cl_2 沉淀。如果还原时 $SnCl_2$ 加入过多，则 Hg_2Cl_2 被进一步还原为单质 Hg，产生灰色或黑色沉淀，金属汞易被 $K_2Cr_2O_7$ 氧化，使测定结果偏高。

（3）加 $HgCl_2$ 除去过量的 $SnCl_2$ 必须在冷溶液中进行，并且在加入 $HgCl_2$ 溶液后放置 3～

5min 后滴定。因为在热溶液中，$HgCl_2$可氧化 Fe^{2+}，使测定结果偏低；加入 $HgCl_2$溶液后不放置，或放置时间太短，反应不完全，Sn^{2+}未除尽，同样会与 $K_2Cr_2O_7$反应，使结果偏高；放置时间过长，已被还原的 Fe^{2+}可被空气中氧所氧化，使结果偏低。

(4) 加 H_2SO_4是保证滴定所需的酸度，酸度控制在 1~3mol/L，酸度过高，终点变色迟钝，会使测定结果偏高。酸度过低，滴定反应不完全。H_3PO_4与 Fe^{3+}形成无色配离子 $[Fe(HPO_4)_2]^{-1}$，即可消除 Fe^{3+}黄色对终点色变的影响，又可降低 Fe^{3+}/Fe^{2+}电对的电位，使突跃范围变宽，便于指示剂的选择。但是，必须注意，在 H_3PO_4介质中，Fe^{2+}的稳定性较差，加入 $H_2SO_4-H_3PO$ 混合酸后应尽快进行滴定。

(5) 指示剂用量

二苯胺磺酸钠与 $K_2Cr_2O_7$的反应速度本来很慢，由于微量 Fe^{2+}的催化作用，使其与 $K_2Cr_2O_7$的反应迅速进行，变色敏锐。由于指示剂被氧化时也消耗 $K_2Cr_2O_7$，应严格控制其用量。

(6) 干扰消除

铜、铀、钛、砷、锑、钨、钼、铂、钒、硝酸根及大量的钴、镍、铬、硅酸等存在，均可能产生干扰。铜、铀、钛、砷、锑、钨、钼、铂在测定铁的条件下，既可被 $SnCl_2$还原至低价，而后低价的离子又可被 $K_2Cr_2O_7$氧化滴定，产生正干扰。钒因本身变价较多，若被 $SnCl_2$还原完全，则使结果偏高；若部分还原，剩余部分可能导致 Fe^{2+}被氧化，使结果偏低。NO_3^- 对 Fe^{3+}的还原和 Fe^{2+}的滴定都有影响，可用硫酸冒烟或盐酸低温反复蒸干除去。大量钴、镍、铬存在，离子本身颜色影响终点观察，较大量的硅酸呈胶体存在时，由于吸附或包裹 Fe^{3+}，使其还原不完全，导致结果偏低。

钛的存在量少于试样中铁含量时，可以在 $SnCl_2$还原 Fe^{3+}之前加入适量的 NH_4F 来消除。当 TiO_2含量大于铁含量时，加 NH_4F 也无法消除钛对测定铁的干扰，可采用钛-铁连续滴定的方法，消除钛对测定的干扰。钨、钼、铬、钒、砷、锑等的影响，可将试样用碱熔，然后水提取，使铁被沉淀，过滤分离。用碳酸钠小体积沉淀，可分离铀、钨、钼、砷、钡等。砷、锑的量大时，也可以在硫酸溶液中加入氢溴酸，加热冒烟，使砷、锑呈溴化物挥发除去。铜、钴、镍、铂可用氨水沉淀分离。在重量法测定 SiO_2的滤液中测定铁时，不必考虑硅酸的影响。

二、原子吸收光谱法

原子吸收光谱法测定铁，简单快捷，干扰少，在生产中得到广泛的应用。

1. 测定原理

分取一定量的溶液，以锶盐($SrCl_2$)消除硅、铝、钛等对铁的抑制干扰，在空气-乙炔火焰中，于 248.3nm 处测吸光度。

2. 测定步骤

(1) 标准溶液的配制

称取 0.1000g 于 950℃灼烧 1h 的三氧化二铁(Fe_2O_3，高纯试剂)，精确至 0.0001g，于 300mL 烧杯中，依次加入 50mL 水、30mL 盐酸(1+1)，2mL 硝酸，低温加热至部分溶解，冷却后移入 1000mL 容量瓶中，用水稀释至刻度，摇匀。此标准溶液每毫升含有 0.1mg 三氧化二铁。

(2) 标准曲线的绘制

吸取每毫升含有 0.1mg 三氧化二铁的标准溶液 0、10.00、20.00、30.00、40.00、50.00mL 分别放入 500mL 容量瓶中，加入 25mL 盐酸及 10mL 氯化锶溶液，用水稀释至标线，摇匀。将原子吸收光谱仪调节至最佳工作状态，在空气-乙炔火焰中，用铁元素空心阴极灯，于 248.3nm 处，以试剂空白校零，测定溶液的吸光度，绘制标准工作曲线。

(3) 试样的测定

分取一定量的试样溶液，放入容量瓶中(试样溶液需要的稀释倍数视溶液中三氧化二铁的含量而定)，加入氯化锶溶液，使测定溶液中锶的浓度为 mg/mL。用水稀释至标线，摇匀。用原子吸收光谱仪，铁元素空心阴极灯，于 248.3nm 处测定溶液的吸光度，在标准工作曲线上查出三氧化二铁的含量。

3. 结果计算

三氧化二铁(Fe_2O_3)的含量(w)以质量分数(%)表示，计算如下：

$$w(Fe_2O_3)=\frac{A\times10^{-3}}{m\times\frac{V_0}{250}}\times100 \tag{3-5}$$

式中 A——由标准曲线查出三氧化二铁的量，mg；

V_0——分取试样体积，mL；

m——试样的质量，g。

4. 干扰及其消除

① 一般来说，铁的原子吸收分光光度法分析的基体干扰不太严重，由分子吸收或光散射造成的背景吸收也可忽略。但是，由于铁的光谱线较复杂，在所测定的吸收线附近，存在着单色器不能分离的邻近线，使测定的灵敏度下降及工作曲线弯曲，应选用较小的光谱通带予以改善或消除。但应注意，光谱通带太小会使光强度减弱、信噪比降低，也会影响测定。

② 铁的氧化物比较稳定，应选用富燃性火焰，以提高测定的灵敏度。

第四节 三氧化二铝的测定

硅酸盐试样中铝的测定方法通常采用滴定分析法、原子吸收光谱法、分光光度法等。常量分析常采用 EDTA 配位滴定法，当试样中铝含量较低时，采用铬天青 S 分光光度法。

一、铝与 EDTA 的配合滴定

铝与 EDTA 的配位滴定过程存在下列三个问题：

① Al^{3+}对二甲酚橙、铬黑 T 等指示剂都有封闭作用，无法用 EDTA 直接滴定 Al^{3+}。

② Al^{3+}与 EDTA 可形成中等强度的无色配合物，但此配合反应在室温下进行很慢，必须加热至沸腾才可能配合完全。

③ 在酸度不高时，$Al(H_2O)_6^{3+}$ 水解生成一系列多羟基配合物。当酸度高至 EDTA 滴 Al^{3+}的最高酸度(pH=4.2)时，仍不能避免多羟基配合物的形成。这些多羟基配合物与EDTA 反应缓慢，配合比不定，对滴定不利。

为解决上述矛盾，可采用返滴定法测定铝。即先加入一定量的过量 EDTA 标准溶液，在

pH 值为 3.5 左右煮沸，使 Al^{3+} 与 EDTA 配合反应完全，再加入金属指示剂，用标准铜盐(或锌盐)溶液返滴定。如果待测溶液中同时含有铝和钛，由于钛离子也可以与 EDTA 配合，上述返滴定法测定结果是铝、钛合量，如果需要测定纯三氧化二铝的含量，应采用置换滴定法。

二、氟化铵置换-EDTA 配位滴定法测定三氧化二铝

1. 测定原理

在微酸性溶液中加入过量的 EDTA，将溶液煮沸，调节溶液 pH 值为 5～6，使 Al^{3+}、Fe^{3+}、Cu^{2+}、Zn^{2+}、Pb^{2+}、TiO^{2+}、Ni^{2+} 等离子与 EDTA 完全配合。选用适当的指示剂，用锌盐溶液回滴过量的 EDTA。然后加入氟化铵，利用 F^- 能与 Al^{3+} 形成更稳定的配合物这一性质，使 AlY^- 转变为更稳定的配合物 AlF_6^{3-}，释放出与 Al^{3+} 等物质量的 EDTA，再用锌标准溶液滴定被释放出来的 EDTA。反应式如下：

$$AlY^- + 6F^- = AlF_6^{3-} + Y^{4-}$$

$$Y^{4-} + Zn^{2+} = ZnY^{2-}$$

2. 测定步骤

吸取分离二氧化硅后的滤液 25.00mL，于 300mL 锥形瓶中，加水 20mL，用氨水调至氢氧化铁沉淀出现。以盐酸(1+1)溶解并过量 2mL，加热煮沸、冷却。加入 10mL 钽试剂，放置 5min，加入 10mL EDTA 溶液(若铝量较高，可补加)，在 60℃保温下，至钛与钽试剂沉淀凝聚。取下冷却，以甲基橙为指示剂，用氨水(1+1)调至黄色，过量 2 滴。加入 10mL 乙酸-乙酸钠缓冲溶液。煮沸 3min，取下，冷却至室温。加入 3～4 滴 0.5%二甲酚橙指示剂，用氯化锌标准溶液滴定溶液刚变红紫色，此读数不计。然后加入 1～2g 氟化铵，煮沸 3min。取下冷却至室温，用氯化锌标准溶液滴定至溶液刚变红紫色为终点。记下读数，计算三氧化二铝的百分含量。

3. 结果计算

三氧化二铝(Al_2O_3)的含量(w)以质量分数(%)表示，计算如下：

$$w(Al_2O_3) = \frac{T \times V \times n}{m \times 1000} \times 100 \qquad (3-6)$$

式中 T——每毫升氯化锌标准溶液相当于三氧化二铝的克数，mg/mL；

V——滴定消耗氯化锌标准溶液体积，mL；

n——全部试样溶液与测定时所分取试样溶液的体积比；

m——试样的质量，g。

4. 注意事项

① 钛(Ⅳ)、锆(Ⅳ)、锡(Ⅳ)、钍(Ⅳ)等与 EDTA 形成稳定的配合物，加入氟化物后，也能释放 EDTA，使测定结果偏高。在一般的硅酸盐中，锡、钍、锆含量均很低，故只考虑钛对测定的影响。通常采取另外测定钛含量，然后扣除的方法。也可加入钽试剂、乳酸、酒石酸等消除钛的干扰。若含量较高，可采用铝、钛连续滴定。即在加入氟化物之前，加入苦杏仁酸置换出 Ti-EDTA 中的 EDTA，用锌盐标准溶液滴定被置换出的 EDTA，从而计算出钛含量，然后再测铝的含量。

分离二氧化硅后的溶液调 pH=2，防止 Al^{3+} 与 TiO^{2+} 的水解，Al^{3+} 与 TiO^{2+} 水解，则难以与 EDTA 或钽试剂配位完全。然后加入钽试剂和过量的 EDTA，将溶液加热至 60℃，调节溶

液 pH 值为 4 左右加热煮沸数分钟，此时 Al^{3+} 完全形成 EDTA 的配合物，TiO^{2+} 亦被钽试剂完全掩蔽。

② 以二甲酚橙为指示剂，锌盐溶液返滴定剩余的 EDTA 恰至终点，此时溶液中已无游离的 EDTA，Al^{3+}、Fe^{3+}、Cu^{2+}、Zn^{2+}、Pb^{2+}、TiO^{2+}、Ni^{2+} 等离子均与 EDTA 定量配位，TiO^{2+} 与钽试剂配位。因尚未加入 NH_4F 进行置换，故此时不必记录锌盐溶液的消耗数。

③ 第一次用锌盐溶液滴定至终点后，要立即加入氟化铵溶液且加热，进行置换，否则痕量的钛会与二甲酚橙指示剂配位，影响第二次的测定。

④ 氟化铵的加入量不宜过多，因为大量的氟化物，与 Fe-EDTA 中的 Fe^{3+} 反应，造成误差。一般分析中，100mg 以内的 Al_2O_3，加 1g 氟化铵可完全满足置换反应的需要。

⑤ 锰量大于 1mg 时，终点变化不明显，可用苯甲酸铵、六次甲基四胺或氨水沉淀铝，使铝与锰分离。

⑥ 大量铁的存在干扰测定，须用 NaOH 将 Fe^{3+}、Al^{3+} 分离。

⑦ 试样中有大量的 Ca^{2+}，会使终点不稳定；PO_4^{3-} 存在会使结果偏低(形成沉淀)。可提高溶液酸度至 pH=4.3，以铋盐作滴定剂，消除干扰。

三、铬天青 S 分光光度法测定三氧化二铝

铝与铬天青 S 在 pH 值为 4.5~5.4 的酸度下形成 1∶2 的有色配合物，显色反应迅速，可稳定 1h，在 pH=5.4 的酸度下，此配合物的最大吸收波长为 545nm，其摩尔吸光系数 ε 为 4×10^4。

铍(Ⅱ)、铜(Ⅱ)、钍(Ⅳ)、锆(Ⅳ)、镍(Ⅱ)、锌、锰(Ⅱ)、锡(Ⅳ)、钒(Ⅴ)、钼(Ⅵ)和铀存在时干扰测定。氟的存在，与铝生成配合物而产生严重的负误差，必须事先除去。铁(Ⅲ)的干扰可加抗坏血酸消除，但抗坏血酸用量不能过多，以加 1%抗坏血酸溶液 2mL 为宜，过多的抗坏血酸会破坏铝-CAS 配合物。少量钛(Ⅳ)、钼(Ⅳ)的影响可加入磷酸盐掩蔽，0.5%磷酸二氢钠溶液 2mL 可掩蔽 100μg 的二氧化钛。低于 500μg 的铬(III)、100μg 的五氧化二钒不干扰测定。低于 2mg 的锰(Ⅱ)，在中和前加入 1%盐酸羟胺溶液 6mL，可消除其影响。碱金属、碱土金属的存在均不影响测定，大量中性盐使结果偏低，可在制作标准曲线时加入与试样相同数量的空白试样来消除其影响。

第五节　二氧化钛的测定

硅酸盐类矿物中钛的含量一般较低，测定方法常常采用配位滴定法和分光光度法。钛的配位滴定法通常有苦杏仁酸置换-铜盐溶液返滴定法和过氧化氢配位-铋盐溶液返滴定法。前者可以同铁、铝在同一份溶液中连续滴定，十分方便；后者多应用含钛量较高的试样。分光光度法测定钛的准确度较高，常用的分析方法有二安替比林甲烷分光光度法和过氧化氢分光光度法。

一、二安替比林甲烷分光光度法

1. 测定原理

在盐酸或硫酸介质中，二安替比林甲烷(简写为 DAPM)与 TiO^{2+} 形成极为稳定的黄色配合物，其吸光度与钛离子浓度之间的关系符合比耳定律，配合物的最大吸收波长在 420mm

处，借此进行分光光度法测定。反应式如下：

$$TiO^{2+}+3DAPM+2H^{+}=\!=\!=[Ti(DAPM)_3]^{4+}+H_2O$$

2. 测定步骤

(1) 二氧化钛标准曲线配制

称取0.1000g经高温灼烧过的二氧化钛，置于铂坩埚中，加入2g焦硫酸钾，在500～600℃下熔融至透明。熔块用硫酸(1+9)浸出，加热至50～60℃，使熔块完全熔解，冷却后移入1000mL容量瓶中，用硫酸(1+9)稀释至刻度，摇匀。此标准溶液每毫升含有0.1mg的二氧化钛。

吸取100.00mL上述标准溶液于500mL容量瓶中，用硫酸(1+9)稀释至刻度，摇匀。此标准溶液每毫升含有0.02mg的二氧化钛。

(2) 标准曲线的绘制

吸取每毫升含有20μg的二氧化钛的标准溶液0、2.00、4.00、6.00、8.00、10.00mL分别放入100mL容量瓶中，依次加入10.00mL盐酸(1+2)、10.0mL抗坏血酸溶液(5g/L)、5.0mL 95%的(v/v)乙醇、20.00mL二安替比林甲烷溶液(30g/L)，用水稀释至标线，摇匀。放置40min后，以试剂空白作参比，于420nm处测定溶液的吸光度，绘制标准曲线。

(3) 样品测定

吸取分离二氧化硅后的滤液25.00mL放入100mL容量瓶中，依次加入10.00mL盐酸(1+2)、10.0mL抗坏血酸溶液(5g/L)、5.0mL 95%的(v/v)乙醇、20.00mL(30g/L)二安替比林甲烷溶液，用水稀释至标线，摇匀。放置40min后，以试剂空白作参比，于420nm处测定溶液的吸光度，在标准曲线上查出二氧化钛的含量。

3. 结果计算

二氧化钛(TiO_2)的含量(w)以质量分数(%)表示，计算如下：

$$w\,(TiO_2)=\frac{m_{TiO_2}\times 10^{3}}{m\times\frac{25}{250}}\times 100 \qquad (3-7)$$

式中 m_{TiO_2}——从标准曲线上查得的二氧化钛的含量，mg；

m——试样的质量，g。

4. 注意事项

(1) 显色酸度

二安替比林甲烷与钛的显色反应多在盐酸溶液中进行。因为硫酸溶液能显著降低显色溶液的吸光度，高氯酸则会与二安替比林甲烷生成白色沉淀。显色时盐酸最适宜的酸度范围为0.5～1.0mol/L。如果溶液的酸度太低，一方面很容易引起TiO^{2+}的水解；另一方面，当以抗坏血酸还原Fe^{3+}时，由于TiO^{2+}与抗坏血酸形成的微黄色配合物因酸度低而不易被破坏，会导致测定结果偏低。当溶液酸度达1.0mol/L以上时，有色溶液的吸光度将随酸度的增高而明显地下降，并且TiO^{2+}浓度愈高，下降的幅度也愈大。

(2) 显色速度

在盐酸溶液中，二安替比林甲烷与钛的显色反应速度比较缓慢，一般需经过25～30min才能达到显色平衡，显色后吸光度可稳定5天。显色剂用量对显色反应速度有较大影响。若显色剂浓度在0.001～0.01mol/L时，需要20h，显色才能完全。一般需加入过量的显色剂(10～20mL)，促进显色反应速度。温度对显色速度也有影响，加热可以加快反应速度。

(3) 干扰及消除

二安替比林甲烷分光光度法测定钛有较高的选择性，大多数金属离子均不干扰测定。

CrO_4^{2-}、VO_3^-、Ce^{4+}等离子因本身有颜色影响测定，以抗坏血酸还原至低价后，可消除影响。

Fe^{3+}与二安替比林甲烷形成棕色配合物，严重干扰测定。可用抗坏血酸将其还原成Fe^{2+}，消除干扰。

钒(V)与二安替比林甲烷形成有色配合物，钒量高时，可用硫脲消除干扰。

大量锆的存在，消耗二安替比林甲烷，完全抑制钛的显色。锆的干扰可加入 EDTA 抑制。

F^-和 H_2O_2能与钛离子生成稳定的配合物而影响测定，须预先除去。

大量的 Al^{3+}、Ca^{2+}、Mg^{2+}、K^+、Na^+、NH_4^+及少量的 PO_4^{3-} 不干扰钛的分光光度法测定。

抗坏血酸及二安替比林甲烷溶液不宜久放，应现用现配。

二、苦杏仁酸置换-铜盐返滴定法

1. 测定原理

在滴定铁后的溶液中，加入过量的 EDTA，煮沸 2~3min，调整溶液 pH 值为 3.8~4.0，以 PAN 为指示剂，硫酸铜标准溶液滴定剩余的 EDTA，溶液由黄色变为亮紫色，测定Al^{3+}+TiO^{2+}含量。然后加入苦杏仁酸溶液，并加热煮沸 1~2min 取下，苦杏仁酸夺取 $TiOY^{2-}$配合物中的 TiO^{2+}，生成更稳定的苦杏仁酸配合物，同时释放出与 TiO^{2+}等摩尔的 EDTA，然后仍以 PAN 为指示剂，硫酸铜标准溶液滴定溶液中被置换出的 EDTA，求得 TiO^{2+}含量。

2. 注意事项

① TiO^{2+}与 EDTA 只能形成很弱的配合物，反应速度很慢，而且 TiO^{2+}极易水解，故 TiO^{2+}与 EDTA 的配合反应在 pH 不大于 1.5，过量的 EDTA 中加热煮沸完成。

② 苦杏仁酸置换 $TiOY^{2-}$配合物中的 Y^{4-}，适宜的 pH 值为 3.5~5。若 pH<3.5，则置换反应不完全；pH>5，TiO^{2+}水解增强，滴定时的酸度可控制在 pH 值为 4~4.5。

第六节　氧化钙、氧化镁的测定

在大部分硅酸盐矿物中，钙、或镁的含量不足 1%。经典的方法是将钙以草酸钙形式沉淀，然后用重量法进行测定；镁以磷酸铵镁的形式沉淀，也用重量法进行测定。在快速分析系统中，常常在一份溶液中控制不同条件分别测定它们的含量。如配位滴定法、原子吸收光谱法、等离子体发射光谱法、X 射线荧光光谱法等都是如此。本节重点介绍配位滴定法。

在一定的条件下，Ca^{2+}、Mg^{2+}能与 EDTA 形成稳定的 1∶1 型配合物。在 pH 值为 8~13 时，Ca^{2+}与 EDTA 定量形成 CaY^{2-}配合物，在 pH 值为 8~10 时，Mg^{2+}与 EDTA 定量形成 MgY^{2-}配合物。在 pH>12 时，镁形成 $Mg(OH)_2$沉淀，通过调整溶液的 pH 和选择合适的指示剂，可以分别测定 CaO、MgO 的含量。

通过控制溶液的 pH，分别测定 CaO、MgO 的含量方案如下：

① 取一份待测试液，以氢氧化钠调节 pH>12，在氢氧化镁沉淀的情况下，以 EDTA 滴定得到钙的含量。然后另取一份试液，调 pH=10，以 EDTA 滴定，测出钙镁合量，从合量

中减去钙量得到镁的含量。

② 取两份待测试液，先调溶液 pH>12，以 EDTA 滴定得到钙的含量，然后将溶液酸化，调 pH＝10，继续以 EDTA 滴定，得到镁的含量。

③ 取另一份待测试液，先调 pH＝10，以 EDTA 滴定，得到钙镁合量，然后以氢氧化钠调节溶液 pH>12，用钙标准溶液回滴 MgY^{2-} 释放出的 EDTA，得到镁的含量。

一、EDTA 配位滴定法测定钙、镁

1. 测定原理

将待测溶液蒸至湿盐状，加入六亚甲基四胺-铜试剂溶液，铝、钛、锡、铬(Ⅲ)、钍、锆、铀(Ⅳ)呈氢氧化物沉淀；铜试剂能和铜、铅、锌、钴、镍、镉、汞、银、锑(Ⅲ)等形成配合物沉淀，将溶液与沉淀定容，分离沉淀，收集滤液，供测定 Ca^{2+}、Mg^{2+}。

Ca^{2+}的测定　吸取滤液，用氢氧化钠调节溶液的 pH 大于 12，加入三乙醇胺，掩蔽 Fe^{3+}、Al^{3+}、TiO^{2+}的干扰，加入酸性铬蓝 K-萘酚绿 B(K-B)指示剂，用 EDTA 滴定溶液呈蓝色为终点。

Mg^{2+}的测定　吸取滤液，加入 pH＝10 的氨性缓冲溶液，加入三乙醇胺，掩蔽 Fe^{3+}、Al^{3+}、TiO^{2+}的干扰，加入酸性铬蓝 K-萘酚绿 B(K-B)指示剂，用 EDTA 滴定溶液呈蓝色为终点，测定结果为 Ca^{2+}、Mg^{2+}合量，从合量中减去钙量，即得镁量。

测定过程

$$\underset{\text{(纯蓝色)}}{Ca^{2+}+K\cdot B} \longrightarrow \underset{\text{(酒红色)}}{Ca\text{-}K\cdot B}$$

$$\underset{\text{(纯蓝色)}}{Mg^{2+}+K\cdot B} \longrightarrow \underset{\text{(酒红色)}}{Mg\text{-}K\cdot B}$$

滴定反应

$$Ca^{2+}+H_2Y^{2-} = CaY^{2-}+2H^+$$

$$Mg^{2+}+H_2Y^{2-} = MgY^{2-}+2H^+$$

终点反应

$$\underset{\text{(酒红色)}}{Ca\text{-}K\cdot B}+H_2Y^{2-} = CaY^{2-}+\underset{\text{(纯蓝色)}}{K\cdot B}+2H^+$$

$$\underset{\text{(酒红色)}}{Mg\text{-}K\cdot B}+H_2Y^{2-} = MgY^{2-}+\underset{\text{(纯蓝色)}}{K\cdot B}+2H^+$$

2. 测定步骤

吸取分离二氧化硅后的滤液 100.00mL 于 200mL 烧杯中，置于电热板上蒸发至湿盐状，取下冷却，加入 2～3g 六亚甲基四胺，搅匀。加入 15mL 2%铜试剂溶液，搅匀。加水稀释至约 30mL，使可溶性盐类溶解。将溶液连同沉淀一起移入 100mL 容量瓶中，用水稀释至刻度，摇匀，静置半小时后干过滤，滤液供测定 CaO、MgO 用。

Ca^{2+}的测定　吸取 25.00mL 滤液，用氢氧化钠调节溶液的 pH>12，加入三乙醇胺，加入酸性铬蓝 K-萘酚绿 B(K-B)指示剂，用 EDTA 溶液滴定呈蓝色为终点(V_1)。

Mg^{2+}的测定吸取 25.00mL 滤液，加入 pH＝10 的缓冲溶液，加入三乙醇胺，加入酸性铬蓝 K-萘酚绿 B(K-B)指示剂，用 EDTA 溶液滴定呈蓝色为终点(V_2)，测定结果为 Ca^{2+}、Mg^{2+}合量，从合量中减去钙量，即得镁量。

同时作空白试验。

3. 结果计算

氧化钙、氧化镁的含量(w)以质量分数(%)表示，计算如下：

$$w(CaO)=\frac{T_{(CaO/EDTA)}\times(V_1-V_0)}{m\times\frac{100}{250}\times\frac{25}{100}\times1000}\times100 \quad (3-8)$$

$$w(MgO)=\frac{T_{(MgO/EDTA)}\times(V_2-V_1-V_0)}{m\times\frac{100}{250}\times\frac{25}{100}\times1000}\times100 \quad (3-9)$$

式中 $w(CaO)$——CaO 的质量分数,%;

$w(MgO)$——MgO 的质量分数,%;

V_1——滴定 CaO 消耗的 EDTA 标准溶液的体积，mL;

V_2——滴定 Mg、Ca 合量消耗的 EDTA 标准溶液的体积，mL;

V_0——空白试验消耗 EDTA 标准溶液的体积，mL;

$T_{(CaO/EDTA)}$——EDTA 标准溶液对 CaO 的滴定度，g/L;

$T_{(MgO/EDTA)}$——EDTA 标准溶液对 MgO 的滴定度，g/L。

m——试样的质量，g。

4. 注意事项

(1) K-B 指示剂

酸性铬蓝 K-萘酚绿 B 混合指示剂中的萘酚绿 B，在滴定过程中只起衬托终点的作用。酸性铬蓝 K 与萘酚绿 B 的配比对终点影响很大，通常使用的配比是 K：B 为 1：2.5，此时终点由酒红色变为纯蓝色，清晰敏锐；若萘酚绿 B 的比例过大，绿色背景加深，使终点提前到达。反之，终点拖后且不明显。

(2) 终点滴定速度

滴定近终点时，一定要充分摇动并缓慢滴定至由蓝紫色变为纯蓝色。若滴定速度过快，将使结果偏高。这是因为滴定近终点时，由于加入的 EDTA 夺取镁-K·B 中的 Mg^{2+}，而使指示剂游离出来，此反应速度较慢，所以在近终点时要缓慢滴定，充分摇动溶液。

(3) 干扰及消除

少量 Fe^{3+}、Al^{3+}、TiO^{2+}的干扰，可加入三乙醇胺消除。

pH=10 的溶液中，硅酸的干扰不显著，但当硅酸或钙的浓度较高时，仍需加入 KF 溶液消除硅酸的影响，不过 KF 的用量可以适当减少。

若 Mg 含量高，在测定 Ca 时，会形成大量 $Mg(OH)_2$沉淀，吸附 Ca^{2+}，使钙的测定结果偏低。加入淀粉-甘油、阿拉伯树胶或糊精等保护胶，可基本消除吸附现象，以糊精效果较好。

二、原子吸收光谱法

原子吸收光谱法测定钙和镁，其最大特点是：操作简便，选择性、灵敏度高。

原子吸收光谱法测定钙和镁时，铁、铝、锆、铬、钒、钠以及硅酸盐、磷酸盐、硫酸盐和其他一些阴离子，都有可能与钙、镁形成难挥发的化合物，妨碍钙、镁原子化过程的进行。为消除此影响，可在溶液中加入释放剂和保护剂。常用的释放剂是氯化锶和氯化镧；常用的保护剂是 EDTA、甘油、8-羟基喹啉。

钙的测定：宜在盐酸或过氯酸介质中进行，不宜在硝酸、硫酸、磷酸介质中进行，因为它们将与钙、镁生成难溶盐类，影响原子化过程的进行，使结果偏低。盐酸浓度 2%、过氯酸浓度 6%、氯化锶浓度 10%对测定结果无影响。

镁的测定：介质的选择与钙相同，只是盐酸的最大允许浓度更大，可为 10%。

钙、镁测定的仪器工作条件，依具体仪器选定。422.7nm 波长下测钙，其灵敏度为 0.084μg(CaO)/mL，285nm 波长下测镁，其灵敏度为 0.017μg(MgO)/mL。溶液中存在的 1%的动物胶 1mL 及 1g 氯化钠，不影响测定，可直接分取测定二氧化硅后的滤液用于钙、镁的原子吸收光谱法测定。

第七节　水分的测定

根据水分与岩石、矿物的结合状态不同，一般将水分区分为吸附水和化合水两类。

吸附水，以符号 H_2O^-表示，又称吸着水、吸湿水、湿存水、非化合水等，存在于矿物岩石的表面或孔隙中，形成很薄的膜，它不参与矿物组成的晶体构成，在低温烘干时就容易逸出除去。吸附水的量与矿物的性质(主要是其吸水性)、试样加工的程度(主要是粒度的大小)、环境的湿度及存放的时间等有关。

化合水(H_2O^+)包括结晶水和结构水两种形式。结晶水是以 H_2O 分子状态存在于矿物晶格之中，如石膏($CaSO_4 \cdot 2H_2O$)、光卤石($KCl \cdot MgCl_2 \cdot 6H_2O$)等。它们虽为矿物晶格的组成部分，但与矿物中其他基本组分之间结合的稳定性较差，在较低的温度(低于 300℃)下灼烧即可排出。有的甚至在 105~110℃烘干测定吸附水时，则可能部分逸出。结构水是以化合状态的氢或氢氧根存在于矿物的晶格中，并且结合得非常牢固，在加热到 300~1300℃才能分解而释放出水。

一、吸附水的测定

吸附水的测定方法是：对一般样品，取风干样品于 105~110℃温度下烘 2h，即可。对于含水分多(即吸湿性强)或易被氧化(如含 FeO 或硫化物高)的样品，宜在真空恒温干燥箱中干燥后称重测定或较低(60~80℃)温度下烘干测定。

1. 测定步骤

称取约 1g 试样，精确至 0.0001g，放入已烘干至恒重的称量瓶中，于 105~110℃的烘箱内烘 2h(烘干过程中称量瓶应敞开盖)，取出，放入干燥器中冷至室温，称量。再将称量瓶敞开盖放入烘箱中，在同样温度下烘干 30min，如此反复烘干、冷却、至恒量。

2. 结果计算

水分(吸附水)的含量(w)以质量分数(%)表示，计算如下：

$$w(\text{吸附水})=\frac{m-m_1}{m}\times100 \tag{3-10}$$

式中　m——试样质量，g；

m_1——烘干后试样质量，g。

二、化合水的测定

化合水的测定方法，有重量法、气相色谱法、库仑法等。

重量法又有双球管(化合水管或称平菲尔管)灼烧重量法、灼烧分解-直接吸收重量法。图 3-5 为直接吸收法仪器装置。

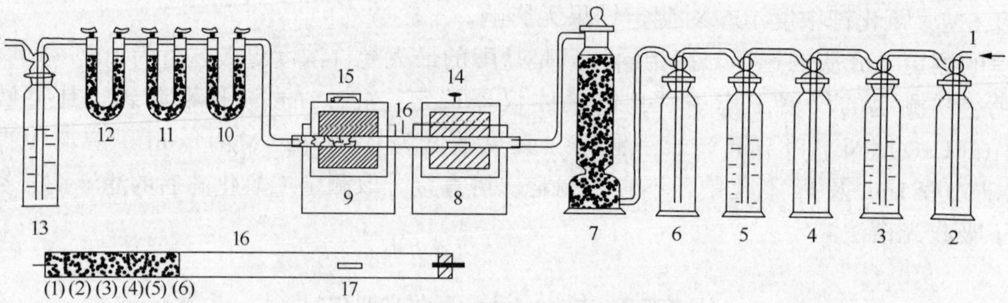

图 3-5　直接吸收法仪器装置

1—氧气或空气进口；2，4，6—缓冲瓶；3—硫酸洗气瓶；5—40%氢氧化钾洗气瓶；
7—无水氯化钙、棒状氢氧化钠干燥塔；8—管式炉(400℃)；10，11，12—无水氯化钙；
13—硫酸洗气瓶；14—热电偶；15—高温计；16—燃烧管；17—瓷舟
燃烧管靠近水分吸收管的一端内装(1)橡皮塞；(2)(3)(4)铜丝卷；(5)氧化铅(10cm)、铬酸铅(3cm)；(6)银丝卷

1. 测定原理

将试样于1100℃管式炉中加热使水分完全排除，用适当的吸收器吸收。若有其他挥发性组分如氯、氟、硫等与水同时排出，选用适当的试剂吸收使其化合成不宜挥发的化合物。通过测定吸收器前后的质量，减去吸附水的质量可得试样化合水的质量。

2. 测定步骤

① 按图3-5安装好装置。打开U形管10、11、12的活塞开关，将氧气(空气)按每秒2~3个气泡的流速通入仪器，检查整个装置是否漏气。分别将两节管式炉加热到所需温度，第一节为1100℃，第二节为300~400℃，半小时后取下U形管10、11，放入干燥器中，20min后进行称重。按同样手续再做一次空白测定。两次重量差小于0.4mg，即可进行试样测定。

② 准确称取1.0000g试样于灼烧过的瓷舟中，接上吸收装置，将瓷舟迅速推入第一节管式炉中部，立即接上洗气装置，在继续通气的条件下，通气30min。取下U形管(此时，在U形管的进气小支管中不能附着水珠，否则还要延长10min)，放入干燥器中，20min后进行称重。U形管增重的重量为吸附水与化合水的质量，扣除吸附水的质量，可得化合水的质量。

3. 结果计算

水分(化合水)的含量(w)以质量分数(%)表示，计算如下：

$$w(\text{化合水})=\frac{m_2-m_1-m_0}{m}\times 100 \tag{3-11}$$

式中　m_1——加热前U形管的质量，g；

m_2——加热后U形管的质量，g；

m_0——吸附水的质量，g；

m——试样质量，g。

4. 注意事项

① 无水氯化钙中经常含有氧化钙，而氧化钙吸收二氧化碳，所以无水氯化钙事先要用二氧化碳饱和。

② 为了防止其他挥发组分如硫、卤素等同时被吸收，在试样与吸收装置间装有灼烧过的氧化铅(二氧化铅与四氧化三铅的混合物)和铬酸铅。

③ 管中铜丝圈为阻挡层，同时铜及其表面氧化物对卤化物、氧化硫也有吸收作用。

④ 本法较双球管法受外界及样品中易挥发组分的影响较小，结果的精密度较好。

第八节 烧失量的测定

烧失量，又称为灼烧减量，它是试样在1000℃灼烧后所失去的重量。灼烧减量主要包括化合水、二氧化碳以及少量的硫、氟、氯、有机质等，在一般情况下主要是化合水和二氧化碳。在硅酸盐全分析中，当亚铁、二氧化碳、氟、氯、硫、有机质含量很低时，可以用灼烧减量代替化合水等易挥发组分，参加总量计算，使平衡达到100%，也可以满足地质工作的一般要求。在碳酸盐的简项或全分析中，以灼烧减量代表其中以二氧化碳为主的易挥发性组分含量。

但是，当试样的组成复杂或上述组分中某些组分的含量较高时，高温灼烧过程中的化学反应比较复杂，除有易挥发组分的挥发引起试样失重外，尚有一些组分在高温下发生化学反应而增重，亦有些组分之间的化学反应不定量地进行。例如，当试样中亚铁含量高时，在高温灼烧时转变成三氧化二铁后增重，每一份 FeO 转变为 Fe_2O_3 将增重 11.13%，灼烧减量的测定结果即偏低，甚至出现负值。而样品中含有机质较多，并且 Fe_2O_3 或 MnO_2 亦高时，Fe_2O_3 和 MnO_2 被有机质还原也会引起失重，这又导致灼烧减量的结果产生偏高。另外，当试样中有碳酸盐与黄铁矿共存时，将同时发生如下的失重和增重的化学反应：

$$4FeS_2+11O_2 = 2Fe_2O_3+8SO_2 \qquad (失重)$$

$$CaCO_3 = CaO+CO_2 \qquad (失重)$$

$$CaO+SO_2 \xrightarrow{[O]} CaSO_4 \qquad (增重)$$

严格地说，灼烧减量是试样中各组分在灼烧时的各种化学反应所引起的增重与失重的代数和。在样品较为复杂时，测定灼烧减量就没有意义。

1. 测定原理

准确称量一定质量的试样，在950~1000℃下灼烧至恒量后质量减少的百分数，即为烧失量。试样在950~1000℃下灼烧，驱除水分和二氧化碳，同时将存在的易氧化元素氧化。由硫化物的氧化引起的烧失量误差必须进行校正，而其他元素存在引起的误差一般可忽略不计。

2. 测定步骤

称取样1g试样，精确至0.0001g，置于已灼烧恒重的瓷坩埚中，将盖斜置于瓷坩埚上，放在马弗炉内从低温开始逐渐升高温度。在950~1000℃下灼烧15~20min，取出坩埚置于干燥器中冷却至室温，称量。反复灼烧，直至恒重。

3. 结果计算

烧失量的含量(w)以质量分数(%)表示，计算如下：

$$w(烧失量)=\frac{m-m_1}{m}\times 100 \qquad (3-12)$$

式中 m_1——灼烧后试样的质量，g；

m——试样的质量，g。

4. 注意事项

① 试样在高温的氧化气氛中加热时，试料中的许多组分将发生氧化、还原、化合、分

解等一系列化学或物理反应。如：有机物、硫化物、低价化合物被氧化，碳酸盐、硫酸盐分解，碱金属化合物挥发，附着水、化合水、二氧化碳被排除等。有的反应使试料的质量增加，有的反应使试料的质量减少，因此，所测的“烧失量”，实际上是试料受热后所发生的各种反应引起的质量增加和减少的代数和。

② 烧失量的测定结果与加热条件有密切关系，正确控制加热条件十分必要。测定烧失量的瓷舟，应洗净后预先在950~1000℃下灼烧至恒重。因为试料中一些成分在灼烧时可能与瓷坩埚反应，特别是含碱量高的试样会腐蚀坩埚，而给测定结果造成误差。

③ 加热温度，除特殊规定外，一般均为950~1000℃。加热时应从低温升起，低于400℃，以免试样中挥发性物质(碳酸盐、水分等)因急剧受热、猛烈排出而使试料飞溅。

④ 灼烧后，有些试样吸水性增强，如黏土、膨润土、石灰石等。所以称量时必须尽可能迅速，冷却时间及冷却条件要保持一致，并使用装有干燥能力较强的干燥剂的干燥器，以免灼烧后的试样吸收周围环境的水分而增加质量，造成分析结果偏低。

第九节 钾、钠

钾和钠的测定方法，有重量法、滴定法、原子吸收光谱法、等离子体发射光谱法、X射线荧光法、离子选择性电极法等。

在硅酸盐经典分析系统中，钾和钠是用重量法测定的。即以氯化物重量法测定钾和钠的总量，然后以 K_2PtCl_6 或 $KClO_4$ 沉淀重量法测定钾，差减得到钠量。由于重量法手续繁琐，准确度也较差，而且所用的试剂(如氯铂酸)价格昂贵，目前已很少使用。

在快速分析中，常用原子吸收光谱法、火焰光度法、离子选择性电极法等测定钾、钠的含量。本节介绍火焰光度法。

1. 测定原理

火焰光度法测定钾和钠是基于在火焰光度计上钾和钠原子被火焰热能(空气-乙炔焰温度1840℃；空气-煤气焰温度2225℃)激发后将发射出具有固定波长的特征辐射。钾的火焰为紫色，波长766.5nm；钠的火焰为黄色，波长589.0nm，可分别用765~770nm(钾)和558~590nm(钠)的滤光片将钾、钠的辐射分离出来，以光电池或光电管和检流计进行检测。由于光电流的大小即特征辐射的强度与样品中钾、钠的含量有关，可以用标准比较法或标准曲线法确定钾、钠含量。

2. 测定步骤

(1) 试样的制备

如果对样品中钾、钠浓度大体已知时，可直接取溶液定容进行测定。或者采用次灵敏线测定先求得其浓度范围，然后再分取一定量(一般为2~10mL)的样品于50mL容量瓶中，加3.00mL硝酸铯(10.0g/L)，硝酸(1+1)1.00mL，用水稀释到标线，摇匀。此溶液应在当天测定。

(2) 钾标准溶液制备

取6只50mL容量瓶，分别加入钾标准溶液(100.00mg/L)0.00、0.50、1.00、1.50、2.00、2.50mL，加硝酸铯3.00mL，加硝酸(1+1)1.00mL，用水稀释到标线，摇匀。此溶液应在当天测定。

(3) 钠标准溶液制备

取6只50mL容量瓶，分别加入钠标准溶液(10.00mg/L)0.00、1.00、3.00、5.00、

7.50、10.00mL，加硝酸铯 3.00mL，加硝酸(1+1)1.00mL，用水稀释到标线，摇匀。此溶液应在当天测定。

(4) 仪器的准备

按仪器说明书将发射部分调节至最佳状态，波长：钾 766.5nm；钠：589.0nm。火焰：贫燃性，测量高度：2cm。

(5) 测定

在正式测定前，先以水调仪器零点，然后即可吸喷标准溶液和被测溶液，记录吸光度。

(6) 空白试验

空白试验即对标准曲线中零浓度的测定。

(7) 标准曲线绘制

绘制钾、钠标准溶液吸光度与钾、钠对应浓度的标准曲线。

3. 结果计算

钾、钠的含量(c)以质量浓度(mg/L)表示，计算如下：

$$c(\mathrm{mg/L})=fc_1 \tag{3-13}$$

式中 f——稀释比(分取体积与样品体积之比)；

c_1——由测定的吸光度从标准曲线上求得钾、钠的浓度，mg/L。

4. 注意事项

① 一定量的 Cl^-、SO_4^{2-}、ClO_4^-、NO_3^- 均对结果无影响，即可在一定的 HCl、H_2SO_4、$HClO_4$、HNO_3等介质中进行。但这些酸作为介质时，以硝酸介质中的测定结果较稳定，重现性较好。因此，常在 0.5%的硝酸溶液中进行测定。试样分解方法，以 HF 和 H_2SO_4使用最为广泛，也可以采用锂盐或铵盐分解方法。若试样分解时使用了氢氟酸，则应在试样分解完全后加热除尽氟，并转为硝酸介质，尽快测定，以防 F^-对器皿的腐蚀引起结果偏高。

② 由于自吸现象比较严重，钾、钠火焰光度测定时的非线性效应较为突出，标准曲线呈弓形；同时钾、钠的相互干扰，特别当钾、钠含量相差悬殊时，比较严重。用稀溶液进行测定，并改用比较法确定样品含量，可减少非线性效应对结果的影响。钾、钠的相互干扰，可采用标准溶液配制时，尽可能保持标准溶液中的钾、钠比与样品中的钾、钠比相近，以抵消它们的相互影响。另外，加入易电离的铯盐，也可减小它们之间的相互影响。

③ 干扰元素的影响程度，与干涉滤光片的质量有关。使用性能良好的滤光片时，大量的铁、铝、钙、镁对测定均无干扰。但当滤光性能较差时，或铁、钙、镁含量太高时，需用碳酸铵沉淀分离铁、钙、镁后再测定。另外，加入一定量硫酸铝溶液可以消除钙的影响(铝能抑制钙的发射)。磷酸根离子，对钠的测定无妨，而对钾的测定，产生负干扰，这时宜于在标准溶液中加入一定量 PO_4^{3-}，以抵消其影响。NH_4^+ 高时，冷却结晶于喷嘴，也将影响钾和钠的测定。

第十节　全分析结果的表示和计算

一、分析结果的表示

岩矿全分析结束时，应提出分析报告单，分析报告中各组分测定结果的表示形式，应按该组分在岩石矿物中实际存在状态表示。各种含氧酸盐矿物、岩石都可视为由组成酸根的非金属氧化物和各种金属氧化物所构成。因此，都表示为氧化物的形式。有些组分如硫，依其在矿物中结合状态不同，应分别表示为硫化物硫(S)、黄铁矿硫(FeS_2)和硫酸盐硫(SO_4^{2-})等。同样，试样中的铁，依其存在状态不同，应分别表示为全铁[TFe 或 Fe_2O_3(T)]、三氧化二铁(Fe_2O_3)、氧化亚铁(FeO)、黄铁矿铁(FeS_2)、金属铁(Fe)等。

分析结果的表示方法，一般来说，高、中、低含量均以百分含量表示。对于含量很低的稀有分散元素，可以 μg/g、ng/g 表示；含量极少量，以“痕量”表示；测不出来的时，用“/”表示；对可能存在而未测定的项目，用“未测定”表示。

二、对分析结果的要求

岩石全分析各组分的测定中，国家及有关主管部门对其测定结果的允许误差都有一定的要求，实际测定结果不能超过规定的允许误差。例如：《岩石矿物分析允许误差范围》中规定了硅酸盐、超级性盐岩、煤灰中主要组分测定结果的允许误差。

岩石全分析各组分含量的总和，一般规定不得低于 99.3%，不高于 101.2%。在测定质量要求高的试样时，此总和应控制在不低于 99.5%，不高于 100.75%。如果有不能合理相加的组分存在或缺少某些组分时，则可不受此限制。

三、分析结果的审查和校正

为了提供岩石全分析的可靠数据，就必须严格检查与合理处理分析数据。除内外检查和单项测定的误差控制外，常用计算全分析各组分百分含量总和的办法来检查各组分的分析质量。同时，借此检查是否存在“漏测”组分，检查一些组分的结果表示形式是否合理，即是否符合其在矿物中的实际存在状态。

(1) 分析工作中可能存在系统或偶然误差

这有方法本身的问题，也有仪器试剂及操作人员的误差。如火焰光度法测定氧化钾和氧化钠时，若它们含量较高，分析结果容易出现偏低的现象，这是方法本身的局限性造成的。

(2) 试样中若存在着影响总量计算的主要成分漏测，将使总量计算结果偏低

当试样中存在着较大量的常规分析项目而又未先做光谱半定量全分析时，容易出现这种情况。例如：若试样中存在一定量的氟或氯，而全分析未测定氟和氯，假如试样中氟和氯与钙结合呈 CaF_2 或 $CaCl_2$ 状态存在，将它们表示为 CaO，则 1%的氟存在将使结果偏低 0.58%；1%的氯将使结果偏低 0.78%。

(3) 干扰元素的存在使结果产生偏差

干扰元素对测定结果的影响较为复杂。不同元素对不同项目的不同方法的干扰情况不同。例如试样中的 PO_4^{3-} 含量较高，当试样中同时存在钡、锶、铌、钽、钛时，重量法测定二氧化硅时必须将灼烧过的二氧化硅再用氢氟酸处理，否则二氧化硅结果将偏高；而 PO_4^{3-} 对某些方法测定铁(Ⅲ)、铝、钛、钙、镁产生负干扰，又使结果偏低。铀的存在，对重铬酸钾法测定铁产生正干扰。1%的八氧化三铀将使 FeO 结果偏高 0.17%，使 Fe_2O_3 测定结果偏高 0.19%，1%的二氧化铀可使 FeO 测定结果偏高 0.51%。若以硝酸亚汞法测定全铁或者以 1，10-二氮菲光度法测定亚铁或全铁，均不受铀的干扰。以 EDTA 滴定法测定三氧化二铝，钒、锆、锡产生正干扰，或者钍的存在对二甲酚橙指示剂封闭使终点滴过，都将使铝的测定结果偏高。

(4) 结果计算整理方面的不合理，使总量出现偏差

这主要表现在两个方面：一方面是结果表示形式不合理所引起的偏高或偏低；另一方面是结果计算时，有时该进行卤-氧或硫-氧当量校正的，未作卤-氧或硫-氧当量校正。例如经测定样品中有一定量的硫，若样品中本是黄铁矿硫，而计算结果时，硫以 SO_2形式表示，与其相对应的铁以 Fe_2O_3表示，这样计算中加进氧，使结果偏高。相反，若样品中硫本是硫酸盐硫，而计算结果时以硫化物硫(S)表示，这又引起结果偏低。另外，试样中若含亚铁(FeO、$FeCO_3$、Fe_3O_4等)较高，烧失量的测定结果偏低，计算总量未加校正，引起总量偏低。当试样中存在一定量氟、氯、硫，它们的盐是以氧化物计算，氟、氯、硫单独计算，并计入总量，未作卤-氧、硫-氧当量校正。则 1% 的氟、氯、硫分别将使结果偏高 0.42%、0.23%、0.437%。

以上四个方面的原因，造成了总量偏低或偏高，可分别采用如下的方法来检查和处理。

对于分析工作本身的系统误差或偶然误差，可以采用内外检查分析的方法来检查，查出后针对性进行处理。为了防止主要组分漏测，可以通过光谱半定量分析来检查与发现漏测项目，对漏测项目进行补测。对于干扰元素的影响，可针对测定结果所得知元素含量，对各组分的测定方法逐个进行分析，查清干扰情况后，采用掩蔽或分离方法消除干扰，或改用其他方法重新测定。对于结果计算整理中的问题，主要是应特别注意亚铁、氟、氰、硫的含量及其结果表示形式。如果它们的含量较高，则烧失量不宜参与总量计算，应该以 H_2O^+、CO_2、氟、氯、硫的结果代替烧失量结果。同时，要检查亚铁、硫的结果表示形式，不正确的部分加以改进，并注意进行卤-氧、硫-氧当量校正。

四、硅酸盐全分析总量的计算

硅酸盐总量=$SiO_2+Al_2O_3+Fe_2O_3+FeO+TiO_2+MnO+CaO+MgO+K_2O+Na_2O+P_2O_5$+烧失量

如果需要测定 BaO、F、Cl 及硫酸盐，则将此四项组分的量计入总量(均以质量分数计)，并进行相应的氧当量校正。

如果需要测定 H_2O^+、CO、有机碳的含量，则不测烧失量，而将此三组分的含量计入总量。

思考题及习题

1. 组成硅酸盐岩石矿物的主要元素有哪些？硅酸盐全分析通常测定哪些项目？

2. 何谓系统分析和分析系统？一个好的分析系统必须具备哪些条件？

3. 硅酸盐经典分析系统与快速分析系统各有什么特点？

4. 测定二氧化硅的方法有哪些？各有什么优缺点？

5. 动物胶凝聚重量法测定二氧化硅的原理是什么？加入动物胶溶液之前将试液蒸至湿盐状的作用是什么？过滤、洗涤沉淀的作用和注意事项有哪些？

6. EDTA 配位滴定法测定铝的滴定方式有几种？为什么通常不用直接滴定法？

7. EDTA 配位滴定测定铝的返滴定法的酸度如何控制？返滴定条件如何选择？

8. 准确移取待测试液(含 Al、Fe、Ti、Cu、Zn、Pb、Ni 等离子)25.00mL 于 250mL 锥形瓶中，加水 25mL，①用氨水调至氢氧化铁沉淀出现。以盐酸 1∶1 溶解并过量 2mL，加热煮沸、冷却。②加入 10mL 钽试剂，放置 5min。加入 40mLEDTA 溶液(若铝含量高时，可增

加，在60℃保温至钛与钽试剂的沉淀凝聚。③取下冷却，以甲基橙为指示剂，用氨水调至黄色，过量2滴，加入10mL乙酸-乙酸纳缓冲浓液，煮沸3min，取下，冷却至室温。④加入3~4滴0.5%二甲酚橙指示剂，用氯化锌标准溶液滴定到终点。⑤加1~2g氟化铵固体，煮沸3~5min，取下冷却至室温，用氯化锌标准溶液滴定到终点。问：该方法的名称是什么？操作过程中五个步骤的作用是什么？如何判定终点(即终点颜色变化)？

9. 称取试样0.5g，精确至±0.0001g，将称好的固体KOH1g先放入镍坩埚中，然后将称好的试样均匀洒在KOH上，再加入3gKOH盖在上面。①放入高温炉中先低温加热，待KOH试剂熔融后，再逐步升高温度至600℃融熔20min。②坩埚冷却后，加少量热水，用套皮头的玻璃棒搅拌，使熔块脱下，转入300mL塑料烧杯中，重复几次至熔物全部脱出，洗涤坩埚内壁和玻璃棒，洗液并入塑料杯中(控制溶液体积40mL左右)。③从杯嘴一次加入2mL浓HNO_3，冷却至室温，在塑料棒搅拌下加入15g固体KCl至饱和、加入10mLKF溶液，搅拌，再静置15~20min。④用中速滤纸过滤，用KCl洗涤杯壁及沉淀2~3次，然后将沉淀和滤纸移回原塑料杯中。沿杯壁四周加入10mLKCl-乙醇溶液，加酚酞指示剂1mL，用NaOH滴定至终点。⑤加入200~250mL沸水，立即用0.1mol/L的NaOH标准溶液滴定至终点，根据消耗NaOH标准溶液的体积计算待测定物质的含量。问：该方法的名称是什么？操作过程中五个步骤的作用是什么？终点如何判断？

10. 重铬酸钾滴定法测定铁时，空白值应如何确定？

11. 在钛的测定中，H_2O_2光度法和二安替比林甲烷光度法的显色介质各是什么？为什么选择这样的条件？两种方法各有什么优缺点？

12. 用分光光度法测定二氧化钛，吸取分离SiO_2后的滤液25.00mL(相当于50mg样)，测得标准曲线及样品的吸光度A如下所示

TiO_2标准(mg)	0	50	100	200	300	400	样品
吸光度	0	0.0125	0.025	0.05	0.075	0.10	0.095

求：该样品中$w(TiO_2)$？

13. EDTA配位滴定钙、镁时，消除其他元素干扰的主要掩蔽剂有哪些？六亚甲基四胺-铜试剂小体积沉淀分离法有何优点？能分离哪些干扰元素？

14. 用EDTA容量法测定溶液中钙、镁含量。

已知：(1) 钙标准液$c(CaO)=0.5mg/mL$；

(2) 用上述钙标液对EDTA进行标定：分取三份10.00mL钙标液，其EDTA用量分别为28.40mL，28.60mL，28.50mL；

(3) 用K-B指示剂，溶液pH=12时，EDTA用量为12.00mL；

用K-B指示剂，溶液pH=10时，EDTA用量为26.50mL；

(4) 取样量均为$\frac{0.5}{250}\times25g$；

求：(1)$T(CaO/EDTA)$，$T(MgO/EDTA)$各为多少？(2)$w(CaO)$、$w(MgO)$。

15. 火焰光度法测定钾、钠时，常用什么介质？为什么？火焰光度计的分光系统和检测系统是什么？分析结果的计算常用什么方法？

16. 全分析结果总量产生偏差的可能原因有哪些？总量偏低或偏高的主要原因各有哪些方面？

第四章 矿石分析

第一节 概 述

一、矿物、岩石、矿石的概念

地壳中存在的具有固定化学组成和一定物理化学性质的天然产物称为矿物。在自然界中，矿物大部分是固体(如铁矿石、煤等)，也有的是液体(如石油、汞等)和气体(如天然气)，它们绝大多数以化合物(如磁铁矿 Fe_3O_4，黄铜矿 $CuFeS_2$，石英 SiO_2等)的形式存在，少数以单质(如金、石墨、硫黄等)形式存在。

岩石是在各种不同的地质作用下，由一种或多种矿物组合而形成的矿物集合体。细沙和泥土是由分布在地壳表面的岩石，受到大自然的各种风化破坏作用变化而成。所以，地壳表面的细沙、泥土可看作变质的岩石。

能够被人类利用的矿物，叫做有用矿物。含有有用矿物并具有开采价值(如其中有用成分的量在现代技术经济条件下能够开采加以利用时)的岩石叫做矿石。在矿石中，除了有用矿物外，几乎总是含有目前工业上尚不能利用的一些矿物，这些矿物称为脉石。

矿石的概念是发展的，随着工业技术的不断发展和国民经济日益增长的需要，过去由于有用成分含量低而被认为是脉石的矿物，现在则可以有效地作为矿石进行处理。

人们开采出来的矿石绝大部分要先通过选矿技术处理，使有用矿物富集，便于进行冶炼或利用。

二、矿物的分类

矿物分类的方法很多，根据不同的需要可作不同的分类。下面介绍按工业要求进行的工业分类和按矿物学要求进行的晶体化学分类。

(一) 矿物的工业分类

根据矿物成分及其主要用途，结合工业上的各种需要，对矿物进行工业分类。将矿物分为金属矿物和非金属矿物两大类。

金属矿物又分为：黑色金属矿、有色金属矿、贵重金属矿、稀有金属矿、稀土金属矿、分散元素金属矿，以及放射性金属矿七类。

黑色金属矿包括：铁矿、锰矿、铬矿、钒矿、钛矿；

有色金属矿包括：铜矿、铅矿、锌矿、铝土矿、镍矿、钨矿、镁矿、钴矿、锡矿、铋矿、钼矿、汞矿和锑矿；

贵重金属矿包括：金矿、银矿和铂族金属(铂、钯、铱、锗、钌、锇)矿；

稀有金属矿包括：铌矿、钽矿、铍矿、锂矿、锆矿、锶矿、铷矿和铯矿；

稀土金属矿包括：钪矿、轻稀土矿(镧、铈、镨、钕、钜、钐、铕)、重稀土矿(钺、镝、钬、铒、铥、镱、镥、钇)；

分散元素金属矿包括：锗矿、镓矿、铟矿、铊矿、铪矿、铼矿、镉矿、硒矿和碲矿；

放射性金属矿包括：铀矿、钍矿和镭矿等。

非金属矿物则分为：能源矿(如煤、石油)、化工原料(如自然硫、黄铁矿、钠盐)、耐火材料(如石棉、石墨)、陶瓷原料(如高岭土、钠长石)、冶金辅助材料(如萤石、石英砂)、研磨材料(如金刚石、刚玉)、电气材料(如白云母、金云母)、建筑材料(如石膏、蛭石)和宝石原料(如钻石、猫眼石)等。

(二) 矿物的晶体化学分类

根据矿物的化学成分和晶体构造进行分类。可把矿物分为：自然元素矿物(如自然硫、自然金)、硫化物矿物、卤化物矿物、氧化物及氢氧化物矿物和含氧盐矿物(如硅酸盐矿、碳酸盐矿、硫酸盐矿和磷酸盐矿等)五大类。

三、矿石分析的范围及特点

从矿山开采出来的矿石，一般主成分的品位比较低，组分相当复杂。这样的矿石直接冶炼不但技术上有困难，经济上也不合算。例如很多铜矿石的品位只有0.5%~1%，在冶炼之前就需要用选矿技术，将矿石中的脉石和有用矿物分开，使铜元素富集，提高品位，得到适合冶炼的原料。经过选矿后，通常可以得到品位不低于20%的铜精矿。铜精矿冶炼时，铜的回收率提高，经济效益提高。对金属冶炼而言，精矿中的金属品位越高，冶炼回收率越高，生产成本越低。

矿石中除了主成分外，还有对冶炼有害的杂质。在冶炼中，这些有害杂质进入金属中，将影响金属的质量，有时会使冶炼过程复杂化，甚至难以进行。例如：在铜和铅矿石中有害杂质为锌；锌矿石中的有害杂质为铁；铁矿石的有害杂质为硫、磷等。这些有害杂质必须在冶炼前通过选矿技术除去。

此外，开采出来的矿石中还常常共生和伴生有可以回收和利用的组分，如铅锌矿中常共生、伴生有铜、银、金、锡、锑、铋、锗、镉、镓、铟等有工业价值的元素，需要综合考察，冶炼回收利用。

所以，矿石分析涉及开采出的原矿、选矿加工的矿石、精选矿石产品三部分矿石的主成分分析、有害杂质分析和共生、伴生有用组分的分析。矿石分析是保证产品质量、控制冶炼过程和研究新工艺的重要手段，也是进行地质勘探和综合利用矿产资源的主要依据。

因为主成分含量变化范围非常大，可从千分之几、百分之几，到百分之几十(如铅矿石中铅的含量范围可从0.7%~80%)，干扰成分多而复杂，所以仅对某一种类矿石的主成分分析一项，就需要选用几种不同的分析方法。此外，还要求对众多的共生、伴生有用元素和杂质元素进行分析，需要用到更多的化学分析方法和仪器分析方法，如：重量法、滴定法、光度法、电化学法、原子吸收光度法、原子发射光谱法、X射线荧光光谱法等。所以矿石分析所采用的分析方法非常广泛。

随着工业分析技术的发展，手持式现场矿石元素分析仪，便携式矿石分析仪，矿石元素测定仪等现代分析仪器已用于矿石的快速分析。使用这些仪器无需对样品进行处理，只需将矿石分析仪直接接触待测地面、岩石表面、反循环(RC)样品、循环气流(RAB)样品或钻核，即可在短时间内采集大量的数据，从而能够有效地描述矿脉、为矿石分等级以及表征潜在的环境危险。测定的矿石元素包括：钛、钒、铬、锰、铁、钴、镍、铜、锌、铷、锶、锆、铌、钼、银、锡、锑、钽、铪、钨、铅、铋等。这些仪器测定结果快速、准确，但价格较昂贵，在采矿行业中主要用于矿石的现场分析。

本章介绍一些常见金属矿石主成分分析的有关原理和方法。

第二节　铁矿石分析

铁是地球上分布最广的金属元素之一，在地壳中的平均含量为5%，在元素丰度表中位于氧、硅和铝之后，居第四位。自然界中已知的铁矿物有300多种，但在当前技术条件下，具有工业利用价值的主要是磁铁矿（Fe_3O_4含铁72.4%）、赤铁矿（Fe_2O_3含铁70.0%）、菱铁矿（$FeCO_3$含铁48.2%）、褐铁矿（$Fe_2O_3 \cdot nH_2O$ 含铁48%~62.9%）等。

铁矿石是钢铁工业的基本原料，可冶炼成生铁、熟铁、铁合金、碳素钢、合金钢、特种钢等。用于高炉炼铁的铁矿石，要求其全铁TFe（全铁含量）≥50%，S≤0.3%，P≤0.25%，Cu≤0.2%，Pb≤0.1%，Zn≤0.1%，Sn≤0.08%，而开采出来的原矿石中铁的品位一般只有20%~40%，通过选矿富集，可将矿石的品位提高到50%~65%。我国每年从国外进口大量商品铁矿石。

铁矿石的常规分析是做简项分析，即测定全铁（TFe）、亚铁、可溶铁、硅、硫、磷。全分析还要测定：氧化铝、氧化钙、氧化镁、氧化锰、砷、钾、钠、钒、钛、铬、镍、钴、铋、银、钡、锶、锂、稀有分散元素、吸附水、化合水、灼烧减量及二氧化碳等。本节着重介绍全铁的测定。

一、铁矿石试样的分解

铁矿石属于较难分解的矿物，分解速度很慢。分析试样应通过200目筛，或试样粒度不大于0.074mm。

铁矿石一般能被盐酸在低温电炉上加热分解，如残渣为白色，表明试样分解完全。若残渣有黑色或其他颜色，是因含铁的硅酸盐难溶于盐酸，可加入氢氟酸或氟化铵再加热使试样分解完全。磁铁矿的分解速度很慢，可用硫-磷混合酸（1+2）在高温电炉上加热分解，但应注意加热时间不能过长，以防止生成焦磷酸盐。

部分铁矿石试样的酸分解较困难，宜采用碱熔法分解试样。常用的熔剂有碳酸钠、过氧化钠、氢氧化钠和过氧化钠-碳酸钠（1+2）混合熔剂等，在银坩埚、镍坩埚、高铝坩埚或石墨坩埚中进行。碱熔分解后，再用盐酸溶液浸取。

二、铁矿石中铁的分析方法概述

铁矿石中铁的含量较高，一般在20%~70%之间。其分析方法有氯化亚锡-氯化汞-重铬酸钾容量法，三氯化钛-重铬酸钾容量法和氯化亚锡-氯化汞-硫酸铈容量法。

第一种方法（又称汞盐重铬酸钾法）是测定铁矿石中铁的经典方法，具有简便、快捷、准确、稳定、容易掌握等优点，在实际工作中得到广泛应用，成为国家标准分析方法之一《铁矿石化学分析方法氯化亚锡-氯化汞-重铬酸钾容量法测定全铁量》（GB/T 6730.4—1986）。

第二种方法（又称无汞盐重铬酸钾法）是由于汞盐有毒，污染环境，危害人体健康，人们提出了改进方法，避免使用汞盐。它也是国家标准分析方法之一，《铁矿石化学分析方法三氯化钛-重铬酸钾容量法测定全铁量》（GB/T 6730.5—1986）。

第三种方法是在第一种方法的基础上，只将$K_2Cr_2O_7$标准溶液替换为硫酸铈标准溶液作

为氧化剂来滴定 Fe^{2+}。它适合于测定含砷、锑较高的试样。

三、氯化亚锡-氯化汞-重铬酸钾法测定全铁

1. 测定原理

经酸溶解的试样，在热盐酸介质中，用 $SnCl_2$ 作还原剂，将溶液中的 Fe^{3+} 还原成 Fe^{2+}（$E^{o}_{Fe^{3+}/Fe^{2+}}=0.77V$，$E^{o}_{Sn^{4+}/Sn^{2+}}=0.15V$），过量的 $SnCl_2$ 用 $HgCl_2$ 氧化除去（$E^{o}_{Hg^{2+}/Hg_2^{2+}}=0.63V$），在硫酸-磷酸存在下，以二苯胺磺酸钠为指示剂，用 $K_2Cr_2O_7$ 标准溶液滴定 Fe^{2+}，至溶液呈现稳定的紫色为终点（$E^{o}_{Cr_2O_7^{2-}/Cr^{3+}}=1.33V$，$E^{o}_{In}=0.85V$）。反应式如下：

$$Fe_2O_3+6H^+ \xlongequal{} 2Fe^{3+}+3H_2O$$

$$2Fe^{3+}+Sn^{2+}+6Cl^- \xlongequal{} 2Fe^{2+}+SnCl_6^{2-}$$

$$Sn^{2+}+2HgCl_2+4Cl^- \xlongequal{} SnCl_6^{2-}+Hg_2Cl_2\downarrow$$

$$6Fe^{2+}+Cr_2O_7^{2-}+14H^+ \xlongequal{} 6Fe^{3+}+2Cr^{3+}+7H_2O$$

铜、钛、砷、锑、钨、钼、铀、铂、钒、硝酸根及大量的钴、镍、铬、硅酸等存在，均可能产生干扰。铜、铀、钛、砷、锑、钨、钼、铂在测定铁的条件下，既可被 $SnCl_2$ 还原至低价，而后低价的离子又可被 $K_2Cr_2O_7$ 滴定，所以产生正干扰。钒因本身变价较多，若被 $SnCl_2$ 还原完全，则使结果偏高；若部分还原，剩余部分可能导致 Fe^{2+} 被氧化，使结果偏低。NO_3^- 对 Fe^{3+} 的还原和 Fe^{2+} 滴定都有影响。大量钴、镍、铬存在，离子本身颜色影响终点观察。较大量的硅酸呈胶体存在时，由于吸附或包裹 Fe^{3+}，使其还原不完全，导致结果偏低。

2. 测定步骤

（1）试样的分解

准确称取铁矿石 0.25~0.30g 试样于 250mL 锥形瓶中，用少量水润湿，加入硫-磷混酸（1+2）15mL，于电炉上加热溶解，经常摇动使试样不粘杯底，直至溶解完全。冷却至室温，加热水 30mL，加浓盐酸 10mL，加热至 70℃左右。

（2）还原、滴定

趁热用少量水冲洗杯壁，立即在摇动下滴加氯化亚锡溶液（10%）至黄色消失，并过量 1~2 滴，流水冷却至室温，加入 5mL 氯化汞饱和溶液，混匀，静置 3min；加 150~200mL 水，加 30mL 硫-磷混酸（15+15+70）、5 滴二苯胺磺酸钠溶液（0.2%），立即以重铬酸钾标准溶液滴定至稳定紫色。

（3）空白试验

空白试液滴定时，在加硫-磷混酸（15+15+70）之前，加入 6.00mL 硫酸亚铁铵溶液（0.05mol/L），滴定后记下消耗重铬酸钾标准溶液的毫升数（A），再向溶液中加入 6.00mL 硫酸亚铵溶液（0.05mol/L），再以重铬酸钾标准溶液滴定至稳定紫色，记下滴定的毫升数（B），则 $V_o=A-B$ 即为空白值。

（4）校正试验

随同试样分析同类型（指分析步骤相一致）的标准试样。

四、氯化亚锡-三氯化钛-重铬酸钾法测定全铁

1. 测定原理

经酸溶解的试样，在热盐酸介质中，用 $SnCl_2$ 溶液将大部分 Fe^{3+} 还原后（溶液为浅黄

色），以钨酸钠溶液为指示剂，用 $TiCl_3$ 溶液定量还原剩余 Fe^{3+} 为 Fe^{2+} 之后，稍微过量的 $TiCl_3$ 溶液将六价钨还原为五价钨（俗称“钨蓝”），使溶液为蓝色，然后加水，摇动溶液使钨蓝消失（钨蓝被溶解氧所氧化），或者滴加稀 $K_2Cr_2O_7$ 溶液至钨蓝刚好消失。最后，在硫酸-磷酸存在下，以二苯胺磺酸钠为指示剂，用 $K_2Cr_2O_7$ 标准溶液滴定 Fe^{2+}，至溶液呈现稳定的紫色为终点。有关反应式如下：

$$2Fe^{3+}+Sn^{2+}+6Cl^- = 2Fe^{2+}+SnCl_6^{2-}$$

$$Fe^{3+}+Ti^{3+}+H_2O = Fe^{2+}+TiO^{2+}+2H^+$$

$$4Ti^{3+}+2H_2O+O_2 = 4TiO^{2+}+4H^+$$

$$6Fe^{2+}+Cr_2O_7^{2-}+14H^+ = 6Fe^{3+}+2Cr^{3+}+7H_2O$$

2. 测定步骤

准确称取铁矿石 0. 25～0. 30g 试样于 250mL 锥形瓶中，用少量水润湿，加入硫-磷混酸（1+2）15mL，于电炉上加热直至溶解完全。稍冷后加浓盐酸 10mL，趁热慢慢滴加 $SnCl_2$ 至溶液呈浅黄色（若为无色，则 $SnCl_2$ 过量，可滴加氧化剂如 $KMnO_4$ 使之呈黄色），然后，用洗瓶吹洗瓶壁，加入 10mL 水，10 滴（25%）Na_2WO_4 溶液，滴加 $TiCl_3$［10%的稀盐酸（5+95）溶液］至溶液出现钨蓝，加入蒸馏水 20～30mL，摇动溶液，使钨蓝被溶解氧所氧化而消失，或者滴加 $K_2Cr_2O_7$ 溶液至钨蓝刚好消失。加 30mL 硫-磷混酸（15+15+70）、5 滴二苯胺磺酸钠溶液（0. 2%），立即以重铬酸钾标准溶液滴定至稳定紫色。

同时作空白试验。

3. 分析计算

铁矿石中全铁（TFe）的含量（w）以质量分数表示，计算如下：

$$w(\text{TFe})=\frac{(V-V_o)\times T}{m\times 1000}\times 100\times K \tag{4-1}$$

式中 V——试样消耗重铬酸钾标准溶液的体积，mL；

V_o——空白试验消耗重铬酸钾标准溶液的体积，mL；

m——试样量，g；

T——1mL 重铬酸钾标准溶液相当于铁量，mg/mL；

K——由公式 $K=\frac{100}{100-A}$ 所得的换算系数（如使用预干燥试样，则 K=1），A 是按照《铁矿石化学分析方法重量法测定分析试样中吸湿水量》（GB/T 6730. 3—86）测定得到的吸湿水质量分数。

4. 注意事项

① 在实际工作中，为了使 Fe^{3+} 能较为迅速地还原完全，常将制备溶液加热到小体积时，趁热滴加 $SnCl_2$ 溶液至黄色褪去。

② 加 $HgCl_2$ 除去过量的 $SnCl_2$ 必须在冷溶液中进行，其氧化作用较慢，在加入 $HgCl_2$ 溶液后需放置 2～3min，才能滴定。因为在热溶液中，$HgCl_2$ 可氧化 Fe^{2+}，使测定结果偏低；加入 $HgCl_2$ 溶液后不放置，或放置时太短，反应不完全，Sn^{2+} 未除尽，使结果偏高；若放置时间过长，已被还原的 Fe^{2+} 可被空气中的氧所氧化，使结果偏低。

③ 滴定前加入硫-磷混酸的作用：一是保证 $K_2Cr_2O_7$ 氧化能力所需的酸度；二是 H_3PO_4 与 Fe^{3+} 形成无色配离子［$Fe(HPO_4)_2$］$^-$，既可消除 $FeCl_3$ 黄色对终点色变的影响，又可降低

Fe^{3+}/Fe^{2+}电对的电位，使滴定突跃范围变宽，指示剂颜色突变明显。但是，必须注意，在H_3PO_4介质中，Fe^{2+}的稳定性较差，加入硫-磷混酸后，要尽快滴定。

④ 二苯胺磺酸钠与$K_2Cr_2O_7$的反应速度本来很慢，因微量Fe^{2+}具有催化作用，使其与$K_2Cr_2O_7$的反应迅速进行，变色敏锐。因此，同时做空白试验时，要加入一定量的硫酸亚铁铵溶液。由于指示剂被氧化时也消耗$K_2Cr_2O_7$，所以应严格控制指示剂用量。

第三节　铬铁矿石中铬的测定

铬是重要的战略物资之一，由于它具有质硬、耐磨、耐高温、抗腐蚀等特性，在冶金工业、耐火材料和化学工业中得到了广泛的应用。

在冶金工业中，铬铁矿主要用来生产铬铁合金和金属铬。铬铁合金作为钢的添加料生产多种高强度、抗腐蚀、耐磨、耐高温、耐氧化的特种钢，如不锈钢、耐酸钢、耐热钢、滚珠轴承钢、弹簧钢、工具钢等。金属铬主要用于与钴、镍、钨等元素冶炼成特种合金。这些特种钢和特种合金是航空、宇航、汽车、造船，以及国防工业生产枪炮、导弹、火箭、舰艇等不可缺少的材料。

在耐火材料工业中，铬铁矿用来制造铬砖、铬镁砖、高级耐火材料及其他特殊耐火材料，广泛用于各种熔炉的炉衬。

在化学工业上铬铁矿主要用来生产重铬酸盐，进而制取其他铬化合物，用于电镀、颜料、染料、制革等工业，还可制作催化剂和触媒剂等。

铬在地壳中的平均含量为0.035%。在自然界中铬具有亲氧性和亲铁性，属亲石元素，总是存在于超基性岩石(含SiO_2<45%的岩石)中。铬的主要矿物为铬尖晶石类矿物，其化学通式为$(Mg、Fe)(Cr、Al、Fe)_2O_4$。在铬铁矿中，通常含Cr_2O_3 8%~60%、FeO 0~18%、MgO 6%~16%、$Al_2O_3$0~30%和Fe_2O_3 2%~30%，常伴生有铂族元素(如锇、铱、铂、钌、铑和钯)、钴、钛、钒和镍等有用元素。在综合利用铬铁矿时都应进行分析测定，做出评价。

在冶金工业上对铬铁矿的质量要求为：边界品位含$Cr_2O_3$5%，工业品位含$Cr_2O_3$8%。经选矿富集的铬精矿Cr_2O_3含量可达到40%以上。

一、铬铁矿石试样的分解

铬铁矿是较难用酸分解的矿物。分析试样的细度需通过200目筛，或试样粒度不大于0.074mm。

1. 碱熔分解

试样的分解主要采用碱熔方法。碱熔试剂为：过氧化钠和过氧化钠-氢氧化钠。

过氧化钠是一种强氧化性的碱性熔剂，对铬铁矿有很强的分解能力，在试样分解的同时铬被定量地氧化成六价。用过氧化钠分解铬铁矿操作简便、快速，试样分解完全，但对各类坩埚的腐蚀也较严重，会引入一些杂质。

用过氧化钠分解铬铁矿按温度不同可分为熔融和半熔(烧结)两种。熔融温度为650~700℃。常用的坩埚有银、铁、镍、高铝坩埚或锆坩埚，严禁使用铂坩埚。半熔温度为520±10℃。

用过氧化钠-氢氧化钠分解铬铁矿。由于在过氧化钠中加入一定量熔点较低的氢氧化钠

318.4±0.2℃，使过氧化钠的熔点降低而仍能保持其氧化性和分解矿物的能力，可减少对坩埚的腐蚀。过氧化钠与氢氧化钠的比例最好为 5∶2 或 2∶1，过氧化钠用量一般为试样的 8～10倍。常用的坩埚有铂、银、高铝、铁或镍坩埚等。熔融温度为 520±10℃，熔矿时间一般为 25～30min。

2. 酸溶分解

铬铁矿难溶于盐酸、硝酸、硫酸三大酸及其混合酸，但可溶解于磷酸–硫酸混合酸和氢氟酸–高氯酸混合酸。

（1）磷酸–硫酸混合酸分解

磷酸在加热到 100～300℃时具有极强的溶解矿物的能力。镁铬铁矿、铝铬铁矿、富铬尖晶石等难溶矿物均可被磷酸完全分解。如果再加入硫酸，分解温度可提高至 360～380℃，更有利于试样的分解，同时又可以防止焦磷酸盐的出现，大大改善了单纯使用磷酸分解试样条件，使溶样操作易于掌握。

硫酸–磷酸的比例一般为 1∶1 或 1∶2。加入溶剂后加热待水分完全蒸发并出现三氧化硫白烟后再加热数分钟，试样即可分解完全。由于引入大量磷酸，这种溶样方法只适用于铬、铁、亚铁等简项分析，不适用于系统分析。

（2）氢氟酸–高氯酸混合酸分解

试样在聚四氟乙烯烧杯中用氢氟酸–高氯酸加热溶解，使硅以四氟化硅挥发除去，再冒高氯酸烟，除尽氟离子，同时，具有很强氧化性的热浓高氯酸（沸点 203℃）将试液中的铬氧化成六价。滴加浓盐酸，使铬（Ⅵ）与氯离子生成氯化铬酰（CrO_2Cl_2，沸点为 115.8℃）挥发除去。试样分解完全后，铁、铝、钙、镁、钛、锰、镍、钴、钒、碱金属等定量地留在溶液中，最后制成 1%～2%的高氯酸或盐酸溶液。此法普遍用于原子吸收分光光度法测定相关组分的试样分解。

二、铬铁矿中铬的分析方法概述

铬铁矿中三氧化二铬的含量相对较高，在 8%～70%之间。目前采用的分析方法有过硫酸铵氧化–硫酸亚铁铵滴定法、过氧化钠氧化–硫酸亚铁铵滴定法、过硫酸铵氧化–硫酸亚铁铵电位滴定法和氢氧化钠底液示波极谱法等。

第一种方法是最常用、最简便的测定铬的方法。试样经溶解后，在硫酸介质中，以硝酸银为催化剂，用过硫酸铵氧化 Cr（Ⅲ）至 Cr（Ⅵ），再用硫酸亚铁铵标准溶液滴定，将生成的 Cr（Ⅵ）全部还原为 Cr（Ⅲ）。根据硫酸亚铁铵标准溶液的消耗量计算出试样中三氧化二铬的含量。

第二种方法是利用过氧化钠–氢氧化钠熔融分解试样的同时，Cr（Ⅲ）被过氧化钠完全氧化成 Cr（Ⅵ），其反应式为：

$$2FeCrO_4+7Na_2O_2 = 2NaFeO_2+4Na_2CrO_4+2Na_2O$$

用水浸取时高价铬 Cr（Ⅵ）全部进入溶液中，过滤分离不溶物。滤液用硫–磷混合酸酸化，再用硫酸亚铁铵标准溶液滴定，将生成的 Cr（Ⅵ）全部还原为 Cr（Ⅲ）。

第三种方法的试样处理过程与第一种方法的完全相同，差别只在于用硫酸亚铁铵标准溶液滴定，将生成的 Cr（Ⅵ）全部还原为 Cr（Ⅲ）时，滴定终点不是利用氧化还原指示剂变色来指示，而是用电位滴定仪的电位计指针突然大幅度偏转来指示滴定终点的到达。

示波极谱法测定铬，测定范围在含 Cr_2O_3 0.001%～50%之间。

其他方法如等离子体发射光谱法同时测定铬铁矿中铬、铁、镁和铝等。

三、过硫酸铵–硫酸亚铁铵滴定法测定铬

1. 测定原理

试样经过氧化钠熔融，用水浸取熔融物，用硫酸酸化并煮沸，在硝酸银存在下，加入少量硫酸锰作指示剂，用过硫酸铵氧化铬(Ⅲ)至铬(Ⅵ)，若溶液中的 Mn^{2+} 被氧化为 MnO_4^- 时呈现紫红色，则铬(Ⅲ)已被氧化完全($E^{\circ}_{Cr_2O_7^{2-}/Cr^{3+}} = 1.33V$，$E^{\circ}_{MnO_4^-/Mn^{2+}} = 1.51V$)。反应式为：

$$2Cr^{3+} + 3S_2O_8^{2-} + 7H_2O \xrightarrow{Ag^+} Cr_2O_7^{2-} + 6SO_4^{2-} + 14H^+$$

$$2Mn^{2+} + 5S_2O_8^{2-} + 8H_2O \xrightarrow{Ag^+} 2MnO_4^- + 10SO_4^{2-} + 16H^+$$

过量的过硫酸铵氧化剂经煮沸可分解除去，高锰酸根则干扰铬的测定。可在铬氧化完全后加入少量氯化钠或盐酸使高锰酸根还原。反应式为：

$$2MnO_4^- + 10Cl^- + 16H^+ = 2Mn^{2+} + 5Cl_2\uparrow + 8H_2O$$

反应产生的氯气经煮沸除去。再用硫酸亚铁铵标准溶液滴定，还原生成的重铬酸根离子，以 *N*–苯基邻氨基苯甲酸作指示剂。当溶液的颜色由紫蓝色变为亮绿色即为终点，说明重铬酸根离子被还原完全。反应式为：

$$6Fe^{2+} + Cr_2O_7^{2-} + 14H^+ = 6Fe^{3+} + 2Cr^{3+} + 7H_2O$$

根据硫酸亚铁铵标准溶液的消耗量，可计算出试样中三氧化二铬的含量。

试样中共存的钒对测定有干扰，钒同样能被过硫酸铵氧化为高价态($E^{\circ}_{V(V)/V(IV)} = 0.94V$)，又能被硫酸亚铁铵还原为低价态，使测定结果偏高。一般采用返滴定法消除钒的干扰。即用硫酸亚铁铵标准溶液滴定到终点以后，再过量加入一定量的硫酸亚铁铵标准溶液，用高锰酸钾标准溶液回滴，减去回滴的高锰酸钾标准溶液的用量后，计算出三氧化二铬的含量。

2. 测定步骤

(1) 高锰酸钾标准溶液[$c(1/5KMnO_4) = 0.1mol/L$]的配制及浓度标定

高锰酸钾标准溶液的配制　称取 32g 高锰酸钾溶于 1000mL 水中，转移到 10L 棕色瓶中，加 9L 水，混匀，放置 7~10d，用煅烧石棉过滤后，备用。

高锰酸钾标准溶液的标定　称取 0.2000g 无水草酸钠(已于 130~140℃干燥 1~1.5h，并于干燥器中冷却至室温)于 250mL 锥形瓶中，加入 75mL 水，微热溶解，加入 15mL 硫酸(1+1)，加热至 70~80℃，用所配高锰酸钾标准溶液滴定至溶液为粉红色，并保持 1~2min 不褪色即为终点。

同时做空白试验。

按下式计算高锰酸钾标准溶液的滴定度：

$$T_1 = \frac{m \times 0.3780}{V - V_o} \qquad (4-2)$$

式中 T_1——1mL 高锰酸钾标准溶液相当于三氧化二铬的质量，g/mL；

m——草酸钠的质量，g；

V——标定时，消耗高锰酸钾标准溶液的体积，mL；

V_o——标定时，空白试验所消耗高锰酸钾标准溶液体积，mL；

0.3870——草酸钠换算为三氧化二铬的系数。

(2) 硫酸亚铁铵标准溶液 $c[(NH_4)_2Fe(SO_4)_2]=0.1mol/L$ 的配制及浓度标定

① 硫酸亚铁铵标准溶液的配制　称取40g硫酸亚铁铵 $[(NH_4)_2Fe(SO_4)_2 \cdot 6H_2O]$ 于500mL烧杯中，加入200mL硫酸(1+4)溶解，过滤，移入棕色瓶中，稀释至1000mL混匀，使用前标定。

② 硫酸亚铁铵标准溶液的标定　称取0.2000g重铬酸钾(预先于100~110℃烘3~4h，并于干燥器中冷却至室温)于500mL烧杯中，用200mL水溶解，加入60mL硫酸(1+4)，混匀并冷却。用硫酸亚铁铵标准溶液滴定至淡黄色，加入4滴N-苯基邻氨基苯甲酸溶液(2g/L)，继续滴定至溶液由玫瑰红色变为亮绿色即为终点。

按下式计算硫酸亚铁铵标准溶液的滴定度：

$$T_2=\frac{m_1\times 0.5167}{V_1} \tag{4-3}$$

式中　T_2——1mL硫酸亚铁铵标准溶液相当于三氧化二铬的质量，g/mL；

m_1——称取重铬酸钾的质量，g；

0.5167——重铬酸钾换算为三氧化二铬的系数；

V_1——滴定消耗硫酸亚铁铵标准滴定溶液的体积，mL。

③ 硫酸亚铁铵标准溶液体积折算系数的计算　于250mL锥形瓶中加入75mL水，加入15mL硫酸(1+1)，加热至70~80℃，用所配高锰酸钾标准溶液滴定至溶液粉红色出现，并保持1~2min不褪色(此为标定高锰酸钾标准溶液时的空白试验)。放置到粉红色消失后，移入20.00mL硫酸亚铁铵标准溶液，加入50mL水，再用高锰酸钾标准溶液滴定至溶液呈粉红色，并保持1~2min不褪色即为终点。记录高锰酸钾标准溶液滴定消耗的体积 V_2。

按下式计算硫酸亚铁铵标准溶液的体积折算系数：

$$f=\frac{V_2}{V_3} \tag{4-4}$$

式中　f——每毫升硫酸亚铁铵标准液折算为高锰酸钾标准溶液体积数的折算系数；

V_2——滴定消耗高锰酸钾标准溶液的体积，mL；

V_3——移入硫酸亚铁标准溶液的体积，mL。

(3) 样品测定

按表4-1称取试样，准确至0.0001g。

将试样置于已盛有4g过氧化钠的30mL刚玉坩埚中，搅拌均匀，再覆盖1~2g过氧化钠，先于电炉上加热焙烧，然后于700℃高温炉中熔融，并保持5min。

表4-1　试样量

三氧化二铬的含量/%	试样量/g
5.0~20.0	0.50
20.0~60.0	0.20

取出坩埚冷却，将坩埚放入500mL烧杯中，加入100~150mL热水，待剧烈反应停止后，洗出坩埚[如坩埚中粘有熔融物，可滴加硫酸(1+1)和水溶解，洗净、取出]。加硫酸(1+1)直至氢氧化物沉淀溶解，并过量20mL，加入5mL浓磷酸，加水至体积300~350mL。加热分解过氧化氢。

取下稍冷，加入10mL硝酸银溶液(1g/L)，10mL硫酸锰溶液(1g/L)，加25mL过硫酸铵溶液(250g/L)，加热至溶液呈紫红色。继续加热煮沸，至冒大量气泡，加入 10mL 氯化钠溶液(50g/L)，煮沸 10min。向此溶液中加入 5mL 硫酸锰溶液(1g/L)，继续煮沸 3~5min。

如有粉红色出现，再加入 10mL 氯化钠溶液(50g/L)继续煮沸，直至无粉红色。用流水冷却至室温。

用硫酸亚铁铵标准溶液滴定至溶液黄色减退但未完全消失时，加入 4 滴 N-基邻氨基苯甲酸溶液(2g/L)，继续滴定至溶液变为亮绿色，并过量 5.00~10.00mL 硫酸亚铁铵标准溶液，记录硫酸亚铁铵标准溶液的总体积。再用高锰酸钾标准溶液滴定至溶液变为粉红色，并保持 1~2min 不褪色，记录滴定消耗的高锰酸钾标准溶液体积 V_5。

随同试样做空白试验

3. 结果计算

三氧化二铬(Cr_2O_3)的含量(w)以质量分数(%)表示，计算如下：

$$w(Cr_2O_3)=\frac{[(V_4\times f-V_5)-(V_6\times f-V_7)]\times T_1}{m_o}\times 100 \tag{4-5}$$

式中 V_4——滴定试样溶液消耗硫酸亚铁铵标准溶液总体积，mL；

f——按照式(4-4)计算出的硫酸亚铁铵标准溶液折算为高锰酸钾标准溶液体积的折算系数；

V_5——滴定试样溶液中过量硫酸亚铁铵标准溶液消耗高锰酸钾标准溶液的体积，mL；

V_6——滴定空白试验溶液消耗硫酸亚铁铵标准溶液总体积，mL；

V_7——滴定空白试验溶液中过量硫酸亚铁铵标准溶液消耗高锰酸钾标准溶液的体积，mL；

T_1——按照式(4-2)计算出的 1mL 高锰酸钾标准溶液相当于三氧化二铬的质量，g/mL；

m_o——试样量，g。

4. 注意事项

① 过氧化钠具有强烈的氧化性，不能与有机物等还原性物质接触，否则易发生燃烧和爆炸。过氧化钠的废料不得用纸类或类似可燃物包裹后丢入废料箱内，应用水冲洗排入下水道内，以免自燃引起火灾。

② 本方法应控制硫酸酸度，不宜大于 5%(v/v)，酸度过大时过硫酸铵氧化 Cr(Ⅲ)不完全；酸度不宜小于 3%(v/v)否则易析出 MnO_2沉淀。

③ 加氯化钠还原高锰酸根至红色消失后，应立即用流水冷却，否则六价铬有被氯化钠还原的可能，使分析结果偏低。

第四节 钛矿石中钛的测定

钛矿原料主要用于制造钛白。钛白即 TiO_2，是涂料、造纸和塑料产品的浅色颜料及高级填料，化学纤维的消光剂、橡胶制品的白色填料、石油化工生产的催化剂，因此广泛用于油墨、陶瓷、玻璃、电焊条、冶金、电工、人造宝石和新兴材料等工业部门。

钛矿物原料的另一种用途是制造海绵钛。海绵钛是生产钛金属的中间产品，钛金属及钛合金具有密度低、强度高、耐低温、耐腐蚀、无毒等优良性能，并具有吸收气体、超导等特殊功能。钛和钛合金是制造现代超音速飞机、火箭、导弹和航天飞机不可缺少的材料。钛和钛合金广泛地应用在航空、航天、舰船、军工、冶金、化工、机械、电力、海水淡化、交通运输、轻工、环境保护、医疗器械等领域，被誉为“继铁、铝之后处于发展中的第三金属”和“战略金属”。

钛在地壳中的平均含量约为0.6%，列居地壳元素丰度表第9位，但分布较分散。钛具有强烈的亲氧性，属亲石元素。目前，自然界已发现的TiO_2含量在1%以上的钛矿物有100多种。工业上得到利用的矿物有钛铁矿、金红石、钛磁铁矿或钒钛磁铁矿、含铌钽的钛酸盐矿物以及白钛石等。其中最为重要的是钛铁矿（$FeO \cdot TiO_2$含$TiO_2$52.7%）、金红石（TiO_2含$TiO_2$100%）和钛磁铁矿（含$TiO_2$12%~16%）。

工业上对原生金红石矿的质量要求为：边界品位含$TiO_2$1%，工业品位含$TiO_2$1.5%。经选矿富集的钛精矿TiO_2含量可达到45%以上。

一、钛矿石试样的分解

钛矿石也是一类较难分解的矿石，难溶于盐酸、硫酸、硝酸及其混合酸中。分析试样的细度需通过200目筛，或试样粒度不大于0.074mm。

钛矿石的分解方法，基本与铬铁矿的相似。但在简项分析中单独测定钛、铁、钒、锰、铬等元素时，大部分钛矿石只用浓磷酸分解。

二、钛矿石中钛的测定方法概述

钛矿石中二氧化钛含量变化范围非常大，从1%到近100%。测定钛矿石中二氧化钛的分析方法有重量法、容量法和光度法三类。重量法是在硫酸介质中，用铜铁试剂沉淀钛与大部分干扰元素分离，然后在EDTA存在下，用氨水定量测定四价钛，并经过滤、洗涤，灼烧成二氧化钛，称重。此法适用于测定含二氧化钛1%以上的钛矿石，但元素锡干扰测定。

容量法是基于钛（Ⅲ）和钛（Ⅳ）的氧化-还原性质（在盐酸、硫酸介质中$E^{\circ}_{Ti(Ⅳ)/Ti(Ⅲ)}=0.1V$），有锌（或铝）片还原-硫酸铁铵滴定法和锌（或铝）片还原-重铬酸钾滴定法。

光度法有过氧化氢光度法、二安替比林甲烷光度法、钛铁试剂光度法、变色酸光度法等。后两种光度法的灵敏度较高，适用于含二氧化钛0.5%以下的试样测定。二安替比林甲烷光度法适用于0.01%~3%二氧化钛的测定。而过氧化氢光度法适于二氧化钛0.1%~10%的试样测定，被我国地质矿产部确定为标准分析方法之一，该方法原理是在硫酸介质中，TiO^{2+}与H_2O_2形成黄色$[TiO(H_2O_2)]^{2+}$配离子，黄色配合物的颜色深度与钛的含量成正比，借此在波长400nm处测其吸光度，此方法的稳定性较差。

三、铝片还原-硫酸铁铵滴定法测定二氧化钛含量

1. 测定原理

试样用过氧化钠熔融，水浸取后盐酸酸化，在盐酸和硫酸介质中，隔绝空气，用金属铝将钛（Ⅳ）还原至钛（Ⅲ），以硫氰酸盐为指示剂，用硫酸铁铵标准溶液滴定至稳定的浅红色为滴定终点。其反应式如下：

$$3TiO^{2+}+Al+6H^{+} = 3Ti^{3+}+Al^{3+}+3H_2O$$

$$Ti^{3+}+Fe^{3+}+H_2O = TiO^{2+}+Fe^{2+}+2H^{+}$$

$$Fe^{3+}+3SCN^{-} = Fe(SCN)_3\text{（红色）}$$

用铝片还原钛（Ⅳ）至钛（Ⅲ）时，酸度以1~6mol/L右为宜。酸度太高，还原剂铝片与

酸的反应速度太快，钛(Ⅳ)的还原不完全。所以当反应剧烈时，应置容器于冷水槽中以降低反应速度；酸度太低，TiO^{2+}发生水解，产生偏钛酸(H_2TiO_3)沉淀影响还原。酸性环境中生成的Ti^{3+}极不稳定，易被空气氧化，因此到还原反应的后期，加上盛有饱和碳酸氢钠溶液的盖氏漏斗保护装置，使反应在CO_2保护气氛下进行。

滴定时酸度应控制在2.5~5mol/L为宜。酸度过高，易被空气氧化，使测定结果偏低；酸度过低，Ti^{3+}发生水解影响测定。滴定反应温度一般控制在15~40℃，温度太低，反应速度缓慢，不利于滴定；温度太高，Ti^{3+}易被空气氧化，使测定结果偏低。

钒、锡、钨、铜、砷等元素干扰测定。这些元素和钛(Ⅳ)一起被金属铝还原到低价态并在其后被高铁滴定，导致结果偏高。可用碱熔水浸取法，分离钒、锡、铝、钨和砷。此时生成的钒酸钠、锡酸钠、铝酸钠等溶于水，可过滤分离。

铜的干扰可用氨水分离。若这些元素的含量较低，如在0.5mg以下，不妨碍高含量二氧化钛的测定，或影响甚微，可不予考虑。

2. 测定步骤

(1) 硫酸铁铵标准溶液的配制及浓度标定

称取24g硫酸铁铵$NH_4Fe(SO_4)_2 \cdot 12H_2O$置于100mL烧杯中，加入500mL水和50mL浓硫酸，加热溶解，取下滴加0.1%高锰酸钾溶液至呈微红色，加热煮沸，使过量的高锰酸钾分解完全，冷却至室温，移入1000mL容量瓶，用水稀释至刻度，摇匀。

称取0.1500g光谱纯二氧化钛和0.15g优级纯三氧化二铁于刚玉坩埚中，以下按分析步骤进行，平行标定3份，取平均值。如果标定消耗的硫酸铁铵标准溶液的体积极差大于0.10mL则应重新标定。随同做试剂空白试验。

硫酸铁铵标准溶液浓度按下式计算：

$$c=\frac{m_1\times 10^3}{79.88\times(V-V_o)} \tag{4-6}$$

式中 c——硫酸铁铵标准溶液的浓度，mol/L；

m_1——称取纯二氧化钛的质量，g；

79.88——二氧化钛的摩尔质量，g/mol；

V——标定时消耗硫酸铁铵标准溶液体积，mL；

V_o——试剂空白所消耗硫酸铁铵标准滴定溶液体积，mL。

(2) 样品测定

试样需通过实验筛，并于105~110℃干燥至恒重，贮存于干燥器内，冷却至室温。

称取0.30g试样，精确至0.0001g。置于刚玉坩埚中，加入4~5g过氧化钠，在高温电炉上或马弗炉入口处烘烤5~10min，盖上(铁或镍)坩埚盖，放入马弗炉，于700℃熔融10min，取出冷却。

将坩埚及坩埚盖置于300mL烧杯中，加入50~60mL热水，盖上表面皿，待反应完全后，取下表面皿，将坩埚盖洗出，加入40mL浓盐酸于烧杯中，待沉淀溶解完全后，洗出坩埚，将溶液转入500mL锥形瓶中，缓缓加入20mL浓硫酸，用水稀释至200mL，加2~2.5g铝片，待反应至溶液呈灰色时，加入20mL硫酸铵饱和溶液，继续反应(应经常摇动，如反应较慢，可适当加热)。待反应结束(此时溶液应呈三价钛离子的紫色)，再补加约0.2~0.3g铝片，用盛有适当碳酸氢钠饱和溶液的盖氏漏斗塞住锥形瓶，在电炉上加热至铝片全部溶解，并使溶液冒大气泡1~2min，取下锥形瓶，流水冷却至室温。

当试样中 V_2O_5 含量不小于 0.2%时，按下法处理：将坩埚及坩埚盖置于 300mL 烧杯中，加入 80~100mL 热水，盖上表面皿，待反应完全后，取下表面皿，将坩埚盖洗出。将浸取液在电炉上煮沸至无小气泡，取下冷却。用中速滤纸过滤，用 1%氢氧化钠溶液洗涤烧杯及沉淀 2~3 次，弃去滤液。将大部分沉淀用水冲至原烧杯中(用水的体积控制在 30mL 以内)，加入 30mL 浓盐酸，将保留的坩埚放入溶液中，低温加热至沉淀完全溶解，洗出坩埚，趁热将溶液倒在原滤纸上，以溶解残留沉淀，滤液用 500mL 锥形瓶承接，再用热的 5%盐酸洗涤烧杯及滤纸至无铁离子，缓缓加入 20mL 浓硫酸，用水稀释至 200mL，加入 2~2.5g 铝片，以下操作按(2)的相应步骤进行。

取下盖氏漏斗，迅速加入 10mL 硫氰酸铵溶液(30%)，立即用硫酸铁铵标准溶液滴至稳定的浅红色为滴定终点。

3. 结果计算

二氧化钛(TiO_2)的含量(w)以质量分数(%)表示，计算如下：

$$w(TiO_2)=\frac{c(V-V_o)}{1000\times m}\times 79.88\times 100 \qquad (4-7)$$

式中 c——硫酸铁铵标准溶液的物质的量浓度，mol/L；

V——滴定试样溶液消耗硫酸铁铵标准溶液体积，mL；

V_o——空白试验消耗硫酸铁铵标准溶液体积，mL；

m——试样量，g；

79.88——二氧化钛摩尔质量，g/mol。

第五节 铜矿石中铜的测定

铜是人类最早发现和使用的金属之一，纯金属铜呈紫红色，密度 8.89g/cm^3，熔点 1083.4℃。铜及其合金由于导电率和热导率好，抗腐蚀能力强，易加工，抗拉强度和抗疲强度好而被广泛应用，在金属材料消费中仅次于钢铁和铝，成为国计民生和国防工程乃至高新技术领域中不可缺少的基础材料和战略物资。在电气工业、机械工业、化学工业、国防工业等部门具有广泛的用途。

铜在地壳中的含量为 0.007%，分布很广。铜是一种典型的亲硫元素，在自然界中主要形成硫化物矿，只有在强氧化条件下形成氧化物矿，在还原条件下可形成自然铜。目前，在地壳上已发现铜矿物和含铜矿物约计 250 多种，主要是硫化物矿、自然铜以及硫酸盐矿、碳酸盐矿、硅酸盐矿等。目前，我国选冶铜矿物原料主要是黄铜矿、辉铜矿、斑铜矿、孔雀石等。按选冶技术条件，将铜矿石划分为硫化铜矿石(含氧化铜小于 10%)、氧化铜矿石(含氧化铜大于 30%)和混合铜矿石(含氧化铜介于 10%~30%)三个自然类型。

由于铜元素常与亲硫元素伴生，所以铜矿石中常含有铅、锌、钼、钨、锡、镍、铋等有色金属元素和镉、硒、碲、锗、镓、铼、铊、金、银等稀有分散金属和贵重金属元素。在铜矿石的分析中，还应包含对这些元素的分析评价。

一、铜矿石试样的分解

铜矿石是比较容易分解的矿石。分析试样的细度应通过 170 目以上筛，或试样粒度不大于 0.082mm。

硫化铜矿石试样易溶于硝酸或王水中，通常先用盐酸煮沸 3~5min 使大量的硫化物分解，生成 H_2S 逸出，然后加入硝酸加热分解。有时在加入硝酸分解硫化矿之前，加入少量溴水或高氯酸，使试样中余下的硫化物氧化成硫酸盐，避免直接用硝酸溶解，使硫化物析出单质硫包裹试样，变得难溶。

氧化铜矿石及含硅酸盐矿物，如赤铜矿、硅孔雀石等，不易被硝酸和王水完全分解。在简项分析中，可用盐酸、硝酸分解试样到一定程度后，加入 1~2g 氟化铵(钾)，继续加热蒸发至近干，再加硫酸(1+1)，蒸发至冒三氧化硫白烟，使试样分解完全。

也可先用盐酸煮沸 3~5min，然后加入硝-硫混合酸(7+3)，加热直至冒三氧化硫白烟。绝大部分铜矿石及精矿试样可分解完全，若少数难溶试样在刚冒三氧化硫白烟时还余有少量黑色残渣，再滴加少量氟化氢铵溶液或高氯酸继续加热可溶解完全。

除上述分解方法外，亦可采用氯化铵-硝酸铵(1∶1)或氯化铵-硝酸铵-硫酸铵(1∶1∶1)的混合物作熔剂来熔融分解试样，然后以稀硫酸浸取。

二、铜矿石中铜的分析方法概述

铜矿石中铜的含量范围一般在 0.5%~40%。可选用的分析方法很多，有重量法、滴定法、吸光光度法、电化学分析法、原子吸收分光光度法等。

原子吸收分光光度法主要用于铜的原矿分析，具有操作简单、干扰因素少、适应性宽、灵敏、准确、快速等优点。对同一份试样在一定介质中，可连续测定多个元素。例如：在 5%(v/v) HCl~30g/L NH_4Cl 介质中，可连续测定试样中铜、银、铅、锌、镉、镍、钴等元素。现行国标《铜矿石、铅矿石、锌矿石化学分析方法铜的测定》(GB/T 14353.1—1993)中就用火焰原子吸收光度法，在 5%(v/v)盐酸介质中于 324.7nm 波长处，测定试样中铜的吸光度。该方法可测定含铜在 0.001%~5%范围的试样。现已有学者研究出用原子吸收光度法准确测定高含量铜的方法，铜含量可高达 60%。

电化学分析法，主要是极谱法。如乙二胺-亚硫酸钠-明胶底液极谱法，铜与乙二胺形成稳定的多元环结构配合物，用极谱法测定铜的还原波，波形清晰，可测定含铜 0.01%~10%的铜矿石试样。除了极谱法外，离子选择电极法、电位滴定法、溶出分析法等电化学法都有实际应用。

吸光光度法测定铜的方法很多，其中以双环已酮草酰二腙光度法应用较广泛。其主要原理是：已溶解的试样在 pH8.4~9.8 的氨性介质中，有柠檬酸铵存在时，铜(Ⅱ)与双环已酮草酰二腙生成稳定的蓝色配合物，于 610nm 波长处，测其吸光度。此法适用于含铜 0.002%~5%试样的测定。

滴定法有碘量法和配位滴定法。配位滴定法，现应用较少。而碘量法则是测定常量铜的经典分析方法。它测定铜的范围较宽，对铜精矿的测定最为适用。

重量法测定铜因操作太烦琐，目前已很少应用。

三、碘量法测定铜精矿中铜含量

1. 测定原理

试样经过盐酸、硝酸分解后，用乙酸铵溶液调节溶液的 pH 为 3.0~4.0，用氟化氢铵掩蔽铁，二价铜离子可氧化加入的碘化钾试剂，生成难溶的碘化亚铜白色沉淀，并析出相应的单质碘。以淀粉为指示剂，用硫代硫酸钠标准溶液滴定至蓝色消失为终点。其反应式为：

$$2Cu^{2+}+4I^- = 2CuI\downarrow+I_2$$

$$I_2+2S_2O_3^{2-} = 2I^-+S_4O_6^{2-}$$

通过硫代硫酸钠标准溶液的消耗量，可计算出试样中铜的含量。

$S_2O_3^{2-}$ 与 I_2 的定量反应最适合的酸度范围是中性或弱酸性环境。在碱性溶液中，发生副反应：

$$S_2O_3^{2-}+4I_2+10OH^- = 2SO_4^{2-}+8I^-+5H_2O$$

$$3I_2+6OH^- = 5I^-+IO_3^-+3H_2O$$

在酸性较强的介质中，发生副反应：

$$S_2O_3^{2-}+2H^+ = SO_2+S+H_2O$$

$$4I^-+4H^++O_2(\text{空气}) = 2I_2+2H_2O$$

因此，要严格控制滴定反应的酸度。

实际操作中，调节酸度的指示剂是 Fe^{3+}。在溶液中 Fe^{3+} 产生 $Fe(OH)_3$ 棕红色沉淀的酸度是 pH=3，通过滴加 pH 约为 5 的乙酸铵溶液调节酸度，到产生红色沉淀不再加深，并过量 3~5mL，可使溶液的酸度达到 pH3.0~4.0 的要求。所以在标定硫代硫酸钠标准溶液时，要加入三氯化铁溶液。

Fe^{3+} 也能将碘化钾氧化产生 I_2 干扰测定。为此，加入饱和氟化氢铵溶液，使 Fe^{3+} 生成稳定的 FeF_6^{3-} 配合物离子，而掩蔽消除其干扰。

反应中生成的单质 I_2 在水溶液中的溶解度很小，易升华损失，导致结果偏低。

通过加入过量的碘化钾，保证 I^- 与 I_2 结合为 I_3^-，使单质 I_2 的溶解度增大，降低其挥发。一般加入 2g 左右的碘化钾即可。

Cu^{2+} 氧化 I^- 产生的 CuI 白色沉淀往往吸附有少量单质 I_2，将导致测定结果偏低。通过在接近滴定终点时(即用硫代硫酸钠标准溶液滴定到试液的碘-淀粉蓝色很浅时)加入硫氰酸钾，发生如下反应：

$$CuI\downarrow+SCN^- = CuSCN\downarrow+I^-$$

此反应使 CuI 沉淀转化为更难溶解的 CuSCN 沉淀，在转化过程中将吸附的少量 I_2 释放出来，解决测定结果可能偏低的问题。

NO_2^- 对测定有干扰，可在分解试样时，加热至冒三氧化硫白烟将其驱除，或用尿素使其分解。

五价钒在测定条件下氧化 I^-，严重干扰测定。对含钒试样，本方法不适用。

2. 测定步骤

(1) 试样的处理❶

按表 4-2 称取试样，准确至 0.0001g。

表 4-2　试样量

铜含量/%	试样量/%
13.00~25.00	0.40
25.00~50.00	0.20

❶若试样中硅含量较高时，需加入 0.5g 氟化氢铵；

若试样中碳含量较高时，需加入 2mL 浓硫酸和 2~5mL 高氯酸，加热溶解至无黑色残渣，并蒸发至大量冒三氧化硫白烟；

若试样中含硅、磷较高时，需加入 0.5g 氟化氢铵和 5~10mL 高氯酸。

将试样置于500mL锥形瓶中，用少量水湿润，加入10mL盐酸置于电热板上低温加热3~5min，取下稍冷，加入5mL浓硝酸和5mL溴，盖上表面皿，低温加热，待试样完全分解后，取下稍冷，用少量水冲洗表面皿，继续加热蒸发至近干，冷却。

(2) 滴定

用30mL水冲洗表面皿及杯壁，盖上表面皿，置于电热板上煮沸，使可溶性盐类完全溶解，取下冷至室温。滴加乙酸铵溶液(300g/L)至红色不再加深并过量3~5mL，然后滴加氟化氢铵饱和溶液至红色消失并过量1mL，混匀。加入2~3g碘化钾轻缓摇动溶解，立即用硫代硫酸钠标准溶液滴定至浅黄色，加入1mL淀粉溶液(5g/L)，继续滴定至淡蓝色，加入5mL硫氰酸钾溶液(100g/L)，激烈摇振至蓝色加深，再滴定至蓝色刚好消失为终点。

3. 结果计算

铜(Cu)的含量(w)以质量分数(%)表示，计算如下：

$$w(\mathrm{Cu})=\frac{c(V-V_{0})}{1000\times m}\times 63.55\times 100 \qquad (4-8)$$

式中 c——硫代硫酸钠标准溶液的浓度，mol/L；

V——滴定试样溶液所消耗硫代硫酸钠标准溶液的体积，mL；

V_0——滴定空白试验溶液所消耗硫代硫酸钠标准溶液的体积，mL；

63.55——铜的摩尔质量，g/mol；

m——试样的质量，g。

4. 注意事项

① 滴定时摇动速度，应先慢后快。开始要轻缓，以防碘单质的挥发。随着碘的黄色变浅，逐渐加快。加了淀粉以后，应充分剧烈摇动。

② 淀粉指示剂应等到试液中碘的黄色被滴定至很浅时才加入。加入过早，大量碘与淀粉形成较多反应速度较慢的蓝色配合物，导致滴定过量。

③ 应在接近终点即滴定到碘-淀粉的蓝色快消失时加入硫氰酸钾，或在滴定到蓝色刚刚消失时再加入硫氰酸钾，但加入后经摇动溶液应为浅蓝色。

第六节　铅矿石中铅的测定

铅是人类从铅锌矿石中较早提炼出来的金属之一。它是最软的有色金属，但密度大，呈蓝灰色，硬度1.5，密度11.34g/cm^3，熔点327.4℃(较低)，沸点1750℃，抗腐蚀性好，延展性好，易与其他金属(如锌、锡、砷等)制成合金，能吸收放射线。铅主要用于制造蓄电池、电缆护套、保险丝、防腐材料、耐磨合金、焊料、辐射线防护材料、印刷活字版合金等。

铅元素在地壳中的含量约为0.0016%，多以硫化物、碳酸盐等矿物形态存在，其中硫化物占90%以上。主要矿物有：方铅矿 PbS，含铅86.6%；白铅矿 $PbCO_3$，含铅77.6%；铅矾 PbS，含铅68.3%。

自然界中单一的铅矿很少，绝大多数是和锌矿共生而称铅锌矿。铅和锌元素在自然界里，特别在原生矿床中共生极为密切。它们具有共同的成矿物质来源和十分相似的地球化学行为，都具有强烈的亲硫性。我国目前开采的铅锌矿中，含铅品位在0.7%~7%，含锌在1%~12%。此外，铅锌矿中还常常共生、伴生有铜、银、金、锡、锑、钼、钨、汞、钴、镉、铟、镓、硒、铊、碲、钪等元素，共伴生组分多，综合利用价值大。

铅矿的一般工业要求：硫化矿的边界品位为0.3%~0.5%，工业品位为0.7%~1.0%；氧化矿的边界品位为0.5%~0.7%，工业品位为1.0%~1.5%。经过选矿富集以后的铅精矿品位达40%以上，高的可接近80%。

一、铅矿石试样的分解

大部分铅矿石试样易被酸分解。方铅矿及白铅矿试样可直接用盐酸和硝酸联合分解。先用盐酸加热分解，使大量硫以硫化氢、碳酸根以二氧化碳气体逸出，再用硝酸加热使试样分解完全。

为了分离铅，试样用盐酸-硝酸分解后，再用硫酸蒸发到冒三氧化硫白烟，赶尽盐酸和硝酸，使铅生成难溶的硫酸铅沉淀，过滤与大部分干扰元素分离。这样有利于以后测定铅。

铅矾及含硅量较高的铅矿石试样较难用酸分解完全，应先用酸分解后，滤出残渣，再用碱熔融分解。

二、铅矿石中铅的分析方法概述

铅矿石中铅的含量范围为0.7%~80%，变化幅度非常大，可选用的分析方法有很多。对于原矿石品位一般在10%以下，选择原子吸收分光光度法和示波极谱法的仪器分析方法，测定具有简便、快速、准确及干扰少等优点，特别适合于含钡较高的铅矿石的测定。如：用火焰原子吸收光度法测定，试样经盐酸-硝酸溶解后，调节在2%~5%的盐酸溶液中直接在217.0nm波长处测定铅的吸光度，无其他元素的干扰，可测定含铅范围为0.001%~1%。

铅具有较好的电化学分析特性，在许多支持电解质中进行极谱分析，均能呈现良好的极谱波。如：盐酸-氯化钠底液极谱法：试样经盐酸-硝酸溶解后，用盐酸反复蒸干赶尽硝酸，再加入盐酸-氯化钠底液，测定铅的极谱波，与铅标准溶液的极谱波比较测得铅含量。该法可测定含铅0.1%~10%的试样。此外，还有乙酸钠底液极谱法、盐酸-柠檬酸氢二铵底液极谱法等。

对于铅精矿，品位在40%以上，应用最广泛的是EDTA容量法。现行国家标准有酸溶解—EDTA滴定法和硫酸铅沉淀—EDTA返滴定法。酸溶法将在本文中重点介绍。硫酸铅沉淀是用过氧化钠熔融分解试样，硫酸溶液浸取熔体后，在乙醇存在下沉淀出硫酸铅，然后用滤膜-硝酸纤维过滤，分离共存元素，用过量EDTA溶液溶解沉淀后，以锌盐标液返滴定剩余EDTA。酸溶法适用于铅含量在50%~80%的硫化铅精矿，不适用于含钡量大于1%的铅精矿。碱熔法适用于铅含量在10%~80%的铅精矿。

三、酸溶解—EDTA滴定法测定铅精矿中铅含量

1. 测定原理

试样硝酸-硫酸-溴水分解试样，用氢溴酸除去砷、锑、锡。铅通过形成硫酸铅沉淀，过滤，与共存元素分离。硫酸铅用醋酸铵溶液溶解。以二甲酚橙为指示剂，于pH5~6用EDTA标准溶液滴定。由消耗的EDTA标准溶液体积计算铅量。其反应式为：

$$Pb^{2+}+H_2SO_4 = PbSO_4\downarrow +2H^+$$

$$PbSO_4+2Ac^- = PbAc_2+SO_4^{2-}$$

$$Pb(Ac)_2+H_2Y^{2-} = PbY^{2-}+2HAc$$

硫酸铅在水中的溶解度较大，20℃时为4.6mg/100mL，在稀硫酸中由于同离子效应，溶解度大大降低，在10%~30%(v/v)的稀硫酸溶液中溶解度最小，20℃时为0.12mg/100mL硫酸浓度低于10%或大于30%，都会使硫酸铅的溶解度增大。所以在10%~30%(v/v)的稀硫酸溶液中沉淀硫酸铅，与铜、锌、镍、铝、铁以及碱金属等分离。而钨、钽、铌、钡等与硫酸铅一起沉淀，干扰铅的测定。但在实际测定过程中往往因其含量很低而不予考虑。

溶液中的盐酸、硝酸能显著地增大硫酸铅的溶解度，应经过两次硫酸冒三氧化硫白烟驱除。但冒烟温度不宜太高，时间不宜过长，否则铁、铝、铋等元素易生成难溶硫酸盐，夹杂在硫酸铅沉淀中干扰测定。

2. 测定步骤

(1) 试样的分解

称取一定量试样置于400mL锥形烧杯中，用少量水润湿，加入10~20mL浓硝酸，滴加1~2mL溴水，盖上表面皿，逐步加热至试样完全分解，稍冷，用少量热水吹洗表皿及杯壁，再加10mL(1+1)硫酸，加热至冒浓三氧化硫白烟，冷却。

如杯中渣呈黑色(含有碳)，向热溶液中慢慢加入少量硝酸—硫酸混酸(1+1)至溶液无色或浅蓝色，然后再加热冒浓白烟，冷却。

小心加入5mL水和10mL氢溴酸，缓慢加热至冒浓白烟，冷却。加入5mL(1+1)硝酸和10mL氢溴酸，再次缓慢加入至冒浓白烟，冷却。

注：试样含砷、锑、锡和/或硒小于0.5%时，不需要以上步骤。

(2) 硫酸铅沉淀的形成

用水仔细洗涤杯壁并调节体积至100mL左右，缓慢加热至沸溶解盐类，冷却至室温。加10mL乙醇(99.5%)或甲醇(99.5%)，将硫酸铅沉淀静置2h或过夜。

(3) 沉淀的分离和溶解

用慢速定量滤纸过滤。用硫酸[500mL(1+99)硫酸与50mL99.5%的乙醇或甲醇混合]洗涤烧杯2~3次，先用(1+99)硫酸洗涤液洗涤滤纸上的沉淀3~4次，再用少量水洗涤，保留滤液和洗涤液于400mL烧杯中，用AAS法测定铅量。用温水将沉淀转入原400mL锥形烧杯中。

注1：用以下方法代替上述步骤更合适。

将沉淀留在烧杯中，用倾泻法通过慢速滤纸过滤溶液，先用(1+99)硫酸洗涤液洗涤烧杯中沉淀3~4次，后用水洗涤，用倾泻法过滤。然后先用稀硫酸洗涤液后用水洗涤滤纸上的沉淀3~4次，保留滤液和洗涤液于400mL烧杯中，用AAS法测定铅量，见步骤(5)。

将存有主量沉淀的原锥形烧杯置于原漏斗下，加入30mL温热的醋酸铵缓冲溶液(pH5.5)于滤纸上溶解硫酸铅，然后用热水洗涤。收集洗液于原锥形烧杯中，用少量温热的醋酸铵缓冲溶液洗涤杯壁。加热微沸几分钟，并搅拌使沉淀溶解。通过原滤纸过滤溶液，用温热的醋酸铵洗涤液仔细洗涤。收集滤液和洗液于400mL烧杯中，用水稀释至150mL左右，冷却。

注2：如果溶液含少量Fe(Ⅲ)，滴定终点不明显，此情况下，滴定前加入0.2g抗坏血酸(10mg/mL)将Fe(Ⅲ)还原为Fe(Ⅱ)。

除非以前的试验证明在分解步骤中试样中铅已完全溶解，否则应保留滤渣和滤纸用AAS法测定铅量，见步骤(6)。

(4) 滴定

往溶液中加入0.5mL二甲酚橙指示剂(0.1%)，立即用0.025mol/LEDTA标准溶液滴定至红色转化为黄色，记录试样消耗的体积为 V_4，空白试验消耗的体积为 V_5。

如试样中含铋量大于 0.1%(m/m)，按以下步骤测定：

用硝酸调节溶液的 pH 约 1.5(用 pH 计测量)，加入 0.5mL 二甲酚橙溶液，立即用 0.01mol/LEDTA 标液溶液滴定至溶液由紫红色变为黄色；用稀氨水(1+1)调节溶液 pH 约 5.5~5.7(用 pH 计测量)，然后用 0.025mol/LEDTA 标准溶液滴定至溶液由紫红色转变为黄色。

(5) 滤液中铅的测定

加热(3)中保留的滤液和洗涤液至体积为 100mL，加入 10mL 稀盐酸，冷却后溶液转入 200mL 容量瓶中，用水稀释到刻度。

校准溶液的准备：用移液管或微量滴定管移取 0mL、0.50mL、1.00mL、3.00mL、5.00mL 铅标液分别于 200mL 容量瓶中，分别加入 10mL 稀盐酸、10mL 稀硫酸和与试样中大致相当的铁和锌量，用水稀释至刻度。

于波长 217.0nm 或 283.3nm 处，采用背景扣除方法，于空气—乙炔火焰原子吸收光谱仪测量试样溶液的吸光度。

用校准溶液中的铅量与吸光度绘制校准曲线，从曲线中查出试样溶液的铅量。

注：也可用 ICP 原子发射光谱仪于波长 220.35nm 处测定铅量。

(6) 不溶渣中铅的测定

放置保留的滤渣和滤纸于锆坩埚中，于 700~750℃ 干燥、燃烧。锆坩埚冷却后，加入 4g 碱性熔剂(碳酸钠：碳酸钾=1：1)和 1g 过氧化钠，电热板上加热熔融。冷却后，放置锆坩埚及熔融物于 400mL 烧杯中，加水 50mL，盖上表面皿，放置至熔体溶解。缓慢加热至沸分解过氧化物，小心加入 25mL 稀盐酸，反应停止后，用水洗出坩埚。溶液转入 250mL 容量瓶中，用水稀释到刻度。

校准溶液的准备：用移液管或微量滴定管移取 0mL、0.50mL、2.00mL、5.00mL 铅标液分别于 250mL 容量瓶中，分别加入 10mL 稀盐酸、2.1g 氯化钾和 3.7g 氯化钠于容量瓶中，用水稀释至刻度。

如果滤渣中含有少量铅，用以下方法代替上述步骤：

放置保留的滤渣和滤纸于铂坩埚中，低温干燥、灰化，于 700~750℃ 燃烧。坩埚冷却后，加入 3mL 硝酸、2~5mL 氢氟酸和 5mL 高氯酸，加热蒸发至近干，以四氟化硅除去硅。吹入少量水和 10mL 稀盐酸，加热溶解。溶液转入 100mL 容量瓶中，用水稀释到刻度。

校准溶液的准备：用移液管或微量滴定管移取 0mL、0.50mL、2.00mL、5.00mL 铅标液分别于 100mL 容量瓶中，分别加入 10mL 稀盐酸，用水稀释至刻度。

于波长 217.0nm 或 283.3nm 处，采用背景扣除方法，于空气-乙炔火焰原子吸收光谱仪测量试样溶液的吸光度。用校准溶液中的铅量与吸光度绘制校准曲线，从曲线中查出试样溶液的铅量。

注：也可用 ICP 原子发射光谱仪于波长 220.35nm 处测定铅量。

3. 结果计算

铅(Pb)的含量(w)以质量分数(%)表示，计算如下：

$$w(\mathrm{Pb})=\frac{(V_4-V_5)\times f+m_4+m_5}{m}\times 100\times\frac{100}{100-H} \tag{4-9}$$

式中 f——EDTA 标准溶液的对铅的滴定度，mg(Pb)/mL；

V_4——滴定试样消耗的 EDTA 标准溶液的体积，mL；

V_5——滴时空白溶液时消耗 EDTA 标准溶液的体积，mL；

m_4——不溶渣中铅的质量，mg。

m_5——滤液中铅的质量，mg。

m——试样质量，mg。

H——试样中水分的质量分数，若用干燥试样则 $H=0$。

4. 注意事项

若分解步骤中试样中铅已完全溶解，则铅的含量(w)计算如下：

$$w(\mathrm{Pb})=\frac{T\times(V-V_o)}{m_0}\times 100 \tag{4-10}$$

式中 T——EDTA 标准溶液对铅的滴定度，g/mL；

V——滴定消耗的 EDTA 标准溶液的体积，mL；

V_o——滴定时空白试验消耗 EDTA 标准溶液的体积，mL；

m_0——试样量，g。

第七节　锌矿石中锌的测定

锌是人类从铅锌矿石中较晚提炼出来的金属，是古代七种有色金属(铜、锡、铅、金、银、汞、锌)中最后的一种。它呈蓝白色，硬度 2.0，熔点 419.5℃，沸点 911℃，加热至 100~150℃时，具有良好的压延性，压延后比重 7.19。锌能与多种有色金属制成合金或含锌合金，其中最主要的是锌与铜、锡、铅等组成的黄铜，还可与铝、镁、铜等组成压铸合金。

世界上约有一半以上的锌用于镀锌工业。此外，大量的锌可以用来制造干电池和黄铜、青铜、铸造合金、抗磨合金等多种合金。锌的化合物用途很广。氧化锌可以用作橡胶中的添加剂、白色颜料、医药用药膏敷料、收敛剂等。锌钡白($ZnS\cdot BaSO_4$)是一种优良的白色颜料。硫酸锌除了用作酸性镀锌液的原料外，还广泛用于纺织、制革、陶瓷、医药等部门。氯化锌用作炸药及木材的防腐。

锌元素在地壳中平均含量约为 0.02%。主要的矿物是：闪锌矿 ZnS，含锌 67%；菱锌矿 $ZnCO_3$，含锌 52%；异极矿 $Zn_4(OH)_2Si_2O_7\cdot H_2O$，含锌 54.3%。闪锌矿常与铅的硫化物共生，并常伴生有少量镉、铜、金、银、锗、铬、铟、镓、锑、铋、锡及黄铁矿等形成多金属矿床。因此，单纯的锌矿石很少见。锌精矿是由铅锌矿、铜锌矿或铅铜锌矿等多金属矿石中选矿富集得到。

我国已找到的一千多个铅锌矿床中都含大量的闪锌矿。闪锌矿是冶炼锌的主要工业矿物原料。

锌矿的一般工业要求：硫化矿的边界品位为 0.5%~0.8%，工业品位为 1%~2%；氧化矿的边界品位为 2%，工业品位为 3%。经过选矿富集以后的锌精矿品位可达到 50%以上，最高可接近 65%。

一、锌矿石试样的分解

锌矿石比较容易分解，用分解铜矿石、铅矿石试样的方法几乎都能分解锌矿石。但对于含有锡石(SnO_2)的锌矿石试样用酸不能完全分解，因为锡石不溶于盐酸、硝酸及王水，用硫酸、高氯酸-硫酸、氢氟酸-硫酸等长时间处理，仅小部分溶解，故含有锡石的锌矿石只能用碱熔融方法分解。

二、锌矿石中锌的分析方法概述

锌矿石中锌的含量范围约为1%~65%。测定方法有滴定法和仪器分析法。但原矿石的品位一般在12%以下，最好选用仪器分析方法如原子吸收分光光度法和示波极谱法。它们操作简便、快速，而且准确。锌的容量分析方法操作都非常的烦琐、费时。

氨沉淀分离EDTA容量法测定锌：试样经过盐酸、硝酸和硫酸溶解，采用氨水沉淀分离法，使铁、铝、铅、锰、锑、铋、锡等离子生成沉淀，过滤与锌分离。在pH值为5~6的乙酸-乙酸钠缓冲溶液中，以二甲酚橙为指示剂，用EDTA标准液滴定试液中的锌量，试液由紫红色变为亮黄色为终点。加过硫酸铵将锰(Ⅱ)氧化成水合二氧化锰而沉淀完全，与锌分离。硫脲或硫代硫酸钠消除铜的干扰。一般矿石中钴、镍含量甚微，可不考虑。若含量较高时，可加入氰化钾掩蔽。此时锌也生成很稳定的氰锌配合物离子被掩蔽，需加入甲醛解蔽。镉干扰测定。故测定结果为锌、镉合量，扣除镉量，即为锌量。

现行国家标准《铜矿石、铅矿石、锌矿石化学分析方法锌的测定》(GB/T 14353.3—1993)中采用碘量法测定锌。

当矿石中锌的含量不太高时，用原子吸收分光光度法或示波极谱法测定锌，操作很简便。基本操作分别是：在火焰原子吸收分光光度法中，锌是高灵敏度元素。锌的最灵敏线波长是213.86nm，采用空气-乙炔氧化性蓝色贫燃焰，经酸溶解的试样(用盐酸赶尽硝酸后)调节到5%的盐酸介质，直接测定试液的吸光度，可测定含锌0.01%~5%的矿石，未发现共存干扰元素；采用氢氧化铵-氯化铵底液示波极谱法，经酸溶解的试样(用盐酸赶尽硝酸后)加入2.5mol/L氢氧化铵~0.8mol/L氯化铵溶液，不需分离沉淀，取沉降后的上清液直接用示波极谱仪测定锌的极谱波，可测定含锌0.01%~15%的矿石。

三、碘量法测定锌矿石中锌的含量

1. 测定原理

试样经盐酸、硝酸分解，蒸至湿盐状，加氯化铵搅拌至沙粒状，加氢氧化铵和溴水沉淀铁和锰，在微酸性溶液中，先以碘量法滴定铜。然后加入苯二甲酸氢钾、铁氰化钾溶液，析出与锌等物质量的碘，以硫代硫酸钠标准溶液滴定，计算锌量。

反应式如下：

$$2Fe(CN)_6^{3-}+2I^-+3Zn^{2+}+2K^+ = K_2Zn_3[Fe(CN)_6]_2+I_2$$

$$I_2+2S_2O_3^{2-} = 2I^-+S_4O_6^{2-}$$

2. 测定步骤

① 试样称量，按照表4-3称取适量的试样。

表 4-3 试样称量

锌量/%	试样/g
1~10	0.5000±0.0005
>10~20	0.2000±0.0003
>20	0.1000±0.0003

② 将试样置于250mL烧杯中，用少量水润湿，加入12mL浓盐酸，盖上表面皿，在电热板上加热赶去硫化氢后，加入3mL浓硝酸，继续加热使样品分解完全，用少量水洗去表面皿，将溶液蒸发至近干，加入5mL浓盐酸，用水吹洗烧杯内壁，加入5mL盐酸，再蒸发至湿盐状(勿干)，以驱尽残留的硝酸，取下稍冷，加入5g氯化铵，搅拌成砂粒状，加入10mL氢氧化铵和5mL饱和溴水搅匀，加入25mL水，将溶液煮沸1min，补加5mL氢氧化铵，稍放，待沉淀凝聚下沉后，用中速滤纸过滤于250mL锥形瓶中，用氯化铵(5g)-氢氧化铵(5%，100mL)溶液洗涤烧杯5次及滤纸8次，弃去沉淀。

③ 滤液在电热板上低温蒸至有氯化铵结晶析出，取下，稍冷，加入30mL水，使析出的结晶完全溶解。

④ 准确加入3.0mL0.1mol/L硫酸，3mL碘化钾(50%)溶液，放置1~2min，用0.025或0.05mol/L硫代硫酸钠标准溶液滴定至溶液呈淡黄色，加入5mL淀粉(5g/L)溶液，继续滴定至蓝色消失即为终点(测定铜时记下此读数，计算铜量)。

⑤ 向滴定铜后的溶液中，加入25mL苯二甲酸氢钾(10%)，加入50mL水，10mL铁氰化钾(0.05mol/L)溶液，在暗处放置5min，立即用硫代硫酸钠标准溶液滴定至蓝色消失而呈现亮黄色或黄绿色为终点(滴定最佳酸度pH=3，滴定温度为15~25℃)。

同时做空白试验。

3. 结果计算

锌矿石中锌(Zn)的含量(w)以质量分数(%)表示，计算如下：

$$w(\mathrm{Zn})=\frac{(V_1-V_0)\times T}{m}\times 100 \tag{4-11}$$

式中 T——1mL硫代硫酸钠标准溶液相当于锌的量，g/mL；

V_1——滴定试液消耗硫代硫酸钠标准溶液的体积，mL；

V_0——滴定空白试验所消耗硫代硫酸钠标准溶液的体积，mL；

m——试样量，g。

4. 注意事项

① 硫代硫酸钠标准溶液浓度的标定

准确移取20.00mL或50.00mL锌标准溶液于锥形瓶中，加入5g氯化铵，10mL水，摇动溶解后，以下按测定步骤④~⑤进行标定。

按下式计算1mL硫代硫酸钠标准溶液相当于锌的量(T，g/mL)：

$$T=\frac{m}{V-V_0} \tag{4-12}$$

式中 T——1mL硫代硫酸钠标准溶液相当于锌的量，g/mL；

V——滴定消耗硫代硫酸钠标准溶液的体积，mL；

V_0——试剂空白消耗硫代硫酸钠标准溶液的体积，mL；

m——所取锌标液中锌的量，g。

② 试样含铜量大于0.5%时，将滴定铜后的溶液，加入2mL硫氰酸铵(10%)溶液及少许纸浆，加热微沸，用中速滤纸过滤，用水洗锥形瓶和滤纸各四次，滤液用锥形瓶承接，若溶液呈蓝色可用硫代硫酸钠溶液滴定至无色，以下按步骤(5)进行测定。

③ 试样含锰量大于1%时，将试样分解后的溶液蒸发至0.5~1mL(已驱尽硝酸)，加5g氯化铵，搅拌成砂粒状，加入10mL氢氧化铵溶液和10mL过硫酸铵(15%)溶液，搅匀，加入50mL水，加热煮沸10min，补加5mL氢氧化铵，待沉淀凝聚下沉后，用中速滤纸过滤于250mL锥形瓶中，用氯化铵(5g)-氢氧化铵(5%，100mL)溶液洗涤烧杯及滤纸(主液保留)。沉淀用盐酸(1+1盐酸，含1%过氧化氢)溶液溶解于原烧杯中，用热水洗净滤纸，将溶液浓缩至10mL，用浓氨水中和至氢氧化铁沉淀出现为止，再加入5mL氨水和过硫酸铵溶液，按上述步骤再沉淀一次，滤液和主液合并后，将溶液加入蒸发至有氯化铵结晶析出为止，以下按测定步骤③~⑤进行测定。

思考题及习题

1. 简述矿物、矿石的概念。

2. 矿物的工业分类方法将金属矿物分为哪几大类别？

3. 用氯化亚锡-氯化汞-重铬酸钾容量法测定铁矿石中全铁，随同测定所做的空白试验时，为什么要加入一定量的硫酸亚铁铵溶液？

4. $SnCl_2$-$TiCl_3$-$K_2Cr_2O_7$法测定铁矿石中铁的含量(无汞法)，在预还原Fe(Ⅲ)至Fe(Ⅱ)时，为什么要用$SnCl_2$和$TiCl_3$两种还原剂？只使用其中一种有什么缺点？

5. 用过硫酸铵-硫酸亚铁铵容量法测定铬铁矿中三氧化二铬时共存元素钒对测定有干扰。试说明实际测定中用返滴定法消除钒干扰的原理。

6. 用过硫酸铵-硫酸亚铁铵容量法测定铬铁矿中三氧化二铬的方法中，标定硫酸亚铁铵标准溶液浓度的计算公式中，用到了重铬酸钾换算为三氧化二铬的系数0.5167。请计算说明该系数的来历。

7. 简述铝片还原-硫酸铁铵容量法测定钛矿石中钛的方法原理。

8. 铜矿石试样的酸分解方法中，为什么要先加浓盐酸，加热溶解一段时间后再加浓硝酸？可否同时加入？

9. 碘量法测定铜矿中铜含量的方法中，在测定条件下Fe^{3+}也能氧化碘化钾产生单质碘，干扰测定。为什么在标定硫代硫酸钠标准溶液时，移取的铜标准溶液中还要加入三氯化铁溶液？如何消除铜的干扰？

10. 简述氨沉淀分离-EDTA容量法测定锌矿石中锌含量的方法原理。

11. 称取铅矿石试样0.2746g于250mL烧杯中，酸溶。加入硫酸使铅完全生成硫酸铅沉淀，过滤。沉淀用醋酸-醋酸钠缓冲溶液煮沸溶解，冷却。加入0.1g抗坏血酸，3滴二甲酚橙指示剂，用滴定度为0.0007060g/mLEDTA标准溶液滴定至溶液由紫红色变为亮黄色终点，共消耗EDTA标准溶液21.78mL，请计算矿样中铅的含量。

12. 实验室用重铬酸钾法测量铁矿石中铁含量，每次称样量均为0.5000g，欲直接使用滴定体积毫升数来表示铁的质量分数，重铬酸钾($K_2Cr_2O_7$)应配制多大的浓度？

13. 某化验员用碘量法测定某铜精矿试样中铜含量，记录数据见表4-4，请计算其测定结果，并对测定结果作出评价($Na_2S_2O_3$标准溶液浓度为0.04136mol/L)。

表 4-4　某铜精矿试样测定数据

编号	表面皿质量/g	表面皿+试样质量/g	试样量/g	$Na_2S_2O_3$ 标液体积/mL	Cu/%	平均值 Cu/%	极差	评价
1	11.4367	11.7348		29.48				
2	11.4367	11.6685		23.14				
3				0.05				

14. 某铁厂化验室经常要分析铁矿中铁的含量。若使用的 $K_2Cr_2O_7$ 溶液中浓度为 0.0200mol/L。为避免计算，直接从所消耗 $K_2Cr_2O_7$ 的溶液中的毫升数表示出 Fe%，问应当称取铁矿多少克？

第五章　金属材料分析

第一节　概　　述

金属材料是金属元素或以金属元素为主构成的具有金属特性的材料的统称。包括纯金属、合金、金属间化合物和特种金属材料等。人类文明的发展和社会的进步同金属材料关系十分密切。继石器时代之后出现的铜器时代、铁器时代，均以金属材料的应用为其时代的显著标志。现代种类繁多的金属材料已成为人类社会发展的重要物质基础。

金属材料品种繁多。随着科学技术的发展不仅新的金属材料品种不断出现，而且传统的金属材料，如钢铁、铜、铝等合金材料品种也日益增加。

一、金属材料的分类

金属材料通常分为黑色金属、有色金属和特种金属材料。

黑色金属又称钢铁材料，包括含铁90%以上的工业纯铁，含碳2%~4%的铸铁，含碳小于2%的碳钢，以及各种用途的结构钢、不锈钢、耐热钢、高温合金、精密合金等。广义的黑色金属还包括铬、锰及其合金。

有色金属又称非铁金属，指除铁、铬、锰以外的所有金属及其合金，如铜、铅、锌、铝、镁、镍、锡、锑、金、银及黄铜、青铜、铝合金和轴承合金等。通常分为轻金属、重金属、贵金属、半金属、稀有金属和稀土金属等。有色金属的强度和硬度一般比纯金属高。

特种金属材料包括不同用途的结构金属材料和功能金属材料。其中有通过快速冷凝工艺获得的非晶态金属材料，以及准晶、微晶、纳米晶金属材料等；还有隐身、抗氢、超导、形状记忆、耐磨、减振阻尼等特殊功能合金，以及金属基复合材料等。

二、钢铁分类

(一) 钢的分类

钢是含碳量一般不大于2%，并含有其他元素的材料。为了保证其韧性和塑性，含碳量一般不超过1.7%，在铬钢中含碳量可能大于2%。钢的主要元素除铁、碳外，还有硅、锰、硫、磷等。钢的分类方法多种多样，常用分类方法有以下几种。

1. 按化学成分分类

分为非合金钢(包括碳素钢和规定电磁等特殊性能的非合金钢)、微合金化钢、低合金化钢、合金钢、高合金钢等。

(1) 碳素钢

低碳钢(C≤0.25%)；中碳钢(C≤0.25%~0.60%)；高碳钢(C>0.60%)。

(2) 合金钢

低合金钢(合金元素总含量≤5%)；中合金钢(合金元素总含量>5%~10%)；高合金钢(合金元素总含量>10%)。

(3) 微合金化钢

指微合金化低合金高强度钢，是在低碳钢或低合金高强度钢中加入一种或多种能形成碳化物、氮化物或碳氮化物的微量合金元素的钢。常用的微量合金元素为铌、钒和钛，加入一种或多种，其总含量一般不大于0.22%。

2. 按质量等级分类

普通质量钢(磷含量≤0.045%，硫含量≤0.055%)；

优质钢(磷含量、硫含量≤0.035%)；

特殊质量钢(磷含量≤0.035%，硫含量≤0.030%)。

3. 按冶炼方法和脱氧程度分类

转炉钢：按炉衬耐火材料性质分酸性转炉钢和碱性转炉钢；按气体吹入炉内的方式分底吹转炉钢、侧吹转炉钢、顶吹转炉钢、顶底复合吹转炉钢。

电炉钢：电弧炉钢；电渣炉钢；感应炉钢；真空自耗炉钢；电子束炉钢。

沸腾钢；半镇静钢；镇静钢；特殊镇静钢等。

4. 按用途分类

(1) 建筑及工程用钢

普通碳素结构钢；低合金结构钢；钢筋钢。

(2) 结构钢

机械制造用钢：调质结构钢；表面硬化结构钢(包括渗碳钢、渗氨钢、表面淬火用钢)；易切结构钢；冷塑性成形用钢(包括冷冲压用钢、冷镦用钢等)。

弹簧钢

轴承钢

(3) 工具钢

碳素工具钢；合金工具钢；高速工具钢等。

(4) 特殊性能钢

不锈耐酸钢；耐热钢(包括抗氧化钢、热强钢、气阀钢)；电热合金钢；耐磨钢；低温用钢；电工用钢等。

5. 按成形方法分类

锻钢；铸钢；热轧钢；冷拉钢等。

6. 按金相组织分类

奥氏体型钢、奥氏体型钢-铁素体型钢、铁素体型钢、马氏体型钢、珠光体型钢、亚共析钢(铁素体+珠光体)、共析钢(珠光体)等。

(二) 生铁分类

生铁是含碳量高于2%的铁碳合金，通常按用途分为炼钢生铁和铸造生铁两类。

炼钢生铁是指用于炼钢的生铁，一般含碳4%，含硅量较低(<1.75%)，含硫量较高(<0.07%)。高炉中生产出来的生铁主要用作炼钢生铁，约占生铁产量的80%~90%。炼钢生铁质硬而脆，断口成白色，所以也叫白口铁。

铸造生铁是指用于铸造各种生铁、铸铁件的生铁，俗称翻砂铁。一般含碳2.8%~3.5%，含硅量较高(可达3.75%)，含硫量稍低(<0.06%)。因其断口呈灰色，所以也叫灰口铁。

三、有色金属材料分类

有色金属材料一般分为有色纯金属、有色合金、有色材等三大类。

(1) 有色纯金属

分重金属、轻金属、贵金属、半金属和稀有金属五类。

(2) 有色合金

按合金系统分：重有色金属合金、轻有色金属合金、贵金属合金、稀有金属合金。

按合金用途分：变形(压力加工用)合金、铸造合金、轴承合金、印刷合金、硬质合金、焊料、中间合金、金属粉末等。

(3) 有色材

按化学成分分：铜和铜合金材、铝和铝合金材、铅和铅合金材、镍和镍合金材、钛和钛合金材等。

按形状分：板、条、带、箔、管、棒、线、型等品种。

四、金属材料分析的特点及内容

金属材料分析是从金属物料(矿石、矿物、中间产物和产品等)中获取化学组成、存在形态和信息的技术，为工业科技和生产服务，也是衡量工业科技和生产水平的重要标志。

钢铁是应用最广泛、使用量最大的金属材料，在国民经济中的地位十分重要，是一切工业发展的基础。钢铁中除 Fe 外、C、Si、Mn、P、S 以及少量的其他元素的含量对钢铁的机械性能起着主要作用。钢铁具有良好的物理和化学性能，生铁坚硬、耐磨、铸造性能好，但生铁脆，不能锻压；钢有较高的机械强度和韧性，还具有耐热、耐腐蚀、耐磨和电磁性能等特殊性能。碳钢是最常用的普通钢，冶炼方便、加工容易、价格低廉，而且在多数情况下能满足使用要求。随含碳量升高，碳钢的硬度增加、韧性下降。在碳钢的基础上加入一种或多种合金元素，使钢的组织结构和性能发生变化，从而具有一些特殊性能，如高硬度、高耐磨性、高韧性、耐腐蚀性等。经常加入钢中的合金元素有 Si、W、Mn、Cr、Ni、Mo、V、Ti 等。

钢铁分析包括钢铁原材料分析、生产过程控制分析、产品和副产品及废渣分析等。其中，钢铁中碳、硅、硫、磷、锰五大元素分析是本章讨论的主要内容。这些元素的含量是冶金工业、机械工业日常生产控制的重要指标。

有色金属及合金种类繁多、性能各异、用途广泛。有色金属的生产能力也是反映国家经济实力、工业化水平、综合国力的重要指标之一。有色金属及合金根据实际需要和生产水平，纯度高低不一。有色金属材料分析包括主体元素分析、合金成分及杂质含量分析等。随着生产发展的要求和科学技术的进步，对金属材料的质量要求也越来越高，对合金成分及杂质含量的控制也有严格的规定。各种金属基合金的分析方法很多，也有相应的国家及部颁标准，本章主要介绍铜合金、铝合金的合金元素及杂质元素的含量分析方法。

第二节　钢铁中碳的测定

一、概述

碳是钢铁的重要元素，它对钢铁的性能影响很大。碳是区别铁与钢，决定钢号、品质的主要标志。正是由于碳的存在，才能用热处理的方法来调节和改善其机械性能。一般来说，随着碳含量的增加，钢铁的硬度和强度也相应提高，而韧性和塑性却变差。在冶炼过程中了解和掌握碳含量的变化，对冶炼的控制有着重要的指导意义。

通常，钢中含碳量在0.05%~1.7%，铁中含碳量都大于1.7%。碳含量小于0.03%的钢称作超低碳钢。

碳在钢铁中主要以两种形式存在。一种是游离碳，如铁碳固溶体、无定形碳、褪火碳、石墨碳等，可直接用"C"表示。另一种就是化合碳，即铁或合金元素的碳化物，如Fe_3C、Mn_3C、Cr_3C_2、VC、MoC、TiC……可用"MC"表示。游离碳一般不与酸作用，即使是高氯酸发烟也不起作用。化合碳一般能溶解于酸而被破坏，故可利用这一性质将两者分离。在钢中一般是以化合碳为主，游离碳只存在于铁及经褪火处理的高碳钢中。

一般在工厂化验室的成分分析中，通常是测定碳的总量。化合碳的含量是总碳量和游离碳量之差求得的。对某些特殊试样，如生铁试样，有时需要测定游离碳或化合碳含量。

由于游离碳不与稀硝酸反应，可用稀硝酸溶解试样，将不溶物(含游离碳)与化合碳分离。再用测总碳量的方法测定不溶物，即可得到游离碳含量。

总碳量的测定方法虽然很多，但通常都是将试样置于高温氧气流中燃烧，使之转化为二氧化碳进行分离、富集后，再用适当方法测定。目前，测定碳的方法有气体容量法、吸收重量法、电导法、电量法、非水滴定法、色谱法、微压法及红外吸收法等。作为分解试样的高温炉主要是电阻炉(立式炉、卧式炉)、高频炉及电弧引燃炉等。

测定碳的仪器主要是以气体容量法为基础。气体容量法定碳是一种经典的分析方法，为使其实现快速化，对经典的定碳仪进行了许多改进，目前国内外已研制出了不少新型仪器。特别是微机和红外技术的应用，使仪器的功能、准确度、灵敏度及自动化程度大为改善，并实现了碳-硫联测。如GQ、GXH、HQ、TP等系列碳硫分析仪，GQ-HW6F高频红外碳硫分析仪，CS-244/344红外碳硫分析仪等。用于测定较低含碳量的试样，简便、快速、准确度高。

二、钢铁中总碳的测定

(一) 燃烧-气体容量法

由于燃烧-气体容量法操作迅速、手续简单，分析准确度高，因而迄今仍广泛应用，被国内外推荐为标准方法。其缺点是要有熟练的操作技巧，分析时间长，对于低碳的测定误差较大。

1. 测定原理

试样置于高温炉中加热并通氧燃烧，使碳氧化成二氧化碳，硫氧化为二氧化硫，经除硫管后，二氧化碳和氧气的混合气体经过定碳仪中冷凝管进入量气管中，测定总体积；然后以氢氧化钾溶液吸收其中的二氧化碳，剩余氧气再返回量气管，吸收前后体积之差即为二氧化碳体积，由此计算碳含量。

主要反应如下：

$$C+O_2 = CO_2$$

$$4Fe_3C+13O_2 = 6Fe_2O_3+4CO_2$$

$$Mn_3C+3O_2 = Mn_3O_4+CO_2$$

$$4Cr_3C_2+17O_2 = 6Cr_2O_3+8CO_2$$

$$4MnS+7O_2 = 2Mn_2O_3+4SO_2$$

$$4FeS+7O_2 = 2Fe_2O_3+4SO_2$$

$$2AgVO_3+3SO_2+O_2 = Ag_2SO_4+2VOSO_4$$

除硫反应：

$$MnO_2+3SO_2 = MnSO_4$$

吸收反应：

$$CO_2+2KOH = K_2CO_3+H_2O$$

2. 测定步骤

（1）按照图 5-1 气体容量法定碳装置安装仪器

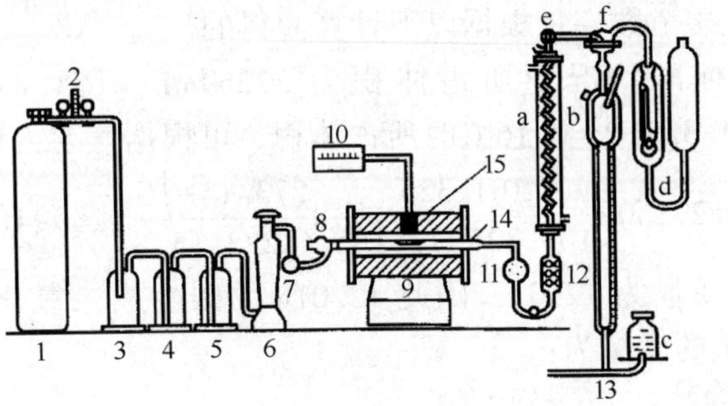

图 5-1　卧式炉气体容量法定碳装置

1—氧气瓶；2—氧气表；3—缓冲瓶；4，5—洗气瓶；6—干燥塔；7—供氧活塞；8—玻璃磨口塞；9—管式炉；10—温度自动控制器(或调压器)；11—球形干燥管；12—除硫管；13—容量定碳仪(包括：蛇形管 a、量气管 b、水准瓶 c、吸收器 d、小活塞 e、三通活塞 f)；14—瓷管；15—瓷舟

备注：

① 洗气瓶 4：内盛氢氧化钾-高锰酸钾溶液(1.5g 氢氧化钾溶解于 35mL 4%的高锰酸钾溶液中)，其高度约为瓶高度的 1/3。

② 洗气瓶 5：内盛浓硫酸，其高度约为瓶高度的 1/3。

③ 干燥塔：上层装碱石灰(或碱石棉)，下装无水氯化钙，中间隔以玻璃棉，底部与顶部也铺以玻璃棉。

④ 球形干燥管：内装干燥脱脂棉。

⑤ 除硫管：直径 10~15mm，长 100mm 玻璃管，内装颗粒状活性二氧化锰(或粒状钒酸银)，两端塞有脱脂棉，除硫剂失效应重新更换。

⑥ 容量定碳仪：连接顺序见图 5-1。

蛇形管 a：套内装冷却水，用以冷却混合气体。

量气管 b：用以测量气体体积。

水准瓶 c：内盛酸性氯化钠溶液。

吸收器 d：内盛 40%氢氧化钾溶液。

小活塞 e：可通过 f 使 a 和 b 接通，也可分别使 a 或 b 通大气。

三通活塞 f：可使 a 与 b 接通，也可使 b 与 d 接通。

⑦ 瓷管：长 600mm，内径 23mm(亦可采用相近规格的瓷管)，使用时先检查是否漏气，然后分段灼烧。瓷管两端露出炉外部分长度不小于 175mm，以便燃烧时管端仍是冷却的。粗口端连接玻璃磨口塞，锥形口端用橡皮管连接于球形干燥管上。

⑧ 瓷舟：长 88mm 或 97mm，使用前需在 1200℃ 管氏炉中通氧灼烧 2~4min，也可于 1000℃ 高温炉中灼烧 1h 以上，冷却后贮于盛有碱石棉或碱石灰及氯化钙的未涂油脂的干燥器中备用。

（2）样品测定

将炉温升至 1200~1300℃，检查管路及活塞是否漏气，装置是否正常，燃烧标准样品，检查仪器及操作。

称取试样(含碳 1.5%以下称取 0.5000~2.000g，1.5%以上称 0.2000~0.5000g)置于瓷舟中，覆盖适量助熔剂，启开玻璃磨口塞，将瓷舟放入瓷管内，用长钩推至高温处，立即塞紧磨口塞。预热1min，根据定碳仪操作规程操作，测定其读数(体积或含量)。启开磨口塞，用长钩将瓷舟拉出，即可进行下一试样分析。

3. 结果计算

气体容量法是使用一种专门设计的仪器来测定试样中含碳量的方法。在这种仪器上测出的结果，实际上是二氧化碳的体积，为了把它换算成碳的百分含量，需用下列方法进行计算。

(1) 刻度标尺

钢铁定碳仪量气管的刻度，通常是在101. 325kPa和16℃时按每毫升CO_2相当于每克试样含碳0. 05%刻制的，这个数字是根据以下计算而得的。

已知1mol CO_2在标准状况下所占体积为22260mL，16℃时饱和水蒸气的压力为1. 8185kPa，所以在101. 325kPa和16℃时所占体积，可根据气态方程式求出：

$$V_{16}=22260\times\frac{101.325}{101.325-1.8185}\times\frac{273.15+16}{273.15}=23994(\text{mL})$$

由于碳原子的相对质量为12. 01，因此12. 01g的碳生成二氧化碳体积为23994mL，每1. 00mL二氧化碳相当碳的质量为：

$$\frac{12.01}{23994}=0.000500(\text{g})$$

当试样为1. 0000g时，每1. 00mL二氧化碳相当于含碳0. 0500%。

(2) 压力、温度校正系数

在实际测定中，当测量气体体积的温度、压力和量气管刻度规定的温度、压力不同时，需加以校正，即将读出的数值乘以压力温度校正系数f。f值可自压力温度校正表系数表中查出，也可根据气态方程式算出。

压力温度校正系数是指在任意压力p和任意温度t℃的状况下，单位体积的二氧化碳相当于刻度标尺状况(101. 325kPa和16℃)时的二氧化碳的体积。即：

$$f=\frac{V_{16}}{V_{\text{T}}} \tag{5-1}$$

式中 f——压力温度校正系数；

p——测量条件下的大气压；

T——测量时的热力学温度。

根据气态方程式：$\frac{p_1V_{16}}{T_{16}}=\frac{p_2V_t}{T_2}$

$$f=\frac{V_{16}}{V_t}=\frac{p_2T_{16}}{p_1T_2}=\frac{(273.15+16)(p-a)}{(101.325-1.8185)(273.15+t)}=2.906\times\frac{(p-a)}{(273.15+t)}$$

例如，在17℃、101. 3kPa时测得的气体体积为V_{17}(mL)，17℃时的饱和水蒸气的压力为1. 9380kPa，则换算为16℃、101. 325kPa时的体积V_{16}为：

$$V_{16}=V_{17}\times\frac{101.325-1.9380}{101.325-1.8185}\times\frac{273.15+16}{273.15+17}$$

$$f=\frac{V_{16}}{V_{17}}=\frac{289.15\times(101.325-1.9380)}{99.5065\times(273.15+17)}=2.906\times\frac{101.325-1.9380}{273.15+17}=0.995$$

(3) 计算碳的含量

① 当标尺刻度单位是毫升(mL)时：

$$w(C)=\frac{A\times V\times f}{m}\times 100 \tag{5-2}$$

式中 A——温度16℃，气压101.3kPa，每毫升二氧化碳中含碳质量，g；用酸性水溶液作封闭液时 A 值为0.00050000g，用氯化钠酸性溶液作封闭液时 A 值为0.0005022g；

V——吸收前与吸收后气体的体积差，即二氧化碳体积，mL；

f——温度、气压校正系数，采用不同封闭液时其值不同；

m——试样质量，g。

② 当标尺的刻度是碳含量（例如，上海产的定碳仪把25mL体积刻成含碳量为1.250；沈阳产的定碳仪把30mL体积刻成含碳量为1.500%）时：

$$w(C)=\frac{A\times x\times 20\times f}{m}\times 100 \tag{5-3}$$

式中 A、f、m 的意义与上式相同；

x——标尺读数（含碳量）；

20——标尺读数（含碳量）换算成二氧化碳气体体积（mL）的系数（即25/1.250或30/1.500）。

③ 按标样换算：

$$w(C)=\frac{\text{标样中碳的含量(\%)}}{\text{标样读数}}\times\text{试样读数} \tag{5-4}$$

（试样称样量和标样称样量完全相同）

4. 注意事项

（1）温差的影响

气体容量法通过测定二氧化碳的体积来求出碳的含量。因此在测定过程中，必须避免温差所产生的影响。温差是指测量过程中冷凝管、量气管和吸收管三者之间温度上的差异。对于这种差异，气体的体积变化极为敏感，给测量带来很大的误差。

温差的产生有以下几个原因：

① 由于定碳仪安放地点及位置不当，环境温度不一致；

② 由于混合气体没有得到充分的冷却而产生温差；

③ 在大批试样连续分析时，由于量气管保温水套里水量有限，致使量气管的温度不断上升；而吸收器中，由于吸收液的量大，热容量也大，温度的升高要比量气管慢得多。这样就逐渐导致了温差的产生。

要想减小温差对测定的影响，较为简便的方法是适当选择定碳仪的安放地点及位置，使定碳仪远离高温炉（距离高温炉约300~500mm），避免阳光的直接照射和其他形式的热辐射，并尽可能改善定碳室的通风条件等。此外，还必须注意对混合气体的冷却，冷凝管应通回流冷却水。炉前快速分析，由于通氧速度快，更应注意混合气体的充分冷却。因此在测定前应通氧气重复做空白数次直至空白值稳定，用标准样品检查仪器各部是否正常以及操作条件是否合格后，方可进行试样分析。

（2）碳的氧化

钢铁试样的种类和结构不同，各种碳化物完全转化为二氧化碳的温度也不相同，一般碳素钢、生铁及低合金钢在1150~1250℃就可使碳完全转化为二氧化碳，而难熔的高温合金

(如高铬钢)则需要1300℃左右才能使碳完全转化为二氧化碳。因此，控制好燃烧温度，使试样完全燃烧，碳完全转化，是保证测定结果准确度的关键因素。

① 通过加入助熔剂，可降低试样的燃烧温度，避免瓷舟的损坏。常用的助熔剂有纯锡、纯铅、纯铜及其氧化物，五氧化二钒等。助熔剂含碳量一般不超过0.005%，使用前应做空白试验，并从分析结果中扣除。

② 采取“前大氧、后供气”的供氧方式。

前大氧是指进入燃烧炉的氧气流量要大，这样可保证碳的燃烧完全。后控气是指进入测量系统的混合气体的流量要加以控制，这样可避免给二氧化碳测定带来的困难。气体容量法控制范围大约是：400mL/min；非水滴定法：1000mL/min；库伦法：200mL/min；高速电导法：3000mL/min。

③ 更换水准瓶所盛溶液、玻璃棉、除硫剂、氢氧化钾溶液后，应做几次高碳试样，使二氧化碳饱和后，方能进行操作。

④ 如分析含硫量高的试样(0.2%以上)，应增加除硫剂量，或多增加一个除硫管。

⑤ 量气管必须保持清洁，有水滴附着量气管内壁时，需用重铬酸钾洗液洗涤。

⑥ 观察试样是否完全燃烧，如燃烧不完全，需重新分析。判断燃烧是否完全的一般方法是：试样燃烧后的表面应光滑平整，如表面有坑状等不光滑之处则表明燃烧不完全。

⑦ 如分析完高碳试样后，应空通一次，才能接着分析低碳试样。

⑧ 新的燃烧管要进行通氧灼烧，以除去燃烧管中有机物。瓷舟要进行高温灼烧后再使用。

(二) 燃烧-非水滴定法

1. 测定原理

试样在高温管式炉内通氧气燃烧生成的二氧化碳，导入乙醇-乙醇胺混合溶液中吸收，二氧化碳的酸性得到增强，然后以百里酚酞-甲基红为指示剂，用乙醇-乙醇胺氢氧化钾的标准溶液进行滴定。根据滴定液的消耗量计算出碳的含量。

主要反应为：

$$\underset{\text{(乙醇胺)}}{2NH_2(CH_2)_2OH}+CO_2 \longrightarrow \underset{\text{(碳酸乙醇胺)}}{HOCH_2CH_2NHCOO^-—N^+H_3CH_2CH_2OH}$$

$$HOCH_2CH_2NHCOO^-—N^+H_3CH_2CH_2OH+\underset{\text{(乙醇钾)}}{C_2H_5OK} \longrightarrow 2NH_2(CH_2)_2OH+\underset{\text{(碳酸乙基钾)}}{KC_2H_5CO_3}$$

总反应为：

$$CO_2+C_2H_5OK \longrightarrow KC_2H_5CO_3$$

燃烧时产生的SO_2对测定碳有干扰，必须用除硫管将SO_2除掉。

2. 测定步骤

(1) 按照图5-2，安装仪器。

(2) 样品测定。

称取0.3g左右的铝硅热剂加于铜锅底部，并稍加分散。准确称取试样约1g(高碳试样0.5g)倒入铜锅中，加0.5g锡粒，将铜锅移至电弧炉的托盘上，上升手柄，密封炉体。

全部打开入电弧炉的通氧活塞，然后部分打开吸收杯前的控制活塞，调整进入吸收杯的氧气流量为1L/min左右。

通电后按引弧按钮，经电弧点火后，试样随即剧烈燃烧。当二氧化碳开始进入吸收杯时，吸收液变黄，立即用滴定液滴定，至溶液由黄色变至初始时的蓝色为终点。

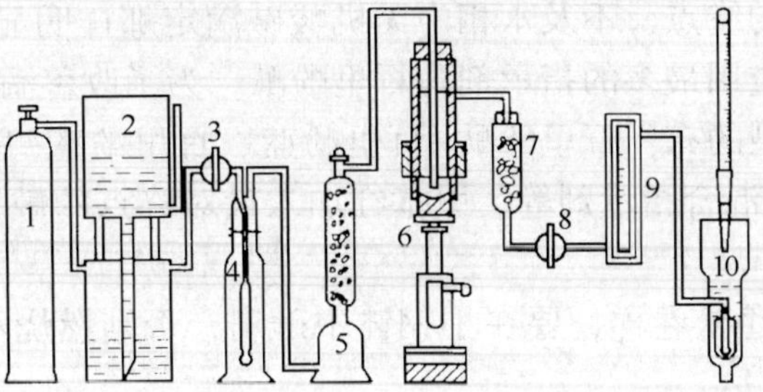

图 5-2 电弧炉非水滴定法定碳装置

1—氧气瓶；2—贮气瓶；3—第一道活塞；4—洗气瓶；6—电弧炉；

7—除尘除硫管；8—第一道活塞；9—流量计；10—吸收杯

3. 结果计算

钢中碳(C)的含量(w)以质量分数(%)表示，计算如下：

$$w(\mathrm{C})=\frac{TV}{m}\times 100 \tag{5-5}$$

式中 T——标准溶液的滴定度，每毫升标准溶液相当于碳的质量，g/mL；可用相近类型、相近含量的标准钢样进行标定；

V——滴定消耗标准溶液的体积，mL；

m——样品的质量，g。

4. 注意事项

① 滴定体系 国外大都以二甲基甲酰胺或含有乙醇胺的吡啶为吸收液，用甲醇、苯、甲苯的醇钠或四丁基氢氧化铵溶液为滴定剂。由于这些体系都有一定的毒性，故应用不多。但这些体系具有滴定终点敏锐、滴定精度以及稳定性好等优点。国内采用的体系可分为甲醇-丙酮和乙醇-有机胺两大类，且大多为补充滴定。

甲醇体系吸收率高、终点敏锐、体系稳定，主要缺点是二氧化碳易逸出，有一定的毒性。

乙醇体系无毒性，二氧化碳不易逸出，但稳定性较差，终点也不及甲醇体系明显。加入稳定剂，采用混合指示剂等，体系的性能有很大改善，故应用较广。根据加入有机胺的不同，又可分为许多种体系。

配制吸收液兼滴定液：称取氢氧化钾 5.6g，溶于 1000mL 无水乙醇中，加入乙醇胺 30mL，丙三醇 20mL，百里酚酞 0.2g，甲基红 0.015g，摇匀备用。

配制滴定溶液用的氢氧化钾，不得有过多的碳酸钾。当氢氧化钾试剂瓶密封不严时，会吸收空气中的二氧化碳生成碳酸钾，对测定有一定的影响。

② 影响因素 在非水滴定测定碳的方法中，为使二氧化碳的酸性有明显的增强，避免滴定过程中二氧化碳的逃逸，一般均选用碱性溶剂或两性溶剂，而不用酸性溶剂。加入有机胺，可以增强溶剂的碱性，有利于二氧化碳的吸收。但由于与无机盐一样，有机胺在溶液中具有一定的缓冲能力，使滴定终点的敏锐性有所降低。所以用量必须适当，一般为 2%～3%，不超过 5%。

为了避免滴定过程中发生沉淀现象，常加入稳定剂。稳定剂为含有多个醇羟基的多元醇，如丙三醇、乙二醇等，水也可作为稳定剂使用。但稳定剂引入后，由于体系的极性增强，终点敏锐程度急剧下降，所以用量需加以控制，通常以加入 2%～3% 为宜。

非水滴定二氧化碳的终点，不及水相中无机酸碱滴定那样明显，也不及典型的氧化-还原滴定那样敏锐。目前应用最多的指示剂为百里酚酞。为了改善滴定终点的敏锐程度，常采用混合指示剂。比较典型的有：百里酚酞-百里酚蓝、百里酚蓝-甲基红、酚酞-溴甲酚绿-甲基红、百里酚酞-酚酞混合指示剂等。甲基红加入量对终点的敏锐性影响较大，配制时应以分析天平称量。

③ 对于体积较大的蓬松卷样，要在小钢钵中砸扁，否则燃烧不完全，而使分析结果偏低 0.02%~0.05%。

④ 分析含铬 2%以上的试样，应把锡粒与铝硅热剂加于试样的底部，否则因锡粒有延缓铬氧化的趋势而使燃烧速度降低，测定结果显著偏低。

铝硅热剂：用 200 目左右的铝粉和化学纯二氧化硅(粉状)仔细混匀。混合比为：

$$m(Al):m(SiO_2)=1:2\text{(适用于铁)}$$

$$m(Al):m(SiO_2)=2:3\text{(适用于钢)}$$

⑤ 间隔测定时，如间隔时间较长，吸收液有返黄现象，测定之前需重新调至蓝紫色。

⑥ 吸收杯长期不用时，杯内有白色沉淀产生，将溶液放掉后，用水清洗，即可全部溶解。吸收杯后装一支 8w 的日光灯，有利于终点的观察。

⑦ 由于二氧化碳不能 100%转化为碳酸乙醇胺，所以只能用含碳量相近的钢铁标准样品实测求得乙醇-乙醇胺氢氧化钾滴定溶液的滴定度。

第三节　钢铁中硫的测定

一、概述

硫在钢铁中是有害元素。当硫含量超过规定范围时，要降低硫的含量，生产中称为“脱硫”。硫在钢中固溶量极小，但能形成多种硫化物，如 FeS、MnS、VS、ZrS、TiS、NbS、CrS 以及复杂硫化物 $Zr_4(CN)_2S_2$、$Ti(CN)_2S_2$ 等。但钢中有大量锰存在时，主要以硫化锰存在，当锰含量不足时，则以硫化铁存在。

硫对钢铁性能的影响是产生“热脆”，即在热变形时工件产生裂纹，因而其危害甚大。硫还能降低钢的力学性能，特别使疲劳极限、塑性和耐磨性显著下降，影响钢件的使用寿命。硫含量高时，还会造成焊接困难和耐腐蚀性下降等不良影响。但对于易切削钢来说，却有便于加工的优点。硫在钢中易产生偏析，在制取分析试样时必须注意其代表性。

硫的测定方法较多，有重量法、燃烧法、光度法等。重量法有活性氧化铝分离硫酸钡重量法，也有用锌粒分离、铝片或盐酸羟胺等预先将铁还原为二价，再加氯化钡使硫生成硫酸钡沉淀，来减少铁的共沉淀，还可加 EDTA 掩蔽剂，效果更好。燃烧法有燃烧-碘量法、燃烧-酸碱滴定法、燃烧-光度法、燃烧-电导法、燃烧-红外吸收法等。

燃烧法一般都是将钢中的硫在高温条件下，通氧燃烧使之转化为二氧化硫后，再采用适当的方法测定。

其中燃烧-碘量法设备简单、快速，是常用方法之一。

燃烧-酸碱滴定法有很多优点：①不存在由于亚硫酸分解而造成二氧化硫逃逸的问题；②对滴定速度没有要求，适合于碳、硫联合测定；③由于是典型的强碱滴定强酸的中和法，终点相当敏锐；④若燃烧过程中有三氧化硫生成，也能被滴定。若采用含有 0.2%硫酸钾和

4%过氧化氢的水溶液吸收二氧化硫，生成的硫酸以次甲基蓝-甲基红为指示剂，用硼酸钠标准溶液滴定。不仅终点变化敏锐，有较高的滴定精度，而且克服了由于氢氧化钠标准溶液易吸收空气中的二氧化碳而使浓度经常改变的缺点。

燃烧-库仑法有较高的灵敏度和良好的重现性，并有很高的精确度，适用于微量硫的标准分析和仲裁分析。

燃烧-红外吸收法测定范围宽，可测低至0.002%的硫，其自动程度高、分析速度快，可用于碳—硫联测。

燃烧法中由于硫的回收率不理想，必须依靠同类标准钢铁样品进行换算。此外，燃烧时使用的瓷舟或瓷坩埚，由于空白值均较高，这对微量硫的测定不利。即便配合上库仑滴定或红外分析，也难得到很高的准确度。

硫化氢法可以避免上述弊病的产生，准确度、灵敏度和选择性都较好。硫化氢法是将试样用盐酸-硝酸溶解，在氧化剂存在下，将硫氧化为硫酸根，然后加入还原剂将硫转化为硫化氢，在氮气流中加热蒸馏，将硫化氢导入吸收溶液吸收，再用 *N*，*N*-二甲基对苯二胺溶液和三氯化铁溶液使硫化物生成次甲基蓝，进行比色测定。

二、钢铁中硫的测定

（一）氧化铝色谱分离——硫酸钡重量法

1. 测定原理

在有溴的情况下，试样在稀硝酸或盐酸-硝酸的混合酸中溶解，使硫转变为可溶性的硫酸盐。然后加入高氯酸冒烟，除去氯离子、硝酸根离子，并将铬氧化为铬酸根离子，使硅酸、钨酸、铌酸等脱水，过滤除去。滤液中准确加入一定量的硫酸根离子辅助沉淀，将滤液通过氧化铝色谱柱，硫酸根被吸附在色谱柱上，而与其他绝大多数金属离子分离。色谱柱上的硫酸根，以氨水淋洗。淋洗液经调节酸度后，加氯化钡沉淀硫酸根，过滤洗涤后灼烧称量。

经色谱分离后，有少量铬酸根离子被淋洗，将与硫酸钡产生共沉淀，对测定有干扰。加入过氧化氢将铬还原为三价，从而免除了铬的影响。锡含量大于150mg时有干扰，使结果偏低。钨、钼、钛、硅在高氯酸冒烟时全部或大部分沉淀，经过滤后对分离无影响。钢铁中其他共存元素均不干扰测定。

2. 测定步骤

称取一定量试样于1000mL干燥的锥形瓶中(随同作空白试验)，加1mL溴(质量分数>99%)，并连通球型冷凝器，慢慢加入50mL(1+1)硝酸(如试样不溶于稀硝酸，可加盐酸-硝酸混合酸)，缓慢溶解试样，稍后再加入50mL(1+1)硝酸。当停止冒烟时，用少量水冲洗冷凝器，收集洗涤物于锥形瓶中。

溶解完全后，加热试液沸腾直至冷凝的蒸汽正好达到冷凝器的第一个球，冷却5~6min后，通过冷凝器加入50mL水到锥形瓶中，然后，取下冷凝器，将试液全部转入500mL烧杯中，用水洗涤锥形瓶内壁。

用滴定管分别加入10.0mL硫酸溶液(每升约含48mg硫)到试样和空白试样的试液中。

加高氯酸120mL，加热至冒大量白烟，用干燥的表面皿盖住并继续冒烟至碳化物完全分解，使铬全部被氧化。冷却5~6min后，用200mL热水溶解盐类；用中速滤纸过滤，并用高氯酸(1+100)洗涤7~8次(控制试液体积为500~600mL)。

将色谱柱插入抽滤瓶中，用30mL水洗涤柱子，用(1+19)盐酸酸化，弃去洗脱液。

定量转移试液到色谱柱中，以10mL/min的流速通过柱子，待试液完全通过后，依次用50mL盐酸(1+20)分两次洗涤烧杯，并通过色谱柱，用30mL水分两次洗涤色谱柱，弃去滤液和洗液。

依次用15mL(1+19)氨水和40mL(1+99)氨水洗脱色谱柱上的硫酸根。再用30~40mL水洗涤，收集洗涤液于250mL烧杯中。

加1滴甲基橙(0.5g/L)，滴加盐酸(1+9)中和至出现红色不褪并过量2mL，蒸发溶液至约50mL。(如有氧化铝沉淀需过滤、洗涤，滤液浓缩)。加入1mL冰醋酸和5滴过氧化氢还原溶液中的铬离子，待蓝色消失，在不断搅拌下用滴定管滴加一定量的氯化钡溶液(1.22g/L)(氯化钡的加入量与试样中硫的估计量及加入的硫酸量是化学计量关系)放置1h后，再加入20mL过量的氯化钡溶液，在60~80℃保温2h或静置过夜。

用慢速滤纸及少量纸浆过滤，用热水将沉淀全部转移入滤纸，用硝酸铵溶液洗涤滤纸及沉淀至无氯离子，干燥、灰化，于800~850℃灼烧30min以上，取出于干燥器内放冷后称重，反复灼烧至恒重。

3. 结果计算

钢铁中硫(S)的含量(w)以质量分数(%)表示，计算如下：

$$w(\mathrm{S})=\frac{m_1-m_2\times 0.1374}{m}\times 100 \tag{5-6}$$

式中 m_1——试样中测得硫酸钡的质量，g；

m_2——空白试样中得到硫酸钡的质量，g；

m——试样质量，g；

0.1374——硫与硫酸钡的换算因数。

4. 注意事项

① 试样称样量(精确至0.001g)如表5-1。

表5-1 试样称样量

硫含量	<0.005%	0.005%~0.05%	>0.05%
称样量	10g(两份)	10g(一份)	2~10g(硫量0.001g~0.005g)

② 含钨大于5%的试样，在加高氯酸前必须将溶液蒸发至小体积。加水溶解盐类后应在电热板上保温2h以上，并静置过夜，使钨酸完全水解，便于过滤。高硅试样冒烟时间应适当增加，使硅酸脱水完全。

③ 在加溴之前，也可先加入20~30mL饱和溴水，生铁等高碳试样，溴消耗过快，可补加溴。

④ 含有钨、钛、铌的试样，高氯酸冒烟后用慢速滤纸过滤。

⑤ 因硫酸钡溶解度较大，沉淀时可加入少量乙醇，以降低硫酸钡的溶解度。洗涤次数及洗涤液用量均不能过多。

⑥ 氧化铝色谱柱的制备。

a. 先在管柱底部放入少量玻璃棉，然后将处理过的活性氧化铝装入柱内，使其高度为80~100mm，上端再放入少量玻璃棉。

b. 用10mL(1+9)氨水和35mL(1+99)氨水，按前述方法淋洗色谱柱，以除去可能残留的硫酸根，洗脱液收集后用氯化钡进行沉淀，如杯底未见硫酸钡沉淀即可，否则继续重复洗涤。

c. 用20mL水和10~15mL盐酸(1+20)通过色谱柱，使色谱柱再生。

(二)燃烧-碘量法

1. 测定原理

试样与助熔剂在高温下通氧燃烧，硫氧化为二氧化硫。燃烧后的混合气体经除尘管除去各类粉尘后，进入含有淀粉的水溶液吸收，生成亚硫酸，然后用碘或碘酸钾标准溶液滴定，根据消耗碘或碘酸钾标准溶液的量，计算硫的含量。

主要反应：

$$3FeS+5O_2 = Fe_3O_4+3SO_2$$

$$3MnS+5O_2 = Mn_3O_4+3SO_2$$

$$SO_2+H_2O = H_2SO_3$$

$$H_2SO_3+I_2+H_2O = H_2SO_4+2HI$$

或：$$KIO_3+5KI+6HCl+3H_2SO_3 = 3H_2SO_4+6KCl+6HI$$

过量的碘被淀粉吸附，生成蓝色的络合物，指示终点到达。

$$4(C_{24}H_{40}O_{20})+2I_2 \longrightarrow [C_{24}H_{40}O_{20}\cdot I]_4$$

$$[C_{24}H_{40}O_{20}\cdot I]_4+KI \longrightarrow [C_{24}H_{40}O_{20}\cdot I]_4\cdot KI$$

(蓝色)

2. 测定步骤

(1) 仪器装置

如图5-3所示或用改良的测定装置。

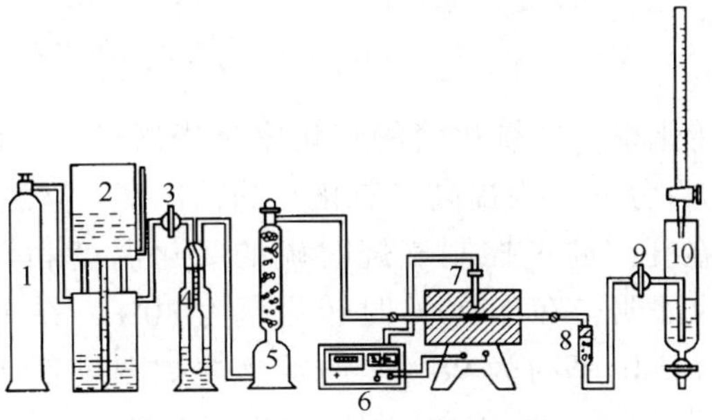

图5-3 卧式炉燃烧法测硫装置

1—氧气瓶；2—贮气筒；3—第一道活塞；4—洗气瓶；5—干燥塔；6—温控仪；7—卧式高温炉；8—除尘管；9—第二道活塞；10—吸收杯

备注：

① 洗气瓶：内装浓硫酸，装入量约为洗气瓶体积的三分之一。

② 干燥塔：上层装碱石棉，下层装无水氯化钙，中间隔玻璃棉，底部及顶端也铺以玻璃棉。

③ 球形干燥管：内装干燥脱脂棉。

④ 吸收杯：低硫吸收杯或高硫吸收杯。

(2) 样品测定

将炉温升至1250~1300℃(普通燃烧管)用于测定生铁、碳钢及低合金钢。炉温升至1300℃以上(高铝瓷管)用于测定中、高合金及高温合金、精密合金。

淀粉吸收液的准备：硫小于0.01%用低硫吸收杯，加入20mL淀粉吸收液；硫大于

0.01%用高硫吸收杯，加入60mL淀粉吸收液。通氧（流速为1500～2000mL/min），用碘酸钾标准溶液滴定至浅蓝色不褪，作为终点色泽，关闭氧气。

检查瓷管及仪器装置是否漏气。按分析步骤分析两个非标准试样。

称取试样1g（高、低硫适当增减），于瓷舟底部，加入适量助熔剂，启开燃烧管进口的橡皮塞，将瓷舟放入燃烧管内，用长钩推至高温处，立即塞紧橡皮塞，预热0.5～1.5min，随即通氧（流速为1500～2000mL/min），燃烧后的混合气体导入吸收杯中，使淀粉吸收液蓝色消退，立即用碘酸钾（或碘）标准溶液滴定并使液面保持蓝色，当吸收液褪色缓慢时，滴定速度也相应减慢，直至吸收液的色泽与原来的终点色泽相同，间歇通氧后，色泽不变即为终点，关闭氧气，打开橡皮塞，用长钩拉出瓷舟。读取滴定管所消耗碘酸钾标准溶液的体积。

3. 结果计算

燃烧碘量法的最大缺点是测定结果严重偏低。这是由于试样中的硫在燃烧时不能完全转化为二氧化硫，所以分析中只能用与试样组分相当的标准钢样来标定标准溶液，以滴定度计算结果，而不能用碘标准溶液的理论浓度计算结果。

钢铁中硫（S）的含量（w）以质量分数（%）表示，计算如下：

$$w(\mathrm{S})=\frac{T\times(V-V_0)}{m}\times 100 \tag{5-7}$$

式中 T——每毫升标准溶液相当于硫的质量，由已知硫含量的标准钢样在同样条件下对标准溶液进行标定而得，g/mL；

V——试样消耗的标准溶液体积，mL；

V_0——空白消耗的标准溶液体积，mL；

m——试样重量，g。

4. 注意事项

① 提高二氧化硫的转化率。二氧化硫的转化率是指试样中的硫经高温通氧燃烧后生成的二氧化硫占其理论量的百分率。为提高二氧化硫的转化率，需注意以下测定条件。

a. 控制试样燃烧的温度　通过控制燃烧时硫的氧化温度和燃烧时间，使硫尽量氧化完全生成二氧化硫。实验证明，在1300℃时转化率为80%，在1400℃时转化率为90%～96%，在1450～1510℃时转化率约为98%。通常燃烧炉温度低于上述温度，所以转化率更低。一般规定铸铁、碳素钢、低合金钢为1250～1300℃，高温合金钢1300～1350℃，甚至更高。

b. 控制氧气流速　氧气的流速最好能保持吸收液水平升高至30～40mm。氧气流速过小，样品燃烧不完全；流速过大，不利于硫的吸收和滴定。采用“前大氧，后控气”的供氧方式。后控气的氧气流量以3L/min左右为宜。

c. 适当预热　适当的预热，可提高二氧化硫的转化率。一般预热30s～1min，但预热时间不能过长，否则二氧化硫会被氧化成三氧化硫而不被滴定。一般碳素钢可不预热，铸铁预热时间可延至1.5～2min，否则将会大量带走氧化铁，堵塞及弄污导管和吸收管。

d. 选用优良的助熔剂　助熔剂可降低试样的熔点，提高二氧化硫的转化率。常用定硫用的助熔剂，有锡粒、纯铜、纯铁和五氧化钒、三氧化钼、三氧化钨等，还有用锌、铋、氧化钴、二氧化锡、三氧化二铬、线性氧化铜以及碳粉等。

五氧化二钒的助熔效果比较理想，燃烧过程中产生的粉尘少，硫的回收率高。采用五氧化二钒、还原铁粉和碳粉为混合助熔剂，可使中低合金钢、碳钢、生铁等不同样品中硫的回收率接近一致；或将五氧化二钒与二氧化硅按 1∶1 混合，用作碳素锰铁的助熔剂。

e. 试样尽量细、薄。试样过厚，燃烧不完全，试样也不能过于蓬松，否则燃烧时热量不集中，都将使结果偏低。试样不得沾有油污，否则将使测定结果偏高不稳定，需用乙醚或其他溶剂洗涤烘干。每次测定后，都应检查瓷舟底上的熔融氧化物是否紧密无气泡，以证明燃烧完全与否，否则应重新称样燃烧。

f. 消除测定过程中对二氧化硫的吸附。定硫过程中的吸附现象是其过程中所固有的。二氧化硫易被燃烧产生各种粉尘所吸附。在燃烧普通钢铁时，大都以锡粒为助熔剂，它产生白色的粉尘。在燃烧含铬的合金钢时，粉尘的颜色转为粉红色。这些粉尘均可对二氧化硫产生吸附，其中以铬的复杂化合物吸附性最强，二氧化锡和氧化铁次之。电弧炉产生的粉尘多，吸附现象严重，管式炉、高频炉吸附现象不太显著。若以三氧化钼与锡粒共同助熔，可以有效地消除定硫过程中的吸附砚象。

g. 防止二氧化硫的进一步氧化。采用管式炉燃烧试样时，在 600℃左右的中温区，由于氧化铁及其他粉尘的接触催化作用，部分二氧化硫将会转化为三氧化硫。加大氧气流量、采用有盖瓷舟、适当增加预热时间以及减少氧气中的水分等，也可降低转化率。用空气代替氧气进行试样的燃烧，亦可减少二氧化硫转化为三氧化硫的概率。

② 滴定速度要控制适当，燃烧后有大量二氧化硫进入吸收液，当观察到吸收杯上方有较大的二氧化碳白烟时，表示燃烧生成的气体已到了吸收杯中，应准备滴定，防止二氧化硫逸出，造成误差。对于已知硫的大概含量时，为防止二氧化硫的逸出，在调整好终点色泽后，可先加约 90%的标准滴定溶液。滴定时应使吸收液上层保持浅蓝色。为了确保高硫的完全吸收，吸收液的量不得少于 60mL。

③ 碘量法的缺点之一是滴定终点不够敏锐，有时甚至出现粉红色。产生的原因主要是淀粉的质量不好引起的。淀粉液的配制煮沸时间不宜过长，一般 1min 左右即可。终点颜色的判断以浅蓝色为好。颜色过深，终点误差必将增大。

④ 测定硫含量时，一般要进行二次通氧。即在通氧燃烧后并滴定至终点后，应停止通氧数分钟，并再次按规定方法通氧，观察吸收杯中的蓝色是否消退，若褪色则要继续滴定至浅蓝色。

(三) 总碳硫含量的测定–高频感应炉燃烧后红外吸收法(常规方法)

1. 测定原理

(1) 碳

在氧气流中燃烧将碳转化为一氧化碳/或二氧化碳。利用氧气流中二氧化碳和一氧化碳的红外光谱进行测量。

(2) 硫

在氧气流中燃烧将硫转化为二氧化硫。利用氧气流中二氧化硫的红外光谱进行测量。

2. 测定方法

(1) 红外吸收法测碳—方法 A

二氧化碳在红外光谱中能吸收某一特定波长的红外能量，当二氧化碳通过红外池时，吸收这一特定波长的能量，其他波长的红外能量被特定波长的滤光片滤去。因只有二氧化碳吸收红外能量，检测器可以通过测量能量的变化检测到二氧化碳的浓度。用一个红外池既作参比，又作测量池。在一个周期内，总碳以二氧化碳的方式被检测出来。见图 5–4。

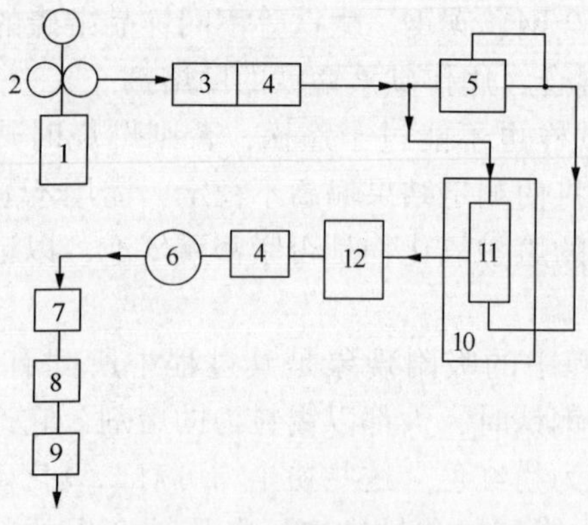

图 5-4　红外吸收法测定总碳含量—方法 A

1—氧气瓶；2—总压阀和分压阀；
3—氢氧化钠饱和黏土；4—过氯酸镁；5—调节器；
6—气体流量计；7—CO 和 CO_2转化器；
8—SO_3捕集器；9—CO_2IR 池/读出；
10—感应炉；11—燃烧区；12—灰尘捕集器

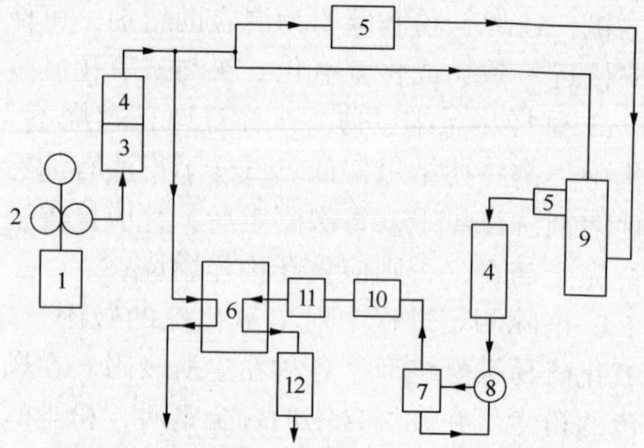

图 5-5　红外吸收法测定总碳含量—方法 B

1—氧气瓶；2—总压阀和分压阀；
3—氢氧化钠饱和黏土；4—过氯酸镁；5—灰尘捕集器；
6—CO_2IR 池/读出；7—接口；8—压力调节器；
9—燃烧区；10—CO 和 CO_2转化器；
11—SO_3捕集器；12—转子流量计

（2）红外吸收法测碳—方法 B

样品燃烧过程中，二氧化碳由氧气载入通过测量池，参比池中只有氧气通过。红外源发出的能量通过两个红外池，并同时到达隔板，测量池中部分红外能量被二氧化碳吸收，参比池中红外能量没有变化。如此造成到达隔膜板上的红外能量不平衡，使其变形。这种变形改变了固有的电容，产生电信号的改变，再通过放大器测量二氧化碳。在一个周期内，总碳以二氧化碳的方式被检测出来。见图 5-5。

（3）红外吸收法测碳—方法 C，闭环

在封闭回路中燃烧后，在同一红外池中测二氧化碳和一氧化碳。每一种气体分别用一个固态能量检测器来测量，红外光被滤光片过滤后，只有某一特定波长的能量到达各自检测器。没有二氧化碳和一氧化碳时，每个检测池得到的是最大能量。燃烧中，一氧化碳和二氧化碳的红外吸收特性造成能量损失。闭环系统中能量损失与每种气体的浓度成比例。在一个周期内，总碳以二氧化碳和一氧化碳之和的方式被检测出来。见图 5-6。

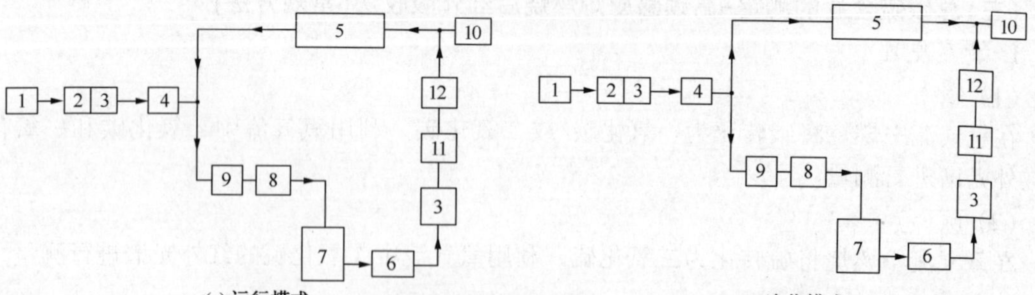

(a) 运行模式　　(b) 净化模式

图 5-6　红外吸收法测定总碳含量—方法 C，闭环

1—氧气瓶；2—氢氧化钠饱和黏土；3—过氯酸镁；4—压力调节器；5—CO_2IR 池/读出；
6—灰尘捕集器；7—炉子；8—泵；9—流量计；10—废弃物；11—CO 和 CO_2转化器；12—SO_3捕集器

（4）红外吸收法测硫—方法 A

二氧化硫在红外光谱中能吸收某一特定波长的红外能量，当二氧化硫通过红外池时，吸收这一特定波长的能量，其他波长的红外能量被特定波长的滤光片滤去。因只有二氧化硫吸收红外能量，检测器可以通过测量能量的变化检测到二氧化硫的浓度。用一个红外池既作参比，又作测量池。在一个周期内，总硫以二氧化硫的方式被检测出来。见图 5-7。

(5) 红外吸收法测硫—方法 B

样品燃烧过程中，二氧化硫由氧气载入通过测量池，参比池中只有氧气通过。红外源发出的能量通过两个红外池，并同时到达隔板，测量池中部分红外能量被二氧化硫吸收，参比池中红外能量没有变化。如此造成到达隔膜板上的红外能量不平衡，使其变形。这种变形改变了固有的电容，产生电信号的改变，再通过放大器测量二氧化硫。在一个周期内，总硫以二氧化硫的方式被检测出来。见图 5-8。

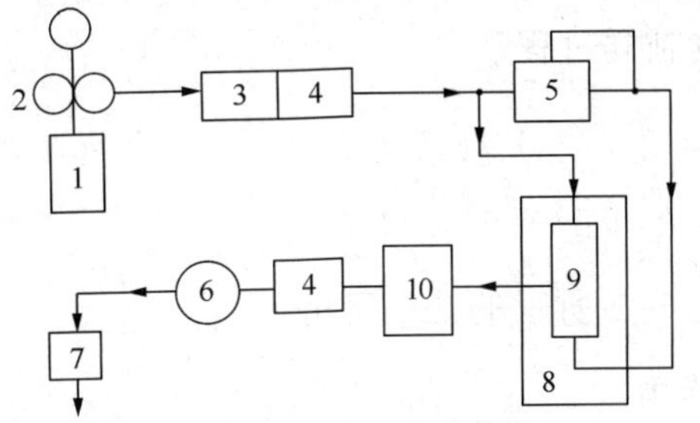

图 5-7　红外吸收法测定总硫含量—方法 A

1—氧气瓶；2—总压阀和分压阀；
3—氢氧化钠饱和黏土；4—过氯酸镁；
5—调节器；6—气体流量计；7—IR 池/读出；
8—感应炉；9—燃烧区；10—灰尘捕集器

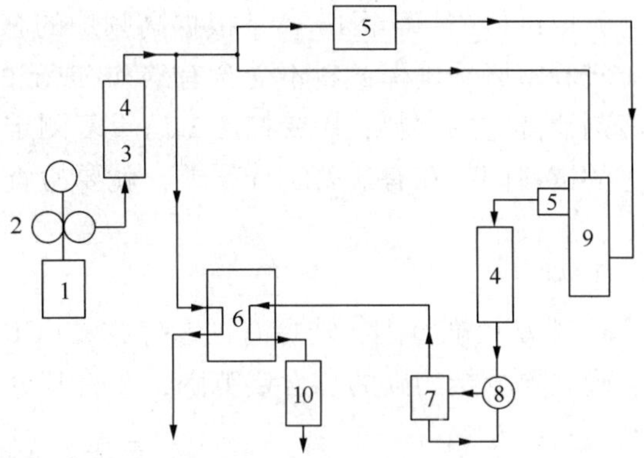

图 5-8　红外吸收法测定总硫含量—方法 B

1—氧气瓶；2—总压阀和分压阀；
3—氢氧化钠饱和黏土；4—过氯酸镁；
5—灰尘捕集器；6—IR 池/读出；7—接口；
8—压力调节器；9—燃烧区；10—转子流量计

(6) 红外吸收法测硫—方法 C，闭环

在封闭回路中燃烧后，二氧化硫在红外池中被检测到。用一个固态能量检测器来测量，红外光被滤光片过滤后，只有某一特定波长的能量到达检测器。燃烧后，二氧化硫的红外吸收特性造成能量损失。闭环系统中能量损失与二氧化硫的浓度成比例。在一个周期内，总硫以二氧化硫的方式被检测出来。见图 5-9。

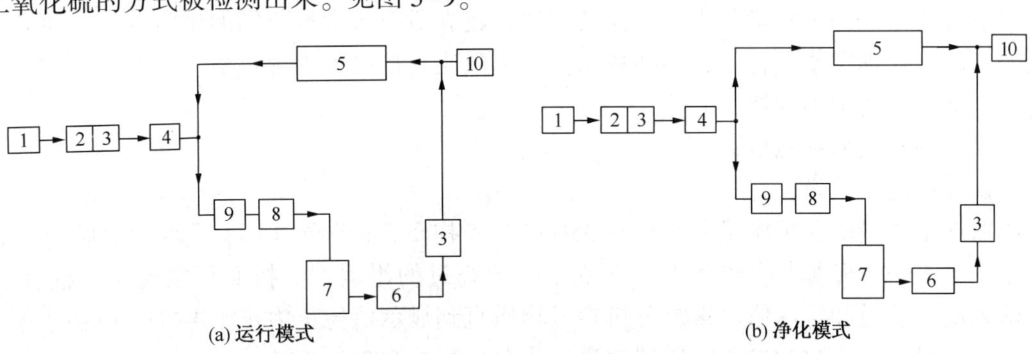

图 5-9　红外吸收法测定总碳含量—方法 C，闭环

1—氧气瓶；2—氢氧化钠饱和黏土；3—过氯酸镁；4—压力调节器；5—IR 池/读出；
6—灰尘捕集器；7—炉子；8—泵；9—流量计；10—废弃物

3. 测定步骤

(1) 仪器调试

按照厂家说明书组装仪器，并准备操作。检查燃烧单元和测量单元的气密性。在校准仪器和测量空白前，用能测量出碳和硫含量的样品及助溶剂按照“校准”的规定至少测定5次。

(2) 试料

试料粒度应大小一致，不能小于0.4mm。试料不应有油、油脂及其他污染物。尤其是使试料增碳和增硫的污染物。分析和校准的试料粒度应一致，并符合厂家说明。

玷污或碳质量分数小于0.02%的试料应使用丙酮，环己烷或其他合适的溶剂清洗。并于70~100℃干燥。

称取试样(精确至1mg)。根据高频炉的容量和待测物质的含量称取适当的试料量。

实验室必须确保试料不受含有碳和/或硫的物质污染。要经常取不同含量的待分析试料和溶剂清洗过的试料，用受控的方法重复测定，以检测是否有污染。如待分析试料和溶剂清洗过的试料间存在有显著统计误差，就要检查和修改制样过程。

(3) 校准

① 碳

a. 建立校准范围，选择有证参考物质(CRMs)

确立要分析的碳的总含量范围，并将其分为如表5-2所示的几个部分。

表5-2 碳的校准范围

仪器范围设定	校准范围(质量分数)/%
Ⅰ	0.005~0.120
Ⅱ	0.10~1.25
Ⅲ	1.0~4.3

选择一套有证参考物质来校准和验证。每个校准范围至少应包括最高点、最低点和两个四分位点。另外，选一个含碳量很低的有证参考物质来测定空白值。如果碳的质量分数小于0.005%或大于5%则超出本方法的测定范围。

b. 调节测量系统的响应

如果仪器有一个以上碳检测池，按本节方法调节每一个检测器。

本节旨在提供一个精确测定空白值的方法，建立所有碳含量范围的试验参数。如果同时测定碳和硫，应确定相应各通道的参数相同。参数应包括以下内容：

—坩埚：预烧和不预烧；

—助溶剂：类型和质量；

—试样粒度：质量。

称取选定质量的含碳质量分数约0.05%的参考物质，精确至1mg；称取选定质量的助溶剂，精确至5mg。将参考物质和助溶剂置于已预烧过的坩埚中。按照厂家说明书推荐的方法，输入试样质量和空白值。重复分析参考物质直到显示值稳定为止。再按厂家说明书调节信号至碳含量显示读数为参考物质碳含量的质量分数0.003%之内。

c. 测定空白值

称取助溶剂(精确至5mg)置于坩埚中，加入称取的CRM以测定碳空白值。将CRM的质量值输入仪器质量补偿器，开始分析。重复测定三次以上，取平均值。再减去CRM的碳含量，即为空白值。如果空白值大于0.0025%，标准偏差大于0.0005%，找出原因并作相应处置后重新测定。根据厂家说明书输入平均空白值。如仪器不能自动校正，则计算结果前从总结果中减去空白值。

d. 建立校准曲线

按照表5-3给出的浓度范围，选择认证参考物质，按说明书输入空白值。如果仪器没提供多重曲线拟合程序，按厂家说明书校准，并立即按未知样品分析所有的校准试样。按说明书要求评定分析结果。进行下一步实验前，修正无关联的因素。

② 硫

a. 建立校准范围和选择认证参考物质

确定要分析的硫的总含量范围，并按照表5-3将其分成两段校准。

表5-3 硫的校准范围

仪器范围设定	校准范围(质量分数)/%
Ⅰ	0.0005~0.0500
Ⅱ	0.03~0.33

如果硫的质量分数小于0.0005%或大于0.4%则超出本方法的测定范围。其他与碳的测定要求类似。

b. 调节测量系统的响应

与碳的测定类似，但选用含硫质量分数约0.03%的参考物质。

c. 测定空白值

与碳的测定类似，但选用合适的含硫有证参考物质。

d. 建立校准曲线

按照表表5-4给出的浓度范围，选择认证参考物质，按说明书输入空白值。其他与碳的测定类似要求。

(4) 校准验证

对碳和硫的每个校准范围，选择两个有证参考物质，该样品小于0.1g时在其粒度水平下应是均匀的。其中一个是校准范围的最低点(A)，另一个是最高点(B)。将其混合成九种不同的混合物进行分析，按下述方法评定校准线性。

如果一个以上的校准范围使用相同的硬件组合，包括检测池，那样可以将这些范围合并进行线性试验。在这种情况下样品A和B应该是合并的浓度范围的两个端点。

按样品分析程序准备九个坩埚，按照表5-4称取每种参考物质(精确至0.1mg)放入坩埚中，记录结果。

按照公式(5-8)计算待测元素的浓度：

$$c_E=\frac{M_A\times c_A+M_B\times c_B}{M_A+M_B} \tag{5-8}$$

式中 M_A——A的质量，g；

c_A——A的浓度，g/cm^3；

M_B——B的质量，g；

c_B——B的浓度，g/cm^3。

随机快速分析试样，以测定值作Y轴，以计算值作X轴，绘制校准曲线。分别计算坩埚 1~3，和 7~9 绘制的直线斜率，两斜率相减，并计算两斜率偏差的百分比。如果偏差百分比大于 0.2，调试仪器重新校准后，再测定。

表 5-4　用于线性检验的试样系列

样品号	A 的质量/g	B 的质量/g	样品号	A 的质量/g	B 的质量/g
1	M	0	6	$0.375\times M$	$0.625\times M$
2	$0.875\times M$	$0.125\times M$	7	$0.25\times M$	$0.75\times M$
3	$0.75\times M$	$0.25\times M$	8	$0.125\times M$	$0.875\times M$
4	$0.625\times M$	$0.375\times M$	9	0	M
5	$0.5\times M$	$0.5\times M$			

（5）样品分析

在标准范围的高点和低点，分别选择两个有证参考物质进行分析。分析结果符合允许差后，分析 SPC（统计过程控制参数）样品，记录结果，分析结果在可控制的范围内；进行未知样品分析。分析过程中，至少每隔两小时分析一个 SPC 样品。

4. 结果计算

碳和硫的含量（w）以质量分数表示（%），计算如下：

$$w=\frac{(m_T-m_0)\times c}{m}\times 100 \tag{5-9}$$

式中　m_T——试料中元素的质量，g；

m_0——空白试料中元素的质量，g；

c——重量补偿参数；

m——试料的质量，g。

注：由于大多数仪器直接计算百分含量，包括了对空白和样品重量的校正，因此不需进行此类计算。

第四节　钢铁中磷的测定

一、概述

磷为钢铁中普通元素之一，通常由冶炼原料带入，也有为达到某些特殊性能而由人工加入的。

磷在钢铁中主要以固溶体、磷化铁 Fe_2P、Fe_3P 及其他合金元素的磷化物和少量磷酸盐夹杂物的形式存在，常呈析离状态。

磷通常为钢铁中的有害元素，Fe_3P 质硬，影响塑性和韧性，易发生冷脆。在凝结过程中易产生偏析，降低力学性能。在铸造工艺上，可加大铸件缩孔、缩松的不利影响。在某些情况下，磷的加入亦有利的方面，磷能固溶强化铁素体，提高钢铁的拉伸强度。磷能强化 α 铁和 γ 铁，改善钢材的切削性能。故易切钢都要求有较高的磷含量。

磷能提高钢材的抗腐蚀性。含铜时，效果更加显著。利用磷的脆性，可冶炼炮弹钢，提高爆炸威力。铜合金中加入适量磷，能提高合金的韧性、硬度、耐磨性和流动性。在含铋的铜中加入少量磷，可消除因铋而引起的脆性。

钢铁中磷的测定方法一般都是用氧化性酸分解试样，使试样中的磷转化为正磷酸，反应如下：

$$3Fe_3P+41HNO_3 \xlongequal{} 3H_3PO_4+9Fe(NO_3)_3+14NO\uparrow+16H_2O$$

正磷酸与钼酸铵在一定酸度溶液中反应生成黄色的磷钼杂多酸铵络合物，反应如下：

$$H_3PO_4+12(NH_4)_2MoO_4+21HNO_3 \xlongequal{} (NH_4)_3[P(Mo_3O_{10})]+21NH_4NO_3+12H_2O$$

然后可用不同的方法测定磷的含量。如重量法、滴定法、光度法等。

（一）重量法

重量法测定磷，常用的无机沉淀剂法有磷钼酸铵法和磷酸铵镁法，有机沉淀剂法有磷钼酸与8-羟基喹啉、喹啉、二安替比林甲烷等形成的离子缔合物沉淀重量法。与无机沉淀剂法相比，有机沉淀剂重量法具有沉淀相对分子质量大、溶解度小、颗粒较粗、夹带杂质少、易于过滤洗涤且沉淀组成恒定、选择性好等优点。

其中，以二安替比林甲烷作沉淀剂，由于该沉淀相对分子质量更大、烘干温度更低，很快受到重视。我国分析工作者对此也做了深入研究，现已列为合金钢、生铁中测定磷的部颁标准方法之一。

（二）酸碱滴定法

酸碱滴定法测定钢中的磷，主要有磷钼酸铵-酸碱滴定法和磷钼酸喹啉-酸碱滴定法。前者是在 NH_4^+ 存在下，以磷钼酸铵形式沉淀磷，沉淀经洗涤后溶于已知过量的氢氧化钠标准溶液，剩余的氢氧化钠以酚酞为指示剂，用硝酸标准溶液滴定。此法很早就列入钢铁及铁矿中磷的标准分析方法，并沿用至今。后者是无 NH_4^+ 存在下，以磷钼酸喹啉形式沉淀磷，然后将沉淀洗涤后溶于已知过量的氢氧化钠标准溶液，剩余的氢氧化钠以酚酞-百里酚蓝为指示剂，用盐酸标准溶液滴定。该法比磷钼酸铵有更多的优点，反应完全，干扰少，广泛用于常量磷的测定。

（三）分光光度法

绝大多数测定磷的光度法都是以磷钼杂多酸（$H_3[P(Mo_3O_{10})_4]$）的形成为基础而进行的。通常在先形成黄色磷钼杂多酸后，再加入还原剂（如氯化亚锡、抗坏血酸、亚硫酸钠、硫代硫酸钠等）将其还原为磷钼杂多蓝，然后进行光度法测定。锑、钒、锆等元素可形成多元磷钼杂多酸配合物，碱性染料（如罗丹明B、结晶紫、孔雀绿等）及表面活性剂（如聚乙烯醇、吐温、OP、曲拉通等）的加入，可提高磷钼蓝光度法的稳定性和灵敏度。通过样品处理、调节酸度、加入氟化物等措施可消除共存铁、硅等元素的干扰。光度法已广泛用于钢铁及合金中磷的测定。

二、钢铁中磷的测定

（一）二安替比林甲烷-磷钼酸重量法

1. 测定原理

在0.24~0.60mol/L盐酸溶液中，加二安替比林甲烷-钼酸钠混合沉淀剂，形成二安替比林甲烷磷钼酸沉淀$(C_{23}H_{24}N_4O_2)_3 \cdot H_3PO_4 \cdot 12MoO_3 \cdot 2H_2O$。过滤洗涤后烘至恒重，用丙酮-氨水溶解沉淀，再烘至恒重，由失重求得磷量。

360mg镍、175mg锰、40mg钼、50mg钴、80mg铝、30mg钒、20mg铁、5mg锆、3mg铈不干扰。硅大于80μg时用氢氟酸处理。铬及更大量的铁、钒存在时，可在EDTA存在下用硫酸铁作载体，氨水沉淀将磷载出，含钨试样以草酸配合物析出，并用上述方法分离两次。铌、钛用铜铁试剂分离，砷、锡用氢溴酸挥发除去。

2. 测定步骤

称取试样（含磷0.02%~0.10%称0.5g；0.1%以上称0.2g），置于300mL烧杯中，加酸10mL，加热溶解，加高氯酸10mL，蒸发至冒烟，取下，加氢氟酸（1+2）2mL，再蒸发至冒烟，稍冷，加盐酸-氢溴酸混合酸15mL，继续蒸发至浆状，冷却，加热水约30mL溶解盐类，加EDTA4g（称样0.2g时加3g），硫酸铍溶液10mL，用氨水调节至pH3~4，用水稀释至约100mL，煮沸并保持微沸3~4min，加氨水10mL，再煮沸约1min，流水冷却至室温，用中速滤纸过滤，用氨水（5+95）洗涤，继续用水洗两次，以热的盐酸（1+1）8mL溶解沉淀于原烧杯中，用水洗净滤纸，稀释至约100mL，加热至40~100℃，加混合沉淀剂10~15mL，搅拌均匀，静置30min以上，过滤，将沉淀移入坩埚中，用盐酸（1+200）洗涤沉淀8次，水洗两次，于110~150℃烘干至恒重，以混合溶剂（丙酮：水：氨水=20：20：1）20mL分两次溶解沉淀，以水洗涤数次，再于上述温度下烘干至恒重，并按整个分析过程制备试剂空白。

3. 结果计算

钢铁中磷（P）的含量（w）以质量分数（%）表示，计算如下：

$$w(\mathrm{P})=\frac{[(m_1-m_2)-(m_3-m_4)]\times 0.01023}{m}\times 100 \qquad (5\text{-}10)$$

式中 m_1——沉淀加坩埚的质量，g；

m_2——残渣加坩埚的质量，g；

m_3——空白沉淀加坩埚的质量，g；

m_4——空白残渣加坩埚的质量，g；

m——试样重，g。

4. 注意事项

① 含锰大于2%的试样，高氯酸应增至15mL，除硅、砷后蒸发至冒高氯酸烟，并维持烧杯内部透明20~30min。

② 试样含钨时，应加2g草酸，再加EDTA，硫酸铍，氨水分离后的沉淀用盐酸溶解，用氨水再沉淀1次，然后按原法进行。

③ 试液含钛在5mg以上时，加氨水沉淀之前，需滴加过氧化氢（1+1）2mL，加氨水煮沸1min后，稍冷，再补加4mL过氧化氢溶液（1+1），放置10min后再冷却30min以上过滤，以下按原法进行。

④ 含铌及钛量大于5mg时，用硫酸铍作载体，氨水分离后所得沉淀转入原烧杯中，加硫酸（1+1）10mL、高氯酸2mL、硫酸铵2g、硝酸10mL，蒸发至冒硫酸烟，冷却，以少量水洗涤杯壁，加3mL氢氟酸（1+2），用水稀释至约100mL，滴加铜铁试剂至沉淀不再增多并过量2mL，放置50~60min，过滤。以稀盐酸（4+96）洗涤，于滤液中加硝酸15mL，蒸发至冒硫酸烟。以水洗涤杯壁，重复冒烟，加2g草酸，以水溶解盐类，用水稀释至约80mL，以氨水中和至pH3~4，煮沸，加氨水10mL，煮沸，冷却，过滤，以下按原法进行。

（二）二氯化锡还原-磷钼蓝光度法

1. 测定原理

试样用王水溶解，大部分磷转化为磷酸，少部分转化为亚磷酸，用高氯酸冒烟将亚磷酸氧化为正磷酸。在0.8~1.1mol/L硝酸介质中，正磷酸与钼酸铵作用生成磷钼黄络合物，用氟化钠掩蔽铁离子，以二氯化锡还原磷钼黄为磷钼蓝，在波长660nm处进行光度测定。

主要反应为：

$$3Fe_3P+41HNO_3 = 3H_3PO_4+9Fe(NO_3)_3+14NO\uparrow+16H_2O$$

$$Fe_3P+13HNO_3 = HPO_3+3Fe(NO_3)_3+4NO\uparrow+5H_2O$$

$$4H_3PO_3+HClO_4 = 4H_3PO_4+HCl$$

$$H_3PO_4+12(NH_4)MoO_4+21HNO_3 = (NH_4)_3[P(Mo_3O_{10})_4]+21NH_4NO_3+12H_2O$$

$$(NH_4)_3[P(Mo_3O_{10})_4]+4SnCl_2+3HNO_3+8HCl = (MoO_2\cdot 4MoO_3)_2\cdot H_3PO_4+2MoO_2+4SnCl_4+3NH_4NO_3+4H_2O$$

2. 测定步骤

称取试样 0.5g 于 250mL 烧杯中，加王水 10mL，加热溶解，加 5mL 高氯酸，蒸发至近干(如试样含砷>0.1%，可在高氯酸冒烟后加 5mL 盐酸-氢溴酸混合酸(2+1)加热挥发砷)，冷却，用少量水溶解盐类，移至 50mL 容量瓶中，用水稀释至刻度，摇匀。

吸取 5mL 试液于 150mL 烧杯中，用刻度吸管准确加入 1mL 硝酸，2mL 亚硫酸钠溶液，煮沸 30s 驱除氮氧化物，立即加入 5mL 钼酸铵溶液，摇匀，再迅速加入 20mL 氟化钠-二氯化锡溶液，流水冷却，移入 50mL 容量瓶中，定容，摇匀。在波长 660nm 处，以 2cm 比色皿，用水作空白测定吸光度。以纯铁标样代替试样，分别加入一定量的磷标准溶液，按照上述步骤显色，绘制标准曲线，由标准曲线查出试液中磷量，计算试样中铁含量。

3. 结果计算

磷(P)的含量(w)以质量分数(%)表示，计算如下：

$$w(P)=\frac{m_1\times V}{m\times V_1}\times 100 \qquad (5-11)$$

式中 V_1——分取试液体积，mL；

V——试液总体积，mL；

m_1——从标准曲线上查得的磷量，g；

m——试样量，g。

4. 注意事项

(1) 酸度的影响

酸度低于 0.7mol/L 硝酸介质时，过量的钼酸铵也将被还原；酸度为 1.1~1.4mol/L 时，只有部分磷钼黄被还原；酸度高于 1.4mol/L 时磷钼蓝分解，无蓝色产生；较适宜的酸度为 0.8~1.1mol/L 硝酸。

(2) 硅的影响

硅也能形成硅钼蓝干扰测定，但在较高酸度下(0.8mol/L 以上)，形成硅钼杂多酸速度很慢。如较快加入还原剂和酒石酸，使其立即与剩余的钼酸铵生成稳定配合物，可抑制硅钼杂多酸的形成。硅含量高于 1%时，可加酒石酸钾钠掩蔽或延长高氯酸冒烟时间，使硅脱水沉淀。

(3) 铁的影响

铁作为基体元素，会消耗大量的二氯化锡，加入氟化钠与 Fe^{3+} 形成 FeF_6^{3-} 可消除其干扰。氟化钠同时也能掩蔽钛和锆。

(4) 砷的影响

砷含量大于 0.1%时也干扰磷的测定，用盐酸-氢溴酸混合酸与三价砷和五价砷反应生成卤化砷，受热易挥发，可消除砷的干扰。

（5）锰、钒、铬的影响

高价钒、铬存在时，加入亚硫酸钠将锰、铬、钒还原为低价可消除影响；铬量高时，可在用高氯酸将其氧化成六价铬，再用浓盐酸加热，使铬形成氯化铬酰（CrO_2Cl_2）挥发除去。

（三）乙酸丁酯萃取光度法

在适宜的酸度和适量钼酸盐存在的条件下，磷（Ⅴ）、砷（Ⅴ）、硅（Ⅳ）和锗（Ⅳ）均能形成相应的杂多酸。通过控制不同的酸度和选用不同的有机溶剂萃取，可实现磷与砷、硅、锗及过量钼酸盐的分离。各类杂多酸的可萃取性按磷钼酸、砷钼酸、硅钼酸、锗钼酸的顺序降低。乙酸丁酯能选择性萃取磷钼酸而不能或难于萃取后三种杂多酸。

1. 测定原理

在0.65~1.63mol/L硝酸介质中，磷与钼酸铵生成的磷钼杂多酸可被乙酸丁酯萃取，用氯化亚锡将磷钼杂多酸还原并反萃取至水相中，于波长680nm处，测定其吸光度。

在萃取溶液中含2.5μg锆、20μg砷、25μg铌、钽、50μg钛、500μg铈、1.5mg钨、2mg铜、3mg钴、5mg铬、铝、50mg镍不干扰测定。

超出上述限量，砷用盐酸、氢溴酸驱除；钒用亚铁还原；锆以氢氟酸掩蔽；铬氧化成高价后加盐酸挥发除去；钨在EDTA氨性溶液中以铁作载体将磷沉淀分离；铌、钛、锆、钽用铜铁试剂-三氯甲烷萃取除去。

2. 测定步骤

（1）试样量按表5-5称取试样。

表5-5 试样称量

含量范围	0.001~0.01	0.01~0.03	0.03~0.05
试样量/g	1.000	0.3000	0.2000
加硝酸体积/mL	40	25	20
高氯酸体积/mL	15	10	5

（2）空白试验 随同试样做空白试验。

（3）测定

① 试样分解。

a. 一般试样。将试样置于锥形瓶中，按表加入硝酸，加热溶解（不能溶解的试样可加10~15mL盐酸助溶），按表加入高氯酸，加热蒸发冒烟至锥形瓶内部透明并回流5~6min（试样中含锰超过2%时多加7~8mL高氯酸，蒸发冒烟至锥形瓶内部透明并回流20~25min），蒸发至近干，冷却。

b. 含铬量超过50mg的试样。按一般试样方法溶样，蒸发至冒烟，铬氧化为六价后，滴加2~3mL盐酸挥发除铬，重复操作2~3次，继续蒸发至锥形瓶内部透明并回流3~4min，再蒸发至近干，冷却。

c. 含砷量超过限量的试样。按一般试样方法溶样，蒸发至冒烟，稍冷，加10mL盐酸、5mL氢溴酸驱砷，继续蒸发至锥形瓶内部透明并回流3~4min，再蒸发至近干，冷却。

② 盐类的溶解及干扰元素的处理。

a. 一般试样。加入30mL硝酸加热溶解盐类，滴加亚硝酸钠溶液至铬还原成低价并过量数滴，煮沸驱除氮氧化物，冷却至室温。将溶液移入100mL容量瓶中，用水稀释至刻度，摇匀。即为待测液。

b. 含钨试样。将①所得的盐类用 20mL 水溶解，加入 10mL 硫酸铍溶液（2%）、10mLEDTA 二钠盐溶液（10%）、2g 草酸，用浓氨水中和至 pH3~4，用水稀释至约 90mL，煮沸 2~3min，再加 10mL 浓氨水，煮沸 1min，冷却至室温，过滤，用氨水（1+50）洗净，沉淀用水洗入原锥形瓶中，加 30mL 硝酸溶解残留在滤纸上的沉淀，滤纸洗净后弃去，滴加亚硝酸钠溶液至铬还原成低价并过量数滴，煮沸驱除氮氧化物，冷却至室温。将溶液移入 100mL 容量瓶中，用水稀释至刻度，摇匀，即为待测液。

c. 含锆试样。按 a 项进行到冷却至室温后，加入 5mL 氢氟酸（1+10）并摇匀，加 20mL 硼酸溶液（2%）后将溶液移入 100mL 容量瓶中，用水稀释至刻度，摇匀，即为待测液。

d. 含钛、铌、锆、钽试样。将①所得的盐类，加 10mL 水、15mL 硫酸（1+2）溶解，滴加亚硝酸钠溶液还原六价铬后，煮沸驱除氮氧化物，取下，趁热加 5mL 氢氟酸（1+10）摇匀，冷却至室温。将溶液移入 100mL 容量瓶中，用水稀释至刻度，摇匀，即为待测液。

移取 10.00mL 上述待测试液置于 60mL 分液漏斗中，加 0.4~0.8g 铜铁试剂、20mL 三氯甲烷，振荡 1min，静置分层后，弃去有机相，于水溶液中加铜铁试剂溶液（6%）、10mL 三氯甲烷，振荡 40s，静置分层后，弃去有机相，于水溶液中再加 10mL 三氯甲烷，振荡 30s，静置分层后，弃去有机相（如铜铁试剂尚未洗净，则再用三氯甲烷洗涤一次），加 0.04~0.1g 硼酸、1mL 硝酸（1+2），振荡 10~15s。以下按（3）③b 步骤自加入 15mL 乙酸丁酯开始进行。

注：含钨、钛、钽、锆试样，先按含钨试样处理后，再按含钨、钛、钽、锆试样处理。

③ 显色。

a. 从上述待测液②a、b、c 中移取 10.00mL 试液置于 60mL 分液漏斗中。

b. 向分液漏斗中加入 2~3 滴硫酸亚铁铵溶液（5%）（含钨试样处理后不加），15mL 乙酸丁酯，5mL 钼酸铵溶液（10%），剧烈振荡 40~60s，静置分层后，弃去下层水相；加 10mL 盐酸溶液（1+5），振荡 15s，静置分层后，弃去下层水相；加 15mL 氯化亚锡溶液（1%），20~30s，静置分层。

④ 测量。将水相溶液移入 3cm 比色皿，以水作参比，在分光光度计上于波长 680nm 处测量其吸光度，减去随同试样空白的吸光度，从工作曲线上查出相应的磷量。

（4）工作曲线绘制

移取 0、1.00mL、2.00mL、3.00mL、4.00mL、5.00mL 磷标准溶液（2μg/mL），分别置于 6 个 60mL 分液漏斗中，加 3mL 硝酸溶液（1+2），用水稀释至 10mL，以下按（3）③b 步骤自加入 15mL 乙酸丁酯开始进行。再按测量操作测定吸光度，减去试剂空白的吸光度，以磷量为横坐标，吸光度为纵坐标，绘制工作曲线。

3. 结果的计算

磷（P）的含量（w）以质量分数（%）表示，计算如下：

$$w(\mathrm{P})=\frac{m_1\times V}{m\times V_1}\times 100 \tag{5-12}$$

式中 V_1——分取试液的体积，mL；

V——试液总体积，mL；

m_1——从工作曲线上查得磷量，g；

m——试样量，g。

第五节　钢铁中硅的测定

一、概述

硅是钢铁中常见元素之一，主要以固溶体、FeSi、Fe_2Si、FeMnSi 的形式存在，高碳硅钢中也有部分碳化硅，另外还有少量的硅酸盐夹杂物。

硅与氧的亲和力仅次于铝和钛，而强于锰、铬、钒，是炼钢过程中常用的脱氧剂。硅固溶于铁素体和奥氏体中，能提高钢的强度和硬度，硅能显著提高钢的弹性极限、屈服强度、屈服比、疲劳强度和疲劳比，对于冶炼弹簧钢十分有利。硅能提高钢的抗氧性、耐蚀性。但是，硅含量过高，将使钢的塑性、韧性降低，并影响焊接性能。

普通钢中硅的含量为 0.1%~0.4%，耐酸、耐热合金钢中含硅 0.5%~2.0%，生铁中含硅 0.3%~1.5%，铸铁中含硅 3%左右，硅钢中含硅量可达 4%。

钢铁及合金中硅的测定方法有重量法、滴定法和光度法。标准方法多用重量法和光度法。

重量法是将试样用盐酸、硝酸溶解后生成硅酸胶体溶液，用高氯酸蒸发冒烟使硅酸脱水形成二氧化硅凝胶沉淀，经过滤、洗涤、灰化、灼烧，以二氧化硅的形式称量。再加入硫酸、氢氟酸处理，使硅生成 SiF_4 挥发除去，再称量，两次质量之差，即为二氧化硅的质量。

光度法是用稀酸溶解试样，调节到弱酸性环境中，硅酸与钼酸铵生成黄色的硅钼杂多酸（硅钼黄），再用还原剂将硅钼黄还原为硅钼蓝杂多酸，然后进行比色测定。

硅钼酸阴离子能与某些碱性染料阳离子形成离子缔合物，使灵敏度大大提高。结晶紫与硅钼酸的离子缔合物，可用环己醇和异戊醇的混合溶剂、丙酮等萃取。罗丹明 B 与硅钼酸的缔合物可用异丙醚浮选后溶于乙醇。在水相中，在约 0.2mol/L 酸度下，用抗坏血酸的强硫酸溶液还原，用硅钼蓝-丁基罗丹明 B 光度法测定硅。硅浓度在 0~8.4 μg/100mL 范围内服从比尔定律。颜色可稳定约 1h。选择性与硅钼蓝法类似，而对某些蓝色离子如铜（Ⅱ）、镍（Ⅱ）的允许量，则比硅钼蓝法更高。与普通硅钼蓝比较，灵敏度却比前者高约 5 倍，摩尔吸光系数 ε 一般在 10^5 以上，是测定微量、痕量硅的既简便快速而又较准确的方法之一。

滴定法是在强酸性溶液中，在过量 F^- 和 K^+ 存在下，析出的氟硅酸钾沉淀在热水中定量水解释放出氢氟酸，再用氢氧化钠标准溶液滴定，从而测定硅含量（参见“硅酸盐分析”）。

二、钢铁中硅的测定

（一）高氯酸脱水重量法

1. 测定原理

试样用酸分解，或用碱熔后酸化，在高氯酸介质中蒸发冒烟使硅酸脱水，经过滤洗涤后，将沉淀灼烧成二氧化硅，在硫酸存在下加氢氟酸使硅形成四氟化硅挥发除去，由氢氟酸处理前后沉淀的重量差计算硅含量。

主要反应：

$$3FeSi+16HNO_3 \xlongequal{} 3Fe(NO_3)_3+3H_4SiO_4+7NO\uparrow+2H_2O$$

$$H_4SiO_4 \xlongequal{} SiO_2+2H_2O$$

$$SiO_2+4HF \xlongequal{} SiF_4\uparrow+2H_2O$$

2. 测定步骤

称取试样(硅含量大于1%称1g，小于1%称3g)置于300mL烧杯中，加盐酸-硝酸混酸30~40mL，盖上表皿，加热溶解，稍冷，加高氯酸30~40mL，继续加热蒸发至冒高氯酸烟，移至较低温度处，保持高氯酸烟在杯壁回流15~20min，稍冷，加热水约100mL，搅拌溶解盐类。立即用中速滤纸过滤，用带橡皮头的玻璃棒将附着在杯壁上的沉淀擦净移至滤纸上，以热盐酸(5+95)洗涤沉淀与滤纸至滤液不含铁离子，最后以热水洗涤3次。

将滤液加热浓缩至冒高氯酸烟并回流约15min，如前操作，以回收滤液中的硅。

合并两次沉淀及滤纸于铂坩埚中，烘干炭化，再于1000~1050℃灼烧约30min，取出，置于干燥器中冷却，称重。如此反复直至恒重。沿坩埚壁加水3~5滴，(1+2)硫酸2~3滴，氢氟酸5mL，加热蒸发至冒尽硫酸烟，如前灼烧直至恒重。

3. 结果计算

硅(Si)的含量(w)以质量分数(%)表示，计算如下：

$$w(\mathrm{Si})=\frac{(m_1-m_2)\times 0.4672}{m}\times 100 \tag{5-13}$$

式中 m_1——氢氟酸处理前坩埚与沉淀的质量，g；

m_2——氢氟酸处理后坩埚与残渣的质量，g；

m——称取试样的质量，g。

0.4672——二氧化硅换算为硅的系数。

4. 注意事项

① 氢氟酸处理之前，必须有适量硫酸存在，以防止四氟化硅水解而形成不挥发的化合物，使结果偏低。并防止铁、钛、铝等呈挥发性氟化物而损失，使结果偏高。

② 硼存在时被带入沉淀，即使在硫酸存在下用氢氟酸处理，硼仍能呈氟化硼挥发损失，使结果偏高。为消除硼的干扰，可用盐酸40mL溶解试样，以硝酸氧化并浓缩至约10mL，加甲醇40mL，将表面皿稍为移动使有适当缝隙，低温蒸发，使硼呈硼酸甲酯$B(OCH_3)_3$。挥发除去，挥发后体积应在10mL以下，然后加硝酸6mL，再加高氯酸，按原方法进行脱水处理。

③ 钨存在时，以钨酸与二氧化硅一同析出，钨酸经灼烧后转化为三氧化钨。由于三氧化钨在850℃以上有部分挥发，因此含钨试样，沉淀应先于1000~1050℃灼烧约1h，以挥发除去大部分三氧化钨，然后于800℃恒重。氢氟酸处理后的残渣，亦应于800℃恒重，以防止在此阶段三氧化钨的挥发损失。

(二) 草酸-硫酸亚铁硅钼蓝光度法

1. 测定原理

试样用稀硫酸溶解，在弱酸性溶液中，可溶性硅酸与钼酸铵反应生成氧化型的硅钼酸盐(黄色)，在草酸存在下，用硫酸亚铁铵将其还原成硅钼蓝(还原型硅钼杂多酸)，于波长约810nm处测量其吸光度。

$$3FeSi+16HNO_3 = 3Fe(NO_3)_3+3H_4SiO_4+7NO\uparrow+2H_2O$$

$$FeSi+H_2SO_4+H_2O = H_4SiO_4+FeSO_4+H_2\uparrow$$

$$H_4SiO_4+12H_2MoO_4 = H_8[Si(Mo_2O_7)_6]+10H_2O$$

$$H_8[Si(Mo_2O_7)_6]+4FeSO_4+2H_2SO_4 = H_8\left[Si\begin{matrix}(Mo_2O_7)_5\\(Mo_2O_5)\end{matrix}\right]+2Fe_2(SO_4)_3+2H_2O$$

2. 测定步骤

（1）试样量

称取试样 0.1~0.4g，准确至 0.1mg，控制其硅量为 100~1000μg。

（2）测定

① 溶解样品。将试料置于 150mL 锥形瓶中。加入 30mL 硫酸，缓慢加热至试料完全溶解，不要煮沸并不断补充蒸发失去的水分，以免溶液体积显著减少。

② 制备试液。煮沸，滴加高锰酸钾溶液至析出二氧化锰水合物沉淀。再煮沸约 1min，加亚硝酸钠溶液至试液清亮，继续煮沸 1~2min（如有沉淀或不溶残渣，趁热用中速滤纸过滤，用热水洗涤）。冷却至室温，试液移入 100mL 容量瓶中，用水稀释至刻度，混匀。

③ 显色。移取 10.00mL 试液两份，分别置于 50mL 容量瓶中（一份作显色溶液用，一份作参比溶液用），按下法处理。

显色溶液：小心加入 5.0mL 钼酸铵溶液，混匀。于沸水浴中加热 30s；加入 10mL 草酸溶液，混匀。待沉淀溶解后 30s 内，加 5.0mL 硫酸亚铁铵溶液，用水稀释至刻度，摇匀。

参比溶液：加入 10.0mL 草酸溶液、5.0mL 钼酸铵溶液、5.0mL 硫酸亚铁铵溶液，用水稀释至刻度，摇匀。

注：显色时，如不在沸水浴中加热，也可以在室温放置 15min 后再加草酸溶液。

④ 测量吸光度。将部分显色溶液移入 1~3cm 吸收皿中，以参比溶液作参比，于分光光度计波长 810nm 处测量各溶液的吸光度值。

⑤ 从标准曲线上查出相应的硅量。

（3）绘制标准曲线

称取数份与试样质量相同且其硅含量相近的纯铁，置于数个 150mL 锥形瓶中，移取 0.50mL、1.00mL、2.00mL、3.00mL、4.00mL、5.00mL 硅标准溶液，分别置于前述数个锥形瓶中，以下按试样分析方法进行。以硅标准溶液中硅量和纯铁中硅量之和为横坐标，测得的吸光度值为纵坐标，绘制标准曲线。

3. 结果计算

硅（Si）的含量（w）以质量分数（%）表示，计算如下：

$$w(\mathrm{Si})=\frac{m_1\times V}{m\times V_1}\times 100 \tag{5-14}$$

式中 V_1——分取试液体积，mL；

V——试液总体积，mL；

m_1——从工作曲线上查得的硅量，g；

m——试样量，g。

4. 注意事项

（1）硅钼杂多酸形成的条件

硅钼杂多酸有两种同分异构体，一种为 α 型，一种为 β 型。硅钼杂多酸的吸收光谱紊乱正是基于这一原因。目前应用较多的是 β 型中夹杂少量 α 型的混合型为主。

① 对硅酸形态的要求　无论形成何种结构的硅钼酸，都必须确保全部硅呈单分子硅酸存在。因此，应以较稀的酸溶解样品，且不宜长时间煮沸，试样溶完冷却后立即稀释。试样经碱熔融后再酸化处理，以防部分硅酸聚合。

② 酸度和钼酸盐浓度　酸度和钼酸盐浓度对硅钼杂多酸结构的形成起着决定性作用，

有研究指出，α 硅钼杂多酸在 pH3.7～4.0 之间形成，最大吸收在 300nm 处，很稳定，被还原为硅钼蓝后，最大吸收在 635nm 和 735nm 处。β 硅钼杂多酸在较高酸度形成，不太稳定，逐渐转化为 α 硅钼杂多酸，被还原成蓝色的硅钼蓝，最大吸收在 810nm 处。硅钼蓝光度法测定硅，主要是生成 β 硅钼杂多酸，较适宜的酸度为 pH0.7～1.3。酸度过低，反应不完全，酸度过高则反应速度极慢且促使磷钼蓝和砷钼蓝形成而干扰测定。

有人研究指出，钼酸盐在不同的 pH 下存在形式不同。硅酸与不同形式的钼酸盐相应地形成 α 硅钼杂多酸和 β 硅钼杂多酸：

$$MoO_4^{2-} \longrightarrow Mo_7O_{24}^{6-} \longrightarrow Mo_8O_{26}^{4-}$$

pH>6.5	pH≈4.5	pH1.5～2.9
不形成硅钼杂多酸	形成 α 型硅钼杂多酸	形成 β 型硅钼杂多酸

③ 温度和时间　温度升高，硅钼杂多酸形成时间缩短。室温（25℃）显色，放置 10min；60～70℃约需 30s，30℃需约 4～5min，15℃时则需 30min 以上。但加热时间太长，β 硅钼杂多酸可能会转变为 α 硅钼杂多酸。

④ 试剂加入顺序　为获得指定的硅钼杂多酸的结构，试剂加入的顺序不同，硅钼杂多酸的结构也不同。为了获得纯净的 α 型，则要先加 pH3.8～4.8 的缓冲溶液，再加钼酸盐溶液。而要获得含 β 型结构，则要先加钼酸盐，再调整溶液的酸度。

⑤ 硅钼杂多酸的还原　由于 β 硅钼杂多酸的稳定性差，因此在形成 β 硅钼杂多酸后，应立即进行还原。还原剂有二氯化锡、抗坏血酸、硫酸亚铁等。一般在高酸度下，用二氯化锡还原，在低酸度时用硫酸亚铁还原。

（2）干扰及消除

无论采用硅钼黄法还是硅钼蓝法，磷、砷等有干扰。消除干扰的措施有以下几种。

① 提高还原酸度　在硅钼杂多酸形成完全后，将酸度提高至 3.0～4.0mol/L，磷、砷的钼杂多酸被完全破坏，而硅钼杂多酸仍保持稳定，然后用氯化亚锡和抗坏血酸还原。

② 使用配合掩蔽剂　于硅钼杂多酸形成完全之后加入草酸、酒石酸等有机配合剂，磷、砷的钼杂多酸迅速分解，而硅钼杂多酸分解速度则较缓慢。严格控制加入配合剂和还原剂之间的时间间隔，则可消除磷、砷的干扰。硅钼杂多酸被还原后则不被配合剂分解，因而不妨碍测定。

草酸除迅速破坏磷（砷）钼酸外，亦能逐渐分解硅钼酸，故加入草酸后，应于 1min 内加硫酸亚铁铵，否则结果偏低。快速分析时，亦可将草酸、硫酸亚铁铵在临用前等体积混合，一次加入。

（三）硅钼蓝-丁基罗丹明 B 光度法

1. 测定原理

硅酸与钼酸反应生成硅钼杂多酸，用抗坏血酸的强酸性溶液还原生成硅钼蓝，在约 1.9mol/L 硫酸介质中，硅钼杂多蓝与丁基罗丹明 B 形成水溶性三元离子缔合物，其组成为硅：钼：丁基罗丹明 B＝1：12：5，每 100mL 显色液中含硅 0～8μg，体系服从朗伯-比尔定律，颜色可稳定 1h。30mg 钙、镁、锰（Ⅱ）、铝、铜（Ⅱ）、镍，15mg 铁（Ⅲ）、氟，0.5mg 钴、钒、钨（Ⅵ）、铬（Ⅵ），0.1mg 铅，0.05mg 磷（Ⅴ）、砷（Ⅴ）不干扰，是测定微量、痕量硅的简便快速而又足够准确的方法之一。

2. 测定步骤

称取试样0.1g，加盐酸2.5mL，过氧化氢5mL，轻微加热溶解，煮沸分解过量的过氧化氢，冷却，移入100mL容量瓶中，用水稀释至刻度，摇匀。吸取试液5.00mL，置于塑料杯中，加水25mL，加1mol/L硫酸4mL，钼酸铵溶液2.5mL，于沸水浴中加热30s，流水冷却，加抗坏血-硫酸溶液20mL，加水30mL，放置30min后，移入100mL容量瓶中，加丁基罗丹明B溶液5mL，用水稀释至刻度，摇匀，10min后，于578nm处用2cm比色皿，以试剂空白作参比测定吸光度。

第六节　钢铁中锰的测定

一、概述

锰几乎存在于一切钢铁中，是常见的“五大元素”之一，亦是重要的合金元素。锰在钢铁中主要以固溶体及MnS形态存在，亦可形成Mn_3C、MnSi、FeMnSi等。锰对钢的性能具有多方面的影响。

锰和氧、硫有较强化合能力，故为良好的脱氧剂和脱硫剂，能降低钢的热脆性，提高热加工性能。锰固溶于铁中，可提高铁素体和奥氏体的硬度和强度，并降低临界转变温度以细化珠光体，间接起到提高珠光体钢强度的作用。锰能提高钢的淬透性，因而加锰生产的弹簧钢、轴承钢、工具钢等，具有良好的热处理性能。锰具有扩大γ相区，稳定奥氏体的作用，可用于生产各种高锰奥氏体钢。

锰的加入亦有不利的一面，锰含量过高时，有使晶粒粗化的倾向，并增加钢的回火脆敏感性。冶炼浇铸和锻轧后冷却不当时，易产生白点。在铸铁生产中，锰过高时，缩孔倾向加大，在强度、硬度、耐磨性提高的同时，塑性、韧性有所降低。

锰在钢中一般含量为0.3%~0.8%，合金钢中锰含量>0.8%，生铁中锰含量为0.5%~2%。

钢铁中锰的测定方法有滴定法、分光光度法、原子吸收光谱法。

滴定法测定锰，可用过硫酸铵或高碘酸钾等氧化剂将锰(Ⅱ)氧化为MnO_4^-，再用还原剂滴定MnO_4，或加入过量的还原剂，用高锰酸钾标准溶液进行返滴定。如亚砷酸钠-亚硝酸钠法，硝酸铵或高氯酸氧化滴定法。

分光光度法测定锰，主要基于在酸性介质中用氧化剂高碘酸盐或过硫酸铵将锰(Ⅱ)氧化为红色的MnO_4^-，再进行光度测定。该方法灵敏度高、干扰少。

原子吸收光谱法测定锰，测定范围0.40%~1.50%。可于1%~4%的盐酸介质中用空气-乙炔焰，用锰空心阴极灯，于279.5nm波长处进行测定。试样中大量其他组分不干扰测定。

二、钢铁中锰含量的测定

(一) 硝酸铵氧化滴定法

1. 测定原理

试样经酸溶解后，在磷酸微冒烟的状态下，用硝酸铵将锰定量氧化至三价，生成稳定的$Mn(PO_4)_2^{3-}$或$Mn(H_2P_2O_7)_3^{3-}$，以*N*-苯代邻氨基苯甲酸为指示剂，用硫酸亚铁铵标准溶液滴定。钒、铈有干扰必须校正。

2. 测定步骤

（1）硫酸亚铁铵标准溶液的标定

移取25.00mL重铬酸钾标准溶液三份，分别置于250mL锥形瓶中，加入20mL硫酸(1+3)、5mL磷酸、用硫酸亚铁铵标准溶液滴定，接近终点时加2滴N-苯代邻氨基苯甲酸溶液(0.2%)，继续滴定至溶液紫红色消失为终点。

（2）N-苯代邻氨基苯甲酸指示剂校正

移取5.00mL重铬酸钾标准溶液三份，分别置于250mL锥形瓶中，加入20mL硫酸、5mL磷酸、用硫酸亚铁铵标准溶液滴定，接近终点时，加2滴N-苯代邻氨基苯甲酸溶液，继续滴定至终点，记下所耗体积。

在此溶液中，再加5.00mL重铬酸钾标准溶液，再用硫酸亚铁铵标准滴定溶液滴定至终点，记下所耗体积。两者之差的三份溶液的平均值为2滴N-苯代邻氨基苯甲酸溶液的校正值。

计算：将滴定重铬酸钾标准溶液所消耗硫酸亚铁铵标准溶液的体积进行校正后再计算。硫酸亚铁铵标准溶液的浓度按下式计算：

$$c = \frac{6c_1 \times V_1}{V} \tag{5-15}$$

式中 c——硫酸亚铁铵标准溶液的浓度，mol/L；

V——滴定所消耗硫酸亚铁铵标准溶液经校正后的平均体积，mL。

c_1——移取重铬酸钾标准溶液的浓度，mol/L；

V_1——移取重铬酸钾标准溶液的体积，mL。

（3）试样分析

① 不含钒、铈试样。将试样(称取0.1000~0.5000g试样，锰量不小于10mg)置于锥形瓶中，加入15mL磷酸(高合金钢、精密合金等可先用15mL适宜比例的盐酸-硝酸混合酸溶解)，加热至完全溶解后，滴加硝酸破坏碳化物。

继续加热，蒸发至液面平静刚出现微烟[温度控制在200~240℃，以液面平静出现微烟(约220℃)时最佳]取下，立即加2g硝酸铵，摇动锥形瓶并排除氮氧化物(氮氧化物必须除尽，可以吹去或加0.5~1.0g尿素，摇匀)，放置1~2min。

待温度降至80~100℃时，加60mL硫酸，摇匀，冷至室温，用硫酸亚铁铵标准溶液滴定，接近终点时，加2滴N-苯代邻氨基苯甲酸溶液，继续滴定至溶液紫红色消失为终点。

注：滴定试液所消耗硫酸亚铁铵标准溶液的体积进行指示剂校正后，按公式计算锰的含量。

② 含钒、铈试样。按上述方法进行，记下滴定所消耗硫酸亚铁铵标准溶液的体积。此体积为锰、钒、铈合量。

将滴定锰、钒、铈合量之溶液加热蒸发冒硫酸烟2min，取下冷却，加60mL硫酸，流水冷却至室温，滴加高锰酸钾溶液到出现稳定的淡红色并保持2~3min，加10mL尿素溶液，在不断摇动下，滴加亚硝酸钠溶液至红色消失并过量1~2滴，加10mL亚砷酸钠溶液，再加1~2滴亚硝酸钠溶液，放置5min，加2滴N-苯代邻氨基苯甲酸溶液，用硫酸亚铁铵标准溶液滴定至终点。滴定消耗的硫酸亚铁铵标准溶液的体积从上述锰、钒、铈合量的体积中减去，然后按公式计算锰的含量。

注：钒、铈也可按理论值予以校正，1%钒相当于1.08%锰，0.1%铈相当于0.04%锰。

3. 结果计算

锰(Mn)的含量(w)以质量分数(%)表示，计算如下：

$$w(\mathrm{Mn})=\frac{c\times V\times 0.05494}{m_0}\times 100 \tag{5-16}$$

式中 c——硫酸亚铁铵标准溶液的浓度，mol/L；

V——滴定所消耗硫酸亚铁铵标准溶液经校正后的平均体积，mL；

m_0——称样量，g；

0.05494——1.00mL1.000mol/L 硫酸亚铁铵标准溶液相当于锰的摩尔质量，g/mL。

(二) 亚砷酸钠-亚硝酸钠滴定法

1. 测定原理

试样用硫酸-磷酸混合酸溶解后，硝酸破坏碳氧化物，以硝酸银为催化剂，用过硫酸铵将锰氧化为 MnO_4^-，然后用亚砷酸钠-亚硝酸钠标准溶液滴定，以 MnO_4^- 的红色消失为终点。根据所消耗标准溶液的量计算锰的含量。

试液中含钴 5mg 以上时影响终点的观察，可加入镍抵消钴离子色泽的影响。

主要反应如下：

$$MnS+H_2SO_4 = MnSO_4+H_2S\uparrow$$

$$3MnS+14HNO_3 = 3Mn(NO_3)_2+3H_2SO_4+8NO\uparrow+4H_2O$$

$$3Mn_3C+28HNO_3 = 9Mn(NO_3)_2+10NO\uparrow+3CO_2+14H_2O$$

$$2AgNO_3+(NH_4)_2S_2O_8 = Ag_2S_2O_8+2NH_4NO_3$$

$$Ag_2S_2O_8+2H_2O = Ag_2O_2+2H_2SO_4$$

$$5Ag_2O_2+2Mn(NO_3)_2+6HNO_3 = 2HMnO_4+10AgNO_3+2H_2O$$

$$5Na_3AsO_3+2HMnO_4+4HNO_3 = 2Mn(NO_3)_2+5Na_3AsO_4+3H_2O$$

$$5NaNO_2+2HMnO_4+4HNO_3 = 2Mn(NO_3)_2+5NaNO_3+3H_2O$$

亚砷酸钠还原高锰酸的反应具有优良的选择性，铬(Ⅵ)、铈(Ⅳ)、钒(Ⅴ)、钴(Ⅳ)均不被还原。但亚砷酸钠不能将 Mn(Ⅶ)完全还原为二价锰，部分 Mn(Ⅶ)可能被还原为三价或四价锰，故反应不能按化学计量式定量完成。亚硝酸钠作还原剂，可以将 Mn(Ⅶ)定量还原为 Mn(Ⅱ)，但反应速度慢，而且亚硝酸钠本身不稳定，不适宜单独用作滴定剂。以亚砷酸钠-亚硝酸钠混合溶液作还原剂，可取长补短，亚砷酸钠选择性好且滴定反应迅速，亚硝酸钠几乎完全将 Mn(Ⅶ)还原为 Mn(Ⅱ)。但此混合溶液仍不能完全将 Mn(Ⅶ)还原为 Mn(Ⅱ)，且还原程度与反应条件有关，故不能用混合标准溶液的理论浓度计算结果，必须用已知锰量的同类型标准钢样来确定亚砷酸钠-亚硝酸钠溶液对锰的滴定度。

2. 测定步骤

(1) 亚砷酸钠-亚硝酸钠标准溶液浓度的标定

称取三份与试样锰量相近的标准钢样品，按照试样分析步骤进行。三份样品所消耗混合标准溶液毫升数的极差不超过 0.20mL，即取平均值，计算该溶液对锰的滴定度。

也可用与试样相近似的铁(含锰量不大于 0.002%)加锰标准溶液(锰量与试样中锰量相似)代替标准钢样，按照试样分析步骤进行。三份溶液所消耗的混合标准溶液毫升数的极差不超过 0.05mL，即取平均值，计算该溶液对锰的滴定度。

(2) 试样分析

称取试样量表。

表 5-6　试样称量

锰量/%	试样量/g
0.10~1.00	0.5000
>1.00~2.50	0.2500

按表称取试样置于 250mL 锥形瓶中，加入 30mL 硫酸-磷酸混合酸，低温加热溶解后，滴加硝酸破坏碳化物，煮沸驱尽氮氧化物(如溶液中仍有黑色不溶物，则应将溶液蒸发至刚冒硫酸烟时，小心滴加硝酸以破坏氮氧化物，继续加热冒硫酸烟至溶液清澈)，取下冷却。用水稀释至体积约 80mL。

加入 0.5%硝酸银溶液 10mL，20%过硫酸铵溶液 10mL，低温加热煮沸 45s，取下，放置 2min，流水冷至室温。加 0.4%氯化钠溶液 10mL，摇匀，立即用亚砷酸钠-亚硝酸钠标准溶液以不变的速度进行滴定(每 min 不超过 6mL)，当溶液呈微红色时，以更慢的速度滴定至粉红色消失为终点。计算锰的含量。

3. 结果计算

锰(Mn)的含量(w)以质量分数(%)表示，计算如下：

$$w(\mathrm{Mn})=\frac{T\times V}{m}\times 100 \tag{5-17}$$

式中　T——亚砷酸钠-亚硝酸钠标准溶液对锰的滴定度，g/mL；

V——滴定消耗亚砷酸钠-亚硝酸钠标准溶液的体积，mL；

m——称取的试样量，g。

4. 注意事项

① 试样含铬量>5mg 时，按称量表称样后，加 10~20mL 王水，加热溶解(高硅试样可滴加数滴氢氟酸)，加 10mL 高氯酸，加热蒸发冒烟使三价铬氧化至六价铬后，分数次滴加浓盐酸，每次加浓盐酸后须加热至冒烟。蒸发至糖浆状，取下冷却，加入 10mL 硫酸-磷酸混合酸(1+1+1)，加水稀至 80mL，以下按试样分析步骤进行。

② 生铁试样，按称量表称样后，加 30mL 硫酸-磷酸混合酸(150+150+700)，低温加热溶解(如试样难溶，可加 1mL 硝酸助溶，如溶液蒸发太多时，可添加少量水)，滴加硝酸氧化，煮沸驱尽氮氧化物，用快速滤纸过滤于另一个 250mL 锥形瓶中，用(2+98)硝酸洗涤锥形瓶和滤纸数次，加水稀释至体积约 80mL，以下按试样分析步骤进行。

③ 若试液中含钴>5mg 时，则在加硝酸银之前，按钴一份和镍四份的比例加入镍溶液(称取 47.58g 硫酸镍 $NiSO_4\cdot 7H_2O$ 用水溶解，滴加数滴硫酸，用水稀至 100mL，此溶液为 10mg 镍/mL)，然后加水稀释至 80mL，以下按试样分析步骤进行。加镍后滴定终点为灰绿色。

④ 加入磷酸的作用。

a. 防止高温下 Mn(Ⅶ)与 Mn(Ⅱ)生成 Mn(Ⅳ)沉淀，磷酸可生成$[Mn(PO_4)_2]^{3-}$，使过硫酸铵将低价锰直接氧化为 Mn(Ⅶ)，不致产生中间价态的锰而造成误差。

b. 高锰酸不稳定，尤其在锰含量较高时，煮沸或加热时间过长，更易分解。磷酸可以增加高锰酸的稳定性。

c. 磷酸与 Fe^{3+} 生成无色可溶性配合物 $[Fe(PO_4)_2]^{3-}$，消除了 Fe^{3+} 黄色对终点的干扰。

d. 磷酸可使钨生成磷钨配合物 $H_3PO_4 \cdot 12WO_3$，以消除钨的干扰。

⑤ 锰的氧化。

a. 在硝酸银作催化剂时，用过硫酸铵氧化锰应在 2~4mol/L 硫酸溶液中进行。酸度过高锰氧化不完全或完全不氧化，酸度过低有二氧化锰沉淀析出。

b. 过硫酸铵用量一般为 2.5g，或为锰量的 1000 倍为宜。过量过硫酸铵可煮沸除去。但煮沸时间应严格控制，煮沸时间不足，锰氧化不完全，太久则高锰酸部分分解。停止煮沸后让热溶液放置 2min，可使锰完全氧化，此时溶液中剩余的少量过硫酸铵，经冷却并加氯化钠除去硝酸银后，氧化二价锰的速度极慢，立即滴定高锰酸，不会造成明显的误差。

c. 氧化时，催化剂硝酸银的用量一般为锰量的 15 倍，当氧化后必须用氯化钠除去硝酸银对滴定的干扰。氯化钠的用量须与硝酸银用量相当，氯化钠沉淀 Ag^+ 应在冷溶液中进行，否则 Cl^- 会与 MnO_4^- 反应产生误差。

d. 试样分解后，NO 必须除尽，否则 NO 与硝酸反应生成亚硝酸而还原高锰酸使结果偏低。

⑥ 铬的干扰的消除。

少量的铬可在样品溶解时，加盐酸使铬形成氯化铬酰（$ClO_2 \cdot Cl_2$）挥发除去。含铬量较高时，可用氧化锌（pH5.2）沉淀分离，铬、铁、铝、钒、铜、钼、钨、钛等元素完全沉淀，锰、钴、镍留在溶液中。

⑦ 为检验滴定是否过量，可在滴定后的溶液中，加 1 滴 0.16% 的高锰酸钾溶液，如试液呈微红色说明滴定正常，反之则滴定过量。

（三）高碘酸钠（钾）氧化光度法

1. 测定原理

试样经酸溶解后，在硫酸、磷酸介质中，用高碘酸钠（钾）将锰氧化至七价的 MnO_4^-，于 530nm 处测量吸光度，利用标准曲线计算锰的含量。

2. 测定步骤

称取试样置于 250mL 锥形瓶中，加 15mL 硝酸，低温加热溶解，加 10mL 磷酸-高氯酸混合酸，加热蒸发至冒高氯酸烟（含铬试样需将铬氧化），稍冷，加 10mL 硫酸（1+1），用水稀释至约 40mL，加 10mL 5% 的高碘酸钠（钾）溶液，加热至沸并保持 2~3min（防止试液溅出），冷却至室温，移入 100mL 容量瓶中，用不含还原性物质的水稀释至刻度，摇匀。

将上述显色液移入比色皿中，向剩余的显色液中，边摇动边滴加 1% 亚硝酸钠溶液至紫红色刚好褪去，将此溶液移入另一比色皿中为参比，在分光光度计波长 530nm 处，测其吸光度，从标准曲线上查出相应的锰含量。

3. 结果计算

锰（Mn）的含量（w）以质量分数（%）表示，计算如下：

$$w(\mathrm{Mn}) = \frac{m_1 \times 10^{-6}}{m} \times 100 \qquad (5-18)$$

式中 m_1——从标准曲线上查得的锰量，μg；

m——称样量，g。

4. 注意事项

① 称样量、锰标准溶液加入量及选用的比色皿参照表 5-8。

② 高硅试样滴加 3~4 滴氢氟酸。

③ 生铁试样用硝酸(1+4)溶解时滴加 3~4 滴氢氟酸，试样溶解后，取下冷却，用快速滤纸过滤于另一 150mL 锥形瓶中，用热硝酸(2+98)洗涤原锥形瓶和滤纸 4 次，于滤液中加 10mL 磷酸-高氯酸混合酸，以下按分析步骤进行。

表 5-7 试样称量

含量范围/%	0.01~0.1	0.1~0.5	0.5~1.0	1.0~2.0
称样量/g	0.5000	0.2000	0.2000	0.1000
锰标准溶液浓度/(μg/mL)	100	100	500	500
移取锰标准溶液体积/mL	0.50 2.00 3.00 4.00 5.00	2.00 4.00 6.00 8.00 10.00	2.00 2.50 3.00 3.50 4.00	2.00 2.50 3.00 3.50 4.00
比色皿/cm	3	2	1	1

④ 高钨(5%以上)试样或难溶试样，可加 15mL 磷酸-高氯酸混合酸，低温加热溶解，并加热蒸发至冒高氯酸烟，以下按分析步骤进行。

⑤ 含钴试样用亚硝酸钠溶液褪色时，钴的微红色不褪，可按下述方法处理：不断摇动容量瓶，慢慢滴加 1%的亚硝酸钠溶液，若试样微红色无变化时，将试液置于比色皿中，测其吸光度，向剩余试液中再加 1 滴 1%的亚硝酸钠溶液，再次测其吸光度，直至两次吸光度无变化即可以此溶液为参比。

(四) 火焰原子吸收光谱法

1. 测定原理

试样以盐酸和过氧化氢分解后，用水稀释至一定体积，喷入空气-乙炔火焰中，用锰空心阴极灯作光源，于原子吸收光谱仪波长 279.5nm 处，测量其吸光度。

为消除基体影响，绘制校准曲线时，应加入与试样溶液相近的铁量。

2. 测定步骤

(1) 试样量

称取 0.5000g 试样。

(2) 空白实验

称取 0.5000g 纯铁，随同试样做空白实验。

(3) 测定

① 试样的处理。

a. 用盐酸易分解的试样。将试样置于 300mL 烧杯中，加入 20mL 盐酸置于电热板上加热完全溶解后，加入 2~3mL 过氧化氢使铁氧化(在试样未完全溶解时，不要加过氧化氢，否则会停止试样的分解)。加热煮沸片刻，分解过剩的过氧化氢，取下冷却，过滤，用温盐酸洗涤，滤液和洗液(如试液中碳化物、硅酸等沉淀物很少，不妨碍喷雾器的正常工作时，可免去过滤)移入 100mL 容量瓶中，用水稀释至刻度，混匀。

b. 用盐酸分解有困难的试样。将试样置于 300mL 烧杯中，盖上表皿，加入 30mL 王水，加热分解蒸发至干。冷却，加入 20mL 盐酸溶解可溶性盐类，过滤，用温盐酸洗涤滤纸。将滤液和洗液移入 100mL 容量瓶中，用水稀释至刻度，混匀。

c. 生铁等试样。将试样置于 300mL 烧杯中，盖上表皿，加入 10mL 硝酸加热分解，然后加入 7mL 高氯酸，加热至冒白烟，冷却后加少量水溶解盐类，移入 100mL 容量瓶中，用水稀释至刻度，混匀，干过滤。

② 吸光度的测定。将试样溶液在原子吸收光谱仪上，于波长 279.5nm 处，以空气-乙炔火焰，用水调零，测量其吸光度。将试样溶液的吸光度和随同试样空白实验的吸光度，从校准曲线上查出锰的浓度(μg/mL)。

注：当锰浓度超出直线范围时，适当稀释后测定。校准曲线的溶液与试样溶液同样稀释。另外，还可以通过旋转燃烧器、选用次灵敏线等方法降低灵敏度。

③ 标准曲线的绘制。称取纯铁数份，每份 0.5000g，分别置于 300mL 烧杯中，加入 0~10.00mL 锰标准溶液，以下按上述步骤进行。在原子吸收光谱仪上，于波长 279.5nm 处，以空气-乙炔火焰，用水调零，测量其吸光度。校准曲线系列每一溶液的吸光度减去零浓度的吸光度，为锰校准曲线系列溶液的净吸光度，以锰浓度为横坐标，净吸光度为纵坐标，绘制校准曲线。

3. 结果计算

锰(Mn)的含量(w)以质量分数(%)表示，计算如下：

$$w(\mathrm{Mn})=\frac{(c_2-c_1)\times f\times V}{m_0\times 10^6}\times 100 \tag{5-19}$$

式中 c_1——自校准曲线上查得的随同试样空白溶液中锰的浓度，μg/mL；

c_2——自校准曲线上查得的试样溶液中锰的浓度，μg/mL；

f——稀释倍数；

V——最终测量试样溶液的体积，mL；

m_0——试样量，g。

第七节　铜及铜合金分析

一、概述

纯铜是橙红色的金属，具有良好的导电性、延展性、坚韧性，在干燥空气中稳定，在潮湿的空气中则生成绿灰色的碱式碳酸盐薄膜。纯铜多是由电解法制得的，故也称电解铜，含铜量为 99.5%~99.99%。纯铜中的杂质主要是铅、铋、氧、硫及锌、铝、镉、镍、铁、锑、锡、磷等。

铜通常作为铜合金、锌合金、铅基、锡基合金等有色合金的主要成分，在钢铁中，有时也加入一定量的铜作为合金元素，以达到改善其耐大气腐蚀性能的特殊要求。此外，在各类金属和合金中，当铜是以杂质状态存在时，则又必须使铜的含量控制在一定量以下。根据与铜构成合金的元素种类不同，铜合金又分为黄铜、青铜和白铜等。

铜不易溶于稀的盐酸、硫酸中，但易溶于硝酸和热的浓硫酸中，溶解含铜的金属和合金一般均可用酸溶法，但必须在氧化的条件下进行。通常采用硝酸或盐酸加过氧化氢来分解试样。

二、铜及铜合金分析方法综述

铜及铜合金化学分析方法，在国家标准中，共测 24 个元素，包括 33 个分析方法。本节主要介绍铜的测定及铜合金中主要杂质的分析方法。

（一）铜的测定

铜及铜合金中的铜含量，一般在50%~99%之间。铜的测定方法很多，在工业分析中常用的方法有电解法、光度法、滴定法等。

1. 电解法

（1）电解质量法

电解质量法是测定大量铜的良好方法，具有简便、准确等优点，被列用为纯铜和铜合金中铜的测定标准方法。其又可分为恒电流电解法、控制阴极电位电解法及内电解法，应用较多的是恒电流电解法。

用恒电流电解法测定纯铜或铜合金中铜，是在含硫酸和硝酸的酸性溶液中进行的，当在两铂电极间加一个适当的电压使两电极上分别发生电解反应。在阴极上有金属铜析出，而在阳极上则有氧气逸出：

在阴极上：$$Cu^{2+}+2e \longrightarrow Cu$$

在阳极上：$$4OH^{-}-4e \longrightarrow 2H_2O+O_2\uparrow$$

电解时，首先要防止试样中共存的杂质和铜一起在阴极上还原析出，少量能与铜一起析的金属砷、锑、铋、锡等，在电解开始及终了时加入数毫升3%的过氧化氢来避免这些杂质析出，量大时需分离，电解时溶液的酸度不宜过大，因酸度过大，将使铜的析出不完全，如溶液的酸度太低，则杂质元素容易与铜一起析出，通常采用的酸度是1mol/L左右。电解终了时，将沉积在阴极上的金属铜烘干并称重。然后根据其质量计算铜的含量。

恒电流电解法适用于纯铜、铜合金、铝合金等有色合金中铜的测定。

（2）电解-原子吸收光谱法

试样用硝酸和氢氟酸分解后，以过氧化氢还原氮氧化物，加入铅以降低阳极上铂的损失，电解使铜在铂阴极上析出、烘干、称量。电解液中残留的铜量用原子吸收光谱法测定。该方法适用于测定铜含量为50%~99%。

（3）电解-分光光度法

试样用硝酸-硫酸溶解，调整溶液体积后，于小电流进行电解。电解终止后，铂阴极用水和无水乙醇洗涤、干燥、冷却后称量。电解后的溶液用分光光度法测定残留的铜量给予补正后，求得铜的含量。

2. 滴定法

（1）碘化钾-硫代硫酸钠滴定法

在pH值为3~4的弱酸性介质中，铜离子与碘化物反应生成碘化亚铜沉淀，并析出等物质量的碘。以淀粉为指示剂，用硫代硫酸钠标准溶液滴定所析出的碘即可测得铜的含量，其反应式为：

$$2Cu^{2+}+4I^{-} = 2CuI\downarrow+I_2$$

$$I_2+2S_2O_3^{2-} = 2I^{-}+S_4O_6^{2-}$$

NO_2^-，NO_x的存在将干扰铜的测定，是由于在酸性溶液中发生下列反应：

$$2NO_2^{-}+2I^{-}+4H^{+} = 2NO+I_2+2H_2O$$

$$NO_2+2I^{-}+2H^{+} = NO+I_2+H_2O$$

NO被空气氧化为NO_2，又能氧化I^-为I_2致使滴定终点不稳定。故应在溶解试样时避免使用硝酸，一般采用盐酸-过氧化氢溶解试样。

硫代硫酸钠与碘之间的反应迅速完全，但必须在中性或弱酸性溶液中进行。

此外，也将铜用抗坏血酸还原，用四苯硼钠沉淀Cu(Ⅰ)，然后用示波滴定方法测定铜，方法准确可靠。

(2) EDTA滴定法

在近中性介质中，Cu(Ⅱ)与EDTA形成稳定的蓝色配合物($\lg K=18.8$)，可用于测定铜含量，但干扰较多。为提高方法的选择性，多用置换滴定法。即在微酸性(pH值为5.5左右)溶液中，加过量EDTA溶液，使能配位的金属离子全部配位，除去多余的EDTA后，加入硫脲-1，10-二氮菲-抗坏血酸联合掩蔽剂，选择性地置换出Cu-EDTA配合物中的EDTA，以二甲酚橙为指示剂，用铅(Ⅱ)标准溶液滴定定量释放的EDTA，从而计算出铜的含量。

3. 光度法

光度法测铜，是目前测定钢铁及有色合金中低含量铜应用最广泛的分析方法，主要有以下几种：

(1) 二乙氨基硫代甲酸钠光度法

二乙氨基硫代甲酸钠又称铜试剂(简称DDTC)。在氨性或微酸性溶液中，试剂与铜(Ⅱ)生成黄棕色的胶体配合物：

$$2S{=\!=\!=}C\begin{smallmatrix}N(C_2H_5)_2\\ S{-}Na\end{smallmatrix}+Cu^{2+}{=\!=\!=}\left(S{=}C\begin{smallmatrix}N(C_2H_5)_2\\ S\end{smallmatrix}\right)_2Cu+2Na^+$$

当溶液中铜(Ⅱ)较低时，加入明胶、阿拉伯胶之类的保护胶体。而使配合物保留在溶液中从而在水溶液中进行光度测定。在有柠檬酸盐存在的氨性溶液中(pH>9)干扰测定铜的元素主要是镍(Ⅱ)、钴(Ⅱ)和铋(Ⅲ)。镍(Ⅱ)与DDTC生成黄绿色沉淀，钴(Ⅱ、Ⅲ)生成暗绿色沉淀，铋(Ⅲ)生成黄色沉淀，加入EDTA可消除镍、钴、锰、锌的干扰。铋含量很低时可不考虑，过量的EDTA应加适量的镁离子使它配位，否则会使铜的显色不完全。

(2) 双环己酮草酰二腙光度法

双环己酮草酰二腙(简称BCO)与铜(Ⅱ)离子在碱性溶液中生成蓝色配合物。BCO试剂在水溶液中有互变异构作用。在pH小于3的溶液中主要以酮式存在，而在pH值为7~10的碱性溶液中，主要以烯醇式的状态存在。只有烯醇式的状态能与铜(Ⅱ)离子生成配合物。由此可见，显色反应pH值在7~10的范围进行，铜(Ⅱ)与BCO形成1：2蓝色配合物，最大吸收在590~600nm波长处，$\varepsilon_{600}=1.6\times10^4$，铜量4~200 μg/500mL范围内服从比尔定律，显色完全需5~15min。该方法有较好的选择性和灵敏度，但对pH值要求严格，且色泽不够稳定。

(3) 2，9-二甲基-1，10-二氮菲法

2，9-二甲基-1，10-二氮菲法(新亚铜灵)为1，10-二氮菲的甲基衍生物，由于在1，10-二氮菲分子的2，9位置上引入了$-CH_3$官能团，使该试剂与铁(Ⅱ)的反应受到阻碍而与铜(Ⅰ)的反应选择性大大提高。该试剂pH值为3~10酸度范围内与铜(Ⅰ)反应生成黄色配合物，可用戊醇、异戊醇或氯仿等熔剂萃取。配合物的最大吸收在455nm彼长处。$\varepsilon_{455}=7.9\times10^3$。灵敏度虽不高，但经萃取后，测定溶液体积可浓缩数倍，配合物在有机溶剂中十分稳定，此方法对铜的选择性较好。铜量在0.4~8 μg/mL范围内服从比尔定律。当有柠檬酸存在时，共存的杂质元素对测定均不干扰。适用于微量铜的测定，因此在一些较复杂的合金

（如镍基合金）和纯金属中铜的分析得到广泛的应用。

（二）铅的测定

铅在纯铜中是有害元素，可引起铜热脆。但铅在锡青铜中可改善其切削性与耐磨性。

铜合金中铅的测定方法有原子吸收光谱法、电解重量法、滴定法和光度法等。

1. 原子吸收光谱法

原子吸收光谱法为国家标准方法，试样用硝酸或硝酸-盐酸溶解，铅含量大于0.04%可不经分离直接进行原子吸收测定，铅含量低于0.04%时，用硝酸锶、氢氧化物共沉淀铅，与基体元素铜、锡、镍等分离，在酸性介质中，使用空气-乙炔火焰，于原子吸收光谱仪波长283.3nm处，测量铅的吸光度。可测定0.0015%~5%范围内的铅。

2. 电解重量法

试样用硝酸分解后，于电解池中电解，铅以二氧化铅状态在阳极上沉积：

$$Pb^{2+}+2H_2O \longrightarrow PbO_2+2H^++2e$$

电解液中硝酸浓度应不低于10%~20%（v/v），硝酸浓度太低，会使铅部分在阴极上析出，极少量的硫酸能使二氧化铅沉积物紧密地附着在电极上。电解液中不应有盐酸，以免在阳极上放出氯气而阻碍二氧化铅的析出。

3. 铬酸铅沉淀-亚铁滴定法

用定量的硝酸分解试样，在醋酸缓冲介质中（pH值为3~4），加入过量的重铬酸钾标准溶液，使其与铅定量反应，生成铬酸铅沉淀。加入定量的硝酸锶能加速沉淀的生成，并起凝聚剂作用，使铬酸铅沉淀颗粒增大，溶解度降到最低。过量的重铬酸钾在不分离沉淀的情况下，提高溶液的酸度后用硫酸亚铁铵标准溶液滴定。邻苯氨基苯甲酸作指示剂，从加入的重铬酸钾标准溶液的量及消耗的亚铁量，可计算铅的含量。

4. 二苯硫腙萃取光度法

在中性及氨性溶液中，铅（Ⅱ）与二苯硫腙（H_2D_2）反应生成单取代配合物，可用氯仿、四氯化碳或苯等溶剂萃入有机相，呈紫红色，最大吸收波长为520nm。

$$Pb^{2+}+2H_2D_2(\text{有机相}) = Pb(HD_2)_2(\text{有机相})+2H^+$$

萃取铅的适宜pH为9~11。在此pH条件下，铜、银、汞同时被萃取，锌、镉、锡、铋等部分被萃取。加入氰化钾可掩蔽铜、镍、钴、镉、银、锰等元素，但氰化物不能加入过多，否则在碱性条件下形成$Pb(CN)_4^{2-}$，使铅的萃取率降低，加入酒石酸盐可避免生成氢氧化物。

利用*N*-235萃取剂使微量铅与大量铜及其他元素分离，然后用二苯硫腙-苯萃取测定纯铜、黄铜中微量铅，该方法避免了剧毒试剂氰化物的使用。

5. 二甲酚橙光度法

试样以酸分解，在硫酸介质中，以锶为载体沉淀分离铅，用碳酸钾转化硫酸盐为碳酸盐。用盐酸溶解后，在pH值为2~6条件下，铅（Ⅱ）与二甲酚橙形成红色配合物，最大吸收波长为580nm，$\varepsilon_{580}=2.1\times10^4$，铅与二甲酚橙形成1∶1配合物，铁的干扰用抗坏血酸消除，镍、钴锌的干扰用亚铁氰化钾消除，铝的干扰用氟化铵消除。

此外，铅的测定方法还有硫酸铅法、EDTA滴定法等。

（三）锡的测定

锡能抑制黄铜的脱锌作用，显著提高抗蚀性。锡黄铜在淡水和海水中均耐蚀，但锡含量过多会降低塑性。锡青铜的强度与伸长率随锡量增加而增大，但含锡量超过6%~7%后，伸长率下降而强度继续增加，当含锡量超过20%后强度与塑性都降低。

锡的测定方法有苯基荧光酮-聚乙二醇辛基苯基醚分光光度法、碘酸钾滴定法、EDTA滴定法、桑色素光度法、极谱法等。

1. 苯基荧光酮-聚乙二醇辛基苯基醚分光光度法

根据试样的品种及含量，试样用硝酸、硫酸钾-硫酸或硝酸-硫酸混合酸溶解，锡经水合二氧化锰共沉淀分离富集或直接在稀硫酸介质中与苯基荧光酮-聚乙二醇辛基苯基醚显色，于分光光度计波长510nm处测定其吸光度。

2. 碘酸钾滴定法

试样用盐酸与过氧化氢分解，用氢氧化铁共沉淀分离锡。在盐酸溶液中，以氯化汞作催化剂，用次磷酸钠将四价锡还原为二价锡。以淀粉为指示剂，用碘酸钾标准溶液滴定。

在测定中，铜也被还原为一价。为消除一价铜对锡测定的干扰，滴定锡前应加硫氰酸铵使一价铜生成硫氰酸亚铜沉淀。还原锡应在隔绝空气的条件下进行。有关滴定反应为：

$$IO_3^- + 3Sn^{2+} + 6H^+ \xlongequal{} 3Sn^{4+} + I^- + 3H_2O$$

$$IO_3^- + 5I^- + 6H^+ \xlongequal{} 3I_2 + 3H_2O$$

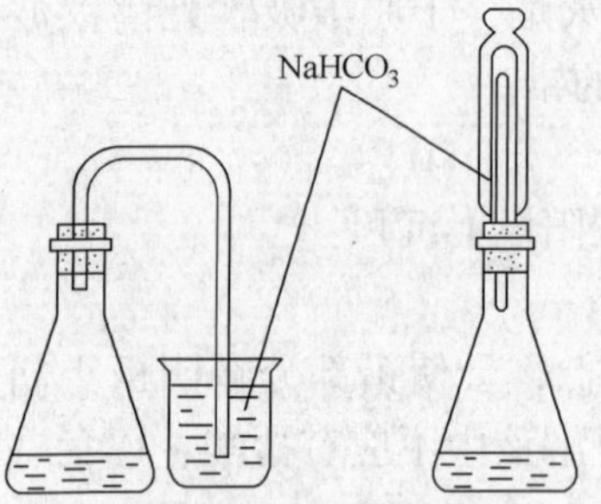

图5-10 还原锡时用的两种隔绝气体的装置

3. EDTA滴定法

试样用盐酸与过氧化氢分解后，锡氧化为四价。在酸性溶液中，用过量的EDTA配位Cu^{2+}、Sn(Ⅳ)、Zn^{2+}、Fe^{3+}等元素，调pH为5.5，以二甲酚橙作指示剂，Pb(Ⅱ)标准溶液滴定过量的EDTA后，加入NH_4F使Sn-EDTA配合物解蔽，释放出与锡等量的EDTA，再用Pb(Ⅱ)标准溶液滴定释放出的EDTA，由消耗标准溶液的量计算含锡量。

铜也可用硫脲掩蔽，终点清晰。加NH_4F后可煮沸1min，无须放置，但要补加指示剂。

4. 极谱法

在含H^+和Cl^-的溶液中，氯锡酸根配离子产生很好的双波。盐酸浓度大于4mol/L时，波高达到稳定。半波电位-0.575V，扩散电流常数为3.49。铅、铜、锑、铁(Ⅲ)干扰锡的测定。铅以硫酸盐形式除去，铜、锑、铁(Ⅲ)再用铁粉还原。锡成二价时，铁被还原至二价，铜、锑还原成金属除去。

(四) 锌的测定

锌是黄铜的主要成分，一般含量在15%以下，也有高达45%的强度最大的黄铜。含锌量能影响合金的颜色，锌含量增至39%时都能很均匀溶于铜中形成固溶体，使黄铜具有高塑性，能很好承受冷态及热态的压力加工。锌显著改善青铜合金的工艺锌与可塑性，但降低抗蚀性和耐磨性，故在青铜中仅含0.5%~1.5%的锌，一般铸造青铜可达7%。

锌的测定方法，有原子吸收光谱法、极谱法、分光光度法、滴定法及重量法等。

1. 火焰原子吸收光谱法

试样用硝酸或硝酸加氢氟酸分解，也可用盐酸加过氧化氢分解，使用空气-乙炔火焰，于原子吸收光谱仪波长213.8nm处测量锌的吸光度。基体铜的干扰在配制标准溶液系列时，加入相应量的铜予以消除，合金中其他元素不干扰测定。

2. 4-甲基-戊酮-2萃取分离-EDTA滴定法

试样用酸分解后，锌(Ⅱ)与硫氰酸盐在稀盐酸介质中形成$Zn(SCN)_4^{2-}$阴离子，用4-甲基-戊酮-2(又叫甲基异丁酮，MIBK)萃取分离，除去大部分干扰元素后，在六次甲基四胺缓冲溶液中，加入掩蔽剂，以二甲酚橙为指示剂，用 EDTA 标准溶液滴定。

4-甲基-戊酮-2 既是萃取剂又是萃取溶剂，在酸性条件下与 $Zn(SCN)_4^{2-}$ 形成离子缔合物：

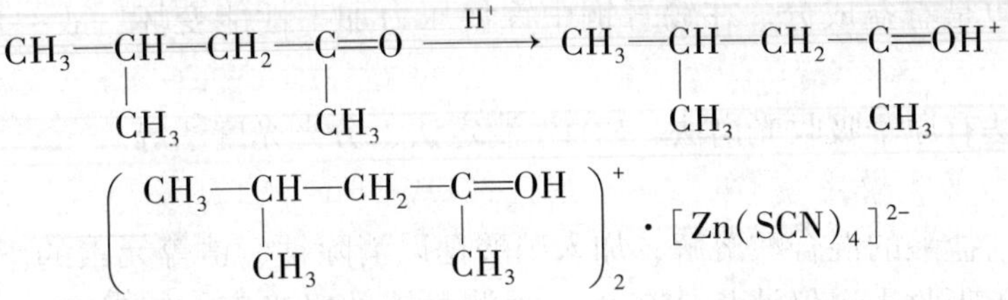

该离子缔合物(中性分子)进入有机相，与多数干扰离子分离。同时被萃取的有铜、铁、银、镉等。用 NH_4F 掩蔽铁，硫脲掩蔽铜、银。然后，用六次甲基四胺缓冲溶液调节酸度使 pH 为 5.5，此时，离子缔合物被破坏，锌离子进入水相，而镉仍留在有机相。加 NH_4F 和硫脲掩蔽少量未除尽的干扰离子，以二甲酚橙为指示剂，用 EDTA 滴定锌。

3. 载体沉淀分离-EDTA 滴定法

试样用盐酸加过氧化氢分解，以铁盐作载体，用 NH_4Cl 和氨水将 Fe^{3+}、Al^{3+}、Pb^{2+}、Sn^{4+}等元素沉淀分离[若含锰，可用过硫酸铵将 Mn^{2+} 氧化成 $MnO(OH)_2$沉淀一起分离]，锌成 $Zn(NH_3)_4^{2+}$ 而留在溶液中。滤液用盐酸调节酸度，加硫脲掩蔽大量的铜，用六次甲基四胺缓冲溶液调节酸度使 pH 值为 5~6，以二甲酚橙为指示剂，用 EDTA 滴定锌。

对不含锰、铝的试样，可不必沉淀分离，直接用硫脲(或 $Na_2S_2O_3$)、NH_4F 联合掩蔽 Cu^{2+}、Sn^{2+}、Fe^{3+}等干扰离子后，直接滴定锌。

4. 分光光度法

(1) PAN 光度法

锌(Ⅱ)离子与 1-(2 吡啶偶氮)-2-萘酚(简称 PAN)反应生成水不溶性配合物，Zn^{2+} : PAN=1 : 2，此配合物可溶于氯仿、四氯化碳等有机溶剂中。在非离子表面活性剂(异辛基-苯氨基-聚乙醇，triton X-100)的增溶作用下，锌(Ⅱ)-PAN 配合物可溶于水中呈橙红色，最大吸收在 550nm 波长处。$\varepsilon_{550}=5.6\times10^4$。该法操作简单，直接水相测定，可充分利用掩蔽剂消除干扰，提高选择性。

(2) 二苯硫腙光度法

在近中性至碱性介质(pH4~11)中，二苯硫腙(H_2D_2)与锌形成红紫色配合物 $Zn(HD_2)_2$，可被四氯化碳、氯仿等有机溶剂萃取，用四氯化碳萃取时，反应快，萃取迅速，但吸光度不如氯仿萃取稳定。测定时，银、汞(Ⅱ)、铜(Ⅱ)、钴、铅、镉等干扰，在 pH4.5~6.0 时，加适量的硫代硫酸钠可掩蔽银、铜、汞、铅，同时还可掩蔽镍、钴。

对银、汞、钯、金和铜的干扰，也可预先在 pH 小于 2 的溶液中，用二苯硫腙的四氯化碳或氯仿萃取除去，然后再提高 pH 值，以二苯硫腙萃取光度法测定锌。该法可用于多种材料中锌的测定，它的缺点是操作比较严格，干扰因素较多。

5. 萃取分离-示波极谱法

在用氨水-氯化铵作底液极谱法测定锌时，大量铜存在有干扰。故于微酸性溶液中，用酒石酸钠作掩蔽剂，用乙酸乙酯萃取锌和硫氰酸盐生成的配合物，从而与大量铜及其他干扰元素分离，然后用氨水-氯化铵底液返萃取锌，在示波极谱仪上作导数极谱图。

（五）镍的测定

镍在黄铜中是有益元素，能提高金属的力学性能、物理性能及工艺性能，并提高其耐蚀性。铜镍合金具有特别的力学性能和较好的耐蚀性，以及特别的热电性能，广泛用于制造精密仪器和仪表。铝青铜中镍还能减低铝在铜中的溶解度，改善耐热性，能很好承受压力加工。硅青铜中镍也是有益成分。在锡青铜中镍使压力加工性能变坏，故一般允许存在量为0.5%以下。

镍的测定方法有原子吸收光谱法、EDTA滴定法、分光光度法等。

1. 火焰原子吸收光谱法

试样以硝酸、盐酸的混合酸溶解，加入硝酸锶以消除钴、锆等元素的干扰，使用空气-乙炔火焰，于原子吸收光谱仪波长232.0nm处测量镍的吸光度。镍量在0.01%以下者，则以硝酸分解试样，电解除铜后测定。

2. EDTA滴定法

试样用硝酸分解，必要时滴加氢氟酸助溶，以电解法除铜。在乙酸盐溶液中，用丁二酮肟沉淀镍，残余铜及铁、铝、铅等干扰元素用硫代硫酸钠和酒石酸钠掩蔽。沉淀溶于硝酸，蒸发破坏丁二酮肟，准确加入过量的EDTA标准溶液，以二甲酚橙为指示剂，在pH值为5~6时用硝酸铅标准溶液滴定过量的EDTA，根据消耗标准溶液的量计算镍的含量。

3. 丁二酮肟光度法

试样用酸分解，加碘化钾使铜生成碘化亚铜沉淀，过滤分离，以消除铜的干扰。柠檬酸掩蔽铁、铅等干扰元素，在碱性溶液中，以过硫酸铵作氧化剂，镍与丁二酮肟生成酒红色配合物进行吸光度测定。

（六）锑与铋的测定

锑与铋在铜及铜合金中是有害元素，使铜的导电性能降低。铜合金在热态和冷态压力加工时易破裂，同时抗腐蚀性也下降，故锑与铋一般允许含量在0.003%以下。

在锑的测定方法中，结晶紫分光光度法是我国的标准方法。试样用盐酸、硝酸的混合酸分解，硫酸冒烟并蒸发至近干。在盐酸介质中，五价锑的配阴离子与结晶紫所生成的配合物，用甲苯萃取，于分光光度计波长610nm处测量吸光度。

铋的测定，有原子吸收光谱法和分光光度法。

原子吸收光谱法是我国的标准方法。不含锡、硅的试样用硝酸分解；含锡、硅的试样用硝酸-氢氟酸的混合酸分解。用二氧化锰共沉淀富集铋，沉淀用盐酸溶解后，使用空气-乙炔火焰，于原子吸收光谱仪波长223.1nm处测量铋的吸光度。

马钱子碱-碘化钾光度法。试样用酸分解，用水合二氧化锰作载体共沉淀铋，在0.5~1.0mol/LH_2SO_4介质中，Bi(Ⅲ)与KI及马钱子碱(用BH表示)形成三元配合物$BiI_4 \cdot BH$，用三氯甲烷萃取该配合物呈黄色，进行吸光度测定。

（七）铁的测定

铁在黄铜中溶解度很小，若超过0.01%即呈单独的夹杂物析出，因此铁阻滞黄铜再结晶并细化其晶粒。可是，当铁含量大于0.03%时，黄铜就具有磁性。铁在铝青铜中的含量为2%~5.5%，它能提高铝青铜的力学性能并使结晶粒细化。在一般青铜中能提高强度和硬度，但降低合金的化学稳定性和压力加工性，故铁在压力加工青铜中的含量低于0.08%，在铸造青铜中应小于0.4%。

在铜及铜合金分析方法中，铁的测定方法有重铬酸钾滴定法和分光光度法。

1. 重铬酸钾滴定法

试样用盐酸和硝酸分解，在氨性溶液中沉淀铁，沉淀溶于盐酸后，以钨酸钠为指示剂，用三氯化钛还原铁(Ⅲ)为铁(Ⅱ)，以二苯胺磺酸钠为指示剂，用重铬酸钾标准溶液滴定。

2. 邻二氮菲分光光度法

试样用酸及过氧化氢分解，在约6mol/L盐酸介质中以4-甲基-戊酮-2萃取三价铁的氯化配合物，以抗坏血酸还原三价铁为二价铁，并返萃取入水相中，于分光光度计波长510nm处测量铁(Ⅱ)与邻二氮菲形成的橙红色配合物的吸光度。

铁的其他测定方法参考“铁矿石分析”。

(八) 磷的测定

少量的磷能改善黄铜的力学性能，但降低其再结晶温度，大量的磷使黄铜的硬度升高，而其塑性急剧下降，磷能改善黄铜的流动性，磷适宜作黄铜的脱氧剂，磷在锡青铜中含量不超过0.5%，可提高合金的力学性能和工艺性能，磷含量更高时使合金的工艺性能变坏而改善其耐磨性。在其他青铜中磷为有害杂质。

铜及铜合金中磷的测定方法，有磷钼蓝分光光度法、磷钒钼黄分光光度法等。其他测定磷的方法参见有关章节。

(九) 铝的测定

黄铜中加入铝能提高其强度与耐磨性，但塑性降低，故在铸造黄铜中铝的允许含量不大于2%。青铜中铝含量为6%~11%，其耐磨性较好，强度、硬度和塑性都超过锡青铜，并具有很高的工艺性能，在大气和海水中的耐蚀性也较高，但难以焊接，在过热蒸气中不稳定。

铜及铜合金中铝的测定方法有分光光度法、苯甲酸分离-EDTA滴定法等。

光度法测定铝的试剂较多，其主要有铬天青、铬菁R等。

1. 铬天青S(简称CAS)分光光度法

试样用硝酸分解，有偏锡酸沉淀时过滤，电解除铜。用氢氟酸处理回收偏锡酸吸收的微量铝。磷大量时，用乙酸乙酯萃取铝-苯甲酰苯基羟胺配合物与磷分离，然后将铝返萃取于水相同主液合并。大量铅的干扰在电解除铜前电解除铅。硅高时以氢氟酸挥发除去。用高氯酸冒烟滴加盐酸除铬。铍的干扰以氢氧化铍沉淀分离除去。用苦杏仁酸掩蔽钛。锌、镍的影响在空白试验中加入等量的锌和镍来抵消。用抗坏血酸和硫脲消除铁及残余铜的干扰。铜合金中其他元素无干扰。pH值为6左右，用铬天青S显色，于分光光度计波长545nm处测量红色络合物的吸光度。

铬天青S是一种酸性染料，其分子中存在羧基、羟基和磺酸基等基团，由于磺酸根的电离，主要以H_3CAS^-的形成存在，其存在形式与pH有关，并呈现不同的颜色，能与许多金属离子生成蓝色、紫红色或红色配合物。

$$H_5CAS^+ \rightleftharpoons H_4CAS \rightleftharpoons H_3CAS^- \xrightleftharpoons{pK_3} H_2CAS^{2-} \xrightleftharpoons{pK_4} HCAS^{3-} \xrightleftharpoons{pK_5} CAS^{4-}$$

	H_5CAS^+	H_4CAS	H_3CAS^-	H_2CAS^{2-}	$HCAS^{3-}$	CAS^{4-}
	(粉红)	(粉红)	(橙)	(红)	(黄)	(蓝)
λ_{max}	540nm	542nm	463nm	492nm	427nm	598nm

铬天青S与铝的反应一般在pH<3进行，生成1∶1的红色配合物：

$$Al^{3+} + H_2CAS^{2-} \rightleftharpoons AlHCAS + H^+$$

在 pH4~6 时，铝与铬天青 S 生成 1∶2 和 1∶3 的配合物：

$$Al^{3+}+2HCAS^{3-} = Al(HCAS)_2^{5-}+2H^+$$

$$Al^{3+}+3HCAS^{3-} = Al(HCAS)_3^{9-}+3H^+$$

其中 1∶2 的配合物最大吸收波长为 545nm，1∶3 的配合物最大吸收波长为 585nm。具体测定方法参见本章第九节。

2. 铬菁 R 分光光度法

在 pH 值为 5.5~6.2 的醋酸缓冲溶液中，铬菁 R 与 Al^{3+} 生成紫色络合物，其最大吸收在 535nm 波长处，$\varepsilon_{535}=5\sim6\times10^4$。干扰元素的影响与 CAS 类似，但一般认为用铬天青 S 的重现性较铬菁 R 为好，故采用 CAS 较普遍。

3. Zn-EDTA 铬天青 S 分光光度法

试样以酸溶解，用环己烷二胺四乙酸（CyDTA）掩蔽试液中大部分铁，继以 Zn-EDTA 掩蔽余下的铁和其他金属离子，在 pH 值为 5.3~5.9 的弱酸性溶液中，铝与铬天青 S 生成紫红色络合物，在分光光度计上测量吸光度。

其他显色剂如铝试剂、偶氮氯磷 I、铬偶氮酚 KS 等。特别是铬偶氮酚 KS 是近年来合成和应用于光度法测定铝的较好试剂。钢铁中常见元素均不干扰，可用于钢中微量铝的测定。

4. 苯甲酸铵分离-EDTA 滴定法

试样用硝酸分解，用氨水和盐酸调节溶液 pH，在缓冲溶液及盐酸羟胺存在下，使铝与苯甲酸铵生成沉淀，过滤。沉淀用盐酸溶解，加过量 EDTA 标准溶液，以对硝基苯酚为指示剂，用氨水和盐酸调节酸度，煮沸，冷却。加入六次甲基四胺，以二甲酚橙为指示剂，用锌标准溶液滴定过量的 EDTA。加入氟化钠，煮沸，冷却。在用锌标准溶液滴定被释放出来的 EDTA。根据第二次消耗的锌标准溶液的量，计算铝的含量。

三、分析应用示例

（一）黄铜中铜的测定

1. 测定原理

黄铜试样用 HCl 加 H_2O_2 溶解，加热煮沸除尽过量的 H_2O_2。然后将溶液调节至弱酸性（pH 值为 3~4），Cu^{2+} 与过量 KI 作用，生成 CuI 沉淀，同时析出与铜量相当的 I_2，析出的 I_2 以淀粉为指示剂，用 $Na_2S_2O_3$ 标准溶液滴定。有关方法如下：

$$2Cu^{2+}+4I^- = 2CuI\downarrow+I_2$$

$$(2Cu^{2+}+5I^- = 2CuI\downarrow+I_3^-)$$

$$I_2+2S_2O_3^{2-} = 2I^-+S_4O_6^{2-}$$

根据 $Na_2S_2O_3$ 标准溶液的用量计算试样中铜的含量。

由于 Cu^{2+} 与 I^- 的反应是可逆的，加入过量的 KI，使 I_2 与 I^- 形成 I_3^- 可使 Cu^{2+} 的还原趋于完全。但 CuI 沉淀强烈吸附 I_2，在临近终点时，加入硫氰酸盐可使 CuI 转化为溶解度更小的 CuSCN 沉淀，把吸附的 I_2 释放出来。Fe^{3+} 能氧化 I^-，加入 NH_4HF_2 可掩蔽 Fe^{3+} 加以消除。

2. 测定步骤

称取黄铜试样（含铜 80%~90%）0.10~0.15g，置于 250mL 锥形瓶中，加入 HCl（1+1）10mL，滴加约 2mL 30%的 H_2O_2，加热使试样溶解完全，再加热使 H_2O_2 分解除尽。再煮沸 1~2min（不要蒸干）。冷却，加约 60mL 水，滴加氨水（1+1）直到溶液中刚刚有稳定的沉淀生成，再加入 8mL HAc（1+1），10mL 20% NH_4HF_2 溶液，10mL 20% KI 溶液，摇匀。稍放置后

用 $Na_2S_2O_3$ 标准溶液滴定至浅黄色，加入 3mL 0.5%的淀粉指示剂，继续用 $Na_2S_2O_3$ 标准溶液滴定至浅灰色（或浅蓝色），加入 10mL 10%的 NH_4SCN 溶液，充分摇匀，继续滴定至溶液的蓝色消失为终点。根据滴定所消耗的 $Na_2S_2O_3$ 标准溶液的量，计算铜的含量。

3. 注意事项

① NH_4SCN 溶液应在临近终点时加入。加入过早，可能发生副反应而影响计量关系：

$$6Cu^{2+}+7SCN^-+4H_2O \xlongequal{} 6CuSCN\downarrow+SO_4^{2-}+CN^-+8H^+$$

② 加淀粉指示剂不能太早。因淀粉与 I_2 过早形成蓝色配合物，大量 I_3^- 被吸附，终点颜色呈较深的灰色，不好观察。

③ 滴定时溶液的酸度不宜过高，也不宜太低，酸度过高则高价砷、锑等元素与碘化物作用而析出碘，因而干扰测定。而当溶液的酸度太低，如 pH 值大于 4，则 Cu^{2+} 与 I^- 的反应速度很慢，且不完全，一般采用的溶液酸度 pH 值等于 3 左右。

（二）锡青铜中铜、锡的测定

1. 测定原理

锡青铜以铜、锡为主，锡含量大多在 3%~14%之间，一般还含有锌、铅及少量的铁、铝等元素。当合金中含锡量>1%时，多用 EDTA 滴定法、次磷酸钠还原-碘酸钾滴定法及碘量法测定锡。铜合金中铜是主体元素，一般合金中含铜量在 50%~98%，所以常用电解分析法、碘量法、EDTA 滴定法测定铜。

Cu(Ⅱ)与 EDTA 在近中性介质中，可形成较稳定的蓝色配合物（$\lg K=18.8$）。但干扰元素较多，为提高滴定的选择性，多用置换滴定法进行分析测定。Sn(Ⅳ)在 pH1~6 时可与 EDTA 定量配合，形成较稳定的配合物（$\lg K=22.11$），为提高选择性，也多用置换滴定法。

将试样用盐酸和过氧化氢分解后，分别控制条件进行铜和锡的测定。

(1) 铜的测定

在试液中先加入过量的 EDTA 标准溶液，使铜离子和共存的其他金属离子配合完全。在 pH5~6 的条件下，以二甲酚橙为指示剂，用锌盐标准溶液滴定过量的 EDTA。再加入硫脲（同时加入少量的抗坏血酸和邻菲罗啉，组成三元掩蔽体系）选择性地夺取 CuY 中的铜并释放出与 Cu^{2+} 等量的 EDTA，释放的 EDTA 再用锌盐标准溶液滴定至微红色为终点。根据消耗的锌盐标准溶液的量计算铜的含量。有关反应如下：

配合反应：　$Cu^{2+}+Y^{4-} \xlongequal{} CuY^{2-}$

置换反应：　$CuY^{2-}+L(\text{硫脲}) \xlongequal{} CuL^{2+}+Y^{4-}(\text{置换})$

滴定反应：　$Y^{4-}(\text{置换})+Zn^{2+} \xlongequal{} ZnY^{2-}$

(2) 锡的测定

将试样用盐酸和过氧化氢分解后，锡氧化为 Sn^{4+}，在酸性溶液中加入过量的 EDTA 溶液与锡、铜及其他共存金属离子配合完全。在 pH5~6 的条件下，以二甲酚橙为指示剂，用锌盐标准溶液滴定过量的 EDTA。再加入 NH_4F 溶液，此时溶液中只有 SnY 中的 Sn^{4+} 与 F^- 作用，生成更稳定的 SnF_6^{2-} 配合物，并释放出与 Sn^{4+} 等量的 EDTA，释放的 EDTA 再用锌盐标准溶液滴定至深蓝色为终点。根据消耗的锌盐标准溶液的量计算锡的含量。有关反应如下：

配合反应：　$Sn^{4+}+Y^{4-} \xlongequal{} SnY$

置换反应：　$SnY+6F^- \xlongequal{} SnF_6^{2-}+Y^{4-}(\text{置换})$

滴定反应：　$Y^{4-}(\text{置换})+Zn^{2+} \xlongequal{} ZnY^{2-}$

$$Zn^{2+}+XO = Zn^{2+}—XO$$

EDTA 置换滴定法测定锡的含量，方法选择性较高。仅铝、钛及大量的铁有干扰。铁可还原为二价，少量铝加入乙酰丙酮掩蔽；铜含量高时，由于其配合物色泽较深而影响终点观察，可用硫脲掩蔽，此时滴定终点呈微红色，较清晰。大量的锰、钙应予以避免，否则结果不稳定。用氟化铵作解蔽剂较氟化钠为好，因氟化钠将部分解蔽铁和 EDTA 的配合物而影响测定，而氟化铵则不会。

2. 测定步骤

称取 1.000g 试样于 250mL 烧杯中，加(1+1)盐酸 40mL，7~8mL30%的 H_2O_2(分两次加入)，盖上表面皿，待试样溶解完全后煮沸，除尽过量的 H_2O_2，冷却，吹洗表面皿及烧杯内壁，移入 250mL 容量瓶中，用水稀释到刻度，摇匀。

(1) 铜的测定

移取 5.00mL 试液于 250mL 锥形瓶中，加入 15~20mL 0.025mol/L 的 EDTA(过量)，摇锌标准溶液滴定至黄绿色刚转变为深蓝色(不计体积)。加硫脲饱和溶液 10mL，5%抗坏血酸 5mL，0.1%邻菲罗啉 5 滴，摇匀(此时溶液应呈黄色)。再用硝酸锌标准溶液滴定至微红色为终点。计算样品中铜的含量。

(2) 锡的测定

方法一：吸取试液 25.00mL 于 500mL 锥形瓶中，加入 70~80mL0.025mol/L 的 EDTA(过量)，摇匀，煮沸 1min，取下冷至室温。加 30%六次甲基四胺 30mL(pH5.7)，二甲酚橙指示剂 5~8 滴，用硝酸锌标准溶液滴定至黄绿色刚转变为深蓝色(不计体积)。加 NH_4F2g，摇匀，放置 10min，再用硝酸锌标准溶液滴定至黄绿色变为深蓝绿色为终点。计算样品中锡的含量。

方法二：吸取试液 25.00mL 于 250mL 锥形瓶中，加水 20mL，硫脲饱和溶液 20mL，摇匀，放置 30s。加入 10~15mL0.025mol/L 的 EDTA(过量)，摇匀，煮沸 1min，取下冷至室温。加 30%六次甲基四胺 20mL，二甲酚橙指示剂 2~3 滴，用硝酸锌标准溶液滴定至黄色刚转变为微红色(不计体积)。加 NH_4F 2g，摇匀，放置 10min，再用硝酸锌标准溶液滴定至黄色转变为微红色为终点。计算样品中锡的含量。

3. 注意事项

① 加入 EDTA 的体积应随试样中铜、锡的含量而变，保证适当过量。

② 加入二甲酚橙指示剂后，在滴加硝酸锌标准溶液前，锥形瓶中溶液的颜色应为黄色。否则应重新调节 pH 值为 5~6。

第八节　铝及铝合金分析

一、概述

铝为银白色的轻金属，密度(约 2.70g/cm^3)和熔点(660℃)都很低，塑性和在大气中抗蚀性好，具有良好的导电性、导热性、延展性。但强度低，不耐酸、碱、盐的腐蚀。纯铝分高纯铝和工业纯铝两类。前者纯度高达 99.98%~99.996%；后者纯度为 98.0%~99.7%，用于一般工业和配制合金。

（一）铝合金分类

以铝为基体，加入一种或几种其他元素构成的合金，称为铝合金。

铝合金种类较多，性能和用途也各不相同，根据加工方法分为变形铝合金及铸造铝合金两大类。

变形铝合金按性能特点分为四类：防锈铝(LF)、硬铝(LY)、超硬铝(LC)和锻铝(LD)。防锈铝合金主要成分含Mn、Mg，属Al-Mg系及Al-Mn系合金。硬铝合金属Al-Cu-Mg系，还含有少量的Mn；超硬铝合金属Al-Cu-Mg-Zn系合金；锻铝主要是Al-Cu-Mg-Si系合金。

铸造铝合金加入的合金元素有Si、Cu、Mg、Mn、Ni、Cr、Zn、RE等，主要有Al-Si系、Al-Cu系、Al-Mg系、Al-Zn等。

铝合金广泛用于航空工业、汽车工业、化工机械制造工业以及民用建筑等。

在铝及铝合金中需要对Fe、Si、Cu、Ti、Ca、Mg、Mn、Zn、Pb、Ni、Cr、V、Sn、Zr、Ga、RE、Be、Sb、Li、B、Cd等元素进行测定。经常分析的元素有Al、Cu、Mg、Zn、Si、Mn、Fe七个元素。

（二）铝及铝合金样品的分解

铝及其合金难溶于硝酸，这是由于金属表面在硝酸中形成一层氧化膜(又称为钝化膜)，而易溶于$HCl-H_2O_2$和氢氧化钠溶液中。通常用NaOH溶解到不溶时，再用HNO_3溶解。此外还可用$NaOH-H_2O_2$、$HClO_4-HNO_3$等溶解。

铝在化学分析中有两点应该注意：①在盐酸介质中$AlCl_3$过热状态下易蒸发损失；②铝和铁、铬、钛等元素常伴随一起，加之铝是两性元素，因此在分离和测定铝时，手续烦琐，并存在一定困难。

① 用20%~30%NaOH溶解到不溶时，再用HNO_3溶解。

$$6NaOH+2Al = 2Na_3AlO_3+2H_2\uparrow$$

$$2NaOH+2Al+2H_2O = 2NaAlO_2+3H_2\uparrow$$

$$2NaOH+Zn = Na_2ZnO_2+H_2\uparrow$$

$$2NaOH+Sn+H_2O = Na_2SnO_3+2H_2\uparrow$$

$$2NaOH+Si+H_2O = Na_2SiO_3+3H_2\uparrow$$

而Fe、Cu、Mn、Ca、Mg等不溶于NaOH，而溶于HNO_3中。

$$3Cu+8HNO_3 = 3Cu(NO_3)_2+2NO+4H_2O$$

$$Fe+4HNO_3 = Fe(NO_3)_3+NO+2H_2O$$

$$Mn+4HNO_3 = Mn(NO_3)_2+2NO_2+2H_2O$$

$$4Mg+10HNO_3 = 4Mg(NO_3)_2+N_2O+5H_2O$$

$$4Ca+10HNO_3 = 4Ca(NO_3)_2+N_2O+5H_2O$$

② HCl溶解。

$$2Al+6HCl = 2AlCl_3+3H_2\uparrow$$

$$Fe+2HCl = FeCl_2+H_2\uparrow$$

$$2FeCl_2+2HCl+\frac{1}{2}O_2 = 2FeCl_3+H_2O$$

$$Zn+2HCl = ZnCl_2+H_2\uparrow$$

$$Mg+2HCl = MgCl_2+H\uparrow$$

$$Ca+2HCl = 2CaCl_2+H_2\uparrow$$

Cu 仅微量溶解。Si 有部分溶解，但溶解后又成 H_2SiO_3 沉淀，加 HNO_3 促进溶解完全。

二、铝及铝合金分析方法概述

（一）铝的测定

铝合金中铝是主体元素，铝含量一般在 80%以上，故常用 EDTA 滴定法测定其含量。

Al^{3+} 与 EDTA 形成比较稳定的配合物，稳定常数 $\lg K = 16.10$。但由于 Al^{3+} 易水解形成一系列多核羟基络合物，且与 EDTA 的络合反应很慢，Al^{3+} 对二甲酚橙指示剂有封闭作用。因此，采用直接滴定铝不够理想，所以常用返滴定法和置换滴定法。

为保证使 Al^{3+} 与 EDTA 定量反应，一般应在 pH 值为 2~5.5 的介质中，加热煮沸或在沸水浴上加热一段时间。

1. 返滴定法

在 pH 值为 2~5.5 的溶液中加入过量的 EDTA 标准溶液，加热煮沸几分钟，使 Al^{3+} 与 EDTA 反应完全。然后在 pH5~5.5，过剩的 EDTA 在合适指示剂存在下，用铜盐或锌标准溶液返滴定，从而计算出铝含量，常称返滴定法。

2. 氟化物置换滴定法

由于返滴定法缺乏选择性，所有能与 EDTA 形成稳定络合物的离子都干扰。对铝合金、硅酸盐、水泥和炉渣等复杂试样中的铝，往往采用置换滴定法以提高选择性。

即在用铜盐或锌标准溶液（不及体积）返滴定过量的 EDTA 后，加入过量的氟化物，加热煮沸，以置换出溶液中与铝定量络合的 EDTA，再用铜或锌标准溶液滴定所取代的 EDTA（即第二次滴定，计量）。若试样中含有钛、锆、锡等离子，也会干扰铝的测定，此时可采用合适的掩蔽剂来消除干扰，如用苦杏仁酸掩蔽 Ti（Ⅳ）等。

目前该法已广泛得到应用，它不仅滴定终点易判别，而且干扰因素少，结果可靠，对于 0.1%以上的铝，有足够的准确度。

3. 氟化钠分离-8-羟基喹啉铝重量法

试样以酸溶解，并经硫酸、磷酸冒烟处理后，加柠檬酸铵和草酸铵络合铁、铬、镍、锰等元素，在 pH 值为 4~5 时，以氟化钠将铝以氟铝酸钠沉淀析出，从而与其他元素分离。用盐酸-硼酸混合溶液将沉淀溶解，再经 8-羟基喹啉沉淀为 8-羟基喹啉铝，经过滤洗涤后，在 145~150℃烘干称重，由 8-羟基喹啉铝的质量计算铝的含量。

（二）铁的测定

铝及铝合金中铁的测定一般采用分光光度法。能与铁反应的显色剂较多，有邻二氮菲（又称邻菲啰啉，菲绕林，邻二氮杂菲）及其衍生物、磺基水杨酸、硫氰酸盐、5-Br-PADAP 等。其中邻二氮菲分光光度法灵敏度高，稳定性好，干扰容易消除，因而普遍采用。

试样用盐酸溶解，以盐酸羟胺（或抗坏血酸）还原 Fe^{3+} 为 Fe^{2+}，在 pH 为 2~9 的溶液中，Fe^{2+} 与邻二氮菲形成橘红色络合物，于分光光度计波长 510nm 处测量吸光度。

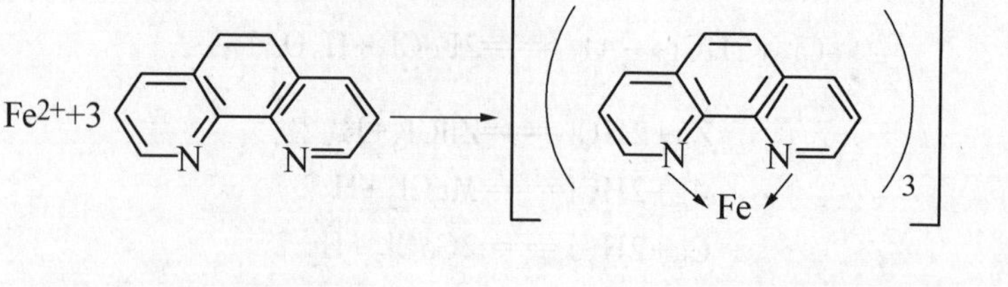

Cu^{2+}、Ni^{2+}、Mn^{2+}、Zn^{2+}等离子也能与邻二氮菲生成稳定的络合物，量少时不影响Fe^{2+}的测定，量大时可用EDTA掩蔽或预先分离。

原子吸收光谱法选用较窄的通带，一般采用波长248.3nm处在空气乙炔氧化性火焰中进行测定，对硅镍钒较高的试样在测定时要加入一定量的锶盐消除其干扰。

（三）硅的测定

铝合金中硅的含量大于1%时，一般采用重量法，也可采用改进的硅钼蓝分光光度法。铝及铝合金中硅的含量小于1%的试样可采用硅钼蓝分光光度法。溶液中硅酸与钼酸盐形成黄色的硅钼杂多酸（$H_4SiMo_{12}O_{22}$），它有两种形态：α-硅钼酸、β-硅钼酸。通常分析中多采用β-硅钼酸形态，这是由于形成β-硅钼酸的酸度较高，避免某些较易水解元素的干扰。加入适当的还原剂，如抗坏血酸、1-氨基-2-萘酚-4-磺酸等，由硅钼黄变成硅钼蓝铝。合金中磷、砷干扰测定，加入草酸、柠檬酸、酒石酸或提高溶液的酸度，以破坏磷钼杂多酸和砷钼杂多酸。具体测定方法参见本章第六节。

（四）铜的测定

铝及铝合金中铜测定，根据铜的含量高低选择合适的分析方法。对高含量的铜的测定，一般采用恒电流电解质量法。参见本章第七节。

用恒电流电解时能和铜一起析出的金属有As、Sb、Sn、Bi、Ag、Hg、Au等。在铝合金中除锡以外的金属含量极微，可以不考虑对锡的干扰。可在试样处理时加入氢溴酸和溴水，使其成溴化物从高氯酸溶液中挥发出去。在电解将近终了时，由于溶液中Cu^{2+}浓度较低，电解速度较慢，要使这一部分铜沉积完全需要1~2h。在这段时间内其他的杂质元素也容易析出，因此电解到一定程度后用分光光度法测定残留液中铜。

铝及铝合金中铜的测定，常用的分光光度法有双环己酮草酰二腙分光光度法，新亚铜试剂2，9-二甲基-1，10-菲罗啉分光光度法等。在pH值为8~9溶液中Cu^{2+}与双环己酮草酰二腙形成蓝色水溶性络合物，当$pH<6.5$时络合物不形成，$pH>10$时络合物的颜色迅速褪色，而显色最佳的pH值为8~9，铝合金中共存元素不干扰测定。在pH值为3~7的溶液中Cu^{+}与新亚铜试剂形成黄色络合物可被三氯甲烷萃取，铝及铝合金中一般共存元素均不干扰测定。

（五）镁的测定

铝及铝合金中镁的测定，通常都采用CDTA（1，2-环己二胺四乙酸）滴定法和原子吸收光谱法为标准方法，还有铬变酸2R光度法、偶氮氯膦Ⅰ光度法、偶氮氯膦Ⅲ光度法、EDTA滴定法等。

1. CDTA滴定法

试样以盐酸溶解，过滤回收残渣中镁。在过氧化氢、氰化钾和少量铁的存在下，以氢氧化钠沉淀镁并与大量铝、锌、铜、镍和铬分离。以盐酸溶解沉淀，在高锰酸钾存在下，以氧化锌沉淀分离铁、锰、铝和钛。试液以甲基麝香草酚蓝作指示剂，用CDTA标准溶液滴定镁。

由于铝合金中Cu、Fe、Mn、Ni、Cr、Ti、Zn、Ca、Sn等金属离子与CDTA形成的络合物都比Mg-CDTA络合物稳定，因而干扰镁的测定，必须进行预先分离或掩蔽。试样如果用氢氧化钠溶解，镁可与基体铝分离，然后加入铜试剂分离Cu、Fe、Mn、Ni等。试样如果用盐酸溶解，过滤并回收残渣中镁，在过氧化氢、氰化钾和少量铁的存在下，以氢氧化钠沉淀镁与大量Al、Cu、Zn、Ni、Cr等元素分离，用盐酸溶解沉淀，在高锰酸钾存在下以氧化锌沉淀分离少量 Fe、Mn、Al、Ti，滤液用 pH10 的 NH_3-NH_4Cl 调整酸度后，以甲基百里酚蓝作指示剂，用 CDTA 标准溶液滴定。钙、锶、钡存在将与镁一起被滴定。钙用稍过量的 EGTA 掩蔽（Ca-EGTA 的 $\lg K=11.0$，Mg-EGTA 的 $\lg K=5.2$），一般铝合金中锶和钡较少，可不考虑。

2. 铜试剂分离-EDTA 滴定法

在 pH=10 的条件下，镁与 EDTA 形成络合物（$\lg K=8.7$），以铬黑 T 为指示剂，用 EDTA 标准溶液滴定镁。

铝合金试样常用 NaOH 溶液溶解，在溶解过程中，基体元素 Al 以及 Zn、Si 等元素溶解于 NaOH 溶液中，而 Cu、Fe、Mn、Ni、Ca 和部分 Zn 等同镁一起留在沉淀中。需在络合滴定前消除。若在溶样的 NaOH 溶液中加入适量的三乙醇胺和 EDTA 溶液，可使 Cu、Fe、Mn、Ni、Ca、Zn 溶解，Mg 仍留在溶液中。过滤、洗涤，使 Mg 与铝合金中的其他元素分离，少量被沉淀吸附的干扰离子，可在酸化溶解沉淀后，控制 pH 值为 6~7，用铜试剂（二乙氨基硫代甲酸钠，即 DDTC-Na）沉淀分离。最后用氨性缓冲溶液调节 pH 值为 10，以铬黑 T 为指示剂，用 EDTA 标准溶液滴定。

（六）锰的测定

铝及铝合金中锰的测定通常都采用高碘酸钾分光光度法和原子吸收光谱法。

其中高碘酸钾分光光度法为我国国家标准方法。

试样以氢氧化钠溶解，用硫酸、硝酸酸化，在磷酸存在下，用高碘酸钾氧化 Mn（Ⅱ）为紫红色的 Mn（Ⅶ）于分光光度计波长 525nm 处测量吸光度。

样品中含有色离子时，可在部分显色溶液中加入亚硝酸钠或 EDTA，使 MnO_4^- 还原为 Mn^{2+}，以此褪色液作参比，可抵消有色离子的影响。Fe^{3+} 存在可产生碘酸铁，而碘酸铁在硝酸溶液中很难溶解，干扰测定。分析中加入磷酸，一方面可防止高碘酸的分解，另一方面可与溶液中的作用生成无色的 $[Fe(PO_4)_2]^{3-}$ 络离子，消除干扰，并能阻止碘酸锰和高碘酸锰沉淀的形成。本法测定锰，当用高碘酸钾氧化 Mn（Ⅱ）为 Mn（Ⅶ），冷却定容时应避免水中还原性物质将 MnO_4^- 还原而使分析结果偏低。

（七）锌的测定

铝及铝合金中高含量锌的测定用 EDTA 滴定法，在测定之前必须分离，常用的分离方法有沉淀法、萃取法、离子交换法。离子交换法是目前常用的分离方法，它是在 $c(HCl)=2mol/L$ 溶液中，加被测试液通过强碱性阴离子交换树脂后，再用 $c(HCl)=0.005mol/L$ 溶液洗脱吸附在树脂上的锌，以双硫腙为指示剂，用 EDTA 标准溶液滴定。原子吸收光谱法是测定铝及铝合金中锌的最好方法，优点是简单、快速。于波长 213.9nm，用空气-乙炔氧化性火焰测定，含有 1mg/mL 的 Mg、Mn、Cu、Co、Pb、Sr、Ca、Cd、Fe、Al、Ni、Ti 等对 1μg/mL 锌的测定均不干扰。

（八）其他元素的测定

铝合金中铅的测定，常用原子吸收光谱法，吸收线 283.3nm，灵敏度较低，但不受背景的干扰。

铝合金中微量镍的测定，通常采用丁二酮肟分光光度法和原子吸收光谱法。用原子吸收光谱法测定镍时，在空气-乙炔火焰中，与镍共存的杂质元素几乎没有干扰。

铝合金中铬的测定，通常采用二苯基羰酰二肼分光光度法和原子吸收光谱法。

铝及铝合金中钒的测定一般采用 *N*-苯甲酰苯羟胺分光光度法。

铝合金中微量锡的测定，通常采用苯基荧光酮分光光度法。在酸性溶液中 Sn(Ⅳ)与苯基荧光酮形成红色络合物，加入动物胶或聚乙烯醇作分散剂，可以使体系稳定。

铝合金中锆的含量一般在0.4%以下，通常采用二甲酚橙分光光度法测定。

铝及铝合金中微量钙的测定，通常采用丁基罗丹明B分光光度法。

铝合金中稀土铈族的测定，通常采用分光光度法-二溴氯偶氮氯膦分光光度法、三溴偶氮胂分光光度法。在有草酸存在下铝的允许量可达100mg，Fe^{3+}、Ti 在试液中超过允许量时，可加入过氧化氢和乙醇消除其干扰，Zr(Ⅳ)的干扰用酒石酸掩蔽。

铝合金中锑的测定可采用碘化钾分光光度法。在酸性溶液中 Sb(Ⅲ)与碘形成黄色 SbI_4^- 络合物，Cu^{2+}、Fe^{3+} 干扰测定，可加入硫脲可掩蔽 Cu^{2+} 和抗坏血酸掩蔽 Fe^{3+}。

铝合金中铍的测定，通常采用分光光度法。多元络合物显色体系铍-铬天青S-聚氧乙烯-烷基酚体系、铍-溴邻苯三酚红-混合表面活剂体系、铍-依莱铬氰R-CTMAB体系等的应用，提高了测定方法的灵敏度和选择性。pH值为7.0~9.5，Be与依莱铬氰R和CTMAB形成稳定的络合物，铍0.1~2.0 μg/50mL符合比尔定律，当采用EDTA-酒石酸钠为掩蔽剂时，共存元素的允许量(mg)如下：Mg(11)、Zn(1.6)、Cu(1.5)、Mn(1.2)、Fe(0.6)、Ti(0.3)、Ni(0.1)、Sb(0.02)、Sn(0.01)。

铝合金中镉、锂、锶都可采用火焰原子吸收光谱法。但都必须在制备工作曲线溶液时加入铝基底溶液，对于锶还需在氯化镧存在下进行。

铝合金中硼的测定，采用氟硼酸根离子选择电极法。大量铜、铁干扰测定，用EDTA掩蔽消除。

铝合金中稀土总量的测定是在pH2时用草酸丙酮沉淀稀土，将草酸稀土灼烧成氧化物并换算成稀土总量。

铝及铝合金中杂质元素通常采用原子发射光谱法测定。用摄谱法测定时，需要选择合适的光源和标准样品以及考虑第三元素和组织结构影响的消除。由于铝及铝合金的光谱比较简单，除稀土以外对一般分析元素，用中等色散率的石英棱镜摄谱仪或光栅摄谱仪就能满足要求。高压火花电源是分析铝及铝合金的主要光源之一，已用于铝及铝合金中高含量合金元素和低含量杂质元素的同时测定。高压整流火花光源的分析的再现性和稳定性比简单火花光源好。低压整流火花光源放电精度高激发能力强，可以有效地消除或减少铝合金组织结构影响和第三元素影响，是分析复杂的铝合金较适合的光源。直流电弧适用于痕量元素分析，如纯铝中痕量元素的测定，可把金属铝经化学处理转变成 Al_2O_3，以粉末法直流电弧为光源进行分析，其检出限为 $1\times10^{-4}\sim1\times10^{-3}$。交流电弧的燃弧稳定性优于直流电弧，但分析灵敏度比直流电弧差，已用于工业高纯铝中Si、Fe、Cu和纯铝中微量Zn、Ga、V、Ni、Cr、B以及铝合金中Pb、Zn、Sn、Ni等元素的分析，其检出限为 1×10^{-3} 左右。

原子发射光谱分析要求标准样品的化学成分冶金过程以及形状大小应与分析试样基本一致。

铝及铝合金中杂质元素也可用原子发射光电光谱法测定。一般使用非真空型光电光谱仪测定，光电光谱仪配备了性能优良的光源，并具有仪器结构小型化、光学系统性能好、自动化程度高的特点，因而提高了分析灵敏度和精密度，可控波形高压火花电源，在整个放电过程中，电流单向流动，不出现“零值”，因而放电电流密度大，激发能力强。由于放电波形、放电电压、放电时间可精确控制，因而提高了分析精密度。此种光源可用于组成较复杂的铝合金的分析。还有一种高能预火花电源，大能量预燃可使试样表面的金相组织更加均匀化，有利于消除组织影响和第三元素影响。曝光时采用小电容产生小电流脉冲，能形成精密的放电，使分析具有良好的再现性。这种光源可高精度控制脉冲放电的波形，因而分析精密度高。

电感耦合等离子体原子发射光谱法 ICP-AES 摆脱了原子发射光谱法对固体标准样品的依赖，又不存在试样组织结构影响的问题，基体效应小、分析精密度高、适用性强，可进行铝及铝合金中杂质元素的同时测定。

三、分析应用示例

（一）氟化物置换-EDTA 滴定法测定铝

1. 测定原理

在试样溶液中，先加过量的 EDTA 溶液，使能形成配合物的全部金属离子配位，用金属(如锌、铅、铜等)的标准溶液滴定过量的 EDTA，然后加入氟化物，使 AlY^- 转变为 AlF_6^{3-}，释放出与 Al 相当量的 EDTA，再用金属(锌、铅、铜等)的标准溶液滴定所取代出的 EDTA，据此计算铝的含量。

EDTA 宜在弱酸性(pH 值为 1.5~2.5)条件下加入，如酸度过低，加入 EDTA 易引起铝的水解影响配位反应的进行。

返滴定金属标准溶液的选择，可根据滴定条件和选用的指示剂来确定。对于铜合金可用 PAN 作为指示剂，用铜标准溶液作为滴定剂为好。如试液有色离子少，含 Fe^{3+} 也少，可以在 pH 值小于 6.1 条件下滴定，用二甲酚橙为指示剂，以锌或铅标准液为滴定剂较好。

试样中含有其他金属离子，可采用掩蔽的方法消除干扰。如铝合金中所含杂质主要有 Si、Mg、Cu、Mn、Fe、Zn，个别还含 Ti、Ni、Ca、Sn 等。试样用 HNO_3-HCl 混合酸溶解后，可在 1~2mol/L 乙酸盐中，用 DDTC 沉淀分离大量的铜(Ⅱ)、镍(Ⅱ)、锌(Ⅱ)、锡(Ⅳ)、铁(Ⅲ)、铅(Ⅱ)等元素。Ti(Ⅳ)会发生与 Al^{3+} 相同的置换反应而干扰，可用苦杏仁酸掩蔽。锰与 EDTA 的络合物稳定性较低，在 pH5 左右滴定时，终点难辨别产生误差，可将滴定时溶液的酸度改为 pH 约为 6，用二甲酚橙为指示剂，以锌标准溶液返滴定，可允许 2mg 锰存在。

2. 测定步骤

称取铝合金试样 0.10~0.12g 置于 50mL 塑料烧杯中，加入 10mLNaOH，在沸水浴中加热溶解，稍冷后，加(1+1)HCl 溶液至有絮状沉淀产生，再多加 10mL(1+1)HCl 溶解。定量转移至 250mL 容量瓶中，加水稀释至刻度，摇匀。

若为其他试样，称取试样 0.5000g 置于 100mL 烧杯中，加 5mL(1+1)HCl 及滴加 3~5mLH_2O_2。待试样溶解后，煮沸半分钟使多余的 H_2O_2 分解，冷却，定量转移至 100mL 容量瓶中，加水稀释至刻度，摇匀。

吸取试液 25.00mL(使铝的绝对量在 6mg 以下)，置于 250mL 锥形瓶中。根据合金中各种能被 EDTA 配位的元素的含量计算 EDTA 溶液(0.05mol/L)的加入量并过量 2~3mL，2 滴二甲酚橙，此时溶液为黄色，加氨水至溶液为紫红色，再加(1+3)盐酸溶解，使溶液呈现红色。加热煮沸 3min，冷却。加六次甲基四胺溶液 20mL，此时溶液为黄色，若为红色，滴加(1+3)盐酸使其变黄色，此时 pH 值在 5.0~5.5，滴加 Zn^{2+} 标准溶液滴至溶液由黄色转变为紫红色为终点(不记读数)。加入氟化铵溶液 10mL，煮沸 1~2min，冷却，补加 2 滴二甲酚橙，此时溶液应为黄色，若为红色，滴加(1+3)盐酸使其变黄色。再用 Zn^{2+} 标准溶液滴至溶液恰变为紫红色为终点，根据第二次滴定消耗的Zn^{2+}标准溶液的体积计算出铝含量。

试样经 DDTC 分离后，EDTA 加入量可以减少。

含锰量高的试样，第一次煮沸后可再补加六次甲基四胺 5mL，使溶液 pH 值在 6.5~7.5 范围内。

(二) 铬天青 S 光度法

1. 测定原理

在 pH 值为 4~6 弱酸性介质中，铬天青 S(CAS)与Al^{3+}反应形成 1∶2 或 1∶3 的配合物。两种配合物的最大吸收波长是不同的。1∶2 配合物的最大吸收波长为 545nm，1∶3 配合物最大吸收波长为 585nm。在 545nm 波长处，进行铝的测定时，检量线不通过原点，而如采用两配合物共吸收点 567.5nm 波长处进行测定，检测线可通过原点。但在 545nm 波长处测定灵敏度较高，$\varepsilon_{545}=5.93\times10^4$，而$\varepsilon_{567}=3.8\times10^4$。

Al^{3+}与 CAS 在 pH 值为 4.6 至 5.8 范围内，均能形成配合物。但在 pH 值大于 5.6 的酸度条件下，铬青天 S 试剂本身的吸收将增大，故选择在 pH 值为 5.7 左右的条件下显色。

钛、铁、钒、钼、铬、铜等元素对测定有干扰。铁一般可用抗坏血酸还原掩蔽，但有抗坏血酸存在时，影响铝的显色，降低了有色溶液的稳定性。1%的抗坏血酸 1mL 能掩蔽 3~4mg Fe^{3+}，大量 Fe 存在时，增大抗坏血酸用量，使铝的吸光度明显下降，为了抵消影响，在绘制检量线时，应加入同量的铁和抗坏血酸。如采用 EDTA-Zn 代替扰坏血酸，可改善方法的稳定性。钛无论使用 pH 值为 5.7~5.8 或 pH 值为 4.6，均有干扰，尤其是它的量等于或高于铝量时，更为显著，通常须用 DDTC 沉淀或 DDTC 沉淀-三氯甲烷萃取分离。钒(V)在 pH 值为 5.7~5.8 干扰不显著，而在 pH 值为 4.6 时，当有抗坏血酸存在时，干扰严重。高合金钢中的铬，必须用高氯酸氧化，以氯化铬酸形式挥发除去，残量 3 价铬不影响测定。铜用硫代硫酸钠掩蔽。在显色液内含量超过 1mg 时，可加入磷酸盐掩蔽。

氯化十六烷基吡啶(CPC)可与Al^{3+}、CAS 形成三元胶束络合物。最大吸收峰的波长较Al^{3+}-CAS 二元络合物长。随着三元络合物的形成，溶液颜色变深，测定的灵敏度显著提高，摩尔吸光系数可达10^5数量级。

2. 测定步骤

于 50mL 容量瓶中，加入 3mL2.00μg/mL 铝标准溶液，加水至 10mL，再滴加 2，4-二硝基酚指示剂，用氨水调至出现黄色，然后用 0.1mol/LHCl 溶液调至黄色恰好消失。加入 2mLCAS、4mLCPC 和 5mL 六次甲基四胺溶液，摇匀。用水稀至刻度，摇匀。放置 20min。用 2cm 比色皿，以试剂空白为参比，在最大吸收波长下测量吸光度。同时绘制标准曲线，由此计算铝的含量。

思考题及习题

1. 钢铁有哪些分类方法及类型？

2. 成品化学分析用的钢铁试样一般可采用哪些方法采取？应注意哪些问题？

3. 钢铁样品的分解试剂一般有哪几种？各有什么特点？

4. 钢铁中的碳一般以什么形式存在？对钢铁的性能产生何种影响？

5. 钢铁中存在的碳形态能不能直接采用现有分析方法测定其含量？应该如何处理？为什么？

6. 试述气体容量法测定钢铁中碳含量的测定原理？应注意哪些方面的问题？

7. 为什么可以采用燃烧非水酸碱滴定法测定钢铁中的碳？在水溶液中为何不能测定？

8. 在钢铁中碳的测定方法中，为什么要在燃烧后进行除硫操作？

9. 硫在钢铁中的存在形式是什么？硫对钢铁的性能有何影响？

10. 可进行硫含量测定的分析形态有哪些？并简要说明其测定原理？

11. 试述燃烧-碘量法和燃烧-酸碱滴定法的测定原理？各有哪些注意问题？

12. 燃烧-碘量法测定钢铁中的硫时为什么要采用边吸收边滴定的方法？为什么要控制滴定速度？

13. 钢铁中的磷的存在形式是什么？磷的存在对钢铁的性能有什么影响？简要说明其测定原理？

14. 锰在钢铁中的存在形式是什么？锰对钢铁的性能有何影响？

15. 试述硝酸铵氧化还原滴定法测定锰的原理？

16. 亚砷酸钠-亚硝酸钠法测定锰的含量时，为何要用混合还原剂作标准溶液？如何标定该标准溶液的浓度？

17. 硅在钢铁中的存在形式是什么？对钢铁的性能有何影响？

18. 试述硅钼蓝法测定硅的原理？如何消除干扰离子的影响？

19. 钢中锰和铬都可用$(NH_4)_2S_2O_8$氧化滴定法测定。其中，测锰时为何要在室温下加入NaCl除Ag^+，而测铬时却要在热溶液中除Ag^+？

20. 已知0.003334mol/L $K_2Cr_2O_7$ 10.00mL，用$(NH_4)_2Fe(SO_4)_2$标准溶液滴定，消耗23.78mL，求$(NH_4)_2Fe(SO_4)_2$标准溶液浓度？测定0.2478g合金钢试样中铬，消耗上述亚铁标准溶液10.60mL，求铬的含量为多少？

21. 称取0.5032g试样测铝合金中的铝，分解后定容于250mL容量瓶中。移取50.00mL试液，加0.01405mol/L EDTA40.00mL，煮沸3min，回滴用去$Zn(NO_3)_2$标准溶液24.85mL。已知20.00mL $Zn(NO_3)_2$消耗0.01405mol/L EDTA19.50ml。求试样中Al_2O_3百分含量。

22. 称取1.0054g含铜试样，经溶解后移入250mL容量瓶中，移取10.00mL用置换分析法，滴定释放出的EDTA消耗锌盐标准溶液29.24mL[已知1.00mL $Zn(NO_3)_2$消耗0.01500mol/L EDTA0.98mL]，求试样中铜的含量。

23. 称取含Bi、Pb、Cd的合金试样2.4200g，用HNO_3溶解并定溶至250mL。移取50.00mL试液于250mL锥瓶中，调节pH=1.0，以XO为指示剂，用0.02479mol/L EDTA滴定，消耗25.68mL。然后用六次甲基四胺缓冲溶液将pH调至5，再用上述EDTA滴定，消耗24.76mL。加入邻二氮菲，置换出EDTA络合物中的Cd后，用0.02174mol/L的$Pb(NO_3)_2$标准溶液滴定游离出的EDTA，消耗6.68mL。计算此合金试样中Bi、Pb、Cd的质量含量。

第六章 煤 分 析

第一节 概 述

煤是有机物(主要是植物)的遗体埋藏在地下经历了复杂的生物化学和物理化学变化逐渐形成的一种可以用作燃料或工业原料的矿物。是一种由碳、氢、氧、氮等元素组成的黑色固体矿物。

煤中有机质是复杂的高分子有机化合物，主要由碳、氢、氧、氮、硫和磷等元素组成，而碳、氢、氧三者总和约占有机质的95%以上；煤中的无机质也含有少量的碳、氢、氧、硫等元素。碳是煤中最重要的组分，其含量随煤化程度的加深而增高。泥炭中碳含量为50%~60%，褐煤为60%~70%，烟煤为74%~92%，无烟煤为90%~98%。煤中硫是最有害的化学成分。煤燃烧时，其中硫生成SO_2，腐蚀金属设备，污染环境。煤中硫的含量可分为5级：高硫煤，大于4%；富硫煤，为2.5%~4%；中硫煤，为1.5%~2.5%；低硫煤，为1.0%~1.5%；特低硫煤，小于或等于1%。煤中硫又可分为有机硫和无机硫两大类。

新制定的中国煤炭分类国家标准，根据干燥无灰基挥发分V_{daf}、粘结指数G、胶质层最大厚度Y、奥亚膨胀度b、煤样透光性P、煤的恒湿无灰基高位发热量$Q_{gr,maf}$等6项分类指标，将煤分为14类。即褐煤(HM)、长焰煤(CY)、不粘煤(BN)、弱粘煤(RN)、1/2中粘煤(1/2ZN)、气煤(QM)、气肥煤(QF)、1/3焦煤(1/3JM)、肥煤(FM)、焦煤(JM)、瘦煤(SM)、贫瘦煤(PS)、贫煤(PM)和无烟煤(WY)。煤的种类不同，其成分组成与质量不同，发热量也不相同。

煤被广泛用作工业生产的燃料，是从18世纪末的产业革命开始的。随着蒸汽机的发明和使用，煤被广泛地用作工业生产的燃料，给社会带来了前所未有的巨大生产力，推动了工业的向前发展，随之发展起煤炭、钢铁、化工、采矿、冶金等工业。同时，在炼油、医药、精密铸造和航空航天工业等领域也有广阔的利用前景。各工业部门对所用的煤都有特定的质量要求和技术标准。

(1) 炼焦用煤

炼焦是将煤放在干馏炉中加热，随着温度的升高(最终达到1000℃左右)，煤中有机质逐渐分解，其中，挥发性物质呈气态或蒸汽状态逸出，成为煤气和煤焦油，残留下的不挥发性产物就是焦炭。焦炭在炼铁炉中起着还原、熔化矿石，提供热能和支撑炉料，保持炉料透气性能良好的作用。因此，炼焦用煤的质量要求，是以能得到机械强度高、块度均匀、灰分和硫分低的优质冶金焦为目的。

(2) 气化用煤

煤的气化是以氧、水、二氧化碳、氢等为气体介质，经过热化学处理过程，把煤转变为各种用途的煤气。煤气化所得的气体产物可作工业和民用燃料以及化工合成原料。

(3) 炼油用煤

一般以褐煤、长焰煤为主，弱粘煤和气煤也可以使用，其要求取决于炼油方法。

(4) 燃料用煤

任何一种煤都可以作为工业和民用的燃料。不同工业部门对燃料用煤的质量要求不一样。蒸汽机车用煤要求较高，国家规定是：挥发分(V_r)≥20%，灰分(A_s)≤24%，灰熔点(T_2)≥1200℃，硫分(SgQ)长隧道及隧道群区段≤1%，低位发热量 $2.09312\times10^7 \sim 2.51174\times10^7$J/kg 以上。发电厂一般应尽量用灰分($A_s$)>30%的劣质煤，少数大型锅炉可用灰分($A_s$) 20%左右的煤。

煤还有其他用途。如褐煤和氧化煤可以生产腐殖酸类肥料；从褐煤中可以提取褐煤蜡供电气、印刷、精密铸造、化工等部门使用；用优质无烟煤可以制造碳化硅、碳粒砂、人造刚玉、人造石墨、电极、电石和供高炉喷吹或作铸造燃料；用煤沥青制成的碳素纤维，其抗拉强度比钢材大千倍，且重量轻、耐高温，是发展太空技术的重要材料；用煤沥青还可以制成针状焦，生产新型的电炉电极，可提高电炉炼钢的生产效率等等。总之，随着现代科学技术的不断进步，煤炭的综合利用技术也在迅速发展，煤炭的综合利用领域必将继续扩大。

用煤单位核算煤的用量及成本时，需要了解煤的质量；科研部门为了对煤综合利用，也需要对煤质进行分析。因此，对煤的生产和使用部门主要测定项目是水分、灰分、挥发分和固定碳、发热量和硫，称为煤的全工业分析；对科研部门为煤的科学分类、合理利用和工艺设计等提供重要数据参数的分析，主要测定煤中碳、氢、氧、氮和硫等元素含量，称为煤的元素分析。

第二节　煤的工业分析

煤的工业分析是在人为规定的条件下，根据技术需要测定煤经转化生成的物质或呈现的性质如煤中水分、灰分和挥发分的测定及固定碳、发热量的计算。煤的工业分析是了解煤质特性的主要指标也是评价煤质的基本依据，根据工业分析的各项测定结果可初步判断煤的性质、种类和各种煤的加工利用效果及其工业用途。

一、水分的测定

水分是一项重要的煤质指标，它在煤的基础理论研究和加工利用中都具有重要的作用。根据煤中水分随煤的变质程度加深而呈规律性变化：从泥炭、褐煤、烟煤、年轻无烟煤，水分逐渐减少，而从年轻无烟煤到年老无烟煤，水分又增加。煤的水分对其加工利用、贸易和储存运输都有很大影响。锅炉燃烧中，水分高会影响燃烧稳定性和热传导；在炼焦工业中，水分高会降低焦炭产率，而且由于水分大量蒸发带走热量而延长焦化周期；在煤炭贸易上，煤的水分是一个重要的计质和计量指标。在现代煤炭加工利用中，有时水分高反而有利，如煤中水分可作为加氢液化和加氢气化的供氢体。在煤质分析中，煤的水分是进行不同基的煤质分析结果换算的基础数据。

煤中水分按存在形态的不同分为两类，既游离水和化合水。游离水是以物理状态吸附在煤颗粒内部毛细管中和附着在煤颗粒表面的水分；化合水也叫结晶水，是以化合的方式同煤中矿物质结合的水。煤的工业分析中只测试游离水，不测结晶水。

本节介绍三种煤中水分的测定方法(GB/T 212—2008)。其中第一法(通氮干燥法)适用于所有煤种；第二法(空气干燥法)仅适用于烟煤、无烟煤和水煤浆干燥试样。第三法(微波

干燥法)适用于褐煤和烟煤水分的快速测定

(一) 通氮干燥法

1. 测定原理

称取一定量一般分析试验煤样，置于105~110℃干燥箱中，在干燥氮气流中干燥到质量恒定。然后根据煤样的质量损失计算出水分的百分含量。

2. 测定步骤

用预先干燥和称量过(精确至0.0002g)的称量瓶称取粒度为0.2mm以下的一般分析试验煤样(1±0.1)g，精确至0.0002g，平摊在称量瓶中。

打开称量瓶盖，放入预先通入干燥氮气并已加热到105~110℃的干燥箱中。烟煤干燥1.5h，褐煤和无烟煤干燥2h。

从干燥箱中取出称量瓶，立即盖上盖，放入干燥器中冷却至室温(约20min)后，称量；进行检查性干燥，每次30min，如此反复烘干，称重，直至恒重为止。

3. 注意事项

① 在称量瓶放入干燥箱前10min开始通气，氮气流量以每小时换气15次计算。

② 连续两次干燥煤样质量的减少不超过0.0010g或质量增加时为止；在后一种情况下，要采用质量增加前一次的质量为计算依据。水分在2.00%以下时，不必进行检查性干燥。

(二) 空气干燥法

1. 测定原理

称取一定量的一般分析试验煤样(或水煤浆试样)，置于105~110℃干燥箱中，在空气流中干燥到质量恒定。然后根据煤样的质量损失计算出水分的百分含量。

2. 测定步骤

用预先干燥并称量过(精确至0.0002g)的称量瓶称取粒度为0.2mm以下的一般分析试验煤样(1±0.1)g，精确至0.0002g，平摊在称量瓶中。

打开称量瓶盖，放入预先鼓风并已加热到105~110℃的干燥箱中，在一直鼓风的条件下，水煤浆干燥试样和烟煤干燥1h，无烟煤干燥1.5h。

从干燥箱中取出称量瓶，立即盖上盖，放入干燥器中冷却至室温(约20min)后，称量。进行检查性干燥，每次30min，如此反复烘干，称重，直至恒重为止。

3. 注意事项

① 恒重干燥检查：连续两次干燥煤样的质量减少不超过0.0010g或质量增加时为止。在后一种情况下，要采用质量增加前一次的质量为计算依据。水分在2.00%以下时，不必进行检查干燥。

② 若为水煤浆试样，则称样量为1.2~1.5g，(精确至0.0002g)。

(三) 微波干燥法

1. 测定原理

称取一定量一般分析试验煤样，置于微波水分测定仪内，炉内磁控管发射非电离微波，使水分子超高速振动，产生摩擦热，使水分迅速蒸发，根据煤样的质量损失计算出水分的百分含量。

2. 测定步骤

用预先干燥并称量过(精确至0.0002g)的称量瓶称取粒度为0.2mm以下的一般分析试验煤样1±0.1g，精确至0.0002g，平摊在称量瓶中。

将一个盛有约80mL蒸馏水、容量约250mL的烧杯置于微波水分测定仪内，预加热10 min后，取出烧杯。如连续进行数次测定，只需在第一次测定前进行预热。

打开称量瓶盖，将带煤样的称量瓶放在测水仪内的转盘上，并使称量瓶与石棉垫上的标记圈相内切。放满一圈后，多余的称量瓶可紧挨第一圈称量瓶内侧放置。在转盘中心放一盛有蒸馏水的带表面皿的250mL烧杯(盛水量与测水仪说明书规定一致)，并关上测水仪门。

按照测水仪说明书规定程序加热煤样。加热程序结束后，从测水仪中取出称量瓶，立即盖上盖，放入干燥器中冷却至室温(约20min)后称量。进行检查性干燥，每次30min，如此反复烘干，称重，直至恒重为止。

3. 注意事项

① 水分蒸发效果与微波电磁场分布有关，称量瓶需位于均匀场强区域内。

② 烧杯中的盛水量与微波炉磁控管功率大小有关，以加热完毕后烧杯内仅余少量水为宜。

③ 微波测水仪生产厂家在设计测水仪时，应通过试验确定微波电磁场分布适合水分测定的区域并加以标记，并确定适宜的盛水量。

4. 结果计算

一般分析试验煤样水分含量(M_{ad})以质量分数(%)表示，计算如下：

$$M_{ad} = \frac{m_1}{m} \times 100 \tag{6-1}$$

式中 m_1——煤样干燥后失去的质量，g；

m——称取的一般分析试验煤样的质量，g。

水煤浆水分含量(M_{cwn})以质量分数(%)表示，计算如下：

$$M_{cwn} = \frac{m - m_1}{m} \times 100 \tag{6-2}$$

式中 m_1——水煤浆试样干燥后的质量，g；

m——水煤浆试样的质量，g。

二、灰分的测定

灰分是煤样在规定的条件下完全燃烧后得到的残留物。是一项在煤质特性和利用研究中起重要作用的指标。在煤质研究中由于灰分与其他特性，如含碳量、发热量、结渣性、活性及可磨性等有程度不同的依赖关系，因此可以通过它来研究上述特性。由于煤灰是煤中矿物质的衍生物，因此可以用它来计算煤中矿物质含量。此外，由于煤中灰分测定简单，而它在煤中的分布又不易均匀，因此在煤炭采样和制样方法研究中，一般都用它来评定方法的准确度和精密度。在煤炭洗选工艺研究中，一般也以煤的灰分作为一项洗选效率指标。在煤的燃烧和气化中，根据煤灰含量以及它的诸如熔点、黏度、导电性和化学组成等特性来预测燃烧和气化中可能出现的腐蚀、玷污、结渣问题，并据此进行炉型选择和煤灰渣利用研究。

煤中灰分的测定方法(GB/T 212—2008)，主要是缓慢灰化和快速灰化法。缓慢灰化法为仲裁法；快速灰化法可作为例常分析方法。该两类方法同样适用于水煤浆干燥试样的空气干燥基灰分测定。

(一) 缓慢灰化法

1. 测定原理

称取一定量的一般分析试验煤样，放入马弗炉中，以一定的速度加热到815±10℃，灰化并灼烧到质量恒定。以残留物的质量占煤样质量的百分数作为灰分。

2. 测定步骤

用预选灼烧至质量恒定的灰皿(见图6-1)，称取粒度为0.2mm以下的一般分析试验煤样1±0.1g，精确至0.0002g，均匀地摊平在灰皿中，使其每平方厘米的质量不超过0.15g。

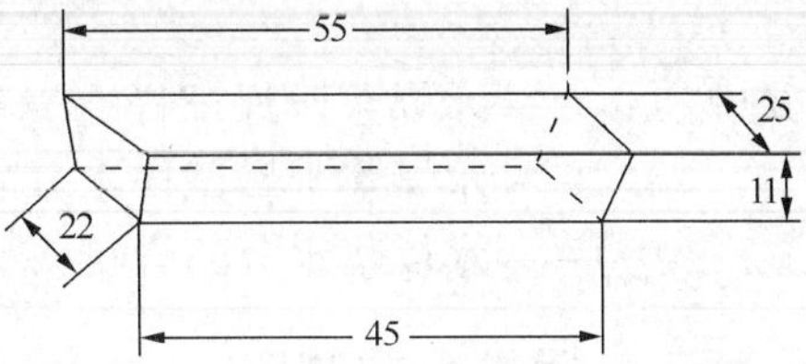

图6-1 灰皿

用预先灼烧至质量恒定的灰皿(见图6-1)，称取粒度为0.2mm以下的一般分析试验煤样1±0.1g，精确至0.0002g，均匀地摊平在灰皿中，使其每平方厘米的质量不超过0.15g。

将灰皿送入温度不超过100℃的马弗炉中，关上炉门并使炉门留有15mm左右的缝隙。在不少于30min的时间内将炉温缓慢升至约500℃，并在此温度下保持30min。继续升到815±10℃，并在此温度下灼烧1h。

从炉中取出灰皿，放在耐热瓷板或石棉板上，在空气中冷却5min左右，移入干燥器中冷却至室温(约20min)后，称量。

进行检查性灼烧，每次20min，直到连续两次灼烧的质量变化不超过0.0010g为止。用最后一次灼烧后的质量为计算依据。灰分低于15.00%时，不必进行检查性灼烧。

(二) 快速灰化法

1. 测定原理

将装有煤样的灰皿由炉外逐渐送入预先加热至815±10℃的马弗炉中灰化并灼烧至质量恒定。以残留物的质量占煤样质量的百分数作为煤样灰分。

2. 测定步骤

用预先灼烧至质量恒定的灰皿，称取粒度为0.2mm以下的一般分析试验煤样1±0.1g，精确至0.0002g，均匀地摊平在灰皿中，使其每平方厘米的质量不超过0.15g。将盛有煤样的灰皿预先分排放在耐热瓷板或石棉板上。

将马弗炉热到815℃，打开炉门，将放有灰皿的耐热瓷板或石棉板缓慢地推入马弗炉中，先使第一排灰皿中的煤样灰化。待5~10min后，煤样不再冒烟时，以每min不大于2cm的速度把其余各排灰皿顺序推入炉内炽热部分(若煤样着火发生爆燃，试验应作废)。

关上炉门，在815±10℃的温度下灼烧40min。

从炉中取出灰皿，放在空气中冷却5min左右，移入干燥器中冷却至室温(约20min)后，称量。

进行检查性灼烧，每次20min，直到连续两次灼烧的质量变化不超过0.0001g为止。用最后一次灼烧后的质量为计算依据。如遇检查灼烧时结果不稳定，应改用缓慢灰化法重新测定。灰分低于15.00%时，不必进行检查性灼烧。

3. 结果计算

空气干燥基煤样的灰分(A_{ad})以质量分数(%)表示，计算如下：

$$A_{ad} = \frac{m_1}{m} \times 100 \qquad (6-3)$$

式中　m_1——残留物的质量，g；

m——一般分析试验煤样的质量，g。

水煤浆的灰分(A_{cwn})以质量分数(%)表示，计算如下：

$$A_{cwm}=A_{ad}\times\frac{100-M_{cwm}}{100-M_{ad}}\times 100 \qquad (6-4)$$

式中　A_{ad}——水煤浆干燥试样空气干燥基的灰分含量,%；

M_{ad}——水煤浆干燥试样水分的含量,%；

M_{cwm}——水煤浆水分的含量,%。

三、挥发分的测定

煤样在规定条件下隔绝空气加热，并进行水分校正后的质量损失，称为煤的挥发分。煤的挥发分与煤的变质程度有密切的关系。随着变质程度的提高，煤的挥发分逐渐降低。如煤化程度低的褐煤，挥发分为37%~65%；变质阶段进入烟煤时，挥发分为10%~55%；到达无烟煤阶段，挥发分就降到10%甚至3%以下。因此，根据煤的挥发分可以大致判断煤的煤化程度。在我国煤炭分类方案以及部分欧美国家和国际煤炭分类方案中都以挥发分作为第一分类指标。根据挥发分和测定挥发分后的焦渣特征可以初步确定煤的加工利用途径。如高挥发分煤，干馏时化学副产品产率高，适于作低温干馏或加氢液化的原料，也可作气化原料；挥发分适中的烟煤，粘结性较好，适于炼焦。在配煤炼焦中，要用挥发分来确定配煤比，以将配煤的挥发分控制到适宜范围(如25%~31%)。此外，根据挥发分可以估算炼焦时焦炭、煤气和焦油等产率。在动力用煤中，可根据挥发分来选择特定的燃烧设备或特定设备的煤源。在气化和液化工艺的条件选择上，挥发分也有重要的参考作用。在环境保护中，挥发分还作为一个制定烟雾法令的依据。此外，挥发分与其他煤质特性指标如发热量、碳和氢含量都有较好的相关关系。利用挥发分可以计算煤的发热量和碳、氢、氯含量及焦油产率。

煤的挥发分与水煤浆干燥试样的空气干燥基挥发分测定方法相同。

1. 测定原理

称取一定量的一般分析试验煤样，放在带盖的瓷坩埚中，在900±10℃温度下，隔绝空气加热7min。以减少的质量占煤样质量的百分数，减去该煤样的水分含量(M_{ad})作为煤样的挥发分。

2. 测定步骤

用预先在900℃温度下灼烧至质量恒定的带盖瓷坩埚(见图6-2)，称取粒度为0.2mm以下一般分析试验煤样1±0.01g(称准至0.0002g)，精确至0.0002g，然后轻轻振动坩埚，使煤样摊平，盖上盖，放在坩埚架(见图6-3)上。

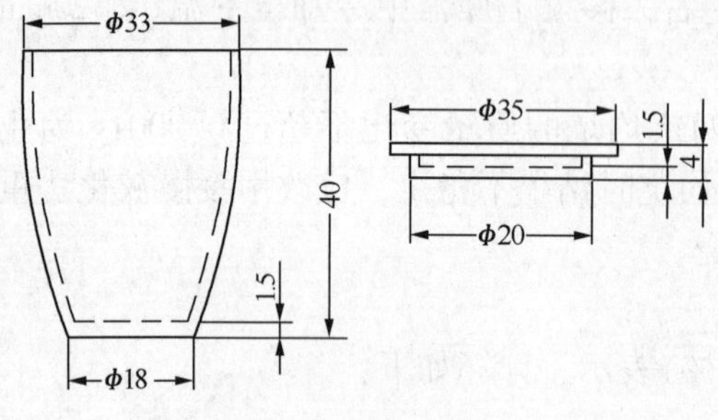

图6-2　挥发分坩埚

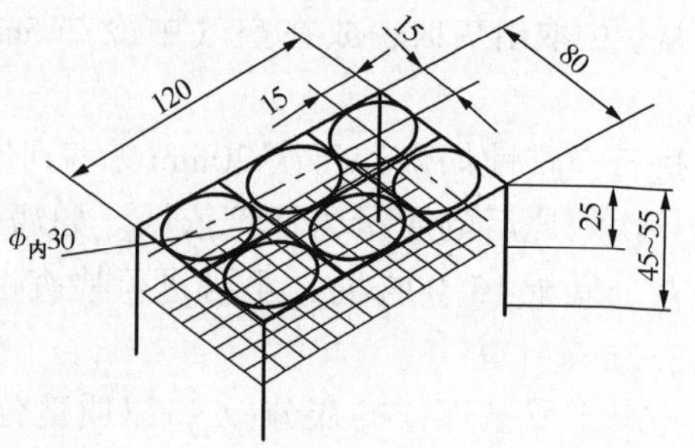

图6-3　坩埚架

褐煤和长焰煤应预先压饼，并切成约 3mm 的小块。

将马弗炉预热至 920℃左右。打开炉门，迅速将放有煤样的坩埚及架子送入恒温区并关上炉门，准确加热 7min。坩埚及架子刚放入后，要求炉温在 3min 内恢复至 900 ±10℃，否则此试验作废。加热时间包括温度恢复时间在内。

从炉中取出坩埚，放在空气中冷却 5min 左右，移入干燥器中冷却至室温(约 20min)后称量。

空气干燥煤样的挥发分(V_{ad})以质量分数(%)表示，计算如下：

$$V_{ad} = \frac{m_1}{m} \times 100 - M_{ad} \tag{6-5}$$

水煤浆的挥发分(V_{cwn})以质量分数(%)表示，计算如下：

$$V_{cwm} = V_{ad} \times \frac{100 - M_{cwm}}{100 - M_{ad}} \times 100 \tag{6-6}$$

当一般分析试验煤样中碳酸盐二氧化碳含量为 2%~12%时，

$$V_{ad} = \frac{m_1}{m} \times 100 - M_{ad} - (CO_2)_{ad} \tag{6-7}$$

当一般分析试验煤样中碳酸盐二氧化碳含量大于 12%时，

$$V_{ad} = \frac{m_1}{m} \times 100 - M_{ad} - [(CO_2)_{ad} - (CO_2)_{ad(焦渣)}] \tag{6-8}$$

式中 m_1——煤样加热后的质量，g；

m——一般分析试验煤样的质量，g；

M_{ad}——一般分析试验煤样(或水煤浆干燥试样)的水分含量,%；

M_{cwm}——水煤浆水分的含量,%；

$(CO_2)_{ad}$——一般分析试验煤样中碳酸盐二氧化碳的含量,%；

$(CO_2)_{ad(焦渣)}$——焦渣中二氧化碳对煤样量的含量,%。

四、固定碳的计算

煤中去掉水分、灰分、挥发分，剩下的就是固定碳，用 *FC* 表示。固定碳是煤炭分类、燃烧和焦化中的一项重要指标，煤的固定碳随变质程度的加深而增加。在煤的燃烧中，利用固定碳来计算燃烧设备的效率；在炼焦工业中，根据它来预计焦炭的产率。固定碳也是合成氨用煤的一个重要指标。

固定碳计算如下：

$$FC_{ad} = 100 - (M_{ad} + A_{ad} + V_{ad}) \tag{6-9}$$

水煤浆固定碳计算如下：

$$FC_{cwm} = 100 - (M_{cwm} + A_{cwm} + V_{cwm}) \tag{6-10}$$

分析煤样中碳酸盐 CO_2 含量为 2%~12%时：

$$FC_{ad} = 100 - (M_{ad} - A_{ad} + V_{ad}) - (CO)_{2,\ ad(煤)} \tag{6-11}$$

当分析煤样中碳酸盐 CO_2 含量大于 12%时：

$$FC_{ad} = 100 - (M_{ad} + A_{ad} + V_{ad}) - [CO_{2,\ ad(煤)} - CO_{2,\ ad(焦渣)}] \tag{6-12}$$

式中 FC_{ad}——分析煤样的固定碳含量,%；

FC_{cwm}——水煤浆的固定碳含量,%；

M_{ad}——分析煤样的水分含量,%;

M_{cwm}——水煤浆水分的含量,%;

A_{ad}——分析煤样的灰分含量,%;

A_{cwm}——水煤浆灰分含量,%;

V_{ad}——分析煤样的挥发分含量,%;

V_{cwm}——水煤浆挥发分含量,%;

$CO_{2,ad(煤)}$——分析煤样中碳酸盐 CO_2 含量,%;

$CO_{2,ad(焦渣)}$——焦渣中 CO_2 占煤中的百分含量,%。

第三节　煤的元素分析

煤中存在的元素有几十种，主要是碳、氢、氧、氮和硫五种元素。煤的组成以有机质为主体，种类繁多的其他元素，一般不作为煤的元素组成，而只当作煤中伴生元素或微量元素。煤的元素分析主要是对碳、氢、氧、氮和硫五种元素的分析。

一、煤中碳和氢的测定

一般认为，煤是由带脂肪侧链的大芳环和稠环所组成的。这些稠环的骨架是由碳元素构成的。因此，碳元素是组成煤的有机高分子的最主要元素。同时，煤中还存在着少量的无机碳，主要来自碳酸盐类矿物，如石灰岩和方解石等。

氢是煤中第二个重要的组成元素。除有机氢外，在煤的矿物质中也含有少量的无机氢。它主要存在于矿物质的结晶水中，如高岭土($Al_2O_3 \cdot 2SiO_2 \cdot 2H_2O$)、石膏($CaSO_4 \cdot 2H_2O$)等都含有结晶水。在煤的整个变质过程中，随着煤化度的加深，氢含量逐渐减少。下面介绍碳和氢的测定。

1. 测定原理

称取一定量的空气干燥煤样在氧气流中燃烧，生成的水和二氧化碳分别用吸水剂和二氧化碳吸收剂吸收，由吸收剂的增重计算煤中碳和氢的含量。煤样中硫和氯对测定的干扰在三节炉中用铬酸铅和银丝卷消除，在二节炉中用高锰酸银热解产物消除。氮对碳测定的干扰用粒状二氧化锰消除。

2. 测定步骤

(1) 碳氢测定仪的安装

按图 6-4 安装碳氢测定仪：包括净化系统、燃烧装置和吸收系统三个主要部分。

(2) 三节炉法分析步骤

将第一节炉温控制在 850±10℃，第二节炉温控制在 800±10℃，第三节炉温控制在600±10℃，并使第一节炉紧靠第二节炉。

在预先灼烧过的燃烧舟中称取粒度小于 0.2mm 的空气干燥煤样 0.2g，精确至 0.0002g，并均匀铺平。在煤样上铺一层三氧化钨。可把燃烧舟暂存入专用的磨口玻璃管或不加干燥剂的干燥器中。

接上已称量的吸收系统，并以 120mL/min 的流量通入氧气。打开橡皮帽，取出铜丝卷，迅速将燃烧舟放入燃烧管中，使其前端刚好在第一节炉口。再放入铜丝卷，塞上橡皮帽。保持 120mL/min。1min 后向净化系统方向移动第一节炉，使燃烧舟的一半进入炉子。过 2min，

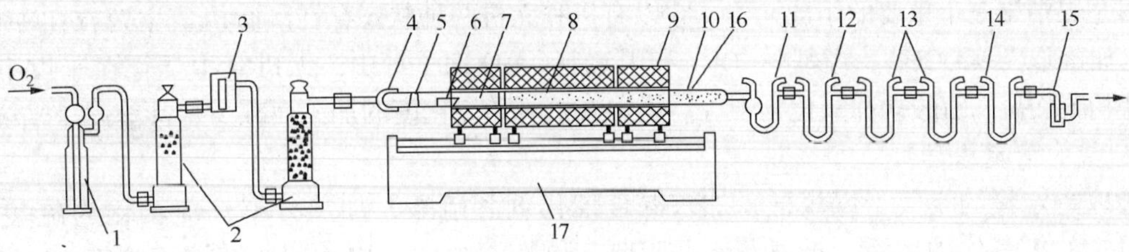

图 6-4　碳氢测定仪

1—鹅头洗气瓶；2—气体干燥塔；3—流量计；4—橡皮帽；5—铜丝卷；6—燃烧舟；7—燃烧管；
8—氧化铜；9—铬酸铅；10—银丝卷；11—吸水 U 形管；12—除氮 U 形管；13—吸二氧化碳 U 形管；
14—保护用 U 形管；15—气泡计；16—保温套管；17—三节电炉

使燃烧舟全部进入炉子。再过 2min，使燃烧舟位于炉子中心。保温 18min 后，把第一节炉移回原位。2min 后，拆下吸收系统，将磨口塞关闭，用绒布擦净。在天平旁放置 10min 后称量(除氮管不必称量)。第二个吸收二氧化碳 U 型吸收管变化小于 0. 0005g，计算时忽略。

(3) 二节炉法分析步骤

使用二节炉进行碳、氢测定时，第一节炉控温在 850±10℃，第二节炉控温在 500±10℃，并使第一节炉紧靠第二节炉。每次空白试验时间为 20min。燃烧舟位于炉子中心时，保温 13min，其他操作同三节炉法。

3. 结果计算

空气干燥煤样的碳含量(C_{ad})以质量分数(%)表示，计算如下：

$$C_{ad} = \frac{0.2729m_1}{m} \times 100 \tag{6-13}$$

空气干燥煤样的碳氢含量(H_{ad})以质量分数(%)表示，计算如下：

$$H_{ad} = \frac{0.119(m_2 - m_3)}{m} \times 100 - 0.119M_{ad} \tag{6-14}$$

式中　m_1——吸收二氧化碳的 U 形管的增重，g；

m_2——吸收水分的 U 形管的增重，g；

m_3——水分空白值，g；

m——煤样的质量，g；

0. 2729——将二氧化碳折算成碳的因数；

0. 1119——将水折算成氢的因数；

M_{ad}——空气干燥煤样的水分含量(按 GB 212 测定)，%。

当空气干燥煤样中碳酸盐二氧化碳含量大于 2%时，则：

$$C_{ad} = \frac{0.2729m_1}{m} \times 100 - 0.2729\,(CO_2)_{ad} \tag{6-15}$$

式中　$(CO_2)_{ad}$——空气干燥煤样中碳酸盐二氧化碳含量，%。

二、煤中氮和氧的测定

煤中氮含量比较少，一般约为 0. 5%～3. 0%。氮是煤中唯一的完全以有机态存在的元素。煤中有机氮化物被认为是比较稳定的杂环和复杂的非环结构的化合物，其原生物可能是动、植物脂肪。煤中氮含量随煤的变质程度的加深而减少。

氧是煤中第三个重要的组成元素。它以有机和无机两种状态存在。有机氧主要存在于含氧官能团，如羧基(—COOH)，羟基(—OH)和甲氧基($—OCH_3$)等中；无机氧主要存在于煤中水分、硅酸盐、碳酸盐、硫酸盐和氧化物中等。煤中有机氧随煤化度的加深而减少，甚至趋于消失。

1. 氮的测定原理

称取一定量的空气干燥煤样，加入混合催化剂和硫酸，加热分解，氮转化为硫酸氢铵。加入过量的氢氧化钠溶液，把氨蒸出并吸收在硼酸溶液中，用硫酸标准溶液滴定。根据用去的硫酸量，计算煤中氮的含量。

2. 测定步骤

在薄纸(擦镜纸或其他纯纤维纸)上称取粒度小于0.2mm的空气干燥煤样或水煤浆干燥试样0.2g，精确至0.0002g。把煤样包好，放入50mL开氏瓶中，加入混合催化剂2g(将分析纯无水硫酸钠32g、分析纯硫酸汞5g和分析纯硒粉0.5g研细混匀而成)和浓硫酸(相对密度1.84)5mL。然后将开氏瓶放入铝加热体(见图6-5)的孔中，并用石棉板盖住开氏瓶的球

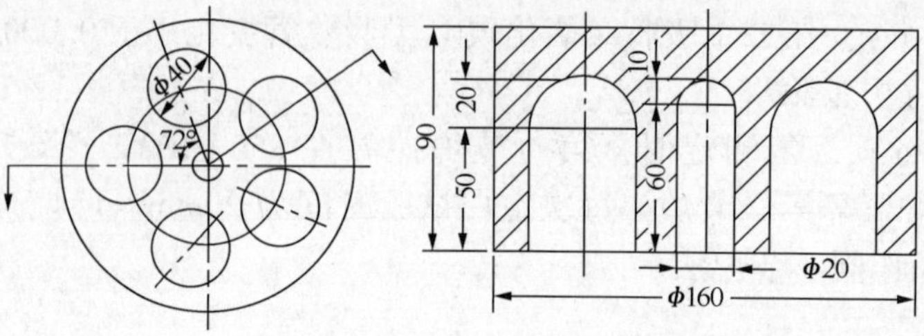

图6-5　铝加热体

形部分。在瓶口插入一小漏斗，防止硒粉飞溅。在铝加热体中心的小孔中放热电偶。接通电源，缓缓加热到350℃左右，保持此温度，直到溶液清澈透明、漂浮的黑色颗粒完全消失为止。遇到分解不完全的煤样时，可将0.2mm的空气干燥煤样磨细至0.1mm以下，再按上述方法消化，但必须加入高锰酸钾或铬酸酐0.2~0.5g。分解后如无黑色粒状物且呈草绿色浆状，表示消化完全。

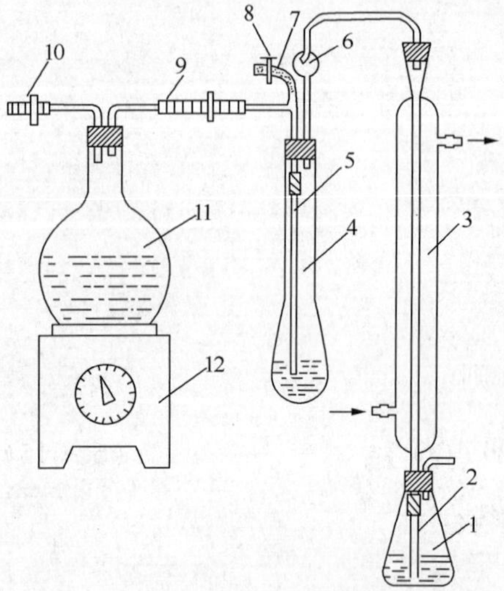

图6-6　蒸馏装置

1—锥形瓶；2—橡皮管；3—直形玻璃冷凝管；4—开氏瓶；5—玻璃管；6—开氏球；7—橡皮管；8—夹子；9、10—橡皮管和夹子；11—圆底烧瓶；12—万能电炉

将冷却后的溶液，用少量蒸馏水稀释后，移至250mL开氏瓶中。充分洗净原开氏瓶中的剩余物，使溶液体积为100mL。然后将盛溶液的开氏瓶放在蒸馏装置上准备蒸馏。蒸馏装置如图6-6所示。

把直形玻璃冷凝管的上端连接到开氏球上，下端用橡皮管连上玻璃管，直接插入一个盛有20mL硼酸溶液和1~2滴甲基红和亚甲基蓝混合指示剂的锥形瓶中。玻璃管浸入溶液并距瓶底约2mm。

在250mL开氏瓶中注入25mL混合碱溶液(每100mL含氢氧化钠37g和化学纯硫化钠3g)，然后通入蒸汽进行蒸馏，蒸馏至锥形瓶中溶液的总体积达80mL为止，此时硼酸溶液由紫色变成绿色。

蒸馏完毕后，拆下开氏瓶并停止供给蒸汽。插入硼酸溶液中的玻璃管内、外用蒸馏水冲洗。洗液收入锥形瓶中，用硫酸标准溶液滴定到溶液由绿色变成钢

灰色即为终点。由硫酸用量(校正空白)求出煤中氮的含量。

空白试验采用0.2g蔗糖代替煤样，试验步骤与煤样分析相同。

3. 结果计算

空气干燥煤样中氮的含量(N_{ad})以质量分数(%)表示，计算如下：

$$N_{ad} = \frac{c(V_1 - V_2) \times 0.014}{m} \times 100 \tag{6-16}$$

式中 c——硫酸标准溶液的浓度，mol/L；

V_1——测定煤样时，硫酸标准溶液的用量，mL；

V_2——空白试验时硫酸标准溶液的用量，mL；

0.014——氮($1/2N_2$)的毫摩尔质量，g/mmol；

m——煤样的质量，g。

4. 氧的计算

氧的含量(O_{ad})以质量分数(%)表示，计算如下：

$$O_{ad} = 100 - C_{ad} - H_{ad} - N_{ad} - S_{t,ad} - M_{ad} - A_{ad} \tag{6-17}$$

当空气干燥煤样中碳酸盐二氧化碳含量大于2%时，则：

$$O_{ad} = 100 - C_{ad} - H_{ad} - N_{ad} - S_{s,ad} - M_{ad} - A_{ad} - (CO_2)_{ad} \tag{6-18}$$

式中 O_{ad}——空气干燥煤样的氧含量,%；

$S_{t,ad}$——空气干燥煤样的全硫含量,%；

M_{ad}——空气干燥煤样的水分含量(按GB 212测定),%；

A_{ad}——空气干燥煤样的灰分含量(按GB 212测定),%；

$(CO_2)_{ad}$——空气干燥煤样中碳酸盐二氧化碳的含量(按GB 218测定),%。

三、煤中硫的测定

煤中的硫分是有害杂质，它能使钢铁热脆、设备腐蚀、燃烧时生成的二氧化硫(SO_2)污染大气，危害动、植物生长及人类健康。所以，硫分含量是评价煤质的重要指标之一。煤中含硫量的多少，与煤化度的深浅没有明显的关系。

根据煤中硫的赋存形态，一般分为有机硫和无机硫两大类。有机硫，是指与煤的有机结构相结合的硫。有机硫主要来自成煤植物中的蛋白质和微生物的蛋白质。煤中无机硫主要来自矿物质中各种含硫化合物，一般又分为硫化物硫和硫酸盐硫两种，有时也有微量的单质硫。各种形态的硫分的总和称为全硫分。

1. 全硫测定原理——艾士卡法

将煤样与艾士卡试剂混合灼烧，煤中硫生成硫酸盐，然后使硫酸根离子生成硫酸钡沉淀，再过滤、洗涤、灼烧，称重，根据硫酸钡的质量计算煤中全硫的含量。

2. 测定步骤

于30mL坩埚内称取粒度小于0.2mm的空气干燥煤样1g(称准至0.0002g)和艾士卡试剂2g(称准至0.1g)(艾士卡试剂简称艾氏剂：以2份质量的化学纯轻质氧化镁与1份质量的化学纯无水碳酸钠混匀并研细至粒度小于0.2 mm后，保存在密闭容器中)，仔细混合均匀，再用1g(称准至0.1g)艾氏剂覆盖。

将装有煤样的坩埚移入通风良好的马弗炉中，在1~2h内从室温逐渐加热到800~850℃，并在该温度保持1~2h。

将坩埚从炉中取出，冷却到室温。用玻璃棒将坩埚中的灼烧物仔细搅松捣碎（如发现有未烧尽的煤粒，应在800~850℃下继续灼烧0.5h），然后转移到400mL烧杯中。用热水冲洗坩埚内壁，将洗液收入烧杯中，再加入100~150mL刚煮沸的水，充分搅拌。如果此时尚有黑色煤粒漂浮在液面上，则本次测定作废。

用中速定性滤纸以倾泻法过滤，用热水冲洗3次，然后将残渣移入滤纸中，用热水仔细清洗至少10次，洗液总体积约为250~300mL。

向滤液中滴入2~3滴甲基橙指示剂（20g/L），加（1+1）盐酸中和后再过量2mL，使溶液呈微酸性。将溶液加热到沸腾，在不断搅拌下滴加氯化钡（100g/L）溶液10mL，在近沸状况下保持约2h，最后溶液体积为200mL左右。

溶液冷却或静置过夜后用致密无灰定量滤纸过滤，并用热水洗至无氯离子为止。

将带沉淀的滤纸移入已知质量的瓷坩埚中，先在低温下灰化滤纸，然后在温度为800~850℃的马弗炉内灼烧20~40 min，取出坩埚，在空气中稍加冷却后放入干燥器中冷却到室温（约25~30min），称量。

每配制一批艾氏剂或更换其他任一试剂时，应进行2个以上空白试验（除不加煤样外，全部操作按测定方法进行），硫酸钡质量的极差不得大于0.0010g，取算术平均值作为空白值。

3. 结果计算

空气干燥煤样中全硫含量（$S_{t,ad}$）以质量分数（%）表示，计算如下：

$$S_{t,ad} = \frac{(m_1 - m_2) \times 0.1374}{m} \times 100 \qquad (6-19)$$

式中 m_1——硫酸钡质量，g；

m_2——空白试验的硫酸钡质量，g；

0.1374——由硫酸钡换算为硫的系数；

m——煤样质量，g。

第四节　煤的发热量的测定

煤的发热量指单位质量的煤完全燃烧所发出的热量，又称为煤的热值。

煤的发热量表征了煤的变质程度（煤化度），煤按热值计价的基础指标。煤作为动力燃料，主要是利用煤的发热量，发热量愈高，其经济价值愈大。同时发热量也是计算热平衡、热效率和煤耗的依据，以及锅炉设计的参数。

1. 测定原理

煤的发热量一般在氧弹热量计中进行测定。

测定原理：准确称取一定量的分析试样在氧弹热量计中，在充有过量氧气的氧弹内燃烧，氧弹热量计的热容量通过在相近条件下燃烧一定量的基准量热物苯甲酸来确定，根据试样燃烧前后量热系统产生的温升，并对点火热等附加热进行校正后即可求得试样的弹筒发热量。

从弹筒发热量中扣除硝酸生成热和硫酸校正热（硫酸与二氧化硫形成热之差）即得高位发热量。

2. 测定步骤—恒温式氧弹量热计法

① 安装并调整量热计。

② 试样的准备。

在燃烧皿中称取粒度小于0.2mm的空气干燥煤样0.9~1.1g(称准到0.0002g)，燃烧时易于飞溅的试样，可用已知质量的擦镜纸包紧再进行测试，或先在压饼机中压饼并切成2~4mm的小块使用。不易燃烧完全的试样，可先在燃烧皿底铺上一个石棉垫，或用石棉绒做衬垫(先在皿底铺上一层石棉绒，然后以手压实)。石英燃烧皿不需任何衬垫。如加衬垫仍燃烧不完全，可提高充氧压力至3.2MPa，或用已知质量和热值的擦镜纸包裹称好的试样并用手压紧，然后放入燃烧皿中。

③ 氧弹的准备。

取一段已知质量的点火丝，把两端分别接在两个电极柱上，弯曲点火丝接近试样，注意与试样保持良好接触或保持微小的距离；并注意勿使点火丝接触燃烧皿，以免形成短路而导致点火失败，甚至烧毁燃烧皿。同时还应注意防止两电极间以及燃烧皿与另一电极之间的短路。

向氧弹中加入10mL蒸馏水。小心拧紧氧弹盖，注意避免燃烧皿和点火丝的位置因受震动而改变，往氧弹中缓缓充入氧气，直至压力到2.8~3.0MPa，充氧时间不得少于15s；如果不小心充氧压力超过3.3MPa，停止试验，放掉氧气后，重新充氧至3.2MPa以下。

④ 往内筒中加入足够的蒸馏水，使氧弹盖的顶面(不包括突出的进、出气阀和电极)淹没在水面下10~20mm。每次试验时用水量应与标定热容量时一致(相差1g以内)。

⑤ 把氧弹放入装好水的内筒中，然后接上点火电极插头，装上搅拌器和量热温度计，并盖上外筒的盖子。温度计的水银球(或温度传感器)对准氧弹主体(进、出气阀和电极除外)的中部，温度计和搅拌器均不得接触氧弹和内筒。靠近量热温度计的露出水银柱的部位(使用玻璃水银温度计时)，应另悬一支普通温度计，用以测定露出柱的温度。

⑥ 开动搅拌器，5min后开始计时和读取内筒温度(t_0)并立即通电点火。随后记下外筒温度和露出柱温度。外筒温度至少读到0.05K，内筒温度借助放大镜读到0.001K。读取温度时，视线、放大镜中线和水银柱顶端应位于同一水平上，以避免视差对读数的影响。每次读数前，应开动振荡器振动3~5s。

⑦ 观察内筒温度。如在30s内温度急剧上升，则表明点火成功。点火后1′40″时读取一次内筒温度，读到0.01K即可。

⑧ 接近终点时，开始按1min间隔读取内筒温度。读数前开动振荡器，读准到0.001K。以第一个下降温度作为终点温度。

⑨ 停止搅拌，取出内筒和氧弹，开启放气阀，放出燃烧废气，打开氧弹，仔细观察弹筒和燃烧皿内部，如果有试样燃烧不完全的迹象或有炭黑存在，试验应作废。

⑩ 量出未烧完的点火丝长度，以便计算实际消耗量。

用蒸馏水充分冲洗氧弹内各部分、放气阀，燃烧皿内外和燃烧残渣。把全部洗液(共约100mL)收集在一个烧杯中供测硫使用。

3. 弹筒发热量和高位发热量的计算

(1) 恒温式量热计空气干燥煤样的弹筒发热量($Q_{b,ad}$)计算

$$Q_{b,ad}=\frac{EH[(t_n+h_n)-(t_0+h_0)+C]-(q_1+q_2)}{m} \tag{6-20}$$

式中　$Q_{b,ad}$——空气干燥煤样的弹筒发热量，J/g；

E——量热计的热容量，J/K；

q_1——点火热，J；

q_2——添加物如包纸等产生的总热量，J；

m——试样质量，g；

H——贝克曼温度计的平均分度值；使用数字显示温度计时，$H=1$；

h_0——t_0的毛细孔径修正值，使用数字显示温度计时，$h_0 = 0$；

t_n——h_n的毛细孔径修正值，使用数字显示温度计时，$h_n=0$。

（2）空气干燥煤样的恒容高位发热量（$Q_{gr,ad}$）计算

$$Q_{gr\cdot ad} = Q_{b.ad} - (94.1S_{b.ad} + aQ_{b.ad}) \qquad (6-21)$$

式中　$Q_{gr,ad}$——空气干燥煤样的恒容高位发热量，J/g；

$Q_{b,ad}$——空气干燥煤样的弹筒发热量，J/g；

$S_{b,ad}$——由弹筒洗液测得的煤的含硫量，%；当全硫含量低于4.00%时，或发热量大于14.60MJ/kg时，用全硫（按GB/T 214测定）代替$S_{b,ad}$；

94.1——空气干燥煤样中每1.00%硫的校正值，J；

a——硝酸生成热校正系数：

当Q_b<16.70MJ/kg，$a=0.0010$；

当16.70MJ/kg<Q_b<25.10MJ/kg，$a=0.0012$；

当Q_b>25.10MJ/kg，$a=0.0016$。

4. 结果表述

弹筒发热量和高位发热量的结果计算到1J/g，取高位发热量的两次重复测定的平均值，按GB/T 483数字修约规则修约到最接近的10J/g的倍数，按J/g或MJ/kg的形式报出。

思考题及习题

1. 燃煤有哪些工业分析项目？有哪些元素分析项目？分别用什么符号表示？

2. 煤中水分存在形式有哪些？各自有何特点？

3. 对测全水分的煤样有何技术要求？

4. 灰分测定时的注意事项有哪些？

5. 挥发分的含义是什么？对挥发分的测定有何技术要求？

6. 煤中碳、氢含量测定时，可能的干扰因素有哪些？应怎样排除？

7. 用艾氏剂法测定煤中全硫时，应注意哪些问题？

8. 在一次发热量测定后，发现燃烧皿内有未燃尽煤样，试分析原因。

9. 煤中硫含量的测定有哪几种方法？各自有什么特点？

10 如何获得煤的固定碳数据？

11. 称取煤试样1.000g，测定分析试样水分时失去质量0.0600g，求煤试样的水分？如已知煤试样的外在水分是10%，求全水分。

12. 称取分析基试样1.000g，测定挥发份时失去质量为0.1420g，测定灰分时残渣的质量为0.1125g，已知水分为4%，求煤试样中的挥发分、灰分和固定碳的质量分数。

13. 称取空气干燥基煤试祥1.2000g，测定挥发分时失去质量0.1420g，测定灰分时残渣

的质量 0.1125g，如已知空气干燥基水分为 4%，求煤样的挥发分、灰分和固定碳的百分含量？

14. 称取空气干燥基煤试样 1.000g，测定挥发分时，失去质量为 0.2824g，已知此空气干燥基煤试样中的水分为 2.50%，灰分为 9.00%，收到基水分为 8.10%，分别求收到基、空气干燥基、干基和干燥无灰基的挥发份及固定碳含量。

第七章　石油产品分析

第一节　概　　述

一、石油产品分析测定的目的和意义

石油及石油产品分析(简称油品分析)是指用统一规定的或公认的标准试验方法，分析检验油品的理化性质、使用性能和化学组成的分析测试方法。它是进行生产装置设计，保证安全生产、提高产量、增加品种、改进质量、完成生产计划的基础和依据，也是储运和使用部门制定合理的储运方案、正确使用油品、充分发挥油品最大效益的依据。

油品分析的目的主要有5个方面：

① 对用于石油加工的原料油和原材料进行检验，制定生产方案，为建厂设计提供依据。

② 对各炼油装置的生产过程进行分析控制，系统检验各馏出口的中间产品和产品的质量，从而对各生产工序及操作进行及时调整，以防止事故，保证安全生产和产品质量。

③ 对出厂油品进行全分析，为提高产品质量，改进生产工艺、增加品种，提高经济效益提供依据。

④ 对油品使用性能进行评定。对超期储存和失去标签或发生混乱的油品的使用性能进行评定，以便确定其能否使用或提出处理意见。

⑤ 对油品质量进行仲裁。当油品生产和使用部门对油品质量发生争议时，有关部门可根据相应的标准方法进行检验，发现问题，分析问题产生的原因，并进行调解或仲裁，以保证各方的正当利益。

近年来，随着我国国际交流的日益扩大和生产技术水平的提高，对油品的品种、产量和质量的要求也越来越高，这对油品分析提出了更高的要求。广大油品分析工作者应该努力创造更先进快捷的分析方法，以适应形势发展的需要。

二、石油的组成

各种石油外观、性质上的差异是其化学组成不同的一种反映。因此，要分析研究石油及其产品的性质，必须从石油的化学组成入手。

1. 石油的元素组成

石油的主要组成元素为C和H，其中碳元素含量一般为84.0%~87.0%，氢含量12.0%~14.0%，碳氢的质量比为6.1~7.1。根据产地不同，还含有少量的氧、硫、氮和微量的氯、磷、砷、硅、钴、钾、钙、钛、钠、镁、铁、铜、铝、镍、钒等，约占1%~4%，它们均以化合物的形式存在于石油中。

2. 石油的化合物组成

石油不是一种单纯的化合物，而是由几百种甚至上千种化合物组成的混合物。而且因产地不同其组成也有很大区别，但它们的主要组成是类似的。

(1) 石油中的烃类有机物

石油的主要成分是烃类有机物。大量研究发现，石油主要是由三类烃组成，即烷烃、环烷烃和芳香烃。这三种烃类在石油中的分布变化较大，例如石蜡基原油含烷烃较多，环烷基原油含环烷烃较多，混合基原油介于二者之间。另外，极少数产地的石油中含有微量烯烃，利用油母页岩制得的页岩油中通常含有相当数量的烯烃。

(2) 石油中的非烃类有机物

石油中还含有相当数量的非烃类有机物-即烃的衍生物。这类化合物中除含有碳氢元素外，还含有氧、硫、氮等，其含量(元素含量)虽然很少，但组成化合物的量一般约占石油总量的10%~15%；少数原油中非烃类有机物的含量甚至高达60%，这些非烃类有机物含量一般虽然不高，但它对石油加工和油品质量的影响是不可忽视的，大部分需要在加工过程中脱除，如果将它们进行适当处理，也可生产-些有用的化工产品。

(3) 石油中的无机物

石油中除含有烃类有机物及其衍生物外，还夹杂有少量的无机物。它们主要是水，钠、钙、镁的氯化物，硫酸盐和碳酸盐以及少量泥污、铁锈等，分别溶解或悬浮于油中，形成油包水型的乳化液分散于石油中。它们的危害主要是增加原油的黏度，增加储运能量的消耗，加速设备的腐蚀和磨损，增加结垢和生焦，影响深度加工催化剂的活性等。因此原油在运输前和加工前必须进行物理的和化学的处理，以便尽可能脱去这些有害的无机物。

三、主要石油产品的组成和特性

我国石油产品按其主要特征分为六类：即燃料(F)、溶剂和化工原料(S)、润滑剂和有关产品(L)、蜡(W)、沥青(B)和焦(C)。现将几类主要石油产品说明如下。

1. 燃料类

约占全部石油产品的90%以上，按馏分组成分为液化石油气、航空汽油、汽油、喷气燃料、煤油、柴油、重油、渣油和特种燃料九种。主要成分为烃类化合物及少量非烃类有机物和添加剂等，主要质量指标为馏程、辛烷值、十六烷值、抗爆剂含量、闪点、胶质、诱导期、苯胺点、密度和黏度等，对重质油还有灰分、硫含量和机械杂质等。

2. 溶剂和化工原料类

溶剂油和化工原料一般是石油中低沸点馏分，即直馏馏分、铂重整抽余油及其他加工制得的产品。一般不含添加剂，主要用途是作为溶剂和化工原料。主要质量指标为碘值、芳烃含量、硫含量、馏程、闪点、腐蚀性及外观等。

3. 润滑剂和有关产品

这类石油产品品种非常多，根据其使用特性分成10个部分(GB 7631)。其质量标准在相关国家标准和行业标准中有详细说明。

四、石油产品分析前的准备和数据处理

1. 采样

采样是按规定的方法从一定数量的整批油料中采取少量具有代表性供测试用的样品的操作过程。正确选取石油产品试样是保证分析结果准确可靠的前提。为保证采得样品具有代表性，要求遵照石油产品取样法GB/T 4756—2015进行操作。该方法规定了用手工法在油船、油罐、油槽车、输油管和各种容器处采取液体石油产品试样的方法，规定了在不同包装中采

取膏状、粉末状、可熔性固体(石蜡、沥青)、不熔性固体(石焦油)等石油产品试样的方法,以及样品的保管和使用的方法。对矿区单井的取样,除按 GB/T 4756—2015 的要求进行外,还应在样品容器的标签上注明#号、层位、取样日期、取样人及送样单位等。

2. 数据处理

分析测试中,真值虽是客观存在的,但由于测试仪器精度的限制、测试方法不够完善、测试环境的变化和测试人员的技术水平、经验等因素的影响,对有限次数的测定,不可能求得真值。测定结果的可靠程度可用重复性和再现性表示。重复性是指同一操作者在同一实验室使用同一台仪器,按照试验方法规定的步骤,在较短的时间间隔内,对同一试样作重复测定结果的允许差数;再现性是指不同的操作者,在不同的实验室,使用不同类型的不同仪器,按照试验方法规定的步骤,对同一试样测定结果的允许差数(一般取 9% 置信水平的两个结果之差)。

五、油品分析的特点和标准化的意义

油品分析方法多为条件性试验方法,也就是说,在油品分析时必须严格按照方法中规定或限制的条件进行测定,即按标准化的方法进行测定,所得的数据才有意义并具有可比性,才能被公认,否则毫无意义。条件性试验是油品分析方法的一大特点,为了统一分析方法,使分析的条件限制变成能发生权威作用的条款,在仲裁时有法律约束力,必须制定一系列统一规定或公认的试验方法,这种分析方法就是分析方法标准。

石油产品试验方法标准是指对试验方法的适用范围、方法概要、使用的仪器、试剂、测定条件、试验步骤和方法、计算公式和精密度等所作的技术规定。

石油产品的试验方法标准技术等级分为 5 类。

① 国际标准:它由共同利益国家间的合作与协商制定的,被大多数国家承认具有先进水平的标准,在国际上适用,如 ISO 标准。

② 地区标准:它局限在几个国家和地区组成的集团使用。例如欧洲共同体所制定和使用的标准。

③ 国家标准:一般由国家指定机关,是国家标准局颁布的标准。例如我国国家标准 GB、美国 ANSI、英国 BS、日本 JIS、德国 DIN 等。

④ 行业标准:是有关各行业发布的标准,例如我国化学工业行业标准为 HG,石油化工行业标准为 SH 等。美国的材料试验协会标准 ASTM 和英国石油学会标准 IP 是世界上著名的专业标准,是各国分析方法靠拢的目标。

⑤ 企业标准:企业所制定的标准,作为企业组织生产的依据。

石油产品试验方法属技术标准中的方法标准。编号的字母(汉语拼音)表示标准等级,中间的数字为标准号,末尾的四位数字为审查批准年限。如 GB 254—2010 即中华人民共和国国家标准第 254 号,2010 年批准;SH/T 1503—2014 即石油化工行业标准第 1503 号,2014 年批准;Q/SH 0628.4—2015 即中国石油化工集团公司企业标准,2015 年制定。

石油产品标准是指对产品分类、分组、命名、品种(牌号)、原料来源、适用范围、试验方法、质量指标、产品包装、标志、运输、储存、交货、验收及取样等所作的技术规定。在我国主要执行中华人民共和国强制性国家标准(GB)、推荐性国家标准(GB/T)、石油和石油化工行业标准(SH)和企业标准。涉外的按约定执行。我国石油产品标准和石油产品试验方法标准的主管机关是石油化工科学研究院。石油产品及其试验方法的国标、行业标准的鉴定和升级以及标准的出版实施统一由它管理。

第二节 原油的评价

石油化工离不开原油，世界上的原油各种各样。不同的原油，因为其组成不同性质也不同；就是同一油田，由于采油层位不同，原油性质也可能出现差异。为了使不同性质的原油得到合理利用，最大限度地发挥石油资源的使用价值，采取不同的加工方法。因此准确掌握原油性质对石油加工企业来说是非常重要的。

在实验室条件下对新开采的原油进行一系列的分析、试验，以掌握原油性质，叫原油评价，它是石油炼制工业的基础研究工作之一。石化企业在炼制一种新的原油前，必须对该原油进行评价。

一、原油评价的内容

常规的原油评价包括：原油性质分析、原油实沸点蒸馏、馏分油和渣油的性质分析。分析的主要内容有原油的密度、黏度、凝固点、蜡含量、硫含量、馏程、含盐量、水分、辛烷值、十六烷值、酸值等。

有时为了炼制需要，还要进行更详细的评价，包括馏分油、渣油的烃类组成，C_6 或 C_7 以前的单体烃组成，润滑油原料的评价等。各炼油企业的要求不同，对原油评价的内容及深度也有所差别。例如生产润滑油的企业，对润滑油原料的评价就很细，要求很准确。

二、原油的分类

依据原油性质将原油分类。现在世界上比较常用的分类方法是以美国石油学会制定的API度作为指标，将原油分为九类。

按此法对中国原油进行分类时，补充了硫含量的说明，原油硫含量小于0.5%称为低硫；介于0.5%到2.0%之间称为含硫，大于2.0%称为高硫。中国主要原油的特点是含蜡多，凝点高，硫含量低，钒含量极少，镍、氮含量属于中等。只有新疆油田及东部油田的个别地区生产一部分低凝原油。据评价，中国大庆、胜利、任丘的原油中汽油馏分较少，而渣油约占三分之一以上。含蜡原油适宜生产高质量的灯用煤油、柴油；重质馏分油是良好的催化裂化原料。从大庆原油中，可生产高黏度指数的润滑油基础油，但含蜡原油在生产低凝点产品、优质道路沥青方面比较困难。盛产原油的中东，原油硫含量较高，属于高硫油，但价格比较便宜。由于我国原油资源和产量现在已不能满足国民经济发展的需求，因此炼制进口油已经成为石化企业的重要任务，尤其炼制高硫油势在必行。

三、原油评价的内容分类

原油评价内容按其目的不同分为下列四种类型。

1. 原油性质分析

目的：在油田勘探开发过程中，及时了解单井、集油站及油库的原油一般性质，并掌握原油性质变化的规律和动态。

内容：对未经实验室脱水的原油，分析水分、含盐量和机械杂质，并根据石油集输等设计要求，分析密度、黏度和凝点。对水分小于0.5%的原油或经脱水后水分小于0.5%的原油，分析密度、黏度、凝点、残炭、硫含量和馏程，并根据需要，分析含蜡量、沥青质、胶质含量及油田认为必须分析的其他项目。需要油样 2L。

2. 简单评价

目的：初步确定原油的类别及特点，适用于原油性质的普查，尤其对地质构造复杂、原油性质变化较大的产油区，可用此法作原油的简单评价。

内容：

① 原油性质分析。

② 原油简易蒸馏，以 300mL 油样进行常减压蒸馏，一般切取每 25℃的窄馏分，计算其收率，并测定密度、黏度、凝点、苯胺点、柴油指数、黏重常数及特性因数。由 250~275℃和 395~425℃两个馏分的密度来确定原油的基属。需要油样 5L。

3. 常规评价

目的：为一般炼厂的设计提供数据。

内容：

① 原油的一般性质分析。包括密度、黏度、凝点、含蜡量、沥青质、胶质、残炭、水分、含盐量、灰分、机械杂质、元素(碳、氢、硫、氮、氧)、微量金属(钒、镍、铁、铜、铅、钙、钦、镁、钠、钴、锌)、微量非金属(氯、硅、磷、砷)分析及馏程的测定。根据需要和条件，测定闪点(开口、闭口)及平均相对分子质量等。

② 原油的实沸点蒸馏。原油按每 3%切割为一个馏分，然后分别测定各馏分和渣油的性质，所得窄馏分性质以曲线及表格的方式表示。3%窄馏分的分析项目包括密度、黏度、凝点、苯胺点、酸度(酸值)、硫含量及折射率等，并计算特性因数、黏重常数及结构族组成。不同深度的重油、渣油分析密度、黏度、残炭、凝点、闪点(开口)、碳氢含量、硫含量、灰分、发热量及微量金属和非金属，并对减压渣油测定针入度、延度及软化点。

③ 直馏产品的性质测定。包括汽油、喷气燃料、灯油及柴油、催化裂化原料、重整原料油、润滑油馏分一般理化性质、微量金属及组成的测定。

需要油样：100L。

4. 综合评价

目的：为综合性炼厂设计提供数据。

内容：除常规评价的内容外，还包括下列内容：

① 重整和裂解原料油的性质及组成分析；

② 润滑油、石蜡和地蜡潜含量测定及性质分析；

③ 平衡蒸发数据；

④ 馏分油的单体正构烷烃含量的测定；

⑤ 渣油(沥青)性质及组成的测定。

第三节　烃类组成的测定

一、汽油馏分组成的测定

物质的性质决定于它们的组成和化学结构，石油是复杂的有机化合物的混合物，要想合理利用石油资源，必须研究改进加工方案，才能生产质优价廉的石油产品。这些都需要对石油的组成有充分的了解。长期以来，人们对石油组成的分离和鉴定做了大量工作。通常是把原油按产品要求切割成各个宽馏分，然后按其中各烃类的物理和化学性质的差异，建立各种测定组成的方法。经典的测定组成的方法一般需要时间较长，手续繁琐，现已不能满足科研和生产的需要。因此，近代物理分析方法在石油组成分析中的应用，使石油组成的测定进入了一个崭新的阶段。汽油馏分一般是指初馏点到200℃的液态烃类(C_5~C_{11})混合物。由于汽油相对分子质量较低，所含组分较少，容易分析鉴定。通常表示汽油馏分组成的方法有族组成和单体烃组成两种。

二、汽油族组成的测定

族组成是根据油中所含各族烃类的百分含量来表示其烃类组成的方法，称为族组成。表示方法如下。

对于直馏汽油，一般用烷烃、环烷烃、芳香烃的质量含量来表示其族组成(气相色谱法)。其中烷烃还可分为正构烷烃和异构烷烃，环烷烃可分为环戊烷系和环己烷系以及单环环烷烃、双环烷烃、多环环烷烃等。

对二次加工汽油，用烃、环烷烃、烯烃、芳香烃的质量分数来表示其族组成(气相色谱法)。

对于煤油、柴油、润滑油馏分，由于所用分析方法不同，表示方法也不同。

煤、柴油、润滑油馏分(柱色谱法)可分为饱和烃(正构烷烃和非正构烷烃)、轻芳烃(单环)、中芳烃(双环)、重芳烃(大于或等于三环)。

二次加工柴油用饱和烃、烯烃、轻芳烃、中芳烃、重芳烃来表示。

渣油用饱和烃、芳烃、胶质、沥青质表示(主要用质谱法)。

测定汽油族组成的早期(经典)方法是采用磺化反应测定芳烃含量；不饱和烃与溴、碘加成反应测定烯烃含量；苯胺点法测定烷烃、环烷烃、芳烃含量等。目前，这些化学方法已被近代仪器分析法所代替。

1. 族组成的测定

荧光色层法-液固吸附柱色谱法测定汽油族组成。

用吸附色谱柱将各族烃吸附分离后，利用带荧光的混合染料在紫外光的照射下，和不同的烃族呈现不同的荧光来鉴定被分离的组分。

测定时，吸附柱内装入经活化后的100~200目细孔硅胶。向试样中加入0.1%左右的荧光指示剂(荧光染料)。如用标准染色硅胶作指示剂，则应直接充填在分离段中部的硅胶吸附剂中，然后用注射器吸取带指示剂的试样0.75mL，注入加料段中硅胶表面下30mm处，以防反混。接着加入异丙醇作顶替剂。为使柱内流速稳定，提高分析速度，在柱顶入口管处用压缩空气或氮气加压，维持压力在(1.96~3.43)$\times10^4$Pa下进行操作。加压的目的是为了缩短分析时间。

由于试样中各族烃类在硅胶上的吸附强弱不同，样品中各族烃类在硅胶上的吸附强弱顺序为：

非烃化合物>共轭二烯烃，芳烯>芳烃>烯烃>饱和烃。

吸附时，吸附能力弱的组分先馏出，吸附能力强的组分最后馏出。

将按各自吸附性能的强弱，在硅胶柱上进行吸附分离，形成各自的色谱带。在紫外光照射下，显示出芳烃、烯烃、饱和烃的色谱界线(芳烃谱带包括某些二烯烃和带烯基侧链的芳烃及含

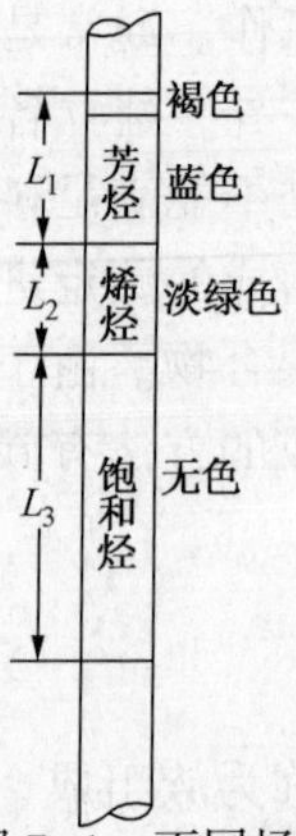

图 7-1　不同烃类的谱带颜色

氮、硫、氧的非烃化合物)。不同烃类的谱带颜色不同，如图 7-1 所示。

2. 结果计算

汽油族组成的体积百分含量($V/\%$)计算如下：

$$V_1/\% = \frac{L_1}{L} \times 100 \qquad (7-1)$$

$$V_2/\% = \frac{L_2}{L} \times 100 \qquad (7-2)$$

$$V_3/\% = \frac{L_3}{L} \times 100 \qquad (7-3)$$

$$L = L_1 + L_2 + L_3 \qquad (7-4)$$

式中　L_1——芳香烃谱带长度，mm；

V_1——芳香烃体积分数，%；

L_2——烯烃谱带长度，mm；

V_2——烯烃体积分数，%；

L_3——饱和烃谱带长度，mm；

V_3——饱和烃体积分数，%；

L——谱带总长度，mm。

本方法适用于直馏汽油、石脑油、煤油、柴油烃类族组成的分析。但不适用含有焦化产品的汽油、柴油族组成的分析(主要由于焦化产品中非烃、胶质含量较多，计算芳烃含量时误差较大)。

三、汽油中 $C_2 \sim C_5$ 烃类测定法

在使用 GB/T 11132 方法对汽油的烃类进行测定时，有些汽油馏分需要在测定前用 SH/T 0062 方法脱戊烷才能使测定结果可靠。因其脱除的 $C_2 \sim C_5$ 组分占汽油的 4%～13%(v/v)，用本标准测定 $C_2 \sim C_5$ 的烃类组成，可使汽油馏分的烃类测定数据完整、准确。

1. 测定原理

将试样注入到毛细管色谱柱中，试样随着载气通过毛细管色谱柱时，烃类组分被分离进入氢火焰离子化检测器检测，并在数据处理机上记录色谱峰。用面积归一化法计算各组分含量。高于五个碳原子的组分可以加起来作为碳六以上组分计算总量。

2. 测定步骤

(1) 色谱操作条件的选择

汽化室温度：250℃；检测室温度：250℃；柱温：40℃；分流比：1∶100；进样量：0.2～0.5μL；载气：氮气，入口压力 0.1MPa，柱后线速 12cm/s；尾吹气：氮气，流量 15～20mL/min；燃气：氢气，入口压力 0.1MPa，流量 30±5mL/min。助燃气：空气，流量500±50mL/min。纸速：5mm/min。

(2) 准备工作

初次试验时，按色谱条件操作，再以 8℃/min 的升温速率程序升温，使柱箱温度达 220℃，恒温 2h，以除去色谱柱中可能残留的组分，然后降至室温。根据需要，在数据处理机上编好测定和计算程序，使其处于正常平稳状态。按 SH/T 0062 方法制备 $C_2 \sim C_5$ 烃类试样，并记录该试样占汽油(或石脑油)的体积百分含量。立即将该试样及试验所用的注射器

存放在盛固体二氧化碳的保温瓶中待用。

(3) 样品测定

用微量注射器吸取适量(约0.2~0.5μL)试样，并迅速注入到汽化室，同时按下记时键，启动数据处理机，记录色谱峰及出峰时间。

待试样中色谱峰全部出完后，用编好的测定和计算程序进行自动计算。数据处理完毕后可进行第二次试样的测定。

注：当色谱柱性能变差时，重复上述准备工作。

3. 结果计算

采用面积归一化法定量。按下式计算下列各单体烃化合物的质量或体积含量。报告时精确到0.1%。

由于本标准使用氢火焰离子化检测器，对本方法所涉及的烃类化合物的响应值相近，所以各组分的相对质量校正因子以0.1计。试样中 i 组分的质量含量 X_i，计算如下：

$$X_i = \frac{A_i}{\sum_{i=1}^{n} A_i} \times 100 \qquad (7-5)$$

式中 A_i——i 组分的峰面积；

n——试样中组分色谱峰数。

本标准在与 GB/T 11132 和 SH/T 0062 联合使用测定汽油馏分中的烃类组成时，需要用体积含量表示其测定结果，试样中 i 组分在汽油中的体积含量 Y_i，计算如下：

$$Y_i = \frac{A_i/\rho_i \cdot E}{\sum_{i=1}^{n} A_i/\rho_i} \qquad (7-6)$$

式中 A_i——i 组分的峰面积；

n——试样中组分色谱峰数；

ρ_i——i 组分相对密度；

E——试样占汽油的体积含量，%(v/v)。

第四节 非烃类组成的测定

一、石油的非烃组成

石油中的非烃化合物主要指含硫、氮、氧的化合物。非烃化合物在石油组分中分布是不均匀的，大部分集中在重质馏分和残渣油中。它们的含量虽然很低但对石油加工过程以及石油产品的性质有很大影响，有的还使催化剂中毒，有的腐蚀管道和设备，有的使用时污染环境等，所以石油加工时均需要脱硫、脱氮、脱金属，预先将其除去和回收利用。

1. 含硫化合物

硫在石油中少量以元素硫和硫化氢形式存在，大多数以有机硫化物形式存在，如硫醇、硫醚、环硫醚、二硫化物、噻吩及其同系物等。

主要危害是：①对设备管线有腐蚀作用。②使油品某些使用性能(燃烧性、腐蚀性、储存安定性等)变坏。③污染环境，含硫油品燃烧后生成二氧化硫、三氧化硫等，污染大气，对人有害，腐蚀发动机，并使废气催化转化器中毒。④在二次加工过程中，使某些催化剂中毒，丧失催化活性。

2. 含氮化合物

石油中的氮化物大多数是氮原子在环状结构中的杂环化合物，主要有吡啶、喹啉等的同系物(统称为碱性氮化物)及吡咯、吲哚等的同系物(统称为非碱性氮化物)。石油中另一类重要的非碱性氮化物是金属卟啉化合物，分子中有四个吡咯环，重金属原子与卟啉中的氮原子呈络合状态存在。

当油品中含有氮化物时，储存日期稍久，就会使颜色变深，气味发臭，这是因为不稳定的氮化物长期与空气接触氧化生成了胶质。氮化物也是某些二次加工催化剂的毒物。

3. 含氧化合物

石油中的氧均以有机物形式存在。这些含氧化合物分为酸性氧化物和中性氧化物两类。酸性氧化物中有环烷酸、脂肪酸和酚类，总称石油酸。中性氧化物有醛、酮和酯类，它们在石油中含量极少。含氧化合物中以环烷酸和酚类最重要，特别是环烷酸，约占石油酸总量的90%，而且在石油中的分布也很特殊，主要集中在中间馏分中(沸程约为250~350℃)，而在低沸馏分或高沸馏分中含量都比较低。酸类也有强烈的气味，具有腐蚀性。但可作为消毒剂，还是合成纤维、医药、染料、炸药等的原料。

4. 胶状沥青状物质

胶质一般能溶于石油醚(低沸点烷烃)及苯，也能溶于一切石油馏分。胶质有很强的着色力，油品的颜色主要来自胶质。胶质受热或在常温下氧化可以转化为沥青质。沥青质是暗褐色至成深黑色脆性的非晶体固体粉末，不溶于石油醚而溶于苯。胶质和沥青质在高温时易转化为焦炭。

二、非烃组成的测定

这里主要介绍硫含量的测定。石油及石油产品中硫的存在主要有硫元素、硫化氢、硫醇、硫醚、硫(杂)茂、二氧化硫、磺酸盐酯、硫酸盐酯等。

测定硫含量的意义：

① 从轻质油品硫含量可以看出硫化物在加工时是否发生分解现象。油品中硫含量从低馏分到高馏分是逐渐增高的，汽油中硫含量低，而硫化物多数留在重馏分及渣油中。若在加工过程中发生分解，由于硫化物的分解产物如硫化氢、低级硫醇等进入了轻质产品中，造成轻质产品硫含量高，甚至铜片腐蚀不合格。

② 硫化物在加工中能腐蚀加工装置并使催化剂中毒失效。

③ 硫分过高会使汽车催化转化器中毒，排放不达标，污染环境。

④ 燃料中硫化物燃烧会生成二氧化硫、三氧化硫，遇水会生成硫酸，腐蚀机械。排入大气中会污染空气。

⑤ 为了提高某些润滑油的润滑性，抗腐蚀性及极压抗磨性，常常加入一些含硫的有机化合物，如硫化鲸鱼油，二烷基二硫代磷酸锌等，因此在这类油品中的硫化物不但无害，反而会改善它们的使用性能。

硫的含量测定主要有三种国家标准方法。

1. 硫含量的测定——GB 380 方法

(1) 测定原理

将石油产品在灯中完全燃烧生成二氧化硫，用过量的碳酸钠水溶液吸收生成的二氧化硫，再用标定后的盐酸溶液滴定至终点。

有关反应式如下：

燃烧反应： $S+O_2 \longrightarrow SO_2$

吸收反应： $SO_2+Na_2CO_3(\text{过量}) \longrightarrow Na_2SO_3+CO_2\uparrow$

滴定反应： $Na_2CO_3(\text{剩余})+2HCl \longrightarrow 2NaCl+H_2O+CO_2\uparrow$

根据盐酸的消耗量，可以计算出试样中的硫含量。

本方法适用于测定雷德蒸气压力不高于80.0kPa(600mmHg)的轻质石油产品(汽油、煤油、柴油等)的硫含量。

(2) 注意事项

① 试样在测定器内能否完全燃烧，对测定结果影响很大。如冒烟及未经燃烧而挥发，使部分硫跑掉，则测定结果偏低。所以在试验中要严格控制抽气速度，调节灯芯及火焰高度；用标准正庚烷或95%乙醇稀释单独在灯中燃烧冒烟的试样等步骤都是为了使试样能达到完全燃烧的目的。

② 加入吸收器内的 Na_2CO_3，量要准确，并不得有损失。若 Na_2CO_3 损失，则测定结果偏大。

③ 采用变色灵敏的混合指示剂，准确地判断滴定终点。

④ 试样量要准确。在燃烧未稀释的试样时，以盛有试样的灯在试验前的重量与该灯在燃烧后的重量之差作为试样的燃烧量；在燃烧稀释过的试样时，以盛有试样灯的重量与未装试样灯的重量之差作为试样的燃烧量。

⑤ 要避免周围环境、空气中存有含硫气体。因此点灯时不能用火柴等含硫火苗点灯，不能在同一室内同时测定闪点、灰分、残炭等燃烧试验。滴定与空白试验，同体积的3g/L Na_2CO_3 水溶液，所消耗的 $c(HCl)=0.05mol/L$ 溶液超过0.05mL，说明空气中已有含硫气体存在，此试验作废，待通风后另行测定。

2. 硫含量的测定——GB/T 387方法

(1) 测定原理

将试样在高温及规定流速的空气流中燃烧，生成二氧化硫和三氧化硫，用过氧化氢和硫酸溶液吸收。同时将二氧化硫、三氧化硫氧化成硫酸，生成的硫酸用氢氧化钠标准溶液滴定。

有关反应式如下：

燃烧反应：

$$S(\text{硫化物})+O_2 \longrightarrow SO_2$$

$$S(\text{硫化物})+3O_2 \longrightarrow 2SO_3$$

吸收反应：

$$SO_2+H_2O_2 \longrightarrow H_2SO_4$$

$$SO_3+H_2O \longrightarrow H_2SO_4$$

滴定反应：

$$H_2SO_4+2NaOH \longrightarrow Na_2SO_4+2H_2O$$

根据氢氧化钠的消耗量，可以计算出试样中的硫含量。

适用于硫含量大于0.1%的深色石油产品，如润滑油、重质石油产品、原油、石油焦、石蜡和含硫添加剂等。不适用于含有金属、磷、氯添加剂和含有这类添加剂的润滑油。

(2)注意事项

① 管式炉中的温度一定要控制在900~950℃。因为只有在此温度下重质油品中所含的

多硫化物及磺酸盐才能完全分解并生成硫的氧化物。否则会有部分硫化物未完全分解燃烧，而使测定结果偏低。

② 输进石英管的空气，必须经过净化以去掉杂质；空气的流速要保持在500mL/min，流速慢了，燃烧不完全；流速过快，则易将未燃烧或未反应的硫化物带走，使测定结果偏低。

③ 整个试验装置系统要密封不得漏气，以保证燃烧后生成的硫化物气体能充分吸收，无逸失。

④ 向接受器中加入的接受液配制要准确，滴定用的 NaOH 溶液要经过标定。

3. 硫含量的测定——GB 388 方法

适用于测定润滑油、重质燃料油等重质石油产品中的硫含量。

(1)测定原理

将试样在氧弹中进行燃烧，试样中的硫化物氧化为三氧化硫、二氧化硫；然后用蒸馏水洗涤，反应生成硫酸，再用氯化钡溶液与硫酸作用生成硫酸钡沉淀，煅烧硫酸钡，最后称量$BaSO_4$的质量，以硫含量的质量分数表示。其测定化学方程式如下：

$$S(\text{硫化物}) + O_2 \longrightarrow SO_2$$

$$S(\text{硫化物}) + 3O_2 \longrightarrow 2SO_3$$

$$SO_3 + H_2O \longrightarrow H_2SO_4$$

$$H_2SO_4 + BaCl_2 \longrightarrow BaSO_4\downarrow + 2HCl$$

(2)注意事项

① 氧弹要密封紧密，不得漏气，稍有漏气就将使测定结果偏低。

② 充入氧弹内的氧气压力要准确，以保证油料充分燃烧和硫化物完全分解。

③ 燃烧后氧弹的内壁及附件上不得有飞溅的试样和碳状沉积物，否则试验无效，需重新试验，并将充气压力比前次提高490.33kPa(5kg/cm^2)。

④ 生成硫酸钡的反应要完全，以加入热的氯化溶液后，不呈现浑浊为止。

⑤ 要控制好生成硫酸钡的加热时间，静置时间和温度：即在沸腾的水浴中加热2h，在60~70℃下静置2h，或在室温下静置12~16h。

⑥ 检查氯离子是否完全除去：取3~5mL洗涤液置于试管中，加入30g/L硝酸银水溶液3~4滴，不得有白色沉淀析出。

⑦ 所有连接氧气的仪器、零部件，均不得与润滑油脂接触，以免因急剧氧化而引起氧气瓶燃烧、爆炸。

第五节　油品基本理化性质的测定

一、石油产品苯胺点的测定

1. 苯胺点的概念

石油产品与等体积的苯胺混合，加热至两者能互相溶解成为单一液相的最低温度，称为石油产品的苯胺点。苯胺点具有可加性。

2. 测定油品苯胺点的意义

苯胺点是衡量轻质石油产品溶解性能的指标。在石油工业中常用苯胺作溶剂。由于组成油品的各种烃类的极性是不同的，按相似相溶理论，各种烃类在苯胺中的溶解度是不同的。烃的结构(极性)与苯胺分子结构(极性)越相似，这种烃类在苯胺中的溶解度就越大，溶解所需温度就越低，苯胺点就越低。经研究表明，苯胺点主要与油品的化学组成有关，还与溶剂比和苯胺纯度以及操作条件有关。

油品中各种烃类的苯胺点高低顺序是：芳香烃<烯烃<环烷烃<烷烃。烯烃和环烯烃的苯胺点较相对分子质量与其接近的环烷烃稍低。多环环烷烃的苯胺点远较相应的单环环烃为低。对于同一烃类其苯胺点均随相对分子质量和沸点的增加而增加。根据各主要烃类的苯胺点有显著差别这一特点，在测得油品苯胺点的高低后，可大致判断油品中含那种烃类的多少。通常，油品中芳香烃含量越低，苯胺点就越高。此外根据苯胺点的数据，还可以计算柴油指数和十六烷指数。某些轻质油品，预先切割成几个窄馏分，并测得用硫酸处理前后的苯胺点，还可计算出各单独馏分中的芳香烃含量。

3. 油品苯胺点测定方法——GB/T 262—2010

(1) 测定原理

将规定体积的苯胺和试样置于试管(或U形管)中，并用机械搅拌使其混合。混合物以控制的速度加热直至两相完全混合。然后将混合物在控制速度下冷却，当两相分离时，记录的温度即为苯胺点。

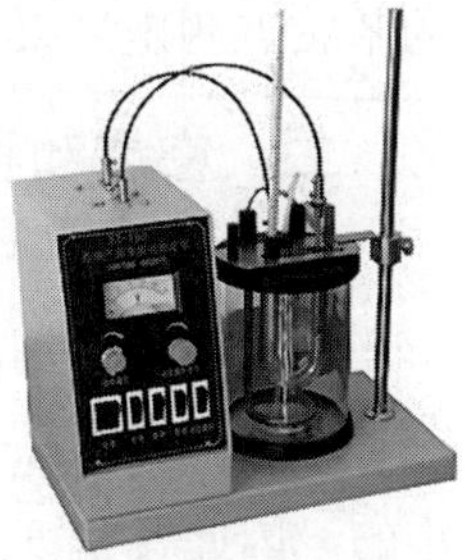

图7-2　苯胺点测定装置图

(2) 主要仪器(图7-2)

试管：直径25±1mm，长度150±3mm；

金属搅拌丝：下端绕成环形，供搅拌试管中的混合物使用；

U形管：在两臂之间设有扁圆形的连通管，要用耐热玻璃制造；

金属罩：供套着U形管使用。罩上设有焊着一条垂直金属丝的孔口，要能够对准扁圆形连通管的中央。

罩后设有试管套和试管座，以便安装照明用的6V小灯泡；

油浴：可以用600mL的高型烧杯装贮无色的油或甘油，浴中贮油量要足够使试管或U形管装着混合物的部分完全浸在油中。杯口需要装设一块薄的隔热板，板上设有安放试管或U形管和油浴搅拌器的孔口；

温度计：符合GB 514中熔点用温度计要求。

(3) 主要试剂

苯胺：分析纯，符合GB 691要求。试验苯胺测出正庚烷的苯胺点应为69.3±0.2℃。如果试验苯胺达不到此要求，则需进行精制，直到用来测定正庚烷的苯胺点为69.3±0.2℃为止；(注：由于苯胺有剧毒，请注意防护。)如苯胺不符合要求，则要精制：先在苯胺中加入适量的固体氢氧化钾或氢氧化钠脱水。过滤后，用滤出的苯胺进行蒸馏，只收集馏出10%~90%的馏分。这段馏分要装贮在暗色的瓶子里，并加入固体氢氧化钾或氢氧化钠，以防苯胺受潮。使用时，利用倾注法取出澄清的苯胺。试样中有水时，试验前应进行脱水。

(4) 测定步骤

使用第一种试验装置时，用两支吸量管分别将苯胺5mL和试样5mL，注入清洁、干燥的试管中。然后用软木塞将温度计和搅拌丝安装在试管内。温度计的水银球中部要放在苯胺层与试样层的分界线处。搅拌丝的上端要穿出软木塞的特备小孔，其下端的环要浸到苯胺层。用软木塞将试管固定在玻璃套管中央。把玻璃套管浸入油浴60~70mm。套管的上部用支持夹固定在支架上。加热油浴时，经常搅拌试管中的混合物和油浴。

使用第二种试验装置时，用两支吸量管分别将苯胺 10mL 和试样 10mL，注入清洁、干燥的 U 形管中。这 U 形管要套上金属罩，使罩上的孔口对准扁圆形连通管中央。在 U 形管的一边管臂中插入清洁、干燥的玻璃搅拌棒之后，U 形管的下部要浸在油浴中，U 形管的上部用支持夹固定在支架上。玻璃搅拌棒要与传动装置连接，而且要使螺旋形部分的顶端与扁圆形连通管焊接处的下边缘相平。在 U 形管的另一边管臂中用软木塞安装温度计，水银球的中部要放在苯胺层与试样层的分界线处。在金属罩背面安装好小灯泡之后，加热油浴，经常搅拌 U 形管中的混合物和油浴。

混合物的温度达到预期苯胺点前 3~4℃时，控制温度慢慢地上升，并不断搅拌混合物。到了混合物呈现透明，就将试管从油浴中提起，搅拌、冷却，混合物的冷却速度每 min 不超过 1℃。苯胺与试样的透明溶液开始呈现浑浊时，即试管中的水银球或扁圆形连通管背后的金属丝(应预先使小灯泡发光)刚刚模糊不清的一瞬间，立即记录混合物的温度，作为试样的苯胺点测定结果，要准确到 0.1℃。

二、密度和相对密度的测定

1. 相关概念

密度：指单位体积所含物质在真空中的质量(m)，通常用 ρ 表示，单位为 g/cm^3，kg/m^3，t/m^3。物质的密度是随体积变化而变化的，体积又是随温度的升高或降低而膨胀或缩小的。因此，密度也随温度变化而变化，在表示物质的密度时必须注明温度。

视密度：把不同温度下直接从密度计上读出的密度值称为视密度，用 ρ_t 表示。

标准密度：我国石油产品标准规定 20℃时的密度为标准密度，用 ρ_{20} 表示。

相对密度：物质密度与规定温度下水的密度之比称为相对密度，用 d 表示。

标准相对密度：我国国家标准规定 20℃试油的密度与 4℃水的密度之比为标准相对密度，用 d_4^{20} 表示。由于 4℃纯水的密度为 $1g/cm^3$，故 ρ_{20} 与 d_4^{20} 的数值相等，但二者的物理意义不同，并且密度有单位，有量纲。而相对密度无单位，无量纲。

$$d_4^{20} = \frac{\rho_{20油}}{\rho_{4水}} = \rho_{20} \tag{7-7}$$

2. 密度与温度的关系

通常温度升高，密度下降；温度降低，密度升高。

当测量温度在 20±5℃范围内变化时，视密度 ρ_t 与标准密度 ρ_{20} 换算的关系如下：

$$\rho_{20} = \rho_t + r(t - 20) \tag{7-8}$$

式中 t——测量温度，℃；

r——平均密度温度系数，$(g/cm^3)/℃$，表示温度变化 1℃时密度变化的平均数值。

3. 密度的测定

一般原油的密度(ρ_{20})大约是 0.75~1.00g/cm^3，少数原油密度大于 1.00g/cm^3或小于 0.75g/cm^3，其中以 0.82~0.92g/cm^3者居多，如苏拉汗的原油密度为 0.71g/cm^3，墨西哥的某些原油密度为 1.06g/cm^3。我国原油的密度一般在 0.79~0.95g/cm^3之间。

A. 密度计法

(1) 测定原理

密度计是根据阿基米德定律制作而成的。当密度计所排开液体的重量等于其本身的重量时，则密度计处于平衡状态，自由漂浮于液体中。试样密度越大，密度计浸没越少；试样密度越小，密度计浸没越多。由于同一支密度计在不同密度的试样中浸没深度不同，因此，在测量时可根据密度计上的浸没分度值读出试样的密度。密度计法快速、简便，广泛应用于生产和使用中。

（2）测定步骤

① 将调好温度的均匀试样，小心地沿量筒壁倾入量筒中，量筒应放在没有气流的地方，并保持平稳，注意不要溅泼，以免生成气泡，当试样表面有气泡聚集时，可用一片清洁过滤纸除去气泡。在转移过程中，要尽可能使易挥发试样中低沸点组分的蒸发损失减少到最低程度。

当使用金属量筒测定深色试样时，试样液面应装至量筒上边缘约5mm以内，以便保证能准确读取读数。

② 将选好的清洁、干燥的密度计小心地放入搅拌均匀的试样中。注意液面以上的密度计插管浸湿不得超过两个最小分度值，因为杆体上多余的液体会影响所得读数。待其稳定后，按弯月面上缘读数，并估计密度计读数至0.0001g/cm^3，读数时，必须注意密度计不应与量筒壁接触，眼睛要与弯月面的上缘成同一水平。

③ 同时测量试样的温度，用温度计或搅拌棒插入试样中，小心地做垂直旋转运动搅拌试样，注意温度计要保持全浸(水银线)，当整个量筒中试样的温度和密度达到均匀稳定时，记录温度，读准至0.2℃。将密度计在量筒中轻轻转动一下，再放开，按上述操作步骤要求再测定一次。测完后立即再用温度计小心搅拌试样，记录温度，读准至0.2℃，若这个温度读数和前次读数相差超过0.5℃，应重新读取密度和温度，直至温度变化在0.5℃以内，记录连续两次测定温度和视密度的结果。根据测得的温度和视密度，在《石油计量换算表》查得试样的20℃时密度。

（3）注意事项

① 我国现在使用的石油密度计有SY-Ⅰ型和SY-Ⅱ型，其最小分度值和测量范围见表7-1。在油罐计量中，无论轻重油品必须要使用SY-Ⅰ型密度计进行测定，不准使用SY-Ⅱ型密度计测定。

表7-1　石油密度计的测定范围

型　　号		SY-Ⅰ	SY-Ⅱ
最小分度值		0.0005	0.001
测量范围	1	0.6500~0.6900	0.650~0.710
	2	0.6900~0.7300	0.710~0.770
	3	0.7300~0.7700	0.770~0.830
	4	0.7700~0.8100	0.830~0.890
	5	0.8100~0.8500	0.890~0.950
	6	0.8500~0.8900	0.950~0.101
	7	0.8900~0.9300	
	8	0.9300~0.9700	
	9	0.9700~1.0100	

② 当测定50℃时ν_{50}(运动黏度)<200mm^2/s的石油产品，使试油的温度最好与周围环境的温度相差不超过±5℃(必要时加热40℃)。

③ 如果不是在标准温度下测定而是在其他温度下测量的，则应将视密度换算成标准温度下的密度。

B. 混合法(稀释法)

测定 $\nu_{50}>200\text{mm}^2/\text{s}$ 的液体石油产品的油品密度，由于黏度大，密度计不能在油中自由沉浮，故采用混合法测试密度。

该方法利用了油品密度具有可加性的原理，即，混合油品的密度是各组分油密度 ρ_i 与相应的体积百分数乘积之和。用下式表示：

$$\rho_{混} = \sum_{i=1}^{i} \rho_i V_i = \rho_1 V_1 + \rho_2 V_2 + \rho_3 V_3 + \cdots + \rho_i V_i \quad (7-9)$$

4. 测定密度的意义

测定石油产品密度在生产、使用及储运中有着重要意义。

(1) 测定密度可近似的评定油品的化学组成和质量情况

烃类分子中所含碳原子数相同时，芳烃的密度最大，烷烃的密度最小，环烷烃介于二者之间。同族烃类中，所含碳原子数越多，则密度越大。由此可知：同一原油生产的不同馏分油，随馏分加重密度变大；不同原油生产的同一馏分油，密度大者含芳烃多、烷烃少；反之亦然。含胶质和沥青质多的石油产品密度也大。在储运过程中如发现石油产品密度明显增大或减小，可以判断可能是混入了重质油或轻质油，或轻馏分蒸发损失。

(2) 密度是石油产品质量指标之一

燃料的密度对燃料油使用性能有重要的影响。发动机功率和燃料消耗率均与燃料密度有关，在油箱容积相同的条件下，燃料密度越大，装入的燃料量就越多，续航能力就越大。但密度过大时，会影响燃料的喷雾性和燃烧性，因此，喷气燃料产品中对密度都有要求。如 1 号~3 号喷气燃料要求 $\rho_{20} \geqslant 0.775\text{g/cm}^3$ 等。

(3) 用于石油产品的计量

密度是计量的重要参数，计量时，先测出体积 V 和密度 ρ，然后计算出石油产品的质量。

$$m = V_{20}(\rho_{20} - 0.0011) = K \cdot V_t(\rho_{20} - 0.0011) \quad (7-10)$$

或

$$m = V_{20} \cdot \rho_{20} \cdot F$$

式中 V_{20}——标准体积，即 20℃时的体积，cm^3；

ρ_{20}——标准密度，g/cm^3；

K——石油体积系数，石油在 20℃温度下的体积与在 t℃时的体积之比值；

0.0011——空气浮力修正系数，g/cm^3；

V_t——在 t℃时的体积，cm^3；

F——石油空气中重量换算系数。

(4) 根据油品密度可以初步鉴定油料的种类。

不同石油产品其密度不同，通过测定密度可大致确定石油产品种类。

(5) 可根据密度调和，掺配油料。

(6) 石油加工过程中根据密度的变化可以了解加工情况。如脱蜡后油的密度会变大，而脱沥青或溶剂精制后油的密度会变小。

三、黏度

1. 黏度的定义及影响因素

黏度是石油产品的重要理化性质和质量指标，表示油料的黏稠程度，是油品流动性的一种表征，它反映了液体分子在运动过程中相互作用的强弱，作用强(黏度大)，则流动难。石蜡基原油含烷烃成分较多，分子间力的作用相对较小，黏度较低，环烷基原油含脂环、芳香烃较多，黏度一般较大。但需注意的是油品的流动性并非单决定于黏度，它还与油品的倾点(或凝点)有关。

流体的黏度明显受环境温度的影响(压力也有一定影响，但一般可忽略不计)，这种影响也是通过分子间的相互作用来实施的：通常温度升高，流体体积膨胀，分子间距离拉远，相互作用减弱，黏度下降；温度降低，流体体积缩小，分子间距离缩短，相互作用加强，黏度上升。由于黏度与温度关系密切，因此任何黏度数据都需注明测定时的温度。通常在低温区域温度显著影响石油产品黏度的测定。油品黏度与它的化学组成密切相关，它反映了油品烃类组成的特性，油品黏度通常随着它的馏程增高而增加。但同一馏程的馏分，因化学组成的不同，黏度大小也不同，其中，烷烃<异构烷烃<环烷烃；碳原子数相同时，烷烃黏度<环烷烃黏度；在单环和双环烃化合物中，环烷、环烷-芳烃的黏度>芳烃黏度，但在三环及三环以上的化合物中，芳烃的黏度却高于环烷烃及环烷-芳烃黏度，而且在环状化合物中随着侧链长度的增加及侧链数目的增加，黏度增加。润滑油中需要黏度大，而且随着温度的变化黏度变化较小的烃类，所以少环长侧链的烷烃、环烷烃、芳香烃，是润滑油的理想组分。而多环短侧链的稠环芳烃及胶质是润滑油的非理想组分，应在润滑油精制中除去。

2. 黏度的测定方法

黏度通常用三种方法表示：动力黏度、运动黏度和条件黏度。

动力黏度和运动黏度都是绝对黏度，它们有一定的量纲，并能从理论上加以推导。条件黏度是在人为规定条件下测出的黏度。由于各个地区测定条件黏度的仪器不一样，因此得出的条件黏度没有绝对的物理意义。

(1) 动力黏度

动力黏度是液体的内摩擦系数，即所加的剪切应力与剪切速度之比，也就是两液体层相距1cm，其面积各为$1cm^2$，相对移动速度为1cm/s时所产生的阻力，常用符号η表示，在温度t时的动力黏度以η_t表示，单位为g/cm·s。1g/cm·s＝1Pa·s。一般动力黏度单位用Pa·s来表示。有时也用1/100泊称“厘泊”，作为油品动力黏度单位。

动力黏度常用于测定润滑油(如车轴油等)和深色石油产品的低温(0～60℃)动力黏度，其测定方法是在严格控制温度和不同压力条件下，测定-定体积的试样在已标定常数的毛细管黏度计内流过的时间(t秒)，与毛细管标定常数(C)和平均压力(p)的乘积，单位为帕秒。计算公式为：$\eta_t = C \times t \times p$

(2) 运动黏度

运动黏度是在相同温度下液体的动力黏度与它的密度之比。在温度t℃时，运动黏度用符号υ_t表示，在国际单位制中，运动黏度单位为斯，即平方米每秒(m^2/s)，实际测定中常用厘斯(cSt)，表示厘斯的单位为平方毫米每秒(即$1cSt = 1mm^2/s$)。

运动黏度广泛用于测定喷气燃料油、柴油、润滑油等液体石油产品、深色石油产品、使用后的润滑油、原油等的黏度，运动黏度的测定采用逆流法。

(3) 条件黏度

指采用不同的特定黏度计所测得的以条件单位表示的黏度，各国通常用的条件黏度有以下三种。

恩氏黏度，又叫恩格勒(Engler)黏度。是指一定量的试样，在规定温度(如：50℃、

80℃、100℃)下，从恩氏黏度计流出200毫升试样所需的时间与蒸馏水在20℃流出相同体积所需要的时间(秒)之比。温度 t 时，恩氏黏度用符号 E_t 表示，恩氏黏度的单位为条件度。

赛氏黏度，即赛波特(Sagbolt)黏度。是一定量的试样，在规定温度(如100 ℉、210 ℉或122 ℉等)下从赛氏黏度计流出200mL所需的秒数，以"秒"为单位。赛氏黏度又分为赛氏通用黏度和赛氏重油黏度(或赛氏弗罗(Furol)黏度)两种。

雷氏黏度，即雷德乌德(Redwood)黏度。是一定量的试样，在规定温度下，从雷氏黏度计流出50mL试样所需的秒数，以"秒"为单位。雷氏黏度又分为雷氏1号(R_t表示)和雷氏2号(用 RA_t 表示)两种。

上述三种条件黏度测定法，在欧美各国常用，我国除采用恩氏黏度计测定深色润滑油及残渣油外，其余两种黏度计很少使用。三种条件黏度表示方法和单位各不相同，但它们之间的关系可通过图表进行换算。同时恩氏黏度与运动黏度也可换算。

3. 毛细管黏度计测定时的注意事项

① 黏度计必须干燥透明，无油污、无水垢，如连续使用沾有污垢时，要用铬酸洗液洗涤，再用水、蒸馏水、95%乙醇依次洗涤，然后放入烘箱中烘干或用通过棉花滤过的热空气吹干，方可使用。用后倒出试油，用汽油、石油醚细心洗涤，管外用自来水或洗衣粉冲洗，放入烘箱中烘干，以备下次使用。

② 黏度计安装时，必须用铅垂线调整成垂直状态，深度要适当，因为黏度计倾斜时，会改变液柱高度，使静压力减少及内摩擦力增大，影响测定结果的准确性。若毛细管向主管方向倾斜，对恩氏黏度计而言，将减小液柱压差高度H，增加流动时间，使测定结果偏大；若毛细管向宽管方向倾斜，对恩氏黏度计将增加液柱压差高度H，流动时间减少，使测定黏度值低于实际值；若毛细管向前或向后倾斜，都会减少液柱压差，增加流动时间，使测定结果高于实际值。

③ 温度计的安装：要使温度计水银球的位置接近黏度计毛细管中央点的水平面，并使温度计上要测温的刻度位于恒温浴液上10mm处，否则温度计读数t应减去液柱露出部分的补正数，才能准确地量出液体的温度。

④ 毛细管黏度计安装在恒温浴中时，必须把毛细管黏度计的扩张部分浸入一半以上，防止试样油在试验中露出恒温浴的液面而影响测定结果。

⑤ 必须控制水浴温度在±0.1℃范围内，恒温时间要足够，因为温度是黏度测定的重要条件之一，随温度的增高，黏度减小。哪怕是微小的温度变化，也能导致黏度较大的变化。

⑥ 测定前应根据试验温度和试样大致黏度选用合适的毛细管黏度计，要使试样在毛细管内流动时间不少于200s，内径为0.4mm的黏度计流动时间不少于350s。若流动时间太短，流速过快，则液体在毛细管内流动时会由层流变成湍流就不能应用伯努力方程式(Poiseuille)计算试样的黏度；另一方面若流速过快易造成视觉的偏差，而影响了分析的精度，时间越短，产生的相对误差会越大。对某些高黏度的石油产品，则流动时间过长，不易恒温，因温度波动而使测定结果产生误差。

⑦ 装入试样时及试验过程中，毛细管中的试油不许有气泡存在，否则会形成"气阻"而增大试样的流动时间，形成非连续的流动，且会影响装油体积，改变试油的密度，从而造成试验误差。当有气泡存在时，可用橡皮球将气泡吸到扩张部分，再很快将橡皮球拿开，气泡即可破灭。

⑧ 测定中，黏度计吸取的试油量要符合要求，试油量过多或过少，都会引起液柱压高

度差的增加或减少，从而影响流动时间，产生误差。

⑨ 测定黏度的试油要先脱水，然后用滤纸过滤以除去机械杂质，这是因为水的存在不但占有试油体积，而且水的黏度小密度大，在较高的测定温度下，它会气化，低温时又凝结，影响液体石油产品在黏度计中的正常流动，使测定结果偏低或偏高；而掺入的微量的机械杂质也会黏附在毛细管内壁阻碍液体的正常流动，增长流动时间，使测定结果偏高，严重时堵塞毛细管，影响黏度测定，使平行测定结果不重复，所以必须进行脱水及过滤。

4. 黏度测定的意义

黏度是评定石油产品，尤其是润滑油质量的主要理化指标，对于生产、运输和使用都有重要意义。

① 黏度反映了油品的流动性能，在油品的流动和输送过程中，黏度对流量和压力降的影响很大，因此在工艺设计计算中，黏度是不可缺少的物理参数之一。

② 黏度可决定加工工艺条件，确定馏分的切割范围，及判断润滑油的精制深度。润滑油精制中，多环短侧链的稠环芳烃及胶质，除去的越多，精制后油品黏度越小。通常，未经精制的馏分油黏度(经硫酸精制的馏分油黏度)大于用选择溶剂精制的馏分油黏度。

③ 黏度是喷气燃料油的重要指标之一。因为喷气燃料的黏度对燃料雾化程度影响最大，若黏度过大，喷射锥角小而射程远，液滴大，雾化不良，燃烧不完全，在低温下不易流动，使供油量减少；若黏度过小，则喷射锥角大而射程短，油粒细密，不能在整个燃烧室充分分布，造成局部油气过浓，燃烧不完全。同时，燃料油本身还起一定的润滑作用，黏度过小会使燃料泵磨损增大。所以在喷气燃料规格标准中，规定了20℃及-40℃时的黏度要求。

④ 黏度是柴油的重要性质之一，它可决定柴油在内燃机内雾化及燃烧的情况，黏度过大喷油嘴喷出的油滴颗粒大，雾化状态不好，空气混合不充分，燃烧不完全，影响发机功率消耗；黏度过小，易挥发，损失大，同时会影响油泵润滑，增加柱塞磨损。

⑤ 黏度是润滑油最重要的质量指标，选择适当黏度的润滑油，有利于充分发挥润滑油的作用，保证发动机稳定可靠地工作。若使用过大黏度的润滑油，则会降低发动机的功率，增大燃料的消耗，也容易造成发动机启动困难；若使用黏度过小的润滑油，会导致该润滑部位难形成足够厚的油膜，造成两相摩擦面之间成为“干摩擦”，不能保持连续的润滑层，达不到润滑目的，增大机器的磨耗。因此，选择润滑油时，要求其黏度不能过大也不能过小，一般要求在保证液体润滑的条件下，尽可能选用黏度小的润滑油。

⑥ 在产品标准中，润滑油的牌号大部分是以某一温度下的运动黏度的平均值来划分的，如冷冻机油、机械油等工业用油是以40℃运动黏度(mm^2/s)的平均数取整数划分的；内燃机润滑油、车用齿轮油等是按100℃运动黏度和低温黏度划分的。

四、闪点、燃点和自燃点

1. 闪点及爆炸极限

闪点是指石油产品在规定的条件下加热到它的蒸气与空气的混合气体在遇到明火时，发生瞬间着火的最低温度。闪火是微小的爆炸，是着火燃烧前的前奏，闪点意味着在此温度下油料挥发产生的油蒸气，已在空气中达到爆炸所需的浓度。当可燃气体与空气混合达到一定浓度时，遇火就会发生燃烧、爆炸。浓度过小或过大都不会发生爆炸，这个浓度范围称为爆炸极限。在爆炸极限内，可燃气在空气中的最低体积分数称为爆炸下限，最高体积分数称为爆炸上限。浓度过大时，混合气含氧不足，不会爆炸；浓度过小时，由于过剩的空气吸收爆炸点放出的热，没有使热扩散到别的部分并引起其他部分气体燃烧的可能。

2. 燃点和自燃点

① 燃点：是指石油产品在规定条件下加热到能被接触的火焰点着并燃烧 5s 以上的最低温度，单位为℃。

② 自燃点：将油品预先加热至某一温度，然后与空气接触，则不需要点火，油品能发生自动着火燃烧时的最低温度，单位为℃。

由定义知，闪点、燃点都需要外部引火，而自燃点无须外部引火。闪点、燃点、自燃点都是衡量油品在储存、运输、保管及使用过程中安全程度的指标。

3. 影响油品闪点、燃点、自燃点的因素

(1) 闪点、燃点、自燃点与油品关系

油品越轻，闪点、燃点越低，但自燃点越高；油品越重，闪点、燃点越高，自燃点越低。对同一油品来说，自燃点>燃点>闪点。自燃点对于柴油有着重要意义，柴油是依靠汽缸中压缩气体的高温而燃烧的，因此，自燃点在很大程度上能表示出柴油的发火性能，影响发动机的工作，自燃点低，柴油机工作平稳；自燃点高，柴油机工作粗暴。

(2) 闪点、燃点、自燃点与组成关系(C 数相近)

闪点、燃点、自燃点都是表示油品的爆炸、着火、燃烧性能的参数，与油品的馏分组成有关。

各族烃类中闪点高低顺序为：烷烃>环烷烃、芳烃；

各族烃类中燃点高低顺序为：烷烃>环烷烃、芳烃；

各族烃类中自燃点高低顺序为：烷烃<环烷烃<芳烃。

在同族烃类中：相对分子质量大，闪点、燃点高，自燃点低；相对分子质量小，闪点、燃点低，自燃点高。

4. 闪点、燃点、自燃点的测定方法

测定油品闪点的方法分为闭口杯法(GB/T 261—2008)和开口杯法(GB/T 267—1988)两种。我国为适应外贸需要，又制定了测定试油产品闪点和燃点的克利夫兰开口杯法(GB/T 3536—2008)。

闭口杯法多用于轻质油品，开口杯法多用于润滑油及重质石油产品，具体如何选用取决于油样的性质和使用条件。轻质油品选用闭杯法时，由于它与轻油品的实际储存和使用条件相关，可以作为安全防火控制指标的依据；重质油品及多数润滑油，采用开杯法测定闪点，一般在非密闭机件或温度不高的条件下使用，它们含轻组分较少，在使用的过程中又易蒸发扩散，不致造成着火或爆炸。某些轻质溶剂油，多在敞开环境使用，边用边挥发，因此，规格中只要求控制开杯闪点。对在密闭、高温条件下使用的内燃机润滑油、特种润滑油、电器用油等，则要求控制闭杯闪点。

测定时，将试油装入油杯，在规定条件下加热蒸发，测定油气和空气混合物接触明火时发生闪火的最低温度，即为试油的闪点。闭杯法和开杯法的区别是仪器不同，加热和引火条件不同。闭杯法中的试油在密闭油杯中加热，只在点火的瞬时才打开杯盖；开杯法的试油在敞口杯中加热，蒸发的油气可以自由向空气中扩散，不易聚积达到爆炸下限的浓度。因此，测得的闪点较闭杯法的高，一般相差 10~30℃，油品越重，闪点越高，差别越大。若向重质油品中加入少量低沸点油品，不仅使闪点大为降低，而且两种闪点的差值也明显增大。

燃点是在开杯闪点测定器中进行测定的。在测定闪点以后，继续提高油温，油品可继续闪火，火焰存在时间越来越长，当达到某一温度时，引火后所形成的火焰至少5s内不熄灭，此时油温即为燃点，单位为℃。自燃点是将油品在密闭容器中预先加热至某一温度，然后与空气接触，则不需要点火能发生自动着火燃烧时的最低温度，单位为℃。

5. 测定闪点的意义

测定闪点对油品的储运和使用都有重要意义，无论在炼油厂还是储存使用油料的单位闪点都是常测项目。

① 闪点是一个安全指标，可以用以鉴定油品发生火灾的危险性。闪点是可能出现火灾危害的最低温度。闪点越低，油品愈易燃，火灾危险性也愈大。油品的危险等级是根据闪点来划分的。闪点在45℃下的叫易燃液体；闪点在45℃以上的叫可燃液体。按它们的闪点高低，在储运、保管和使用中应采取相应的防火安全措施。

② 闪点可表示油品的蒸发性，可以用来判断油品馏分组成的轻重。一般来说，油品蒸汽压越大，馏分组成越轻，则油品的闪点越低；反之，馏分组成越重的油品则具有较高的闪点。

③ 测定闪点可检查是否混油，或使用过的润滑油是否被轻质燃料稀释。在重油品中混入轻质油品会使闪点降低。在汽油机或柴油机中使用的润滑油，如有未燃烧完的燃料流入曲轴箱，就会稀释润滑油，闪点也会随着燃料的增多而降低。所以，可以从润滑油的闪点是否降低，检查出是否有轻质油品混入，对于某些润滑油来说，同时测定开口、闭口闪点可作为油品含有低沸点混入物的指标，用于生产检查。

五、残炭

1. 残炭的来源及测定的意义

在残炭测定器中加热试油，在不通空气的条件下经蒸发分解、缩合后，所剩余的焦黑色残留物称为残炭，用质量分数表示。

残炭是评定重质燃料油、润滑油、轻柴油10%蒸余物的积炭生成倾向的指标。残炭主要是由胶质、沥青质及多环芳烃的缩合物形成。残炭高说明试油中含沥青质、胶质、稠环芳烃多，烷烃、环烷烃少。

燃烧器燃料的残炭值，可用来粗略地估计燃料在蒸发式的釜型和套管型燃烧器中形成沉积物的倾向。同样，不含硝酸戊酯(或如果含有硝酸戊酯，则只要事先测定未加此添加剂基础燃料)的柴油，残炭值大体上与燃烧室的沉积物有对应关系。

测定粗柴油的残炭值，对指导粗柴油造气的生产是有用的，而原油残渣、汽缸油料和重质润滑油料的残炭值，对指导润滑油生产也是有用的。

下述情况应予注意：

发动机油：发动机油的残炭值，曾一度被认为能表示发动机油在发动机的燃烧室中生成碳质沉积物量的指标，但由于许多石油产品中都存在添加剂，所以现在看来这一点是值得怀疑的。例如，有灰分生成的清净添加剂，会增加石油产品的残炭值，但它通常可以减少石油产品生成沉积物的倾向。

柴油：含有硝酸戊酯的柴油的残炭值偏高。但是，如果对不含硝酸戊酯的柴油，或对准备要调入硝酸戊酯的基础燃料进行试验，则其残炭值与燃烧室沉积物有近似的关系。

含有有灰分生成的添加剂的石油产品，残炭值可能与形成沉积物的倾向无关，而且可能比形成沉积物的相应倾向要高些。

2. 残炭的测定方法

残炭的测定方法有：康氏残炭、电炉残炭和兰氏残炭法。三种方法中，由于康氏残炭操作要求严格，一般生产控制过程中非仲裁时不用之。通常生产控制中用易操作的电炉法。兰氏残炭我国尚未普遍采用，只列为军舰用油质量控制指标。

康氏残炭法用于测定石油产品经蒸发和热解后留下的残炭量，以提供石油产品相对生焦倾向的指标。该方法一般用于在常压蒸馏时易部分分解、相对地不易挥发的石油产品。对含有能生灰组分的石油产品(用 GB 508《石油产品灰分测定法》测定)则会得到残炭值偏高的结果，误差的大小取决于所生成灰分的量。

该方法中的"残炭"是指石油产品经蒸发和热解后所形成的碳质残余物。它不全部是碳，而是一种会进一步热解变化的焦炭。本方法采用"残炭"这个词，只是顺从习惯的称法。

本法广泛应用于多种石油产品。本方法和 ZBE—30001《石油产品残炭测定法(兰氏法)》这两种方法所测得的残炭值，不但在数值上不相同，而且它们之间也找不到满意的相互关系。对于一些不容易装入兰氏焦化球的重质残渣燃料油、焦化原料等油料，宜用本方法测定残炭。

3. 残炭的测定——康氏法

石油产品残炭参照采用国际标准 ISO 6615—1983《石油产品残炭测定法(康氏法)》。

(1) 测定原理

把已称重的试样置于坩埚内进行分解蒸馏，残余物进行强烈加热一定时间，即按规定周期进行裂化和焦化反应，在规定的加热时间结束后，将盛有碳质残余物的坩埚置于干燥器内冷却并称重，计算残炭值(以原试样的质量分数表示)。

(2) 测定步骤

将瓷坩埚(特别是使用过的含有残炭的瓷坩埚)先放在 800±20℃ 的高温炉中煅烧 1.5~2h，然后清洗烘干备用。准备直径约 2.5mm 的玻璃珠，清洗烘干备用(准备好的瓷坩埚和玻璃珠应保存于干燥器中)。将备好的盛有两个玻璃珠的瓷坩埚称重，称准至 0.0001g。

所取的试样必须具有代表性。取样前将装入量不超过瓶内容积 3/4 的试样充分摇动，使其混合均匀。黏稠的或含石蜡的石油产品，应预先加热至 50~60℃ 才进行摇匀。含水的试样应先脱水和过滤，才进行摇匀。

向盛有两个直径约 2.5mm 玻璃珠并称过重量的瓷坩埚内称入 10±0.5g 无水、无悬浮物的试样。试样量需根据预计的残炭生成量按表 7-2 称取，并称准至 0.005g。

表 7-2　试样称样量

预计残炭/%	试样量/g	预计残炭/%	试样量/g
<5	10±0.5	>15	3±0.1
5~15	5±0.5		

注：10%蒸余物的试样量均取 10±0.5g。

将盛有试样的瓷坩埚放入内铁坩埚的中央。在外铁坩埚内铺平沙子，将内铁坩埚放在外铁坩埚的正中。盖好内、外铁坩埚的盖子。外铁坩埚要盖得松一些，以便加热时生成的油蒸气容易逸出。

首先将镍铬三脚架放到合适的支架(或支环)上，将遮焰体放在镍铬三脚架上，然后将上述准备好的全套坩埚放在镍铬三脚架上，必须使外铁坩埚放在遮焰体的正中心(外铁坩埚在遮焰体内不应倾斜）。全套坩埚用圆铁罩罩上，以使反应过程中受热均匀。

置灯头于外铁坩埚底下约50mm处，进行强火加热（但不冒烟），使预点火阶段控制在10±1.5min内（时间短则可能由于蒸馏开始得过快而容易引起发泡或火焰太高）。当罩顶出现油烟时，立即移动或倾斜喷灯，令火焰触及坩埚的边缘，使油蒸气着火。然后暂时移开喷灯，调节火焰，再将灯放回原处。要使灯调到着火的油蒸气均匀燃烧，火焰高出烟囱，但不超过火桥。如果罩上看不见火焰时，可适当加大喷灯的火焰。油蒸气燃烧阶段应控制在13±1min内完成。如果火焰高度和燃烧时间两者不可能同时符合要求时，则控制燃烧时间符合要求更为重要。

注：如果出现试样沸腾溢出，需要首先把试样量减少到5g，如果还不行，再次减至3g以解决这个困难。

当试样蒸气停止燃烧，罩上看不见蓝烟时，立即重新增强煤气喷灯的火焰，使之恢复到开始状态，使外铁坩埚的底部和下部呈樱桃红色，并准确保持7min。总加热时间（包括预点火和燃烧阶段在内）应控制在30±2min内。

移开煤气喷灯，使仪器冷却到不见烟（约15min），然后移去圆铁罩和外、内铁坩埚的盖，用热坩埚钳将瓷坩埚移入干燥器内，冷却40min后称重，称准至0.0001g，计算残炭占试样的百分数。

（3）残炭值超过5%的测定步骤

本测定步骤适用于重质原油、渣油、重燃料油和重柴油之类的油品。按上述测定步骤（用10g试样）测得残炭值大于5%时，会因试样沸腾溢出而使试验正常进行有困难。此外，由于重质油品脱水困难也可能遇到麻烦。

按规定的测定步骤测得残炭值在5%～15%的试样，需称5±0.5g试样重做。若残炭值大于15%，则称3±0.1g试样重做。试样量称准至0.005g。

当用5或3g试样时，要按上述规定的时间来控制预点火和燃烧时间是不大可能的。但尽管如此，试验结果仍是可靠的。

（4）测定10%蒸余物残炭的测定步骤

10%蒸余物的制备方法有两种：GB 6536《石油产品蒸馏测定法》和GB 255《石油产品馏程测定法》。制备时可采用两种方法的任何一种，现把两种方法分述如下。

① 石油产品蒸馏测定法（GB 6536）。

对要求测定10%蒸余物残炭的试样，用GB 6536获得10%蒸余物。蒸馏时使用250mL蒸馏烧瓶、200mL量筒和50mm孔径的石棉垫。

将温度为13～18℃的200mL试样置于蒸馏烧瓶内。冷凝槽温度维持在0～4℃，对某些凝点较高的试样可能需要维持在38～60℃，以防止蜡类物质在冷凝管中凝固。用量过试样的量筒（不要洗）作为接受器，并置于冷凝器出口的下方，不要使出口的尖端与量筒壁接触（为得到较准确的10%蒸余物，应设法使馏出物温度和装样温度一致）。

把蒸馏烧瓶匀速加热，使其在加热后10～15min内从冷凝器中滴下第1滴。第1滴落下后，移动量筒，使冷凝器出口尖端与筒壁接触。然后按每分钟8～10mL的均匀蒸馏速度调节加热量。继续蒸馏至馏出物收集到178±1mL时，停止加热，使冷凝器中馏出物收集在量筒中直到180mL（蒸馏烧瓶装入量的90%）时为止。

立即用小烧瓶代替量筒接收冷凝器中最后馏出物，趁热把留在蒸馏烧瓶内的残余物倒入小烧瓶内，混合均匀。此即为由原试样得到的10%蒸余物。

② 石油产品馏程测定法(GB 255)。

对要求测定10%蒸余物残炭的试样，用GB 255获得10%蒸余物，每次试验时进行不少于两次的蒸馏，收集其10%蒸余物作为试样。

在蒸余物温热能流动的情况下，将10±0.5g蒸余物倒入已称重并用作测定残炭的坩埚内。

4. 结果计算

试样或10%蒸余物的康氏残炭值 X 计算如下：

$$X = \frac{m_1}{m_0} \times 100 \tag{7-11}$$

式中 m_1——残炭的质量，g；

m_0——试样的质量，g。

第六节 油品蒸发性能的测定

石油产品的绝大部分是作为液体燃料使用的。汽油、柴油、喷气燃料都是重要的内燃机燃料。蒸发性能是液体燃料的重要特性之一，它对油料的储存、输送和使用均有重要影响，同时，也是生产、科研和设计的主要物性参数。油料的蒸发性能也称气化性能，通常是通过馏程、蒸气压和气液比等指标体现出来。对润滑油、润滑脂来说，蒸发性是保证润滑、减少着火危险性的控制指标之一。润滑油的蒸发性通过直接测定蒸发损失，测定闪点高低，或者间接地从润滑油在蒸发前后的黏度变化来说明；润滑脂则是在规定条件下测定其蒸发损失质量分数表示其蒸发性大小。

常用馏程、蒸汽压及气液比作为评定油品蒸发性能的指标。

一、馏程

1. 概念

馏程是指在规定的条件下，蒸馏100mL试油所建立的流出体积百分数所对应的馏出温度 t 之间的馏分组成关系，也就是以初馏点和终馏点表示的石油产品蒸发特征的温度范围。

初馏点：蒸馏开始后，从冷凝管末端落下第一滴液体时的馏出温度，它表示油品中最轻组分的沸点。

终馏点：蒸馏末期，最大回收体积所对应的馏出温度。

干点：蒸馏末期，温度计水银柱停止上升而开始下降时的最高温度，也即蒸馏烧瓶内最低点的最后一滴液体气化时的一瞬间所观察到的温度计读数。终馏点和干点都表示最重组分的沸点。

残留体积：指停止蒸馏并冷却至室温时，存在于蒸馏烧瓶内的残油体积。

损失百分数：蒸馏期间损失的试油体积百分数。

$$损失\% = 100\% - 总回收\%$$

$$总回收\% = 最大回收\% + 残留\%$$

2. 馏程的测定

测定馏程的方法有恩氏蒸馏法和蒸发温度法，在这里只介绍常用的恩氏蒸馏法。

(1) 测定原理——恩氏蒸馏(馏出温度法)GB/T 255—77(88)

在恩氏蒸馏仪中，由沸点差，按规定条件蒸馏 100mL 试油，最终建立馏出温度与馏出物体积百分数之间的馏分组成关系，以此来表示油品的挥发性。

该方法要求报告的是，各馏出体积百分数所对应的馏出温度(或报告规定的馏出温度所对应的馏出体积)。

(2) 测定步骤

按照试验方法装好温度计、冷凝器和接收器，控制升温速度及馏出速度，记下第一滴馏出液从冷凝管滴出的气相馏出温度，即为初馏点。以后每馏出 10%(体积)记录一次温度直至读出干点。然后根据记录数据，以馏出温度为纵坐标，馏出体积百分数为横坐标，作恩氏蒸馏曲线。

(3) 恩氏蒸馏曲线斜率

在工程计算中常用到恩氏蒸馏曲线斜率，它的定义为：

$$恩氏斜率 = \frac{t_{90} - t_{10}}{90 - 10} \qquad (7-12)$$

式中 t_{90}——馏出体积为 90%时所对应的馏出温度，℃；

t_{10}——馏出体积为 10%时所对应的馏出温度，℃。

恩氏斜率表示流出体积从 10%~90%之间，每馏出 1%馏出温度升高的平均度数，其单位为℃/(1%)。

由斜率定义知，分母固定不变，故油品沸程范围越宽，则其斜率越大，曲线越陡；否则，沸程越窄，斜率越小，曲线越平滑。

3. 注意事项

① 温度计必须安装正确。温度计和蒸馏烧瓶的轴心线应互相重合，并且使水银球的上边缘与蒸馏烧瓶馏出口下边缘在同一水平线上，各接口要密封。若温度计不垂直，水银球偏向瓶壁，由于瓶壁受冷空气的影响，馏出温度偏低；若温度计插入太深，则因高沸点蒸汽或因液滴溅滴在水银泡上而使馏出温度偏高；若温度计插入浅，则因瓶颈的蒸气少，受冷空气影响而使馏出温度偏低。

② 加热速度对馏程测定结果有很大影响，特别是对初馏点和 90%馏出温度以后各馏出点的影响尤为显著。不同油品规定的加热速度不同。控制加热速度，就是控制馏出速度，蒸馏时，馏出最初 10mL 馏出速度控制在 2~3mL/min，以后，馏出速度控制在 4~5mL/min(若馏出速度快，即加热速度快，蒸馏烧瓶受热也快，会产生大量的气体，来不及从出口管逸出，使瓶中气体增多，瓶中压力大于外界气压，这时读出的馏出温度要比正常馏出温度偏高一些；若加热速度太慢，不仅使各点馏出温度偏低，而且馏程测定时间加长)。

蒸馏汽油时，馏出体积达 90mL 时，调整加热速度使其在 3~5min 内达干点，否则重作；蒸馏煤油、柴油时，馏出体积达 95mL 时，记录流出体积 95%~干点的时间，该时间应小于或等于 3min，否则重作。

③ 试样中不允许有水分存在，否则试验时易产生突沸，影响测定结果的准确性。突沸有时会把温度计和软木塞冲出，甚至造成失火或烧伤事故。为防止蒸馏过程中发生突沸现象，可在蒸馏烧瓶中加入少量瓷片或沸石。

④ 防止回收量过多或过少。量取试样多、量取试样时试样温度偏低、冷凝管未擦净、蒸馏烧瓶不干燥等，会使回收量增加。量取试样少、量取试样时试样温度偏高、注入试样时洒在烧瓶外面、仪器连接处密封不严等，会使回收量减少，回收量的多少会影响 90%以后

馏出温度的高低。

⑤ 测量体积时，试油、残油、馏出油三者必须在20~30℃温度范围内测量，否则影响读数。

⑥ 量筒口部要用棉花盖好，以防冷凝管上凝结的水分落入量筒内，减少馏出物的挥发。

⑦ 大气压力对油料的汽化有很大影响，大气压力高则汽化困难；大气压力低则汽化容易。液体的沸点随大气压力的升高而升高。同一试样若在不同大气压下进行蒸馏测定，所得结果不同。因此，馏出温度必须按有关要求换算为标准大气压力下的值。

4. 馏程测定的意义

蒸馏(馏程)是评定液体燃料蒸发性的重要质量指标，它既可以说明液体燃料的沸点范围，又能判断石油产品组成中轻重组分的大致含量。因此，对于生产、运输、使用和储存等各方面都有重要意义。

① 蒸馏(馏程)是判断石油馏分组成，确定加工方案和加工工艺，保证石油产品质量与产量的重要依据。

② 测定燃料的馏程，可判断其蒸发性并初步鉴定燃料的种类及质量变化。燃料的沸点越低，则其蒸发性越大。从车用汽油的馏程可以看出它在使用时蒸发性能的好坏。汽油的初馏点和10%馏出温度过高，则冷车不易启动；若这两个温度过低，则易产生气阻。夏季，在发动机温度较高的油管中的汽油，蒸发形成气泡，堵塞油路，中断给油。汽油的50%馏出温度是表示它的平均蒸发性，它能影响发动机的加速性。50%馏出温度低，它的蒸发性和发动机的加速性就好，工作也较平稳。汽油的90%馏出温度和干点表示汽油中不易蒸发和不能完全燃烧的重质馏分的含量。这两个温度低，表示其中不易蒸发的重质组分少，能够完全燃烧。反之，表示重质组分多，汽油不能完全蒸发和燃烧。这样，就会增加汽油消耗量，甚至稀释润滑油，增加机件磨损。

③ 在运输和储存过程中，如轻馏分蒸发损失，或混入重馏分，蒸馏温度会偏高；混入轻馏分，则蒸馏温度偏低。

二、饱和蒸气压

1. 相关概念

纯物质蒸气压：在某一温度下，液体同其液面上的蒸气呈平衡状态时，由此平衡蒸气产生的压力称为饱和蒸气压，简称蒸气压，单位为kPa。其特点是，只要温度一定，则蒸气压P为常数，即P与气化率无关，蒸气压只是温度的函数。

饱和蒸气压是用来说明油品蒸发能力的大小和油品在管道进油系统中形成气阻的可能性以及贮运时损失轻质馏分的倾向。汽油的饱和蒸气压大，蒸发性就大，形成气阻的可能性也大，在贮运中，蒸发损失也就大。

石油馏分蒸气压：混合烃的蒸气压等于各组分单独存在时的蒸气压与相应组分在平衡液相中的分子分率乘积之和，可由道尔顿分压定律和拉乌尔定律求得。其特点是，石油馏分蒸气压不仅是温度的函数，也是气化率的函数，即混合烃蒸气压随着气化率的升高而升高。由于石油馏分组成复杂，故不能用上述定律计算其蒸气压，要实测。在石油工业中，常用雷德蒸气压法来测定石油产品的蒸气压。作为汽油规格中的主要质量指标，蒸汽压愈高，表明油品越容易汽化造成蒸发损失，在发动机的输油管道中愈易气阻。

雷德蒸气压：在雷德蒸气压测定器中，液体燃料与其平衡的蒸气体积之比为1∶4，在

38℃时所测得的由燃料蒸气产生的最大压力(kPa)称为雷德蒸气压。

雷德蒸气压适用于评定发动机燃料的蒸发强度、启动性能、生成气阻的倾向和在储存、管理中损失轻组分的倾向。蒸气压大，则含轻组分多，蒸发强度大，启动性能好，但若蒸气压太大，则易形成气阻，并且挥发损失大，所以轻质油蒸气压受到限制。

2. 石油产品蒸气压测定

① 仪器见图7-3，图7-4。

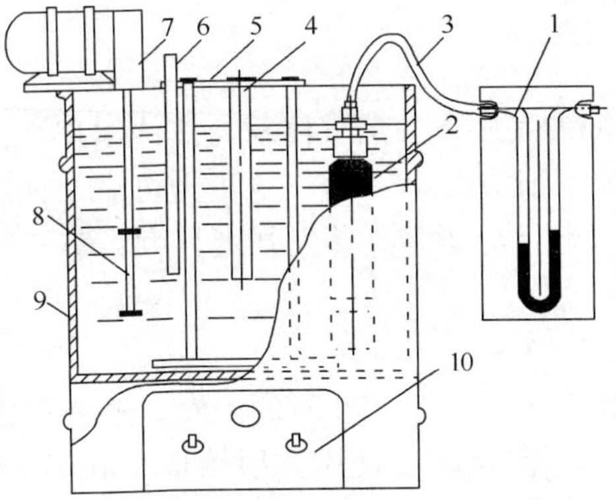

图7-3　雷德法饱和蒸汽压测定装置

1—水银压力计；2—雷德法饱和蒸汽压测定器；3—橡皮管；4—接触式温度计；5—电热器；6—温度计；7—电机；8—搅拌器；9—水浴；10—继电器

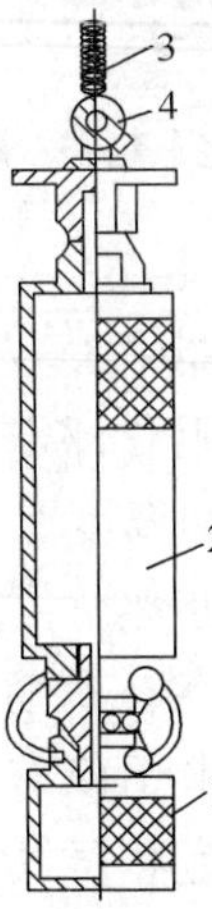

图7-4　雷德类的饱和蒸汽压测定器

1—燃料室；2—空气室；3—接头管；4—活栓

② 测定方法：

试油在0~4℃时装入燃料室，连接好空气室和压力表，倒置测定器，激烈振荡，在38±0.3℃恒温水浴中反复测量压力(由压力表读出)，当压力不再升高时，该最大压力即为测定值p'，然后按式(7-13)计算出雷德蒸气压p：

$$p = p' + \Delta p \tag{7-13}$$

式中Δp为校正值，kPa。

$$\Delta p = (p_a - p_t)\frac{t - 38}{273 + t} + (p_t - p_c) \tag{7-14}$$

式中　p_a——大气压力，kPa；

p_t——气体室温下水的饱和蒸气压，kPa；

p_c——38℃时水的饱和蒸气压，kPa；

t——气体室温，℃。

3. 饱和蒸气压测定的意义

① 根据蒸气压，可以判断液体燃料蒸发性的大小。

通常发动机燃料的饱和蒸气压越大，表明燃料中轻质成分含量较多，则蒸发性越强，越容易汽化，与空气混合也越均匀，越容易着火，燃烧速率快，燃烧比较完全，易于启动与加速，并减少磨损，降低油耗，故汽油机要求汽油具有良好的蒸发性。

② 根据蒸气压，可以判断发动机燃料在使用时有无形成气阻的倾向。

通常汽油的蒸气压越大，形成气阻的倾向越大。发动机燃料的蒸发性过强，则在高温或低压情况下，易产生气阻，甚至造成供油中断，导致发动机工作不正常或停止工作。因此，对发动机燃料特别是航空燃料都要求有一定的饱和蒸气压，我国国家标准规定车用汽油的蒸气压夏季不大于66.7kPa，冬天不大于80.0kPa，航空汽油为27.0~48.0kPa。

③ 根据蒸气压，可以估计发动机燃料在贮存和运输过程中的损失程度。

燃料在贮存、灌注及运输过程中，轻质馏分总会损失。通常汽油蒸气压愈大，馏分越轻，在贮存时蒸发损失愈大，形成火灾的危险性也越大。

三、气液比[GB/T 6534—86(91)]

1. 气液比的定义

指在标准仪器中，液体燃料在规定温度和大气压下，蒸气体积与液体体积之比。气液比是温度的函数，用它评定、预测汽油气阻倾向，比用馏程、蒸气压更为可靠。该法要求报告的是 $V/L=20$ 时的温度。该温度越低，油中含轻组分越多，蒸发强度越大，蒸气压越大，挥发性越大，反之亦然。

2. 气液比的测定仪器及评定方法

测定方法：由于该方法要求报告的是101.3kPa，$V/L=20$ 时的温度，这个温度越低，含轻组分越多，其饱和蒸气压越高，挥发性越大。测定时，使用注射器取1mL冷至0~4℃的汽油，由胶塞处注入已充满甘油的 V/L 玻璃量筒中，然后置量筒于恒温水浴中，在101.325kPa下，改变水浴温度，测得3~4个温度下的 V/L 比值(因不能一次找到 $V/L=20$ 时的温度)，然后以气液比为横坐标，以相应的水浴温度为纵坐标作曲线，在曲线上查取 $V/L=20$ 所对应的温度，作为报告值。

四、润滑油、润滑脂的蒸发损失

油品的蒸发损失，即油品在一定条件下通过蒸发而损失的量，用质量百分比表示。蒸发损失与油品的挥发度成正比。蒸发损失越大，实际应用中的油耗就越大，故对油品在一定条件下的蒸发损失量要有限制。润滑油在使用过程中蒸发，造成润滑系统中润滑油量逐渐减少，需要补充，黏度增大，影响供油。液压液体在使用中蒸发，还会产生气穴现象和效率下降，可能给液压泵造成损害。蒸馏方法得到的数据只是粗略的结果，润滑油品的蒸发损失需专门方法测定。目前，我国测定润滑油蒸发损失的方法为GB/T 7325润滑油和润滑脂蒸发损失测定法。该方法是把放在蒸发器中的润滑油试样，置于规定温度的恒温浴中，热空气通过试样表面22h。然后根据试样的质量损失计算蒸发损失。根据该方法，润滑油品的蒸发损失可以在99~150℃内的任一温度下测定。目前，该方法在我国主要用于合成润滑油的蒸发损失评定。

第七节　油品低温流动性能的测定

油品的低温性是指油品在低温下能否维持正常流动和顺利输送的能力。低温性能差的油品在受冷时会析出结晶，黏度增加以致失去流动性，严重影响油品的输送和使用。因此，发动机燃料和润滑油的低温流动性是其重要的质量指标之一。

车用汽油的馏分轻，沸点低，低温析出结晶的温度一般是-60℃以下，故此，其低温流动性通常都没有问题。这里讨论油品的低温流动性能主要是针对高空使用的航空汽油、喷气燃料油和馏分较重的柴油和润滑油等。

对于纯化合物，在一定的压力下，由液态转化为固态或固态转化为液态的温度，称为凝固点或熔点。它是一个固定的数值，是物质的物理常数之一。而油品是各类烃的混合物，它的液、固两相的状态变化是在一个温度范围内实现的。其测定方法也与纯物质不同。它是根据不同油品和不同使用条件，采用严格规定的条件性试验进行测定的。

我国把浊点、结晶点、冰点、凝点、冷滤点作为评定油品低温性能的指标。

一、浊点、结晶点、冰点

浊点、结晶点和冰点是轻质石油产品特别是航空燃料使用时的重要质量指标之一。浊点主要用来评定灯用煤油和柴油的低温性能，结晶点和冰点用来评定航空汽油和喷气燃料的低温性能，我国习惯上采用结晶点，冰点在国际上应用较为广泛。同一种石油产品的冰点一般比结晶点高1~3℃。

1. 有关概念

(1) 浊点

在试验条件下，把试油冷却到出现浑浊时的最高温度叫浊点。这时，由于油品中出现了许多肉眼看不见的微小晶粒，油品不再呈现透明状态。

(2) 结晶点

在浊点之后，继续冷却试油，出现肉眼可辨针状结晶时的最高油温叫结晶点。

(3) 冰点

在结晶点之后，加热试油，使原来形成的烃类针状结晶消失时的最低油温叫冰点。

2. 影响浊点、结晶点和冰点的因素

(1) 油品中的固态烃

油中含有在低温下易结晶析出的固态烃，在常温下，这些固态烃溶于油中，当油品温度降低时，溶解度下降，达到饱和时便析出结晶，表现为油变混浊；温度再低时便出现肉眼可辨针状晶体。这些固态烃主要是正构烷烃，其次是环状烃。不同类型及不同相对分子质量的烃，其熔点各不相同。一般正构烷烃与结构对称的短侧链单环芳烃的熔点较高；环烷烃、烯烃、异构烷烃的熔点较低。同一烃类中随着相对分子质量的增大而熔点升高。所以由石蜡基原油，例如大庆原油，炼制的喷气燃料的结晶点较高；而由中间基原油加工的喷气燃料的结晶点则较低，例如克拉玛依原油、胜利原油等。同一原油加工的喷气燃料，其馏分越重，相对密度越大，结晶点越高。

(2) 油品中存在的微量溶解水

当燃料油中有微量水时，在较低温度下，溶解水会达到过饱和状态，则以游离状态或冰晶状态析出。当游离水与油中的胶质作用，在过滤网上形成一层薄的黏膜，使过滤能力大大降低。冰晶颗粒的存在不仅堵塞过滤器和输油管，更重要的是这些微小的晶粒可以作为烃类结晶的晶核，使熔点较高的烃类围绕这些晶核迅速长成大的结晶，使燃料系统的导管和过滤网堵塞现象加剧，甚至中断供油，酿成事故。一般油品中均有溶解水，轻油溶解水量在几十到200μL/L，这些水分在低温时随温度下降，溶解度下降，达到饱和时便析出结晶，使油品结晶点提高，从而影响油品低温性。所以在航煤中要加防冰剂(二乙二醇类)。

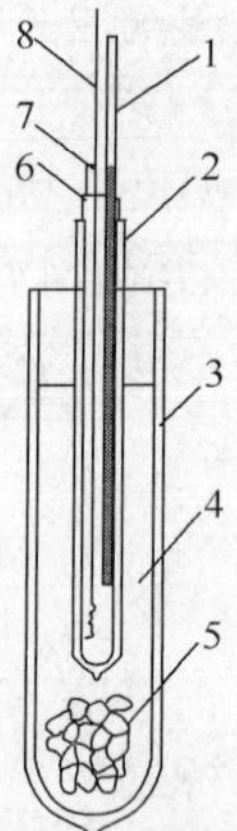

图 7-5 航空燃料冰点测定仪

1—温度计；2—双壁玻璃试管；3—真空保温瓶；4—冷剂；5—干冰；6—软木塞；7—压帽；8—搅拌器

3. 测定方法

浊点、结晶点和冰点的测定可分别按照 GB/T 6986—86(91)标准方法进行，对于浊点小于-49℃的轻质石油产品，浊点的测定按 GB/T 2430—81(88)标准方法进行。测定仪器装置见图 7-5。

测定时，将试样分别装入两支专用的双壁玻璃试管中，其中一支试管插入冷浴中，按规定控制冷浴温度。按规定条件边搅拌边冷却，以防止因管壁局部试样温度过低，造成结果判断困难。在达到预期浊点前 3℃时，按规定从冷浴中取出试管，与标准物进行比较，直至试样开始出现混浊为止。此时温度计所示温度就是试油的浊点。在测定浊点后，继续冷却试样，在达到预期结晶点前 3℃时，按规定从冷浴中取出试管观察，直至试样开始出现肉眼能辨别的晶体时，温度计所示的温度即为试样的结晶点。在测定结晶点之后，继续加热试油，使原来形成的烃类针状结晶消失时的最低油温为冰点。

4. 测定油品浊点、结晶点和冰点的意义

浊点主要是用来评定灯用煤油低温性能的指标。浊点太高的灯油在冬季室外用时，会析出微结晶，堵塞灯芯的毛细管，使灯芯无法吸油，导致灯焰熄灭。结晶点和冰点主要用来评定航空汽油和航空燃料油的低温流动性能指标。航空汽油和喷气燃料在低温下使用时如果出现结晶，就会堵塞燃料系统的导管和滤清器，使供油不足，甚至中断，造成发动机停止工作，这对高空飞行非常危险。

我国标准规定要求，航空汽油和 1#喷气燃料结晶点不高于-60℃。2#，3#喷气燃料结晶点不高于-50℃。4#喷气燃料结晶点不高于-40℃，灯用煤油浊点不高于-12℃。

二、凝点、倾点和冷滤点

凝点和倾点是评价原油、柴油、润滑油、重质燃料油低温流动性能的指标。冷滤点是评定柴油极限最低使用温度的指标。

1. 油品凝固现象

如前所述，石油及其产品是一种复杂的混合物，遇冷时逐渐失去流动性能，没有明确的凝固温度。因此规定油品在低温下失去流动性时的最高温度为其凝固点(简称凝点)。油品的组成不同失去流动性的原因也不同。一般认为有下列几种情况。对于含蜡少的油品，随着温度下降，则黏度增加，当黏度增加到一定程度时，油品就会变成无定形的黏稠玻璃状物质而失去流动性，这种现象称为黏温凝固。含蜡较多的油品，随着温度下降，油品中高熔点的烃类在油品中的溶解度降低，当达到其饱和状态时，就会以结晶状态析出。最初析出的是肉眼观察不到的细微的颗粒结晶，使原来透明的油品变为浑浊，进一步降温，蜡的结晶逐渐增大，到达结晶点后进一步降温，则蜡的结晶大量生成，连成网状的结晶骨架，把仍处于液态的油包在其中，从而使整个油品失去流动性，这种现象称为结构凝固(或称为构造凝固)。无论是黏温凝固或结构凝固，都指的是油品在一定条件下失去流动性的状态，实际上此时油品仍处于黏稠的膏状物状态，其硬度离"固"还差得很远，只是在一定条件下失去流动性而已。

2. 有关概念

凝点(Solidification point)：定义为在规定条件下，将试油冷却到不能继续流动时的最高温度。单位℃，用 SP 表示。

倾点(Pour point)：定义为在规定条件下，将试油冷却到能够继续流动时的最低温度，又称流动极限。单位为℃，用 PP 表示。同一油的倾点要比凝点稍高一些，一般高 1~3℃。

冷滤点：在规定条件下，20mL 试样开始不能通过过滤器时的最高温度，单位为℃。

倾点、凝点均可作为评定柴油的低温流动性能的指标。但据实际经验，柴油在浊点时仍能保持其流动性，若用浊点作为柴油极限最低使用温度的控制指标，则过于严格，不利于充分利用能源。倾点是柴油的流动极限，凝点时柴油已失去流动性，若以倾点或凝点作为控制指标又偏低，往往会造成堵塞滤网、滤布等部位，中断供油，使发动机无法启动。经过大量的行车试验和冷启动试验表明，不论柴油中是否加有流动改进剂，冷滤点与行车试验结果都有良好的对应关系，是保证柴油输送和过滤性能的指标，它表示柴油可以使用的最低温度。因此，欧美等国家已采用冷滤点代替浊点、凝点作为评价柴油低温性能的指标。为了与国际标准一致，我国也把冷滤点作为柴油质量指标之一。

3. 测定方法

(1) 测定原理

将试样装在规定的试管中，按规定条件预热、冷却，当石油产品在冷浴中达到预期的温度时，将试管倾斜 45°经过 1min，观察试样液面是否移动。然后按规定调整试验温度。经重复试验，直至找到某试验温度能使液面在倾斜 45°时不移动，而提高 2℃时又能使液面移动，则取液面不移动时的温度，作为试样的凝点。

(2) 测定步骤

① 装好的仪器要垂直地固定在支架的夹子上，并放在室温中静置，直至试管中的试样冷却到 35±5℃为止。然后将这套仪器浸在装好冷却剂的容器中。冷却剂的温度要比试样的预期凝点低 7~8℃。试管(外套管)浸入冷却剂的深度应不少于 70mm。

注：测定低于 0℃的凝点时，试验前应在套管底部注入无水乙醇 1~2mL。

② 在冷却试样时，冷却剂的温度必须准确到±1℃。当试样冷却到预期凝点温度时，将仪器倾斜 45°，保持 1min(仪器不能离开冷却剂)，然后连套管一起将试样从水浴中取出，迅速用无水乙醇擦干外壁，用软木塞将试管牢固地装在套管中，试管外壁与套管内壁要处处距离相等，在垂直状态下观察液面是否有移动迹象。

③ 当液面位置有移动时，从套管中取出试管，并将试管重新预热至试样达 50±1℃，然后把试管装入套管中，再在室温下冷却至 35±5℃，然后用比上次试验温度低 4℃或其他更低的温度重新进行测定，直至某试验温度能使液面位置停止移动为止，并记录不移动时的温度。

注：试验温度低于-20℃时，重新测定前应将装有试样和温度计的试管放在室温中，待试样温度升到-20℃，才将试管浸在水浴中加热。

④ 当液面的位置没有移动时，从套管中取出试管，并将试管重新预热至试样达 50±1℃，然后把试管装入套管中，再在室温下冷却至 35±5℃，用比上次试验温度高 4℃或其他更高的温度重新进行测定，直至某试验温度能使液面位置发生移动为止，记录移动时的温度。

⑤ 确定结果。找出凝点的温度范围(液面位置从移动到不移动或从不移动到移动的温度范围)之后，就采用比移动的温度低 2℃，或采用比不移动的温度高 2℃，重新进行试验。如此重复试验，直至确定某试验温度能使试样的液面停留不动而提高 2℃又能使液面移动时，

就取使液面不动的温度，作为试样的凝点。

⑥ 试样的凝点必须进行重复测定。第二次测定时的开始试验温度，要比第一次所测出的凝点高 2℃。

(3) 注意事项

① 制备含有干冰的冷却剂时，在一个装冷却剂用的容器中注入工业乙醇，注入到容器深度的 2/3 处。然后将细块的干冰放进搅拌着的工业乙醇中，再根据温度要求下降的程度，逐渐增加干冰的用量。每次加入干冰时，应注意搅拌，不使工业乙醇外溅或溢出。冷却剂不再剧烈冒出气体之后，添加工业乙醇达到必要的高度。

注：使用溶剂汽油制备冷却剂时，最好在通风橱中进行。

② 无水的试样直接开始试验。含水的试样试验前需要脱水，但在产品质量验收试验及仲裁试验时，只要试样的水分在产品标准允许范围内，应同样直接开始试验。

试样的脱水按下述方法进行，但是对于含水多的试样应先经静置，取其澄清部分来进行脱水。

对于容易流动的试样，脱水处理是在试样中加入新煅烧的粉状硫酸钠或小粒状氯化钙，并在 10~15min 内定期摇荡，静置，用干燥的滤纸滤取澄清部分。

对于黏度大的试样，脱水处理是将试样预热到不高于 50℃，经食盐层过滤。食盐层的制备是在漏斗中放入金属网或少许棉花，然后在漏斗上铺以新煅烧的粗食盐结晶。试样含水多时需要经过 2~3 个漏斗的食盐层过滤。

③ 在干燥、清洁的试管中注入试样，使液面满到环形标线处。用软木塞将温度计固定在试管中央，使水银球距管底 8~10mm(应在注油前先调整好)。装有试样和温度计的试管，垂直地浸在准备好的水浴中，直至试样的温度达到 50±1℃ 为止。

4. 影响凝点的因素

(1) 与油品的馏分组成和化学组成、相对分子质量有关

油品沸点越高，特性因数越大，则凝点与倾点越高。同族烃类中，相对分子质量越大，凝点越高。碳数相同时(前提条件是柴油及其以上馏分)：正构烷烃的凝点>正构烯烃的凝点>异构烷烃的凝点>异构烯烃的凝点>芳烃的凝点>环烷烃的凝点。所以，不同原油的同一馏分油，如果正构烷烃多环烷烃少，则凝点高；反之凝点低。油品中高熔点烃类含量多，则凝点较高。例如石蜡基原油及其产品的凝点，比环烷基原油及其产品的凝点要高。

(2) 与油品中是否有表面活性物质有关

当油中含有胶质、沥青质、环烷酸盐等表面活性物质时，油品的凝点比不含有表面性物质的油凝点低。原因是这些表面活性物质能吸附在刚刚生成的蜡结晶微粒上，阻止蜡结晶长大，使蜡结晶以小而分散的形式分散在油中，而不是联成网状结构，这样，便使蜡结晶连成网状结晶骨架的温度下降(时间向后推迟)，故使凝点下降。

(3) 与操作条件有关

不同的加热条件和冷却速度下，石蜡的结晶过程和晶体形成的网状骨架都不同。因此必须严格遵守操作规程，才能得到正确的数据。

5. 测定油品凝点的意义

(1) 对于含蜡石油产品来说，由凝点可估测试油中的相对蜡含量

对含蜡原油和柴油，由凝点的高低可估计其相对蜡含量。如大庆原油 SP≈30℃，蜡含量 25%左右；沈北原油 SP=48℃，蜡含量 46%左右；克拉玛依低凝原油 SP≈-50℃ 蜡含量

2.04%左右。对不同原油生产的同一馏分油，凝点高者，蜡含量多，含芳烃少；凝点低者，蜡含量少，含芳烃多。

（2）凝点是划分某些油品牌号的依据

柴油、变压器油是以凝点划分其牌号的。如-10号柴油的凝点要求不高于-10℃。根据环境温度选用合适牌号的柴油，一般凝点应低于环境温度5~7℃。

（3）凝点也是柴油、原油、润滑油、重质燃料油低温流动性重要质量指标之一

凝点对油品的储存、运输、保管和使用具有指导意义。如大庆原油SP大于30℃，所以管输时温度必须至少高于其凝点以上10℃的温度才能正常输送，否则凝固。在冬季，当气温低于润滑油倾点或凝点时，若不事先进行预热，就会对油的装卸、倒装、加注造成困难。

（4）凝点或倾点可作为低温时选用润滑油的依据

在低温地区，润滑油要有足够低的凝点或倾点，否则不能保证正常的输送、机械的正常启动和运转。

三、润滑油的低温流动性能

低温流动性是润滑油的主要性能之一，除上述浊点、结晶点、冰点、凝点、冷滤点等指标外，低温动力黏度、边界泵送温度、成沟点等也是反映润滑油低温流动性的重要质量指标。

1. 车用流体润滑剂低温动力黏度的测定(GB/T 11145—2014)

低温动力黏度可作为预示发动机在低温条件下能否顺利启动的黏度指标。

润滑油的低温动力黏度即勃氏黏度(Brookfield viscometer)，是指用勃氏黏度计测得的液体的黏度，以cP表示，$1cP=1\times10^{-3}Pa\cdot s$。黏度范围为$1\sim(1\times10^{-3})Pa\cdot s$，所测温度范围为-5~-40℃，$(1\times10^{3})\sim(1\times10^{6})cP$表现润滑油的低温、低剪切率黏度。

根据使用温度源的不同，可分为空气冷浴法和半导体冷浴法。这里主要介绍空气冷浴法。

（1）测定原理

将试样放入试验温度的空气冷浴中，恒温16h然后取出，置于绝热的试管座中。连接心轴和布氏黏度计，选好转速，测定勃氏黏度。

（2）准备工作

① 打开恒温水浴电源开关，恒温在50℃。接好冷箱制冷系统。

② 黏度计的校正：为确保测定勃氏黏度的可靠性，应定期用标准参考油校正勃罗克费尔特黏度计，标准油有N27B，N115B两种。表7-3列出了每种标准参考油在不同温度下的标准黏度值。

表7-3 标准参考油在不同温度下的黏度值

标准参考油	温度/℃	转速/(r/min)	黏度值/(mPa·s)
N27B	-28.9	60	5300
	-34.4	30	12750
	-40.0	12	36940
N115B	-6.7	60	5970
	-12.2	30	13360
	-17.8	12	32310
	-23.3	6	81460
	-26.1	3	140800
	-28.9	1.5	253700

（3）测定步骤

① 调节冷箱温度。将倾点较低的试样约30mL作为模拟试样注入试管内，插上温度计（或测温仪探头），放入冷箱内的转盘上。将冷箱的温度预置到试验温度，让它自动降温并开动转盘。恒温过程中注意观察模拟试样的温度。如果与试验温度不符要调节冷箱预置温度，直至模拟试样的温度达到试验温度，恒温1h。要注意，在恒温后期不应调节浴温，否则会引起试样黏度产生大的变化。

② 试样的准备。每次试验要用新试样，每个试样装两个试管，试样的加入量以黏度计和心轴处于试验位置时，试管中的液面与心轴的浸没刻线平齐为宜，一般约为30mL试样。盖上试管塞，并用心轴夹固定在其浸没线与液面平齐的位置。如果已知测定试样的转速或黏度范围，则只需装一个试管。

③ 将装有试样和心轴的试管在50℃的恒温水浴中放置0.5h，取出后擦干外壁，再放在试管架上，在室温下冷却0.5h，然后放入已恒定在试验温度的冷箱转盘上，同时放进绝热试管座，连续恒温冷却16h后，开始测定试样的勃氏黏度。从试样恒温冷却到测定黏度结束不得超过18h。

④ 测定。把黏度计调至水平，然后从冷箱中迅速取出一个已恒温的试样管和绝热试管座。将试管放入试管座中并放到黏度计下，在30s内把心轴接到黏度计上，去掉心轴夹，将心轴调整在试管孔的中心位置。借助于试管座窗口背面的冷光源（手电筒或闪光灯）调节支架上的旋钮，使心轴的浸没刻线同试样液面相平齐。

估计试样的黏度范围，从表7-4中选择试样相应的转速，压下黏度计的离合器柄，同时打开黏度计开关，轻轻地松开离合器柄，使表盘转动。如果指针不在表7-4中规定的允许表盘读数范围以内，则需要调节转速，直至指针指示在表盘读数的允许范围内，此时心轴的转速为该试样的最佳转速。压下离合器柄，关闭黏度计开关。

表7-4　转速（r/min）选择表

心轴转速/（r/min）	黏度计算系数	允许的表盘读数范围	黏度范围/（mPa·s）
0.6	10000	40~100	400000~1000000
1.5	4000	50~100	200000~400000
3.0	2000	50~100	100000~200000
6.0	1000	50~100	50000~100000
12.0	500	40~100	20000~50000
30.0	200	49~100	9800~20000
60.0	100	10~98	1000~9800

用选定的最佳转速对同一试样的另一个试管进行黏度测定，试验步骤同上。当指针稳定在表盘上的某一位置或达到表7-5中规定的最大观察时间时，读取并记录表盘读数。为了在较高转速下读取表盘读数，当指针进入观察窗时，立即压下离合器柄，并同时关闭黏度计，读取表盘读数，然后轻轻地松开离合器柄。

测试完毕后，升高心轴，将心轴从黏度计上卸下来，移开试管座，取出装有试样的试管，放到50℃的恒温水浴中，待试样温度回升后，取出心轴，放入盛有石油醚的烧杯中，用镊子夹持药棉刷洗两次，再用绸布擦干，待用。

表 7-5　统一观察时间

心轴转速/(r/min)	最大观察时间/min	最大心轴转速/(r/min)	记录
0.6	5	3	在观察时间内，当刻度指针通过仪器观察窗时，稳定的最高表盘读数
1.5	3	4.5	
3.0	3	9	
6.0	2	12	在观察时间内，稳定的最高表盘读数
12.0	1	12	
30.0	30s	15	到 30d 时，观察表盘读数，做两次，并记录较高的读数
60.0	30s	30	

(4) 结果计算

试样及标准参考油在试验温度下的勃氏黏度，按表 7-6 规定的公式计算；心轴表面的剪切应力和剪切速率的计算。

剪切应力 T(Pa)计算如下：

$$T = 1.253M \tag{7-15}$$

式中　M——表盘读数；

1.253——由心轴尺寸和黏度计的弹性常数确定的常数。

剪切速率 τ(s^{-1})计算如下：

$$\tau = 0.2156r \tag{7-16}$$

式中　r——旋转速度，r/min；

0.2156——取决于心轴半径和试管内直径的常数。

表 7-6　试样在试验温度下勃氏黏度的计算

勃氏黏度=表盘读数×系数		勃氏黏度=表盘读数×系数	
心轴转速/(r/min)	系数	心轴转速/(r/min)	系数
0.6	10000	12.0	500
1.5	4000	30.0	200
3.0	2000	60.0	100
6.0	1000		

2. 发动机油的边界泵送温度的测定(GB 9171—88)

边界泵送温度就是能把机油连续地、充分地供给发动机油泵入口的最低温度。

如果发动机油在低温下油泵供油速度和供油量不足，就会出现发动机启动后摩擦表面长时间得不到充分的润滑而导致磨损增加。机油的泵送失败是因为其在低温下黏度太大或出现蜡结晶或含有高分子聚合物等所致，简单来说就是由于泵入口处机油的屈服应力过大。

(1) 相关概念

动力黏度：表示液体在剪切应力下流动时内摩擦力的度量，其值为所加于流动液体的剪切应力和剪切速率之比。在法定计量单位中，其单位是以 Pa·s 表示，习惯用 cP 为单位。

牛顿油或牛顿液体：在所有的剪切速率或剪切应力下，只要温度一定都显示恒定黏度的油或液体。

非牛顿油或非牛顿液体：随剪切应力或剪切速率的变化，其黏度也变化的油或液体。

校准油：属牛顿流体，它在-20℃的黏度约为 30Pa·s。用于测定本仪器的表观黏度与速度的关系曲线范围，在此范围内确定试样的表观黏度。

表观黏度：使用本方法所测得的黏度。

剪切速率：流体流动的速度梯度。对于牛顿液体，在一个同心圆筒旋转黏度计中，在内圆筒外表面测量剪切速率，并忽略任何边界效应。转子表面的剪切速率 $G_t(s^{-1})$ 计算如下：

$$G_t = \frac{2\Omega \cdot R_t^2}{R_s^2 - R_t^2} = \frac{4\pi \cdot R_t^2}{t(R_s^2 - R_t^2)} \tag{7-17}$$

式中 Ω——角速度，rad/s；

R_s——定子半径，mm；

R_t——转子半径，mm；

t——转子转一圈的时间，s。

对于在下列仪器中所规定的特定尺寸，转子表面的剪切速率 $G_t(s^{-1})$ 计算如下：

$$G_t = \frac{63}{t} \tag{7-18}$$

剪切应力：单位面积上推动液体流动的力，面积指的是剪切面，本方法所用旋转黏度计的转子表面是受剪切的面积。

施加在转子上的扭矩 T_r(N·m)计算如下：

$$T_r = 9.81M(R_0 + R_t) \times 10^{-6} \tag{7-19}$$

式中 M——施加的质量，g；

R_0——轴的半径，mm；

R_t——细棉线的半径，mm。

施加在转子表面上的剪切应力 S_r(Pa)计算如下：

$$S_r = \frac{T_r}{2\pi \cdot R_t^2 \cdot h} \times 10^9 \tag{7-20}$$

式中 h——转子高度，mm。

对于在下列仪器中所规定的特定尺寸，施加在转子上的扭矩 T_r(N·m)按式(7-21)计算，施加在转子表面上的剪切应力 S_r(Pa)按式(7-22)计算：

$$T_r = 31.7M \times 10^{-6} \tag{7-21}$$

$$S_r = 3.5M \tag{7-22}$$

屈服应力：液体刚刚开始流动所需的剪切应力，对于所有的牛顿液体和某些非牛顿液体，屈服应力等于零。有些发动机油有屈服应力，它是低温冷却速率、恒温时间和温度的函数。

临界屈服应力：能使润滑油流到汽车发动机滤网入口的最大屈服应力。由于在较高的屈服应力下，空气可能被吸入油泵，并因为油泵气阻导致不能保持合适的机油压力。

临界黏度：在一定的剪切速率下，能使机油顺利流到汽车发动机油泵所允许的最大黏度。超过这个黏度，流向机油滤网或进油管的机油受到限制，从而导致不能维持所需的机油压力。

边界泵送温度：出现临界屈服应力或临界黏度时的最高温度，无论哪个温度都是取较高的温度。

(2) 测定原理

试样在 10h 内，以非线性程序冷却速率，由 80℃冷却到试验要求温度，恒温 16h。然后在旋转黏度计上逐步施加规定的扭矩，观察并测定其转动速度，再计算该温度的屈服应力和表观黏度。由三个或三个以上试验温度所得结果确定该试样的边界泵送温度。

如果只是为了满足某些规格或分类要求，则只需测定边界泵送温度低于某个规定温度即可。

（3）准备工作

① 在启用前校准仪表板上的温度转换开关所对应的各档温度。(a)把校准好的温度计插入温度计插孔，顺时针方向转动重调旋钮，直到极限位置。(b)把温度选择开关置于0℃位置，把电源开关置于冷却位置，让铝块冷至控制温度，应在30min内达到温度平衡。温度平衡后，如果偏离0±0.5℃，则可通过仪器底部相应的调节螺丝把温度调到0±0.5℃。(c)记录温度。(d)按上述方法校准-5～-30℃各档温度，使其准确至±0.5℃。

② 在-20℃，用校准油(低浊点的牛顿油，在-20℃的黏度约为30Pa·s)按规定方法测定每个黏度计单元的黏度计常数。

③ 校准好的温度计必须在初始启用及使用过程中定期作冰点测定。如果冰点值发生变化，则应将修正值合并入校准值。

④ 定期检查冷却速率，以确保规定的冷却速率。在10h降温期内，重调旋钮以每小时逆时针方向自动转一整圈，但在最后6h恒温期，重调旋钮不应再转动。

（4）测定步骤

① 试样和黏度计单元的准备：如果黏度计单元清洁并处于室温下，则取出9个转子。在每个定子杯里注入10mL试样；将转子对号安放到原来的定子杯里，然后对号安装上面的中心销。从左边第一单元开始，把700mm长的细棉线一端的线环系于转子轴顶部横梁上，将长线缠绕在轴上，装好滑轮，使细棉线挂在滑轮槽内，在细棉线垂下的端头环里挂上2～3g的重物，使细棉线拉直。用手转动转子轴，将线一圈一圈地缠绕在转子轴上，不得重叠，让细棉线尾部留下约200mm长度，待转子轴上部的横臂红色标记端转动至黏度计的后方，把200mm细棉线尾部向上跨过轴承架，放在该定子杯的后方。按此步骤，依次把其他黏度计单元装好。然后盖好透明外罩盖子，使暴露在空气中冷的金属部件上所形成的霜减至最少。把温度选择开关置于试验要求的温度挡，将重调旋钮顺时针方向旋到极限位置，加热旋钮逆时针方向旋到垂直朝上的位置，电源开关置于加热/冷却位置，指示灯亮，记录时间。铝块升温速度大约3℃/min，升温至80±3℃，然后自动恒温2h，以便使在室温下不是处于真溶液的物质能全部溶解，然后仪器会自动切换到冷却程序，进行10h的非线性降温。恒温冷却16h结束时，记录温度计读数，然后取下黏度计单元的透明罩盖，并注意对温度读数的校准数，此时即使没有精确地达到所预定的温度，也不再对温度控制进行调节，按下述步骤测定该温度的屈服应力和表观黏度。

② 屈服应力的测定：从仪器左边的黏度计单元开始，依此按下述步骤对每个黏度计单元进行试验。把滑轮安放在待测单元的正前方，使滑轮槽与转子轴在一条线上，以便使这条细棉线通过滑轮悬挂到仪器面前，进行测定时确保砝码离开仪器的边缘。从上轴承支架取下细棉线，小心放到滑轮上，不允许牵动转子轴，以便使定子杯不受干扰。将竖有两支标记杆的铜块放到黏度计单元的前方，使其对准。小心地在细棉线端挂上一个10g砝码，如果在15s内转动量小于10°，则判为看不出转动。再加10g砝码，依此类推。如果加30g砝码出现转动，那么在该试验温度下其屈服应力低于临界屈服应力，然后按步骤③进行；如果加40g砝码才开始出现转动，则该屈服应力可称为临界屈服应力，然后按步骤③进行；如果只是加50g砝码或更大的砝码才出现转动，那么记录不转动时的砝码质量。然后按步骤③进行。

③ 表观黏度的测定：在细棉线环上挂 150g 砝码，当发现明显转动时，从转子轴上的横臂红色端经过对准标杆时开始计时，测定转动三圈的时间。如果开始计时后，最初转动半圈的时间超过 1min，则只需记录转动一圈的时间即可。

对于其余每个黏度计单元的试验都要重复步骤②、③，试验顺序从左至右。

为了确定边界泵送温度(BPT)，先要确定出现临界屈服应力及临界黏度时的温度，两者之中取高的作为边界泵送温度。

(5) 边界泵送温度的确定和计算

① 屈服应力的计算和气阻型边界泵送温度(BPT)：

如果加 30g 砝码就观察到转动，屈服应力将小于 10^5Pa，对于本方法，可确定这个屈服应力为零。

如果加大于 30g 砝码才开始转动，那么应按上述式(7-20)计算不发生转动的最大质量的剪切应力，用这种方法计算所得的剪切应力就称为屈服应力。

油泵由于气阻导致泵送失败的边界泵送温度(BPT)是在 10^5Pa 临界屈服应力时出现的。

将相当于屈服应力为 10^5Pa 的温度修约到最接近的 0.5℃，就是气阻型的边界泵送温度(BPT)。

② 黏度计算和流动受限型边界泵送温度(BPT)：

在各个温度下试样的表观黏度 η(Pa·s)计算如下：

$$\eta = \frac{C \cdot M \cdot t_{3r}}{150} \tag{7-23}$$

式中 M——所施加的砝码质量，g；

t_{3r}——转子转动三圈的时间，s；

C——该黏度计单元的黏度计常数，Pa/s。

由表观黏度与温度的关系图中，可用内插法求得表观黏度为 30 Pa·s 时的温度，这个温度就是由于流动受限导致泵送失败的边界泵送温度(BPT)。

③ 在 A 和 B 中所确定的两个温度中选取较高温度，把它修约到最接近的 0.5℃，作为边界泵送温度(BPT)。

3. 齿轮油的成沟点的测定(SH/T 0030—1990)

成沟点是把试验油样在规定的温度下存放 18h，用金属片把试油切成一条沟，然后在 10s 内测定试油是否流到一起并盖住试油容器底部。若在 10s 内油样流回并完全覆盖试油容器底部，则报告油样不成沟；反之则报告油样成沟。成沟点是测定齿轮油(低温)的成沟性能，是齿轮油低温性能的一个指标。为了保证在低温下汽车启动时，后桥齿轮能得到最低限度的润滑，通常需要齿轮油有较低的成沟点。

(1) 测定原理

装有试样的容器，在试验温度下存放 18h，然后用钢片将试样刮一条沟，观察试样在 10s 之内是否流回并完全覆盖容器底部来判断试样的成沟特性。

(2) 测定步骤

将大约 650mL 的试样倒入试样容器直至距容器顶部 12.7mm 刻线处，然后盖上容器盖，插上温度计，并将试样容器放在热浴中，将试样加热达到 46℃，如用水浴，应调整水浴液面与试样液面一致。

当试样温度达到 46℃时，从热浴中取出试样容器，如用水浴时，要擦干试样容器上的水。

趁热调整试样容器盖上的温度计，使温度计的球部位于试样的中部，同时，在离试样容器壁约 12. 7mm 处的长方孔内，将成沟用钢片垂直地插入到试样容器底部。然后，立即将试样容器放入冷浴中。

试样容器放入冷浴后，起动冷浴。当冷浴温度达到规定试验温度时开始计时，试样容器在此冷浴温度下，连续存放 18h。存放 18h 后，从冷浴中取出试样容器并在 30s 内完成以下操作程序：(a)检查试样温度应在试验温度±1℃范围之内；(b)打开试样容器盖和取下温度计，并防止成沟用钢片移动；(c)在 5s 内，把保持垂直的成沟用钢片沿直径方向横过并紧贴容器的底部将试样刮一条沟。

在刮沟后的 10s 内，仔细观察试样是否重新流回并完全覆盖试样容器底部，如果 10s 内试样流回并完全覆盖试样容器底部则试样不成沟，反之试样成沟。

第八节　油品燃烧性能的测定

目前，石油产品绝大部分仍是作为燃料使用的。燃烧性能是评价燃料油品的重要指标。所谓燃烧性是指燃料是否具有较高的热值及在内燃机工作状况下，能否充分燃烧，提供更多的有效功率。当然，燃料能否充分燃烧和许多因素有关，诸如内燃机的结构、工作状况、空气的合理供应、油品的物理性质和化学组成等。

一、喷气燃料的燃烧性能

1. 喷气式发动机的工作原理

喷气式发动机分涡轮喷气式、涡轮螺旋桨式和充压式等类型，现以应用较广的涡轮喷气式发动机为例，介绍其结构与工作原理。喷气式发动机是和汽油机、柴油机完全不同的一类发动机，它由空气压缩机、燃烧室、燃气涡轮和尾喷管几部分组成，见图 7-6。空气从进气道进入离心式压缩机，经加压到 0. 3～0. 5MPa，温度升到 150～200℃，以 40～60m/s 的速度进入燃烧室，与喷油嘴喷出的航空煤油相混合并连续不断地燃烧，燃烧室中心的燃气温度可达 900～2200℃以上。燃烧后的高温气体与冷却空气混合、温度降至 750～850℃后进入燃气涡轮，推动涡轮以 8000～16000r/min 高速旋转，从而带动空气压缩机工作。通过涡轮的燃气从尾喷管在 500～600℃下高速喷入大气，利用其产生的反作用力(推力)推动飞机前进。这种发动没有汽缸，燃料连续喷入燃烧室燃烧做功，不像柴油机和汽油机只是在第三行程才燃

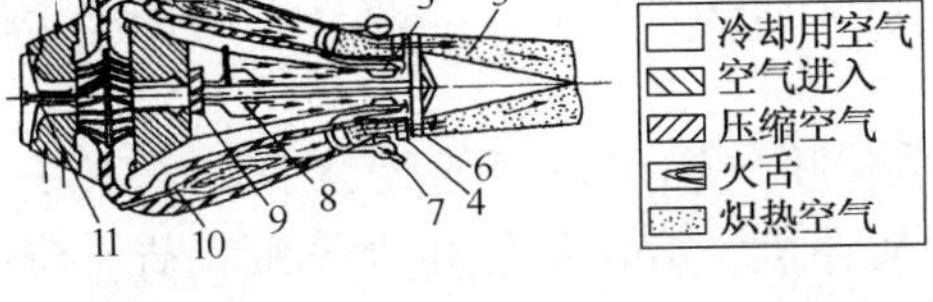

图 7-6　涡轮喷气发动机工作原理

1—双面供气高心式压缩机；2—燃烧室；3—后轴承；4—涡轮整流窗；5—尾喷管；6—燃气涡轮；7—冷却空气出口；8—中轴承；9—冷却涡轮和后轴承的冷却叶轮；10—喷嘴；11—前轴承

烧做功，故只需在启动时用电火花塞点火即可。这类发动机重量轻、功率大，能达到很高速度，广泛用于航空方面。发动机工作原理的特殊性决定了其所用燃料质量要求方面的特殊性。

喷气式发动机对燃料的要求非常严格，要求燃料能在任何情况下进行连续、平稳、迅速和完全燃烧。同时喷气燃料还起到冷却航空液压油、航空润滑油和喷嘴及润滑柱塞式高压泵的作用。为了保证发动机的正常工作，要求喷气燃料具有良好的燃烧性能：热值高、密度大、燃烧速度快、能充分燃烧、不生成积炭和腐蚀性产物等。为了保证燃料系统在高空条件下可靠的运行，还要求喷气燃料具有：低温性能好、良好的热安定性、良好的润滑性、无腐蚀性等。所以在喷气燃料的产品规格中规定有热值、密度、烟点、辉光值、萘系芳烃含量等燃烧性能及使用性能的质量指标。

2. 热值

(1) 定义

喷气燃料的热值分为质量热值和体积热值两种。

质量热值 Q_m：单位质量的燃料完全燃烧时所放出的热量，kJ/kg(或 J/g)；

体积热值 Q_V：单位体积的燃料完全燃烧时所放出的热量，kJ/L(或 J/mL)。

(2) 喷气燃料要求热值的意义

喷气式发动机主要用于航空方面，现代飞机的飞行速度有的已超过音速，马赫数(为音速的倍数，用 M 表示)达到 1~4，发动机功率大；而且希望飞机续航里程长，这就要求发动机所用的喷气燃料具有较高的质量热值和体积热值。所谓质量热值，即单位质量的燃料完全燃烧时所放出的热量，其单位为 kJ/kg，质量热值越大，发动机燃料的“比消耗”越低。所谓体积热值，即单位体积的燃料完全燃烧时所放出的热量，其单位为 kJ/m^3。体积热值越大，飞机油箱中的热能储量越大，同样体积的油箱里，可以多装油而使飞行的时间和距离更长。例如一个 $30m^3$ 油箱，当装有密度为 $830kg/m^3$ 的燃料，可装 24900kg，而装入密度为 750ks/m^3的燃料时，只能装 22500kg ，两者相差 2400kg 。如果用密度大的燃料飞行距离为 100 %，那么用密度小的燃料飞行距离只有 90%，也就是说，飞行距离缩短了 10%。

热值又有总热值(高热值)和净热值(低热值)之分。燃料在燃烧时原来燃料中所含的微量水及燃烧所生成的水都仍存在于燃烧后的气体中，如果这些水按液态计算，燃烧所放出的热量(热值)就大；如按水汽计算，热值就小。两者相差水的汽化热。前者称总热值或高热值，后者称净热值或低热值。由于燃烧废气的温度都较高，一般情况下水这时都以气态排出，其冷凝热根本不可能利用，故只有净热值才有意义，因此在喷气燃料规格中规定采用净热值。由此可见，热值对喷气燃料有着十分重要意义。

质量热值又分质量高热值和质量低热值。喷气燃料热值一律用低热值(即净热值)来表示，因为燃气的排出温度在 500~600℃左右，水蒸气的凝聚热不能利用，故用低热值。

(3) 热值与组成关系

质量热值 Q_m与组成关系：喷气燃料热值随烃类中 H/C 比升高而 Q_m升高。Q_m高，燃料比消耗低，对续航时间短的战斗机，应尽可能减少飞机载荷，所以应使用质量热值高的喷气燃料。在各族烃类中，烷烃的 H/C 比最高，环烷烃次之，芳烃最低。故烷烃的 Q_m最高，环烷烃次之，芳烃最低。所以战斗机所用喷气燃料应多含烷烃少含芳烃。

体积热值 Q_V与组成关系：体积热值随密度 ρ_{20}升高而升高。对于续行时间长的飞机，如客机、运输机，由于油箱体积有限，为保证最大航程，除质量热值要求一定水平外，还要求尽可能高的体积热值。在各族烃类中芳烃ρ_{20}最大，烷烃最小。体积热值大小顺序：芳烃>环烷烃>烷烃。

由于质量热值和体积热值之间是矛盾的，所以为确保喷气燃料的能量特征，其组成上应含有较多的烷烃和环烷烃。芳烃不但质量热值低，而且燃烧时易生成积炭，所以必须限制它的含量，芳烃总含量不大于20%，尤其是萘系芳烃含量不大于3%。衡量体积热值的指标是ρ_{20}，1#，2#，3#喷气燃料ρ_{20}不小于0.7750g/cm^3。

（4）热值的测定方法[GB/T 384—81(88)，氧弹量热计法]

取一定量试样，放于小器皿中，用胶片密封后，放入氧弹中，充氧气至一定压力，用电火花点燃导火索，再引燃试样。试油完全燃烧放出的热量被量热计周围的水吸收，测量水在试样燃烧前后的温度变化值，由用水量和水的比热容可算出试油热值。

3. 烟点

（1）定义

烟点又称无烟火焰高度，是指油料在一个标准灯具内，于规定的条件下作点灯试验可能达到的无烟火焰的最大高度，单位为mm。它是衡量喷气燃料燃烧是否完全和生成积炭倾向的重要指标之一；同时也是控制燃料中有适当的化学组成，以保证燃料正常燃烧的主要质量指标。

（2）喷气燃料要求烟点的意义

喷气燃料在燃烧过程中，如果供氧不足，就会产生碳的微粒，沉积在喷油嘴、点火器及燃烧室的室壁等部位，形成积炭。积炭的生成对发动机的正常运行有着极大的危害，如果喷嘴上生成积炭，则能破坏燃料雾化效果，使燃烧状况恶化，加速火焰筒壁生成更多的积炭，而产生局部过热，导致筒壁变形甚至破裂；若点火器电极生成积炭，则会出现电极间“连桥”而无法点火启动；积炭如果脱落下来，随燃气进入燃气涡轮，会损伤涡轮叶片。上述情况都会给发动机造成严重事故。燃料的烟点越低，生成的积炭量越多，当烟点高度超过25~30mm以后，其积炭生成量会降到很小的值。

（3）烟点与烃类组成的关系

积炭的生成与燃烧的烃类组成有关。积炭可分为硬积炭与软积炭。在高温部位形成的积炭是燃料高温缩聚的产物，质硬而脆，H/C比较低，是类似油焦的物质，称为硬积炭。在低温部位形成的积炭。例如，燃烧室头部的积炭，质地比较松软，其H/C比也较高，称为软积炭。这种H/C比相对较高的较积炭是由炭黑、烟炱以及燃料中高沸点馏分在燃烧过程缩聚生成的重质烃类混合物。H/C比越小的烃类，生成积炭的倾向越大。各种烃生成积炭的倾向为：双环芳烃>单环芳烃>带侧链芳烃>环烷烃>烯烃>烷烃。

（4）烟点的测定

测定方法：烟点测定按GB/T 382—83(91)标准方法进行。测定所用灯具如图7-7所示。测定时用量筒取一定量的试油注入清洁、干燥的贮油器中，点燃灯芯。按规定调节火焰高度为10mm，燃烧5min。读取刚好不出现油烟时的火焰高度，即为烟点的实测值。由于这是条件性试验，测定值和测定仪器、灯芯与测定时的大气压力有关，因此须加以校正才能得到要求的烟点。校正可按式（7-24）进行：

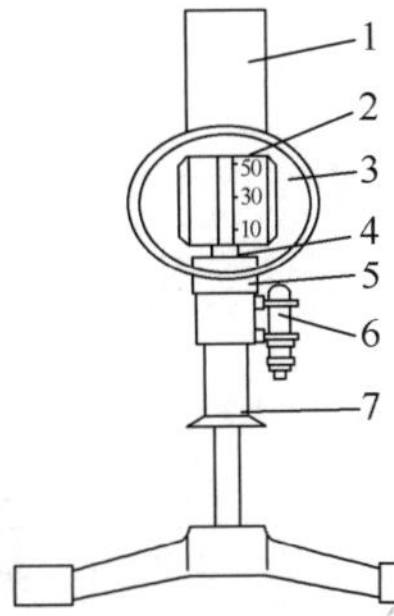

图7-7　测定烟点用灯
1—烟道；2—标尺；3—燃烧室；4—灯芯管；5—对流室平台；6—调节螺旋；7—贮油部

$$H = f \times H_c \tag{7-24}$$

式中　H——试样的烟点，mm；

H_c——实测的试样烟点，mm；

f——仪器的校正系数。

4. 辉光值

(1) 定义

辉光值主要是衡量燃料生成积炭的倾向，同时也是反映燃料辐射强度的指标。辉光值越高，表示燃料燃烧时火焰的辐射强度越低，燃烧时生成积炭的倾向越小。

辉光值是指在标准试验条件下将试油与两个标准燃料相比较。标准燃料之一为工业标准异辛烷，规定其辉光值为100；另一标准燃料为四氢化萘，规定其辉光值为0。比较三者在同样辐射强度时的火焰温度升高值，按规定公式计算出试油的辉光值。

燃料在燃烧过程中，生成积炭的倾向与燃烧时火焰的辐射强度有关。因为燃料的生炭性强，其燃气流中的炭粒就多，炽热的炭粒能使火焰亮度增加，热辐射加强。生炭性强的燃料，达到同样辐射强度时的火焰温升小，辉光值也小；生炭性小的燃料，火焰温升大，辉光值也大。测定辉光值，目的是挑选较理想的燃料。

辉光值与燃料的化学组成有关，对于碳原子数相同的烃类来说，烷烃的辉光值最高，环烷烃、烯烃居中，芳烃最小。航煤的辉光值要求不低于45℃。

(2) 测定方法

测定辉光值应按GB/T 11128—92标准方法进行。辉光值测定器由火焰温升系统和火焰辐射强度测定系统如图7-8和图7-9组成。测定时先将四氢化萘注入烟灯中点燃，逐步升高灯芯直到烟点，记录辉光仪(表示火焰辐射强度)上读数，每上升5个单位，记1次温升值。根据记录绘制出四氢化萘的辉光仪读数与温升值的试验曲线，如图7-10。四氢化萘到达烟点时数据即为评价试油的基准。然后按同样试验条件，测定试油与异辛烷在四个不同辉光仪读数时的温升值。

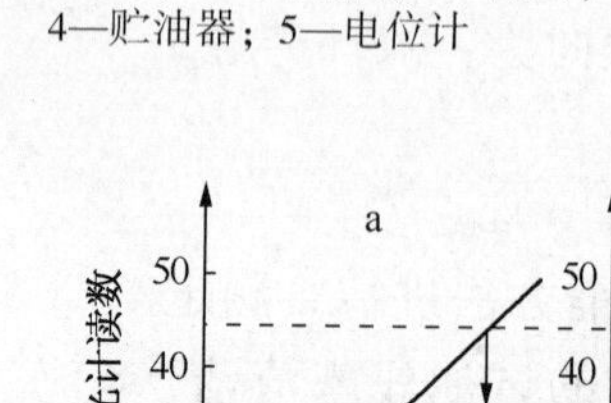

图7-8　火焰温升测定系统

1—玻璃套管；2—热电偶；3—烟灯；4—贮油器；5—电位计

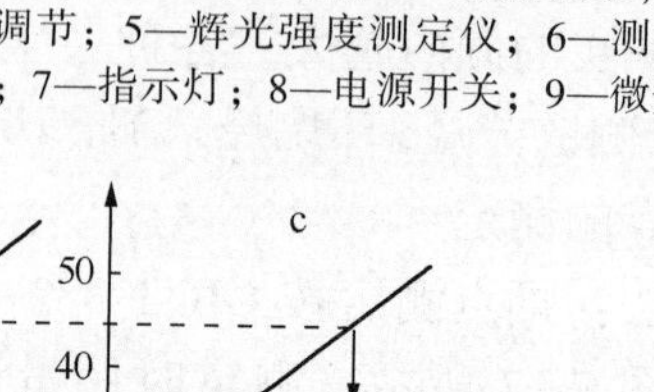

图7-9　火焰辐射强度测定系统

1—滤光片；2—光敏电阻；3—零点调节；4—灵敏度调节；5—辉光强度测定仪；6—测量切换开关；7—指示灯；8—电源开关；9—微安表

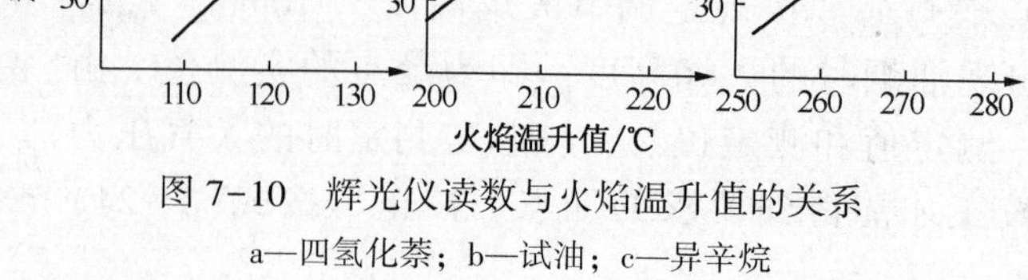

图7-10　辉光仪读数与火焰温升值的关系

a—四氢化萘；b—试油；c—异辛烷

值得注意的是，四个测定的数据中必须有两个高于四氢化萘的评价基准，两个低于四氢化萘的评价基准，据此分别绘出试油和异辛烷的试验曲线。由图可以求得在四氢化萘烟点时三组试验的温升值$(10)T_1$、$(10)T_2$、$(10)T_3$，然后按式(7-25)计算试油的辉光值。

$$LN=\frac{(10)T_1-(10)T_2}{(10)T_3-(10)T_2}\times 100 \tag{7-25}$$

式中　$(10)T_1$——试油在评价基准处的火焰温升值,℃；

$(10)T_2$——四氢化萘在烟点时的火焰温升值,℃；

$(10)T_3$——异辛烷在评价基准处的火焰温升值,℃。

二、柴油的燃烧性能

1. 测定柴油燃烧性能的意义

柴油燃烧的发火性能的好坏，主要是由燃料自燃点决定的，自燃点越低，燃料的发火性能越好。用十六烷值作为评价指标。柴油十六烷值的高低是衡量其在发动机中燃烧性能好坏的质量指标，由于柴油机是压燃式发动机，要求柴油喷入气缸与压缩空气相混合，在高温高压条件下自燃，并在汽缸中燃烧而作功。柴油的十六烷值影响着整个燃烧过程，使用十六烷值高的柴油，可以保证柴油的均匀燃烧，热功效率高，耗油量减少。在此情况下，汽缸中的压力均匀地增加，发动机的工作平稳，发动机启动性能好，不会引起过早的磨损。而使用十六烷值低的柴油，燃烧过程所发出的热量不均匀，增加燃料消耗量。不同转数的柴油机对柴油十六烷值要求不同。研究表明，转数大于1000r/min的高速柴油机，使用十六烷值在40~50的柴油为宜；转数低于1000r/min的中、低速柴油机，可以使用十六烷值为30~40的柴油。

柴油的十六烷值与化学组成及馏分组成有关。实验表明：相同碳数的不同烃类，正构烷烃的十六烷值最高；稠环芳烃的十六烷值最低；烯烃、环烷烃居中。烃类的异构程度越高，环数越多，其十六烷值越低；环烷烃和芳香烃随带侧链长度的增加，其十六烷值增加；而随侧链分支的增多，十六烷值减少。一般来说，为使柴油机的工作平衡，使用十六烷值高的直馏柴油。但十六烷值并不是越高越好，十六烷值高，意味着烷烃含量多，部分烷烃在燃烧室产生热分解而形成碳，这种碳的燃烧需要较长的时间，来不及燃烧的碳以烟的形态从排气管中排出，污染大气并使耗油量增加。为保证柴油的均匀燃烧、耗油量不会太增大，柴油的十六烷值达到40~50单位，就可保证高速柴油机正常工作。我国规定轻柴油的十六烷值不小于45个单位为适宜。

2. 柴油机的工作原理

柴油机与汽油机不同之处在于没有化油器和电点火系统，但柴油机的工作过程与汽油机一样，分四行程和二行程两类，现以四行程为例，说明其工作过程。

① 吸气：汽缸活塞自上止点开始向下运动，进气阀打开，吸入空气。活塞到达下止点时，进气阀关闭，吸气行程结束。

② 压缩：活塞自下止点向上运动，压缩已经吸入的空气，由于压缩是在接近于绝热状态下进行的，这时汽缸内空气的温度和压力急剧上升，当活塞到达上止点，压缩终了时，温度可达500~700℃，压力达3.5~4.5MPa。

③ 喷油、燃烧、膨胀做功：当活塞快到达上止点时，由于高压油泵将柴油经喷油嘴以雾状喷入汽缸，这时汽缸内的空气温度已超过柴油的自燃点，因此柴油进入汽缸后迅速气化

并与空气混合而自燃，燃气的温度达到1500~2000℃，压力升至4.2~12MPa，形成一股强大的力，推动活塞向下运动，膨胀做功。

④ 排气：活塞向下运动到达下止点后，排气阀打开，开始排出燃烧产生的废气。到此，完成了一个工作循环并又恢复吸气过程。

3. 柴油机产生爆震的原因及危害

柴油机的爆震主要取决于滞燃期。柴油从喷入汽缸到自燃着火这段时间称为滞燃期，如果柴油的自燃点较低，则滞燃期短，燃料着火后，边喷油、边燃烧，这样发动机的工作就平稳，热功效率高。反之，若柴油的自燃点较高，则滞燃期长，导致在开始自燃的瞬间，在汽缸中积累了较多的柴油，由于柴油不易自燃，一旦自燃就会导致汽缸内的柴油同时自燃，温度和压力剧烈增高，冲击活塞头剧烈运动、发出金属敲击声，产生爆震。其次，柴油燃烧不充分便被排出，造成油耗增多，功率降低，机件磨损加剧甚至损坏，这就是柴油机的爆震现象。因此，不但对柴油的自燃点提出要求，而且对其抗爆性也建立了评定方法。

4. 柴油燃烧性的表示方法

柴油燃烧性的指标用十六烷值表示(CN)。由于正十六烷具有较高的抗爆性，规定其十六烷值为100；而把抗爆性很差的α-甲基萘的十六烷值规定为0。把以上两种物质按不同比例混合，配成一系列标准燃料，然后将试样(待测柴油)与标准燃料相比较，如果它与某一标准燃料的爆震程度相当，则该标准燃料中所含正十六烷的体积分数即为该柴油的十六烷值。特别应该注意的是，爆震程度的测定必须在规定的同一条件下于同一十六烷值测定机中进行。例如，某些油经测定其爆震强度与标准燃料(40%的正十六烷和60%α-甲基萘的混合液)的爆震强度相当，则该油的十六烷值即为40。

5. 柴油十六烷值的测定

按照柴油着火方式的区别，测定方法有“临界压缩比法”“延滞点火法”和“同期闪火法”三种。

我国国家标准GB/T 386—2010规定采用“同期闪火法”测定柴油十六烷值。该方法是使用一台可变压缩比的单缸柴油机，压缩比变更范围在7~23。压缩机装有指示发火时间的霓虹灯，按着飞轮旋转的方向，前面是与喷射指示器相连的霓虹灯，后面是与发火指示器相连的霓虹灯。

测定时，当稳定发动机工作条件后，在上止点前，喷入试验燃料，喷射量为13~0.5mL/min，喷射燃料时，喷射指示器与触片接触，因此第1灯即亮着。

如果燃料是正好在上止点前13°一瞬间喷射的，则灯就正对着观测管上的标记处亮着，并且在喷射器针提起的情况下一直保持发光，因此在观测管标记处一直保持着一个长的光带；调整发火指示器接触片的间隙，使它们不能在压缩的压力下接触，而只能在燃料燃烧时产生的压力下接触，燃料燃烧时第2灯就亮了。

再选择适当的压缩比，使亮灯的两条光带正好在上止角为13°的一瞬间，同时在观测管上呈一直线，这就表示连接喷射指示器与发火指示器的霓虹灯之间同期闪火。

找出试样同期闪火的压缩比后，即开始进行试样与标准燃料比较，选择两种标准燃料，一种在较试验燃料压缩比低的情况下同期闪火；另一种则是在较高的压缩比上同期闪火。根据这种标准燃料的十六烷值和压缩比数值，用内插法按式(7-26)计算试样的十六烷值：

$$CN = A_1 + (A_1 - A_2)\frac{a_1 - a}{a_1 - a_2} \tag{7-26}$$

式中　CN——试油的十六烷值；

A_1——十六烷值较低的标准燃料中所含正十六烷的体积分数；

A_2——十六烷值较高的标准燃料中所含正十六烷的体积分数；

a——试油的压缩比的算术平均值；

a_1——低十六烷值标准燃料的压缩比的算术平均值；

a_2——高十六烷值标准燃料的压缩比的算术平均值。

"同期闪火法"(GB/T 386—2010)测定的十六烷值，用符号××/TQ表示。例如，55/TQ表示用"同期闪火法"测定的十六烷值为55。

6. 十六烷值指数和柴油指数

除了用上述方法测定柴油十六烷值以外，还可以通过物性参数用经验公式来计算柴油十六烷值。

(1) 十六烷值指数(CNI)

为了与实测的柴油十六烷值相区别，规定通过经验公式用物性参数计算所得的十六烷值称为十六烷值指数。常用的计算方法有两种。

馏分燃料十六烷值指数法(GB/T 11139—1989)中规定的方法

$$CNI = -418.5 + 162.41 \times \frac{\lg t_{50}}{\rho_{20}} \tag{7-27}$$

式中　t_{50}——试油恩氏馏程50%的温度，℃；

ρ_{20}——试油20℃时的密度，g/cm³。

(2) ASTM D976—80中规定的方法

$$CNI = 457.74 - 1641.416d + 774.74d^2 - 0.544B + 97.803\,(\lg B)^2 \tag{7-28}$$

式中　d——试油在15.6℃时的相对密度；

B——试油的平均沸点，℃。

柴油十六烷值指数计算法适用于直馏或催化裂化柴油或两者的混合物；不适用于加有十六烷值改进剂的柴油、合成燃料、烷基化合物或煤焦油产品。

(3) 柴油指数(DI)

它是表示柴油抗爆性能的另一种方式，又称狄塞尔指数(DI)，它是和柴油的密度及苯胺点相关联的参数，还可以用它计算十六烷值。柴油指数的表达式为：

$$DI = \frac{(API)(A)}{100} \tag{7-29}$$

或：

$$DI = \frac{(1.8AP + 32)(141.5 - 131.5d_{15.6}^{15.6})}{100d_{15.6}^{15.6}} \tag{7-30}$$

式中　API——试油的相对密度指数，(美国石油学会比重度)；

A——试油的苯胺点，°F；

AP——试油的苯胺点，℃；

$d_{15.6}^{15.6}$——试油的相对密度。

由柴油指数计算十六烷值的经验公式：

$$CN = \frac{0.599}{3}DI + 25.3 \tag{7-31}$$

十六烷值是柴油最重要的质量指标之一。CNI 和 DI 计算所得的数值，虽然不如实测值(CN)准确，但简捷、方便，适用于生产过程的质量控制。如有争议时，应以实测十六烷值为准。

三、汽油的燃烧性能

1. 汽油的抗爆性的表示方法

汽油的抗爆性是指汽油在一定压缩比发动机中不产生爆震燃烧的性能。汽油在贫混合气状态下运行时的抗爆性用辛烷值来表示，在富混合气时的抗爆性用品度值来衡量，因而车用汽油和航空汽油抗爆性的表示方法有所不同。

(1) 辛烷值(Octane Number，缩写为 ON)

车用汽油的抗爆性用辛烷值来表示。辛烷值是指在实验用标准单缸发动机中将试油与标准燃料比较，当汽油抗爆性与某一组成的标准燃料抗爆性相等时，标准燃料中所含异辛烷的体积百分数。

辛烷值分马达法和研究法两种，马达法辛烷值(MON)反映在重负荷、高转速时汽油的抗爆性；而研究法辛烷值(RON)表示低转速时汽油的抗爆性。一般情况下，同一汽油的 RON 比 MON 大几个或十几个单位。我国 75#、80#、85#汽油是用 MON 来划分牌号的，90#、93#、95#、97#汽油是用 RON 来划分牌号的。

测定汽油辛烷值用的标准燃料有两种，一是异辛烷，由于异辛烷自燃点高，不易氧化，抗爆性好，所以人为规定其马达法辛烷值 MON 为 100；二是正庚烷，由于正庚烷自燃点低，易氧化，抗爆性差，所以规定其 MON 为 0。试验时，二者以不同比例混合，可得不同抗爆性等级的标准燃料。如果某一待测试油的抗爆性(最大爆震读数)与某一体积比的标准燃料抗爆性相同，则该汽油的辛烷值就等于该标准燃料混合液中异辛烷的体积百分数。辛烷值是一个相对比较值。

汽油的辛烷值越高，抗爆性越好，燃烧越完全，越不易发生爆震，发动机功率越高，耗油量越低，经济性越好。

(2) 品度值

航空汽油的抗爆性除用辛烷值表示外，还必须同时用品度表示。这主要是因为辛烷值只能反映飞机在巡航时发动机用贫混合气工作时的抗爆性。当飞机起飞、爬高或战斗时，为了得到最大功率，发动机必须用富混合气工作，此时需要用品度来衡量汽油的抗爆性。

品度值是指燃料在富混合气的条件下，在单缸发动机中所能发出的最大功率与用异辛烷(品度值定为 100)工作时所能发出的最大功率的比值。

(3) 抗爆指数(辛烷值指数 *ONI*)

$$ONI = \frac{MON + RON}{2} \qquad (7-32)$$

我国车用汽油是以研究法辛烷值和抗爆指数作为抗爆性指标的。

2. 汽油抗爆性与其组成的关系

(1) 汽油抗爆性与其化学组成的关系

不同烃类辛烷值的差别是由于各种烃的氧化特点不同所造成的。正构烷烃所生成的过氧化物容易分解成两个新自由基，因而过氧化物积累速度快，易自燃。芳香烃和高度分支的异构烷烃所形成的过氧化物分解时不易形成新自由基。而环烷烃介于两者之间。因而烃类抗爆性以芳香烃和高度分支的异构烷烃最好，环烷烃和烯烃次之，正构烷烃最差。

直馏汽油含芳香烃和异构烷烃量少，其辛烷值一般为55~70；含芳香烃和异构烷烃量较多的催化裂化汽油，辛烷值较高，约为88左右。

（2）汽油抗爆性与馏分组成的关系

同一烃类中，随分子中碳原子数增加，沸点升高，抗爆性变差。所以同一原油的汽油馏分越轻，辛烷值越高。因此汽油在使用和储存过程中，轻组分的蒸发损失会引起汽油辛烷值的明显降低。

3. 汽油辛烷值的测定

（1）马达法（GB/T 503—2016）

测定马达法辛烷值可按GB/T 503—2016规定进行。实验装置是一台可以连续调变压缩比的单缸四行程发动机（ASTM—CFR试验机），机上装有测量爆震强度的仪器（包括信号发生器、爆震仪和爆震表），可以把被测试油的爆震强度准确指示出来。测定方法可以采用内插法或压缩比法。

① 内插法　在固定发动机压缩比的情况下，使试油的爆震表读数在两个参比燃料的爆震表读数之间。试油的辛烷值可用内插法计算。具体测定步骤是：先将实验装置调整到表7-7所要求的标准运转条件，并符合标准爆震强度的要求（见GB/T 503—2016标准中表1）。先用试油操作，调整燃料与空气的混合比以获得最大爆震强度（爆震表指针接近50的位置上）。再调整压缩比（即调整汽缸高度，用测微计读数表示）使爆震表的读数为50±3，确定试油产生标准爆震强度时的汽缸高度。记下此时的爆震表读数。由测微计读数按照GB/T 503—2016标准中表1估算出试油的辛烷值。

表7-7　辛烷值测定的标准操作条件

操作条件	马达法 GB 505—85	研究法 GB 487—85
发动机转速/(r/min)	900±9	600±6
曲轴箱润滑油	SAE30	SAE30
操作温度下的油压/(kg/cm²)	1.76~2.11(25~30℃)	1.76~2.11(25~30℃)
曲轴箱油温/℃(℉)	57±8.5(135±15)	57±8.5(135±15)
冷却剂温度/℃(℉)	100±1.5(212±3)	100±1.5(212±3)
吸气湿度/(g水/kg干空气)	3.56~7.12	3.56~7.12
吸气温度/℃(℉)	38±2.8(100±0.5)	见GB5487-85表9规定
混合气温度/℃(℉)	149±1.1(300±2)	不控制
火花塞间隙/mm(in)	0.51±0.13(0.020±0.005)	0.51±0.13(0.020±0.005)
断电器间隙/mm(in)	0.51(0.020)	0.51(0.020)
阀门间隙		
吸气阀/mm(in)	0.203(0.008)	0.203(0.008)
排气阀/mm(in)	0.203(0.008)	0.203(0.008)
点火时间		
上死角前角度	见GB 503—85规定	13°

根据试油的估算辛烷值，配制两个参比燃料（标准燃料），其一的辛烷值略高于试油，另一个则略低于试油，但二者之差应不大于2个辛烷值单位。然后用两参比燃料分别在同上条件下试验，在压缩比保持不变的情况下，测定其爆震强度，记下爆震表的读数，按下式计算试油的辛烷值。

$$X = \frac{b - c}{a - b}(A - B) + B \qquad (7-33)$$

式中 X——试油的辛烷值；

A——高辛烷值参比燃料的辛烷值；

B——低辛烷值参比燃料的辛烷值；

a——高辛烷值燃料的爆震表读数(平均值)；

b——低辛烷值燃料的爆震表读数(平均值)；

c——试油的爆震表读数(平均值)。

② 压缩比法 用本法测定试油辛烷值的原理是根据试油在标准爆震强度下所需的汽缸高度(用测微计读数表示)，从 GB/T 503—2016 标准表 1 中可查出其辛烷值。参比燃料只是用来标定标准爆震强度。标定标准爆震强度的方法是以参比燃料为试样，将试验机调整到标准运转条件，再调节试样与空气的混合比，使达到最大爆震强度。再调整爆震表，使其指针指向 50。

标定好标准爆震强度以后，即可用试油操作，实验条件与标定完全一样，调压缩比使爆震表读数为 50，记下汽缸高度，由 GB/T 503—2016 标准表 1 中查得试油的辛烷值。

(2) 研究法(GB/T 5487—2015)

测定研究法辛烷值与马达法一样，均是使用 ASTM-CFR 试验机。测定所依据的原理是一样的，只是发动机的工作情况与实验条件有些差异(见表 7-7)。研究法测定的辛烷值比马达法约高 5~10 个单位。同一试油的两法测定结果之差称为该试油的敏感度。

汽油的敏感度与其化学组成有关。各种烃类的敏感顺序为：烯烃>芳烃>环烷烃>烷烃。各种来源的汽油相比较，催化裂化汽油富含烯烃和芳烃，敏感度较高，约在 10 左右；直馏汽油含烷烃多，烯烃少，敏感度仅为 1~3；重整汽油和热裂汽油的敏感度居中。

(3) 道路辛烷值

马达法或研究法均是在实验室中用单缸发动机在规定条件测定的，它不能完全反映汽车在道路上行驶时的实际情况，因此又提出道路辛烷值这一概念。要求车辆在道路行驶中实测其辛烷值，这样测定的辛烷值比较符合实际，称为道路辛烷值。测定道路辛烷值相对费时费事，且由于车型、气候、驾驶技术、测试水平的限制，测试数据往往不够精确，因而在实际上通常是采用经验公式，根据马达法和研究法的测试数据来计算。例如：

$$道路辛烷值 = 30.97 + 0.306RON + 0.364MON \qquad (7-34)$$

(4) 品度值

测定航空汽油的品度值时，使用 1800±45r/min 的单缸发动机，压缩比为 7.0，采用富混合气工作。参比燃料用异辛烷，规定其品度值为 100，在异辛烷中加入不同数量的四乙基铅可配制成一系列品度值大于 100 的标准燃料。测定时可将试油在规定条件下与参比燃料相比较，如果试油的平均指示压力或平均功率与所选用的参比燃料相等，则参比燃料的品度值即试油的品度值。燃料的品度值越高，表示它在富混合气条件下工作时所发出的功率越高，抗爆性越好。

第九节 油品安定性的测定

油品在运输、储存或使用过程中保持其质量不变的性能，称为油品的安定性。油品在储存和运输过程中，添加剂被水溶解或析出沉淀而引起的质量变化，这些都是物理性质的变化，属于物理变化的范畴。此外，油品在运输、储存或使用过程中，还常有颜色变深、胶质增加、酸度增大，生成沉渣的现象。这是由于油品在常温条件下氧化变质的结果，是化学变化，属于化学安定性的范畴，又称抗氧化安定性。而油品在较高的使用温度下，产生氧化变质的倾向，是属于热氧化安定性的范畴，又称热安定性。一般讨论油品的安定性指的是其化学安定性或热氧化安定性。

油品本身含有某些活泼组分，主要是不饱和的烃类和非烃类，这些活泼组分在日光照射、氧化、金属催化作用和受热情况下，会产生氧化、聚合、缩合反应，生成酸性物质、胶质、沉渣等，使油品质量恶化。为了保证油品的安定性，常常需要对油品进行精制以除去其中的不安定性组分，或加入添加剂，以改善其安定性。由于各种油品的使用场合不同及其化学组分的差异，其评定方法也有所差异。概括起来可以从两个方面考虑。一方面是测量油品中某些活性化合物的含量，例如烯烃、有机氧、氮、硫化物等，以预测油品的变质倾向；另一方面可以给予油品一个加速氧化变质的条件，根据其变质后颜色的变化，酸度的增加，生成胶质和沉渣的数量等，作为衡量油品不安定程度的指标。现按不同油品分述如下。

一、汽油的安定性

1. 评定汽油安定性的意义

汽油在储存或使用条件下保持其原有的性质的能力称为汽油的氧化安定性。汽油在长期储存中会逐渐发生氧化。

汽油严重氧化会给使用带来很大危害。氧化生成的胶质沉积在油罐、油箱中，会使新加入的燃料迅速变质，降低新油的储存期。燃料中胶质过多会堵塞燃料滤清器，破坏燃料的正常供给。黏稠的胶质沉积在油管、喷油嘴、化油器等部位，会严重影响燃料的供应和混合气的形成。沉积在进气阀上的胶质，受热后形成十分黏稠的胶状物，使气阀出现黏着现象，甚至使进气阀关闭不严，产生漏气，严重时甚至将气阀烧坏或将其完全粘住，使发动机无法工作。胶质的挥发性很低，进入燃烧室后，在高温下极易受热分解而生成积炭，除了降低导热系数，造成零件局部过热外，还会增大汽缸压缩比，使燃烧室温度升高，增强爆震倾向，易形成炽热点，引起早燃。沉积在火花塞上的积炭，会导致点火不良。氧化生成的酸性物质会增强燃料腐蚀性，缩短发动机的寿命。总之，使用安定性差的汽油会严重破坏发动机的正常工作，降低燃料的储存期。

2. 评定汽油安定性的方法

(1) 实际胶质

汽油在储存和使用过程中形成的黏稠的、不挥发的胶状物质，简称胶质。它与原油中的胶质在元素组成和分子结构上都不同，它们主要是由油品中的烯烃，特别是二烯烃、烯基苯、硫酚、吡啶等不安定组分氧化缩合而成。根据其溶解度的不同，可以分为三种类型。第一种是不可溶胶质或称沉渣，能在汽油中形成沉淀，可以通过过滤分离；第二种是可溶性胶质，能溶解在汽油中，能通过蒸发的方法使胶质作为不挥发物质分离，测定实际胶质就是用这种方法；第三种是黏附胶质，是指不溶于汽油中并黏附在容器壁上的那部分胶质，它与不可溶胶质共存，但不溶于有机溶剂中。上述三种胶质合称为总胶质。

实际胶质是评定汽油在使用过程中，在发动机进气管路及进气阀件上生成胶状沉积物倾向的指标。实际胶质是指 100mL 燃料在试验规定的热空气流中，经过蒸发、氧化、聚合、

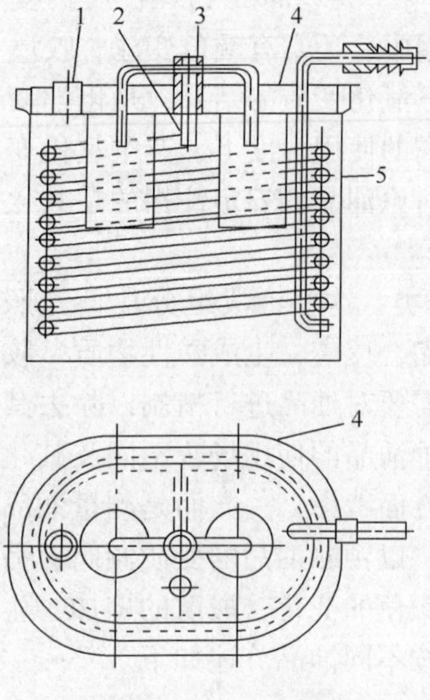

图 7-11　实际胶质测定装置及油浴图

1—浴盖上孔；2—旋管；3—磨口三通管；4—油浴盖；5—油浴

缩合所生成的胶质量，用 mg/100mL 表示。

实际胶质的测定按照国家标准发动机燃料实际胶质测定法(GB/T 509—88)规定进行。试验用仪器装置见图 7-11。测定时，准确量取 25mL 经过脱水及经过滤的汽油，放入已恒重的烧杯中，然后把烧杯置入预热至 150±3℃的油浴槽内，用规定流速的热空气吹扫油面，促使油样蒸发至干，直至残留物质量不变为止。称量残留物质量并换算为每 100mL 试油中的 mg 数，这就是试油的实际胶质。

实际胶质的测定方法是模拟点燃式发动机汽化器的工作条件而制作的。测得的实际胶质包括两部分：一部分是油品储存时生成的可溶胶质，它呈溶解状态于燃料中，过滤不能除去；一部分是油品中存在的不安定组分在测定条件下反应生成的胶质。实际胶质高，燃料在进气系统中会生成较多的沉积物，使发动机不能正常工作，行程里程缩短。我国车用汽油要求实际胶质出厂时不大于 5mg/100mL，4 个月后要求不大于 10mg/100mL。

这种实际胶质测定的方法与油料使用条件还有一定的差距。例如，燃油的喷嘴和输油系统都是金属制品，金属(特别是铜)对油品生成胶质倾向有明显的催化作用。因此，还不可能完全反映油品在使用过程中生成胶质的准确倾向。为了更确切地反映汽油的使用性能，近年来出现了几种模拟试验方法。即在单缸汽油机上安装特殊机构加热的喷嘴，保持喷嘴温度为 255℃，空气温度 150℃。测定经过规定试验时间后，喷嘴上正戊烷不溶的沉淀物的质量，作为汽油安定性的评定指标；或是在喷嘴内安装一个圆筒形铝片，在试验结束后测定铝片的质量增加值。但该方法所用设备复杂，准确度不高(±9%)，目前仍处于研究阶段。

实际胶质的测定目前已推广成为评定各种液体燃料安定性的质量指标之一。下表 7-8 列出不同液体燃料的实际胶质的试验温度及其规定指标。

ISO 6246—1981 标准制定了车用汽油和航空燃料实际胶质测定法(喷射蒸发法)GB/T 8019—87 标准方法。该法与 GB/T 509—88 法相比，不仅测定的仪器结构不同，而且操作条件、取样量、蒸发温度、蒸发时间亦有明显的不同。该方法对喷气燃料的测定，规定以蒸气作为蒸发介质；对于掺有不易挥发性油品或添加剂的车用汽油，其蒸发残留物还需经正庚烷不溶物作为试油的实际胶质。车用汽油产品标准 GB 17930—2016 中规定，其实际胶质测定按 GB/T 8019 方法进行。

表 7-8　各种燃料实际胶质测定温度及指标

类别 / 项目		航空汽油	车用汽油	喷气燃料	轻柴油	军用柴油
实际胶质/(mg/100mL)	≤	3	5	5	70	10
试验温度/℃		150±3		180±3		250±5

(2) 诱导期

诱导期是在加速氧化条件下评定汽油的氧化安定性指标之一。它表示车用汽油在储存时生成胶质的倾向。

按照汽油诱导期测定法［GB/T 256—64(90)］的规定，使100mL汽油放入充满压力为686.5kPa氧气的氧弹中，与100℃温度下未被氧化所经过的时间称为诱导期，单位用min表示。诱导期越长，汽油性质越稳定，生胶倾向越小，抗氧化安定性越好。诱导期测定器见图7-12。

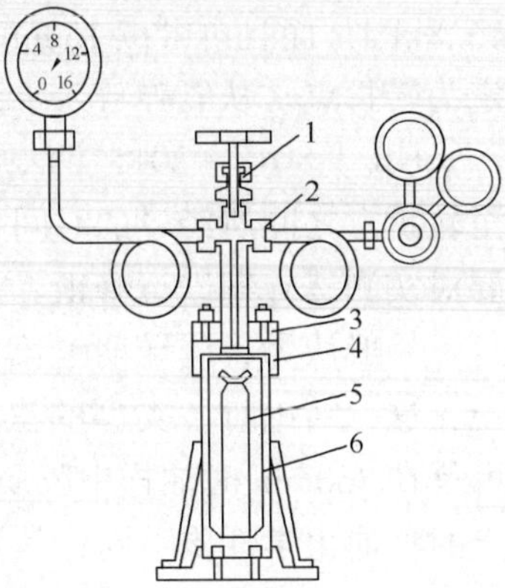

图7-12　汽油诱导期测定器

1—针阀；2—十字接头；3—菌形阀；4—弹盖；5—油杯；6—弹体

测定时，把装有100mL试油的油杯装入氧弹中，同时充入氧气压力至686.5kPa。然后将密闭好的氧弹置于100℃的热浴中。氧弹浸入热浴中的一瞬间，定为氧化的起点。记录氧弹中压力与对应的时间，作压力-时间曲线，见图7-13。氧弹刚浸入热浴中时，由于氧弹内气体膨胀，压力升高。然后在一段时间内压力保持不变。氧化初期吸氧速度很慢，故氧压可在一定时间内恒定。随着过氧物的积累，氧化反应加速进行，消耗了氧气，弹内压力明显下降，压力-时间曲线上会出现拐点，就是诱导期的终点。从氧化起点到诱导期终点所经过的时间叫诱导期。因为试油由室温放入100℃的热水浴中是逐渐受热的，要经过一定时间后才能达到100℃，所以诱导期与氧化期不相等，它们的关系是：

诱导期=氧化期-修正期

修正期可由GB/T 256—64(90)标准查得。测得氧化期减去相应的修正期就是试样的诱导期。

等效采用ASTM D525—80标准，制定了汽油氧化安定性测定法(诱导期法)GB/T 8018—2015，目前车用汽油诱导期按此方法测定。该方法使用的玻璃样品瓶及氧弹见图7-14。

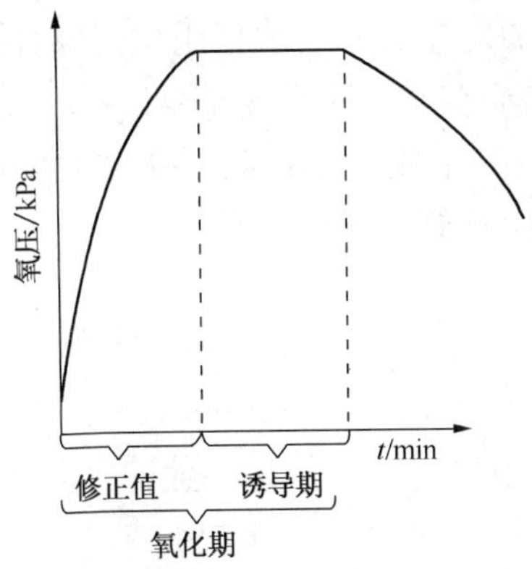

图7-13　压力-时间曲线

图7-14　汽油氧化安定性测定法用氧弹

测定时，使氧弹和试油温度达到15~25℃。把装有50mL试样的玻璃样品瓶装入氧弹中。再向氧弹中通入氧气，控制弹内氧压达到689~703kPa。然后把装有试样的氧弹放入沸水浴中，控制水浴温度为98~102℃之间。以氧弹浸入水浴的时间作为试验的开始时间。每隔15min左右记录一次氧弹压力。作压力-时间曲线。把在15min以内的压力降低到

13.8kPa，而且再继续 15min 压力降不小于 13.8kPa 的开始下降的压力-时间曲线上的那一点定为转折点。从氧弹放入水浴中起到达至转折点的 min 数，作为试验温度下的实测诱导期。

GB/T 8018—2015 方法规定，诱导期的定义是从氧弹(达到 15~25℃)放入 100℃热浴中至转折点之间所经过的时间，以 min 表示。若测定时热水浴平均温度不是正好在 100℃，则要对实测诱导期进行修正。

一般认为，诱导期越长，表示汽油的生胶倾向越小，抗氧化安定性越好。通过实践发现，这一结论对各类型的汽油并不完全适用。例如，某种汽油测得其诱导期大于 720min，可是在 360min 时油样中胶质已高达 93mg/ 100mL。这是因为从不同原油和不同加工过程生产的汽油化学性质不同，其氧化变质的过程必然会有所差异。对于那些形成胶质的过程以吸氧的氧化反应占优势的汽油，诱导期可以反映其油品储存安定性；对于形成胶质的过程是以缩合和聚合反应占优势的汽油，吸氧只占次要的地位，诱导期就不能充分反映油品的储存安定性。这类汽油的压力-时间曲线上没有明显的转折点，虽然氧气消耗不多，但胶质已迅速增加，其诱导期虽长，但安定性却不好。含烯烃多的催化裂化汽油就是这种现象。诱导期氧弹法尽管存在上述缺陷，但诱导期太短的汽油肯定是不能出厂的，而且目前还没有更好的方法来代替它。国外一些研究机构根据实验结果，为诱导期氧弹法建立了补充指标。如瑞士材料实验所总结了 15 种无铅车用汽油和 15 种加铅车用汽油常温罐储 10 年以上的经验，证实了储存安定性良好的汽油，不但诱导期不大于 360min，同时，在氧弹中氧化 6h 后的油样，含正庚烷不溶物的胶质应不大于 10mg/mL。实际胶质和诱导期均为快速氧化试验，适用于控制生产，但仍有不足之处。为全面评定汽油的安定性，常用与实际胶质储存条件相似的催速储存试验法。

(3) 43℃催速储存试验法

本方法是储存若干份一定质量的油样于规定容器内，再把容器密封后放入恒温为 43±2℃储藏室中。然后按 4，8，16，32 周的储存期分别取出试样，进行检验。通常检验的项目是总胶质(沉渣实际胶质)。有时还作酸度、透光率、正庚烷不溶物、二烯烃等项，用以评定试油的安定性。本方法与常温储藏结果有良好的对应关系。故可用作研究其他快速储存试验的依据。根据 43℃储存试验结果，可以预测汽油在常温下的储存期。该方法通过测定汽油在 43℃[$T_1=(43+273.15)$K]这样的强化条件下，生成一定量胶质所需时间(t_1)，然后应用校正的阿累尼乌斯方程，可预测常温下汽油相应的储存期(t_2)。

校正后的阿累尼乌斯方程：

$$\lg\frac{t_1}{t_2}=B\left(\frac{1}{T_1}-\frac{1}{T_2}\right) \tag{7-35}$$

式中 t_1，t_2——分别为各温度下生成一定量胶质所需时间，单位一致即可，一般用一周；

T_1，T_2——分别为各自温度，K，$T_1=273+t_1$，$T_2=273+t_2$(常温)；

B——温度系数，不同汽油的 B 值不同，为使该式有普遍适用性，取平均为 5500。

汽油在 43℃的试验条件下储存一周，相当于 27℃环境下储存 9.2 周；43℃储存 16 周相当于 27℃环境下储存 3 年；43℃储存 32 周相当于 27℃环境下储存 5.2 年。

由于 43℃催速储存试验需要较长的时间。为了更准确、迅速地预测汽油储存安定性，又建立了 93℃，16h 烘箱试验法。

(4) 16h 烘箱试验法

测定时准确量取 130mL 试油装入玻璃试瓶中，再把密闭好的试瓶放入氧弹中，然后把钢弹密封，并放入 93±0.5℃的油浴中或烘箱中储存 16h。然后，取出，冷却，用气相色谱法测定试瓶内预留空间的氧含量。然后测定试验后试油的总胶质(沉渣加实际胶质)量。试验结束，用不安定指数 BZ_{16} 表示试油的储存安定性。按式(7-36)计算：

$$BZ_{16} = \frac{O_0 - O_{16}}{O_0}(G_{16} - G_0) \tag{7-36}$$

式中 O_0——试验前试瓶内预留空间的氧含量，%(v/v)；

O_{16}——试验后试瓶内预留空间的氧含量，%(v/v)；

G_0——试验前试样的总胶质含量，mg/100mL；

G_{16}——试验后试样的总胶质含量，mg/100mL。

显然，BZ_{16} 值越小，则试油的储存安定性越好。本方法既考虑了试油的吸氧量，也考虑了总胶质质量，故能较全面地反映汽油的安定性。从 24 种汽油样品的试验结果表明，各种油样的 BZ_{16} 值与其在 43℃时的储存结果有良好的线性关系。可建立下列线性关系式：

$$G_{43} = m(BZ_{16}) + G_0 + C \tag{7-37}$$

式中 G_{43}——43℃储存时总胶质含量，mg/100mL；

G_0——试验前试样中总胶质含量，mg/100mL；

C——BZ_{16} 胶质直线的平均截距，C=1.2；

m——BZ_{16} 胶质直线方程斜率。

根据上述公式，在测得其试样的 BZ_{16} 值后，可求取在 43℃储存任一时间后的试样中总胶质的增加量。反之，也可预知试样在生成一定总胶质质量时，在 43℃时所能储存的最长时间。因为 43℃储存期与常温储存亦有对应的关系，所以，本方法可预测汽油常温储存 3～5 年的结果。

3. 汽油组成对汽油安定性的影响

(1) 汽油组成

下表列出几种主要加工方法得到的汽油组成。

表 7-9 几种主要加工方法得到的汽油组成 %

组分	直馏汽油	热裂化汽油	催化汽油	重整汽油
烷烃	68	42	25	40
环烷烃	24	15	10	5
烯烃	0	36	41	0
双烯烃	0	0.5	0.2	0
芳烃	8	42	24	55

由表 7-9 可知，直馏和重整汽油中无烯烃存在，所以直馏和重整汽油安定性好；而热裂化、热催化汽油中含有相当量的烯烃和少量二烯烃，所以安定性不好。使得汽油安定性变差的原因除烃类组成外，更主要的原因是汽油中含有一些氧、氮、硫的非烃化合物。这些活泼的非烃类组分主要有硫醇类化合物、吡咯系、吡啶系化合物以及环烷酸和酚类化合物；活泼的烃类组分主要有烯烃、共轭二烯烃类。下面将讨论这些活泼的烃类和非烃类是怎样氧化生成胶质，使油品颜色变深，从而影响汽油的储存安定性的。

(2) 烃和非烃化合物对汽油安定性的影响

烃类中，最活跃的组分是共扼二烯烃，其次是烯烃，烷烃安定性最好。其氧化活性顺序是(不安定烃类活泼顺序)：

共轭二烯烃、芳烯>单烯烃>芳烃>异构烷烃>环烷烃>烷烃

非烃中最活泼的组分是元素硫、硫化氢、硫醇系化合物以及酚类化合物和吡咯系化合物。

如含硫化合物的氧化过程如下：

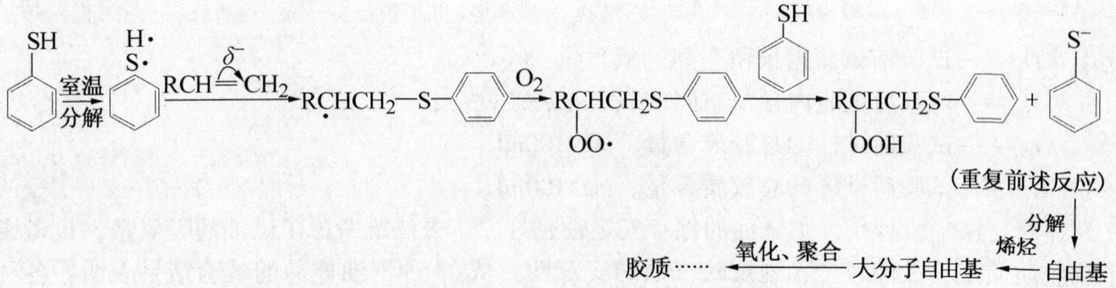

所以，当烯烃与硫醇类化合物共存时，烯烃是非常活泼的，氧化生胶速度很快，是生胶的主要原因。其他硫化物当然也能参与生胶反应，但不如硫醇性硫化物那么活泼。

其他氧化物如脂肪酸(有一定腐蚀性)、环烷酸也是使油品颜色加深的组分，但不是主要影响者。除烃、非烃对油品安定性有影响外，还有阳光、温度、金属催化、空气中的氧等都可加速汽油氧化，但这些因素可人为改变。比如储存罐涂银粉、地下山洞储存、用钝化金属罐、储罐上加盖泡沫或冲 N_2 等。

二、柴油的安定性

1. 评定柴油安定性的意义

如果柴油机使用热安定性差的柴油，柴油机的燃料系统如喷油嘴等部位会出现不溶性的凝聚物、漆膜和积炭等，影响柴油机正常工作。安定性好的柴油在储存中颜色和实际胶质变化不大，很少生成胶质和沉渣。安定性差的柴油最明显的表现是颜色变深，实际胶质增大。使用高实际胶质的柴油，容易出现喷油嘴和过滤器堵塞现象。所以，评定柴油的安定性对柴油的储存和使用有着重要意义。

2. 柴油的热安定性

柴油的热安定性又称热氧化安定性，它反映了柴油在受热和溶解氧的作用下发生变质的倾向。

柴油发动机运转时，油箱中柴油温度可达60~80℃。由于油箱剧烈的震荡，柴油与空气充分的接触，使油中的溶解氧达到饱和程度。柴油进入燃油系统后，温度继续升高，在金属的催化下，其中的不安定组分急剧氧化而生成氧化缩合产物。这些产物沉积在喷油嘴针芯上，会造成针芯粘死，中断供油；沉积在燃烧室壁及气阀等部位，会使设备磨损加剧。

我国当前还没有测定柴油热安定性的标准方法。近年来，用喷气燃料热安定性测定仪改装的 CRC 结焦器来测定柴油热安定性的方法正在试验中。

3. 柴油的储存安定性

(1) 定义

柴油在储存、运输过程中抵抗氧化变质的能力，称为柴油的储存安定性。

我国产品规格中规定一级品轻柴油的储存安定性沉渣不大于2mg/100mL，合格品轻柴

油实际胶质不大于 70mg/100mL。

(2) 评定方法

通常评定的方法有常温储存和快速储存试验两种。

常温储存试验是把试油按规定放在带通风口的闭光暗室中，室温一般为 5~30℃，试油按储存 3，6，9，12，24，36 等月的时间间隔采样，分析其沉渣值、实际胶质、酸度和消光值，来评定其变质倾向的大小。一般常温储存时间是一年。

常温储存试验需要时间太长，因此国内外都提出了不少催化储存试验方法。这些方法大都是催速老化法。即提高油品的储存温度，在一定的条件下，催速油品变质，然后测定变质后油品生成的沉渣量及其相应的指标的变化，来评定油品的安定性。例如英国的 DEF-2000 方法 16(即 99℃，16h)，DEF-2000 方法 17(即 49℃，4 周)；美国的 ASTM-D2274(即 95℃，通氧，16h)和 UOP431-61(即 100℃，16h)等。

我国也制定了柴油储存安定性测定方法(SH/T 0175—92)。该法是将已过滤的 350mL 试样装入清洗过的氧化管中，然后将氧化管浸入恒温在(95±0.2)℃的恒温水浴中，连续向柴油中通氧气 16h。在这样的强化条件下，用最终生成的总不溶物含量来表示柴油的储存安定性。按式(7-38)计算如下：

$$X=(m_1+m_2)/3.5 \qquad (7-38)$$

式中　X——试样老化后的总不溶物含量，mg/100mL；

m_1——滤纸上的不溶物质量，mg；

m_2——黏附性不溶物质量，mg；

3.5——换算系数。

另外，经过多年的探索，现已提出柴油储存安定性的测定方法(冰醋酸-甲醛法)，简称乙酸法。该法首先对加氢柴油的安定性进行研究，发现不同原料，不同精制深度的加氢柴油储存时油品变质的倾向不同。可分为三种类型：①沉渣型，油品储存时沉渣增长很快，但实际胶质生成量很少；②胶质型，油品储存中胶质增长很快，而沉渣生成量很少；③沉渣胶质型，油品储存中胶质和沉渣增长较快。如果单纯用沉渣胶质量来评定，必然导致较大的误差。通过试验发现，各种加氢柴油的储存过程中，均使用油品的酸度来判定其安定性。若储存油品的酸度在 0.5mgKOH/100mL 以下时，柴油的沉渣与实际胶质都是在规格允许范围内。因此酸度可以作为控制加氢柴油安定性的指标。酸不仅是在油品氧化过程中形成的，而且生成的酸又起到催化油品的自身氧化，加速油品变质的作用。因此，可以用外加有机酸来加速油品变质。这就是乙酸法快速评定柴油储存安定性方法建立起来的基本构想。

在研究加氢柴油安定性的基础上，对大量的二次加工柴油(催柴、焦柴等)的安定性进行考查。试验表明，试油中加入冰醋酸，将油中不安定性组分(主要是含氮化合物、不饱和烃、多环芳烃等)富集起来，加入的甲苯能使不安定组分缩合生成聚合物(残余物)。残余物的生成量与试油的安定性有很好的对应关系。所以根据生成残余物的数量，便可预测试油的安定性。

测定时是在恒重的带塞的试管内装入试油 5mL，甲醛水溶液 1mL 和冰醋酸 5mL。经充分振荡和离心分离后，静置于 140±2℃ 的烘箱中干燥、恒重。计算残余物的生成量，用质量分数表示。若测的油品残余物小于 0.2%，常温储存一年油品的沉渣必小于 2.0mg/ 100mL。色号必然小于 3 号，故判定为安定性好的油品。若残余物大于 0.2%，情况则相反，可判定为不安定性油品。因此，残余物量(0.20%)可作为评定柴油储存安定性的控制指标，其有效预测期为一年。

乙酸法适用于评定各种类型成品柴油的储存安定性，预测成功率为80%~90%，方法简便快速且容易推广。

三、喷气燃料的热安定性

1. 评定喷气燃料热安定性的意义

喷气燃料的安定性又称航空煤油热安定性或热氧化安定性。一般喷气燃料都是直馏产品，所以它的储存安定性良好。但是，喷气燃料不仅为喷气式发动机的燃料，同时还起着冷却剂和润滑剂的作用。并且喷气燃料在使用时，油箱及各部分温度均高(飞行速度的马赫数为2时，油箱温度为100℃，换热器出口为180℃，喷油嘴为210℃)，再加上油中溶解氧及金属的催化作用，从而在客观上加速了油氧化变质，生成胶质沉渣。这些胶质沉渣量虽少，但危害甚大，它能引起发动机滤网和喷油嘴压力降升高，甚至堵塞、中断供油，造成严重的飞行事故。除此之外，沉渣沉积在换热器器壁上，影响喷气燃料的传热性能和润滑性能。所以喷气燃料中不安定组分应控制在要求范围内。

2. 喷气燃料的热安定性

(1) 定义

喷气燃料热安定性指在发动机燃料系统中，当受到温度和油中溶解氧以及金属催化剂的作用时，抵抗氧化沉渣生成的能力。所以抗沉渣能力强，喷气燃料热安定性好，在使用中沉渣生成的少。反之抗沉渣能力弱，喷气燃料热安定性不好，在使用中沉渣生成的多，易造成飞行事故。

(2) 沉渣生成的原因

喷气燃料中沉渣的生成是由于温度、油中溶解氧及金属的催化作用，使喷气燃料中不安定的烃类和非烃类氧化、聚合、缩合所致。喷气燃料中不安定的烃类有烷基萘、四氢萘类、烯烃以及侧链上有双键的芳烃，它们的安定性大小顺序是：

芳烯＞烷基萘、四氢萘、烯烃(少量)＞烷基苯＞环烷烃＞烷烃

不安定的非烃主要是含C，N，S的化合物，即硫醇RSH(ArSH)，吡咯类及酚类。它们在生成沉渣的过程中，也是非烃类先分解或先氧化，再引发烯烃反应生成沉渣。

至于生胶反应过程，基本上与汽油类似。所不同的是喷气燃料在使用过程中各部分温度均较高，易使不安定烃和非烃氧化，所以喷气燃料中不安定的烃和非烃的含量应严格控制。因此，为获得安定性良好的喷气燃料，其组成中非烃含量应为最少；同时控制双环芳烃的含量(≤3%)；尽可能避免含有烯烃；只能允许数量不大的单环芳烃存在(≤20%)，而环烷烃和烷烃应作为航煤的主要组分。

3. 评定喷气燃料热安定性的方法

评定喷气燃料安定性方法有：实际胶质、碘值、溴价、活性硫含量、CFR结焦器试验(评定喷气燃料动态热安定性方法)和喷气燃料静态热安定性方法。

(1) 喷气燃料动态热安定性测定方法(SH/T 0180—1992)

是模拟航空涡轮发动机燃料系统的实际工作状况，用过滤器中滤网前后压差△P及预热器内管表面沉积物的色度级，来评定在一定温度下燃料的热安定性。

测定方法：仪器装置流程图见图7-15。

燃料以2.75±0.05L/h速度进入系统，经预热器，其温度(t)150±2℃，然后经加热过滤

器，其温度(t)205±5℃。在预热器部分，由于温度较高，油中不安定烃类和非烃类便氧化生成沉渣，沉积在预热器内管外壁上，沉积程度大，颜色深，油安定性差。在加热过滤器内有一过滤网，网孔径为70μm，该滤网捕集试验中生成的沉渣。沉渣的沉淀使滤网前后压差升高，沉淀程度用滤网前后压差大小表示，沉淀程度大，压差 Δp 升高，热安定性差。经过过滤器的油经冷却后至废油罐，这样连续运转5h，试验结束。然后用滤网前后的压差 Δp 作为评定喷气燃料动态热安定性的指标之一；预热器内管表面沉积物的色度级作为评定喷气燃料动态热安定性的另一个指标。即把预热器内管(附着有沉积物)与标准色板比较，标准色板共分0~5五个等级。沉积物颜色越深，沉积物越多，级号越大，热安定性越差。例如2#喷气燃料要求 $\Delta p \leq 10.1$kPa，色度级≤3级。

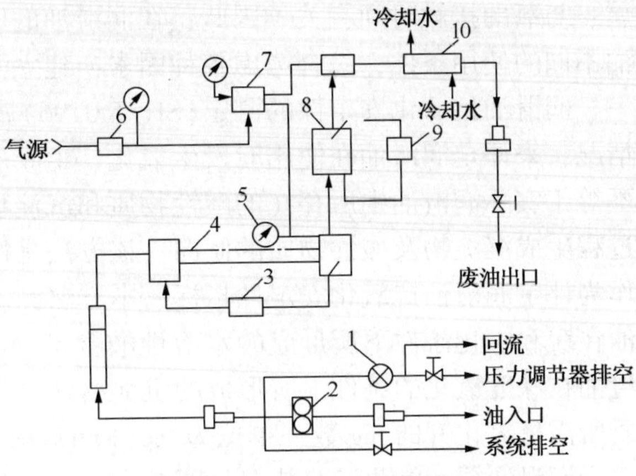

图7-15　CFR结焦试验流程图

1—压力调节器；2—齿轮泵；3、9—温度调节器；4—预热器；5—系统压力指示表；6—空气过滤器；7—压差变送器；8—过滤器；10—水冷却器

(2) 喷气燃料静态热安定性测定

取50mL试油注入悬有铜片的油杯中，将油杯放入密闭的钢弹中，钢弹放入150±2℃的恒温浴中，氧化4h，取出油过滤，测定沉淀物质量，以mg/100mL油表示。

喷气燃料沉淀量少，热安定性好，反之则差。

GB/T 9169—2010喷气燃料热氧化安定性测定(JFTOT法)，修改采用国外标准。

四、润滑油安定性的测定

1. 评定润滑油安定性的意义

润滑油的安定性是指热氧化安定性。润滑油在使用和储存过程中，当受到光照、受热和空气中氧及金属催化作用时，会氧化变质，颜色变深、黏度增加，生成酸性化合物质和胶质、沉渣。生成的酸性物质会腐蚀金属机件，胶质和沉渣会堵塞润滑系统的过滤器滤网和导油管，会引起活塞环黏结，造成不良影响。所以润滑油的使用取决于它的安定性。而安定性是评定润滑油质量的重要指标之一。

2. 评定方法

润滑油的安定性主要与其化学组成有关，还与使用温度、与氧接触的方式及金属的催化作用有关。评定润滑油安定性的方法通常是按照其使用条件的不同，与氧接触的方式不同分为厚层氧化和薄层氧化两种。它们的氧化机理，都是自由基链反应。但氧化的条件不同，所以氧化速度及氧化深度和最终生成物不同。

(1) 厚层氧化(油层厚度>200μm，$t_{使}$<200℃)

润滑油在油层厚、油量大的情况下，与空气接触发生的氧化称为厚层氧化，这种氧化的温度不高(在100℃以下)，金属催化作用不强。例如在内燃机油箱、齿轮箱、变压器、输油管中的润滑油的氧化就属于这种情况。它属于烃类液相的范畴。此时，油品与空气中氧作用首先生成过氧化物，进一步氧化，生成酸性物质和沉淀物。通常以氧化后产物的酸值和沉淀物含量来表示润滑油的安定性。由于其安定性除与化学组成有关外，还与使用温度以及金属、与氧的接触时间有关。因此，在润滑油的厚层氧化评定安定性的测试方法中，结合润滑油不同的使用条件，综合考虑各种因素，建立了各种标准试验方法。

润滑油抗氧化安定性的测定（SH/T 0196）属于厚层氧化试验法。该方法是模拟厚层氧化情况，来评定润滑油在使用时发生氧化、生胶反应生成沉淀物及酸性物质的倾向。实验值并不等于实际润滑油中所存在的酸性物质和沉淀物的量，而只是在强化条件模拟润滑油在使用过程生成沉淀物及酸性物质的倾向。该方法是用氧化物的水溶性酸或酸值及沉淀物生成量，作为评定润滑油抗氧化安定性指标。本方法测定的安定性表示方法分为两种，一种是用润滑油在缓和氧化条件下所形成的水溶性酸含量（包括不挥发的和挥发的）表示；另一种是以润滑油在深度氧化的条件下所形成的沉淀物含量和酸值表示。酸值是中和 1g 试油中的酸性物质所需氢氧化钾的 mg 数，单位为 mg(KOH)/g。

润滑油缓和氧化试验装置见图 7-16。

测定时空气 50mL/min 通入油中，温度为 125±0.5℃，钢、铁球各一枚，氧化 4h 所生成的水溶性酸含量表示缓和氧化条件下润滑油抗氧化安定性指标。所收集的氧化生成的挥发性酸和油中的水溶性酸，用标准氢氧化钾溶液滴定。测定结果用酸值表示。

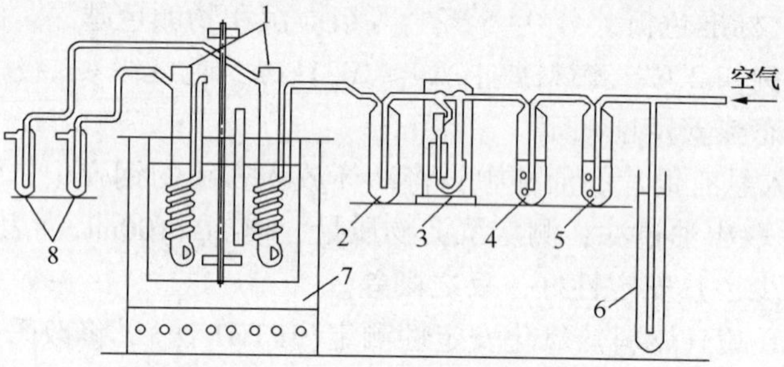

图 7-16　缓和氧化试验装置流程图

1—氧化管；2—安全瓶；3—流速计；4—硫酸洗气瓶；
5—氢氧化钠洗气瓶；6—气压调节器；7—油浴；8—吸收瓶

润滑油深度氧化测定装置见图 7-17。

测定时，称取试油 30g 放入氧化管中，加入套着螺旋形钢丝的铜片作催化剂。在 125±0.5℃的温度条件下，将流量为 200mL/min 的 O_2 通入油中，钢丝绕铜片，氧化 8h，用生成的不溶于石油醚的沉淀物含量（%）和酸值作为评定润滑油在深度氧化条件下的抗氧化安定

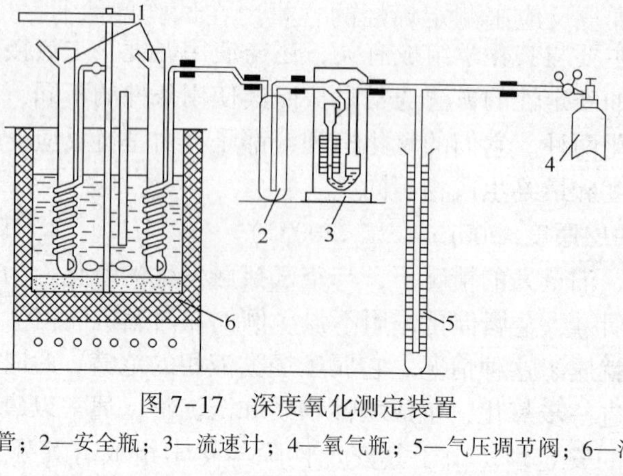

图 7-17　深度氧化测定装置

1—氧气管；2—安全瓶；3—流速计；4—氧气瓶；5—气压调节阀；6—油浴

性指标。例如8#喷气机润滑油深度氧化沉淀物≤0.08%，酸值≤0.3mg(KOH)/g 油。

(2) 薄层氧化

在许多情况下，润滑油仅以很薄的一层(油层厚度小于200μm)附在摩擦面上进行润滑的。这种情况下，润滑油以很大的表面积与空气接触，发生的氧化称为薄层氧化。例如在内燃机的活塞与汽缸之间工作的润滑油；蒸汽轮机的轴瓦之间的润滑油，都属于这种情况。此时，润滑油的工作温度较高(200~300℃)，金属对其催化氧化作用也较强。氧化结果会生成一层吸附性很强的胶膜(漆状物)覆盖在金属机件上，使磨损增加，功率降低，热传导困难，严重时导致机件烧毁。

通常把覆盖于金属表面上的薄层润滑油在高温和空气中氧的作用下，所具有的抵抗胶质(漆状物)生成的能力，称为润滑油热氧化安定性。

润滑油热氧化安定性的测定方法是，在规定的试验温度下(一般为250℃)，称取一定量的试油放入钢制的蒸发皿内，油受热并在空气中氧化裂解，生成低沸点的气态产物和大分子的漆状物。随着试验时间的延长，漆状物逐渐增加，液态组分(工作馏分)逐渐减少。由于氧化裂解过程是逐渐发生的，所以试验需在4~6个蒸发皿内同时进行。当试油发生氧化后，每3~5min取出一个蒸发皿，并分别测出每个皿内的工作馏分的含量(即工作馏分占加入试油的质量分数)和漆状物的含量(漆状物占加入试油的质量分含量)。取得上述数据后，在纵坐标上以相同的比例表示不同试验时间的工作馏分质量分数和漆状物质量分数，在横坐标上记录与它们对应的试验时间(min)。然后分别做出工作馏分-时间曲线。图上两条曲线交点处是组成为50%工作馏分和50%漆状物的油性残留物，其交点所对应的试验时间 J_t，就是评定润滑油的热氧化安定性的试验结果，单位为min，见图7-18。显然，测得的时间越长，试油的安定性越好。该方法是模拟薄层氧化情况来评定润滑油在发动机部件上生成漆状物的倾向。例如，2#航空润滑油热氧化安定性要求250℃时 J_t ≥25min。

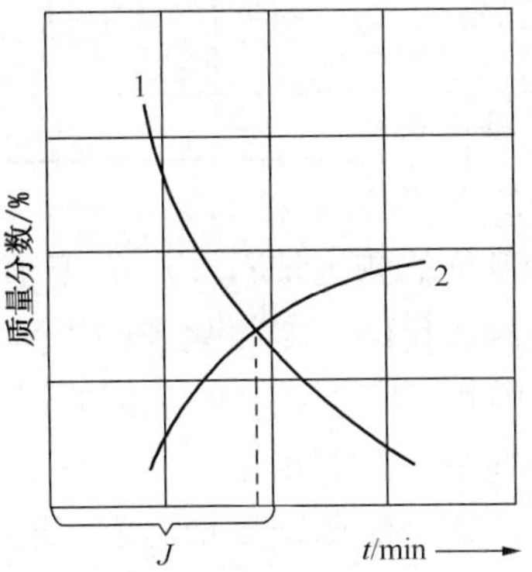

图7-18 工作馏分、漆状物-时间曲线

1—工作馏分；2—漆状物

五、碘值、溴价的测定

不饱和烃的存在对油品安定性有较大的影响。通常利用卤素与烯烃的加成反应来测定烯烃的含量。在试验条件下，100g试油反应所吸收碘的克数称为碘值；100g试油反应所吸收的溴的克数称为溴价，单位用g/100g表示。100g试油所吸收溴的毫克数称为溴指数。它们均是评定油品安定性的指标之一。油中不饱和烃越多，碘值、溴价或溴指数就越高，油品的安定性也越差。

1. 碘值的测定

碘值的测定按碘-乙醇法进行，用过量的碘-乙醇溶液与试样中的不饱和烃进行加成反应，反应过程如下。

$$I_2(\text{过量}) + H_2O \longrightarrow HIO + HI$$

$$RCH=CH_2 + HIO \longrightarrow HORCHCH_2I + HI$$

记录滴定剩余的碘及空白试验消耗的 $Na_2S_2O_3$ 标准溶液的体积 V_1 和 V_0，按式(7-39)计算碘值：

$$I = \frac{(V_0 - V_1)T}{m} \times 100 \tag{7-39}$$

式中　I——碘值，$g(I_2)/100g$；

V_0——空白试验消耗的 $Na_2S_2O_3$ 标准溶液的体积，mL；

V_1——试样消耗 $Na_2S_2O_3$ 标准溶液的体积，mL；

T——$Na_2S_2O_3$ 标准溶液的滴定度，$g(I_2)/mL$，$T=c\times126.91/(2\times1000)$；

c——$Na_2S_2O_3$ 标准溶液的浓度，mol/L；

m——试样质量，g；

(V_0-V_1)——相当于与 $RCH=CH_2$ 反应掉的 I_2 所消耗的标准 $Na_2S_2O_3$ 溶液的体积，mL。不饱和烃含量(x)按下式计算：

$$x = \frac{IM}{254} \tag{7-40}$$

式中　M——试油平均相对分子质量(不饱和烃相对分子质量)；

254——碘相对分子质量。

我国车用汽油不控制碘值，航空汽油及其他轻质燃料油碘值的控制指标列于下表。

表 7-10　各种燃料碘值的指标

类　别		航空汽油	喷气燃料				轻柴油(优级品)
			1#	2#	3#	4#	
碘值/(gI_2/100g)	≤	12	3.5	4.2	—	4.2	6

2. 溴价的测定

溴价的测定按石油产品溴值测定法进行。测定时，将试油溶解于由冰醋酸、硫酸、甲醇、四氯化碳、二氯化汞的乙醇溶液等试剂配制(体积比 73：3：7：15：2)的特殊溶剂中。用溴酸钾-溴化钾标准溶液滴定。滴定终点可用指示剂(甲基橙)或电位计控制。该方法终点不易判断，溶剂用量大，毒性大。近年来又发展了微库仑法。

微库仑法测定溴价(或溴指数)是将试样注入已知溴含量的特制电解液中，电解液由溴化钾、乙醇、苯及冰醋酸等试剂配制(体积比 1：8：8：3：2)。样品中的烯烃与溴反应(加成反应)，由于滴定池中溴的浓度下降，所以电解电极对发生氧化反应补充之，即消耗的溴由电解阳极发生氧化反应补充。

加成反应：　$RCH=CH_2+Br_2 \longrightarrow BrRCH-CH_2Br$

电解阳极氧化反应：　$2Br^- - 2e \longrightarrow Br_2$

然后测量补充溴所消耗电量，由法拉第电解定律便可计算溴价和溴指数：

$$Br = \frac{\theta \times 0.0828}{W_{样}} = \frac{\theta \times 0.000828}{W_{样}} \times 100 \tag{7-41}$$

$$Br' = \frac{\theta \times 82.8}{W_{样}} \tag{7-42}$$

式中　Br——溴价，$g(Br_2)/100g$；

Br'——溴指数，$mg(Br_2)/100g$；

θ——试样所耗电量，mC；

0.000828——溴的电化当量，$g(Br_2)/mC$，即每消耗 1mC 电量相当于补充 0.000828g 溴；

$W_{样}$——试样质量，g。

由于溴比碘活泼，所以当试样中含不饱和烃少的时候用之灵敏，但溴不仅能与不饱和烃进行加成反应，而且也能发生取代反应，所以测定结果略偏高。

第十节　油品腐蚀性能的测定

石油产品在储运、使用过程中，对所接触的机械设备、金属材料、塑料及橡胶制品等的腐蚀、溶胀作用，称为油品的腐蚀性。由于机械设备和零件多数是金属材料制品，因此，油品的腐蚀主要是指对金属的腐蚀。对设备材料引起腐蚀的物质主要有：活性含硫化合物(如H_2S、S、RSH等)、有机酸性物质(如RCOOH)以及无机酸、碱性物质。腐蚀作用不但会使机械设备受到损坏，影响使用寿命，而且由于金属腐蚀生成物多数是不溶于油品的固体杂质，所以会影响油品的清洁度和安定性，从而对储存、运输和使用带来一系列的危害。例如，燃料对金属的腐蚀产物会堵塞过滤器和喷嘴，并促使胶质和积炭的生成。而且有腐蚀性的润滑油、润滑脂对设备的危害更大，腐蚀会破坏润滑，加速机器设备的磨损，以致缩短其使用寿命。

一、硫含量和腐蚀性能的测定

1. 含硫化合物类型及性质

油品中含硫化合物按其性质共分为三类，见表7-11。

表7-11　油中含硫化合物的类型

类型	硫化物	性　质
活性硫化物	RSH(ArSH) (—SH巯基)	石油及石油产品中并不多，但危害较大，能直接腐蚀金属，有强烈臭味，空气中含有5×10^{-6}便可嗅到，剧毒
	S，H_2S	石油及石油产品中含量极少，均是加工石油时其他硫化物的热解产物，能直接腐蚀金属，H_2S有毒，有臭味，空气中含有1×10^{-6}便可嗅到
中性硫化物	R—S—R	石油及石油产品中含量较多，低级硫醚有臭味，其类型有R—S—R和环硫醚，不能直接腐蚀金属，但受热分解成H_2S，RSH便能腐蚀金属
	RSSR	石油及石油产品中含量不多，低级二硫醚有臭味，热稳定性差，受热分解成H_2S，RSH，S，R—S—R(可再分解)能腐蚀金属
非活性硫化物	噻吩同系物	无臭味，石油中含量不多，但热加工产品中多，对设备无腐蚀，热稳定性也较好

石油加工中，硫化物对金属设备的腐蚀一直是人们关注的问题。H_2S、S、RSH是腐蚀金属设备的主要硫化物，它们多是热加工时由中性硫化物热分解得到的。当活性硫化物与氯盐(溶于水)共存时，则腐蚀加重。所以，加工高硫油时，设备必须衬铝，以防腐蚀。

2. 硫和硫化物腐蚀性测定方法

(1) 铜片腐蚀试验

铜片腐蚀试验是定性检验试油中是否有活性硫化物存在的方法。铜片腐蚀试验按GB/T 5096—2017规定方法。即将一块规定形状和尺寸的铜片(某些试验用钢片或其他金属片)，经磨光，用溶剂(如丙酮或乙醇-苯)洗净，放入定量试油中，恒定一定温度，保持一定时间。对汽油、柴油温度恒定在50±2℃，保持3h；对喷气燃料，温度恒定在100±1℃，保持2h；对润滑油，温度恒定在100±2℃，保持3h。然后取出铜片，按GB/T 5096—2017规定的腐蚀标准色板分级(腐蚀标准分四级，1级轻度变色；2级中度变色；3级深度变色；4级为腐蚀)，判断出试油的腐蚀性。如车用汽油铜片腐蚀(50℃，3h)，级不大于1级；1#喷气燃料铜片腐蚀(100℃，2h)，级不大于1级；轻柴油铜片腐蚀(50℃，3h)，级不大于1级等。

(2) 银片腐蚀试验(SH/T 0023)

银片腐蚀试验是定性检验喷气燃料中是否有活性硫化物存在的方法。为了确保喷气燃料腐蚀性合格，延长喷气发动机使用寿命，并防止发电机系统中的镀银配件被腐蚀，同时也由于银比铜相对活泼，更能灵敏地反映出活性硫化物的存在，故制定了此法。

方法：将规定尺寸的磨光银片(纯度99.9%)悬挂于盛有250mL油样的锥形瓶中，在50±1℃水浴中保持4h后，取出，洗净，根据颜色变化判断试样腐蚀性。共分五级：

0级元素S含量<5 mg/L	不变色	当有10 mg/L硫醇存在时
1级元素S含量=7 mg/L	轻微变色	S含量=0.5 mg/L
2级元素S含量=10 mg/L	中度变色	S含量=2 mg/L
3级元素S含量=15 mg/L	轻微发黑	S含量= 4 mg/L
4级元素S含量>15 mg/L	发黑	S含量=7 mg/L

由此可见，当有硫醇存在时，元素S腐蚀更严重，说明银片更能灵敏地判断腐蚀性。例如：1#~3#喷气燃料银片腐蚀(50℃，3h)，级≤1级。

(3) 博士试验(SH/T 0174)

博士试验是定性检验汽油、喷气燃料、石脑油、苯类产品等轻质油品中是否有H_2S，RSH存在的试验方法。

方法原理：将试油(10mL)与Na_2PbO_2(5mL)溶液放入带磨口的量筒中，然后剧烈振荡15s，若试油中含有H_2S，则发生下列反应：

$$Na_2PbO_2 + H_2S \longrightarrow PbS\downarrow(\text{黑色}) + 2NaOH$$

[亚铅酸钠相变黑(水相变黑)，有H_2S存在]

若无H_2S存在，再加入少量硫黄粉(元素S)，振荡15s，静止1min，观察两相界面间硫黄粉颜色的变化。若不变色(元素硫淡黄色)，或颜色浅于橘黄色，则说明试油中无硫醇存在。若试油中有硫醇存在，则发生下列反应：

$$Na_2PbO_2+2RSH \longrightarrow (RS)_2Pb+2NaOH$$

$$(RS)_2Pb+S \longrightarrow RSSR+PbS\downarrow(\text{黑色})$$

由于反应生成黑色PbS沉淀，界面间硫黄粉变色，但变色情况不尽相同，随试油中RSH含量多少而异，呈橘红色、棕色或黑色则有RSH存在。颜色越深，RSH含量越多。如果试样中含有H_2S，则在试油中加入亚铅酸钠后即反应生成黑色PbS，这时要使硫醇定性试验顺利进行，需除去H_2S。除去的方法是用新的一份试样，加入占试样体积5%的氯化镉溶液一起振荡，使H_2S反应生成硫化镉沉淀而除去，分离处理后的试样再加亚铅酸钠试验。

如果试样中含有过量的过氧化物，则在试油中加入亚铅酸钠后会生成棕色沉淀。为确证过氧化物的存在，可另取一份试样，加入占试样体积20%的NaI溶液，几滴乙酸和几滴淀粉溶液一起振荡，如水层中出现蓝色，说明过氧化物存在，则试验结果无效。

(4) 硫醇性硫含量的测定

① 氨-硫酸铜法[GB/T 505—65(90)]

该法是定性检验发动机燃料中硫醇性硫含量的方法。方法原理是依据硫酸铜溶液与氨水作用生成深蓝色的四氨合铜络合物：

$$Cu^{2+} + 4NH_3 \cdot H_2O \longrightarrow Cu(NH_3)_4^{2+}(\text{深蓝色}) + 4H_2O$$

$$Cu(NH_3)_4^{2+}(\text{深蓝色}) + 2RSH \longrightarrow Cu(RS)_2 + 4NH_4^+(\text{蓝色消失})$$

所以当用深蓝色的 NH_3-$CuSO_4$水溶液滴定装在漏斗中的试油时，开始由于$Cu(NH_3)_4^{2+}$与 RSH 反应生成硫醇铜，水层蓝色消失(无蓝色)，当滴定至水层有蓝色出现，并振荡 5min之后仍不消失时为终点(这之前可放掉一些水层溶液，留下少部分水层，这样有利于终点的准确判断)。记录消耗 NH_3-$CuSO_4$溶液体积，按式(7-43)计算硫醇性硫含量。

$$S(\%) = \frac{VT}{m} \times 100 \qquad (7-43)$$

式中 T——NH_3-$CuSO_4$溶液滴定度，g(S)/mL；

V——消耗 NH_3-$CuSO_4$溶液的体积，mL；

m——试验时所取试样的质量，g。

该法简便易行，但对高度分支的硫醇，因其不易同 $Cu(NH_3)_4^{2+}$ 反应，使测定结果偏低(由于空间阻碍)，所以对高度分支的硫醇应采用电位滴定法 GB/T 1792—2015。

② 电位滴定法(GB/T 1792—2015)

该法是定量测定喷气燃料中硫醇性硫含量的方法。测定时将试样溶解在乙酸钠的异丙醇溶液中，然后用 $AgNO_3$的异丙醇标准溶液进行电位滴定，反应如下：

$$RSH + AgNO_3 \longrightarrow RSAg\downarrow + HNO_3$$

试样中的硫醇与硝酸银生成难溶的硫醇银沉淀。用参比电极(甘汞)和指示电极(银-硫化银)之间的电位突跃来指示滴定终点。记录消耗的标准硝酸银-异丙醇溶液的体积，按式(7-42)计算硫醇性硫含量。

$$S(\%) = \frac{VN \times 32.06}{G_{\text{样}} \times 1000} \times 100 \qquad (7-44)$$

式中 V——终点时消耗 0.01mol/L 硝酸银-异丙醇溶液的体积，mL；

N——0.01mol/L 硝酸银-异丙醇溶液的浓度，mol/L；

$G_{\text{样}}$——样品质量，g；

32.06——硫的相对分子质量。

本方法快速准确，并且对叔位结构的脂肪族硫醇，也能得到准确的结果。但试样中含有 H_2S 则不适用该法，因为 $2AgNO_3 + H_2S \longrightarrow Ag_2S\downarrow + HNO_3$而干扰测定，并要求元素 S 含量小于 5ng/μL，否则干扰测定。该法测定范围：硫醇性硫含量 3~100ng/μL。各种煤油的硫醇性硫限制含量见表 7-12。

表 7-12 各种煤油的硫醇性硫限制含量

项目	喷气燃料			灯油
	1#	2#	3#	
硫醇性硫含量/% ≤	0.005	0.002	0.002	0.001
试验方法	GB/T 505—65(90)	GB/T 505—65(90)	GB/T 1792—88	GB/T 1792—88

二、有机酸含量的测定

石油中存在的酸性化合物有环烷酸、酚类、脂肪酸、酸性硫化物、沥青质酸等。通常以环烷酸含量居多，它们主要集中在中沸馏分内。而二次加工的油品中，酸性化合物则以酚类为主。所以油品中酸性物质的含量，随原油的性质和油品精制程度不同而变化。油品中的不安定性组分在使用和储存过程中，也可以被氧化而生成有机酸。

有机酸的相对分子质量越小，酸性越大，其腐蚀性也越强，特别是有水分存在时，低分子有机酸会产生强烈的电化学腐蚀，经腐蚀生成的金属盐类聚集在油中成为沉淀物，会堵塞燃油系统，影响发动机的正常运转；生成的金属盐类还会加速润滑油的氧化变质。因此，绝大多数的油品都要对其中的酸性化合物含量进行限制。

1. 酸度(值)的定义

酸度和酸值能衡量出试油中有机酸和无机酸含量，但油品中要求不含无机酸，所以二者都是表示样品中有机酸含量的指标。酸度是中和100mL试油所需KOH毫克数。该方法适用于汽油、煤油、柴油。单位为mg(KOH)/100mL油。酸值是中和1g试油所需KOH毫克数。单位为mg(KOH)/g油。该方法适用于润滑油、重柴油、原油。

2. 测定意义

① 根据酸度(值)含量大小，可判断石油产品中酸性物质的含量。一般说来，石油产品酸度越高，其中所含酸性物质越多。

② 酸度可以大概判断石油产品对金属的腐蚀性能。石油产品中的有机酸含量少，在无水分和温度低时，对金属不会有腐蚀作用，但其含量多及有水存在时，就能腐蚀金属。

③ 判断石油产品的使用性能。柴油的酸度对柴油机的工作状况有较大影响，酸度大的柴油会使发动机积炭增加，造成活塞磨损和喷嘴结焦。如果酸度过高，可能是酚类或硫醇含量过高，这不仅会影响石油产品的颜色安定性，而且燃烧后生成的有害气体会腐蚀机件和污染环境。

④ 根据酸值大小可判断使用中的润滑油的变质程度。润滑油在使用一段时间后，由于氧化逐渐变质，表现为酸值增大，当酸值超过一定限度就应更换新油。

3. 测定方法

酸度和酸值的测定按(GB/T 258—2016)和[GB/T 264—83(91)]标准执行。

先用95%乙醇与一定量的试油加热煮沸，将试油中的酸性物质抽出，然后用已知浓度的氢氧化钾乙醇溶液滴定至终点。这是由强碱滴定弱酸的中和反应，应采用酚酞或碱性蓝6B作指示剂。因为在用强碱中和弱酸时，生成弱酸盐，由于盐的醇解使溶液呈弱碱性，在接近等当点时，加入最后一滴强碱溶液的pH值将大于7。而酚酞或碱性蓝6B均可在pH等于8.4~10的范围内变色，故可测定溶液的酸度或酸值。按下式计算：

$$x = \frac{VT}{V_{样}} \times 100 \tag{7-45}$$

$$K = \frac{VT}{G} \tag{7-46}$$

式中 x——酸度，mg(KOH)/100mL油；

K——酸值，mg(KOH)/g油；

V——滴定抽提液终点时消耗的KOH-乙醇溶液体积，mL；

$V_{样}$——试样体积，mL；

G——试样质量，g；

T——滴定度，mg(KOH)/100mL，$T = 56.1 mmol/mL_{KOH-乙醇}$。

表 7-13 为某些油品的酸度或酸值标准。

表 7-13　某些油品的酸度或酸值标准

类　　型	酸度/(mg KOH/100mL 油)，≤	类　　型	酸值/(mg KOH/g 油)，≤
航空汽油	1.0	航空喷气机润滑油	0.04
车用汽油	3.0	$20^{\#}$航空润滑油	0.03
喷气燃料	1.0	汽油机润滑油（未加入添加剂）	中和值；报告
轻柴油 5~10	5~10	柴油机润滑油	
军用柴油	5		

三、水溶性酸或碱的测定

1. 石油产品中的水溶性酸、碱

石油产品中的水溶性酸、碱，是指油品在加工、储存、运输过程中从外界进入的可溶于水的无机酸或碱。例如在石油产品酸碱精制过程中残留的酸和碱。其类型有矿物酸，主要是硫酸、磺酸和酸性硫酸酯；矿物碱主要是 NaOH 和 Na_2CO_3。

2. 测定水溶性酸或碱的意义

水溶性酸、碱既能促进石油产品生胶变质，又会对机械设备产生强烈的腐蚀作用。水溶性酸几乎对所有金属都有很强的腐蚀作用，特别是当石油产品中含有水分时，由于增加了电离度，其腐蚀性会更强。水溶性碱则会对有色金属，特别是对铝有很强的腐蚀作用。水溶性酸、碱还会催化油品氧化，使油品安定性下降。所以，在石油产品标准中都要求不含水溶性酸及碱，产品中即使含有极微量的水溶性酸、碱也均判为不合格，不得出厂和使用。

3. 测定方法

石油产品中水溶性酸及碱的测定方法参照(GB/T 259—88)。测定时，用中性蒸馏水与等体积试样混合，经充分振荡后，水溶性酸、碱即溶于水中。然后取出下层水溶液，分装于两支试管中。分别用甲基橙和酚酞指示剂检查。由抽出液中指示剂颜色的变化情况，来判断试油中有无水溶性酸与碱的存在。对于汽油、煤油等轻质石油产品，试验是在常温下进行，用蒸馏水抽提。对于柴油则用 70~80℃蒸馏水抽提。对于 50℃时运动黏度大于 $75mm^2/s$ 的试油，需先用中性溶液将试油稀释后，再用蒸馏水抽提。如果试样与水混合时形成不易分层的乳浊液，则改用 0℃的乙醇水溶液(1∶1)抽提，同时加入溶剂(汽油、乙醚、苯等)稀释，以便降低试样的黏度和密度，使易于分层分离，再取水层用指示剂检查其有无酸碱性。若抽出液对酚酞不变色时，认为试样不含水溶性碱；对甲基橙不变色时，则认为试样不含水溶性酸。

思考题及习题

1. 何谓油品分析？它的主要内容是什么？油品分析的目的和任务主要有哪些？

2. 油品分析标准化的意义有哪些？

3. 简述石油的元素组成和化合物组成。

4. 我国石油产品按其用途和特性划分为哪六大类？

5. 产品标准和试验方法标准有何不同？我国石油产品及其试验方法靠拢的目标是什么？

6. 标准按技术等级分为哪五类？

7. 测定石油产品中的硫有哪几种方法？其测定原理分别是什么？各有什么特点？

8. 什么是苯胺点？测定油品的苯胺点有何意义？从结构上分析，为什么烃的种类不同，其苯胺点不同？

9. 什么是闪点？测定石油产品的闪点有何作用？开杯法和闭杯法测定闪点有何相同和不同之处？

10. 什么是残炭？残炭测定的意义是什么？康氏法测定残炭的原理及注意事项是什么？

11. 什么是辛烷值？什么是品度值？测定二者有何意义？

12. 胶质分为几类？什么是实质胶质？如何根据实质胶质来评定燃料的安定性？

13. 试分析汽油组成对汽油安定性的影响。

14. 什么是碘值？碘–乙醇法测定碘值的原理是什么？写出有关反应方程式。

15. 如何测定油品中的有机酸及水溶性酸？

第八章　日用化学品分析

第一节　概　　述

日用化学工业是与人们日常生活密切相关的化学品制造业。我国人口众多、日用化学品的需求市场很大，尤其是近二十年来，随着改革开放的深入，人们生活水平普遍提高，日用化学品的消费量也与日俱增。

日用化学品分析是日用化学工业的一个重要组成部分。日用化学品是与人们日常生活密切相关的日常用品，产品质量的优劣备受厂家和消费者的关注，而产品质量的确定则离不开日用化学品分析，它是生产工艺过程质量控制的重要步骤和依据。

与此同时，国际、国内市场上，日用化学品不断遭遇信任危机，在香皂、牙膏、化妆品、洗衣粉等日化行业，不断出现产品质量问题。因此日用化学品的质量检测是人们密切关注的一大问题。

本章主要介绍洗涤剂、化妆品、牙膏、香精、香料和塑料等日用化学品的基本常识和常用质量分析检测方法。

第二节　合成洗涤剂分析

洗涤剂因主要原料是通过有机合成反应而制得的，故又称为合成洗涤剂。合成洗涤剂是以去污为目的按照专门拟定的配方制成的洗涤产品。

洗涤剂的出现给人们的生活提供了极大的便利，各种洗涤剂诸如洗衣粉、餐具洗涤剂等已成为人们生活中必不可少的日用化学品。洗涤剂主要原料为三聚磷酸钠、硅酸钠、表面活性剂、荧光增白剂等。其中三聚磷酸钠会污染水体，硅酸钠具有腐蚀性，对皮肤有强烈的刺激作用，表面活性剂大剂量进入人体会致死，即使少剂量进入，长期积累，也会诱发肝癌等疾病；荧光增白剂会使人体细胞发生异变，诱发癌症，使皮肤过敏、瘙痒，引发皮炎，甚至还会影响生育能力等等。因此大量使用各种洗涤剂，影响生态环境和人类的健康，形成了庞大的污染源，已成为不可忽视的公害。所以，洗涤剂的质量检测非常重要。

随着科技的进步和人民生活的需求，国内外的洗涤剂行业发生了巨大的变化，新产品、新品种不断出现，人们对产品的安全性、卫生性、清洗效果等产品质量的要求愈来愈高，产品的质量检测也显得愈来愈重要。

一、合成洗涤剂的主要成分及分类

洗涤剂的主要成分是表面活性剂，表面活性剂是分子结构中含有亲水基和亲油基的有机化合物。一般根据表面活性剂在水溶液中能否分解为离子，又将其分为离子型表面活性剂和非离子型表面活性剂，离子型表面活性剂又因活性离子所带电荷不同而又分为阴离子型、阳离子型和两性离子型。

除表面活性剂外，合成洗涤剂中还有洗涤助剂和添加剂等。

合成洗涤剂按用途可分为民用和工业用两大类。根据洗涤剂产品配方组成及洗涤对象之不同，又可分为重垢型洗涤剂和轻垢型洗涤剂两种。从产品的外观形状又可分为粉状、粒状、膏状、块状、液体洗涤剂等不同形态的制品。目前我国生产的主要品种是空心粒状洗涤剂(合成洗衣粉)和液体洗涤剂。本节主要介绍合成洗涤剂主要质量指标的分析检验方法。

二、洗涤剂质量检测

(一) 总活性物含量的测定

活性物是合成洗涤剂中起去污作用的主要成分，在配方中一般占15%~30%。以往多以其含量多少来衡量洗涤剂的优劣，近几年来国内、外厂家纷纷采用多种活性物进行复配。由于它们之间的协同效应，使洗涤剂在活性物含量较低的情况下也具有良好的去污力。本测定方法适用于测定粉(粒)状、液体和膏状洗涤剂中的总活性物含量，还适用于测定表面活性剂中的总活性物含量。

1. 测定原理

用乙醇萃取试样，过滤分离后，测定乙醇不溶物及乙醇萃取液中的氯化钠，产品中总活性物含量用乙醇溶解物含量减去乙醇溶解物中的氯化钠含量算得。需在总活性物含量中扣除水助溶剂时，可用三氯甲烷进一步萃取定量后的乙醇溶解物，然后扣除三氯甲烷不溶物而算得。

2. 测定步骤

(1) 乙醇溶解物含量的测定

称取样品(粉、粒状样品约2g，液、膏体样品约5g，准确至0.001g)，置于150mL烧杯中，加入5mL蒸馏水，用玻璃棒不断搅拌，以分散固体颗粒和破碎团块，直到没有明显的颗粒状物。加入5mL无水乙醇，继续用玻璃棒搅拌，使样品溶解呈糊状，然后边搅拌边缓慢加入90mL无水乙醇，继续搅拌以促进溶解。静置片刻至溶液澄清，用倾泻法通过古氏坩埚过滤。将清液尽量排干，不溶物尽可能留在烧杯中，再以同样方法，每次用95%热乙醇25mL重复萃取、过滤，操作四次。

将吸滤瓶中的乙醇萃取液小心地转移至已称量的300mL烧杯中，用95%热乙醇冲洗吸滤瓶三次，滤液和洗液合并于300mL烧杯中(此为乙醇萃取液)。

将盛有乙醇萃取液的烧杯置于沸腾水浴中，使乙醇蒸发至干，再将烧杯外壁擦干，置于105±2℃烘箱内干燥1h，移入干燥器中冷却30min后称重(m_1)。

注：测定液体或膏体样品时，称样后直接加入100mL无水乙醇，加热、溶解、静置，用倾泻法通过古氏坩埚进行过滤，以后步骤同上。

(2) 乙醇溶解物中氯化钠含量的测定

将已称量的烧杯中的乙醇萃取物分别用100mL水、95%乙醇20mL溶解、洗涤至250mL三角瓶中，加入3滴酚酞指示剂，如呈现红色，则以0.5mol/L硝酸中和至红色刚好褪去；如不呈现红色，则以0.5mol/L氢氧化钠溶液中和至微红色，再以0.5mol/L硝酸中和至红色刚好褪去。然后加铬酸钾(50g/L)指示剂1mL，用硝酸银标准溶液滴定至溶液由黄色变为橙色为止。

3. 结果计算

① 乙醇溶解物中氯化钠的质量(m_2)以克计，计算如下：

$$m_2 = 0.0585 \times V \times c \qquad (8-1)$$

式中 V——滴定样品耗用硝酸银标准溶液的体积，mL；

c——硝酸银标准溶液的浓度，mol /L；

0.0585——氯化钠的毫摩尔质量，g/mmol。

② 总活性物含量(X_1)以质量分数(%)表示，计算如下(结果包含水助溶剂)：

$$X_1 = \frac{m_1 - m_2}{m} \times 100 \qquad (8-2)$$

式中 m_1——乙醇溶解物的质量，g；

m_2——乙醇溶解物中氯化钠的质量，g；

m——试样的质量，g。

4. 注意事项

如果测定总活性物含量不包括水助溶剂，则按照下述方法操作：将 80mL 三氯甲烷以冲洗烧杯壁的方式加入得到的乙醇溶解物(mL)的烧杯中。盖上表面皿，置烧杯于 50℃左右的水浴中加热至溶解。稍澄清后，将上述清液通过已恒重并称准至 0.001g 的玻璃坩埚过滤(用 250mL 吸滤瓶吸滤)。

每次再用 20mL 三氯甲烷如此洗涤烧杯内壁及残余物和坩埚两次。将坩埚和烧杯置于(105 ±2)℃烘箱内干燥 1h，移入干燥器中冷却 30min 后称重，得三氯甲烷不溶物(m_3)。

总活性物含量(X_2)以质量分数(%)表示，计算如下(结果不包含水助溶剂)：

$$X_2 = \frac{m_1 - m_3}{m} \times 100 \qquad (8-3)$$

式中 m_1——乙醇溶解物的质量，g；

m_3——乙醇溶解物中三氯甲烷不溶物的质量，g；

m——试样的质量，g。

(二) 各种磷酸盐的分离测定

1. 测定原理

试样溶液注入强碱性阴离子交换树脂柱后，先用水洗脱阳离子和非离子表面活性剂(弃去)，再用递增浓度的氯化钾溶液依次洗提分离出正、焦、三聚、三偏和多聚磷酸盐，经水解后，以磷钼蓝比色法测定。

2. 测定步骤

(1) 离子交换树脂的准备

717 强碱性阴离子交换树脂(201×7 氯型)，100~200 目，在 4mol/L 盐酸中浸泡一星期，用蒸馏水以倾泻法洗涤至洗液澄清，保存于水中备用。

(2) 离子交换柱的准备

将离子交换柱固定在架子上，在柱底填 1cm 高的玻璃棉，把处理好的树脂装入柱子，控制树脂床高为 300 mm，用 2mol/L 盐酸浸泡过夜备用。试验前按树脂再生步骤处理，然后即可进样。

(3) 树脂的再生

每次样品各组分全部洗提分离完毕后，用 200mL 2mol/L 盐酸流过树脂床且浸泡过夜，使树脂再生。使用前加入 50mL 2mol/L 盐酸流过树脂床，关闭柱活塞，将柱子充满水，塞上橡胶塞，倒转使树脂松动排除空气泡，然后用水洗涤离子交换树脂，以 5.5~6.0mL/min 的流速洗至流出液的 pH 值为 4.5~5.0(用水约 80mL)。维持液面高于树脂层 1cm 备用。每批树脂需选择合适的洗提溶液体积或树脂床高并用已知组成的标准样品核对离子交换柱色层分离的准确性。必要时每 5mL 收集流出液，制作流出曲线以选择最佳分离条件。

(4) 标准曲线的绘制

分别吸取五氧化二磷标准溶液($10\mu g\ P_2O_5/mL$) 0.0、2.0、4.0、6.0、8.0、10.0、15.0、20.0mL 于 425mm×200mm 试管中，加水至 25mL，依次加入 10mL 钼酸铵-硫酸溶液和 2mL 抗坏血酸溶液，沸水浴中加热 45min，冷却，分别移入 100mL 容量瓶中，用水稀释至刻度，混匀。以 2cm 比色池，用水作参比，在分光光度计于 650nm 测定此系列溶液的吸光度。以吸光度为纵坐标，五氧化二磷质量(μg)为横坐标绘制标准曲线。

(5) 样品的分离测定

称取 1g 洗涤剂样品(称准至 0.0002g)，加水溶解转移至 500mL 容量瓶中，加入 10mL 缓冲溶液，用水稀释至刻度，混匀。用慢性定性滤纸干过滤。移取 10.0mL 滤液于离子交换柱上端的分液漏斗中，依次打开分液漏斗和离子交换树脂的旋塞，使样品溶液流入树脂床，用 10mL 水冲洗分液漏斗，随后再加 60mL 水，加压，表压 9806.65Pa($0.1kg/cm^2$)，控制流速 5.5~6.0mL/min 以洗脱阳离子和非离子表面活性剂等组分，流出液弃去。接着依次用 0.15mol/L 氯化钾溶液 70mL、0.25mol/L 氯化钾溶液 90mL、0.50mol/L 氯化钾溶液 90mL、0.75mol/L 氯化钾溶液 70mL，分别提取正磷酸、焦磷酸、三聚磷酸、三偏磷酸根离子，各收集于 100、250、250、100mL 容量瓶中，用水稀释至刻度并混匀。分别移取 10~25mL，按绘制标准曲线的同样步骤测定各组分的吸光度，从标准曲线查得五氧化二磷的量。

3. 结果计算

洗涤剂中各种形式磷酸钠的含量(X_i)以质量分数(%)表示，计算如下：

$$X_i = \frac{m_i}{m_o} \times F_i \times 100 \qquad (8-4)$$

式中 m_i——由 i 种流出液中测得的五氧化二磷质量，g；

m_o——称取样品质量，g；

F_i——从五氧化二磷计算相应磷酸钠的换算系数，分别如下：

正磷酸钠(Na_2HPO_4)　　$F_i = 2.000$

焦磷酸钠($Na_4P_2O_7$)　　$F_i = 1.873$

三聚磷酸钠($Na_5P_3O_{10}$)　　$F_i = 1.728$

三偏磷酸钠[$(NaPO_3)_3$]　　$F_i = 1.437$

4. 注意事项

① 应根据洗涤剂中磷酸钠含量高低调整样品称样量。

② 各种磷酸盐彼此分离与离子交换树脂的性能、交换柱参数、树脂床高、洗提液浓度、pH 值和流速等因素有关。因此在进行分离测定前，先用已知磷酸盐组分的样品，每 5mL 流出液收作一份，按照分离测定的步骤分别测定吸光度，绘制流出体积曲线，从而确定最佳分离条件。

(三) 洗涤剂中有效氯的测定

1. 测定原理

洗涤剂中有效氯在酸性溶液中与碘化钾作用，析出碘，然后用硫代硫酸钠标准溶液滴定，根据硫代硫酸钠标准溶液的用量计算有效氯含量。

有关反应方程式：

$$ClO^- + 2I^- + 2H^+ = I_2 + Cl^- + H_2O$$

$$ClO_2^- + 4I^- + 4H^+ = 2I_2 + Cl^- + 2H_2O$$

$$ClO_3^- + 6I^- + 6H^+ = 3I_2 + Cl^- + 3H_2O$$

$$I_2 + 2S_2O_3^{2-} = 2I^- + S_4O_6^{2-}$$

2. 测定步骤

称取含氯洗涤剂 1g(精确至 0.0001g)，用蒸馏水溶解后，转入 250mL 容量瓶中，加水至刻度，摇匀。

向碘量瓶中加入 10mL 2mol/L 的硫酸，10mL 100g/L 的碘化钾溶液，混匀的洗涤剂溶液 5.0mL，盖上瓶盖，摇匀后，加水于碘量瓶缘封口，置暗处放置 5min。

用硫代硫酸钠标准溶液滴定，边滴边摇匀，待溶液呈淡黄色时，加入 5g/L 淀粉指示液 10 滴，继续滴定至蓝色完全消失，记录硫代硫酸钠标准溶液的用量。

3. 结果计算

洗涤剂中有效氯以质量分数(%)表示，计算如下：

$$\text{有效氯}(\%) = \frac{c \times V \times 35.45}{10m} \qquad (8-5)$$

式中 V——滴定耗用硫代硫酸钠标准溶液的体积，mL；

c——硫代硫酸钠标准溶液的浓度，mol/L；

m——试样的质量；g。

4. 注意事项

(1) 应根据有效氯含量大小调整称样量。

(2) 放置 5min 后，应尽快滴定，滴定开始时，摇动碘量瓶不要太剧烈，以免 I_2 挥发损失。

(3) 滴定时应在大部分 I_2 反应后(此时为淡黄色)，加入淀粉指示剂。

第三节　化妆品质量检测

化妆品是对人体面部、皮肤、毛发和口腔起保护、美化和清洁作用的日常生活用品，通常是以涂敷、揉擦或喷洒等方式施于人体不同部位，有令人愉快的香气，有益于身体健康，使容貌整洁，增加魅力。

随着人们物质文化生活水平的不断提高，化妆品已越来越多地深入到人们的日常生活之中，因此除其效用指标及理化指标外，应特别注意卫生指标和安全性。化妆品的安全性，首先与原料成分有关，故使用的原料必须对人体无害；其次化妆品经长期使用不得对皮肤有刺激、过敏或使皮肤色素加深，更不准有积毒性和致癌等作用。所有，对化妆品的质量分析检验尤其重要。

一、化妆品的分类

化妆品不是纯粹的化学制品，且种类很多，形态交错，因此很难科学地、系统地进行划界分类。目前国际上对化妆品尚没有统一的分类方法，各国的分类方法也各有差异，有按功用分类的，有按化妆品使用部位分类的，有按剂型分类的，也有按内含物成分分类，按使用目的分类，以及按使用年龄、性别分类等等。

1. 按化妆品的功用分类

① 清洁类：如清洁霜、清洁奶液、清洁面膜、磨砂膏、去死皮膏、牙膏等。

② 护理类：如雪花膏、冷霜、奶液、防裂膏、化妆水、发油、发蜡、发乳、洗发膏、护发素等。

③ 美容类：如香粉、胭脂、唇膏、唇线笔、眉笔、眼影膏、鼻影膏、睫毛膏、烫发剂、染发剂、发胶、摩丝、定型发膏等。

④ 营养类：如人参霜、维生素霜、荷尔蒙霜、珍珠霜、丝素霜、胎盘膏、营养头水、人参发乳等。

⑤ 芳香类：如香水、花露水、古龙水等。

⑥ 特殊用途类：如雀斑霜、粉刺霜、去臭剂、抑汗剂、脱毛剂、减肥霜、去屑止痒香波和药性发乳等。

2. 按化妆品的使用部位分类即按化妆品施与人体的主要部位及使用目的进行分类。

(1) 毛发用化妆品类

洁发用品：如洗发膏、香波、调理香波、二合一香波等。

护发用品：如护发素、发露等。

整发用品：如发油、发蜡、发乳、啫哩膏、发胶、摩丝等。

美发用品：如烫发剂、染发剂、漂白剂等。

剃须用品：如剃须露、剃须乳(霜)等。

(2) 皮肤用化妆品类

洁肤用品：如清洁霜、清洁奶液、清洁面膜、磨砂膏、卸妆油等。

护肤用品：如雪花膏、润肤乳、早晚霜(露)等。

美肤用品：如粉底、遮盖霜、胭脂等彩妆品。

(3) 唇、眼用化妆品类

唇部用品：如防裂唇膏、彩色唇膏、亮唇油、唇线笔等。

眼部用品：如眼影、睫毛膏、眼线液(笔)等。

(4) 指甲用化妆品类

修护用品：如去皮剂、柔软剂、抛光剂、增强剂、指甲霜等。

上色用品：如指甲油、指甲白等。

卸除用品：去光水、漂白剂等。

3. 按剂型分类即按产品的外观性状、生产工艺和配方特点进行分类

① 水剂类产品：如香水、花露水、化妆水、营养头水、冷烫水、去臭水等。

② 油剂类产品：如发油、发蜡、防晒油、浴油、按摩油等。

③ 乳剂类产品：如清洁霜、清洁奶液、润肤霜、营养霜、雪花膏、冷霜、发乳等。

④ 粉状产品：如香粉、爽身粉、痱子粉等。

⑤ 块状产品：如粉饼、胭脂等。

⑥ 悬浮状产品：如香粉蜜等。

⑦ 表面活性剂溶液类产品：如洗发香波、浴液等。

⑧ 凝胶状产品：如抗水性保护膜、染发胶、面膜、指甲油等。

⑨ 气溶胶制品：如喷发胶、摩丝等。

⑩ 膏状产品：如泡沫剃须膏、洗发膏、睫毛膏等。

⑪ 锭状产品：如唇膏、眼影膏等。

⑫ 笔状产品：如唇线笔、眉笔等。

⑬ 珠光状产品：如珠光香波、珠光指甲油和雪花膏等。

按产品的外观性状、生产工艺和配方特点分类，有利于化妆品生产装置的设计和选用，产品规格标准的确定以及分析试验方法的研究，对生产和质检部门进行生产管理和质量检测是有利的。按产品的使用部位和使用目的分类，比较直观，有利于配方研究过程中原料的选用，有利于消费者了解和选用化妆品。

二、化妆品的质量检测

化妆品是将各种原料经混合而得到的复配技术产品，不仅种类繁多，而且成分复杂，化妆品质量检测的内容也较多，一般可根据相关质量标准进行相应的分析检测。比如，我国对化妆品进行安全性检测和评价，包括微生物、卫生化学和毒理学试验、人体斑贴和试用试验等。由于篇幅所限，本节仅介绍化妆品中的甲醛及重金属含量的测定。

(一) 化妆品中甲醛的测定

甲醛又称蚁醛，为无色液体，有刺激性气味。甲醛易溶于水、醇和醚，商品甲醛水溶液为防止聚合作用往往加入0~15%的甲醇。其35%~40%的水溶液称为福尔马林。

甲醛对皮肤、眼、呼吸器官的黏膜有刺激作用。低浓度的甲醛可引起过敏性接触皮炎。我国化妆品卫生标准规定甲醛为限用物质，游离甲醛的浓度不得大于0.2%。

化妆品中甲醛的定性方法有薄层色谱法、变色酸法；定量方法有比色法、气相色谱法和高效液相色谱法。在比色法中又有乙酰丙酮法、荧光法、4-氨基-3-联氨-5-巯基-1,2,4-三氮杂茂(AHMT)等方法。薄层色谱法手续较繁，但其特异性强，可以作为定性方法。变色酸法较简便，但易受酚和其他醛类物质干扰，使测定结果偏低。乙酰丙酮法灵敏度高，干扰因素少，显色稳定。荧光法灵敏度高，但易受其他荧光物质的干扰。AHMT法有方法简便、灵敏度高，干扰物质少的优点。气相色谱法和液相色谱法直接测定时灵敏度不高，但通过衍生后，能提高灵敏度，手续也不复杂，在国外被普遍采用。

1. 薄层色谱法定性

(1) 测定原理

样品中甲醛经浸提、分离、衍生、浓缩处理后，用薄层展开。然后根据其在薄层上显示的荧光斑点的R_f值与标准进行比较定性。

(2) 测定步骤

① 样品的预处理。

取样品1g于具塞离心管中，加25%的Na_2SO_4溶液20mL，振摇，加水至总量40mL。加塞，在40℃水浴中不断振摇并恒温1小时。冷却后，以3500r/min转速离心10min，用玻璃砂芯漏斗过滤，滤液作为待测溶液。

② 测定。

取样品溶液和甲醛标准溶液各5mL，分别于100mL分液漏斗中，加5mLHCl，10mL DNPH(2，4-二硝基苯肼)，准确加入10mL四氯化碳，充分振摇10min，待分层后，分别取四氯化碳5~10mL在距薄层板底端3cm，两样间隔1cm处点样，用展开剂(正己烷：苯：三乙胺=6：4：0.5)按上升法展开约10cm。取出风干后，在紫外线照射下，比较样品斑点和标

准溶液斑点 R_f 值进行定性。

2. 高效液相色谱法

(1) 测定原理

甲醛与 2,4-二硝基苯肼反应生成 2,4-二硝基苯肼的甲醛衍生物。经高效液相色谱分离，紫外检测器检测，以标准品的保留时间定性，峰面积定量，测得甲醛含量。

本法适用于乳剂、清洁剂、洗发剂、消毒剂及牙膏中游离甲醛的测定，其最低检出限为 2μg/g。

(2) 测定步骤

① 样品预处理。

精确称取约 1g 待分析化妆品于具塞试管中，用四氢呋喃-水(9∶1)稀至 10.0mL，在涡流混合器中，充分搅拌至样品和溶剂分散均匀；静置，上清液备用。

② 标准曲线。

各取 1.0mL 样品备用液于 6 只具塞试管中，分别加入 0、0.5、1.0、2.0、3.0、4.0mL 甲醛标准溶液，用四氢呋喃加水稀释至 5.0mL。在涡流混合器搅拌均匀。

③ 衍生化。

从各管中分别取 1.0mL 加有样品的标准溶液于 6 只具塞试管中，各加入 0.4mL0.1%2,4-二硝基苯肼(DNPH)溶液，室温下用涡流混合器搅拌 2min，静置后，加入 0.4mL 0.1mo1/L 磷酸盐缓冲液(pH 6.8)和 0.7mL 的 1mo1/L 氢氧化钠溶液，混合均匀。

④ 色谱条件。

色谱柱：Lichromsorb RP-8(250mm×4mm id)；

流动相：乙腈+水(1+1)；

流速：1mL/min；

检测：紫外检测器，检测波长 345nm。

⑤ 测定。

各取 6 个衍生化后的样品加标溶液，进行高效液相色谱分析。记录其各峰面积，以保留时间定性。

(3) 结果计算

以标准溶液浓度为横坐标、峰面积为纵坐标作图。绘制校正曲线并外推，延长线在横轴上截距的绝对值为浓度(c_o)。

$$c = \frac{c_o \times 2.5 \times 5 \times 10}{m \times 1000} \times 100 \qquad (8-6)$$

式中 c——样品中甲醛量,%；

c_o——校正曲线外推至横轴上的截距所示浓度的绝对值，g；

m——样品质量，g。

(4) 注意事项

① 在酸性条件下，2,4-二硝基苯肼作为碳基化试剂已被广泛应用。室温下此反应定量完全，与甲醛产生具紫外吸收的可被检测的衍生物。

② 衍生化反应时，3min 内衍生物浓度即可达到最大，以后浓度逐渐降低，这是由于衍生物在酸性溶液中不稳定所致。用磷酸盐缓冲液及 1mol/L 氢氧化钠将溶液调至中性，衍生物在 60min 内保持稳定。

③ 在所用色谱条件下，不存在其他碳基化合物与2,4-二硝基苯肼反应产生干扰。2,4-二硝基苯肼及甲醛，2,4-二硝基苯肼衍生物的容量因子分别为1.67、2.35。

④ 色谱峰的定性，可采用停止流动相流动的情况下测其吸收峰的吸收光谱或测双波长(345nm、254nm)吸光度的比值。

3. 乙酰丙酮光度法

(1) 测定原理

在过量铵盐存在下甲醛与乙酰丙酮和氨作用生成黄色的3,5-二乙酰基-1,4二氢卢剔啶，根据颜色深浅比色定量。反应方程式如下：

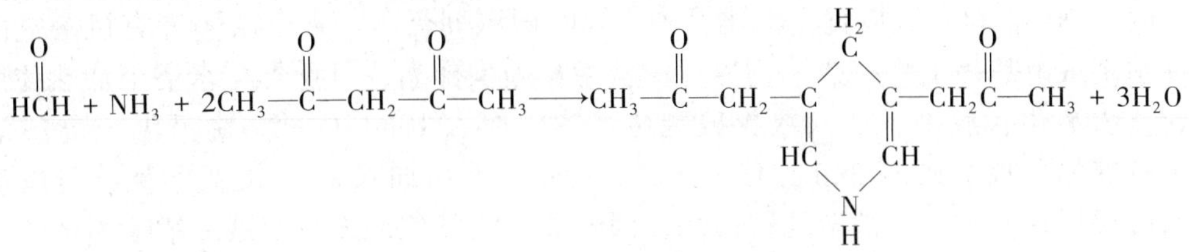

(2) 测定步骤

准确称取样品1.0g置于50mL具塞比色管中。加硫酸钠溶液(250g/L)25mL，振荡，加水至刻度，于40℃水浴中恒温放置1h(其间不时予以振摇)。将样品溶液快速冷却，转入离心管中，在3000r/min的转速下离心。用玻璃漏斗过滤。滤液作为待测溶液。

取待测溶液5.00mL于10mL具塞比色管中。加乙酰丙酮的乙酸铵溶液(乙酸铵25g，0.2%乙酰丙酮0.2mL，冰乙酸3mL，加水至100mL，混匀)5.00mL，摇匀，置于40℃水浴中恒温加热30min，室温下放置30min使冷却。另取待测溶液5.00mL，加乙酸铵溶液(250g/L)5.00mL，摇匀，与前者同样加热、冷却，作为参比液。用1cm比色皿于波长414nm处测量吸光度，待测液和参比液吸光度之差作为A。

另取甲醛标准溶液(1～4mg/L)及水各5.00mL，分别加入乙酰丙酮的乙酸铵溶液5.00 mL,与样品一样加热、冷却处理。以水为参比，测定吸光度As及Ao。为保证测定结果的准确性，样品溶液于甲醛的含量应与标准溶液中的浓度接近。

(3) 结果计算

化妆品中甲醛的含量(w)以质量分数(μg/g)表示，计算如下：

$$w(HCHO)=\rho\frac{A-A_o}{A_s-A_o}\times\frac{V}{m} \quad (8-7)$$

式中 ρ——甲醛标准使用液的质量浓度，mg/L；

A——待测溶液于参比溶液吸光度的差值；

A_s——以水为参比的甲醛标准使用液的吸光度值；

A_o——以水为参比的空白液的吸光度值；

V——样品定容体积，mL；

m——样品取样量，g。

(二) 化妆品中铅含量的测定

铅对所有生物都有毒害作用，特别是使神经系统、血液、血管发生效蛋白代谢、细胞的遗传系统有较大影响。其毒害作用的差异主要是由于它们在各种体液中，尤其是胃液中的溶解度不同。即使是难溶的铅化合物，经过肠内变化，其溶解度和渗透性都有很大提高。

测定铅的方法有分光光度法、原子吸收光谱法、极谱法等。下面将介绍常用的火焰原子吸收光谱法和双硫腙萃取分光光度法。

1. 测定原理

样品经预处理，使铅以离子状态存在于试液中，试液中铅离子被原子化后，基态原子吸收来自铅空心阴极灯发出的共振线，其吸收量与样品中铅含量成正比。在其他条件不变的情况下，根据测量被吸收后的谱线强度，与标准系列比较，进行定量。

2. 测定步骤

(1) 样品预处理(下列方法中任取一种)

① 湿式消解法。

称取约 1.00~2.00g 试样置于消化管中。同时做试剂空白。含有乙醇等有机溶剂的化妆品，先在水浴或电热板上将有机溶剂挥发。若为膏霜型样品，可预先在水浴中加热使瓶颈上样品熔化流入消化管底部。加入数粒玻璃珠，然后加入 10mL 硝酸，由低温至高温加热消解，当消解液体积减少到 2~3mL，移去热源，冷却。然后加入 2~5mL 高氯酸，继续加热消解，不时缓缓摇动使均匀，消解至冒白烟，消解液呈淡黄色或无色溶液。浓缩消解液至 1mL 左右。冷至室温后定量转移至 10mL(如为粉类样品，则至 25mL)具塞比色管中，以去离子水定容至刻度。如样液混浊，离心沉淀后。可取上清液进行测定。

② 干湿消解法。

称取约 1.00~2.00g 试样，置于瓷坩埚中，在小火上缓缓加热直至炭化。移入箱形电炉中，500℃下灰化 6h 左右，冷却取出。向瓷坩埚加入混合酸(硝酸：高氯酸=3：1)约 2~3mL，同时作试剂空白。小心加热消解。直至冒白烟，但不得干涸。若有残存炭粒应补加 2~3mL 混合酸，反复消解，直至样液为无色或微黄色。微火浓缩至近干。然后，定量转移至 10mL 刻度试管(如为粉类，则至 25mL 刻度试管)中，用水定容至刻度。必要时离心沉淀。

③ 浸提法(本方法不适用于含蜡质样品)。

称取约 1.00g 试样，置于比色管中。同时做试剂空白。样品中如含有乙醇等有机溶液，先在水浴中挥发，但不得干涸。加 2mL 硝酸(样品中含有碳酸钙等碳酸盐类的粉剂，在加酸时应缓慢加入，以防二氧化碳气体产生过于猛烈)，5mL 过氧化氢，摇匀，于沸水浴中加热 2h。冷却后加水定容至 10mL(如为粉类样品，则定容至 25mL)。如样品混浊，离心沉淀后，取上清液备用。

④ 微波消解法。

准确称取混匀试样约 0.5~1g，置于清洗好的聚四氟乙烯溶样杯内。含乙醇等挥发性原料的化妆品如香水、摩丝、沐浴液、染发剂、精发素、刮胡水、面膜等，则先放入温度可调的 100℃恒温电加热器或水浴上挥发(不得蒸干)，油脂类和膏粉类等干性物质，如唇膏、睫毛膏、眉笔、胭脂、唇线笔、粉饼、眼影、爽身粉、痱子粉等，取样后先加水 0.5~1.0mL，润湿摇匀。

根据样品消解难易程度，样品或经预处理的样品，先加入硝酸 2.0~3.0mL，静置过夜，充分作用。然后再加入过氧化氢 1.0~2.0mL，将溶样杯晃动几下，使样品充分浸没。放入沸水浴或温度可调的恒温电热设备中 100 ℃加热 20min，取下冷却。如溶液的体积不到 3mL，则补加水，同时严格按照微波溶样系统操作手册进行操作。

把装有样品的溶样杯放进预先准备好的干净的高压密闭溶样罐中，拧上罐盖(注意：不要拧得过紧)。

表 8-1 为一般化妆品消解时压力—时间的程序。如果化妆品是油脂类、中草药类、洗涤类，可适当提高防爆系统灵敏度，以增加安全性。

根据样品消解难易程度可在 5~20min 内消解完毕，取出冷却，开罐，将消解好的含样品的溶样杯放入沸水浴或温度可调的恒温电热设备中 100 ℃加热数分钟，驱除样品中多余的氮氧化物，以免干扰测定。

表 8-1　消解时压力-时间程序

压力挡	压力/MPa	保压累加时间/min
1	0.5	1.5
2	1.0	3.0
3	1.5	5.0

将样品移至 10mL 具塞比色管中，用水洗涤溶样杯数次，合并洗涤液，加入盐酸羟胺液 0.5mL，用水定容后备用。

（2）测定

称取 0、0.50、1.00、2.00、4.00、6.00mL 铅标准溶液，分别置于数支 10mL 比色管中，加水至刻度。按原子吸收光谱仪规定的程序，分别测定标准、空白和样品溶液。

① 如样品溶液含有大量离子如铁、铋、铝、钙等干扰测定时，应预先按②萃取处理。绘制浓度-吸光度曲线，计算样品含量。

② 样品如含有大量铁离子，按③进行萃取。如含有大量铋等离子干扰，按④进行萃取。如含有大量铝、钙等离子，按⑤进行萃取。

③ 将标准、空白和样品溶液转移至蒸发皿中，在水浴上蒸发至干，加入 10mL7mol/L 盐酸溶解残渣，用等量的 MIBK(甲基异丁基酮)萃取二次，再用 5mL 盐酸洗 MIBK 层，合并盐酸溶液，必要时赶酸，定容，进行直接测定或按④或⑤再次萃取，以除去其他干扰离子。

④ 将标准、空白或样品溶液转移至 100mL 分液漏斗中，加 2mL20%柠檬酸铵、1 滴 0.1%BTB(溴麝香草酚蓝)指示剂，用(1+1)氨水调溶液为绿色，加 2mL40%硫酸铵，加水到 30mL，加 2mL2%DDTC(二乙氨基二硫代甲酸钠)，混匀，放置数 min，加 10mL MIBK 振摇 3min，静置分层，取 MIBK 层进行测定。

⑤ 将标准试剂空白和样品溶液转移至 100mL 分液漏斗中。加 2mL 柠檬酸，用(1+1)氨水调 pH 至 2.5~3.0，加水至 30mL，加 2mL2%APDC(吡咯烷二硫代甲酸铵)，混合，放置 3min，静置片刻，加入 10mLMIBK 振摇萃取 3min，将有机相转移至离心管中，于 3000r/min,离心。取 MIBK 层溶液进行测定。

3. 结果计算

化妆品中铅的含量(w)以质量浓度 w(μg/g)表示，计算如下：

$$w(Pb)=\frac{(\rho-\rho_0)\times V}{m} \tag{8-8}$$

式中 ρ——从标准曲线查得样品溶液铅浓度，μg/mL；

ρ_0——从标准曲线查得试剂空白铅浓度，μg/mL；

V——样液总体积，mL；

m——样品质量，g。

4. 注意事项

安全使用高氯酸，应注意以下几点：

① 洒溅出的高氯酸要立即用水冲洗。

② 通风橱、导气管和其他排除高氯酸蒸气的装置，应由化学惰性物质制成，并在消化完成后，用水冲洗擦净。排气系统应安装在安全的位置。

③ 避免在使用高氯酸消化的通风橱中使用有机物或其他产烟物质。

④ 应使用护目镜、防护板及其他个人防护设备。用聚氯乙烯手套，不能用橡胶用套。

⑤ 用高氯酸湿法氧化，除非另有说明，应将样品首先用硝酸破坏易氧化的有机物，并注意避免烧干。

⑥ 高氯酸在浓度为72%(恒沸混合物，沸点203℃)时，是稳定的。如果高氯酸被脱水(如与强脱水剂接触)，形成无水高氯酸等，其稳定性显著下降，此时遇热、撞击或遇有机物、还原剂(如纸、木头或橡皮)就会发生爆炸。

样品中若含有碳酸钙等碳酸盐的粉剂，在加酸时应缓慢加入，以防二氧化碳气体产生过于猛烈。

(三) 化妆品中汞含量的测定

汞是有害元素，汞及汞化合物都可透过皮肤进入人体，因此，世界各国都对化妆品中汞的含量给予关注。我国化妆品卫生标准中规定，汞及汞化合物不可作为化妆品的原料成分。由化妆品原料杂质及其他原因引入的微量汞不得超过1μg/g；作为防腐剂的硫柳汞和苯基汞盐(仅限在眼部化妆品和化妆品中使用)，其含量按汞计不得超过0.007%，并需在标签上注明"含有乙基汞硫代水杨酸"或"含有苯基汞化合物"。

化妆品中汞的测定方法有冷原子吸收光谱法及汞斑法等。常用冷原子吸收光谱法。

1. 测定原理

催化-富集-冷原子吸收法，样品在表面活性剂作用下经高速分散处理，使油、霜、膏等与水充分混合并均匀分散在制成的样液中。样液中的汞在碱性介质中和Cu^{2+}存在下，被氯化亚锡还原为汞原子，与干扰物质一同被载气带入高温的钯催化管，消化去除所有的干扰物质后，汞由金膜汞富集管捕捉吸收，经释放后用测汞仪测定。

2. 测定步骤

(1) 样品预处理

用长柄勺把样品放至50mL玻璃试管内直接称量。按表8-2所示加入表面性剂(曲拉通X-100)、氢氧化钠，去泡剂(硅油)等，用纯水加至25mL刻度。将高速分散器的转刀伸入试管内，以1000r/min转速连续分散三次，每次10~20s，转刀在转动过程中略上、下移动(注意，不可离开液面空转)。此混合液作为待测样液。

表8-2 匀化处理的试剂用量

样品类型	取样量/g	拉通X-100/g	10mol/L NaOH/mL	硅油(滴)
霜	2.5	0.05	—	1~5
油	2.5	0.1	—	1~5
膏	0.1	0.9	0.0	1~5

(2) 测定装置的准备

连接好仪器气路系统，调好还原催化、富集的载气流量，使其流速为0.8~1.0L/min。开启催化炉预升温30min(达530℃)，在还原瓶中加入3mL10%氯化亚锡。

(3) 标准曲线

取 0.01～10μg/mL 的汞标准溶液 5mL 至还原瓶中，依次加入 1mL 12mol/L 的氢氧化钠，1mL 铜锡试剂(10%氯化铜：10%氯化亚锡＝1：7)，抽气 4min，标准液中汞通过还原、催化、还原后，富集于汞富集管中，吸 25s 左右，解吸停止后，立即由载气将已释放的汞带入测汞仪。记录响应值，绘制标准曲线。

(4) 测定

取 5mL 待测样液，按上述操作，记录汞的峰值，由标准曲线查得待测样液中汞含量。

3. 结果计算

化妆品中汞含量(c)以质量浓度(μg/g)表示，计算如下：

$$c = \frac{A \times K \times 5}{m \times 1000} \tag{8-9}$$

式中 c——样品中汞含量，μg/g；

A——由标准曲线查出的样品中汞的质量，μg；

m——样品的质量，g；

K——汞的驱出速度系数。

4. 注意事项

① 钯催化管的催化效率与温度有关。温度超过 500℃达最高，到 650℃催化剂的颜色从褐棕色转变为黑灰色并降低或失去催化能力，故控制催化温度为 530±10℃。

② 化妆品中汞经还原和曝气后，与汞蒸气共存的干扰物质能影响富集管的富集性能，造成汞的流失。钯催化管可以催化分解干扰物质而保护富集管的性能。如表 8-3 所示，不经催化管直接富集还原和曝气后产生的汞蒸气，使汞有流失，其流失率随富集管使用次数而增加。

表 8-3 流失率与富集管使用次数关系

富集管使用次数	Hg 流失率	
	不加催化剂	加催化剂
1	3.23%	0%
5	22.7%	0%
8	43.6%	0%

③ 汞从水质、霜质和油质中的驱出速度不同，即驱出速度决定于油的含量，如表 8-4 所示。如果曝气时间为 4min，对油质化妆品(如头油)可用驱出系数进行较正。

表 8-4 油质样品中汞的驱出速度系数

还原曝气时间	2	4	6
水中汞驱出率/%	88.9	96.2	98.7
油中汞驱出率/%	62.9	78.4	83.5
驱出系数	1.41	1.23	1.18

(四) 化妆品中砷含量的测定

砷及其化合物被认为是致癌物质。长期使用含砷高的化妆品，可能造成皮肤色素异常。如出现斑点，头发变脆、断裂和脱落，严重者患皮肤癌。因此我国化妆品卫生标准规定砷及其化合物为限用物质。砷及其化合物广泛存在于自然界中，化妆品原料和化妆品生产过程中，也容易被砷污染。因此化妆品中砷的测定是必要的。

测定砷的方法有斑点比色法、二乙氨基二硫代甲酸银分光光度法、新银盐分光光度法、原子荧光光谱法和原子吸收光谱法等。在此介绍新银盐分光光度法，该方法灵敏度高，仪器设备简单，所需试剂无毒并易购得，适合于化妆品中微量砷的测定。

1. 测定原理

经灰化或消解后的样品，在碘化钾和氯化亚锡的作用下，溶液中五价砷被还原为三价，三价砷与新生态氢生成砷化氢气体。通过用乙酸铅溶液浸泡的棉花去除硫化氢干扰，用含有聚乙烯醇的硝酸银溶液吸收，生成黄色胶态银，比色定量。

有关反应方程式：

$$AsO_4^{3-} + 2I^- + 2H^+ \xlongequal{\quad} AsO_3^{3-} + I_2 + H_2O$$

$$AsO_4^{3-} + SnCl_4^{2-} + 2HCl \xlongequal{\quad} AsO_3^{3-} + SnCl_6^{2-} + H_2O$$

$$AsO_3^{3-} + 3Zn + 9H^+ \xlongequal{\quad} AsH_3 + 3Zn + 3HO$$

$$AsH_3 + 6\,AgNO_3 + 2\,H_2O \xlongequal{\quad} 6Ag(\text{胶态}) + HAsO_2 + 6\,HNO_3$$

2. 测定步骤

(1) 样品预处理—湿式消解法(硝酸、硫酸、高氯酸)

样品中如含乙醇等溶剂，应将溶剂挥发(不得干涸)，如含甘油，应注意安全。称取1.00g经充分混匀样品，同时作试剂空白，置于150mL三角瓶中，加数粒玻璃珠及少许水和10mL硝酸，加热，待黄烟冒尽后冷却，加3mL高氯酸、5mL硫酸，加热，若样液呈棕色补加适量硝酸。如此反复直至溶液澄清，冷却后加20mL水，加热至冒白烟，反复处理二次，移入发生瓶中，用水稀释至总体积50mL。

(2) 标准曲线

移取0，0.5，1.0，2.0，3.0及5.0mL砷标准溶液，分别置于发生瓶中，加适量水、10mL(1+1)硫酸，如样品采用干灰化法，则用20mL(1+1)盐酸替代，用水稀释至总体积50mL。向标准液中各加2.5mL碘化钾溶液及2mL氯化亚锡溶液，摇匀放置10min。加5g锌后立即接发生瓶和导管，并插入加有5mL吸收液(硝酸银溶液+0.2%聚乙烯醇溶液+乙醇=1+1+2)的玻璃试管中。室温下反应40~60min后取下，补加吸收液至5mL，以吸收液为参比，1cm比色皿410nm波长处测量吸收光度。绘制标准曲线。

(3) 样品测定

按(2)操作样品待测溶液和空白溶液。测定其吸光度，从标准曲线读取待测溶液的含砷量。

3. 结果计算

化妆品中砷含量(c)以质量浓度(μg/g)表示，计算如下：

$$c = \frac{A_1 - A_0}{m} \qquad (8-10)$$

式中 c——样品中砷的含量，μg/g；

A_1——从标准曲线求得样品液的含砷量，μg；

A_0——从标准曲线求得空白的含砷量，μg；

m——样品质量，g。

4. 注意事项

① 聚乙烯醇对形成胶态银有良好的分散作用，平均聚合度为1750±50的白色锯屑状的聚乙烯醇分散效果较好，而粉状的效果较差。配制时，聚乙烯醇应缓慢加入沸水中并不断搅拌，溶解后保持微沸10min，自然冷却。聚乙烯醇溶液可保持两周左右，如出现絮状沉淀应重新配制。

② 乙醇具有很好的消泡作用，并能使胶态银分散更均匀。但乙醇量超过55%吸收液易出现混浊，配制吸收液时应将聚乙烯醇溶液与硝酸银溶液混匀后再加乙醇，然后充分摇匀。混合后的吸收液在4h内使用。

③ 导气管直径在0.4mm左右，这样使气泡与吸收液充分作用，导气管可选用聚四氯乙烯管以降低对硝酸银的吸附。

④ 试验测得银、铬、钴、锌低于100μg，镍、硒低于50μg，铋低于20μg，锑、汞低于5μg时基本不干扰砷的测定。

第四节　牙膏分析

牙膏是由摩擦剂、保湿剂、增稠剂、发泡剂、芳香剂、水和其他添加剂(含用于改善口腔健康状况的功效成分)混合组成的膏状物质。牙膏是帮助清洁牙齿用的日用化工品。

美国牙科协会给牙膏的定义为：牙膏是和牙刷一起用于清洁牙齿表面的物质。

中国牙膏工业协会的定义为：牙膏是和牙刷一起用于清洁牙齿，保护口腔卫生，对人体安全的一种日用必需品。

一、牙膏的种类

牙膏的种类很多，大致有以下几种：含氟化物牙膏、防敏感牙膏、防牙石牙膏、防牙菌膜牙膏和美白牙膏。它们的作用亦各有不同，要视牙膏内的主要成分而定。

1. 含氟化物牙膏

牙膏内含有氟化钠(Sodium Fluoride)或氟化锡(Stannous Fluoride)都属含氟化物牙膏，氟化物含量大约1000μg/g，能有效地防止蛀牙。儿童氟化物牙膏的含氟量是500μg/g，带有味道如果味、糖味，适合儿童使用。

2. 防敏感牙膏

这类牙膏能有助封闭牙齿外露了的象牙质(例如刷蚀的牙脚)内的微细管道，减低牙齿敏感的程度。不同品牌牙膏含有不同的化学成分，例如硝酸钾(Potassium Nitrate)，氯化锶(Strontium Chloride)等。

3. 防牙石牙膏

这类牙膏能阻碍牙菌膜钙化，从而减低牙石形成的速度，主要成分有焦磷酸盐(Pyrophosphate)或柠檬酸锌(Zinc Citrate)等。

4. 防牙菌膜牙膏

这类牙膏可抑制牙菌膜积聚，削弱细菌所产生的毒素对牙周组织的刺激，减少导致牙周病的机会。市面上的防牙菌膜牙膏含有不同的防牙菌膜主要成分，例如三氯生(Triclosan)，柠檬酸锌(Zinc Citrate)。

5. 美白牙膏

这类牙膏含比较粗糙的微粒，作用是磨去牙齿表面的牙渍，从而得到漂白牙齿的效果。不过长期使用这些牙膏会令牙齿表面粗糙，最终令牙渍更容易沉积在牙齿上。

二、牙膏的主要成分

牙膏是由粉状摩擦剂、湿润剂、表面活性剂、黏合剂、香料、甜味剂及其他特殊成分构成的。

1. 摩擦剂

牙膏中常用的摩擦剂有：

① 碳酸钙($CaCO_3$)：碳酸钙有重质和轻质两种，重质碳酸钙是将岩石中的石灰岩和方解石粉碎、研磨、精制而成。轻质碳酸钙是将钙盐溶于盐酸中，再通入二氧化碳，得到碳酸钙沉淀。轻质碳酸钙颗粒细，比重轻，可用于牙膏。

② 磷酸氢钙(磷酸氢钙二水盐 $CaHPO_4 \cdot 2H_2O$ 和磷酸氢钙无水盐 $CaHPO_4$)：磷酸氢钙分为二分子水的二水盐和无水盐两种。二水盐和其他成分有良好的混合性，但由于无水盐硬度高，摩擦力强，因此在特制除烟迹的牙膏中，可在二水盐中混入5%~10%无水盐。

③ 焦磷酸钙($Ca_2P_2O_7$)：焦磷酸钙是将磷酸氢钙高温处理而得到的。由于它不和含氟化合物发生反应，故可用作含氟牙膏的基料。

④ 水合硅酸($SiO_2 \cdot nH_2O$)：水合硅酸是非常细的白色微粒，可用于透明牙膏中。另外，由于其比容大，可作牙膏的增量剂和增黏剂使用。

⑤ 氢氧化铝[$Al(OH)_3$]：氢氧化铝的颗粒较粗，但不会损伤珐琅质，且能增加牙膏的光亮度，并具有优良的洁齿力。

2. 湿润剂

湿润剂可防止牙膏在软管中固化变硬，并使膏体具有光泽等效能。用于牙膏中的湿润剂有甘油、丙二醇、山梨醇等醇类物质。

3. 表面活性剂

为清洗口腔中的污垢，目前广泛采用中性洗涤剂——月桂醇磺酸钠。它既能快速发泡沫，又能清洗口腔中的污垢。牙膏用的表面活性剂纯度要求很高，不能有异味，一般用量为2%。

4. 黏合剂

为使牙膏中配料分散均匀，可使用黏合剂，如CMC(羧甲基纤维素钠盐)及其衍生物、角叉菜、海藻酸钠等多种物质。

5. 香料

牙膏用香料主要是薄荷，它是赋予牙膏凉爽感的一种不可缺少的成分。薄荷类又分为薄荷醇(薄荷脑)、薄荷油、薄荷等多种物质，以及由其派生出来的香料。此外，还可使用水果类香精，如柑橘类香料等，但作为牙膏香料有严格限制。

6. 甜味剂

为改善牙膏的口感，牙膏中加了少量糖精。由于用作湿润剂的甘油等也具有甜味，故糖精的配用量一般为0.01%~0.1%。也可用木糖醇做甜味剂。

7. 其他特殊成分

为了防治口腔疾病，有的牙膏中还加入了一些特殊成分：①为除去口臭常在牙膏中加入双氧代苯基二胍基已烷和柏醇等杀菌剂，铜叶绿酸对防止口臭亦有一定功效。②防治龋齿可加入氟化合物，既能抑制口腔中残留物发酵，又使牙齿表面的珐琅质强化。从安全性来考虑，牙膏中氟含量规定在1000μg以下。

三、牙膏的质量检测

牙膏是人们日常生活的必需品，牙膏是一种复杂的混合物体系，不仅种类多，产量大，而且产品质量、产品性能也不尽相同。近年来，有关牙膏产品中限用物质(如氟、三氯生)超标、禁用物质(如二甘醇)的添入等质量问题、牙膏质量标准、检测方法等已引起了人们的广泛重视。

(一) 稠度的测定

1. 测定方法

将试样牙膏3支放入45℃恒温箱内，另任取试样牙青3支放在室温下，分别放24 h后待测。将待测试样旋上标准帽盖，先挤出牙膏20mm弃之，然后再挤出牙膏，将膏体条从稠度架上之第一根钢丝开始依次向其余钢丝横过，使膏条横架在钢丝上，每支牙膏连续挤3条，挤完后静置1min，观察膏体断落情况。

2. 测定结果与分析

以3条中有2条相同的横跨于钢丝上未断落的膏条的最大距离(mm)为单支测定结果。待3支牙青全部测定后，取其中2支牙膏稠度相同的作为最终结果。若小于9mm或大于33mm判定为不合格，若在9~33mm之间，判定为合格。

(二) 挤膏压力的测定

任取试样牙膏2支，放入-8℃冰箱内8h后取出，先用手挤出膏体约20mm弃之，将牙膏管口旋入挤膏压力测定仪的标准帽盖上，然后将标准帽盖连同牙膏旋紧于挤膏压力测定仪的贮气筒内，使之不漏气，通过压缩泵向贮气筒徐徐压入空气。当膏条被挤出1~2mm时，停止进气，并打开贮气筒排气活塞，使压力表恢复至零，用小刀齐软管口刮去挤出的膏体，并关闭排气活塞，再次压入空气，当膏体被挤出1~2mm时，立即记录压力表的压力数，取最大的测定值为测定结果。

(三) 泡沫量的测定

泡沫量的重要性表现在它在牙膏中所起的重要作用。牙膏中发泡剂是产生泡沫的主要原因。发泡剂在牙膏中起到乳化香精、稳定膏体的作用。在牙膏使用时与牙刷和水共同作用产生泡沫，使口腔内难溶的污物溶于水随漱口吐出口外，产生泡沫起到去污携污的作用。

1. 测定原理

将牙膏样品用一定硬度的水配制成一定浓度的试验溶液。在一定温度条件下，将200mL试液从90cm高度流到刻度量筒底部50mL相同试液的表面后，测量得到的泡沫高度作为该样品的泡沫量。

2. 测定步骤

(1) 试液制备

任取试样牙膏1支，从中称取牙膏10g(精确至0.01g)于100mL烧杯中，同时将1000mL蒸馏水加热至40℃，先用少量蒸馏水把试样调成浆状，将浆状的试样倒入1000mL瓷杯中，并分数次洗净烧杯，最后再将剩余的蒸馏水倒入1000mL的瓷杯中，轻轻搅拌均匀，放入40℃恒温水浴中保温，待测。

(2) 准备工作

开启与罗氏泡沫测定仪(见图 8-1，图 8-2)的刻度管夹套接通的超级恒温水浴循环装置，使泡沫仪保持在 40℃，先用 40℃的蒸馏水冲洗刻度管内壁，再用试液沿壁冲洗，冲洗必须完全，在刻度管下端注入预先加热至 40℃的试液，调节试液液面至 50mL 刻度。

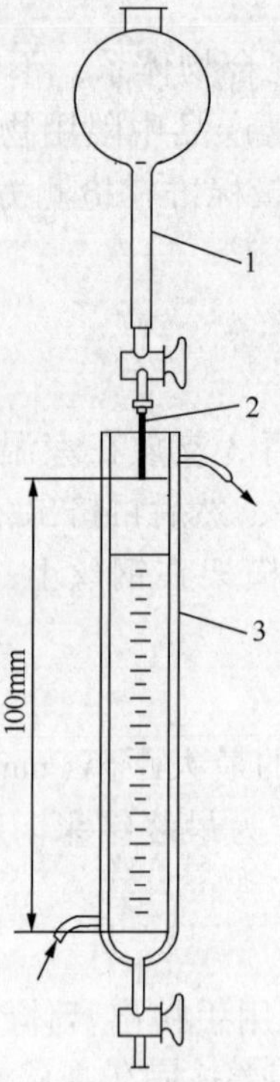

图 8-1　罗氏泡沫仪装配示意图

1—分液漏斗；2—计量管；3—夹套量筒

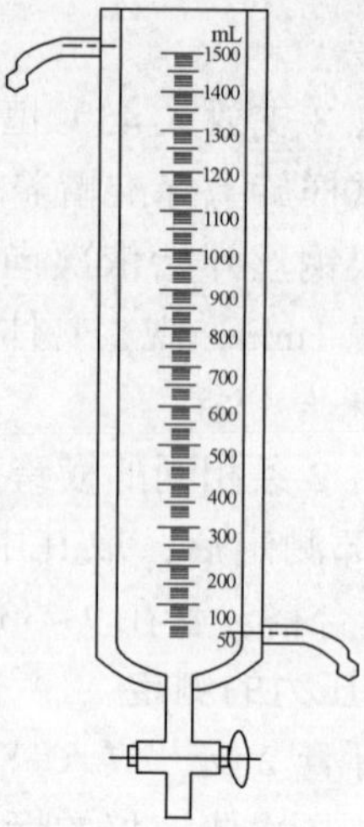

图 8-2　夹套量筒

(3) 第一次试验

用滴液管准确吸取 200mL 试液，然后把它放到刻度管架上口，并与刻度管的断面垂直，使试液流入时能达到刻度管内液面中心位置，打开滴液管的活塞，使试液一次性流下，当试液流完后，立即记录泡沫的高峰值与低峰值，并计算二个峰值的平均值。

(4) 第二次试验

再用滴液管准确吸取 200mL 试液，然后把它放到刻度管架上口并与刻度管的断面垂直，使试液流入时能达到刻度管内液面中心位置，打开滴液管的活塞，使试液一次性流下，当试液流完后，立即记录泡沫的高峰值与低峰值，并计算二个峰值的平均值。

3. 计算结果

以二次试验的算术平均值为测定结果。

(四) pH 值的测定

任取试样牙膏 1 支，从中称取牙膏 5g 置于 50mL 烧杯内，加入预先煮沸，冷却的蒸馏水 20mL，充分搅拌均匀，立即于 20℃下用酸度计测定。

(五) 过硬颗粒

任取试样牙膏 1 支，从中称取牙膏 5g 于无划痕的载玻片上(255mm ×75mm)，将载玻片放入测定仪的固定槽内，压上摩擦铜块，启动开关，使铜块往返摩擦 100 次后，停止摩擦，取出载玻片，用水或热硝酸(1∶1)将载玻片洗净，然后观察该片有无划痕。

(六) 重金属含量(以铅计)

1. 碳酸钙和磷酸氢钙为基质的牙膏

任取试样牙膏1支，从中称取牙膏2.00g于150mL三角烧瓶中，加水5mL，硝酸5mL，用小火加热并振摇，至牙膏溶解。稍冷，加30%过氧化氢溶液1.5mL，振摇，小火加热至过氧化氢完全分解，如产生红棕色二氧化氮烟雾，立即加10%氨基磺酸铵溶液2mL加热至溶液微沸，迅速加水至50mL，使其快速冷却，加氨水3 mL，冷却至室温后溶液转入100mL烧杯，用水10mL分两次洗涤三角烧瓶。用氨水及1%氢氧化铵溶液调pH至1.1~1.2。此时溶液会出现少量混浊；过滤入125mL分液漏斗中，用5mL水洗涤烧杯及漏斗，溶液中加2%吡咯烷二硫代氨基甲酸铵(APDC)溶液1mL，摇匀放置约3min，加三氯甲烷10mL，振摇2min；分层后三氯甲烷转入另一分液漏斗中，再用三氯甲烷10mL重复萃取，合并萃取液。加Hg^{2+}溶液10.0mL，振摇2min。

分层后取上层水相，于波长283.3nm处，用火焰原子吸收仪测定。同时以0.01mol/L硝酸溶液为空白，测定铅标准(100μg/mL)系列1μg/ml、3μg/mL、5μg/mL的吸光度，以铅浓度为横坐标，铅吸光度为纵坐标绘制标准曲线。

2. 氢氧化铝为基质的牙膏。

氢氧化铝牙膏：任取试样牙膏1支，从中称取2.0g牙膏于250mL三角烧瓶中，加入硝酸15mL，硫酸1mL，加热至产生红棕色二氧化氮气体取下，稍冷，加入过氧化氢溶液2mL，振摇，冷却至室温，加水10~15mL及过氧化氢溶液1mL，煮沸5~6min，且不断振摇来去除过氧化氢，加入2mL10%氨基磺酸铵溶液，稍冷取下，快速加水至60mL，使其快速冷却至室温。调节溶液pH至1.0后，移入125mL分液漏斗，加20%APDC溶液1mL与三氯甲烷10mL，振摇2min。

分层后三氯甲烷转入另一分液漏斗中，再用三氯甲烷10mL重复萃取，合并萃取液，加Hg^{2+}溶液10.0mL，振摇2min。

分层后取上层水相，于波长283.3nm处，用火焰原子吸收仪测定。同时以0.01mol/L硝酸溶液为空白，测定铅标准(100μg/mL)系列1μg/mL、3μg/mL、5μg/mL的吸光度，以铅浓度为横坐标，铅吸光度为纵坐标绘制标准曲线。

3. 二氧化硅为基质的牙膏

任取试样牙膏1支，从中称取牙膏2.0g于250mL三角烧瓶中，加水5mL，硝酸5mL，用小火加热至膏体溶解，稍冷，加过氧化氢溶液1.5mL，振摇，用小火加热至红棕色二氧化氮气体生成，立刻加入10%氨基磺酸铵溶液2mL，稍热取下，加水20mL，冷却至室温，用两层滤纸进行抽滤，用15mL水分数次洗涤三角烧瓶及布氏漏斗内壁与沉淀物，将抽滤液移入100mL烧杯，用10mL水分两次洗涤抽滤瓶，调pH至1.2，以下操作除加5.0mLHg^{2+}溶液反萃取外，其余按氢氧化铝牙膏萃取及测定进行。

(七) 可溶氟或游离氟的测定

氟具有防龋齿作用，广泛用于牙膏及漱口水中，牙膏配方中加入的氟大多为价廉的无机氟离子，如氟化钠、氟化钾、单氟磷酸盐等。过量的氟会导致各种慢性氟中毒疾病，因此，我国《牙膏》(GB/T 8372—2017)标准已规定了牙膏中氟化物限量，可溶(游离)氟和总氟含量范围0.05%~0.15%，为了安全，儿童牙膏氟化物含量范围0.05%~0.11%。目前测定可溶(游离)氟的方法颇多，国内外报道的测定方法主要有离子色谱法、气相色谱法、氟离子选择电极法等。前两种方法灵敏度高，但设备昂贵。新国标采用氟离子选择电极法测定牙膏用品中可溶(游离)氟，此方法简便、准确、设备易得，易普及；气相色谱法为牙膏总氟含量的仲裁检测方法。

1. 测定原理

用离子电极法测定牙膏中氟，由氟离子选择电极作为氟离子活度的指示电极，饱和甘汞电极作为工作电极，与待测溶液组成化学电池，通过测定其电池的电动势从而测定其离子活度(浓度)。

由于氟离子选择电极对待测离子有选择性响应，对于牙膏这种有浑浊度、色度、黏稠的样品可直接测定，省去了对样品的繁琐前处理。

2. 测定步骤

(1) 样品制备

任取试样牙膏 1 支，从中称取 20g，精确至 0.001g，置于 50mL 塑料烧杯中，逐渐加入去离子水，搅拌使其溶解，转移至 100mL 塑料容量瓶中，稀释至刻度，摇匀。分别倒入 2 个具有刻度的 10mL 离心试管中，使其质量相等。在离心机(2000r/min)中离心 30min，冷却至室温，其上清液供分析氟用。

(2) 可溶氟的测定

吸取上清液 0.5mL 于 2mL 微型离心试管中，加 4mol/L 盐酸 0.7mL，离心管加盖，50℃水浴加热 10min，移入 50mL 容量瓶中，加入 4mol/L 氢氧化钠 0.7mL 中和，再加 5mL 柠檬酸盐缓冲液，用去离子水稀释至刻度，转入 50mL 塑料烧杯中，在磁力搅拌下测量其电位值。在标准曲线上查出其相应的氟含量，从而计算出可溶性氟含量。

(3) 游离氟的测定

吸取上清液 10mL 置于 50mL 塑料容量瓶中，加柠檬酸盐缓冲液 5mL，用去离子水稀释至刻度，转入 50mL 塑料烧杯中，在磁力搅拌下测量其电位值。在标准曲线上查出其相应的氟含量，从而计算出游离氟含量。如果样品中游离氟含量过高，可根据实际情况适当稀释或减少取样量。

3. 标准曲线的绘制

精确吸取 0.5mL、1.0 mL、1.5 mL、2.0 mL、2.5 mL 氟离子标准溶液(100mg/kg)，分别移入 5 个 50mL 塑料容量瓶中，各加入 5mL 柠檬酸盐缓冲液，用去离子水稀释至刻度，然后逐个转入 50mL 塑料烧杯中，在磁力搅拌下测量其电位值 E。记录并绘制 E-lgc(c 为浓度)标准曲线。

4. 结果计算

样品中可溶性氟含量(w_1)计算如下：

$$w_1 = anti\lg c \times \frac{50}{0.5} \times \frac{100}{m} \tag{8-11}$$

样品中游离性氟含量(w_2)计算如下：

$$w_2 = anti\lg c \times \frac{50}{10} \times \frac{100}{m} \tag{8-12}$$

式中 w_1——可溶性氟含量，mg/kg；

w_2——游离氟含量，mg/kg；

$anti\lg c$——标准曲线上所查出氟含量的对数值，再取反对数；

m——样品质量，g。

最后将上述计算结果（mg/kg）再换算成百分浓度，并精确到小数点后两位数字。

5. 注意事项

① 饱和甘汞电极的维护及其对电位值的影响。饱和甘汞电极工作状态直接影响电位计的示值，若其工作不正常，往往会出现电位计的示值不稳、线性变差、精密度下降和最大空白值升高等问题。

② 溶液 pH 值的影响。

溶液的 pH 值对测定有较大的影响。一般地，测定溶液的 pH 值为 5~6。pH 值过低（低于 5），平衡 $F^- + H^+ \rightleftharpoons HF$ 向右移动，导致 F^- 减小；pH 值过高，形成 $La(OH)^{2+}$、$La(OH)^+$ 将显著干扰 F^- 的测定。

③ F^- 浓度：当 F^- 浓度 $\leqslant 10^{-4}$ mol/L 时，活度与浓度近似相等，不需要校正；当 F^- 浓度 $\geqslant 10^{-3}$ mol/L，需要校正。

④ 干扰及其消除氟离子选择电极法测定的是游离氟离子，与 F^- 能形成稳定络合物的一些高价阳离子如 Fe^{3+}、Al^{3+}、Si(Ⅳ) 及 H^+ 能与 F^- 反应降低 F^- 的活度，使测定值偏低。通常加入总离子强度调节试剂 TISAB（柠檬酸盐缓冲液）以保持溶液的总离子强度，并络合干扰离子。

⑤ 测定标准溶液系列时，按照浓度先低后高的顺序进行，以消除电极的“记忆效应”。

⑥ 温度。

温度不仅影响电极的斜率，从而影响电极的电位，而且样品的离解也受温度变化的影响。所以，样品和标准溶液应在相同温度下进行测定。

⑦ 电极浸入深度和位置。

电极浸入深度和位置影响盐桥溶液的液压和指示电极表面的压力，即所谓“压力效应”，也影响搅拌时试液在电极表面的流速，使流动电位改变。因此，在测定中，电极浸入深度和位置要保持一致，以减少测定误差。所以在测定过程中应使溶液保持没有涡流和气泡、缓和均匀的搅拌状态，并且试液与标准溶液一致。

⑧ 使用定性滤纸，避免使用定量滤纸。

（八）二甘醇的测定

二甘醇作为一种保湿剂和使配方稳定的添加剂添加到牙膏中，二甘醇属于低毒类化学物质，进入人体后由于代谢排出迅速，无明显蓄积性，迄今尚未发现有致癌、致畸和诱变作用的证据，但大剂量摄入会损害肾脏和肝脏功能。从 2007 年 7 月 11 日起，牙膏生产企业不得使用二甘醇作为原料。

二甘醇的测定方法主要有气相色谱法，气相色谱-质谱法，高效液相色谱法等。前两种为国家标准方法。现介绍气相色谱法。

1. 测定原理

样品经过甲醇超声提取、过滤后，以气相色谱-氢火焰离子化检测器进行分离和测定，外标法定量。

2. 测定步骤

(1) 试样提取

称取 2g 样品（精确至 0.01g）于 25mL 具塞比色管中，加入 20mL 甲醇，以玻璃棒间歇搅拌，超声提取 10min，用甲醇定容至 25mL，振荡后静置，经 0.45μm 滤膜过滤后待测。

(2) 气相色谱法参考条件

色谱柱：HP-INNOWAX 石英毛细管柱(30m×0.32mm×0.25μm)或其他相当柱效的色谱柱。

色谱柱温度：程序升温，140℃保持3min，以每分钟8℃的速度升温至220℃，保持5min。

载气：氮气，流速1.5mL/min。

进样口温度：250℃。

检测器温度：300℃。

进样方式：分流进样，分流比为20∶1。

第五节　香精香料分析

一、香料及其分类

香料是一种能被嗅觉嗅出香气或味觉尝出香味的物质，是配制香精的原料。

香料是精细化学品的重要组成部分，它由天然香料(又分为动物性天然香料和植物性天然香料)、合成香料(又分为单离香料和合成香料)组成。

(1) 动物性天然香料

动物性天然香料是动物的分泌物或排泄物。动物性天然香料有十几种，能够形成商品和经常应用的只有麝香、灵猫香、海狸香和龙涎香4种。

(2) 植物性天然香料

植物香天然香料是用芳香植物的花、枝、叶、草、根、皮、茎、籽或果实等为原料，用水蒸气蒸馏法、浸提法、压榨法、吸收法等方法，生产出来的精油、浸膏、酊剂、香脂、香树脂和净油等，例如玫瑰油、茉莉浸膏、香荚兰酊、白兰香脂、吐鲁香树脂、水仙净油等。

(3) 单离香料

使用物理或化学的方法从天然香料中分离出来的单体香料化合物称为单离香料。例如，在薄荷油中含有70%~80%左右的薄荷醇，用重结晶的方法从薄荷油中分离出来的薄荷醇就是单离香料，俗称薄荷脑。由于从天然精油分离出来的单离香料，绝大多数用有机合成的方法可合成出来，因此，单离香料与合成香料，除来源不同外，并无结构上的本质区别。

(4) 合成香料

通过化学合成的方法制取的香料化合物称为合成香料。目前世界上合成香料已达5000多种，常用的产品有400多种。合成香料工业已成为精细有机化工的重要组成部分。

合成香料分类方法主要有两种：一种是按官能团分类，分为酮类香料，醇类香料，酯、内酯类香料，醛类香料、烃类香料、醚类香料、氰类香料以及其他香料；另一种是按碳原子骨架分类，分为萜烯类、芳香类、脂肪族类、含氮、含硫、杂环和稠环类以及合成麝香类。

二、香精及其分类

香精亦称调和香料，是一种由人工调配出来的含有两种以上香料的混合物。它们具有一定的香型，调和比例常用质量百分比表示。天然香料及合成香料由于它们的香气香味比较单调，多数都不能单独直接使用，而是将香料调配成香精以后，才用于加香产品中。

香精的分类有多种方法。

按用途分类见表 8-5 所示。

表 8-5　按香精的用途分类

香精	食用香精	食品用香精
		烟用香精
		酒用香精
		药用香精
	日用香精	化妆品、香水用香精
		洗涤剂、香皂、牙膏用香精
	其他香精	用于塑料、橡胶、皮革、纸张、油墨
		除臭剂、熏香、饲料、昆虫引诱剂

按香型可分为花香型香精和非花香型香精两大类。

按形态可分为液体香精(又可分为水溶性香精、油溶性香精和乳化香精)和粉末香精两大类。

三、香精香料的质量检测

(一) 感官检验

香的检验简称评香，目前主要还是通过人的嗅觉和味觉等感官进行香的检验。感官检验的结果往往因人而异，所以一般采用统计感官检验法。

1. 一点检验法

事先取一个试样然后再取-个试样，使该试样与最初的相比较，检验其香味是否相同。

2. 两点识别检验法

取出二个试样，检验其中哪一个刺激性最强。

3. 两点嗜好检验法

取出两个试样，凭检验者的嗜好检验出最喜爱的试样。

4. 两点双定检验法

随机地取出两个试样，如 AB、AA、BB、BA，检验其是否是同一试样。

5. 三点识别检验法

取出三个试样，如 ABB、BAA 等组合，检验出三个试样中的前一个试样，例如 ABB 中的 A。

6. 一对二点检验法

首先提供一个标准试样(A 或者 B)，检验者在充分记忆的基础上，取出两个试样(A、B)，检验出两个试样中哪一个是标准样。

除了上述 6 种方法外，还有其他方法如三点嗜好检验法、二对二点检验法等。

(二) 香料酸值(AV)或含酸量的测定

酸值(AV)：中和 1g 香料中所含游离酸所需氢氧化钾的质量(mg)。

1. 测定原理

用氢氧化钾标准溶液或氢氧化钾乙醇标准溶液中和游离酸。根据消耗氢氧化钾标准溶液的量计算香料的酸值。

$$RCOOH+KOH \longrightarrow RCOOK+H_2O$$

2. 测定步骤

（1）单离及合成香料

称取适量试样（精确至0.0002g）于皂化瓶或锥形瓶中，加入20mL乙醇和3滴酚酞指示剂（2g/L），用氢氧化钾乙醇标准溶液滴定至微红色，直至色泽变化维持10s，记录所用氢氧化钾标准溶液的体积。如要测定酯值，则保留皂化瓶和其中的溶液。

（2）精油

称取精油2±0.0005g（精确至0.0002g）于皂化瓶或锥形瓶中，溶于5mL乙醇。加2～3滴酚酞指示剂（2g/L），用氢氧化钾乙醇标准溶液滴定至微红色，直至色泽变化维持30s，记录所用氢氧化钾乙醇标准溶液的体积。如要测定酯值，则保留皂化瓶和其中的溶液。

3. 结果计算

（1）香料酸值（AV）以氢氧化钾质量（mg）表示，计算如下：

$$AV = \frac{V \times c \times 56.11}{m} \tag{8-13}$$

式中 V——滴定耗用氢氧化钾乙醇标准溶液的体积，mL；

c——氢氧化钾乙醇标准溶液的浓度，mol/L；

m——试样的质量，g。

若耗用氢氧化钾乙醇标准溶液体积小于0.1mL，则增加试样量再进行测定。

（2）香料酸量（A）以质量分数（%）表示，计算如下：

$$AV = \frac{V \times c \times Mr}{10 \times m} \tag{8-14}$$

式中 V——滴定耗用氢氧化钾乙醇标准溶液的体积，mL；

c——氢氧化钾乙醇标准溶液的浓度，mol/L；

m——试样的质量，g；

Mr——酸的相对分子质量。

4. 注意事项

① 在测定醛类产品的酸值时，粉红色呈现即为终点，因活泼的醛类基团在滴定时极易氧化成酸。

② 对于色泽较深的试样，可多加乙醇稀释。

③ 在测定甲酸酯类，如甲酸香叶酯、甲酸苄酯等的酸值时，由于该类化合物遇碱极易水解，使酸值偏高，因此在测定此类试样时应保持在冰水浴中进行滴定。

④ 在测定水杨酸酯类的酸值时要用50%的乙醇代替95%的乙醇，并用酚红（0.4g/L）为指示剂。

（三）香料酯值或含酯量的测定

酯值（EV）：中和1g香料中所含酯类化合物在水解时所释放的酸所需氢氧化钾的质量（mg）。

1. 测定原理

在规定的条件下，用过量的氢氧化钾乙醇标准溶液加热水解香料中的酯类化合物，过量的碱用盐酸标准溶液滴定。根据消耗标准溶液的量计算酯值或含酯量。

$$RCOOR'+KOH \longrightarrow RCOOK+R'OH$$

2. 测定步骤

称取 2 ±0.005g 精油或适量的单离及合成香料在皂化瓶中。用滴定管加入 25mL 氢氧化钾溶液和一些浮石或瓷器的碎片，接上空气冷凝器或冷水回流冷凝器，将皂化瓶置于沸水浴中，按有关产品标准中规定的时间进行水解，冷却，拆去玻璃管。加入 20mL 水和 5 滴酚酞溶液或酚红溶液（如果香料中含有酚或具有酚基的化合物），过量的氢氧化钾用盐酸标准溶液返滴定；此测定可以用测定过酸值的溶液进行。同时进行空白试验。空白试验中，在加入 25mL 氢氧化钾溶液前加入乙醇（加入的体积与酸值测定的体积相同）。

3. 结果计算

① 酯值（EV）以氢氧化钾质量（mg）表示，计算如下：

$$EV = \frac{c \times (V_0 - V_1) \times 56.11 - AV}{m} \quad (8-15)$$

式中 V_0——空白试验耗用盐酸标准溶液的体积，mL；

V_1——试样测定耗用盐酸标准溶液的体积，mL；

c——盐酸标准溶液的浓度，mol/L；

m——试样的质量，g；

AV——按（二）测得的酸值。

② 酯含量（w）以质量分数（%）表示，计算如下：

$$w = \frac{Mr \times EV}{56.11} \times 100 \quad (8-16)$$

式中 Mr——指定酯的相对分子质量；

EV——由上式计算得到的酯值。

当酯值小于 100 时，保留两位有效数字；当酯值大于等于 100 时，保留三位有效数字。

③ 测定酸值后的酯值。

当试样测定是在测定过酸值的溶液中进行时，按下式计算酯值（EV）：

$$EV = \frac{c(V_0 - V_1') \times 56.11 - AV}{m} \quad (8-17)$$

式中 V_1'——新测定过程中耗用盐酸标准溶液的体积，mL；

4. 注意事项

① 对于酯值高的香料，要增加加入的氢氧化钾溶液的量，以使（V_0-V_1）最少为 10mL；对于酯值低的香料，应加大试样量。

② 空白试验与试样测定在同样条件下，使用同样的试剂同时进行。

③ 电位计可用于所有的香料，但推荐用于颜色较深而滴定终点难判断的香料（如：香根油）。在此情况下，应使用相同的试剂和仪器。

④ 本方法适用于单一酯类含酯量的测定，不适用于混合酯类及难以皂化的酯类的含酯量的测定。不适用于含有内酯或较多醛类的精油酯值的测定。

（四）香料羰基化合物含量的测定

1. 测定原理

香精中的醛、酮与亚硫酸钠溶液发生加成反应生成磺酸盐溶于水中，释放出氢氧化钠，其他组分仍留在油相中，逐渐用酸中和生成的氢氧化钠使醛、酮反应完全。比较反应前后香精的体积，可计算出香精中羰基化合物的体积百分率。

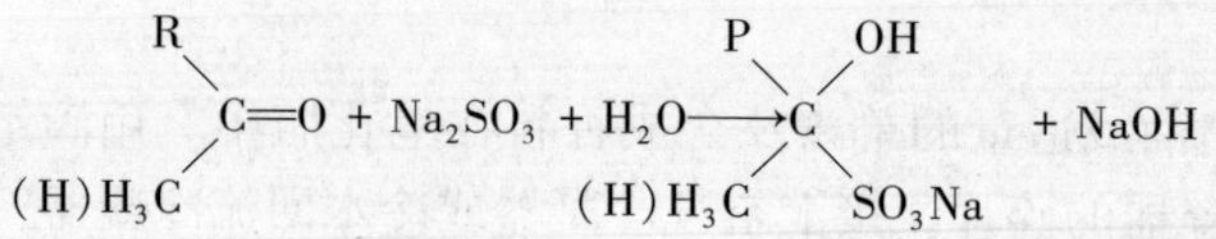

2. 测定步骤

用移液管吸取干燥并经过滤的试样 10mL，注入醛瓶中。加入 75mL 中性亚硫酸钠饱和溶液，振摇使之混合。加入 2 滴酚酞指示液，随即置于沸水浴中不断振荡。当粉红色显现时，加入数滴乙酸溶液，使瓶内混合液的粉红色褪去，重复加热振荡。当粉红色不再显现时，再加入数滴酚酞指示液，继续加热 15min。如不再显现粉红色时，取出，冷却至室温。如仍有粉红色呈现，则再加热振荡并滴加乙酸溶液至粉红色褪去。取出，冷却至室温，当油层与溶液完全分开后，加入一定量的中性亚硫酸钠饱和溶液，使油层全部升至瓶颈刻度处，读取油层的体积(mL)。

3. 结果计算

醛或酮的含量(x)以体积分数(%)表示，计算如下：

$$x = \frac{V - V_1}{V} \times 100 \tag{8-18}$$

式中 V——试样的体积，mL；

V_1——中和完全后醛瓶中油层的体积，mL。

4. 注意事项

① 醛瓶：150mL，颈部长约 150mm，具 10mL 刻度和 0.1mL 分刻度；刻度的零线应稍高于圆筒形颈部的底处，圆锥形壁和垂直颈部构成的角度约为 30°

② 如试样中含有金属杂质，则将试样摇匀后取约 50mL，再加约 0.5g 酒石酸，搅和静置后过滤备用。

③ 如有油滴黏附瓶壁时，可将瓶置于掌心快速旋转或轻敲瓶壁，使油滴全部上升至瓶颈。

④ 冷却至室温时，有时会发现少量亚硫酸盐加成物从溶液中沉淀出来，而且往往留存在油层和溶液层之间，这样使读取毫升数时发生困难。可用滴管沿细颈内壁滴加几滴水，以使油层和溶液层分离清晰。

⑤ 本方法适用于醛类及某些酮类香料羰基化合物含量的测定。

(五) 香料含酚量的测定

1. 测定原理

酚类与强碱作用，生成溶于水的酚盐，测定香料试样与强碱作用前后油相的体积，即可计算出试样中含酚量的体积分数。

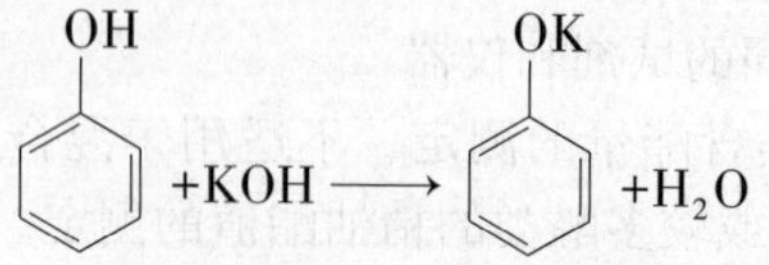

2. 测定步骤

用移液管吸取 10mL 经制备的试样于含有约 75mL 氢氧化钾溶液的醛瓶中。在沸水浴中加热 10min，并至少振摇 3 次。沿瓶壁缓缓加入氢氧化钾溶液，再加热 5min，使未转化为水溶性的碱性酚盐的香料上升到醛瓶有刻度的颈部。为了便于分离附着在壁上的油滴，可用两手旋转醛瓶和轻敲瓶壁。静置使分层，冷却至室温，当全部未吸收的油相都集中到瓶颈时，读出油层的体积。若有乳化现象发生，可用移液管加入 2mL 二甲苯。用玻璃棒搅拌乳化层并静置。若乳化现象消失，读出油层的体积。若仍有乳化现象，可在最初振摇前加入 2mL 二甲苯重复试验。在某些情况下，测定过程中不需要加热的，将在有关产品标准中规定。

3. 结果计算

试样的含酚量(w)以体积分数(%)表示，计算如下：

$$w = \frac{10 - V}{V} \times 100 \tag{8-19}$$

式中　V——未被吸收的油相的体积，mL。

4. 注意事项

① 如果测定过程中加入了 2mL 二甲苯，则体积 V 要减去 2mL。结果表示采用最近似的整数。

② 同一香料，在同一实验室用相同的仪器，由同一操作人员用相同的方法在短时间内进行独立的两次试验结果的绝对差大于 1%的情况不得超过 5%。

③ 本方法规定了用容量法测定香料含酚量的方法。适用于酚类为主要成分的香料含酚量的测定。

④ 在某些情况下，测定过程中不需要加热的，将在有关产品标准中规定。

(六) 香料乙醇溶解度的测定

1. 测定原理

单离及合成香料在乙醇中的溶解度：在 25℃时，各种单离及合成香料在不同浓度的乙醇水溶液中有不同的溶解度。

2. 测定步骤

用移液管将 1mL 试样置于量筒或量瓶中，把盛有试样的量筒放在恒温水浴中，使温度保持在 25 ±0. 2℃。(当试样的物理状态不能用移液管吸量时，则称取 1 ±0. 005g 试样(精确到 0. 001g)。在这种情况下，定义和结果均以质量/体积表示。) 用滴定管将先调整到 25 ±0. 2℃的已知浓度的乙醇水溶液加入试样中，每次加入量为 0. 1mL，并剧烈摇动，加入至溶液澄清时记录加入 95%乙醇水溶液的毫升数，即为溶解度。或按有关的产品标准中溶解度的规定，一次加入规定浓度(50%~95%，相隔 5%浓度差) 及体积的乙醇水溶液，保温并振摇片刻，如能得到澄清溶液，即作为通过。

3. 结果表示

香料在乙醇中的溶解度可表示为 1mL 或 1g 香料溶解在 X(mL) 体积分数为 Y(%) 的乙醇溶液中。

4. 注意事项

溶解度的测定通常用乙醇作为溶剂。用其他溶剂时，将在有关产品标准中指出。

第六节　塑料的质量检测

塑料是一种用途广泛的合成高分子材料，在我们的日常生活中塑料制品比比皆是。从洗漱用品、餐具，到工作学习时用的文具、休息时用的坐垫、床垫以及电视机、洗衣机、计算机的外壳等。塑料以它优异的性能逐步地代替了许多已经使用了几十年、几百年的材料和器皿，成为人们生活中不可缺少的助手。塑料集金属的坚硬性、木材的轻便性、玻璃的透明性、陶瓷的耐腐蚀性，橡胶的弹性和韧性于一身，因此除了日常用品外，塑料更广泛地应用于航空航天、医疗器械、石油化工、机械制造、国防、建筑等各行各业。

一、塑料的分类

塑料种类很多，到目前为止市场上生产的塑料大约有三百多种。塑料的分类方法较多，常用的有以下两种：

1. 根据塑料受热后的性质不同分为热塑性塑料和热固性塑料

热塑性塑料分子结构都是线型结构，在受热时发生软化或熔化，可塑制成一定的形状，冷却后又变硬。在受热到一定程度又重新软化，冷却后又变硬，这种过程能够反复进行多次。如聚氯乙烯、聚乙烯、聚苯乙烯等。热塑性塑料成型过程比较简单，能够连续化生产，并且具有相当高的机械强度，因此发展很快。

热固性塑料的分子结构是体型结构，在受热时也发生软化，可以塑制成一定的形状，但受热到一定的程度或加入少量固化剂后，就硬化定型，再加热也不会变软和改变形状了。热固性塑料加工成型后，受热不再软化，因此不能回收再用，如酚醛塑料、氨基塑料、环氧树脂等都属于此类塑料。热固性塑料成型工艺过程比较复杂，所以连续化生产有一定的困难，但其耐热性好、不容易变形，而且价格比较低廉。

2. 根据塑料的用途不同分为通用塑料和工程塑料

通用塑料是指产量大、价格低、应用范围广的塑料，主要包括聚烯烃、聚氯乙烯、聚苯乙烯、酚醛塑料和氨基塑料五大品种。人们日常生活中使用的许多制品都是由这些通用塑料制成。

工程塑料是可作为工程结构材料和代替金属制造机器零部件等的塑料。例如聚酰胺、聚碳酸酯、聚甲醛、ABS 树脂、聚四氟乙烯、聚酯、聚砜、聚酰亚胺等。工程塑料具有密度小、化学稳定性高、机械性能良好、电绝缘性优越、加工成型容易等特点，广泛应用于汽车、电器、化工、机械、仪器、仪表等工业，也应用于宇宙航行、火箭、导弹等方面。

二、塑料的成分

通常所用的塑料并不是一种纯物质，它是由许多材料配制而成的。其中高分子聚合物(或称合成树脂)是塑料的主要成分，此外，为了改进塑料的性能，还要在聚合物中添加各种辅助材料，如填料、增塑剂、润滑剂、稳定剂、着色剂等，才能成为性能良好的塑料。

1. 合成树脂

合成树脂是塑料的最主要成分，其在塑料中的含量一般在 40%～100%。由于含量大，而且树脂的性质常常决定了塑料的性质，所以人们常把树脂看成是塑料的同义词。例如把聚氯乙烯树脂与聚氯乙烯塑料、酚醛树脂与酚醛塑料混为一谈。其实树脂与塑料是两个不同的概念。树脂是一种未加工的原始聚合物，它不仅用于制造塑料，而且还是涂料、胶黏剂以及合成纤维的原料。而塑料除了极少一部分含 100% 的树脂外，绝大多数的塑料，除了主要组分树脂外，还需要加入其他物质。

2. 填料

填料又叫填充剂，它可以提高塑料的强度和耐热性能，并降低成本。例如酚醛树脂中加入木粉后可大大降低成本，使酚醛塑料成为最廉价的塑料之一，同时还能显著提高机械强度。填料可分为有机填料和无机填料两类，前者如木粉、碎布、纸张和各种织物纤维等，后者如玻璃纤维、硅藻土、石棉、炭黑等。

3. 增塑剂

增塑剂可增加塑料的可塑性和柔软性，降低脆性，使塑料易于加工成型。增塑剂一般是能与树脂混溶，无毒、无臭，对光、热稳定的高沸点有机化合物，最常用的是邻苯二甲酸酯类。例如生产聚氯乙烯塑料时，若加入较多的增塑剂便可得到软质聚氯乙烯塑料，若不加或少加增塑剂(用量<10%)，则得硬质聚氯乙烯塑料。

4. 稳定剂

为了防止合成树脂在加工和使用过程中受光和热的作用分解和破坏，延长使用寿命，要在塑料中加入稳定剂。常用的有硬脂酸盐、环氧树脂等。

5. 着色剂

着色剂可使塑料具有各种鲜艳、美观的颜色。常用有机染料和无机颜料作为着色剂。

6. 润滑剂

润滑剂的作用是防止塑料在成型时不粘在金属模具上，同时可使塑料的表面光滑美观。常用的润滑剂有硬脂酸及其钙镁盐等。

除了上述助剂外，塑料中还可加入阻燃剂、发泡剂、抗静电剂等，以满足不同的使用要求。

三、常用塑料的质量检测

(一) 软质聚氨酯泡沫塑料回弹性能的测定——落球式回弹性能的试验方法

1. 测定原理

使一个给定直径和质量的钢球在规定高度上自由落在泡沫塑料试样上，计算钢球回弹的最大高度与钢球落下高度比值的百分率即回弹率，以回弹率表示泡沫塑料的回弹性能。

2. 试样准备

① 试样要求：试样为长方体，上、下两表面应相互平行。试样不允许带有表皮。

② 试样尺寸：长 100mm，宽 100mm，高 50mm。如试样厚度小于 50mm，应叠加到 50mm，但不能使用黏合剂。

③ 数量：每组试样 3 个。

3. 试样状态调节

泡沫塑料成形后，至少应存放 72h 才能进行试验。试验前，试样应在 GB 2918 规定的温度 23 ±2℃，相对湿度 45%～55%的环境中进行，状态调节至少 16h 并在此环境中进行测试。

4. 测定步骤

将状态调节后的试样水平置于回弹仪的测试位置上，通过调节使钢球底部从固定位置到泡沫塑料表面的落下高度为 460 mm。在释放装置上固定钢球，然后使钢球自由落下。对每一个试样做 3 次回弹，取 3 次回弹中的最大值。每次回弹钢球应落在试样表面的同一位置上，并且两次回弹的时间间隔应控制在 20 s 之内。如果钢球在回弹过程中碰到或弹出测量装置，所得数据无效，需重新补做。

5. 结果计算

试验结果以算术平均值表示。至少取 2 位有效数字。回弹率(R)计算如下：

$$R = \frac{H}{H_0} \times 100 \qquad (8-20)$$

式中 H——钢球回弹高度，mm；

H_0——钢球落下高度，460mm。

（二）塑料——不饱和聚酯酸值的测定

酸值：在试验条件下中和1g塑料试样所需氢氧化钾的毫克数(mg)。

适用于测定不饱和聚酯树脂的酸值。在树脂中存在游离酸酐时，由于生成不能测定的羧酸酯沉淀，测得的值会比理论值稍低。

1. 测定原理

把一定量的树脂样品溶于混合溶剂中，以百里香酚蓝为指示剂，用氢氧化钾乙醇标准溶液滴定至显蓝色，根据滴定液的消耗量求得酸值。

2. 测定步骤

① 称取0.5~3g试样，准确至1mg，置于三角烧瓶中，试样量取决于预期酸值的大小。用移液管吸取50mL混合溶剂，加入三角烧瓶中，摇动至试样完全溶解。若试样未全溶，可在三角烧瓶上装好冷凝器，置于水浴上温热。若溶解性差，在5min内不能完全溶解，则应重新称取试样将其溶解在由50mL混合溶剂(甲苯：无水乙醇=2：1)和25mL丙酮组成的新混合溶剂中，在试验报告中应注明。将溶液冷却至室温，加入5滴百里香酚蓝(0.1%)指示液，把三角烧瓶放在磁力搅拌器上并通入氮气使溶液鼓泡。用氢氧化钾乙醇标准溶液滴定至蓝色并能保持20~30s不消失即为终点。记下消耗的氢氧化钾乙醇标准溶液的毫升数。

② 用相应的混合溶剂进行空白试验，记下消耗的氢氧化钾乙醇标准溶液的毫升数。

3. 结果计算

试样的酸值(AV)以氢氧化钾质量表示(mgKOH/g)，计算如下：

$$AV = \frac{56.11 \times (V_1 - V_2) \times c}{m} \qquad (8-21)$$

式中 V_1——试样消耗氢氧化钾标准溶液的体积，mL；

V_2——空白试验消耗氢氧化钾标准溶液的体积，mL；

c——氢氧化钾标准溶液的浓度，mol/L；

m——试样质量，g。

（三）塑料——不饱和聚酯树脂羟值的测定

1. 测定原理

羟值：中和通过乙酰化反应与1g不饱和聚酯树脂化合的乙酸，所消耗的氢氧化钾的毫克数。

以对甲苯磺酸作催化剂，在乙酸乙酯中，利用乙酸酐与羟基进行乙酰化反应，过量的乙酸酐用吡啶/水混合液水解，生成的乙酸用氢氧化钾-甲醇标准溶液滴定。滴定中，存在于树脂中的游离酸也被碱中和，所以羟值是在单独测定酸值后，最后计算求得。不饱和聚酯树脂酸值的测定按(二)进行。

2. 测定步骤

① 称取3~5g约含5mg当量羟基的试样[试样质量(g)=280/羟值]，准确到0.001g(如果羟值的近似值不知道应按本方法作初步试验)。放入250mL碘瓶中。准确加10mL乙酰化溶液，并放入磁力搅拌棒，立即塞上瓶塞，用乙酸乙酯湿润瓶口。开动磁力搅拌器搅拌使试

样溶解(不易溶解的试样，可稍加温热或再加入5~10mL乙酰化溶液，使之溶解)。

② 将碘瓶置于50±1℃的水浴中，浸入深度约10mm，保持45min。也可以在保持结果不变的情况下，适当减少时间。

③ 取出碘瓶，冷却至室温，加入2mL蒸馏水，在搅拌下充分混合，再加10mL吡啶/水混合液，搅拌5min。

④ 用30~60mL正丁醇/甲苯(2+1)混合液，冲洗瓶塞和瓶内壁。加入5滴混合指示剂，在不断搅拌下，用氢氧化钾-甲醇标准溶液滴定。当溶液由黄色变得清澈时，再加入2~3滴混合指示剂，继续滴定，直到溶液由黄色变为蓝色，即为终点。记下消耗的氢氧化钾-甲醇标准溶液的毫升数 V_1。如果溶液的颜色很深或溶液不清时，可用电位滴定代替指示剂确定终点。用甘汞电极作参比电极，玻璃电极作指示电极。

⑤ 在相同条下做空白试验。记下消耗的氢氧化钾-甲醇标准溶液的毫升数 V_2。

3. 结果计算

不饱和聚酯树脂的羟值(HV)以氢氧化钾的质量表示(mgKOH/g)，计算如下：

$$HV = \frac{(V_2 - V_1) \times c \times 56.11}{m} + AV \qquad (8-22)$$

式中 V_1——滴定试样时所消耗的氢氧化钾-甲醇标准溶液的体积，mL；

V_2——滴定空白时所消耗的氢氧化钾-甲醇标准溶液的体积，mL；

c——氢氧化钾标准溶液的浓度；mol/L；

m——试样质量，g；

AV——试样的酸值，mgKOH/g；

(V_2-V_1)——可以是正值或负值。

4. 注意事项

① 乙酰化溶液的配制：将14g纯净、干燥的对甲苯磺酸溶于111mL无水乙酸乙酯中，当完全溶解时，在搅拌下缓慢地加入12mL新蒸馏的乙酸酐，保存在干燥器中。乙酸酐用五氧化二磷干燥处理后，过滤、蒸馏备用。

② 混合指示剂：将3体积0.1%百里酚蓝乙醇溶液与1体积0.1%甲酚红乙醇溶液混合。

(四) 塑料——氯乙烯均聚物和共聚物氯含量的测定

1. 测定原理

试样用气态氧氧化，然后用电位滴定法或沉淀滴定法测定生成的氯化物。

2. 测试步骤

① 滤纸上放入大约25~35mg称准至0.01mg的试样，折叠滤纸，并将其夹在铂螺旋上，将纸的尾部伸出。

② 向燃烧瓶中加入大约20mL水，1mL氢氧化钾溶液(100g/L)和0.15mL过氧化氢溶液(300g/L)，用玻璃管以250~350mL/min的速度通氧气5min以排除空气。

③ 点燃滤纸尾部并迅速将带有铂丝和燃烧的滤纸的瓶塞插入到烧瓶中。

④ 燃烧期间，保持烧瓶倒置以使液体封住塞子底部，防止气体因塞子泄露而逸出。燃烧结束后，转动烧瓶直立并在冷水流下轻轻摇动以迅速吸收所产生的氯化氢。

⑤ 吸收30min后，打开燃烧瓶，冲洗以使最后的体积约为60mL，加约1g硝酸钠和2.5mL硝酸(2mol/L)溶液，煮沸溶液5min，冷却后，将物料移入250mL的烧瓶中，用电位滴定法或佛尔哈德法测定氯含量。

⑥ 不加试样重复实验，作为空白。

3. 结果计算

塑料干料的氯的含量(X)以质量分数(%)表示，计算如下：

$$X = \frac{c \times (V_1 - V_2) \times 0.035435}{m} \times 100 \qquad (8-23)$$

式中 c——硝酸银标准溶液的浓度，mol/L；

V_1——测定试样所用硝酸银标准溶液的体积，mL；

V_2——空白试验所用硝酸银标准溶液的体积，mL；

m——试样的质量，g；

0.035435——氯原子的毫摩尔质量，g/mmol。

4. 注意事项

① 样品应是粉状或粒状，如需要应切成1～3mm尺寸的大小，样品在烘箱中75℃下干燥16h。

② 圆底或平底燃烧瓶，容积500mL或1000mL，设计成带有一个用于氧燃烧的头，在瓶塞上连接一个直径1.0mm、长120mm的螺旋形铂丝，适合的螺旋直径为15mm、长为15mm，为了安全起见，建议用金属网将燃烧瓶罩起来。

思考题及习题

1. 洗涤剂总活性物含量测定时，测定乙醇溶解物中氯化钠含量的原理是什么？测定的pH值应控制在什么范围？为什么？

2. 常用化妆品中游离甲醛的测定方法是什么？该方法有何特点？

3. 测定化妆品中砷含量时，吸收液中聚乙烯醇和乙醇的作用是什么？配制吸收液时要注意什么问题？

4. 测定牙膏中可溶氟或游离氟时，溶液的pH值对测定结果有何影响？为什么？F^-浓度对测定结果有无影响？为什么？

5. 用罗氏泡沫仪测定牙膏的泡沫量时应注意哪些问题？

6. 测定不同种类合成香料的酸值时，分别应注意什么问题？测定时加入乙醇的作用是什么？

7. 测定香料羰基化合物含量的原理是什么？若要使测定结果比较准确，应注意什么问题？

8. 什么是塑料的羟值？不饱和聚酯树脂羟值的测定原理是什么？写出有关的反应式。

9. 燃烧法测定塑料的含量时，应注意什么问题？

10. 佛尔哈德法测定塑料中氯含量的原理是什么？写出有关反应方程式。

第九章　肥料分析

第一节　概　　述

肥料是以提供植物养分为其主要功效的物料，是促进植物生长和提高农作物产量的重要物质。它能为农作物的生长提供必需的营养元素，能调节养料的循环，改良土壤的物理、化学性质，促进农业增产。

肥料按其来源、存在状态、营养元素的性质等有多种分类方法。从来源上分，有自然肥料与化学肥料；从存在状态上分，有固体肥料与液体肥料；从组成上分，有无机肥料与有机肥料；从性质上分，有酸性肥料、碱性肥料与中性肥料；从含有效元素上分，有氮肥、磷肥、钾肥；从所含营养元素的数量上分，有单元肥料与复合肥料；从发挥肥效速度上分，有速效肥与缓效肥。

化学肥料是以矿物、空气、水和化工原料经化学和机械加工方法制造而成的肥料。它可再分为氮肥、磷肥、钾肥、复合肥、中量元素肥料和微量元素肥料等，最主要有氮肥、磷肥、钾肥三种。氮、磷、钾三种元素被称为肥料三要素。

近年来还迅速发展起了部分新型肥料，如叶面肥，微生物肥料。叶面肥又有含氨基酸叶面肥和微量元素叶面肥等。

化学肥料分析的项目一般为：有效成分含量、水分含量、杂质含量(如游离酸)等。水分含量一般采用烘干法或卡尔·费休法测定，游离酸的测定采用碱滴定法，参见相关章节。本章主要介绍氮肥、磷肥、钾肥、复合肥的分析。

第二节　氮肥分析

含氮的肥料称为氮肥。氮肥也可分成自然氮肥和化学氮肥。自然氮肥有人畜尿粪、油饼、腐草等，但是因为肥料中还含有少量磷及钾，所以实际上是复合肥料。

表 9-1　主要氮肥品种及成分

氮肥形态	肥料名称	含氮量/%
铵态氮肥	氨水	12~17
	碳酸氢铵	16.8~17.5
	硫酸铵	20~21
	氯化铵	24~25
硝、铵态氮肥	硝酸铵	34~35
硝态氮肥	硝酸钙	13~15
酰胺态氮肥	尿素	45~46
氰胺态氮肥	石灰氮	20 左右

化学氮肥主要是指工业生产的含氮肥料。主要有：铵盐，如硫酸铵、硝酸铵、氯化铵、碳酸氢铵等；硝酸盐，如硝酸钠、硝酸钙等；尿素是有机化学氮肥。此外，如氨水、硝酸铵钙、硝硫酸铵、氰氨基化钙(石灰氮)等，也是常用的化学氮肥。

氮在化合物中，通常以氨态(NH_4^+ 或 NH_3)、硝酸态(NO_3^-、NO_2^-)、有机态(—$CONH_2$、$=CN_2$)三种形式存在。由于三种状态的性质不同，所以分析方法也不同。

一、氨态氮的测定

(一) 方法综述

氨态氮的测定有三种方法。

1. 甲醛法

在中性溶液中，铵盐与甲醛作用生成六亚甲基四胺和相当于铵盐含量的酸。在指示剂(一般为酚酞)存在下，用氢氧化钠标准溶液滴定生成的酸，通过氢氧化钠标准溶液消耗的量，求出氨态氮的含量，反应如下：

$$4NH_4^+ + 6HCHO = (CH_2)_6N_4 + 4H^+ + 6H_2O$$

$$H^+ + OH^- = H_2O$$

此方法适用于强酸性的铵盐肥料，如硫酸铵、氯化铵中氮含量的测定。

甲醛试剂常含有少量甲酸，测定前应将其中和。铵盐试样中通常也含有少量游离酸，应在测定前进行预处理。

硝酸铵既是铵态氮又是硝态氮，甲醛法只能测定铵态氮，所以应乘以系数2，才是硝酸铵产品的总氮量。

2. 蒸馏后滴定法

从碱性溶液中蒸馏出的氨，用过量硫酸标准溶液吸收，以甲基红或甲基红-亚甲基蓝乙醇溶液为指示剂，用氢氧化钠标准溶液返滴定。由硫酸标准溶液的消耗量，求出氨态氮的含量。

$$NH_4^+ + OH^- = NH_3\uparrow + H_2O$$

$$2NH_3 + H_2SO_4 = (NH_4)_2SO_4$$

$$2NaOH + H_2SO_4(\text{剩余}) = Na_2SO_4 + 2H_2O$$

此方法适用于含铵盐的肥料和不含有受热易分解的尿素或石灰氮之类的肥料。

3. 酸量法

试液与过量的硫酸标准溶液作用，在指示剂(一般为甲基红-亚甲基蓝混合指示剂)存在下，用氢氧化钠标准溶液返滴定，由硫酸标准溶液的消耗量，求出氨态氮的含量，反应如下：

$$2NH_4HCO_3 + H_2SO_4 = (NH_4)_2SO_4 + 2CO_2\uparrow + 2H_2O$$

$$2NaOH + H_2SO_4(\text{剩余}) = Na_2SO_4 + 2H_2O$$

此方法适用于碳酸氢铵、氨水中氮的测定。

(二) 农业用碳酸氢铵中氨态氮的测定-酸量法

1. 测定原理

碳酸氢铵与过量硫酸标准溶液作用，在指示剂存在下，用氢氧化钠标准溶液返滴定过量的硫酸。

2. 测定步骤

(1) 样品测定

在已知质量的干燥的带盖称量瓶中，迅速称取约2g试样，精确至0.0001g，然后立即用水将试样洗入已盛有 40.0~50.0mL 硫酸标准溶液的 250mL 锥形瓶中，摇匀使试样完全溶解，加热煮沸 3~5min，以驱除二氧化碳。冷却后，加 2~3 滴混合指示液(甲基红-亚甲基蓝混合指示剂)，用氢氧化钠标准溶液滴定至溶液呈现灰绿色即为终点。

(2) 空白试验

随同试样进行空白试验。

3. 结果计算

氮含量 $w(N)$ 以质量分数(%)表示，计算如下：

$$w(N) = \frac{(V_0 - V_1) \times c \times 0.01401}{m} \times 100 \qquad (9-1)$$

式中 V_0——空白试验时用去氢氧化钠标准溶液的体积，mL；

V_1——测定试样时用去氢氧化钠标准溶液的体积，mL；

c——氢氧化钠标准溶液的实际浓度，mol/L；

m——试样质量，g；

0.01401——氮的毫摩尔质量，g/mmol。

二、硝态氮的测定

(一) 方法综述

硝态氮的测定有三种方法。

1. 铁粉还原法

在酸性溶液中铁粉置换出的新生态氢使硝态氮还原为氨态氮，然后加入适量的水和过量的氢氧化钠，用蒸馏法测定。同时对试剂(特别是铁粉)做空白试验。反应如下：

$$Fe + H_2SO_4 \longrightarrow FeSO_4 + 2[H]$$

$$NO_3^- + 8[H] + 2H^+ \longrightarrow NH_4^+ + 3H_2O$$

此方法适用于含硝酸盐的肥料，但是对含有受热分解出游离氨的尿素、石灰氮或有机物之类肥料不适用。当铵盐、亚硝酸盐存在时，必须扣除它们的含量(铵盐可按氨态氮测定方法求出含量；亚硝酸盐可用磺胺-萘乙二胺光度法测定其含量)。

2. 德瓦达合金还原法

在碱性溶液中德瓦达合金(铜：锌：铝=50：5：45)释放出新生态的氢，使硝态氮还原为氨态氮。然后用蒸馏法测定，求出硝态氮的含量。反应如下：

$$Cu + 2NaOH + 2H_2O \longrightarrow Na_2[Cu(OH)_4] + 2[H]$$

$$Al + NaOH + 3H_2O \longrightarrow Na[Al(OH)_4] + 3[H]$$

$$Zn + 2NaOH + 2H_2O \longrightarrow Na_2[Zn(OH)_4] + 2[H]$$

$$NO_3^- + 8[H] \longrightarrow NH_3 + OH^- + 2H_2O$$

此方法适用于含硝酸盐的肥料，但对含有受热易分解出游离氨的尿素、石灰氮或有机物之类肥料，不能采用此法。肥料中有铵盐、亚硝酸盐时，必须扣除它们的含量。

3. 氮试剂重量法

在酸性溶液中，硝态氮与氮试剂(硝酸灵)作用，生成复合物而沉淀，将沉淀过滤、干燥和称量，根据沉淀的质量，求出硝态氮的含量。反应如下：

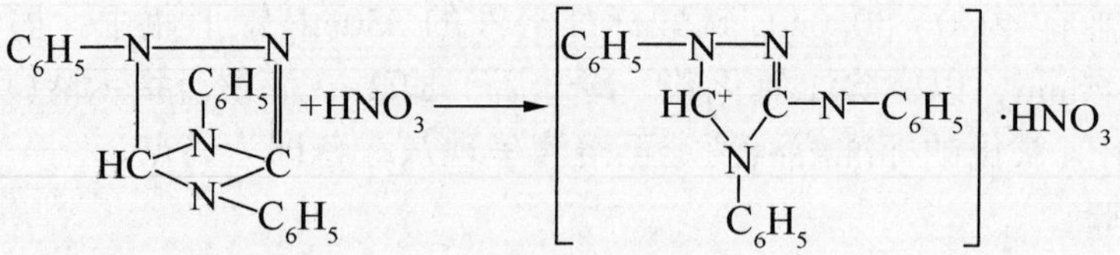

(二) 肥料中硝态氮含量的测定——氮试剂重量法

1. 测定原理

在酸性溶液中，硝态氮与氮试剂(硝酸灵)作用，生成复合物而沉淀，将沉淀过滤、干燥和称量，根据沉淀的质量，求出硝态氮的含量。

2. 测定步骤

(1) 试样的制备

称取 2~5g 试样，称准至 0.00lg，移入 500mL 容量瓶中。

① 对可溶于水的产品。加入约 400mL20℃的水于试样中，用烧瓶机械振荡器将瓶连续振荡 30min，用水稀释到刻度，混匀。

② 对可能含有硝酸盐的水不溶性产品。加入 50mL 水和 50mL 乙酸溶液至试样中，混合容量瓶中的内容物，静置至停止释出二氧化碳为止，加入约 300mL 20℃的水，用烧瓶机械振荡器将烧瓶连续振荡 30min，用水稀释至刻度，混匀。

(2) 测定

用中速滤纸干滤试液于清洁和干燥锥形瓶中，弃去初滤出的 50mL 滤液，用移液管吸取 V(mL)滤液(含 11~23mg，最好是 17mg 的硝态氮)于 250mL 烧杯中，用水稀释至 100mL。

加入 10~12 滴硫酸(1+3)溶液，使溶液 pH = 1~1.5，迅速加热至沸点，但不允许溶液沸腾，立即从热源移开，检查有无硫酸钙沉淀，若有时，可加几滴硫酸溶液溶解，一次加入 10~12mL 氮试剂溶液，置烧杯于冰浴中，搅拌内容物 2min，在冰浴中放置 2h，经常添加足够的冰块至冰浴中，以保证内容物的温度保持在 0~0.5℃。

用抽滤法定量地收集沉淀于已恒重(称准至 0.001g)的玻璃坩埚中，坩埚应预先在冰浴中冷却，用滤液将残留的微量沉淀从烧杯转移至坩埚中，最后用 0~0.5℃的 10~12mL 的水洗涤沉淀，将坩埚连同沉淀置于 110 ±2℃的干燥箱中，干燥 1h。于干燥器中冷却、称量，重复干燥、冷却和称量，直至连续 2 次称量差别不大于 0.001g 为止。

空白试验：取 100mL 水，如用乙酸溶液溶解试样时，则应取与测定时吸取试样中所含相同量的乙酸溶液，用水稀释至 100mL，按照上述手续进行，所得沉淀的质量不应超过 1mg，假如超过，需用新试剂，重复空白试验，放置很久的试剂会使空白试验结果偏高。

3. 结果计算

硝态氮含量以氮 w(N)的质量分数(%)表示，计算如下：

$$w(\mathrm{N}) = \frac{m_1 \times \dfrac{14.01}{375.3}}{m_0 \times \dfrac{V}{500}} \times 100 = \frac{1866 \times m_1}{m_0 \times V} \qquad (9-2)$$

式中 V——测定时吸取试液的体积，mL；

m_0——试样的质量，g；

m_1——沉淀的质量，g；

14.01——氮的摩尔质量，g/mol；

375.3——氮试剂硝酸盐复合物的摩尔质量，g/mol。

4. 注意事项

① 该方法适宜作为参考方法，可用于所有肥料。

② 氮试剂需用新配制的试剂，以免空白试验结果偏高。

③ 加热溶液时不允许溶液沸腾。因为如果温度过高，尿素和脲醛的缩聚物在沸腾的酸中会分解。

④ 在冰浴中放置2h，并保证内容物的温度保持在0~0.5℃。温度低于0℃，将导致偏高的结果，而温度高于0.5℃，则导致偏低的结果。

三、有机态氮的测定

(一) 方法综述

有机态氮以—$CONH_2$、═CN_2等形式存在，由于含氮官能团不同，有不同的测定方法。

1. 尿素酶法

在一定酸性介质中，用尿素酶将尿素态氮转化为氨，再用硫酸标准溶液滴定。反应如下：

$$CO(NH_2)_2 + 2H_2O \longrightarrow (NH_4)_2CO_3$$

$$(NH_4)_2CO_3 + H_2SO_4 \longrightarrow (NH_4)_2SO_4 + CO_2\uparrow + H_2O$$

此方法适用于尿素和含有尿素的复合肥料。

2. 硝酸银法

在碱性试液中加入过量的硝酸银标准溶液，使氰化银完全沉淀，过滤分离后，取一定体积的滤液，在酸性条件下，以硫酸高铁铵作指示剂，用硫氰酸钾标准溶液滴定余量的硝酸银。根据硝酸银标准溶液的消耗量，求出氮的含量。反应如下：

$$CaCN_2 + 2AgNO_3 \longrightarrow Ag_2CN_2\downarrow + Ca(NO_3)_2$$

$$AgNO_3 + KSCN \longrightarrow AaSCN\downarrow + KNO$$

(白色)

$$Fe^{3+} + SCN^- \longrightarrow FeSCN^{2+}$$

(红色)

试样溶液中含有能生成碳化物、硫化物等银盐沉淀的物质，不能使用此方法。

3. 蒸馏后滴定法

在硫酸铜存在下，在浓硫酸中加热使试样中酰胺态氮转化为氨态氮，蒸馏并吸收在过量的硫酸标准溶液中，在指示液存在下，用氢氧化钠标准溶液滴定。

$$CO(NH_2)_2 + H_2SO_4(\text{浓}) + H_2O \longrightarrow (NH_4)SO_4 + CO_2\uparrow$$

$$(NH_4)SO_4 + 2NaOH \longrightarrow Na_2SO_4 + 2NH_3\uparrow + H_2O$$

$$NH_3 + H_2SO_4 \longrightarrow (NH_4)SO_4$$

$$2NaOH + H_2SO_4(\text{剩余}) \longrightarrow Na_2SO_4 + H_2O$$

该法适用于不含硝态氮的有机氮肥中总氮含量的测定。主要用于由氨和二氧化碳合成制得的工、农业用尿素总氮含量的测定。

4. 硫代硫酸钠还原–蒸馏后滴定法

该法先将硝态氮以水杨酸固定，再用硫代硫酸钠还原成氨基物。然后，在硝酸铜等催化剂存在下，用浓硫酸进行消化，使有机物分解，其中氮转化为硫酸铵。消化得到含有硫酸铵的浓硫酸溶液，稀释后加过量碱蒸馏释出氨，用硼酸溶液吸收，以硫酸标准溶液滴定，或用过量硫酸标准溶液吸收，以氢氧化钠标准溶液回滴。

$$Na_2S_2O_3 + H_2SO_4 \longrightarrow Na_2SO_4 + H_2S_2O_3$$

$$H_2S_2O_3 \longrightarrow H_2SO_3 + S$$

$$C_6H_3\begin{cases} OH \\ COOH \\ NO_2 \end{cases} + H_2SO_3 + H_2O \longrightarrow C_6H_3\begin{cases} OH \\ COOH \\ NH_2 \end{cases} + H_2SO_4$$

$$C_6H_4\begin{cases} OH \\ COOH \end{cases} + HNO_3 \longrightarrow C_6H_3\begin{cases} OH \\ COOH \\ NO_2 \end{cases} + H_2O$$

该法适用于含硝态氮的有机氮肥中总氮含量的测定。其中硝态氮按上述反应测定，氨态氮在加碱蒸馏时可以一并蒸出，所以本法测得的结果为总氮量。

（二）尿素中总氮含量的测定——蒸馏后滴定法

1. 测定原理

以硫酸铜作催化剂，在浓硫酸中加热使试样中酰胺态氮转化为氨态氮，加入过量的碱液蒸馏出氨，并将其吸收在过量的硫酸溶液中，以甲基红-亚甲基蓝乙醇溶液作指示剂，用氢氧化钠标准溶液返滴定。

2. 测定步骤

（1）蒸馏仪器安装

用带标准磨口的成套仪器或能保证定量蒸馏和吸收的任何仪器。

蒸馏仪器的各部件用橡皮塞和橡皮管连接，或是采用球形磨砂玻璃接头，为保证系统密封，球形玻璃接头应用弹簧夹子夹紧。安装如图 9-1 所示。包括圆底烧瓶（1L）、单球防溅球管、顶端开口与防溅球进出口平行的圆筒形滴液漏斗（50mL）、直形冷凝管（有效长度约 400mm）、接收器（500mL 的锥形瓶，瓶侧连接双连球）。

用硅油涂抹仪器接口，并保证仪器所有连接部分密封。

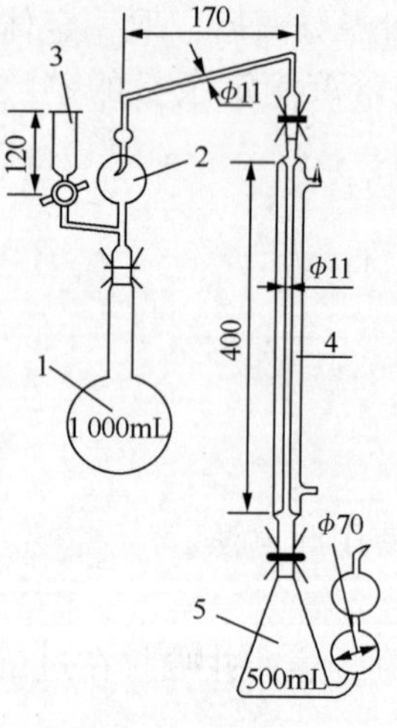

图 9-1　蒸馏装置

1—蒸馏瓶；2—防溅球管；3—滴液漏斗；4—冷凝管；5—带双连球锥形瓶

（2）试液制备

称量约 0.5g 试样（精确到 0.0001g）于蒸馏烧瓶中，加少量水冲洗瓶口内侧，以使试料全部进入蒸馏瓶底部，再加 15mL 硫酸、0.2g 五水硫酸铜，插上梨形玻璃漏斗，在通风橱内缓缓加热，使二氧化碳逸尽，然后逐步提高加热温度，直至冒白烟，再继续加热 20min 后停止加热。

注：若为大颗粒尿素则应磨细后称量，其方法是取 100g 缩分后的试样，迅速研磨至全部通过 0.5mm 孔径筛，混匀。

（3）蒸馏

待蒸馏烧瓶中试液充分冷却后，小心加入 300mL 水，几滴混合指示剂，放入少许防爆沸石或多孔瓷片。

准确加入 40.0mL 约 0.5mol/L 硫酸标准溶液于接受器中，加水使溶液能淹没接收器的双连球瓶颈，加 4~5 滴混合指示剂。

通过滴液漏斗往蒸馏烧瓶中加入足够量的氢氧化钠溶液，以中和溶液并过量 25mL，应当注意，滴液漏斗上至少存留几毫升溶液。

加热蒸馏，直到接收器中的收集量达到200mL时，移开接收器，用pH试纸检查冷凝管出口的液滴，如无碱性结束蒸馏。

(4) 滴定

将接收器中的溶液混匀，用氢氧化钠标准溶液返滴定，直至指示液呈灰绿色，滴定时要保证溶液充分混匀。

(5) 空白试验

按上述操作步骤进行空白试验，除不加样品外，操作手续和应用的试剂与测定时相同。

3. 结果计算

总氮含量(以干基计)以氮(N)的质量分数(w,%)表示，计算如下：

$$w(\mathrm{N}) = \frac{(V_0 - V_1) \times c \times 0.01401}{m[100 - w(\mathrm{H_2O})]/100} \times 100 \qquad (9-3)$$

式中 V_1——测定时，使用氢氧化钠标准溶液的体积，mL；

V_0——空白试验时，使用氢氧化钠标准溶液的体积，mL；

c——氢氧化钠标准溶液的浓度，mol/L；

m——试样的质量，g；

0.01401——氮的毫摩尔质量，g/mmol；

$w(\mathrm{H_2O})$——试样中水分含量,%。

4. 注意事项

① 为使消化反应完全和较迅速完成并防止消化过程中氮的损失，最主要的条件是选择适当的催化剂和注意加热温度。

a. 催化剂 常用的催化剂有Se、HgO、$CuSO_4$及H_2O_2等。其中以Se效果最好，HgO次之，但两者价格都比$CuSO_4$贵，又易中毒。目前最好的是$CuSO_4$。$CuSO_4$的催化作用如下：

$$2CuSO_4 \longrightarrow CuSO_4 + SO_2 + 2(O)$$

$$CuSO_4 + 2H_2SO_4 = CuSO_4 + 2H_2O + SO_2$$

此作用不断循环进行，过程中析出的新生态的氧使有机物迅速分解。

使用$CuSO_4$的优点除有催化作用外，消化完毕，使溶液具有清澈的蓝绿色($CuSO_4 \cdot 5H_2O$),可以指示终点。

b. 加热温度 先低温，避免碳化物反应激烈；然后逐渐升高温度，保持微沸至消化完毕。若温度高，使部分氮未成铵态而成为分子N_2逸出；若温度>500℃，$(NH_4)_2SO_4$分解损失。

② 加入碱必须过量。可由混合指示剂的颜色变化判断。也可由加碱后生成浅蓝色氢氧化铜沉淀(加热变成黑色CuO)或者氢氧化铜溶于过浓的碱液所生的深蓝色判断。

③ 吸收氨必须保证完全。

④ 操作过程中防止倒吸。

第三节 磷肥分析

含磷的肥料称为磷肥。磷肥包括自然磷肥和化学磷肥。

自然磷肥有磷矿石及农家肥料中的骨粉、骨灰等。草木灰、人畜尿粪中也含有一定量的磷，但是，因其同时含有氮、钾等的化合物，故称为复合农家肥。

化学磷肥主要是以自然矿石为原料，经过化学加工处理的含磷肥料。化学加工生产磷肥，一般有两种途经。一种是用无机酸处理磷矿石制造磷肥，称酸法磷肥。如过磷酸钙(又名普钙)、重过磷酸钙(又名重钙)等。另一种是将磷矿石和其他配料(如蛇纹石、滑石、橄榄石、白云石)或不加配料，经过高温煅烧分解磷矿石制造的磷肥，称为热法磷肥。如钙镁磷肥。碱性炼钢炉渣也称为热法磷肥，又叫钢渣磷肥或汤马斯磷肥。

一、磷肥的种类和性质

按溶解度的不同，化学肥料中的磷肥可分为三类：①水溶性磷肥；②枸溶性磷肥；③难溶性磷肥。

1. 水溶性磷肥

可溶于水的含磷化合物称为水溶性磷化合物。主要含水溶性磷化合物的磷肥称为水溶性磷肥，如磷酸、磷酸二氢钙(又称磷酸一钙)[$Ca(H_2PO_4)_2$]、过磷酸钙、重过磷酸钙、磷酸铵等。水溶性磷肥能被植物直接吸收利用，所以又称为速效磷肥。

2. 枸溶性磷肥

枸溶性化合物是指能被植物根部分泌出的酸性物质溶解后吸收利用的含磷化合物。在磷肥的分析检验中，是指能被柠檬酸铵的氨溶液或2%柠檬酸溶液溶解的含磷化合物，如结晶磷酸氢钙(又名磷酸二钙)($CaHPO_4$或$CaHPO_4 \cdot 2H_2O$)、磷酸四钙($Ca_4P_2O_9$或$4CaO \cdot P_2O_5$)。钙镁磷肥和钢渣磷肥中主要含有柠檬酸溶性磷化合物，故称为柠檬酸溶性磷肥或枸溶性磷肥。过磷酸钙、重过磷酸钙中也常含有少量结晶磷酸二钙。枸溶性磷肥在施用后，需经植物根部分泌出的有机酸或土壤中的酸性物质溶解、转化后，才能被吸收利用。可以用柠檬酸溶性试剂作溶剂，将其中柠檬酸溶性磷化合物提取出来。

3. 难溶性磷肥

难溶于水也难溶于有机弱酸的磷化合物称为难溶性磷化合物，如磷酸三钙[$Ca_3(PO_4)_2$]、磷酸铁、磷酸铝等。磷矿石几乎全部是难溶性磷化合物。主要含难溶性磷化合物的磷肥，称为难溶性磷肥，如磷矿粉、骨粉等。这类磷肥需经强酸作用，或经有机酸长时间作用，才能转化为可被植物吸收利用的状态，因而只能施用于酸性土壤中。

能被植物吸收利用的磷化合物仅是水溶性磷化合物和柠檬酸溶性磷化合物，称为有效磷；磷肥中所有磷化合物中的磷称为总磷。在磷肥分析中，依据对象和目的，常分别测定有效磷或全磷含量，测定结果均用质量分数$w(P_2O_5)$表示。

所有磷肥的测定方法原理都是一样的，不同的是由于各种磷肥含有的磷化合物不同，因而在制备分析试液时有不同的方法。

二、全磷分析试液的制备

化学磷肥中除含有效磷之外，还有少量的难溶性磷化合物。磷矿石中几乎全部都是难溶性磷化合物。难溶性磷化合物可用强酸分解，也可用碱熔法进行分解。

1. 酸溶法

以盐酸和硝酸(3+1)的混合溶液与试样作用，可将难溶性磷化合物分解，其反应式如下：

$$Ca_5(PO_4)_3F + 10HCl \xrightarrow{\triangle} 3H_3PO_4 + 5CaCl_2 + HF\uparrow$$

其中盐酸主要是溶解难溶性磷化合物，硝酸主要是氧化磷为正磷酸，防止磷被还原生成负三价的磷化合物——磷化氢 PH_3 而挥发损失。如果试样中含有较多有机物，则应先在500~600℃下灼烧1h，以除去有机物，并使低价磷酸盐转化为正磷酸盐。

2. 碱熔法

以氢氧化钠与试样共热熔融，难溶性磷化物可转化为易溶性磷酸盐：

$$Ca_5(PO_4)_3F+10NaOH \xrightarrow{\triangle} 3Na_3PO_4+NaF+5Ca(OH)_2$$

再以热水浸取和盐酸酸化。如果试样中含有较多有机物，则应先在500~600℃下灼烧1h后再进行熔融。

三、有效磷分析试液的制备

1. 含过磷酸钙、重过磷酸钙的磷肥

这类磷肥以含水溶性磷化合物为主，主要是 H_3PO_4 和 $Ca(H_2PO_4)_2$，以及少量可溶于柠檬酸铵的氨溶液的 $CaHPO_4 \cdot 2H_2O$。因为，在磷酸或磷酸二氢钙存在时，柠檬酸铵的氨溶液酸性增强，萃取能力增大，可溶解其他非有效的含磷化合物，所以先用水溶解水溶性磷化合物，经研磨、澄清、过滤，残渣再用柠檬酸铵的氨溶液萃取，然后合并两种萃取液，作为有效磷分析试液。

制备时以水和柠檬酸铵的氨溶液作为溶剂。具体操作如下：

称取2.5g试样(称准至0.0001g)，置于250mL有柄蒸发皿中，用玻璃棒将小块研碎，加入20mL左右的水后继续研磨，将清液过滤于含5mL1：1硝酸的250mL容量瓶中，重复三次，最后将容量瓶定容，标为试液A。

将带有沉淀的滤纸移入另一个250mL容量瓶中，加入100mL柠檬酸铵的氨溶液，盖上瓶塞，振荡至滤纸成为纤维状为止。将容量瓶置于60±1℃的水浴中，保温1h，开始时，每隔5min振荡容量瓶一次，振荡三次后，再每隔15min振荡一次，然后冷却至室温，用水稀释至刻度，摇匀。用干燥的滤纸和漏斗过滤，弃去最初几毫升滤液，所得试液为B。

目前，我国国家标准中，采用乙二胺四乙酸二钠(EDTA)溶液提取过磷酸钙肥料中的有效磷。

2. 钙镁磷肥、钢渣磷肥

这类磷肥以含柠檬酸溶性磷化合物为这主，主要成分是磷酸四钙($Ca_4P_2O_9$)，其酸性更弱，不能溶解于碱性柠檬酸铵的氨溶液，而能溶于稀的柠檬酸溶液中。

制备时以稀的柠檬酸溶液作为溶剂。具体操作如下：

称取1g试样(称准至0.0001g)，置于干燥的250mL锥形瓶中，用移液管移取100mL预先加热至25~30℃的2%柠檬酸溶液，加入锥形瓶中，塞紧瓶塞。继续保持温度在25~30℃之间，振荡30min，立即用干燥的漏斗及双层滤纸过滤于干燥的锥形瓶中，弃去初滤液，其余滤液作为有效磷分析试液。

常用的柠檬酸溶性试剂有以下几种：

① 柠檬酸铵的氨溶液。该试剂又名彼得曼试剂。1L溶液中含有173g未风化的柠檬酸和42g以氨形式存在的氮(相当于51g氨)。配制方法如下：

准确移取氨水(2+3)10.00mL于预先放有400~450mL水的500mL容量瓶中，稀释至刻度，混匀。然后再移取此溶液25.00mL于预先放有25mL水的250mL锥形瓶中，加2滴2g/L

甲基红指示剂，用 0.1mol/L 盐酸标准溶液滴定。按下式计算 1L 氨水(2+3)中含有氮的质量：

$$m=\frac{(cV)_{\mathrm{HCl}}M_{\mathrm{N}}\times 1000}{10\times\frac{25}{500}} \tag{9-4}$$

由下式计算配制 V_1(L)氨性柠檬酸铵溶液所需氨水(2+3)的体积：

$$V_0=\frac{42V_1}{m} \tag{9-5}$$

② 柠檬酸溶液(20g/L)。以柠檬酸溶液作萃取剂，可使钙镁磷肥和钢渣磷肥中柠檬酸溶性磷(磷酸四钙中磷)被萃取出来。过滤分离不溶物后，滤液为测定柠檬酸溶性磷的分析试液。

③ 中性柠檬酸铵溶液。该试剂有固定的组成，使用时用酸或碱溶液调至中性(pH7.0)。以中性柠檬酸铵溶液作萃取剂，可使沉淀磷酸钙或含重过磷酸钙与硝酸磷肥的复混肥料中有效磷被萃取出来。过滤分离不溶物后，滤液为测定柠檬酸溶性磷的分析试液。

该萃取剂的使用条件是中性柠檬酸铵抽取液用量为 100mL，在 65℃ 的温度下对除去水溶性磷后的剩余残渣抽取 1h。过滤后，滤液为测定柠檬酸溶性磷的分析试液。

四、磷肥中磷的测定

磷肥中磷含量的测定常用方法有磷钼酸喹啉重量法、磷钼酸铵容量法和钒钼酸铵分光光度法。磷钼酸喹啉重量法准确度高，是国家标准规定的仲裁分析法，此法适合于一切磷肥中磷含量的测定，不足之处是操作时间长、繁琐。磷钼酸铵容量法和钒钼酸铵分光光度法速度快，主要用于日常生产的控制分析。

(一) 磷钼酸喹啉重量法

1. 测定原理

称取一定质量的样品制备成分析试液，试液中正磷酸根离子在酸性介质中与喹钼柠酮试剂生成黄色磷钼酸喹啉沉淀，经过滤、洗涤、干燥和称量所得沉淀，根据沉淀质量换算出五氧化二磷的含量。

正磷酸根离子在酸性介质中与钼酸根离子生成磷钼杂多酸。反应为：

$$H_3PO_4+12MoO_4^{2-}+24H^+\longrightarrow \underset{\text{磷钼杂多酸}}{H_3(PO_4\cdot 12MoO_3)\cdot H_2O}+11H_2O$$

磷钼杂多酸属大分子杂多酸，它与有机碱喹啉生成溶解度很小的大分子难溶盐，即磷钼酸喹啉黄色沉淀。

在定量分析中，常使磷酸盐在硝酸的酸性溶液中与钼酸盐、喹啉作用生成磷钼酸喹啉沉淀来进行磷的测定，反应式如下：

$$H_3PO_4+12MoO_4^{2-}+3C_9H_7N+24H^+\longrightarrow \underset{\text{磷钼酸喹啉(黄色)}}{(C_9H_7N)_3H_3(PO_4\cdot 12MoO_3)\cdot H_2O\downarrow}+11H_2O$$

2. 测定步骤

用移液管吸取 25mL 试液于 500mL 烧杯中，加入 10mL(1+1)硝酸溶液，用水稀释到 100mL，在电炉上加热至沸，取下，加入 35～50mL 喹钼柠酮试剂，盖上表面皿，在电炉上加热微沸 1min 或置于近沸水浴锅中保温到沉淀分层，取出烧杯，冷却至室温。冷却过程中转动烧杯 3~4 次。

用预先在 180±2℃ 干燥箱内恒重的玻璃坩埚过滤，先将上层清液滤完，然后用倾泻法洗涤沉淀 1~2 次，每次用 25mL 水，将沉淀移入滤器中，再用水洗涤，共用水 125~150mL（洗五次以上）。在 180±2℃ 干燥箱内 45min 至恒重，干燥器内冷却至室温，称量。同时作空白实验。

3. 结果计算

样品中磷的含量(w)以 P_2O_5 的质量分数(%)表示，计算如下：

$$w(P_2O_5)=\frac{(m_1-m_2)\times 0.03207}{m_A\times\frac{25}{250}}\times 100=\frac{(m_1-m_2)\times 32.07}{m_A} \qquad (9-6)$$

式中 m_1——测定样品所得磷钼酸喹啉沉淀的质量 g；

m_2——测定空白所得磷钼酸喹啉沉淀的质量 g；

m_A——样品质量，g；

0.03207——磷钼酸喹啉质量换算为五氧化二磷质量的系数。

4. 注意事项

① 有效磷提取必须先用水提取水溶性磷化合物，再用碱性柠檬酸铵溶液提取柠檬酸溶性磷化合物。用柠檬酸铵的氨溶液萃取时，其萃取效率的高低和萃取剂的浓度、酸碱度及温度等条件有密切关系，必须严格遵守规程。

有效磷测定时，分别用移液管吸取 10~20mL 试液 A 和试液 B 于 500mL 烧杯中，加入 10mL(1+1)硝酸溶液，用水稀释到 100mL，其余同上述步骤。

有效磷以五氧化二磷含量 $w(P_2O_5)$ 的质量分数(%)表示，计算如下：

$$w(P_2O_5)=\frac{(m_3-m_4)\times 0.03207}{m_A\times\frac{V}{500}}\times 100 \qquad (9-7)$$

式中 m_3——测定样品有效磷所得磷钼喹啉沉淀的质量，g；

m_4——测定空白有效磷所得磷钼喹啉沉淀的质量，g；

m_A——样品质量，g；

0.03207——磷钼酸喹啉质量换算为五氧化二磷质量的系数。

② 磷钼酸喹啉 $(C_9H_7N)_3H_3(PO_4\cdot 12MoO_3)\cdot H_2O$ 为大分子、溶解度很小的难溶盐，在水中为黄色沉淀，在 180℃ 时干燥一定时间，其结晶水全部失去而达到恒重。注意干燥温度和时间不同，沉淀其组成不同。

③ 磷钼酸喹啉沉淀在酸（一般为硝酸，利用硝酸的氧化性来保证磷和沉淀剂中的钼均以高价状态存在）性条件下才稳定，在碱性溶液中会分解为原来的简单离子。酸度过大虽对沉淀的生成有利，但沉淀的物理性能较差，使以后的过滤、洗涤困难，且不易溶解在碱溶液中。酸度低，反应不完全，测定结果偏低。一般控制沉淀体系中硝酸的酸度在 6mol/L。

④ 喹钼柠酮试剂的配制过程。

溶液 a—70g 钼酸钠于 400mL 烧杯中，加入 100mL 蒸馏水溶解；

溶液 b—60g 柠檬酸于 1000mL 烧杯中，加入 100mL 蒸馏水溶解后，加入 85mL 硝酸；

溶液 c—把溶液 a 加到 b 中，混匀；

溶液 d—在 400mL 烧杯中，将 35mL 硝酸和 100mL 蒸馏水混合，然后加入 5mL 喹啉；

把溶液 d 加入溶液 c 中，混匀，静置一夜，用滤纸过滤，滤液加入 280mL 丙酮，用蒸馏水稀释至 1000mL，混匀。

溶液贮于聚乙烯瓶中，放置在暗处，避光，避热，保存期一个月。喹钼柠酮试剂受光后若呈浅蓝色，可加入溴酸钾溶液(10g/L)至颜色消失为止。

⑤ NH_4^+ 具有和喹啉相近的性质，能生成黄色的磷钼酸铵沉淀，由于其相对分子质量较小，易造成结果偏低。可加入丙酮消除 NH_4^+ 的干扰。同时，丙酮的存在还能改善磷钼酸喹啉的物理性能，使沉淀颗粒粗大、疏松，便于过滤和洗涤。

⑥ 硅具有和磷相近的性质，能生成硅钼酸喹啉沉淀而干扰测定。但柠檬酸能与钼酸生成电离度较小的络合物，使其电离生成的钼酸根离子浓度仅能满足生成磷钼酸喹啉沉淀而不能生成硅钼酸喹啉沉淀，从而排除硅的干扰；同时，柠檬酸的存在可使磷钼酸铵的溶解度比磷钼酸喹啉的溶解度大，进而排除 NH_4^+ 的干扰；其次，柠檬酸还可阻止钼酸盐在加热至沸时水解而析出三氧化钼沉淀。但柠檬酸的量不能太多，否则磷钼酸喹啉也不能沉淀完全。

但当试样中硅含量较多时，测定前应分离出硅。方法是：准确移取一定量的试样于高形烧杯中，加高氯酸约 10mL，加热、蒸发，待高氯酸冒白烟时，盖上表面皿，继续加热 15~20min。放置冷却后，加入约 50mL 盐酸(1+10)，并在 70~80℃加热几分钟后，立即过滤，除去二氧化硅沉淀后，滤液即为测定液。

⑦ 在洗涤磷钼酸喹啉沉淀时，钼酸盐有可能水解而析出三氧化钼沉淀，使滤液变浑浊，不影响测定。

(二) 磷钼酸喹啉容量法

1. 测定原理

用水、碱性柠檬酸铵溶液萃取过磷酸钙中的有效磷，提取液中正磷酸根离子在酸性介质中与喹钼柠酮试剂生成黄色磷钼酸喹啉沉淀，过滤、洗涤所吸附的酸液后将沉淀溶于过量的碱标准溶液中，再用酸标准溶液回滴。根据所用酸、碱溶液的体积换算出五氧化二磷含量。

磷钼酸喹啉容量法的测定原理和磷钼酸喹啉重量法相似，但该法中将所生成的沉淀溶于过量的碱标准溶液中，再用酸标准溶液回滴。反应如下：

$$H_3PO_4+12MoO_4^{2-}+3C_9H_7N+24H^+ \longrightarrow \underset{\text{磷钼酸喹啉(黄色)}}{(C_9H_7N)_3H_3(PO_4 \cdot 12MoO_3) \cdot H_2O} \downarrow +11H_2O$$

$$(C_9H_7N)_3H_3(PO_4 \cdot 12MoO_3) \cdot H_2O+26NaOH \longrightarrow Na_2HPO_4+12Na_2MoO_4+3C_9H_7N+15H_2O$$

$$NaOH(\text{剩余})+HCl \rightarrow NaCl+H_2O$$

2. 测定步骤

① 试样制备。参见"全磷分析试液的制备"和"有效磷分析试液的制备"。

② 磷的测定。按照磷钼酸喹啉重量法相应的步骤进行，直至"……冷却过程中转动烧杯 3~4 次"，然后再按下述步骤进行。

③ 用滤器过滤(滤器内可衬滤纸、脱脂棉等)，先将上层清液滤完，然后以倾泻法洗涤沉淀 3~4 次，每次用水约 25mL。将沉淀移入滤器中，再用水洗净沉淀直至取滤液约 20mL，加 1 滴混合指示液(百里香酚蓝 0.1%与酚酞 0.1%以 3：2 的比例混合而成)和 2~3 滴氢氧化钠溶液至滤液呈紫色为止。将沉淀连同滤纸或脱脂棉移入原烧杯中，加入氢氧化钠标准溶液，充分搅拌以溶解沉淀，然后再过量 8~10mL，加入 100mL 无二氧化碳的水，搅匀溶液，加入 1mL 混合指示液，用盐酸标准溶液滴定至溶液从紫色经灰蓝色转变为黄色即为终点。

④ 空白试验。除不加试样外，按照上述测定步骤，使用相同试剂、溶液、用量进行。

3. 结果计算

磷的含量以五氧化二磷 $w(P_2O_5)$ 的质量分数(%)表示，计算如下：

$$w(P_2O_5)=\frac{[c_1(V_1-V'_1)-c_2(V_2-V'_2)]\times 0.002730}{m\times \frac{V}{500}}\times 100\% \qquad (9-8)$$

式中 V——吸取试液(溶液 A+溶液 B)的总体积，mL；

V_1——消耗氢氧化钠标准溶液的体积，mL；

V_2——消耗盐酸标准溶液的体积，mL；

V'_1——空白试验消耗氢氧化钠标准溶液的体积，mL；

V'_2——空白试验消耗盐酸标准溶液的体积，mL；

c_1——氢氧化钠标准溶液浓度，mol/L；

c_2——盐酸标准溶液浓度，mol/L；

m——试样质量，g；

0.002730——$\frac{1}{52}P_2O_5$的毫摩尔质量，g/mmol。

4. 注意事项

① 沉淀在酸性溶液中生成，又要在定量的碱液中溶解。因此，沉淀的洗涤十分重要。

② 加过量氢氧化钠溶解磷钼酸喹啉沉淀时，如仍有残余黄色沉淀，可加热至 50℃ 助溶。

(三) 五氧化二磷含量的测定——钒钼酸铵分光光度法

1. 测定原理

磷肥试样溶液中的正磷酸根离子在酸性介质中与钼酸盐及偏钒酸盐反应，生成稳定的黄色络合物，于波长 420nm 处，用示差法测定其吸光度，从而算出五氧化二磷的含量。

测定过程中的反应如下：

$$2H_3PO_4+22(NH_4)_2MoO_4+2NH_4VO_3+46HNO_3 \longrightarrow \underset{\text{黄色配合物}}{P_2O_5\cdot V_2O_5\cdot 22MoO_3}+46NH_4NO_3+26H_2O$$

2. 测定步骤

① 试样制备。

分别称量样品两份，每份约 1g(称准至 0.0002g)。将试样置于 250mL 锥形瓶中，加入 20mL 盐酸和硝酸混合酸，加热煮沸 15min，定量转移至 500mL 容量瓶中，稀释至刻度，混匀，此溶液 C 供测定总磷用。

将另一份试样按前面制备有效磷分析试液 A 一样制备溶液 D，供测定水溶性磷用。将过滤有效磷含有不溶性残渣的滤纸放入锥形瓶中，加入 20mL 混合酸，加热煮沸 15min，定量转移至 100mL 容量瓶中，稀释至刻度，混匀，此溶液 E 供测定不溶性磷用。

② 准确吸取 5.0mLD、溶液 C 和溶液 E，对溶液 C 和溶液 E，先以酚酞为指示剂，滴加氨水至微红色，然后加一滴硝酸使溶液呈无色，在溶液 D 和中和后的溶液 C、溶液 E 中，加硝酸 4mL，加热煮沸 5min(若可能含有非正磷酸时，使其转化为正磷酸)，转移到 100mL 容量瓶中，用水稀释至刻度，混匀，放置 10min，在 420nm 处，用下述方法测定。

根据试液的含磷量，分别准确吸取比试液中五氧化二磷含量低的和高的标准溶液两份于

100mL 容量瓶中，加适量的水，2mL 碱性柠檬铵溶液、4mL 硝酸溶液，与试样溶液同样操作显色，配得标准溶液 a 和标准溶液 b。以标准溶液 a 为参比溶液（以该溶液的吸光度为零），测定标准溶液 b 和试样溶液的吸光度。用比例关系算出试样溶液中五氧化二磷的含量。

3. 结果计算

磷的含量以五氧化二磷 $w(P_2O_5)$ 的质量分数（%）表示，计算如下：

$$w(P_2O_5)=\frac{m_1+\frac{A_1}{A_2}}{m_0\times D\times 1000}\times 100\% \qquad (9-9)$$

式中 m_1——标准溶液 a 中五氧化二磷含量，mg；

A_1——试样溶液的吸光度；

A_2——标准溶液 b 的吸光度；

m_0——试样质量，g；

D——分析试液与试样总体积之比。

4. 注意事项

① 此法适用于含有磷酸盐的肥料，特别适合于含磷在 10%以下（以 P_2O_5 计，在 25%以下）的试样。但含铁较多的试料或因有机物等使溶液带有颜色时，不宜采用此法。

② 在此条件下生成的黄色配合物不太稳定，需要在显色后 30~120min 内进行测定。

③ 试液中硅（SiO_2）的含量大于磷（P_2O_5）的含量时，会产生干扰。

第四节 钾肥分析

一、钾肥分析简介

钾肥分为自然钾肥和化学钾肥两大类。

自然钾肥有自然矿物，如光卤石（$KCl\cdot MgCl_2\cdot 6H_2O$）、钾石盐（$KCl\cdot NaCl$）、钾镁矾石（$K_2SO_4\cdot 2MgSO_4$）等；有农家肥，如草木灰、豆饼、绿肥等。自然钾肥可以直接施用，也可以加工为较纯净的氯化钾或硫酸钾。化学钾肥主要有氯化钾、硫酸钾、硫酸钾镁、磷酸氢钾和硝酸钾等。

钾肥中一般含水溶性钾盐，有少数钾肥中含有弱酸溶性的钾盐（如窑灰钾肥中的硅铝酸钾 $K_2SiO_3\cdot K_3AlO_3$）及少量难溶性钾盐（如钾长石 $K_2O\cdot Al_2O_3\cdot 6SiO_2$）。钾肥中水溶性钾盐和弱酸溶性钾盐所含钾之和，称为有效钾。有效钾与难溶性钾盐所含钾之和，称为总钾。钾肥的含钾量以 K_2O 表示。

测定有效钾时，通常用热水溶解制备试样溶液，如试样中含有弱酸溶性钾盐，则用加少量盐酸的热水溶解有效钾。测定总钾含量时，一般用强酸溶解或碱熔法制备试样溶液。

钾肥中钾的测定方法有四苯硼酸钠称量法、四苯硼酸钠容量法和火焰光度法。四苯硼酸钠称量法和容量法简便、准确、快速，适用于含量较高的钾肥含钾量测定。火焰光度法快速、准确，已被广泛用于微量钾的测定。

二、钾肥中钾含量的测定

（一）四苯硼酸钠称量法

1. 测定原理

试样用稀酸溶解，加入甲醛溶液，使存在的铵离子转变成六亚甲基四胺；加入乙二胺四乙酸二钠(EDTA)消除干扰分析结果的其他阳离子。在微碱性介质中，用四苯硼酸钠沉淀钾，干燥沉淀并称量。

该法适用于氯化钾、硫酸钾和复合肥等肥料中钾含量的测定。主要反应如下：

$$K^+ + NaB(C_6H_5)_4 = KB(C_6H_5)_4 \downarrow + Na^+$$

（白色）

2. 测定步骤

（1）试验溶液的制备

①复合肥等。称取约 5g 试样，精确至 0.0002g，置于 400mL 烧杯中，加入 150mL 水及 10mL 浓盐酸，煮沸 15min。冷却，移入 500mL 容量瓶中，用水稀释至刻度，混匀后干滤(若测定复合肥中水溶性钾，操作时不加盐酸，加热煮沸时间改为 30min)。

② 氯化钾、硫酸钾等。称取试样 2g，准确至 0.0002g，其他操作同复合肥。

（2）测定

准确吸取上述复合试液 20mL 或氯化钾、硫酸钾试液 10mL 于 100mL 烧杯中，加入 10mLEDTA(100g/L)溶液，2 滴酚酞(5g/L)指示液，搅匀，逐滴加入氢氧化钠(200g/L)溶液直至溶液变红为止。再过量 1mL。加入 5mL 甲醛溶液，搅匀(此时溶液的体积约 40mL 为宜)。

在剧烈搅拌下，逐滴加入比理论需要量(10mgK_2O 需 3mL 四苯硼酸钠溶液)多 4mL 的四苯硼酸钠(25g/L)溶液，静置 30min。

用预先在 120℃烘至恒重的 4 号玻璃坩埚抽滤沉淀，将沉淀用四苯硼酸钠洗液[0.1% (v/v)]全部移入坩埚内，再用该洗液洗涤 5 次，每次用 5mL，最后用水洗涤两次，每次用 2mL。

将坩埚连同沉淀置于 120℃烘箱内，干燥 1h，取出，放入干燥器中冷却至室温，称重，直至恒重。

3. 结果计算

钾肥中钾的含量 w 以氧化钾(K_2O)的质量分数(%)表示，计算如下：

$$w(K_2O) = \frac{(m_2 - m_1) \times 0.1314}{m} \times 100 \qquad (9-10)$$

式中 m_1——空坩埚质量，g；

m_2——坩埚和四苯硼酸钾沉淀的质量，g；

m——所取试液中的试样质量，g；

0.1314——四苯硼酸钾的质量换算为氧化钾质量的系数。

4. 注意事项

① 在微酸性溶液中，铵离子与四苯硼酸钠反应也能生成沉淀，故测定过程中应注意避免铵盐及氨的影响。如试样中有铵离子，可在沉淀前加碱，并加热驱除氨，然后重新调节酸度进行测定。

② 由于四苯硼酸钾易形成过饱和溶液，在四苯硼酸钠沉淀剂加入时速度应慢，同时要剧烈搅拌以促使它凝聚析出。考虑到沉淀的溶解度（$K_{SP}=2.2\times10^{-8}$），洗涤沉淀时，应采用预先配制的四苯硼酸钠溶液。

③ 沉淀剂四苯硼酸钠的加入量对测定结果有影响，应予以控制。

④ 四苯硼酸钠可用离子交换法回收，具体方法是用丙酮溶解四苯硼酸钾沉淀，将此溶液通过盛有钠型强酸性阳离子交换树脂的离子交换柱，然后将含有四苯硼酸钠的丙酮流出液蒸馏，收集丙酮，剩余物烘干即为四苯硼酸钠固体，必要时于丙酮中重结晶一次。

（二）四苯硼酸钠容量法

1. 测定原理

试样用稀酸溶解，加甲醛溶液和乙二胺四乙酸二钠溶液，消除铵离子和其他阳离子的干扰，在微碱性溶液中，以定量的四苯硼酸钠溶液沉淀试样中钾，滤液中过量的四苯硼酸钠以达旦黄作指示剂，用季铵盐回滴至溶液自黄色变成明显的粉红色，其化学反应为：

$$K^{+}+NaB(C_6H_5)_4 = KB(C_6H_5)_4\downarrow+Na^{+}$$

$$Br[N(CH_3)_3\cdot C_{16}H_{33}]+NaB(C_6H_5)_4 = B(C_6H_5)_4\cdot N(CH_3)_3C_{16}H_{33}\downarrow+NaBr$$

2. 测定步骤

（1）四苯硼酸钠（STPB）溶液（12g/L）的配制与标定

称取四苯硼酸钠 12g 于 600mL 烧杯中，加水约 400mL，使其溶解，加入 10g 氢氧化铝，搅拌 10min，用慢速滤纸过滤，如滤液呈浑浊，必须反复过滤直至澄清，收集全部滤液于 250mL 容量瓶中，加入 1mL 氢氧化钠溶液，然后稀释至刻度，混匀，静置 48h。

准确吸取 25mL 氯化钾标准溶液于 100mL 容量瓶中，加 5mL 盐酸、10mLEDTA（100g/L）溶液、3mL 氢氧化钠（200g/L）溶液和 5mL 甲醛溶液，由滴定管加入 38mL（按理论需要量再多 8mL）四苯硼酸钠溶液，用水稀释至刻度，混匀，放置 5~10min 后，干过滤。

准确吸取 50mL 滤液于 125mL 锥形瓶中，加 8~10 滴达旦黄（0.4g/L）指示剂，用十六烷基三甲基溴化铵（CTAB）溶液滴定过量的四苯硼酸钠至明显的粉红色为止。

按下式计算每毫升四苯硼酸钠标准溶液相当于氧化钾（K_2O）的质量（F）：

$$F=\frac{V_0A}{V_1-2V_2R} \tag{9-11}$$

式中 V_0——所取氯化钾标准溶液的体积，mL；

A——每毫升氯化钾标准溶液所含氧化钾的质量，g；

V_1——所用四苯硼酸钠标准溶液体积，mL；

V_2——滴定所耗十六烷基三甲基溴化铵溶液的体积，mL；

R——每毫升十六烷基三甲基溴化铵溶液相当于四苯硼酸钠溶液的体积。

（2）十六烷基三甲基溴化铵（CTAB，25g/L）溶液的配制与标定

称取 2.5g 十六烷基三甲基溴化铵于小烧杯中，用 5mL 乙醇湿润，然后加水溶解，并稀释至 100mL，混匀，按下法测定其与四苯硼酸钠溶液的比值。

准确量取 4mL 四苯硼酸钠溶液于 125mL 锥形瓶中，加入 20mL 水和 1mL 氢氧化钠溶液，再加入 2.5mL 甲醛溶液及 8~10 滴达旦黄指示剂，滴加十六烷基三甲基溴化铵溶液，至溶液呈粉红色为止。按下式计算每毫升十六烷基三甲基溴化铵相当于四苯硼酸钠溶液的体积（R）：

$$R = \frac{V_1}{V_2} \tag{9-12}$$

式中 V_1——所取四苯硼酸钠标准溶液的体积，mL；

V_2——滴定所耗十六烷基三甲基溴化铵溶液的体积，mL。

（3）试液的制备

① 复合肥等。称取试样 5g（准确至 0.0002g）置于 400mL 烧杯中，加入 200mL 水及 10mL 盐酸煮沸 15min。冷却，移入 500mL 容量瓶中，加水至标线，混匀后，干过滤（若测定复合肥中水溶性钾，操作时不加盐酸，加热煮沸时间改为 30min）。

② 氯化钾、硫酸钾等。称取试样 1.5g（准确至 0.0002g），其他操作同复合肥。

（4）样品测定

准确吸取 25mL 上述滤液于 100mL 容量瓶中，加入 10mLEDTA 溶液、3mL 氢氧化钠溶液和 5mL 甲醛溶液，由滴定管加入较理论所需量多 8mL 的四苯硼酸钠溶液（10mLK_2O 需 6mL 四苯硼酸钠溶液），用水沿瓶壁稀释至标线，充分混匀，静置 5~10min，干过滤。准确吸取 50mL 滤液于 250mL 锥形瓶内，加入 8~10 滴达旦黄指示剂，用十六烷基三甲基溴化铵溶液回滴过量的四苯硼酸钠，至溶液呈粉红色为止。

3. 结果计算

钾肥中钾的含量 w 以氧化钾（K_2O）的质量分数（%）表示，计算如下：

$$w(K_2O) = \frac{(V_1 - 2V_2R)F}{m} \times 100\% \tag{9-13}$$

式中 V_1——所取四苯硼酸钠标准溶液体积，mL；

V_2——滴定所耗十六烷基三甲基溴化铵溶液的体积，mL；

R——每毫升十六烷基三甲基溴化铵溶液相当于四苯硼酸钠溶液的体积，mL；

F——每毫升四苯硼酸钠标准溶液相当于氧化钾的质量，g；

m——所取试液中的试样质量，g。

4. 注意事项

① 四苯硼酸钠水溶液的稳定性较差，易变质产生浑浊，可能是水中有痕量钾所致。加入氢氧化铝，可以吸附溶液中的浑浊物质，经过滤得澄清溶液。加氢氧化钠使四苯硼酸钠溶液具有一定的碱度，也可增加其稳定性。配制好的溶液，经放置 48h 以上，所标定的浓度在一星期内变化不大。

② 加甲醛与铵盐反应生成六亚甲基四胺，从而消除铵盐的干扰。溶液中即使不存在铵盐，加入甲醛后亦可使终点明显。

③ 银、铷、铯等离子也产生沉淀反应，但一般钾肥中不含或极少含有这些离子，可不予考虑。钾肥中常见的杂质有钙、镁、铝、铁等硫酸盐和磷酸盐，虽与四苯硼酸钠不反应，但滴定系在碱性溶液中进行，可能会生成氢氧化物、磷酸盐或硫酸盐等沉淀，因吸附作用而影响滴定，故加 EDTA 掩蔽，以消除其影响。

④ 四苯硼酸钾的溶解度大于四苯硼酸季铵盐（CTAB 是一种季铵盐阳离子表面活性剂），故必须滤去，以免在用 CTAB 回滴时产生干扰。

⑤ 试样溶液在滴定时，其 pH 必须控制在 12~13 之间。如呈酸性，则无终点出现。

⑥ 十六烷基三甲基溴化铵是一种表面活性剂，用纯水配制溶液时泡沫很多且不易完全溶解，如把固体用乙醇先行湿润，然后加水溶解，则可得到澄清的溶液，乙醇的用量约为总

液量的5%，乙醇的存在对测定无影响。

第五节　复混肥料分析

复混肥料是一种多效化肥，是复合肥和混合肥的统称。通常指含有N、P、K三种养分中至少有两种养分，由化学方法和掺混方法制成的肥料。复混肥料具有生产简单，所含营养元素丰富的特点，是较为常见的一种化肥。

一、复混肥料的种类和性质

复混肥料按照制造方法和制作方法分类如下：

- 复混肥料
  - 复合肥料
    - 化成复合肥
    - 配成复合肥
    - 混成复合肥
  - 混合肥料

- 复混肥料
  - 造料型肥料
  - 掺合肥料
  - 流体混合肥料

复混肥料还可根据含有养分元素的数量分为二元复混肥和三元复混肥两种。

(一) 化成复合肥的种类与性质

化成复合肥是在一定工艺条件下，利用化学合成或化学提取分离等加工过程制成的具有固定养分含量和配比的肥料，其养分含量和配比决定于生产过程中的化学反应及化合物的分子组成。具有养分含量高，分布均匀，杂质少，成分和含量固定不变的特点。化成复合肥品种多，常见的氮磷复合肥有磷酸铵、液体磷酸铵、偏磷酸铵、氨化过磷酸钙、硝酸磷肥；氮钾复合肥有硝酸钾；磷钾复合肥有磷酸二氢钾；以及三元复合肥(如硝磷钾肥、铵磷钾肥、尿磷钾肥、磷铵钾肥)等。

(二) 配成复合肥的种类与性质

配成复合肥是采用两种或多种单一肥料经过一定的加工工艺重新造粒而成的含有多种元素的复合肥。在加工过程中发生部分化学反应，其养分元素比例按照配方要求，相对比较稳定，有固定的比例，也可根据农作物的需要配成氮、磷、钾比例不同的作物专用复合肥。从国外进口的复合肥大多为配成复合肥。该种肥料具有养分分布均匀，物理形状好，可根据需要更换配方的特点。根据其性质可分为：高浓度复混肥、中浓度复混肥、微生物复混肥、含菌复混肥、氨基酸生物复混肥、腐殖酸复混肥、含稀土复混肥、沸石长效复混肥、专用复混肥、通用型复混肥(其氮、磷、钾的比例相对稳定)等类型。

(三) 混成复合肥

混成复合肥也叫掺合肥，是将已经加工成的两种或两种以上的颗粒肥料根据农作物的需要和当地土壤情况，掺混而成的肥料。在掺混过程中一般不破坏原有的颗粒形状，且无化学反应，无固定的配比结构。掺混肥的随机性大，其浓度可高可低，养分配方具有更好的灵活性。掺混肥的各种基质化肥颗粒直径为2～4mm，以免在运输和施用过程中因颗粒大小不一而分层，造成施肥不均。

二、复混肥料的测定

1. 复混肥料的技术要求

复混肥料的技术要求见表9-2。

表 9-2　复混肥料的技术要求

项　目		指标		
		高浓度	中浓度	低浓度
总养分($N+P+K_2O$)/%	≥	40.0	30.0	25.0
水溶性磷占有效磷百分率/%	≥	70	50	40
水分/%	≤	2.0	2.5	5.0
粒度(1.00~4.75mm 或 3.35~5.60mm)	≥	90	90	80
氯离子(Cl^-)/%	≤	3.0		
外观		粒状、条状、片状，无机械杂质		

注：① 组成产品的单一养分含量不得低于 4.0%，且单一养分测定值与标明值负偏差的绝对值不得大于 1.5%。

② 以钙镁磷肥等枸溶性磷肥为基础的磷肥在包装上注明为“枸溶性磷”，可不控制“水溶性磷占有效磷百分率”指标。若为 N、K 二元肥料，也不控制“水溶性磷占有效磷百分率”指标。

③ 如产品氯离子含量大于 3.0%，并在包装上标明“含氯”，可不检测该项目，未标明“含氯”时，必须检验氯离子含量。

2. 样品制备

用铲子将肥料在清洁、干燥、光滑的表面上堆成圆锥形，压平锥顶，沿互成直角的二直径方向将肥料样品分成四等分，移去并弃去对角部分，将留下的部分混匀。重复操作至所需量。将缩分样品装入密封容器中贴上标签，取部分经迅速研磨到所有样品都通过 500μm 孔径筛(湿肥料可为 1000μm 孔径筛)后，放在折卷的釉光纸上按不同方向滚动直到混匀，然后放入密封容器中贴上标签注明样品名称、取样日期、抽样人姓名等，供作化学分析。

核对试验：使用新制备的含 100mgN 的硝酸铵按试样步骤检测。

(一) 复混肥料中总氮的测定—蒸馏后滴定法

适用范围：不适用含有机物(尿素、氰氨基化合物外)大于 7%的复混肥料。

1. 测定原理

在碱性介质中用定氮合金将硝酸根还原，直接蒸馏出氨或在酸性介质中还原硝酸盐成铵盐，在混合催化剂存在下，用浓硫酸消化，将有机态氮或酰胺态氮和氰氨态氮转化为铵盐，从碱性介质中蒸馏出氨。将氨吸收在过量硫酸溶液中，在甲基红-亚甲基蓝混合指示剂存在下，用氢氧化钠标准溶液返滴定。

2. 测定步骤

(1) 试样处理与蒸馏

从试样中称取总氮含量不大于 235mg，硝态氮含量不大于 60mg 的试样 0.5~2g(精确至 0.0002g)于蒸馏烧瓶中。

① 仅含铵态氮的试样。

于蒸馏烧瓶中加入 300mL 水，摇动使试样溶解，放入防暴沸物后将蒸馏烧瓶连接在蒸馏装置上。

于接收器中加入 40.0mL 硫酸溶液[$c(1/2H_2SO_4)=0.5mol/L$]或 20.0mL 硫酸溶液[$c(1/2H_2SO_4)=1mol/L$]、4~5 滴混合指示剂，并加适量水以保证封闭气体出口，将接收器连接在蒸馏装置上。蒸馏装置的磨口连接处应涂硅脂密封。

通过蒸馏装置的滴液漏斗加入 20mL(400g/L)氢氧化钠溶液，在溶液将流尽时加 20~30mL 水冲洗漏斗，剩 3~5mL 水时关闭活塞。开通冷却水，同时开启加热装置，沸腾时根据泡沫产生程度调节供热强度，避免泡沫溢出或液滴带出。蒸馏出至少 150mL 馏出液后，用 pH 试纸检查冷凝管出口的液滴，如无碱性结束蒸馏。

② 含硝态氮和铵态氮的试样。

于蒸馏烧瓶中加入 300mL 水，摇动使试样溶解，加入定氮合金（Cu50%、Al45%、Zn5%）3g 和防暴沸物后将蒸馏烧瓶连接在蒸馏装置上。

蒸馏过程中除加入 20mL（400g/L）氢氧化钠溶液后静置 10min 再加热外，其余步骤同①。

③ 含酰胺态氮、氰氨态氮和铵态铵的试样。

将蒸馏烧瓶置于通风橱中，小心加入 25mL 浓硫酸，插上梨形漏斗，置于加热装置上，加热至冒硫酸白烟 15min 后停止，待蒸馏烧瓶冷却至室温后小心加入 250mL 水。

蒸馏过程中除加入（400g/L）氢氧化钠溶液为 100mL 外，其余步骤同①。

④ 含有机物、酰胺态氮、氰氨态氮和铵态铵的试样。

将蒸馏烧瓶置于通风橱中，加入 22g 混合催化剂（1000g 硫酸钾与 50g 五水硫酸铜充分混合研磨），小心加入 30mL 浓硫酸，插上梨形漏斗，置于加热装置上加热。

如泡沫很多，减小供热强度至泡沫消失，继续加热至冒硫酸白烟 60min 后或直到溶液透明后停止，待蒸馏烧瓶冷却至室温后小心加入 250mL 水。

蒸馏过程中除加入（400g/L）氢氧化钠溶液为 120mL 外，其余步骤同①。

⑤ 含硝态氮、含酰胺态氮、氰氨态氮和铵态铵的试样。

于蒸馏烧瓶中加入 35mL 水，摇动使试样溶解，加入铬粉（细度小于 250μm）1.2g，浓盐酸 7mL，静置 5~10min，插上梨形漏斗。置蒸馏烧瓶于通风橱内的加热装置上，加热至沸腾并泛起泡沫 1min，冷却至室温，小心加入 25mL 浓硫酸，继续加热至冒硫酸白烟 15min，待蒸馏烧瓶冷却至室温后小心加入 400mL 水。

蒸馏过程中除加入（400g/L）氢氧化钠溶液为 100mL 外，其余步骤同①。

⑥ 含有机物、硝态氮、酰胺态氮、氰氨态氮和铵态铵的试样或未知试样。

于蒸馏烧瓶中加入 35mL 水，摇动使试样溶解，加入铬粉（细度小于 250μm）1.2g，浓盐酸 7mL，静置 5~10min，插上梨形漏斗。置蒸馏烧瓶于通风橱内的加热装置上，加热至沸腾并泛起泡沫 1min，冷却至室温，加入 22g 混合催化剂，小心加入 30mL 浓硫酸，继续加热。如泡沫很多，减小供热强度至泡沫消失，继续加热至冒硫酸白烟 60min 后停止，待蒸馏烧瓶冷却至室温后小心加入 400mL 水。

蒸馏过程中除加入（400g/L）氢氧化钠溶液为 120mL 外，其余步骤同①。

（2）滴定

用氢氧化钠标液（0.5mol/L）返滴定过量硫酸至混合指示剂（甲基红-亚甲基蓝）呈灰绿色为终点。

3. 结果计算

总氮含量（w）以氮的质量分数（%）表示，计算如下：

$$w(N)=\frac{(V_2-V_1)\times c\times 0.01401}{m}\times 100 \tag{9-14}$$

式中 V_2——测定样品时耗用氢氧化钠标准溶液的量，mL；

V_1——测定空白时耗用氢氧化钠标准溶液的量，mL；

c——氢氧化钠标准溶液的浓度，mol/L；

m——称取样品的质量，g；

0. 01401——氮的毫摩尔质量，g/mmol。

（二）复混肥料中有效磷的测定

1. 测定原理

用水和乙二胺四乙酸二钠(EDTA)溶液提取复混肥料中水溶性磷和有效磷，提取液中正磷酸根离子在酸性介质中与喹钼柠酮试剂生成黄色磷钼酸喹啉沉淀，将沉淀过滤、洗涤、干燥、称量，最后计算磷的含量。

适用范围：不适用于磷酸铵、磷酸二氢钾、硝酸磷肥等化学方法合成的复合肥。

2. 测定步骤

（1）称样

称取含 100~200mg 五氧化二磷的试样，精确至 0. 0001g。

（2）水溶性磷提取

将称取的样品(1g 左右)置于瓷蒸发皿中，加 25mL 水研磨，将清液倾注过滤于预先加 5mL(1+1)硝酸溶液的 250mL 容量瓶中，继续研磨三次，每次加 25mL 水，然后将不溶物转移到滤纸上，并用水洗涤滤纸上不溶物至容量瓶中溶液达 200mL 左右为止，用水稀释到刻度，即得 A 液。

（3）水溶性磷测定

用移液管吸 25mLA 液于 500mL 烧杯中，加入 10mL(1+1)硝酸溶液，用水稀释到 100mL。在电炉上加热至沸，取下，加入 35mL 喹钼柠酮试剂，盖上表面皿，在电炉上加热微沸 1min 或置于近沸水浴锅中保温到沉淀分层，取出烧杯，冷却至室温。用预先在 180±2℃干燥箱内至恒重的玻璃坩埚过滤，先将上层清液滤完，然后用倾泻法洗涤沉淀 1~2 次，每次用 25mL 水，将沉淀移入滤器中，再用水洗涤，共用水 125~150mL(洗五次以上)。在 180±2℃干燥箱内烘干 45min 至恒重，冷却至室温，称量。

（4）有效磷提取

将称取的样品(1g 左右)用滤纸包住塞入 250mL 容量瓶中，加入 150mL 预先加热至 60℃的 EDTA(37. 5g/L)溶液，塞紧瓶塞，摇动使试样松散于溶液中，置于 60±1℃恒温水浴锅中振荡 1h，冷却到室温，用水稀释至刻度，混匀，干过滤，弃去初液，即得 B 液。

（5）有效磷测定

用移液管移取 25mLB 液于 500ml 烧杯中，加入 10mL(1+1)硝酸溶液，用水稀释到 100mL。以下步骤按照(3)“水溶性磷测定”进行。

（6）空白试验

除不加试样外，与试样测定采用完全相同的试剂、用量和步骤，进行平行操作。

3. 结果计算

水溶性磷含量(w_1)和有效磷含量(w_2)以五氧化二磷(P_2O_5)的质量分数(%)表示，计算如下：

$$w_1 = \frac{(m_1 - m_2) \times 0.03207}{m_A \times \frac{25}{250}} \times 100 = \frac{(m_1 - m_2) \times 32.07}{m_A} \tag{9-15}$$

$$w_2 = \frac{(m_3 - m_4) \times 0.03207}{m_A \times \frac{25}{250}} \times 100 = \frac{(m_3 - m_4) \times 32.07}{m_A} \tag{9-16}$$

式中 m_1——测定样品水溶性磷所得磷钼喹啉沉淀的质量，g；

m_2——测定空白水溶性磷所得磷钼喹啉沉淀的质量，g；

m_3——测定样品有效磷所得磷钼喹啉沉淀的质量，g；

m_4——测定空白有效磷所得磷钼喹啉沉淀的质量，g；

m_A——样品质量，g；

0.03207——磷钼酸喹啉质量换算为五氧化二磷质量的系数。

（三）复混肥料中钾含量测定

1. 测定原理

在弱碱性介质中，用四苯硼酸钠溶液沉淀试液中的钾离子(如试样中有氰氨基化物或有机物时，可先加溴水和活性炭处理)，所得沉淀经过滤、洗涤、干燥后称量，计算钾的含量。为防止铵离子和其他阳离子干扰，可预先加入适量的甲醛溶液及乙二胺四乙酸二钠盐(EDTA)使铵离子与甲醛反应生成六亚甲基四胺，其他阳离子与乙二胺四乙酸二钠络合。

2. 测定步骤

（1）试样溶液的制备

称取含氧化钾约 400mg 的试样 2~5g(称准至 0.0002g)，置于 250mL 锥形瓶中，加约 150mL 水，加热煮沸 30min，冷却，定量转移至 250mL 容量瓶中，用水稀释至刻度，混匀，干过滤，弃去最初 50mL 滤液。

（2）试液处理

① 试样不含氰氨基化物或有机物。

吸取上述试液 25mL，置于 200mL 烧杯中，加 EDTA 溶液 20mL(含阳离子较多时可加 40mL)，加 2~3 滴酚酞溶液，滴加氢氧化钠溶液至红色出现时，再过量 1mL，在良好的通风橱内缓慢加热煮沸 15min，然后放置冷却或用流水冷却至室温，若红色消失，再用氢氧化钠溶液调至红色。

② 试样不含氰氨基化物或有机物。

吸取上述试液 25mL，置于 200~250mL 烧杯中，加入溴水 5mL，将溶液煮沸直至所有溴水完全脱除为止(无溴颜色)，若含有其他颜色，将溶液体积蒸发至小于 100mL，待溶液冷却后，加 0.5g 活性炭，充分搅拌使之吸附，然后过滤，并洗涤 3~5 次，每次用水约 5mL，收集全部滤液，加 EDTA 溶液 20mL(含阳离子较多时可加 40mL)。以下操作同①。

（3）沉淀及过滤

在不断搅拌下，于试样溶液中滴加四苯硼酸钠溶液，加入量为每 1mg 氧化钾加四苯硼酸钠溶液 0.5mL，并过量约 7mL，继续搅拌 1min，静置 15min 以上。用倾泻法将沉淀过滤于 120℃下预先恒重的 4 号玻璃坩埚式滤器中，用四苯硼酸钠洗涤液洗涤沉淀 5~7 次，每次约 5mL，最后用水洗涤 2 次，每次用量 5mL。

（4）干燥及称重

将盛有沉淀的坩埚置于 120±5℃ 干燥箱内，干燥 1.5h，然后放在干燥器中冷却，称重。

（5）空白试验

除不加试液外，与试样测定采用完全相同的试剂、用量和步骤，进行平行操作。

3. 结果计算

钾含量(w)以氧化钾(K_2O)的质量分数(%)表示，计算如下：

$$w(K_2O)=\frac{(m_2-m_1)\times 0.1314}{m_o\times\frac{25}{250}}\times 100=\frac{(m_2-m_1)\times 131.4}{m_o} \tag{9-17}$$

式中　m_2——测定试液所得沉淀的质量，g；

m_1——空白实验所得沉淀的质量，g；

m_o——试样质量，g；

0.1314——四苯硼酸钾质量换算为氧化钾质量的系数。

（四）复混肥料中游离水含量的测定

1. 测定方法

于预先干燥并恒重的称量瓶中，称取样品2g，称准至0.0001g，置于50±2℃，通干燥空气调节真空度为6.4×10^4～7.1×10^4Pa的电热恒温真空干燥箱中干燥2h±10min，取出，在干燥器中冷却至室温，称量。

2. 结果计算

游离水含量(w)以(游离水)质量分数(%)表示，计算如下：

$$w(\text{游离水})=\frac{m-m_1}{m}\times 100 \tag{9-18}$$

式中　m——干燥前试样的质量，g；

m_1——干燥后试样的质量，g。

（五）复混肥料中氯离子含量的测定

1. 测定原理

试样在微酸性溶液中，加入过量的硝酸银溶液，使氯离子转化为氯化银沉淀，用邻苯二甲酸二丁酯包裹沉淀，以硫酸铁铵为指示剂，用硫氰酸铵标准溶液滴定剩余的硝酸银。

2. 测定步骤

称取试样约1g至10g(称准至0.0001g)于250mL烧杯中，加水100mL，缓慢加热至沸，继续微沸10min，冷却至室温，溶液转移至250mL容量瓶中，稀释到刻度，混匀。干过滤，弃去最初的部分试液。

准确移取一定量的滤液(含氯离子约25mg)于250mL锥形瓶中，加5mL硝酸溶液，加入25.00mL硝酸银溶液，摇动至沉淀分层，加入5mL邻苯二甲酸二丁酯，摇动片刻。加水使溶液总体积约为100mL，加入2mL硫酸铁铵指示剂，用硫氰酸铵标准溶液滴定剩余的硝酸银，至出现浅橙红色或浅砖红色为止。同时进行空白试验。

3. 结果计算

氯离子(Cl^-)含量(w)以质量分数(%)表示，计算如下：

$$w(Cl)=\frac{(V_o-V_1)\cdot c\times 0.03545}{m\times\frac{V_x}{250}}\times 100 \tag{9-19}$$

式中　V_o——空白试验(25.00mL硝酸银溶液)所消耗硫氰酸铵标准溶液的体积，mL；

V_1——滴定试液所消耗硫氰酸铵标准溶液的体积，mL；

V_x——测定时移取试液的体积，mL；

c——硫氰酸铵标准溶液的浓度，mol/L；

0.03545——氯离子的摩尔质量，g/mol。

4. 注意事项

为使测定时硝酸银是过量的，必须控制试样的称样量。若试样中氯离子含量<5%，称样量10~5g；若5%≤氯离子含量<25%，称样量5~1g；若氯离子含量>25%，称样量1g。

思考题及习题

1. 氮肥中氮的存在状态有几种？分别有哪些测定方法？其测定原理和使用范围如何？

2. 以甲醛法测定硫酸铵肥料的氮含量时，为什么要预先中和试样及甲醛试剂中的游离酸？测定硝酸铵肥料的氮含量时，是否需要中和试样中的游离酸？为什么？

3. 磷肥中含有的含磷化合物根据其溶解性能可以分成哪三类？分别可以用什么试剂萃取？

4. 何谓“有效磷”？何谓“全磷”？它们都是以何种成分作为计算依据的？

5. 磷钼酸喹啉称量法和滴定分析法测定五氧化二磷含量的原理各是什么？比较它们的异同之处。

6. 用磷钼酸喹啉法测定磷肥中有效磷时，所用的喹钼柠酮试剂是由哪些试剂配制成的？各试剂的作用是什么？

7. 在进行过磷酸钙中有效磷的测定时，水溶性磷和柠檬酸溶性磷的抽取为什么要分步进行？为什么要严格抽取时的操作手续？

8. 磷钼酸喹啉容量法测定五氧化二磷时，可能有哪些干扰？如何消除？

9. 试述四苯硼酸钠称量法和滴定分析法测定氧化钾含量的原理，有哪些干扰因素？应如何消除？写出相应的化学反应式。

10. 称取过磷酸钙试样2.000g，用磷钼酸喹啉称量法测定其有效磷含量。若分别从两个250mL的容量瓶中用移液管吸取有效磷提取溶液A和B各10.00mL，用适量的沉淀剂沉淀、过滤、洗涤后，于180℃干燥后得到磷钼酸喹啉沉淀0.3992g，求该肥料中有效磷的含量。

11. 称取某钾肥试样1.5000g，制成500mL溶液。从中吸取25.00mL，加四苯硼酸钠标准溶液（对氧化钾的滴定度为1.205mg/mL）40.00mL，并稀释至100mL，干过滤后，吸取滤液50.00mL，用CTAB标准溶液（相当于四苯硼酸钠标准溶液的体积为1.15mL/mL）滴定，消耗8.25mL，计算该肥料中氧化钾的含量。

12. 称取某硫酸钾化肥试样2.0464g溶解于水，过滤后制成500mL溶液。吸取其中10.00mL与过量的四苯硼酸钠溶液反应，得到0.1682g无水四苯硼酸钾。计算该肥料中氧化钾含量。

13. 称取某复混肥料样品1.0788g，按照有效磷测定的步骤测定，最后所得沉淀的质量为0.4672g，空白试验所得沉淀的质量为0.0006g。计算该复混肥料中有效磷的含量。

第十章　农药及其残留分析

第一节　概　　论

农药是一类有毒化学品，是现代农业中不可或缺的重要生产资料。《中华人民共和国农药管理条例》对农药的定义为：农药是指具有预防、消灭或者控制危害农业、林业的病、虫、草、鼠和其他有害生物以及能调节植物、昆虫生长的化学合成或者来源于生物、其他天然物质的一种或者几种物质的混合物及其制剂。

农药残留是指农药使用后残存于生物体、农副产品和环境中的农药原体、有毒代谢物、降解物和杂质的总称。残存的数量称为残留量，在一般情况下主要是指农药原体的残留量和具有比原体毒性更高或相当毒性的降解物的残留量。农药的使用在提高作物产量的同时其残毒对环境及人体健康产生的危害已被人们广泛地认识。

农药品种繁多。目前，在世界各国注册的有1500多种，其中常用的达300余种。农药的主要分类方式有三种：按用途分类，可分为杀虫剂、杀螨剂、杀鼠剂、杀软体动物剂、杀菌剂、杀线虫剂、除草剂、植物生长剂等；按来源分，可分为矿源农药、生物源农药及化学合成农药三大类；按化学结构分类，有机合成农药的化学结构类型有数十种之多，主要有有机磷(膦)、有机氯、氨基甲酸酯、拟除虫菊酯、有机氮、有机硫、酰胺类、脲类、醚类等。

农药产品呈现多种形态，有农药原药、农药剂型和农药制剂之分。工厂生产出来的未经加工的农药称为原药。农药的田间使用量很小，需要将原药处理成能均匀地施到农田里的一种极易分散的形态。将原药与多种配加物一起经过一定工艺的处理，使之具有一定组分和规格的农药加工形态，称为农药剂型。根据用途的不同，一种农药可以加工成多种剂型。根据原药的理化性状及使用目的、施药方法的要求，剂型的种类很多。我国常用农药的剂型有乳油、浓乳剂、微乳剂、悬浮剂、可湿性粉剂、可溶性粉剂、水剂、粉剂、粒剂、烟剂、油剂等。一种农药剂型，为适应不同防治对象、使用方法、生产厂技术条件等的需求，可以制成有效成分含量不同的产品，称为农药制剂。两种或两种以上的农药原药，可制成多种混合制剂。

农药分析可分为原药和制剂分析以及残留量分析两大类，前者为常量分析，后者属于微量分析。在农药残留量分析中，样品中所含的农药量极少，前处理十分复杂，测定样品时对方法的准确度和精密度要求不高，如回收率达100%±20%即可，但要求方法的灵敏度高，即能检出样品中的微量农药。在农药常量分析中，为了获得样品中农药的准确含量，方法的准确度(即测量值与真值之比)与精密度(同一试样重复测定结果的比较)应达到要求，但对灵敏度要求不高。因为制剂中农药含量较高，通常至少有百分之几的含量。

农药常量分析对农药生产和应用都有重要作用，农药工厂对中间体和产物的分析是控制合成步骤和改进合成方法的依据，农药产品分析是工厂保证出厂产品质量的主要方面，是农药检定部门和农业生产资料部门质量管理的重要措施，也是检测农药贮藏期的变化，改进制剂性能和改善农药应用技术等必不可缺的手段。农药分析更是农药合成、加工、应用等科学研究工作的基础。

鉴于农药残留的环境毒性以及贸易摩擦中的技术壁垒问题，在中国发展快速、可靠、灵敏的农药残留分析方法，建立完善的农药检测体系已迫在眉睫。世界上许多国家，特别是经济发达国家在这方面投入了大量技术、资金和人力。近年来，国际农药残留分析领域出现了一些新技术。这些新技术的共同特点是：快速、溶剂和样品用量少、萃取或净化效率高、检测灵敏度高和自动化程度高。

本章介绍最为常见的三大化学农药：有机磷(膦)类、有机氯类、氨基甲酸酯类农药的分析技术及方法应用。

第二节　样品前处理技术及分析方法简介

农药及其残留分析通常需经过样品制备、纯化富集、分离检测和综合分析等步骤，而高效快速的样品制备与前处理方法和仪器联用检测技术，已成为现代分析化学研究的热点之一。本节概述几种新的分离纯化新技术和分析方法。

一、样品前处理技术

1. 固相萃取技术(SPE)

SPE 技术是一种被用来替代传统的液—液萃取和其他一些基于吸附的样品纯化手段，以达到去除干扰化合物、富集目标化合物的分离技术。SPE 在柱色谱分离过程、分离机制、固定相和淋洗溶剂的选择等方面与高效液相色谱(HPLC)类似，目前用于 HPLC 的填料几乎均可用于 SPE。SPE 分离柱种类有正相 SPE 柱，其填料主要为硅胶、氧化铝、硅镁吸附剂等；反相 SPE 柱，填料主要为 C18；另外还有氰基键合相柱(CN)及离子交换柱和吸附树脂柱等。SPE 分离技术的主要优势是把它作为样品制备步骤，与其他分析手段如 HPLC 或气相色谱(GC)等在线耦合，实现对样品的在线浓缩富集，用以分析农药残留。

2. 固相微萃取技术(SPME)

SPME 原理是利用待测物在基体和萃取相间的非均相平衡，使待测组分扩散吸附到石英纤维表面的固定相涂层，待吸附平衡后，再与 GC 或 HPLC 联用以分离和测定待测组分。SPME 与 GC 联用适于分析挥发性有机物，通过热解析使待测组分与萃取纤维分离；而对于难挥发的有机物可利用 SPME 与 HPLC 的联用技术，通过溶剂解析的作用达到分离效果，主要用于难挥发性复杂样品萃取。SPME 是一种无须溶剂的萃取技术，它融取样、萃取、浓缩和进样为一体，操作简便，费用低，选择性好，方法具有良好兼容性。

虽然 SPME 具有诸多优点，但同时也具有重现性较差、成本相对较高等缺点。最近一种可以在实验室内自己制备萃取头的技术也开始应用于化学分析领域，即溶胶—凝胶法(Sol-Gel)制备萃取头，这种方法在 1997 年由 Malik 首先提出。与商品化的萃取头相比，使用 Sol-Gel方法制备的萃取头纤维膜也可以自行合成，可根据实验室内部的需要开发出最适合的纤维膜，从而提高目标物的提取效率。

3. 超临界萃取技术

超临界流体(supercritical fluid，SCF)是指处于临界温度和临界压力的非凝缩性的高密度流体。这种流体介于气体和液体之间，兼具二者的优点。超临界流体萃取是指利用处于超临界状态的流体为溶剂对样品中待测组分进行萃取分离的方法，其技术的主要优点是有机溶剂用量降到了最低，比较符合环保要求；此外，可通过改变 SCF 的温度和压力调节萃取的选择性，萃取时间减少，样品回收率增加，从而降低了萃取成本，具有许多传统方法所不具备的优点。萃取时通常选取 CO_2 为萃取剂，由于 CO_2 具有无毒、无臭、化学惰性、不污染样品、易于提纯，且超临界条件温和等特点，是萃取热不稳定的非极性物质的良好溶剂；同时，也通过加入少量的改进剂如 NH_3、MeOH、NO_2 等极性化合物来改善萃取效果。SCF 技术可在低温下操作，适用于热敏性和易氧化的物质，这一点对食品样品的制备尤为重要。有关超临界萃取技术的报道中约有 40%的是与食品或天然产物的萃取有关。

4. 微波辅助萃取技术

微波辅助萃取技术(microwave-assisted extraction，MAE)是利用物质的介电常数的绝对值越大，吸收微波的能力越强，从而导致了不同的化学物质吸收微波的能力不同的设计原理。与传统技术相比，微波协助萃取的选择性更好，速度更快，样品回收率高于传统技术，而且溶剂和能源的消耗较少。MAE 中溶剂的选择非常重要，直接影响到萃取结果。由于非极性溶剂介电常数小，对微波透明或部分透明无法进行萃取分离。因此在微波萃取时，要求溶剂须具有一定的极性，对待测组分有较强的溶解能力，对后续测定的干扰较少。此外也应考虑溶剂沸点因素。常用的萃取剂有甲醇、乙醇、丙酮、乙酸、甲苯、二氯乙烷、乙腈等有机溶剂。用苯、正己烷等非极性溶剂萃取时必须加入一定比例的极性有机溶剂。

5. 压力液体萃取和亚临界水萃取

压力液体萃取技术(pressurized liquid extraction，PLE)和亚临界水萃取(subcritical water extraction，SWE)是目前发展最快、为环境分析研究者普遍看好的 2 种从固体基体中萃取有机污染物的技术。又称作加速溶剂萃取(ASE)。SWE 在加压条件下，液态水在 10~374℃范围内随着温度的上升，液态水的极性急剧下降。所以，亚临界水可作为许多待测物的萃取溶剂，该方法的优点是萃取时间短，溶剂消耗少，回收率高等，特别是用水作为萃取剂，具有环保、无污染特点，市场前景良好。

6. 凝胶渗透色谱(gel permeation chromatography GPC)

凝胶渗透色谱法是 20 世纪 70 年代发展起来的一种净化手段，由于其具有自动化程度高，净化效果好及回收率高等诸多优点而被广泛地应用。其原理是根据溶质(被分离物质)相对分子质量的不同，通过具有分子筛性质的固定相(凝胶)，溶质中小分子物质就会进入凝胶微孔中，而大分子物质则直接通过凝胶颗粒的空隙流出色谱柱，从而分离小分子与大分子物质。在动物性食品中农药残留分析，得到的萃取液中脂肪含量是较高的，由于极性与目标物相近而难以除去，但是农药的相对分子质量一般要远远小于脂肪的相对分子质量，从而可有效地将二者分开。

7. 加速溶剂萃取(accelerated solvent extraction ASE)

加速溶剂萃取或加压液体萃取(pressurized liquid extraction PLE)是在较高的温度(50~200℃)和压力(1000~3000Pa)下用有机溶剂萃取固体或半固体的自动化方法。提高温度能极大地减弱由范德华力、氢键、目标物分子和样品基质活性位置的偶极吸引所引起的相互作用力。液体的溶解能力远大于气体的溶解能力，因此增加萃取池中的压力使溶剂温度高于其常压下的沸点。该方法的优点是有机溶剂用量少、快速、基质影响小、回收率高和重现性好。

8. 基质固相分散(Matrix solid · phase dispersion MSPD)

基质固相分散作为一种新的前处理技术主要应用于多残留分析，其原理是将固相萃取材料(固相材料多采用涂渍 C8 或 C18 的担体、弗罗里硅藻土或氧化铝)与样品一起研磨，使目标化合物分散到固相中，然后装柱，再用不同的溶淋洗杂质及洗脱目标物，这种方法最大的优点就是把提取与净化合并为一步完成，从而大大缩短了前处理时间，并且其具有良好的回收率及重现性。

9. 分子印迹合成受体技术(Molecular Imprinted Synthetic Receptor，MISR)

MISR 是可用于制备合成受体的一项新技术。早在 20 世纪 50 年代就有人尝试过，但近年来才真正取得实质性进展。MISR 是将拟被印迹的分子与聚合物单体键合，然后将聚合物单体交联，再将印迹分子从聚合物中提取出来，聚合物内部留下被印迹分子的印迹。由于需要合成被印迹分子衍生物，使该项技术受到一些限制，因为有些化合物的分子无法进行衍生化。MISR 已经开始应用于氨基甲酸酯类农药的分离提取。

10. 免疫亲和色谱技术(IAC)

IAC 是一种将免疫反应与色谱分析相结合的分析方法，利用色谱的差速迁移理论，把抗体固定在适当的支持物上，利用抗体与抗原或半抗原可逆的生物专一性相互作用来净化和富集分析物，实现样品的分离。分析时把抗体固定在适当的担体上，样品中待测组分利用与吸附剂上的抗体发生抗原-抗体结合反应而被保留在柱上，再用适当溶剂洗脱下来，达到净化和富集的目的。

11. 吹扫蒸馏

吹扫蒸馏实际上是一种动态顶空技术，在较高温度下，利用惰性气体(如 N_2)进行吹扫蒸馏，使农药或其他有机物质先挥发，动物油脂或植物提取物保留在分馏管的玻璃珠上，从而达到分离纯化技术。挥发的农药可被收集管的硅镁型吸附剂(Florisil)吸附，用溶剂洗脱下来，经浓缩即可测定。

综合以上各种农残样品的前处理技术，与过去常用的索氏提取法(Soxhlet)，组织捣碎、振荡提取，水蒸气蒸馏同步萃取(SDE)，液-液分离(LLE)，柱层析(Florisil、硅胶、硅藻土及氧化铝柱层析)等提取净化浓缩技术相比，可降低工作强度，缩短工作时间，减少大量有机溶剂对环境造成的污染，同时各种在线联用技术还可避免样品转移过程中的不必要损失，减少偶然误差，提高测定的准确度。

二、常用分析方法

1. 气相色谱法(GC)

气相色谱法是分析农药及其残留含量的最常用的方法，由于农药分子中含有磷、硫等原子，采用选择性检测器如电子捕获检测器，火焰光度检测器，氮磷检测器等很容易检测出这些原子和含有这些原子的物质的含量。

2. 气相色谱(GC)-质谱(MS)法

色谱-质谱联用尤其适合于多种农药残留分析。质谱法的优点使能在多种残留物同时存在的情况下对其进行定量定性分析，仅用气相色谱法检测需要多个检测器，而二者结用一般只需要一次提取和一次检测即可。

3. 高效液相色谱(HPLC)-质谱(MS)法

尽管 HPLC-紫外及 HPLC-荧光检测已经被广泛接受作为氨基甲酸酯残留分析方法，但有些化合物的确认有可能存在问题。特别是土壤及农作物这样复杂样品的分析中存在峰的分离。虽然毛细管 GC 和 GC-MS 具有高的分离效力和确认能力，但对于热不稳定化合物的分析却存在困难。因此，将 HPLC 与 MS 相结合无疑是一个好的解决办法。

4. 薄层色谱(TLC)法

TLC 法具有操作简便，快速等特点，但只能进行定性和半定量，精密度和灵敏度较低，可满足农药残留检测要求。

5. 传感器法

传感器法使将传感器技术与农药免疫分析技术相结合而建立起来的，可以说它使免疫分析技术的一个分支。应用在痕量分析的有生物传感器和固相传感器。

多数的生物传感器是基于乙酰胆碱酯酶被一种或几种分析物(如农药)的抑制作用的检测。已有不少报道从物质结构、基质和方法手段方面阐述了生物传感器的应用。最近，电流乙酰胆碱酯酶生物传感器已经成为检测不同介质中的某些氨基甲酸酯(如西维因、呋喃丹)的一种常用方法。

6. 原子吸收分光光度法

原子吸收分光光度法是基于物质所产生的原子蒸气对特定谱线(通常是待测元素的特定谱线)的吸收作用来进行定量分析的一种方法。原子吸收分光光度法是将待测元素的分析溶液经喷雾器雾化后，在燃烧器的高温下进行试样原子化，使其解离为基态原子锐线光源发射出待测元素特征波长的光辐射，并穿过原子化器中一定厚度的原子蒸气，光的一部分被原子蒸气中待测元素的基态原子吸收，透过光辐射经单色器光栅将非特征辐射线分离掉，减弱后的特征辐射被检测系统检测，吸光度的大小与原子化器中待测元素的原子浓度成正比例的关系，由此即可得知待测元素的含量。它的灵敏度高、分析范围广，可检测铅、砷、铜等 70 种以上元素，并能进行常量分析，也可进行微量甚至痕量分析，而且需要样量小。

7. 原子荧光光谱法

原子荧光光谱法是原子蒸气受具有特征波长的光源照射后，其中一些自由原子被激发跃迁到较高能态，然后去活化回到某一较低能态而发射出特征光谱的物理现象。当激发辐射的波长与产生的荧光波长相同时，称为共振荧光，它是各种元素都有特定的原子荧光光谱，根据原子荧光强度的高低可测得试样中元素含量。该分析方法是上世纪发展起来的新型光谱分析技术，具有分析灵敏度高、干扰少、线性范围宽、可多元素同时分析等优点。目前该检测方法已成为食品卫生、环境监测等领域重金属检测的国家标准方法，也是国内众多分析测试实验室的常规仪器。

8. 紫外-可见分光光度法

紫外-可见光光度法是用可见光源(波长 400~760nm)测定有色物质的方法和用紫外光源(波长 200~400nm)测定无色物质的方法合并在一个仪器中的检测方法。它广泛地运用于物质的常量、微量及痕量组分的定量分析中，仪器简单，操作方便，灵敏度高，相对误差一般为 1%~3%，有一定的选择性。

由于在分光光度分析过程中没有分离步骤，因此颜色反应的特异性就成为目标化合物定量分析的主要因素。近来分光光度分析大多数是用来分析西维因，并且采用不同的样品前处理、不同的耦合试剂和不同的波长条件下进行测定。例如，可先将西维因氧化成 12 奈酚，固定于固相吸附剂上，然后用分光光度计测定水样中的西维因；也可用 SPE 浓缩西维因，经过洗脱和溶剂替换后，用分光光度计进行测定。

9. 免疫法

免疫测定(immunoassay，IA)是利用抗原抗体反应检测标本中微量物质的方法。基于抗原抗体反应的特异性和敏感性，免疫测定的应用范围极为普遍。任何物质只要能获得相应的特异性抗体，即可用免疫测定进行检测。国内外近年来在此方向的研究较为活跃，其是酶联免疫吸附分析(ELISA)，自从20世纪90年代以来，农药残留的酶联免疫吸附测定技术得到了全面迅速的发展，美国化学会(AOAC)经将免疫分析与气相色谱、液相色谱同时列为农药残留分析的三大支柱技术。

酶联免疫分析方法检测有机磷农药残留的检测灵敏度高，精确度高，方法的特异性强，方便快捷，但是对试剂的选择性高，对于小分子物质进行检测时要合成相应的人工抗原，半抗原合成不仅工作量大、周期长，而且农药结构类似的农药或待测农药代谢物可能发生不同程度的交叉反应。

固相酶联免疫测定法对一种化合物或一组化合物具有特异性，减少基质的干扰，不需样品净化和浓缩。目前市场上能够买到的分析氨基甲酸酯的ELISA试剂盒有多种，其中主要是涕灭威、西维因、呋喃丹及其代谢产物试剂盒。

10. 电游分离法

电游分离技术是被检测物质在电场中，以缓冲液为介质，受正极负极的吸引和排斥产生的移动速度不同，进而达到分离的检测方法。其特点是分离模式多、应用范围广、方法简便、分析速度快、分离效能好、费用少、不需要昂贵的柱子和溶剂，对大相对分子质量农药的检测有独到之处。

11. 速测卡法

现有农药速测卡含有白色和红色药片，白色药片含胆碱酯酶，是一种蛋白质分子构成的生物催化剂，专门催化乙酰胆碱的水解反应，红色药片含有乙酰胆碱类似物靛酚乙酸酯(红色)，靛酚乙酸酯在胆碱酯酶的催化下迅速发生水解反应，生成靛酚(蓝色)和乙酸。有机磷易水解，农药速测卡就是利用有机磷这一特性来检测农药残留量的。只要有微量有机磷存在，就能强烈地抑制蓝色产物的产生，靠肉眼就可从蓝色的深浅来判断农药的残留。

农药及残留检测是一门综合性很强，涉及面广的分析科学，随着科学技术的不断发展，残留检测技术也在不断更新，完善和快速发展准确性好、灵敏度高、可靠性强的检测技术，更能适应现代农药及农药残留分析检测的要求。

第三节　有机磷农药分析

有机磷化合物作为生物活性物质在农药领域有重要的应用。有机磷农药不但可以作为杀虫剂、杀菌剂，而且也可以作为除草剂和植物生长调节剂。其化学、物理和生物性能，取决于在磷原子连接不同的基团。有机磷类农药一般为磷酸或膦酸的酯、酰胺或硫羟衍生物。

一、有机磷农药中毒的机理

有机磷农药中毒的机理，一般认为是当有机磷进入人体后，以其磷酰基与酶的活性部分紧密结合，形成磷酰化胆碱酯酶而丧失分解乙酰胆碱的能力，以致体内乙酰胆碱大量蓄积，并抑制仅有的乙酰胆碱酯酶活力，使中枢神经系统及胆碱能神经过度兴奋，最后转入抑制和衰竭，表现一系列症状和体征。有机磷杀虫剂可经呼吸道、消化道和完好的皮肤黏膜侵入人体。经呼吸道和消化道吸收快而完全，6～12h后血中浓度即达高峰。皮肤吸收则较慢。职业中毒以皮肤吸收为主，由于有机磷对皮肤无刺激，不易察觉，故危险性较大。此外，还可经眼等途径吸收。有机磷吸收后分布于全身，以肝内含量最多；且主要由肝脏代谢，经水解和氧化两种途径，前者使之毒性降低，后者则使之毒性增强；然后主要由尿中排出体外。由于排泄较快，除乐果、马拉硫磷外，一般在体内无积蓄。

二、有机磷农药分析实例

下面是几种常见有机磷农药的分析检测方法。

(一) 敌百虫原药的鉴定与分析

敌百虫：ISO 通用名称为 Trichlorfon

化学名称：*O*，*O*－二甲基－(2，2，2－三氯－1－羟基乙基) 膦酸酯；实验式为 $C_4H_8Cl_3O_4P$，相对分子质量 257.4；结构式为：

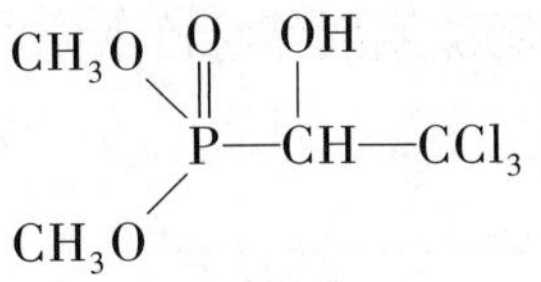

敌百虫在水中的溶解度为 120g/L，可溶于苯、乙醇和大多数氯代烃，不溶于石油醚，微溶于乙醚和四氯化碳中。在酸性介质中稳定，pH 大于 6 时逐渐转化为敌敌畏。

1. 高效液相色谱法测定敌百虫原药的含量

本法适用于由敌百虫及生产中产生的杂质组成的敌百虫原药。鉴别试验可与含量测定同时进行。在相同的色谱条件下，试样溶液中主色谱峰的保留时间与标样溶液中敌百虫色谱峰的保留时间，其相对差值应在 1.5%以内。

(1) 测定原理

试样用乙腈/水(用磷酸将水调至 pH＝3.0) 为流动相，使用 ShimadzuvpODS 为填料的不锈钢柱和紫外检测器，对试样中敌百虫原药进行反相高效液相色谱分离，外标法定量。

(2) 高效液相色谱操作条件

流动相：(乙腈：水)＝15：85 (水用磷酸调 pH＝3.0)；流量：1.0mL/min；柱温：30℃。

检测波长：200nm；进样体积：5μL；保留时间：敌百虫药 11.0min。

上述操作参数是典型的，可根据不同仪器特点对给定的操作参数作适当调整，以期获得最佳效果。

(3) 测定步骤

标样溶液的配制：称取敌百虫标样(含量≥99.0%) 0.2g，精确至 0.0002g，置于 50mL 容量瓶中，用 10mL 乙腈溶解，再用酸性水(水用磷酸调 pH＝3.0) 稀释至刻度，摇匀。

试样溶液的配制：称取含敌百虫约 0.2g(精确至 0.0002g) 的试样，置于 50mL 容量瓶中，用 10mL 乙腈溶解，再用酸性水(水用磷酸调 pH＝3.0) 稀释至刻度，摇匀。

测定：在高效液相色谱的操作条件下，待仪器基线稳定后，连续注入数针标样溶液，待相邻两针的响应值变化小于 1.2%时，按照标样溶液、试样溶液、标样溶液的顺序进行测定。

(4) 结果计算

将测得的两针试样溶液及试样前后两针标样溶液中敌百虫的峰面积分别进行平均，试样中敌百虫含量(X_1) 以质量分数(%) 表示，计算如下：

$$X_1 = \frac{A_2 \cdot m_1 \cdot p}{A_1 \cdot m_2} \times 100 \qquad (10-1)$$

式中 A_1——标样溶液中敌百虫峰面积的平均值；

A_2——试样溶液中敌百虫峰面积的平均值；

m_1——标样的质量，g；

m_2——试样的质量，g；

p——标样中敌百虫的质量分数，%。

2. 碱解定氯法测定敌百虫原药的含量

（1）测定原理

试样经碱解消去反应脱掉氯化氢，加入一定量（过量）的硝酸银标准溶液使 Cl^- 转化为 AgCl 沉淀，以硫酸铁铵作指示剂，用硫氰酸铵标准滴定溶液滴定过量的 Ag^+ 至淡红色即为终点。有关反应式如下：

$$2(CH_3O)\overset{\overset{\large O}{\|}}{P}—CH(OH)CCl_3 + CO_3^{2-} \xlongequal{\quad} 2(CH_3O)_2\overset{\overset{\large O}{\|}}{P}—\overset{\overset{\large OH}{|}}{C}{=}CCl_2 + 2Cl^- + H_2O + CO_2\uparrow$$

$$Cl^- + Ag^+ \xlongequal{\quad} AgCl\downarrow$$

$$Ag^+ + CNS^- \xlongequal{\quad} AgCNS\downarrow$$

$$3CNS^- + Fe^{3+} \rightleftharpoons Fe(CNS)_3$$

（2）测定步骤

称取 0.3～0.4g 试样（精确至 0.0001g），置于 250mL 锥形瓶中，加入 50mL 50%乙醇溶液，待试样溶解后，于 30±0.5℃的恒温水浴中，静置 10min，使该溶液温度与浴温达成平衡，加入 5mL 0.5～1.0mol/L 碳酸钠溶液，10min 后立即缓缓加入 5mL（1+3）硝酸溶液，从恒温水浴中取出锥形瓶，加入 20mL 水、35mL0.05mol/L 硝酸银标准溶液、3mL100g/L 硫酸铁铵溶液及 3mL 邻苯二甲酸二丁酯，充分摇动使氯化银沉淀完全凝聚，用 0.05mol/L 硫氰酸铵标准滴定溶液滴定至溶液呈较稳定的淡红色为终点。

空白测定：称取 0.3～0.4g 试样（精确至 0.0001g），置于 250mL 锥形瓶中，加入 50mL 乙醇溶液，待试样溶解后，加入 7mL 硝酸溶液，缓慢加入 5mL 碳酸钠溶液，在恒温水浴中维持 10min 后，取出锥形瓶加入 40mL 水、10mL 硝酸银标准溶液、3mL 硫酸铁铵溶液及 3mL 邻苯二甲酸二丁酯，充分摇动使氯化银沉淀完全凝聚，用硫氰酸铵标准滴定溶液滴定至溶液呈较稳定的淡红色为终点。

（3）结果计算

敌百虫原药的含量（X_2）以质量分数（%）表示，计算如下：

$$X_2 = \left(\frac{c_1V_1 - c_2V_2}{m_1} - \frac{c_1V_3 - c_2V_4}{m_2}\right) \times 0.2574 \times 1.01 \times 100 \qquad (10-2)$$

式中 c_1——硝酸银标准溶液的浓度，mol/L；

c_2——硫氰酸铵标准溶液的浓度，mol/L；

V_1——滴定试样时加入硝酸银标准溶液的体积，mL；

V_2——滴定试样时消耗硫氰酸铵标准溶液的体积，mL；

V_3——滴定空白溶液时加入硝酸银标准溶液的体积，mL；

V_4——滴定空白溶液时消耗硫氰酸铵标准溶液的体积，mL；

m_1——试样质量，g；

m_2——空白试样质量，g；

0.2574——与 1.00mL 硝酸银标准滴定溶液[$c(AgNO_3)=1.000mol/L$]相当的以克表示的敌百虫的质量；

1.01——校正系数。

3. 敌百虫原药酸度的测定

（1）测定步骤

称取试样 1~2g（精确至 0.0002g），置于 250mL 锥形瓶中，加入 50mL 水，待试样溶解后，加入 3 滴 1g/L 甲基红指示液，用氢氧化钠标准溶液滴定。同时作空白试验。

（2）结果计算

敌百虫原药的酸度（X_3）以质量分数（%）表示，计算如下：

$$X_3=\frac{c(V_1-V_2)\times 0.049}{m}\times 100 \tag{10-3}$$

式中 c——氢氧化钠标准滴定溶液的浓度，mol/L；

V_1——滴定试样溶液消耗氢氧化钠标准溶液的体积，mL；

V_2——滴定空白溶液消耗氢氧化钠标准溶液的体积，mL；

m——试样质量，g；

0.049——与 1.00mL 氢氧化钠标准滴定溶液[$c(NaOH)=1.000mol/L$]相当的以克表示的硫酸的质量。

（二）甲基对硫磷原药溶液（80%）的测定

甲基对硫磷：ISO 通用名称：Parathion-methyl

化学名称：*O*，*O*-二甲基-*O*-（4-对硝基苯基）硫代膦酸酯；实验式：$C_8H_{10}NO_5PS$；相对分子质量：263.21；结构式：

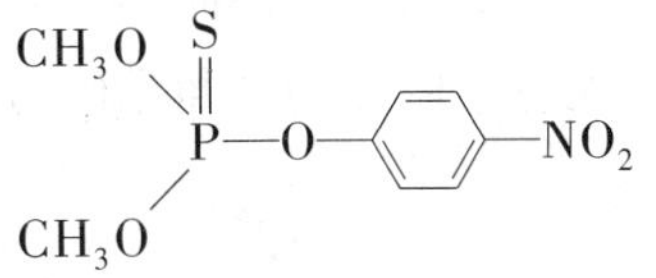

生物活性：杀虫；在水中溶解度 55~60mg/L（20℃）；微溶于石油醚和矿物油；在碱性介质中易分解，受热可导致异构化。

（1）测定原理

试样用二硫化碳溶解，以 *p*，*p*′-DDE 作内标物，使用氢火焰离子检测器和 1.5%SE30 和 1.5%OV-210 混合柱，对试样中的甲基对硫磷进行气相色谱分离和鉴定。

（2）色谱柱的制备

固定液的涂渍：准确称取 SE-30 和 OV-210 各约 0.20g，置于 250mL 烧杯中，加入 50mL 三氯甲烷+丙酮（3+2）混合溶剂，盖上表面皿，放在蒸气浴上加热，直至固定液全部溶解为止（用刮勺或搅拌棒将固定液在烧杯壁上分散，可加速其溶解）。按固定液欲配制的浓度，加入确定量的载体（约 13g），使其被固定溶液所浸没。用蒸汽浴或红外灯加热，使溶剂挥发近干，再置于 105℃烘箱中，干燥 2h。

色谱柱的填充：将一小漏斗接到经洗涤干燥的色谱柱出口，分次把制备好的填充物填入柱内，同时不断经轻敲柱壁，直至填到离柱出口 1.5cm 处为止。将漏斗移至色谱柱的入口，在出口端塞一小团经硅烷化处理的玻璃棉，通过橡胶管接到真空泵上，开启真空泵，继续缓缓加入填充物，并不断轻敲柱壁，使填充的均匀紧密。填充完毕，在入口端也塞一小团玻璃棉，并适当压紧，以保持填充物不被移动。

色谱柱的“老化”：将色谱柱的入口端与气相色谱仪的汽化室相连，出口端暂不接检测器，以大约 15mL/min 的流量通入载气(N_2)，分阶段升温至 245℃，并在此温度下，至少保持 24h。降温后，将柱出口端与检测器相连。

(3) 气相色谱操作条件

温度：柱室 180±10℃；汽化室 210℃；检测器 250℃；气体流量(mL/min)：载体(N_2) 25~35；氢气 30~35；空气 300~400；进样体积(μL)：1~2；相对保留时间：甲基对硫磷 1.0；对硝基苯酚约 0.33；p，p'-DDE 约 1.6；S-甲基异构体约 1.9。

可根据不同仪器特点，对给定操作参数作适当调整，以获得最佳效果。

(4) 测定步骤

标样溶液的配制：称取甲基对硫磷标样 0.12g(精确至 0.0002g)，置于 30~50mL 具塞玻璃瓶中，用移液管加入 20mL 内标溶液，摇匀。

试样溶液的配制：称取含约 0.12g(精确至 0.0002g) 甲基对硫磷的试样，置于具塞玻璃瓶中，用同一只移液管加入 20mL 内标溶液，溶解并混匀。

待仪器稳定后，注入数针标样溶液，直至相邻两针甲基对硫磷与内标物的峰面积比变化不大于 1.5%后，按标样溶液、试样溶液、试样溶液、标样溶液的顺序进样分析。

(5) 结果计算

将测得的两针试样溶液以及试样前后两针标样溶液中甲基对硫磷与内标物的峰面积比分别进行平均，试样中的甲基对硫磷含量(X_1)以质量分数(%)表示，计算如下：

$$X_1 = \frac{r_2 \times m_1 \times p}{r_1 \times m_2} \times 100 \tag{10-4}$$

式中 r_1——标样溶液中，甲基对硫磷与内标物峰面积比的平均值；

r_2——试样溶液中，甲基对硫磷与内标物峰面积比的平均值；

m_1——标样质量，g；

m_2——试样质量，g；

p——标样中甲基对硫磷的质量分数。

(三) 粮、菜、食用油中有机磷农药残量的测定

1. 测定原理

食品中残量的有机磷农药经有机溶剂提取、净化、浓缩后，注入气相色谱仪，气化后在载气携带下于色谱柱中进行色谱分离，并由火焰光度检测器检测。当含有机磷的试样在富氢焰上燃烧时，以 HPO 碎片的形式，放射出波长为 526nm 的特征光，这种光通过滤光片选择后，由光电倍增管接收，转变成电信号，经微电流放大器放大后，再由记录仪记录色谱图。根据比较试样的峰面积或峰高与标准品的峰面积或峰高，从而计算出样品中有机磷农药的残留量。

2. 有机磷农药标准的配制

① 有机磷农药标准储备液：分别准确称取敌敌畏、乐果、对硫磷、马拉硫磷、甲拌磷、稻瘟净、倍硫磷、杀螟硫磷及虫蜗磷各 10.0mg，分别置于 100mL 容量瓶中，用丙酮(或二氯甲烷)溶解并稀释至制度，混匀。此液含农药 0.1mg/mL，储存于冰箱中备用。

② 有机磷农药标准混合溶液：临用时，用丙酮(或二氯甲烷)将有机磷农药标准储备液稀释成二组标准混合液，各有机磷农药浓度为：第一组每毫升含敌敌畏、乐果、对硫磷、马拉硫磷和甲拌磷各1.0μg；第二组每毫升含稻瘟净、倍硫磷、杀螟硫磷、虫螨磷各2.0μg；

③ 有机磷农药系列标准混合溶液：分别吸取两组有机磷农药标准混合液0.00、0.20、0.40、0.60、0.80、1.00mL于两组6个10mL容量瓶中，用丙酮(或二氯甲烷)分别稀释至刻度，混匀，此系列标准混合液中第一组含敌敌畏、乐果、对硫磷、马拉硫磷和甲拌磷等农药的浓度依次为0.00，0.02，0.04，0.06，0.08、0.10μg/mL；第二组含稻瘟净、倍硫磷、杀螟硫磷、虫蜗磷等农药的浓度依次为0.00，0.04，0.08，0.12，0.16，0.20μg/mL(此系列标准混合溶液应根据GC仪的灵敏度于临用前配制)。

3. 色谱条件

① 色谱柱：玻璃柱，内径3mm，长1.5~2.0m；分离测定敌敌畏、乐果、对硫磷和马拉硫磷的色谱柱固定相；担体：60~80目ChromosorbWAWDMCS；固定液：2.5%SE~30/3%QF-1混合固定液，或1.5%OV-17/2%QF-1混合固定液，或2%OV-101/2%QF-1混合固定液。分离测定甲拌磷、稻瘟净、倍硫磷、杀螟硫磷、虫螨磷的色谱柱固定相；担体：60~80目ChromosorbWAWDMCS。固定液：3%PEGA/5%QF-1混合固定液，或2%NPGA/3%QF-1混合固定液。

② 温度：进样口220℃，检测器240℃，柱温180℃(测定敌敌畏为130℃)。

③ 气体流速：载气(N_2)80mL/min，空气50mL/min，氢气180mL/min(氮气、空气和氢气流速之比按各仪器型号不同选择各自的最佳比例条件)。

4. 测定步骤

(1) 样品处理(提取、净化、浓缩)

蔬菜：将蔬菜切碎混匀。称取10.00g混匀的试样，置于250mL具塞锥形瓶中，加入30~100g无水硫酸钠(视蔬菜含水量而定)，剧烈振摇后(如有固体硫酸钠存在，说明加无水硫酸钠足够)，加入0.2~0.8g活性炭(视色素含量而定)、70mL二氯甲烷，在电动振荡器上振荡0.5h，经滤纸过滤。准确量取35mL滤液，在通风橱中自然挥发至近干，用二氯甲烷少量多次研洗残渣，移入10mL(或5mL)具塞刻度试管中，并定容至2.0mL备用。

粮食：将样品磨碎(稻谷先脱壳)，过20目筛，混匀。称取10.00g试样，置于具塞锥形瓶中，加入0.5g中性氧化铝(小麦、玉米再加0.2g活性炭)及20mL二氯甲烷，在电动振荡器上振荡0.5h，过滤，滤液直接进样。若农药残留量过低，则加30mL二氯甲烷，振摇过滤后，量15mL滤液，经K-D浓缩器浓缩并定容至2.0mL，进样。

植物油：称取5.00g混匀的试样，用50mL丙酮分次溶解并洗入分液漏斗中，摇匀后加入10mL水，轻轻旋转振摇1min，静置1h以上，弃去下面析出的油层。上层溶液由分液漏斗上层倾入另一个分液漏斗中，注意尽量不要使剩余的油滴倒入(如乳化严重，分层不清，则倒入50mL离心管中，在2500r/min转速下离心0.5h，用滴管吸取上层清液)。加30mL二氯甲烷，100mL50g/L硫酸钠溶液，振摇1min，静置分层后，将二氯甲烷层移入蒸发皿中，丙酮水溶液层再用10mL二氯甲烷提取一次，分层后，二氯甲烷层合并于蒸发皿中。自然挥发后，若无水，用二氯甲烷少量多次研洗蒸发皿中的残渣，移入具塞刻度试管中，并定容至5mL，加2g无水硫酸钠，振摆脱水，再加1g中性氧化铝、0.2g活性炭(毛油可加0.5g)振摇脱油和脱色，过滤，滤液可直接进样。二氯甲烷提取液自然挥发后如有少量水，可用5mL二氯甲烷分数次将挥发后的残渣洗入小分液漏斗中，振摇1min，静置分层后将二氯甲烷层移入具塞刻度试管中，再以 5mL 二氯甲烷氯提取一次，合并于具塞刻度试管中，定容至 10mL，加 5g 无水硫酸钠，振摇脱水，再加 1g 中性氧化铝、0.2g 活性炭，振摇脱油和脱色，过滤，滤液可直接进样或将二氯甲烷和水一起倒入具塞刻度试管中，用二氯甲烷少量多次洗涤蒸发皿；洗液并入具塞刻度试管中，以二氯甲烷定容至 5mL 加 3g 无水硫酸钠，然后如上加中性氧化铝和活性炭依法操作。

(2) 测定

将各浓度的两组标准混合液 2.0~5.0μL 分别注入气相色谱仪中，在各组色谱条件下进行色谱分析，可测得不同浓度的各有机磷农药标准溶液的峰高，以峰高为纵坐标，农药浓度为横坐标，分别绘制各标准有机磷农药的标准曲线。同时取样品溶液 2.0~5.0μL，注入气相色谱仪中，测得峰高，从对应的标准曲线上查得相应的含量。

5. 结果计算

① 定性分析：根据比较样品中各组分与标准有机磷农药的保留时间进行定性分析。

② 定量计算：样品中各有机磷农药含量，计算如下：

$$X = \frac{m_1 \times 1000}{m_2 \times 1000 \times 1000} \tag{10-5}$$

式中 X——试样中有机磷农药含量，mg/mL；

m_1——进样体积中各有机磷农药含量，ng(由相应标准曲线上查得)；

m_2——进样体积(μL)相当于试样的质量，g。

6. 注意事项

① 气相色谱仪的检测器有多种，火焰光度检测器是其中的一种。当含磷的化合物在高氢焰中燃烧时，能发射出 526nm 的特征光，可同时分别测出各种有机磷农药。

② 分析测定有机磷农药时，由于农药的性质不同，故应注意担体和固定液的选择，一般原则是：被分离的农药是极性化合物，则选择极性固定液；若被分离的农药是非极性化合物，则选择非极性固定液。若选择前者，各农药的出峰顺序一般为极性小的农药先出峰，极性大的农药后出峰；若选择后者，则沸点高的后出峰，沸点低的先出峰。

③ 本法是标准规定测定粮食、蔬菜、食用油等食品中敌敌畏、乐果、马拉硫磷、甲胺磷、对硫磷、稻瘟净、杀螟硫磷、倍硫磷、虫螨磷的方法。

④ 本法最低检出量为 0.1~0.3ng，进样量相当于 0.01g 试样，最低检出浓度范围为 0.01~0.03mg/kg。

⑤ 有机磷农药的气相色谱图，如图 10-1 至图 10-4 所示。

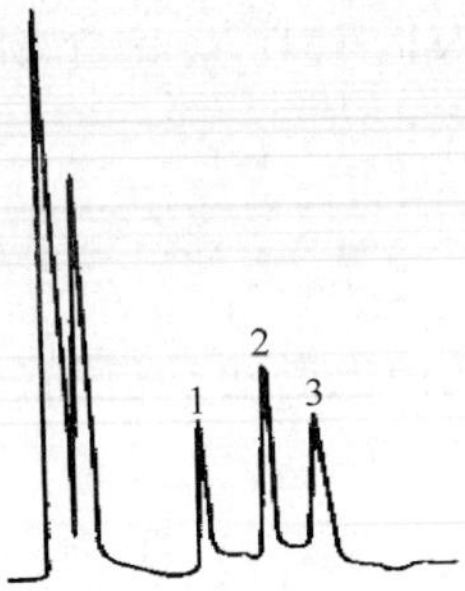

图 10-1　三种有机磷农药的气相色谱图 2.5%SE，30/3%QF-1 柱，柱温 180℃

1—乐果；2—马拉硫磷；3—对硫磷

图 10-2　敌敌畏农药的气相色谱图 2.5%SE，30/3%QF-1 柱，柱温 130℃

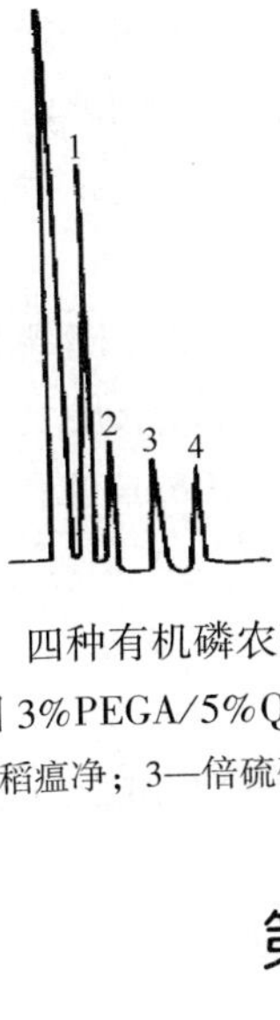

图 10-3　四种有机磷农药的气相色谱图 3%PEGA/5%QF-1 柱

1—甲拌磷；2—稻瘟净；3—倍硫磷；4—杀螟硫磷

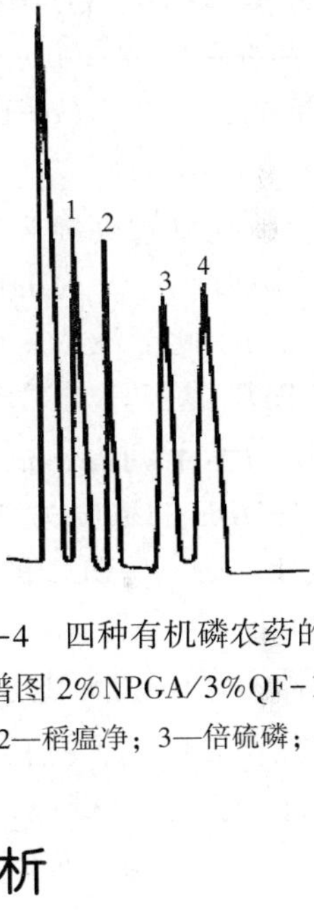

图 10-4　四种有机磷农药的气相色谱图 2%NPGA/3%QF-1 柱

1—甲拌磷；2—稻瘟净；3—倍硫磷；4—杀螟硫磷

第四节　有机氯农药分析

一、有机氯农药中毒的机理

有机氯农药是一类全球性环境污染物，对人和牲畜具有致癌、致畸、致变等作用。有机氯农药基本上分为以苯基为原料的和以环戊二烯为原料的两大类化合物。前者如使用最早、应用最广的杀虫剂 DDT 和六六六，以及杀螨剂三氯杀螨砜、三氯杀螨醇等，杀菌剂五氯硝基苯、百菌清、道丰宁等；后者如作为杀虫剂的氯丹、七氯、艾氏剂等。此外以松节油为原料的莰烯类杀虫剂、毒杀芬和以萜烯为原料的冰片基氯也属于有机氯农药。氯苯结构较稳定，生物体内酶难于降解，所以积存在动、植物体内的有机氯农药分子消失缓慢。由于这一特性，它通过生物富集和食物链的作用，环境中的残留农药会进一步得到浓集和扩散。通过食物链进入人体的有机氯农药能在肝、肾、心脏等组织中蓄积，特别是由于这类农药脂溶性大，所以在体内脂肪中的蓄积更突出。蓄积的残留农药也能通过母乳排出，或转入卵蛋等组织，影响后代。虽然大多数有机氯农药已被禁用，但近几年报道表明，大气、水土壤、生物、食物等样品中均可检测到此类的污染物，这类持久性污染物将给人类的健康带来严重的威胁，因此人们对环境及食物中有机氯农药的含量的检测和分析给予了高度的重视。

二、有机氯农药的分析实例

测定有机氯残留量的方法有多种，其中薄层色谱法、气相色谱法是目前使用极为广泛的分析技术。

(一) 气相色谱法

1. 测定原理

样品中有机氯农药(HCH，DDT)经提取、净化和浓缩后，用气相色谱法进行测定，与标准比较定量。电子捕获检测器对于负电极强的化合物具有较高的灵敏度，利用这一特点，可分别测出微量的六六六和滴滴涕等。不同异构体和代谢物可同时分别测定。

2. 农药标准溶液的配制

农药标准品：六六六(α-HCH；β-HCH；γ-HCH 和 δ-HCH)纯度>99%，滴滴涕(p，p'-DDE)；

标准储备液：分别准确称取 α-HCH；β-HCH；γ-HCH；δ-HCH 和 p，p'-DDT，p，p'-DDD，p，p'-DDE，o，p'-DDT 各 10mg，溶于苯中，再分别移入 100mL 容量瓶中，加苯稀释至刻度，混匀。此溶液浓度(含农药)100mg/L，储存于冰箱中。

HCH 与 DDT 混合标准工作液：分别准确吸取适量的上述各标准储备液于同一容量瓶中，以正己烷稀释至刻度，混匀；α-HCH；γ-HCH 和 δ-HCH 的浓度为 0.005mg/L；β-HCH 和 p，p'-DDE 的浓度为 0.01mg/L；o，p'-DDT 的浓度为 0.05mg/L；p，p'-DDD 的浓度为 0.02mg/L，p，p'-DDT 的浓度为 0.1mg/L。

3. 色谱条件

① 检测器：氚(H_3)源电子捕获检测器。

② 色谱柱：玻璃柱，柱长 2m，内径 3mm，内涂以 1.5%V-17 和 2%QF-1 混合固定液的 80~100 目白色硅藻土载体。

③ 温度：进样口为 195℃，柱温为 185℃，检测器为 225℃。

④ 载气(N_2)流速：110mL/min。

4. 测定步骤

(1) 试样制备

谷类制成粉末，其制品制成匀浆；蔬菜、水果及其制品制成匀浆；蛋品主壳制成匀浆；肉品去皮、筋后切成小块，制成肉糜；鲜乳混匀待用；食用油混匀待用。

(2) 样品的提取、浓缩和净化

粮食(谷类)：称取具有代表性的 2g 粉末试样(精确至 0.0001g)，置于 250mL 具塞锥形瓶中，加 20mL 石油醚，盖塞后滴加水封严，于电动振荡器上振荡 30min，过滤于旋转蒸发器中，并用石油醚少量数次洗涤残渣，洗液合并于滤液中，浓缩至近干，移入 5mL(或 10mL)的具塞刻度试管中，用少量石油醚分数次洗涤蒸发器，涤液并入刻度试管中，用石油醚稀释定容至 5mL，再加入 0.5mL 浓硫酸净化，振摇 0.5min，于 3000r/min 转速下离心 15min。取上层溶液进行 GC 分析。

蔬菜、水果及其制品(包括其他制成匀浆食品)：称取具有代表性的各类食品试样匀浆20g(精确至0.01g)，置于250mL具塞锥形瓶中，加5mL水(视其水分含量加水，使总水量约为20mL)，准确加入40mL丙酮，盖塞后滴加水封严，于电动振荡器上振荡30min，加6g氯化钠，摇匀。再准确加入30mL石油醚，继续振荡30min. 静置分层。准确吸取35mL上层清液，经盛有约10g无水硫酸钠的漏斗，缓缓过滤入旋转蒸发器中，再用石油醚少量数次洗涤漏斗及其内容物，洗液并入蒸发器中，浓缩至近干，移入5mL(或10mL)的具塞刻度试管中，用少量石油醚分数次洗涤蒸发器，洗涤液并入刻度试管中，用石油醚稀释定容至5mL，再加入0.5mL浓硫酸净化，振摇0.5min，于3000r/min转速下离心15min。取上层溶液进行GC分析。

食用油：称取具有代表性的食用油试样0.5g(精确至0.0001g)，以石油醚溶解于10mL刻度试管中，并稀释定容至刻度。再加入0.5mL浓硫酸净化，振摇0.5min，于3000r/min转速下离心15min。取上层溶液进行GC分析。

(3) 测定

标准曲线的绘制：吸取六六六(HCH)与滴滴涕(DDT)混合标准工作液2.0，4.0，6.0，8.0，10.0μL。分别进样，记录色谱图，根据各农药组分含量(ng)与其相对应的峰面积(或峰高)，绘制各农药组分的标准曲线。

样品测定：吸取样品处理液10.0μL进样，记录色谱图，根据其峰面积(或峰高)在HCH与DDT各异构体的标准曲线上查出相应的组分含量(ng)。

5. 结果计算

(1) 定性分析

根据样品与标准六六六(HCH)，滴滴涕(DDT)各异构体在色谱上的保留时间进行定性。HCH和DDT的各个异构体出峰顺序为α-HCH；γ-HCH；β-HCH；δ-HCH和p，p'-DDE，o，p'-DDT；p，p'-DDD，p，p'-DDT。如图10-5所示。

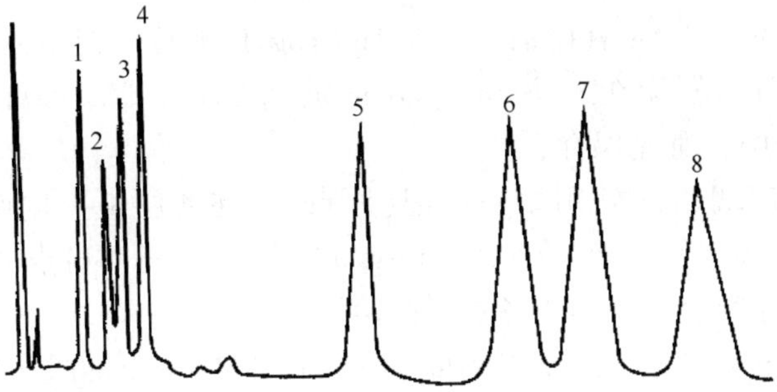

图10-5　八种有机氯农药的出峰情况

1—α-HCH；2—γ-HCH；3—β-HCH；4—δ-HCH

5—p，p'-DDE，6—o，p'-DDT；7—p，p'-DDD，8—p，p'-DDT

(2) 定量计算

从标准曲线上查出相应的含量，计算出样品中HCH，DDT的不同异构体或代谢物的单一含量，计算公式如下：

$$X = \frac{A_1 \times m_1 \times V_1 \times 1000}{A_2 \times m_2 \times V_2 \times 1000} \tag{10-6}$$

式中　X——样品中 HCH，DDT 及其异构体或代谢物的单一含量，mg/kg；

A_1——被测试样各组分的峰值(峰高或峰面积)；

A_2——各农药组分标准的峰值(峰高或峰面积)；

m_1——从标准曲线上查出的被测样液中 H 各组分的单一含量，ng；

m_2——被测试样的取样量，g；

V_1——被测样品净化后浓缩液的体积，mL；

V_2——被测试样的进样体积，μL。

将 HCH，DDT 及其异构体或代谢物的单一含量相加，得出样品中 HCH，DDT 的总量。

6. 注意事项

① 样品经净化、浓缩、定容之后，不能含有水分，以免产生杂峰干扰测定。

② 电子捕获检测器的线性范围较窄，因此，标准曲线往往不呈直线，又因 HCH、DDT 的各异构体在同一条件下的响应不同，所以，各异构体必须各自作标准曲线。

(二) 薄层色谱法

1. 测定原理

样品中 HCH，DDT 经有机溶剂提取、净化、浓缩后，点样于薄层板上，在吸附剂(固定相)与展开剂(流动相)之间产生连续的吸附和脱附作用，从而达到分离。然后用硝酸银显色，在紫外线照射后生成棕黑色斑点，根据所显色的斑点与标准比较可进行定性和定量。

2. 测定步骤

(1) 提取

同气相色谱法

(2) 净化

10mL 提取液浓缩至 1mL，加 0.1mL 浓硫酸，盖上试管塞振摇数下，打开瓶塞放气，再振摇 0.5min，于 1600r/min 转速下，离心 15min。上层清液供薄层色谱分析。

(3) 测定

薄层板的制备：称取 4.5g 氧化铝 G，加 1mL10g/L 硝酸酸银溶液及 6mL 水，于研钵中研磨至糊状，立即用涂布器涂在三块 5cm×20cm 玻璃板上，薄层厚度为 0.25mm，于 100℃ 烘 0.5h。置于干燥器中，避光保存，

点样：距薄层板底端 2cm 处用划一标记(原点)。在薄层板上用微量注射器点 1~10μL 试样液和 HCH，DDT 标准使用液(含农药 20μg/mL)，一块板上可点 4 个样，点与点之间距离 1cm，中间点 2 点标准溶液，两边各点样品溶液。

展开：将已点样的薄层板放入盛有 10mL 展开剂(丙酮：石油醚=1：99 或丙酮：己烷=1：99)的展开槽中，使薄层板浸入展开剂 1.0cm，进行展开，当溶剂前沿距离原点 10~12cm 时，取出自然晾干。

显色：将展开后的薄层板于通风橱中喷以 10mL 硝酸银显色液，干燥后距离紫外灯 8cm 处照射 10~20min，则 HCH，DDT 等全部呈现棕黑色斑点。

3. 结果计算

(1) 定性分析

从显色后薄层板上的斑点，分别测量出 HCH，DDT 各异构体斑点的移动距离及溶剂前沿移动距离。计算各比移值 R_f，对照比较样液斑点和标准斑点的 R_f 值即可对 HCH，DDT 等各个异构体进行定性分析。

有机氯农药在氧化铝 G 薄层板上用丙酮：石油醚(1+99)展开，其 R_f 值的大小顺序为：0.84(p, p'-DDE、), 0.75(o, p'-DDT), 0.62(p, p'-DDE), 0.47(α-HCH), 0.40(p, p'-DDD), 0.33(γ-HCH), 0.16(β-HCH), 0.04(δ-HCH)。

(2) 定量计算

采用目测比较法进行定量，目测样品斑点的大小、颜色深浅与一系列相应的标准农药异构体的斑点相比较，找出与样品斑点最接近的标准斑点，并以此标准斑点农药含量作为点板样液中相应农药异构体的含量，用以下公式计算含量：

$$X = \frac{m_1 \times V \times 1000}{m \times V_1} \tag{10-7}$$

式中 X——样品中 HCH，DDT 及其异构体或代谢物的单一含量，mg/kg；

m_1——被测定用样液中 HCH，DDT 及其异构体或代谢物的单一含量，μg；

V_1——点板试样液的体积，μL；

V——样品浓缩总体积，mL；

m——样品质量或体积，g 或 mL。

将 HCH、DDT 的各异构体或衍生物单一含量相加得到 HCH，DDT 的总量。

4. 注意事项

① 薄层板活化后储存于干燥器内，最好当天使用。若放置时间长了，使用时需重制备；制备薄层板时加入 10g/L 硝酸银溶液，可提高灵敏度。将硝酸银溶液首先与水混匀，然后加入乳体中。否则往往出现局部硝酸银多(呈黑色)，使灵敏度降低。

② 加入显色液中的过氧化氢不能太多，否则斑点不能显出或灵敏度降低。显色剂储存时间不宜太长．最好是一次配量要少，如发生沉淀则应弃去，重配。

③ 喷雾显色是否均匀，对检出灵敏度有影响，喷雾使板面湿润为宜，用量过多板面呈棕色，斑点不易看出，用量过少板团呈白色，斑点不易显色。

硝酸银显色液配制：称取 0.050g 硝酸银，溶于数滴水中，加 10mL 苯氧乙醇，30%过氧化氢溶液 10μL，混匀后储存于棕色瓶中，置于冰箱中保存。

第五节　氨基甲酸酯的分析

氨基甲酸酯的结构特性是含有一个 N-甲基基团，为白色晶体，难溶于水，易溶于丙酮、二氯甲烷、氯仿、乙腈等，碱性和高温条件下很易被水解。

氨基甲酸酯是重要的药物和农药。例如，氨基甲酸乙酯是一种镇静药和催眠药，药名乌拉坦；N-甲基氨基-萘酯是广效的杀虫剂，商品名称是西维因。N-(3，4-二氯苯基)氨基甲酸甲酯是除草剂，称为灭草灵。氨基甲酸酯类农药是农药急性中毒的主要原因，也是目前蔬菜中农药残留的重点检测品种，酶抑制法就是基于它们对昆虫的毒理机制而建立起来的检测方法。有机磷和氨基甲酸酯杀虫剂的共同毒理机制是抑制昆虫乙酰胆碱酶(Ache)和羧酸酯酶的活性，造成乙酰胆碱(Ach)和羧酸酯的积累，影响昆虫正常的神经传导而致死。它的最大优点是在植物中只短暂停留，大多数的氨基甲酸酯在施用后很短的时间内就可被降解成相应的代谢产物，这些代谢产物通常具有与母体化合物相同或更强的活性。当要监控农药残留的时候，这些在数量上更多于母体氨基甲酸酯的代谢产物必须考虑在内。对不同介质(如水、土壤、水果蔬菜)中氨基甲酸酯及其代谢产物的测定已经发展了很多的分析方法。

一、高效液相色谱法(HPLC)

目前大多数氨基甲酸酯的 HPLC 法都是采用反相 C18 或 C8 柱，常用的流动相为甲醇-水或乙腈-水。甲醇-水具有较低的紫外截止点，比较便宜，但黏度大；乙腈-水的黏度仅为相应比例的甲醇-水混合物的一半，在较高流速下使用不会产生严重的反压，但价格较高且毒性大。在氨基甲酸酯测定中，早期常用的检测手段就是紫外吸收。复杂基质中氨基甲酸酯的残留分析常用的检测波长是 254nm，而在分析测定呋喃丹及其代谢产物残留时多采用 280nm。样品经 SFE 处理后，再用 LC-UV 检测，结果优于 GC-氢火焰离子化检测(FID)或 HPLC-S-化学发光检测。近年，采用二极管矩阵检测器，经用 SFE 净化后，测定马铃薯中涕灭威及其代谢产物，其检测限达 15μg/kg。

1977 年 Moye 等第一次采用柱后衍生 HPLC-荧光检测法测定氨基甲酸酯残留。近 20 年来，柱后水解和衍生后进行荧光检测复杂基质中氨基甲酸酯的方法已经越来越普遍。这是一个两步系统，氨基甲酸酯在 90℃ 下柱后水解生成甲胺，甲胺在有 2-巯基乙醇(2-ME)存在的碱溶液中与邻苯醛酸(OPA)反应，生成强烈的荧光物质。有人用该方法测定了 26 个样品中的 24 种氨基甲酸酯，回收率为 70%~100%。柱后衍生需在柱后安两个试剂运送泵，一个输送 NaOH，另一个输送 OPA/2-ME，并有可能产生混合和流动脉冲。此外流动相中分析物的稀释导致谱带扩展，为此，很多人做了改进工作，包括固相反应器、UV 发光反应器等。Simon 等提出了一个以 NaOH、邻苯醛磷和 *N*，*N*-二甲基-2-巯基乙胺盐酸盐(thiofluor)作为一步柱后衍生反应系统。thiofluor 的应用使得衍生化样品比在其他溶剂系统中更稳定。

二、高效液相色谱(HPLC)-质谱法

HPLC-MS 联用技术用于氨基甲酸酯的分析，可解决 HPLC-紫外光度法及 HPLC-荧光光度法在确认某些化合物方面可能存在的问题。适宜于土壤及农作物等复杂样品以及对热不稳定化合物的分析。不同的接口如粒子束(PB)、热喷雾(TS)、大气压化学电离(API)和电喷雾(ES)均已用于 LC-MS 对氨基甲酸酯的分析。PB 能够通过电子离解在 ng 水平提供结构信息；TS 接口属于软电离技术，可分析具有一定挥发度的小分子化合物，含 N 化合物能产生强的热喷雾信号，这对氨基甲酸酯分析是很有利的。挥发性有机盐(如醋酸铵)常用来作为流动相改进剂以提高电离。ES 也属于软电离技术，并可通过活性碰撞离解得到 pg 水平的全扫描图谱的结构信息。最近 Slobodnik 对不同 LC-MS 接口的操作原理、检测限及质谱特性进行了综述，强调指出了每一个接口在极性、热不稳定农药的定性和定量方面的应用。

三、气相色谱法(GC)

氨基甲酸酯在 GC 中不稳定，即使在选择柱条件方面下很大功夫，仍不可避免氨基甲酸酯的分解，于是考虑将氨基甲酸酯完全水解，以测定氨基甲酸酯的甲胺或酚部分，或通过热稳定衍生，对不发生分解的氨基甲酸酯直接进行测定。冷柱头进样 OCI(coldon-columninject)是分析热敏化合物最好的进样技术，不会在进样过程中产生降解。Matten 等即采用毛细管 GC、OCI 进样技术和化学电离离子阱检测器分析了植物组织中西维因、呋喃丹和其他农药。Trey 等设计了一个将 OCI 与一个短的薄膜键合相 GC 柱(J&WDB-5 柱，1~2m ×0.25mmid，0.1μm 膜)联在一起的分析热不稳定化合物的化学电离 GC-MS 方法。

进样口温度和GC-MS连接口温度分别为130℃和135℃，GC柱程序升温为40~100℃。快速色谱分离虽然降低了分离度，但这种不利因素可被MS或MS-MS所补偿。由于柱子短，到达质谱仪的分析物浓度高，从而大大提高了灵敏度。在这种条件下，涕灭威、涕灭威亚砜、涕灭威砜达到色谱分离，并且每一个化合物都能得到质谱。因此，在多种作物的氨基甲酸酯及其他农药的监测中，这种以短而窄毛细柱的快速GC分析加上质谱监测的方法得到广泛应用。用于氨基甲酸酯分析的GC检测器中原子发射检测器(AED)比N-P检测器和电子捕获检测器的选择性更高，更适合于食物样品中农药残留的监测。此外，GC-AED具有宽的线性动力学范围，作为定量方法更具可靠性。氨基甲酸酯衍生化以后可进行GC分析，衍生化试剂主要有五氟丙醛、三甲基巯氢氧化物(TMSH)等。虽然氨基甲酸酯衍生化后进行GC分析具有较高的稳定性，较好的分离效果和较高的灵敏度，但操作复杂，耗时长，具有很大的局限性。

四、其他色谱技术

用于氨基甲酸酯分析的其他色谱技术主要有超临界流体色谱(SFC)、薄层色谱等。Murugaverl等用SFC-MS分析涕灭威、杀草丹、恶虫威、西维因，检测限可达pg水平。

五、非色谱技术

1. 免疫检测

固相酶联免疫测定法对一种化合物或一组化合物具有特异性，减少基质的干扰，不需样品净化和浓缩。目前市场上能够买到的分析氨基甲酸酯的ELISA试剂盒有多种，其中主要是涕灭威、西维因、呋喃丹及其代谢产物试剂盒。

Lehotay等应用一种商品试剂盒测定了肉和肝样中的呋喃丹和涕灭威砜，并直接检测了牛奶、血和尿中的涕灭威砜。另外，有报道肉样中的呋喃丹和其他农药经过SFE提取后采用磁性微粒酶免疫检测法测定。

2. 生物传感器

大多数的生物传感器是基于乙酰胆碱酯酶被一种或几种分析物(如农药)的抑制作用的检测。已有不少报道从物质结构、基质和方法手段方面阐述了生物传感器的应用。最近，电流乙酰胆碱酯酶生物传感器已经成为检测不同介质中的某些氨基甲酸酯(如西维因、呋喃丹)的一种常用方法。在这种方法中，底物酶水解产生的化合物如4-氨基苯酚在电极表面被氧化，从而形成稳定的电流。当乙酰胆碱酯酶的活性被农药所抑制，则水解产物的量会降低，电流将发生变化。4-氨基苯乙酸可作为乙酰胆碱酯酶传感器测定水中西维因的底物，检测限可达13nmol/L，测定中没有观察到电极活性物质如抗坏血酸或脲酸的干扰。最大的干扰来自牛血清蛋白，它可以被强烈地吸附于电极表面并降低酶的活性。酶的抑制作用还可通过pH的测定进行检测，pH值的变化反映为酶活性(如产生的醋酸量)的变化。样品中呋喃丹或西维因对酶活性的抑制作用反映为产生的醋酸量减少，从而可以通过玻璃电极pH值进行测定。另一种生物传感器为化学发光酶传感器。乙酰胆碱酯酶、胆碱氧化酶及过氧化酶被固定在异丁烯酶珠上，通过乙酰胆碱酯酶产生的胆碱与胆碱氧化酶反应，产生的H_2O_2通过鲁米诺过氧化酶发光反应进行测定，涕灭威的检测限可达4μg/L。

3. 分光光度测定法

由于在分光光度分析过程中没有分离步骤，因此颜色反应的特异性就成为目标化合物定量分析的主要因素。近来分光光度分析大多数是用来分析西维因，并且采用不同的样品前处理、不同的耦合试剂和不同的波长条件下进行测定。例如，可先将西维因氧化成12奈酚，固定于固相吸附剂上，然后用分光光度计测定水样中的西维因；也可用SPE浓缩西维因，经过洗脱和溶剂替换后，用分光光度计进行测定。

思考题及习题

1. 有机磷农药中毒的机理是什么？

2. 有机磷农药残留样品前处理中固相萃取的优点是什么？

3. 薄层色谱法气相色谱法测定有机氯含量的原理是什么？注意事项有哪些？

4. 碱解定氯法测定敌百虫原药的原理是什么？测定时为什么要加入邻苯二甲酸二丁酯？

5. 什么是比移值？薄层色谱法中为什么可利用比移值进行定性分析？影响比移值的因素有哪些？

6. 超临界流体萃取技术的优点是什么？

7. 气相色谱法测定有机氯农药的主要事项有哪些？

8. 什么是内标法？什么是外标法？它们的应用条件是什么？

9. 什么是归一化法？它有何特点？

10. 毒死蜱，化学名称 *O*，*O*-二乙基-*O*-(3，5，6-三氯-2-吡啶基)硫代膦酸酯，属中等毒性杀虫剂。气相色谱法测定毒死蜱。已知毒死蜱标样质量分数为99.1%，称取该标样0.1000g，加内标溶液并定容至15mL。称取试样0.5102g，加内标溶液并定容至15mL。标样和试样进样量均为1μL，测得标样：内标物峰面积34.1mm^2、毒死蜱峰面积26.2mm^2；测得试样：内标物峰面积34.3mm^2、毒死蜱峰面积13.5mm^2。计算试样中毒死蜱的含量。

第十一章 天然气组成分析

第一节 概 述

天然气指在地表以下、孔隙性地层中、天然存在的烃类和非烃类混合物。狭义的天然气是指这种天然气在成分上以烃类为主，含有一定的非烃类气体。非烃类气体大多与烃类气体伴生，但在某些气藏中可以成为主要组分，形成以非烃气体为主的气藏。广义的天然气是指自然界地壳存在的一切气体，包括岩石圈中各种自然过程形成的气体，如煤成气、天然气水合物、泥火山气和生物生成气等。

按定义将天然气分为两大类，一类是可燃性天然气，其组成大部分为碳氢化合物，如：石油系天然气、煤层气、水溶性天然气、天然气水合物等；另一类为不可燃天然气，其组成大部分为二氧化碳和/或氮气，如二氧化碳和/或氮气藏气层气、火山气、温泉气等。

天然气主要可用于发电，以天然气为燃料的燃气轮机电厂的废物排放水平低于燃煤与燃油电厂，而且发电效率高，建设成本低，建设速度快。天然气也可用作化工原料，以天然气为原料的一次加工产品主要有合成氨、甲醇、炭黑等近20个品种，经二次或三次加工后的重要化工产品则包括甲醛、醋酸、碳酸二甲酯等50个品种以上。天然气也广泛用于民用及商业燃气灶具、热水器、采暖及制冷，也用于造纸、冶金、采石、陶瓷、玻璃等行业，还可用于废料焚烧及干燥脱水处理。

天然气的组成是指天然气中所含的组分及其在可检测范围内相应的含量。在检测时通常所指的组成是指天然气中甲烷、乙烷等烃类组分和氮、二氧化碳等常见的非烃组分的含量。尽管如硫化物、水等一些杂质是天然气组成的一部分，但如不特别说明，在组成分析时并不检测这些组分。在天然气的勘探开发过程中出于不同的目的，对天然气组成检测也有不同的要求。本章主要讨论烃类组成分析。

早在1962年，美国材料试验学会(ASTN)就发布了用气相色谱法分析天然气的暂行标准ASTM D1945—62T，并不断地进行修订。随着气相色谱仪的普及，英国、德国、日本等国都制定有类似的专业和行业标准，国际标准化组织(ISO)在20世纪80年代也制定了用气相色谱法分析天然气组成的系列标准。我国自20世纪80年代开始，相继制定了一些分析天然气组成的标准。目前测定天然气组成最常用的方法是气相色谱法。

第二节 天然气的常规分析

按所含组分的复杂性以及不同应用目的，天然气组成分析有几种不同方法可供选择。最常见的就是分析天然气中氮气、二氧化碳、甲烷至戊烷，有时还包括碳六加、氦气、氢气等组分含量的测定。通常将这种分析称为常规分析，也称为简单分析。另外，对伴生气或油田气，有时还需要测定摩尔质量大于己烷的各种烃类的含量，如分析十二烷、十六烷甚至更高碳数组分的含量，通常将这种分析称之为延伸分析。

国外涉及天然气常规分析的标准有 ISO6568：1981，ISO6569：1981，ISO6974：1984，ASTM D1945—91，IP 337—78 等标准，我国的 GB/T13610—92 是参照采用 ASTMD1945 —81 制定的。

一、天然气常规分析方法

气相色谱常见的定量方法有归一法、校正归一法和外标法。在天然气常规分析中，ISO6568：1981 采用的是峰面积校正归一法，它可分析氮气、二氧化碳、甲烷、乙烷、丙烷、正丁烷、异丁烷、正戊烷、异戊烷和新戊烷，不考虑摩尔质量大于戊烷的己烷等更重组分的含量，适用于天然气中不含己烷和更重组分(或含量较低)的天然气分析。

目前我国对油田气的组成分析采用的即是峰面积校正归一法。ISO6569：1981、ISO6974：1984、ASTM D1945、GB/T 13610—2014 和 IP337—78 采用的都是外标法，不同之处在于对戊烷、己烷等较重组分的检测方法上。GB/T 13610—2014 采用外标法定量，从而保证了分析量值的准确可靠，并符合分析数据具有可溯源性的发展方向。

二、仪器及色谱条件

气相色谱仪：具有氢火焰离子化检测器和热导池检测器。

检测器：ASTM D1945，ISO6568：1981，ISO6569：1981，IP337—78 都是规定使用 TCD。但 ISO6974：1984 则要求 TCD 和 FID 联合使用，FID 主要是用来测定丁烷以后直到辛烷的少量或微量组分。

进样系统：必须选用对气样中的组分呈惰性的材料制成，优先选用不锈钢。该系统应配备带定量管的进样阀，定量管体积为 0.25～2mL，内径为 2mm，定量管应配备恒温加热器。进样阀的基本作用是把一部分连续流动的样品引入载气流，并使这一过程能够重现。

气路系统：仪器的气路系统在分析的全过程中，载气流量应保持恒定，其变化在 1%以内。在恒温操作时色谱柱温必须保持恒定，其变化幅度应在 0.3℃以内。程序升温时，柱温不应超过柱中填充物的最高使用温度。在分析的全过程中，检测器温度应等于或高于最高柱温，并保持恒定，其变化幅度应在 0.3℃以内。

色谱柱：规定“柱的材料必须对气样中的组分呈惰性和无吸附性，应优先选用不锈钢管。柱内填充物应能对被检测的组分达到满意的分离效果”，而不规定具体牌号的色谱柱，为执行标准和标准的发展留有余地。GB/T 13610—2014 给出了一些色谱柱的实例。要求吸附柱必须能完全分离氧气、氮气和甲烷；分配柱必须能完全分离二氧化碳和乙烷到戊烷之间的各组分。对于丙烷和随后的各组分，必须分离完全。在丙烷之前的组分，峰返回基线的程度应在满量程 2%以内，二氧化碳必须得到充分的分离。要求对于二氧化碳含量为 0.1%(摩尔分数)的气样。进样 0.25mL 时能产生一个清晰可测的峰。在 ISO6974：1984 中，规定了分析用的色谱柱长为 3m，内径 2mm，固定相为颗粒直径 150～180μm(80～100 目)的 PorapakR。

图 11-1、图 11-2 是采用某些色谱柱的典型色谱图。

载气：TCD 要求载气的纯度不低于 99.99%，可采用氦气或氢气作载气来分析除氦气和氢气之外的其他组分，可采用氮气或氩气作载气来分析氦气和氢气。ASTM D1945—81 允许采用氦气或氢气作为载气，而 ISO6974：84 则只规定采用氦气作为载气。由于氢气与氦气在作热导检测器的载气时，性能差异不明显，所不同的是氦气为稀有的惰性气体，氢气为易燃气体，两者在价格上相差数十倍。考虑到我国的实际应用情况，在保证安全的前提下 GB/T 13610—2014 选择了可采用氦气或氢气作为载气。

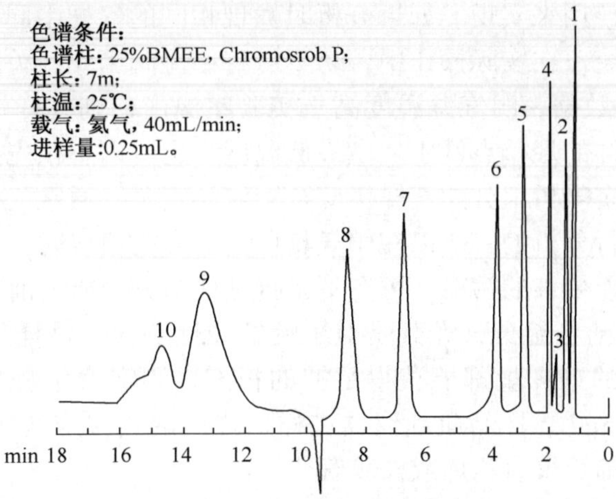

图 11-1　天然气的典型色谱图

1—甲烷和空气；2—乙烷；3—二氧化碳；4—丙烷；5—异丁烷；
6—正丁烷；7—异戊烷；8—正戊烷；9—庚烷及更重组分；10—己烷

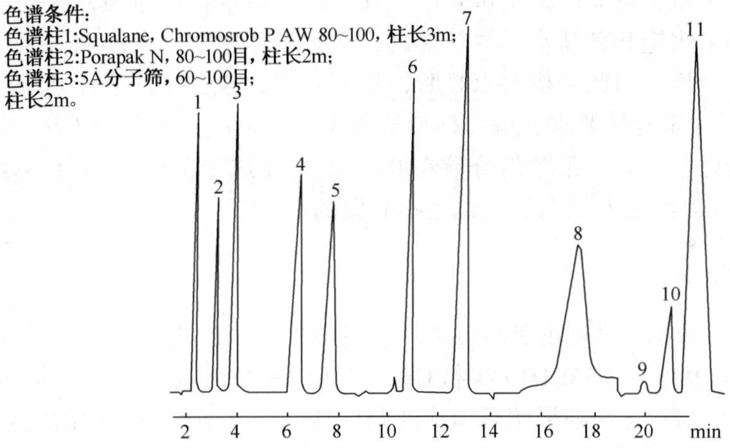

图 11-2　天然气的典型色谱图(多柱应用)

1—丙烷；2—异丁烷；3—正丁烷；4—异戊烷；5—正戊烷；6—二氧化碳；
7—乙烷；8—己烷及更重组分；9—氧气；10—氮气；11—甲烷

标准气体：GB/T 13610—2014 要求分析需要的标准气按 GB/T 5274—2018 规定的称量法制备，或从经国家认证的生产单位购买。规定：除甲烷外，标准气中组分的浓度，应不低于未知样中相应组分浓度的一半，也不高于 10%(摩尔分数)，当样品气进样量不超过 0. 3mL 时，甲烷允许相差到 20%(摩尔分数)。在此，相差 10%或 20%是指绝对值。

三、分析方法及注意事项

按 GB/T 13610—2014 中气相色谱仪的操作说明书对设备进行安装和调试，并按分析条件设置仪器的各项参数，使之能够达到要求的分析效果。但需要注意以下几点。

① 色谱柱温度和检测器的温度的选择取决于柱的分离情况和检测器的使用条件。恒温时，温度变化要求在 0. 3℃以内，只要仪器已加以保温，电加热系统不出故障即可。

② 载气流量的大小与稳定对色谱分析有很大的影响，流量范围多选在 20～80mL/min。分析时流量必须保持恒定，其变化应在 1%以内。载气的调节和稳定大多通过减压调节器与稳压阀和稳流阀等串联使用来实现。如果分析时发现相同的气样中同一组分的出峰时间相差较多，则应检查载气系统。在实际操作中，切不可将稳流阀当作开关阀使用。

③ 如果气样的现场数据表明气源温度高于实验室温度，则气样在进入色谱仪之前需预先加热。但如果已知气样的烃露点低于环境最低温度，也可以不预先加热。如果气样需要加热，尤其是可能含有较多凝析组分的气样，应特别注意安全。通常气样中的硫化氢是在现场分析或采用其他方法进行分析的，所以在用气相色谱法分析组成时，一般不考虑硫化氢。进样时，为避免硫化氢可能带来的污染，可在不影响其他组分分析的前提下先将硫化氢脱除。

④ 为了获得检测器对各组分，尤其是对甲烷的线性响应，进样量不应超过 0.5mL，除了微量组分，使用这样的进样量都能获得足够的精度。测定摩尔百分数不高于 5%的组分时，进样量允许增加到 5mL。样品瓶到仪器进样口之间的连接应选用不锈钢或聚四氟乙烯管，不得使用铜、聚乙烯、聚氯乙烯或橡胶管。

⑤ 用定量管将气样导入色谱仪最常用的方法是吹扫法。它要求气样压力高于大气压力。进样时，打开样品瓶的出口阀，用气样吹扫包括定量管在内的进样系统。对每台色谱仪都必须分别确定和验证所需的吹扫气量。定量管进样压力应接近大气压。关闭样品阀，使定量管中的气样压力稳定后，应立即将定量管中气样导入色谱仪，以避免污染物渗入。在封液置换法中，封液大多采用饱和食盐水，尽管如此，水和其他封液仍会影响二氧化碳以及戊烷、己烷之类重组分的分析。因此分析要求高时，不宜采用封液置换法取样和进样。

⑥ 对于进样的重复性要求，应将标准气每个组分响应值相差在 1%以内与精密度要求这两者结合起来考虑。因为对于摩尔分数在 0.01%～1%这个范围的组分，要求每个组分的响应值均相差在 1%以内是不现实的，也是不必要的。

四、数据处理

为了保证分析数据的准确度和可溯源性，目前外标法已成为广泛采用的方法。ISO6974：1984、ISO6975：1986、ASTM D1945 和 GB/T 13610—2014 均采用的外标法线性定量。新版的 ISO 6974—1：2000 方法则采用多项式回归标准气组分浓度与响应的关系来确定样品中相应组分的浓度。

组分浓度可用峰高或峰面积进行计算。每个组分浓度的有效数字应按计量器具的精度和标准气的有效数字取舍。气样中任何组分浓度的有效数字位数，不应多于标准气中相应组分浓度的有效数字位数。

1. 戊烷和更轻组分

测量每个组分的响应时，不管是用峰高或是峰面积表示，必须将气样和标准气中相应组分的响应换算同一衰减，峰高或峰面积必须采用相同的单位，由于标准气和气样的峰高或峰面积在计算时始终是相除的关系，因此其量纲为 1。

气样中 i 组分的浓度 y_i(%)计算如下：

$$y_i = y_{si}(H_i / H_{si}) \tag{11-1}$$

式中 y_{si}——标准气中 i 组分的摩尔分数,%；

H_i——气样中 i 组分的峰高或峰面积；

H_{si}——标准气中 i 组分的峰高或峰面积。

2. 己烷和更重组分

(1) 反吹峰修正峰面积计算

己烷的修正峰面积 $A_c(C_6)$ 计算如下：

$$A_c(C_6) = \frac{72}{86}A_m(C_6) \tag{11-2}$$

庚烷及更重组分的修正峰面积 $A_c(C_7^+)$ 计算如下：

$$A_c(C_7^+) = \frac{72}{M(C_7^+)}A_m(C_7^+) \tag{11-3}$$

式中 A_m——测量峰面积，A_c 和 A_m 用相同的单位表示；

(C_6)——己烷；

(C_7^+)——庚烷及更重组分；

$M(C_7^+)$——庚烷及更重组分的平均相对分子质量。

(2) 反吹峰浓度的计算

己烷的浓度 $y(C_6)(\%)$ 计算如下：

$$y(C_6) = \frac{y(iC_5 + nC_5) \times A_c(C_6)}{A(iC_5 + nC_5)} \tag{11-4}$$

庚烷及更重组分浓度 $y(C_7^+)(\%)$ 计算如下：

$$y(C_7^+) = \frac{y(iC_5 + nC_5) \times A_c(C_7^+)}{A(iC_5 + nC_5)} \tag{11-5}$$

式中 $y(iC_5+nC_5)$——气样中异戊烷和正戊烷的浓度之和，%；

$A(iC_5+nC_5)$——气样中异戊烷和正戊烷的测量峰面积之和，%。

如果异戊烷和正戊烷的浓度已通过较小的进样量单独进行了测定，可以不再重新测定。

3. 归一化

将每个组分的原始含量值乘以 100，再除以所有组分原始含量值的总和，即为每个组分归一的摩尔百分含量，所有组分原始含量值的总和与 100.0% 的差值不应超过 1.0%。

有时在分析了除甲烷之外的其他组分后，用 100 减去所有其他组分的浓度之和作为甲烷的浓度。

如果天然气中含有的硫化氢的含量已经测定，并且其结果 $y(H_2S) = B\% > 0.01$，则在归一化处理时，应将各组分的结果归一到 $(100 \sim B)\%$，而不是归一到 100。

GB/T 13610—2014 规定对戊烷和轻于戊烷的各组分采用外标法定量，对己烷及更重组分则是通过戊烷的含量间接定量。每个组分含量的有效数字应按计量器具的精度和标准气的有效数字取舍，但当将众多组分归一时，便产生了矛盾，因为在天然气中既含有含量高达百分之几十的组分(如甲烷)，也含有小于 1% 的组分。当将它们加和时就涉及应以何种组分作为基准的问题。GB/T 13610—2014 采用的方法是将各组分的摩尔分数规定保留到小数点后两位，即保留到 0.100，这样对于含量大于 10% 的组分，其有效数字可能增加一位，而对于 0.1%～1% 的组分，其有效数字减少了一位。这种规定对于含量小于 0.1 的组分来说，可能要损失有效数字，但 GB/T 13610—2014 的目的不是检测痕量组分，后者的检测可由其他方法来解决。

如果分析过程中不分析氦气、氢气，它们将主要影响甲烷含量的测定。天然气中的氦气、氢气组分含量一般约为 0.05%，甚至更低。若无特殊需要(例如地质上或天然气提氦工业的要求)，则可不必分析氦气、氢气，这对其他烃类组分的分析结果基本上不产生影响。

4. 精密度

GB/T 13610—2014 和 ASTM D1945—81 均用下列准则判断测定结果是否可信。

对于重复性，由同一操作人员使用同一仪器，对同一气样重复分析获得的结果，如果差值超过了表 11-1 规定的数值，应视为可疑。

对于再现性，对同一气样由两个实验室提供的分析结果，如果差值超过了表 11-1 规定的数值，每个实验室的结果视为可疑。ASTM D1945—96 规定的精密度见表 11-2。

表 11-1 GB/T 13610—2014 和 ASTM D1945—81 规定的精密度

组分浓度范围(y_i)/%	重复性(Δy_i)/%	再现性(Δy_i)/%
0.01~1	0.03	0.06
1~5	0.05	0.10
5~25	0.15	0.20
>25	0.30	0.60

表 11-2 ASTM D1945—96 规定的精密度

组分浓度范围(y_i)/%	重复性(Δy_i)/%	再现性(Δy_i)/%
0~0.01	0.01	0.02
0.01~1.0	0.04	0.07
1.0~5.0	0.07	0.10
5.0~10	0.08	0.12
>10	0.10	0.15

第三节 天然气的延伸分析

由于在天然气管输条件选择，天然气的净化与加工利用，以及轻烃回收装置的设计等方面，常需要了解天然气中微量重烃的含量，所以需要进行丁烷至十六烷烃类的分析。

天然气中的微量重烃，随着温度与压力的变化，其相态可能会发生变化。对于比戊烷还重的烃类，因为蒸气压较低，不易配制标准气。因而对天然气中的微量重烃，常采用测定天然气中丁烷或戊烷的含量，再以它们为架桥组分进行关联的方法间接定量。

一、测定原理

参照 GB/T 17281—2016 天然气中丁烷至十六烷烃类的测定气相色谱法。天然气样品被注入到合适的色谱柱内，采用程序升温进行分离，组分用 FID 进行检测。丁烷和戊烷分别单独测定，更高碳数的烃类则按碳数归类，用含有丁烷的标准气体混合物进行标定，再以丁烷为架桥组分，结合丁烷以上组分的响应值计算它们相应的含量。

二、仪器材料和色谱条件

气相色谱仪：能进行程序升温操作，并配有 FID 检测器、气体进样阀或进样口、专用色谱柱、记录器或积分仪。FID 的时间常数应不大于 0.15。

柱温箱应具有从 -50 ~ 300℃，且速率为 10 ± 2℃/min 的程序升温能力，加热到

250±10℃。

为了达到并维持-50℃的温度，应配有使用液氮/固体二氧化碳的冷却附件。

进样阀和进样环管应维持在100±5℃的温度，控温精度为±0.5℃。

专用色谱柱的材料为不锈钢，长3~6m，内径2mm，柱内填充物为：甲基硅酮涂于经酸洗并经二甲基二氯硅烷(DMCS)处理的180~250μm(60~80目)ChrornosorbW上，每90g固体载体用10g液相甲基硅酮。新装填的色谱柱需经过老化处理，即将流速设置到规定值，将柱出口接头与检测器断开，柱温以1℃/min的速率升至275℃，并维持此温度约24h。

用辛烷和壬烷的校准混合物来测定辛烷和壬烷的分离度。

恒温加热炉用于加热样品容器，加热温度为75±5℃。取样容器其材质通常为不锈钢或铝合金，典型容积为1L，额定工作压力为15MPa。取样管材质为不锈钢，内径0.7~1mm，用于样品容器和气相色谱仪气体进样阀的连接，可加热至100℃。线电加热器用于维持样品容器上阀温度在100℃左右，也可用其他适当的加热方式。

检测器的温度设置为260±10℃。

载气采用氦气或氢气，纯度不低于99.99%，不含氧气和水。流量为25mL/min。

辅助气为氢气和空气，氢气纯度不低于99.99%，空气应无烃类杂质。

标准参比物为异丁烷、正丁烷以及戊烷至十六烷的所有直链烷烃，纯度均不低于99%。

冷却剂为固体二氧化碳或液氮。

三、测定步骤

(1) 取样

取样时，注意确定取样容器的额定压力是否满足要求。样品应取于两端配有阀门的高压容器内。最好先用待分析气体对容器进行冲洗，吹扫用气量至少应为容器容积的20倍。取样管和容器的温度至少应与气源温度相同，最好略高于气源温度。为了避免在容器和连接管内有凝液生成，在整个取样系统中的任何压降都应控制到最小。

(2) 按照GB/T 17281—2016要求设置仪器参数

(3) 定性鉴别和外标

配制戊烷至十六烷所有直链烷烃的混合物，并将0.2μL该混合物注入气相色谱仪，所用操作条件与样品分析一致。

(4) 用丁烷标准气进行外标定量

标准气中丁烷的浓度应在样品中丁烷浓度的±50%以内，但在任何情况下摩尔分数均应不低于0.1%。当分析结果需与GB/T 13610—2014所得结果相结合时，也可用戊烷作为架桥组分。样品中架桥组分戊烷的浓度用GB/T 13610—2014中所述方法确定。

在可能的情况下，每次分析前或分析后应立即注入标准气。当分析是连续进行时，应每2h应注入一次标准气。

(5) 样品分析

用气体进样阀注入待测样品气时，进样前应保证进样环管中的样品气达到要求的温度和压力条件，并在与标准气相同的条件下进样。在大气压或者接近于大气压下，用约为样品环管容积20倍的样品气吹扫样品环管。

在20mL样品量和起始温度为-50℃的条件下得到的色谱图如图11-3所示。

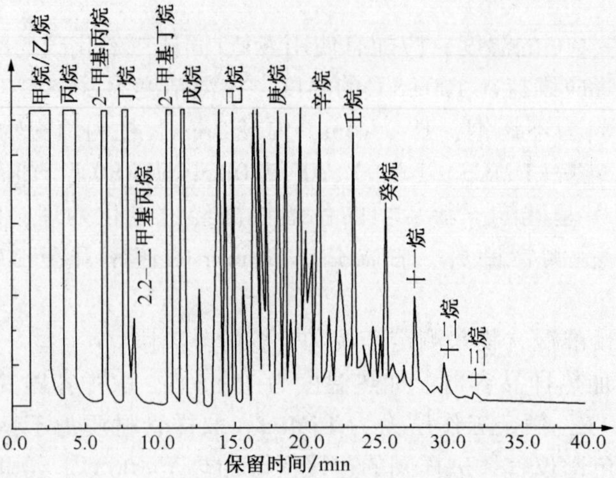

图 11-3　延伸分析色谱图

四、数据处理

组分的浓度应用摩尔分数表示，以%计，当摩尔分数大于或等于 0.1%时取三位有效数字，当摩尔分数低于 0.1%时取两位有效数字。

如果使用丁烷标准气，应测量标准气中丁烷和样品中各组分的峰面积。样品中碳数为 n 的 2 组分摩尔分数 $y_{i,n}$(以%计)计算如下：

$$y_{i,\ n} = y_{c,\ 4}\frac{4A_{i,\ n}}{nA_{c,\ 4}} \tag{11-6}$$

式中　$y_{c,4}$——校准气体混合物中丁烷的摩尔分数,%；

$A_{i,n}$——样品中 i 组分的峰面积；

$A_{c,4}$——标准气体混合物中丁烷的峰面积。

如果以戊烷作为架桥组分时，样品中碳数为 $n(6 \leqslant n \leqslant 16)$ 的 i 组分摩尔分数 $y_{i,n}$，以下式计算：

$$y_{i,\ n} = y_5\frac{5A_{i,\ n}}{5A_5} \tag{11-7}$$

式中　y_5——由 GB/T 13610—2014 测定的样品中戊烷的摩尔分数,%；

$A_{i,n}$——样品中 i 组分的峰面积；

A_5——样品中戊烷的峰面积。

如果 GB/T 17281—2016 测定的丁烷及更重组分的含量和用 GB/T 13610—2014 中所规定的方法一起使用，应把 GB/T 13610—2014 得到的未归一化结果与 GB/T 17281—2016 得到的结果相结合，将两个分析结果结合起来体现在一个测试报告中。

如果表示至 0.001% 的摩尔分数的总和介于 99% ~ 101% 之间，摩尔分数应归一至 100.00%。否则，样品应重新分析。

第四节　天然气中硫化物的分析

天然气中硫化合物分析包括总硫、硫化氢、臭味硫化合物和其他有机硫化合物的分析。

天然气气质标准 SY 7514—1988 和汽车用压缩天然气气质标准 SY/T 7546—1996 等均规定了产品中总硫和硫化氢的含量，作为两项特别重要的质量控制参数。

国际标准化组织(ISO)从 20 世纪 50 年代初开始逐步建立了天然气中硫化合物分析国际标准。由于不同硫化合物性质相差显著，以及检测要求的准确度和测量点(井口或输配管线等)的不同，ISO 针对不同的检测对象和目的，建立了四种天然气中硫化合物测定方法标准。

一、天然气中总硫含量的测定—氧化微库仑法

1. 测定原理

含硫天然气在 900±20℃的石英转化管中与氧气混合燃烧，其中硫转化成二氧化硫，随氮气进入滴定池与碘发生反应，消耗的碘由电解碘化钾得到补充。根据法拉第电解定律，由电解所消耗的电量计算出样品中硫的含量，并用标准样进行校正。

本方法参照 GB/T 11061—1997 进行。

2. 主要仪器及其准备工作

转化炉：燃烧区的温度应能控制在 900±20℃，入口区及出口区为 800±20℃。

滴定池：池中插入一对电解电极和一对指示–参比电极。

微库仑计：当二氧化硫进入滴定池，使池中碘浓度降低时，能自动(或手动)接通电解，使碘恢复到原来水平，并能自动记录电解时间和电流，最后直接显示出硫含量。

配气瓶：容积为 2～3L 的圆底玻璃瓶，见图 11–4。瓶中置入 2～3 个聚四氟乙烯搅拌子。

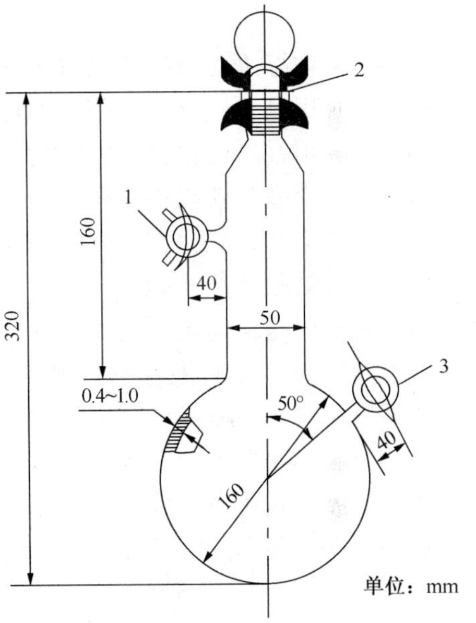

图 11–4 配气瓶

1—三向两通高真空活塞(ϕ24/32)；2—19 号标准磨口；3—直通高真空活塞(ϕ24/32)

用蒸馏水和量筒测量配气瓶的容积，将活塞 3 的塞芯取出，用细铅丝从一圆柱形橡皮塞的上部横向穿过。将铅丝两端拧在一起穿入活塞芯的孔中，用力拉铅丝，使橡皮塞进入孔中，其底端正好位于孔长的二分之一处。在拉紧橡皮塞的情况下，用利刀将孔外的橡皮塞割掉，使橡皮塞缩回孔中约 0. 5mm。用氮气(99. 99%)试漏，表压 40kPa，稳压 4h，压力不变，方可使用。

气体标准样的配制：用安瓿球称适量正丙硫醇或甲硫醚，称准至 0. 1mg，将其置于已知容积的干燥的配气瓶中，用真空泵将配气瓶抽至 3kPa 以下，用力摇动气瓶，使安瓿球破裂，用氮气将气瓶充至表压 40kPa 左右。按下式计算气体标准样中硫的含量。气体标准样应现配现用，它的硫含量应与待测气体相当。

气体标准样中硫的含量(S_0)计算如下：

$$S_0 = \frac{m \times w \times \dfrac{32.06}{M_r} \times 10^6 \times P_0}{V \times (P_0 + P_1)} \tag{11-8}$$

式中 S_0——气体标准样中硫的含量，mg/m^3；

m——称量硫化合物的质量，mg；

w——称量硫化合物的纯度；

M_r——称量硫化合物的相对分子质量，g/mol；

V——配气瓶体积，mL；

P_0——配气时的大气压力，kPa；

P_1——配气时压力表读数(表压)，kPa。

液体标准样的配制：于25mL容量瓶中加入约20mL无水乙醇，用微量进样器准确注入适量二甲基二硫化物或噻吩，再用无水乙醇稀释至刻度，摇匀。按下式计算液体标准样中硫的含量。液体标准样的有效期为14d。测定时，为使进入仪器的液体标准样中硫的含量与气样中硫的含量相当，可用移液管和容量瓶对液体标准样进行稀释。

液体标准样中硫的含量(S_0)计算如下：

$$S_0 = \frac{V_1 \times \rho \times 32.06 \times n \times w \times 10^3}{M_r \times V_2} \tag{11-9}$$

式中 S_0——液体标准样中硫的质量浓度，mg/L；

V_1——二甲基二硫化物或噻吩的体积，mL；

ρ——二甲基二硫化物或噻吩的密度，kg/L；

n——二甲基二硫化物或噻吩分子中硫原子的个数；

M_r——二甲基二硫化物或噻吩的相对分子质量，g/mol；

V_2——容量瓶体积，mL；

w——二甲基二硫化物或噻吩的纯度。

配制电解液及加电解液：称取0.5g碘化钾，溶于已盛有500mL水的棕色瓶中，加入5mL冰乙酸，稀释至1000mL。每天试验前应向滴定池加入新鲜电解液，使液面高出电极5~10mm。连续测定4h后更换一次，也可根据试验情况随时更换。

仪器安装及开机准备：安装好仪器并接好氧气、氮气管线，见图11-5。更换进样口上的硅橡胶垫，并将氮气和氧气流量分别调至160mL/min和40mL/min。然后开启电磁搅拌器，调节搅拌速度，使电解液中产生轻微的漩涡。将电位计指针调到仪器规定值。按仪器说明书对所有操作参数进行检查。

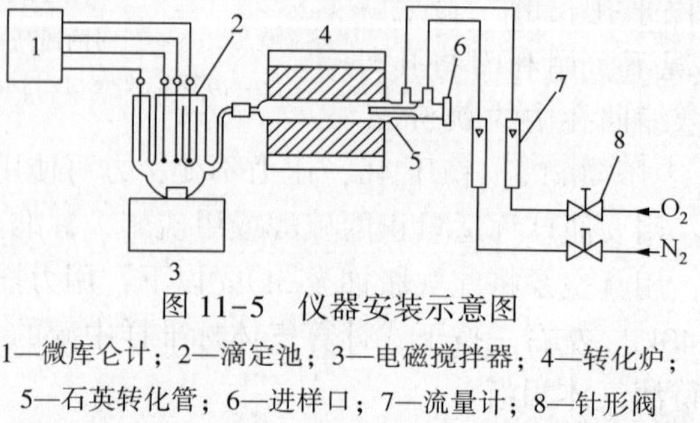

图11-5 仪器安装示意图

1—微库仑计；2—滴定池；3—电磁搅拌器；4—转化炉；
5—石英转化管；6—进样口；7—流量计；8—针形阀

3. 硫的转化率测定

取样：剧烈摇动气体标准样20~25min，用气体标准样冲洗注射器4~5次后正式取样。取样时应让瓶内的气体压力将注射器芯子推到所需刻度，然后插入仪器进样口，使每毫升样品在5~7s内进完。进样量一般为0.25~5mL。

对于液体标准样，进样体积须用差减法计算，具体做法如下：用液体标准样冲洗微量进样器4~5次后，吸取2~3μL液体标准样，排除气泡，将进样器芯子往后拉，让空气进入进样器，并使气泡与液柱的交界面刚好落在1μL处，记录样品体积。然后将微量进样器插入仪器进样口，使每微升样品在5~7s内进完，再次将进样器芯子往后拉，使气泡与液柱交界面仍落在1μL处，再次记录样品体积，两次体积之差即为进样体积。

滴定与读数：待电位计指针向低电位方向偏移以后，反复接通、断开电解电流，使指针回到初始位置。读取微库仑计显示的硫含量。重复测定三次，取平均值。

气体标准样及液体标准样均按下式计算硫的转化率：

$$F = \frac{W_0}{S_0 \times V_1} \times 100 \tag{11-10}$$

式中 F——硫的转化率，%；

W_0——测定读数，ng；

S_0——标准样中硫的含量，mg/m^3(气)或mg/L(液)；

V_1——进样体积，mL(气)或μL(液)。

为了保证试验的准确性，应根据样品性质和仪器状况，定期测定转化率。转化率不应低于75%，否则应查明原因。

4. 总硫含量的测定

从气源管线取样：用待分析气体充分吹扫取样管线。利用待分析气体的压力冲洗注射器4~5次后正式取样。

取样：收到样品后，尽快按硫的转化率测定中方法采取样品。

进样与测定：按照硫转化率方法进样与测定样品，测定两次，取其平均值，并记录室温和压力。

5. 结果计算

湿基气样的体积(V_n)换算按下式进行：

$$V_n = \frac{V \times (P - P_v)}{101.3} \times \frac{293.2}{273.2 + t} \tag{11-11}$$

式中 V_n——气样计算体积，mL；

t——分析进样时的室温，℃；

P——分析进样时的大气压力，kPa；

P_v——温度t时水的饱和蒸气压，kPa；

V——进样体积，mL。

干基气样的体积(V_n)换算按下式进行：

$$V_n = \frac{V \times P}{101.3} \times \frac{293.2}{273.2 + t} \tag{11-12}$$

气样中总硫含量(S)计算如下：

$$S = \frac{W}{V_n \times F} \tag{11-13}$$

式中 S——气样中总硫含量，mg/m^3；

W——测定值，ng；

F——硫的转化率，%。

二、天然气中硫化氢含量的测定——碘量法

1. 测定原理

用过量的乙酸锌溶液吸收气样中的硫化氢，生成硫化锌沉淀。加入过量的碘溶液以氧化生成的硫化锌，剩余的碘用硫代硫酸钠标准溶液滴定。

本方法参照(GB/T 11060.1—2010)。

2. 吸收装置及安装图

吸收器架见图 11-6；吸收器见图 11-7，内附玻璃孔板，板上均匀分布有 20 个直径 0.5 ~1mm 的小孔；定量管见图 11-8，容积及相应的尺寸见表 11-3，定量管容积需预先测定；稀释器见图 11-9；湿式气体流量计分度值 0.01L，示值误差±1%。

表 11-3 定量管的容积尺寸

容积/mL	长度/mm	内径/mm
5	44	12
10	65	14
25	100	18
50	100	25
100	160	30
250	200	40
500	250	50

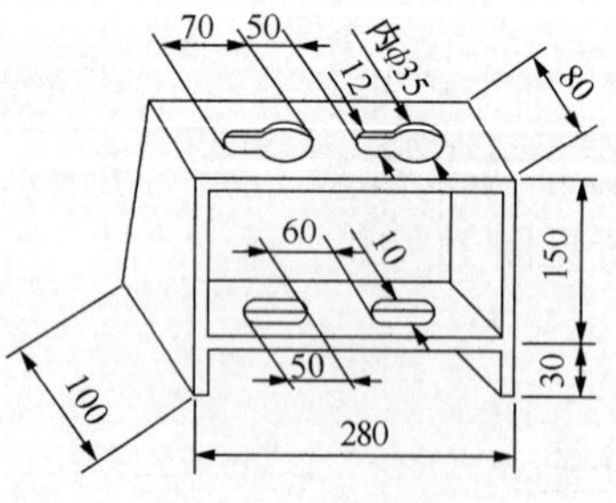

图 11-6 吸收器架

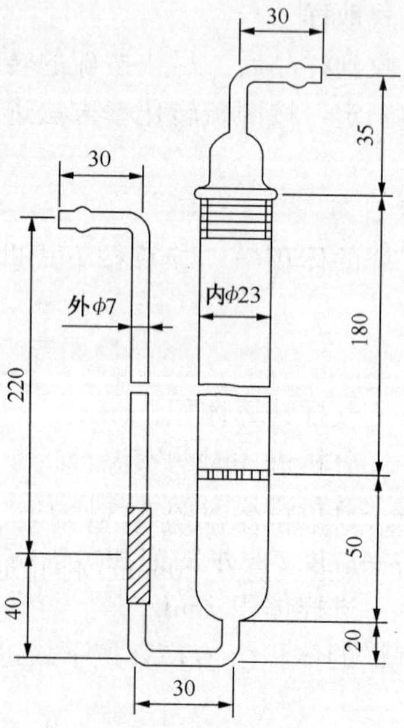

图 11-7 吸收器

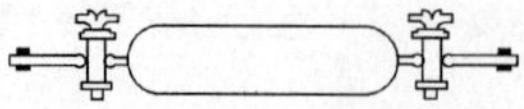

图 11-8 定量管

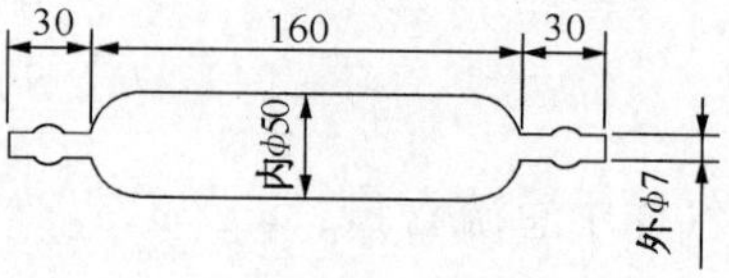

图 11-9 稀释器

3. 取样

硫化氢的吸收应在现场完成。每次试样用量的选择见表 11-4。

对于硫化氢含量高于 0.5%的气体，用短节胶管依次将取样阀、定量管、转子流量计和碱洗瓶连接，打开定量管活塞，缓缓打开取样阀，使气体以 1~2L/min 的流量通过定量管，待通过的气量达到 15~20 倍定量管容积后，依次关闭取样阀和定量管活塞。记录取样点的环境温度和大气压力。

表 11-4　试样参考用量表

预计的硫化氢浓度		试样参考用量/mL
φ/%	ρ/(mg/m^3)	
<0.0005	<7.2	150000
0.0005~0.001	7.2~14.3	100000
0.001~0.002	14.3~28.7	50000
0.002~0.005	28.7~71.7	30000
0.005~0.01	71.7~143	15000
0.01~0.02	143~287	8000
0.02~0.1	287~1430	5000
0.1~0.2		2500
0.2~0.5		1000
0.5~1		500
1~2		250
2~5		100
5~10		50
10~20		25
20~50		10
50~100		5

4. 测定步骤

(1) 吸收

硫化氢含量高于 0.5%的气体：于吸收器中加入 50mL 乙酸锌溶液，振动吸收器，使一部分溶液进入玻璃孔板下部的空间。用洗耳球吹出定量管两端玻璃管中可能存在的硫化氢。用短节胶管将图中各部分紧密对接。打开定量管活塞，缓缓打开针形阀，以 300~500mL/min的流量通氮气 20min，停止通气。吸收装置见图 11-10。

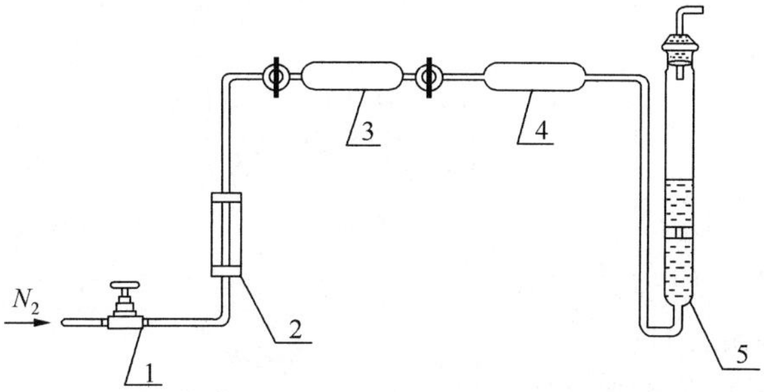

图 11-10　含量高于 0.5%硫化氢的吸收装置示意图

1—针形阀；2—流量计；3—定量管；4—稀释器；5—吸收器

硫化氢含量低于0.5%的气体：于吸收器中加入50mL乙酸锌溶液，用洗耳球在吸收器入口轻轻地鼓动使一部分溶液进入玻璃孔板下部的空间。用短节胶管将各部分紧密对接。全开螺旋夹，缓缓打开取样阀，用待分析气经排空管充分置换取样导管内的死气。记录流量计读数，作为取样的初始读数。调节螺旋夹使气体以300~500mL/min的流量通过吸收器。吸收过程中分几次记录气体的温度。待通过规定量的气样后，关闭取样阀。记录取样体积、气体平均温度和大气压力。在吸收过程中应避免日光直射。吸收装置见图11-11。

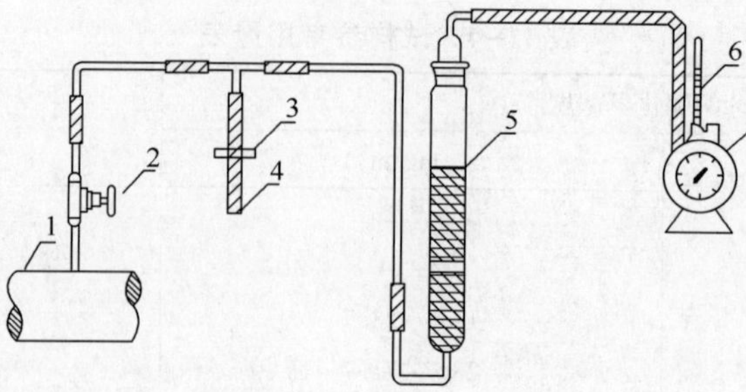

图11-11　含量低于0.5%硫化氢的吸收装置示意图

1—气体管道；2—取样阀；3—螺旋夹；4—排空管；5—吸收器；6—温度计；7—流量计

（2）滴定

取下吸收器，用吸量管加入10(或20)mL碘溶液(5g/L)。硫化氢含量低于0.5%时应使用较低浓度的碘溶液(2.5g/L)。再加入10mL盐酸溶液(1+11)，装上吸收器头，用洗耳球在吸收器入口轻轻地鼓动溶液，使之混合均匀。为防止碘液挥发，不应吹空气鼓泡搅拌。待反应2~3min后，将溶液转移进250mL碘量瓶中，用硫代硫酸钠标准溶液(0.01mol/L)或(0.02mol/L)滴定，近终点时，加入1~2mL淀粉指示液，继续滴定至溶液蓝色消失。按同样的步骤作空白试验。滴定应在无日光直射的环境中进行。

5. 结果计算

（1）气样校正体积V_n(mL)的计算

定量管计量时计算如下：

$$V_n = \frac{V \times P}{101.3} \times \frac{293.2}{273.2 + t} \qquad (11-14)$$

式中　V——定量管容积，mL；

P——取样点的大气压力，kPa；

t——取样点的环境温度，℃。

流量计计量时按下式计算：

$$V_n = \frac{V \times (P - P_V)}{101.3} \times \frac{293.2}{273.2 + t} \qquad (11-15)$$

式中　V——取样体积，mL；

P——取样点的大气压力，kPa；

t——气体平均温度，℃；

P_V——温度t时水的饱和蒸气压，kPa。

（2）硫化氢含量的计算

硫化氢含量以质量浓度ρ(g/m^3)表示，计算如下：

$$\rho = \frac{17.04c \times (V_1 - V_2)}{V_n} \times 10^3 \qquad (11-16)$$

硫化氢含量以体积分数 φ 表示，计算如下：

$$\varphi = \frac{11.88c \times (V_1 - V_2)}{V_n} \qquad (11-17)$$

式中 V_1——空白滴定时，消耗硫代硫酸钠标准溶液的体积，mL；
V_2——样品滴定时，消耗硫代硫酸钠标准溶液的体积，mL；
c——硫代硫酸钠标准溶液的浓度，mol/L；
V_n——气样校正体积，mL；
17.04——$M(1/2H_2S)$，g/mol；
11.88——在20℃和101.3kPa下的 $V_m(1/2H_2S)$，L/mol。

思考题及习题

1. 天然气分析有哪些分析项目？
2. 天然气常规分析的意义？
3. 国内外天然气常规分析有几种方法？各自有什么特点？
4. 天然气延伸分析的目的？
5. 天然气延伸分析气相色谱仪的工作条件？
6. 天然气中总硫测定方法有几种，各自有何特点？
7. 天然气中的硫化氢有何危害性？
8. 简述碘量法测定天然气中的硫化氢含量的原理及注意事项。
9. 简述气相色谱技术在天然气分析中应用。
10. 简述天然气分析的技术研究进展。

第十二章　水质分析

第一节　概　述

水是人类生活和生产活动中不可缺少的物质资源。地球上总水量约为 $1400\times10^{15}\,m^3$，分布于人类生存环境的大气圈、水圈、土壤—岩石圈和生物圈中，是环境介质之一，也是环境要素。在工业生产中，水除了可以作为原料外，还是传热的主要介质(水蒸气加热物料、冷却水冷却物料)，也是传动的主要介质。

水在自然和人工的循环过程中，在与环境的接触过程中不仅自身的状态可能发生变化，而且作为溶剂可以溶解或携带各种无机的、有机的甚至是有生命的物质，使其表观特性和应用受到影响。因此，分析测定水中的各种组分，作为研究、考察、评价和开发水资源就显得尤为重要。

一、水质、水质指标的概念和分类

由于杂质的加入，使水的物理性质和化学性质与纯水有所差异，这种由水和其中的杂质共同表现出的综合特性即称为水质。用以衡量水的各种特性的尺度称为水质指标。水质指标具体地表征水的物理性质、化学性质，说明水中组分的种类、数量、存在状态及其相互作用的程度。

水质指标按其性质可分为三类，即物理指标、化学指标和微生物指标。

1. 物理指标

(1) 悬浮固体物

悬浮固体物是指水中呈固体状的不溶性物质，如淤泥、土壤、微生物体、不溶性有机物、无机物等。

(2) 温度

温度是反映热污染的水质指标。

(3) 色度、嗅和味

色度、嗅和味是反映感官污染的水质指标。废水中的主要污染物不同，会带有不同的颜色和气味，有时会造成感官上的不快。

2. 化学指标

(1) pH 值

是反映污水酸碱性大小的指标，对污水处理、利用以及水中生物体的生长、繁殖都有很大影响。

(2) 硬度

水的硬度是指水中 Ca^{2+}、Mg^{2+}、Mn^{2+}、Fe^{2+} 等高价金属离子的含量。

(3) 碱度

指水中那些能接受质子的物质含量，主要有 OH^-、CO_3^{2-}、HCO_3^-、PO_4^{3-}、HPO_4^{2-}、$H_2PO_4^-$ 等。

(4) 有机物

有机物的种类繁多，组成也较复杂，很难直接测定水中各类有机物的含量，一般采用间接指标表示。常用指标如下：

① 生物化学需氧量(BOD)　表示在有氧条件下，好氧微生物氧化分解单位体积水中有机物所消耗的游离氧的数量。是反映水中可生物降解的含碳有机物的含量以及排入水体后产生耗氧影响的指标，BOD 值越大，说明水体中的有机物含量越高，污染越严重。

② 化学需要量(COD)　表示在一定条件下用化学强氧化剂氧化水体中有机污染物时所需要的氧量。常用的强氧化剂包括重铬酸钾和高锰酸钾，当以重铬酸钾作为氧化剂时，化学需氧量用 COD_{Cr} 表示；当以高锰酸钾作为氧化剂时，化学需氧量表示为 COD_{Mn}。

③ 总有机碳(TOC)　以碳的含量表示水体中有机物质的总量，即把水样中所有有机碳转化为二氧化碳后测定二氧化碳的量来确定水样中碳的含量。

④ 总需氧量(TOD)　指水中能被氧化的物质，主要是有机物在燃烧中变成稳定氧化物时所需的氧量。

(5) 氮和磷含量

氮和磷含量是表示水体中含氮化合物和含磷化合物在水中存在的形式和浓度，是重要水质指标之一，在污水处理的生物技术应用时，要加以考虑。

(6) 有害化学物质

主要是指对生物体有害的有毒化合物、重金属，如酚类、氰化物、汞、镉、铅等。

3. 微生物指标

细菌污染指标指对生物体有害的细菌的多少，通常用细菌总数和大肠杆菌群数两个指标表示。

二、水样的采集与保存

环境保护标准 HJ 495—2009《水质　采样方案设计技术规定》规定了水(包括底部沉积物和污泥)的质量控制、质量表征、污染物鉴别采样方案的原则，是各种天然水、工业用水、工业废水、污水和污水厂出水、暴雨污水和地面径流等各种水质采样制定采样方案，决定取样和水样预处理方法及水样保存措施的依据。

1. 水样的采集

(1) 采样前的准备

采样器材的准备　采样器材主要包括采样容器和盛样器。采集和盛放水样容器的材料应满足化学稳定性好，保证水样在存贮期内各组分不与容器发生反应。容器的形状、大小适宜，能严密封口、容易清洗并反复使用。一般用玻璃瓶、聚乙烯塑料瓶、硬质玻璃瓶等。

(2) 保存剂的准备

各种保存剂的纯度和等级要达到分析方法的要求，按有关规定配制备用，并在每次使用前检查有无玷污情况。

2. 水样采集方法

供分析用的水样必须具有代表性。不同的水质采样方法也各不相同，各类水样采集的一般方法如下：

① 采样前应该用水样冲洗采样瓶 2~3 次，然后将水样收集于水样瓶中，水面离水样瓶塞不少于 2cm，以防温度变化时，瓶塞被挤掉。

② 在江、河、湖、和泉等地面水源采样时，应将水样瓶浸入到水面 20~50cm 处，使水缓缓流入水样瓶。如遇水面较宽时，应在不同地点分别采样；在采集河、湖等较深处水样时，应用深水采样瓶。

③ 采集自来水时，应先放水 10~15min，以排除管道中的积水，然后将胶管的一头接在水龙头上，胶管的另一端插入瓶内，待水从瓶口溢出并使瓶内的水更换几次。

水样采集后，应将水样的说明标签贴在水样瓶上，以便分析时参考。

3. 水样的保存

水样采集后，应立即送往实验室分析。采样时间与测定时间相隔越短，分析结果就越可靠。水样保存期取决于水样的性质、测定项目的要求和保存条件。一般用于水质分析测定的水样，保存时间越短越好。水样如不能及时进行分析，应防止水质发生变化，通常保存方法如下：

(1) 冷藏或冰冻

样品在 4℃ 冷藏或将水样迅速冷冻，储存于暗处，可抑止生物活化、减缓物理挥发作用和化学反应速率。

(2) 加入化学保存剂

① 控制溶液 pH 值　测定含有金属离子的水样通常用硝酸酸化到 pH 为 1~2，既可防止金属离子的水解沉淀，又可防止金属离子在器壁上的吸附，同时抑制生物的活动。大多数金属离子可以稳定数周或数月。测定氰化物的水样需要加氢氧化钠至 pH 为 12。

② 加入抑制剂　为了抑制微生物的作用，可在样品中加入抑制剂。如在测定氨氮、硝酸盐、氮和 COD 的水样中，加入三氯甲烷、甲苯保护剂，以抑制对上述测定离子的氧化-还原作用。

③ 加入氧化剂　水样中痕量汞，为防止汞的挥发性损失，加入 $HNO_3-K_2Cr_2O_7$，可维持高氧化态，改善稳定性。

④ 加入还原剂　测定硫化物时，可加入抗坏血酸保存。

三、水质分析技术

根据水样中的组分和含量，测定时需用分析化学的各种方法，包括仪器分析。表 12-1 列出水质分析项目及分析常用的方法。

表 12-1　水质分析项目及分析常用的方法

分析方法	项　目
重量法	悬浮物、总固体、溶解性固体、灼烧减量、有机碳、油、SO_4^{2-}
滴定法	酸度、碱度、硬度、游离二氧化碳、侵蚀性二氧化碳、COD、BOD、Ca^{2+}、Mg^{2+}、Cl^-、CN^-、F^-、硫化物、有机酸、挥发酚、总铬
吸光光度法	SiO_2、Fe^{3+}、Fe^{2+}、Al^{3+}、Mn^{2+}、Pb^{2+}、Zn^{2+}、Cr(Ⅲ、Ⅳ)、Hg^{2+}、Cd^{2+}、Ca^{2+}、Mg^{2+}、As、Se、F^-、Cl^-、SO_4^{2-}、CN^-、NO_3^-、NO_2^-、可溶性磷、有机氮、酚类、余氯、阴离子表面活性剂、油
比浊法	SO_4^{2-}、灼度、透明度
火焰光度法	Na^+、K^+、Li^+
发射光谱法	As、Si、Mg、Fe、Al、Ni、Ca、Cu 等

续表

分析方法	项　目
原子吸收光谱法	As、Ag、Bi、Ca、Cd、Co、Cu、Fe、Hg、K、Mg、Mn、Mo、Na、Ni、Pb、Sn、Zn 等
电位法	pH 值、酸度、碱度
极谱法	As、Cd、Co、Cu、Pb、V、Se、Mo、Zn 等
离子选择性电极	K^+、Na^+、Li^+、F^-、Cl^-、Br^-、I^-、CN^-、S^{2-}、NH_4^+、NO_3^-、SO_4^{2-} 等
气相色谱	Al、Be、Cr、Se、气相物质、有机物质
液相色谱	Co、Cu、Ni、有机汞
离子色谱法	Li^+、K^+、Na^+、F^-、Cl^-、Br^-、I^-、NO_3^-、SO_4^{2-} 等
放射性化学分析法	总放射性、总 α、U、Th、Ra、Rn、^{210}Po、^{14}C 等
其他	温度、外观、嗅、味、电导率

第二节　工业用水分析

工业用水主要分为工艺用水、锅炉用水、冷却水、洗涤水、温度和湿度调节用水及其他用水等。不同的工业用水，其水质要求各不相同。

通过对工业用水水质的分析，可为工业用水是否符合使用标准提供依据，以便采取相应措施对水作预处理，使其符合用水标准，从而保证工业生产的安全正常进行。

工业用水水质分析常见的分析项目有 pH 值、电导率、酸度、碱度、浊度、悬浮固形物、氯化物、磷酸盐、硫酸盐、亚硫酸盐、氟化物、溶解氧、铁、铜、锌、钙、镁、钾、钠、铵、油等。下面介绍几种常用水质项目的分析方法。

一、pH 值

不同用途的工业用水，对 pH 值的要求各不相同。在锅炉用水中，为防止金属的腐蚀，pH 值必须在 7.0~8.5 之间；工业废水排入城市市政下水道时，pH 值必须在 6~9 之间；废水进入天然水体必须保证混合后的 pH 值在 6.5~8.5 之间。

工业用水中，测 pH 值常用的方法为电位法，即直接用校正好的酸度计进行测定。

二、悬浮固形物和溶解固形物的测定

在工业用水的循环冷却水中，往往存在由泥土、砂粒、腐蚀产物、水垢、微生物黏泥等不溶性物质组成的悬浮物，当冷却水的流速降低时，悬浮物容易在换热器部件的表面生成疏松的沉积物，引起腐蚀。

1. 测定原理

按国家标准采用 G4 玻璃过滤器（孔径为 3~4μm）为过滤材料，将一定体积水样过滤、烘至恒重，称量后计算出悬浮固体物含量。取一定体积滤液蒸发、干燥至恒重，称量后计算出溶解固形物含量。

2. 结果计算

悬浮固形物的含量($W_{悬浮固形物}$)以质量浓度(mg/L)表示，计算如下：

$$W_{悬浮固形物} = \frac{m_2 - m_1}{V} \times 10^6 \tag{12-1}$$

式中 m_1——过滤前过滤器的质量，g；

m_2——过滤后过滤器的质量，g；

V——水样体积，mL。

溶解固形物的含量($W_{溶解固形物}$)以质量浓度(mg/L)表示，计算如下：

$$W_{溶解固形物} = \frac{m_2 - m_1}{V} \times 10^6 \tag{12-2}$$

式中 m_1——蒸发皿的质量，g；

m_2——蒸发皿与溶解固形物的质量，g；

V——水样体积，mL。

3. 注意事项

① 在测定悬浮固形物时，水样的过滤可以采用抽气器抽滤。

② 在测定溶解固形物时，为防止在蒸干、烘干过程中落入杂物而影响固形物含量，必须在蒸发皿上放置玻璃三脚架并加盖表面皿。

三、碱度的测定

水的碱度是指水中能接受质子(H^+)的物质的总量。

水中能接受质子的物质主要有氢氧化物、碳酸盐、碳酸氢盐、磷酸盐、磷酸氢盐、硅酸盐、亚硫酸盐、氨和有机碱等。

碱度的测定常用指示剂滴定法。

根据所用指示剂的不同，碱度一般分为酚酞碱度和甲基橙碱度。

1. 测定原理

(1) 酚酞碱度

以酚酞为指示剂，用盐酸标准溶液滴定至酚酞变色，计算所得含量为酚酞碱度。有关反应如下：

$$OH^- + H^+ = H_2O$$

$$CO_3^{2-} + H^+ = HCO_3^-$$

$$PO_4^{3-} + H^+ = HPO_4^{2-}$$

(2) 甲基橙碱度

酚酞变色后，再加入甲基橙指示剂，用盐酸标准溶液继续滴定至甲基橙变色，计算所得含量为甲基橙碱度，也称为总碱度。有关反应如下：

$$HCO_3^{2-} + H^+ = CO_3^{2-}$$

$$HPO_4^{2-} + H^+ = H_2PO_4^-$$

2. 测定步骤

取 100.00mL 透明水样置于 250mL 锥形瓶中，加入 2～3 滴 0.1% 酚酞指示剂，用 0.10mol/LHCl 标准溶液滴定至粉红色刚刚褪去，记下盐酸的用量(V_1)。

在刚滴定过的溶液中，加入2~3滴甲基橙指示剂，用0.10mol/LHCl标准溶液继续滴定至溶液由黄色变为橙色为终点，记下消耗盐酸的体积(V_2)。

3. 结果计算

水的碱度分别以酚酞碱度(mmol/L)和总碱度(mmol/L)表示，计算如下：

$$酚酞碱度=\frac{c_{HCl}V_1}{V}\times10^3 \tag{12-3}$$

$$总碱度=\frac{c_{HCl}(V_1+V_2)}{V}\times10^3 \tag{12-4}$$

式中 c_{HCl}——盐酸标准溶液的浓度，mol/L；

V_1——以酚酞为指示剂消耗盐酸溶液的体积，mL；

V_2——以甲基橙为指示剂消耗盐酸溶液的体积，mL；

V——水样的体积，mL。

四、硬度的测定

水的硬度是指水中含有的金属离子(Ca^{2+}、Mg^{2+}、Mn^{2+}、Fe^{2+}等，碱金属离子除外)的含量。一般把含有较多Ca^{2+}、Mg^{2+}离子的水称为硬水，而衡量Ca^{2+}、Mg^{2+}离子的含量，则用硬度表示。硬度低于8度的水为软水，高于8度的水为硬水。

水中的Ca^{2+}、Mg^{2+}主要以$Ca(HCO_3)_2$和$Mg(HCO_3)_2$形式存在的硬水称为暂时硬水，其含量称为暂时硬度(碳酸盐硬度)。水中的Ca^{2+}、Mg^{2+}主要是以硫酸盐、硝酸盐、氯化物形式存在的硬水称为永久硬水，其含量称为永久硬度(非碳酸盐硬度)。

工业用水中，如果硬度过高就会对生产产生不利影响。如在锅炉用水中，高硬度水会产生水垢，附着在锅炉壁及锅底，由于锅炉壁的局部过热，导致其破裂，甚至发生爆炸，影响热效率，增大燃料的消耗。作为工业生产用的冷却水，会使热交换器结水垢，严重的不仅会阻碍水流通道，使热交换效果大大降低，影响生产的顺利进行，甚至会被迫停产。结垢还会产生垢下腐蚀，使热交换器穿孔而损坏，不仅物料漏损，而且增加设备投资费用，浪费钢材。此外用于洗涤，也往往影响产品质量，如纺织印染会造成织物的斑点，不仅影响美观，而且影响强度。因此硬度是确定水质是否符合工业用水要求的重要指标。

1. 测定原理

钙离子测定：在pH值为12~13时，以钙-羧酸为指示剂，用EDTA标准溶液滴定，测定水样中的钙离子含量，溶液颜色由紫红色变为亮蓝色时即为终点。

镁离子测定：在pH值为10的NH_3-NH_4Cl缓冲溶液中，以酸性铬蓝K-萘酚绿B(K-B)为指示剂，用EDTA标准溶液滴定溶液中的Ca^{2+}、Mg^{2+}合量，减去Ca^{2+}的量即为Mg^{2+}的量。

2. 测定步骤

(1) 钙离子的测定

吸取50.00mL水样于250mL锥形瓶中，加1mL硫酸溶液(1+1)和5mL过硫酸钾溶液(40g/L)加热煮沸至近干，取下，冷至室温，加50mL水，3mL三乙醇胺(1+2)，7mL氢氧化钾溶液(200g/L)，0.2g钙指示剂，用EDTA标准溶液滴定，近终点时滴加速度要缓慢，当溶液颜色由紫红色变为亮蓝色时即为终点，记下终点读数V_1。

(2) 镁离子的测定

取50.00mL水样于250mL锥形瓶中(如果水样浑浊，取样前应过滤)。加1mL硫酸溶液

(1+1)和5mL过硫酸钾溶液(40g/L)加热煮沸至近干，取下冷却至室温加50mL水、3mL三乙醇胺(1+2)，用氢氧化钾调节溶液近中性，加5mLNH_3-NH_4Cl缓冲溶液，加2~3滴K-B指示剂，在不断摇动下，用EDTA标准溶液滴定至溶液由酒红色变为纯蓝色即为终点，记下终点读数V_2。

3. 结果计算

水的硬度以钙离子(Ca^{2+})的质量浓度(W，mg/L)表示，计算如下：

$$W(Ca^{2+}) = \frac{cV_1M(Ca^{2+})}{V} \times 10^3 \tag{12-5}$$

水的硬度以镁离子(Mg^{2+})的质量浓度(W，mg/L)表示，计算如下：

$$W(Mg^{2+}) = \frac{c(V_2 - V_1)M(Mg^{2+})}{V} \times 10^3 \tag{12-6}$$

式中 c——EDTA标准溶液的浓度，mol/L；

V_1——滴定水样中Ca^{2+}时消耗的EDTA体积，mL；

V_2——滴定水样中Mg^{2+}时消耗的EDTA体积，mL；

$M(Ca^{2+})$——钙的摩尔质量，g/moL；

$M(Mg^{2+})$——镁的摩尔质量，g/moL；

V——水样体积，mL。

4. 注意事项

① Fe^{3+}、Al^{3+}、Cu^{2+}、Pb^{2+}、Zn^{2+}、Co^{2+}、Ni^{2+}、高价锰能使指示剂褪色，或终点不明显。滴定时，Fe^{3+}、Al^{3+}等干扰离子可用三乙醇胺予以掩蔽；Cu^{2+}、Pb^{2+}、Zn^{2+}等重金属离子可用KCN、Na_2S或巯基乙酸予以掩蔽。盐酸羟胺可使高价铁、高价锰离子还原为低价离子而消除其干扰。

② 缓冲溶液应储存于聚乙烯瓶或硬质玻璃瓶中。防止使用中反复开盖使氨水浓度降低而影响pH值。缓冲溶液放置时间较长，氨水浓度降低时，应重新配制。

③ 硬度的表示方法尚未统一，目前我国使用较多的表示方法有两种：一种是将所测得的钙、镁折算成CaO的质量，即以每升水中含有CaO的毫克数表示，单位为mg/L；另一种以度(°)计，1硬度单位表示10万份水中含1份CaO(即每升水中含10mgCaO)，这种硬度的表示方法称作德国度。

五、磷酸盐含量测定

PO_4^{3-}具有良好的络合金属离子的能力，能与钙、镁等金属离子络合，生成可溶性络合物，因此有软化硬水的作用。由于其还能促使水垢疏松脱落，形成流动的水渣，在金属表面形成一层保护膜，减缓金属的腐蚀，所以又能起到缓蚀剂的作用。但是由于磷酸盐价格较贵，对环境造成一定的影响，一般要控制磷酸盐的用量。

含量在3mg/L以下的PO_4^{3-}，采用磷钼蓝分光光度法测定。含量在5mg/L以上的PO_4^{3-}，可采用磷钒钼分光光度法测定。

下面介绍磷钼蓝分光光度法测定工业用水中的PO_4^{3-}。

1. 测定原理

在中性条件下用硝酸—高氯酸(或过硫酸钾)使试样消解，将所含磷全部转化为正磷酸盐。在酸性介质中，正磷酸盐与钼酸铵反应，在锑盐存在下生成磷钼杂多酸后，立即被抗坏血酸还原，生成蓝色的配合物，在660nm波长处，用分光光度计测定其吸光度。

2. 测定步骤

(1) 水样消解

取25.00mL试样于锥形瓶中，加数粒玻璃珠，加2mL硝酸，在电热板上加热浓缩至10mL。冷却后加5mL硝酸；再加热浓缩至10mL，稍冷。加3mL高氯酸，加热至高氯酸冒白烟，此时可在锥形瓶上加小漏斗或调节电热板温度，使消解液在锥形瓶内壁保持回流状态，直至剩下3~4mL，冷却。

加水10mL，加1滴酚酞指示剂(10g/L)，滴加氢氧化钠溶液(6mol/L)至刚呈微红色，再滴加硫酸溶液(1+1)使微红色刚好褪去，充分混匀。移至50mL容量瓶中，用水稀释至标线。

(2) 显色

分别向消解液中加入1mL抗坏血酸溶液(100g/L)混匀，30s后加2mL钼酸胺—酒石酸锑钾溶液，混匀。

(3) 测定

在室温下放置15min后，在660nm波长下，以蒸馏水作参比，测定吸光度，通过标准曲线求出磷的含量。

(4) 标准曲线绘制

取7个50mL容量瓶，分别加入0.00、0.50、1.00、3.00、5.00、10.00、15.00mL磷酸盐标准溶液(2.0μg/mL)，加水至25.00mL，然后按水样测定同样的方法，以水作参比，测定吸光度。以吸光度A为纵坐标，以PO_4^{3-}的浓度为横坐标，绘制标准曲线。

3. 结果计算

总磷含量以磷的质量浓度W(mg/L)表示，计算如下：

$$W = \frac{m}{V} \tag{12-7}$$

式中　m——由标准曲线上测得试样的含磷量，μg；

V——测定水样的体积，mL。

4. 注意事项

① 用硝酸-高氯酸消解需要在通风橱中进行。高氯酸和有机物的混合物经加热易发生爆炸，需将试样先用硝酸消解，然后再加入高氯酸进行消解，消解时不要蒸干。如消解后有残渣，用滤纸过滤于容量瓶中，并用水充分洗涤锥形瓶及滤纸。

② 在测定过程中，若不对水样进行消解处理，测定的是水样中正磷酸盐的含量；若对水样进行消解处理，水中的有机膦酸被转化为PO_4^{3-}，聚磷酸盐在酸性条件下也水解为正磷酸盐，则测定的是总磷含量；若在测定时，不对水样进行消解处理，而是采用在沸水浴中煮沸的方法将水样的聚磷酸盐水解为正磷酸盐，测定的是总无机磷的含量。

③ 含磷量较少的水样，不要用塑料瓶采样，其容易附着在瓶壁上，测定结果偏低。

④ 如试样浑浊或有色度时，需配制空白试样(消解后用水稀释至标线)，然后溶液中加入3mL浊度—色度补偿液[(1+1)硫酸：(100g/L)抗坏血酸=2∶1)]，不再加入抗坏血酸和钼酸盐溶液，然后从样品的吸光度中扣除空白试样的吸光度。

⑤ 砷大于2mg/L时干扰测定，用硫代硫酸钠去除。硫化物大于2mg/L时干扰测定，通氮气去除。铬大于50mg/L时干扰测定，用亚硫酸钠去除。

六、溶解氧的测定

溶解氧是指溶解在水中的分子状态的氧，简称 DO。在某些工业用水中，由于溶解氧的存在，会加速管道的腐蚀，造成对设备的损坏，因此溶解氧的含量是工业用水水质的重要指标之一。

碘量法是测定水样中溶解氧的基准方法。在没有干扰的情况下，此方法适用于各种溶解氧浓度大于 2mg/L 和小于氧的饱和浓度两倍约(20mg/L)的水样。易氧化的有机物，如单宁酸、腐殖酸和木质素等会对测定产生干扰。可氧化的硫的化合物，如硫化物硫脲，也会产生干扰。当含有这类物质时，宜采用电化学探头法。

在此主要介绍工业循环冷却水中溶解氧的测定—碘量法。

1. 测定原理

水样中加入硫酸锰和碱性碘化钾，水中溶解氧将低价锰氧化成高价锰，生成三价、四价锰的氢氧化物棕色沉淀。在酸性条件下，锰的氢氧化物溶解，并与碘离子反应放出游离碘。以淀粉为指示剂，用硫代硫酸钠标液滴定释放出的碘，根据滴定溶液消耗量计算溶解氧含量。有关反应式如下：

$$Mn^{2+}+2OH^- \longrightarrow Mn(OH)_2\downarrow$$

$$4Mn(OH)_2+O_2+2H_2O \longrightarrow 4Mn(OH)_3\downarrow$$

$$2Mn(OH)_2+O_2 \longrightarrow 2MnO(OH)_2\downarrow$$

$$MnO(OH)_2+4H^++2I^- \longrightarrow I_2+Mn^{2+}+3H_2O$$

$$2Mn(OH)_3+6H^++2I^- \longrightarrow 2Mn^{2+}+I_2+6H_2O$$

$$I_2+2S_2O_3^{2-} \longrightarrow 2I^-+S_4O_6^{2-}$$

2. 测定步骤

(1) 采集水样

将洗净的取样瓶(具塞玻璃瓶 A、B)，同时置于洗净的取样桶中，取样桶至少要比取样瓶高 15cm 以上。将两根洗净的聚乙烯塑料管或惰性材质管分别插到 A、B 取样瓶底，用虹吸或其他方法同时将水样通过导管引入 A、B 取样瓶中，流速最好为 70mL/min 左右。并使水自然从 A、B 两瓶中溢出至桶内，直到取样桶中的水平面高出 A、B 取样瓶口 15cm 以上为止。

(2) 水样的预处理

若水样中有能固定氧或消耗氧的悬浮物质，可用硫酸铝钾溶液(100g/L)絮凝。用待测水样充满 1000mL 具塞瓶中并使水溢出。移 20mL 的硫酸铝钾溶液和 4mL 氨水于待测水样中。加塞，混匀，静置沉淀。将上层清液吸至细口瓶中，再按测定步骤进行分析。

(3) 固定氧和酸化

用一根细长的玻璃管吸 1mL 左右的硫酸锰溶液(340g/L)，将玻璃管插入 A 瓶的中部，放入硫酸锰溶液。然后再用同样的方法加 5mL 碱性碘化钾混合液(30g 氢氧化钠+20g 碘化钾溶于 100mL 水中)、2.00mL 高锰酸钾标准溶液[$c(1/5KMnO_4)=0.01$mol/L]，将 A 瓶置于取样桶水层下，待 A 瓶中沉淀后，于水下打开瓶塞，再在 A 瓶中加入 5mL 硫酸溶液(1+1)，盖紧瓶塞，取出摇匀。

在 B 瓶中首先加入 5mL 硫酸溶液(1+1)，然后在加入硫酸的同一位置再加入 1mL 的硫酸锰溶液，5mL 碱性碘化钾混合液，2.00mL 高锰酸钾标准溶液，不得有沉淀产生，否则，重新测试。盖紧瓶塞，取出，摇匀，将B瓶置于取样桶水层下。

(4) 测定

将A、B瓶中溶液分别倒入2只600mL或1000mL烧杯中，用硫代硫酸钠标准滴定液滴至淡黄色，加入1mL(10g/L)淀粉溶液继续滴定，溶液滴至由蓝色变为无色，用被滴定溶液冲洗原A、B瓶，继续滴至无色为终点。

3. 结果计算

水的溶解氧的含量(W)以O_2的质量浓度(mg/L)表示，计算如下：

$$W(O_2)=\frac{1}{4}\left(\frac{V_1}{V_A-V'_A}-\frac{V_2}{V_B-V'_B}\right)cM_{O_2}\times 10^3 \tag{12-8}$$

式中 c——硫代硫酸钠标准溶液的浓度，mol/L；

V_1——滴定A瓶消耗硫代硫酸钠标准溶液的体积，mL；

V_A——A瓶溶液体积，mL；

V'_A——A瓶中所加硫酸锰等溶液的体积之和，mL；

V_2——滴定B瓶消耗硫代硫酸钠标准溶液的体积，mL；

V_B——B瓶溶液体积，mL；

V'_B——B瓶中所加硫酸锰等溶液的体积之和，mL。

4. 注意事项

① 如果预计有氧化或还原物质干扰结果时，取50mL待测水样，加2滴酚酞溶液后，加0.5mL硫酸溶液、几粒碘化钾和几滴淀粉指示剂溶液，如果溶液呈蓝色，则有氧化性物质存在。如果溶液保持无色，加0.2mL碘溶液，放置30s，如果没有呈蓝色，则存在还原性物质。

如果存在氧化性物质，则按上述操作步骤进行。

如果存在还原性物质，在A、B瓶中加入已知量过量的次氯酸钠，氧化还原性物质。测定A瓶中溶解氧含量，测定B瓶中过剩的次氯酸钠量。

② 取出水样后，最好在现场加入硫酸锰和碱性碘化钾溶液，使溶解氧固定在水中，再送至化验室进行测定。若水样中的Fe^{2+}含量大于1g/L时，可采用高锰酸钾修正法。用高锰酸钾将Fe^{2+}氧化为Fe^{3+}，然后用氟化钾掩蔽，过量的高锰酸钾用草酸钠除去。

七、油的测定

循环水中，油能与水中的悬浮物(泥沙、铁的氧化物等)结合，形成污垢，堵塞换热等设备的管道，腐蚀设备。油垢造成设备点蚀，甚至泄漏，对生产危害很大。油还为微生物提供营养，促进厌氧菌生长，使水质发生变化。

油的测定常用的方法有重量法、非色散红外法、紫外分光光度法、荧光法、比浊法等。

下面介绍红外光度法测定锅炉水和冷却水中油的分析方法，油含量在0.1~100mg/L。

1. 方法原理

矿物油的甲基、次甲基在3.14μm波长处有明显的吸收，在一定的浓度范围内其吸收值与油含量呈正比。以四氯化碳萃取水样中的油，然后用红外光度法进行定量测定。

2. 测定步骤

(1) 标准溶液的配制

① 标准混合物 用移液管吸取15mL正十六烷和15mL异辛烷置于同一具塞瓶中，混合

后塞紧备用。

② 标准溶液 A　取约 20mL 四氯化碳于 100mL 容量瓶中，塞上塞子，称量。取 1mL 标准混合物迅速加入该瓶中，塞上塞子，重新称量，两次称量之差即为标准混合物的质量。加四氯化碳至刻度。计算此标准混合物的准确浓度(mg/L)。该浓度约为 730mg/L，乘以校正因子 1.4，折合为标准油浓度约为 1022mg/L。

③ 标准溶液 B　取 4mL 标准溶液 A 于 100mL 容量瓶中，用四氯化碳稀释至刻度。此溶液浓度折合为标准油浓度约为 41mg/100mL。

④ 标准溶液 C　取 3mL 标准溶液 A 于 100mL 容量瓶中，用四氯化碳稀释至刻度。此溶液浓度折合为标准油浓度约为 31mg/100mL。

⑤ 标准溶液 D　取 2mL 标准溶液 A 于 100mL 容量瓶中，用四氯化碳稀释至刻度。此溶液浓度折合为标准油浓度约为 20mg/100mL。

⑥ 标准溶液 E　取 30mL 标准溶液 C 于 100mL 容量瓶中，用四氯化碳稀释至刻度。此溶液浓度折合为标准油浓度约为 9mg/100mL。

⑦ 标准溶液 F　取 10mL 标准溶液 E 于 100mL 容量瓶中，用四氯化碳稀释至刻度。此溶液浓度折合为标准油浓度约为 0.9mg/100mL。

(2) 绘制工作曲线

① 按仪器使用说明调好红外分光光度计(或红外油分析仪)。分别对标准溶液 B、C、D、E、F 进行测定。扫描从波数 4000cm^{-1}开始至 2000cm^{-1}为止，量取谱图上波数 2930cm^{-1}(波长 3.14μm)处净峰高(透光率)并将其换算为吸光度。

② 将标准溶液 B、C、D、E、F 的浓度值乘以校正因子 1.4 折合为标准油浓度，以这些新的浓度值(mg/100mL)为横坐标，以对应净峰高吸光度为纵坐标，作出工作曲线或线性回归方程。

(3) 水样的测定

① 用玻璃取样瓶取水样 1000mL，用 pH 试纸检验水样的 pH。用硫酸(1+1)调至 pH 小于 2。

② 在取样瓶中加入 30mL 四氯化碳，塞好瓶塞，立即颠倒并剧烈摇动 2min，静置至泡沫消失，倒入分液漏斗中，静置分层，将底层的四氯化碳抽提液转入 100mL 容量瓶中。

③ 另取 30mL 四氯化碳加入取样瓶中，塞好瓶塞，使四氯化碳充分接触瓶子内壁，然后将四氯化碳倒入分液漏斗中，静置分层，将底层的四氯化碳抽提液转入步骤②中的同一容量瓶中。

④ 再取 30mL 四氯化碳加入取样瓶中，重复上述萃取步骤，抽提液仍转入同一容量瓶中。

⑤ 加一角匙无水硫酸钠脱水，用四氯化碳将抽提液稀释至 100mL。

⑥ 测定抽提液红外光度值，从工作曲线或回归方程求水样中油的量 μ(mg)。

3. 结果计算

工业用水中油的含量(W)以质量浓度(mg/L)表示，计算如下：

$$W=\mu\times\frac{1000}{V} \tag{12-9}$$

式中　μ——从工作曲线或回归方程求得的 V 水样中油的量，mg；

V——水样体积，L。

第三节　工业废水分析

工业废水是在工业生产过程中排放出来的废水，其成分主要决定于生产过程中采用的原料及所应用的工艺。工业废水又可分为生产污水和生产废水。生产废水是指较清洁，不经处理即可排放或回用的工业废水(例如冷却水)。而那些污染较严重，须经过处理后方可排放的工业废水就称为生产污水。

工业废水所含的污染物种类很多，对公共环境安全造成的危害也各不相同，主要包括以下几种：

1. 固体污染物

固体污染物分为溶解性固体污染物和悬浮性固体污染物两类：

溶解性固体中的胶体是造成废水浑浊和色度的主要原因，少数废水含有很高的无机盐，对农业和渔业有不良影响。

悬浮固体的主要危害是造成沟渠管道和抽风设备的堵塞、淤泥和磨损；造成接纳水体的淤泥和土壤空隙的堵塞；造成水生动物呼吸困难；造成给水水源的浑浊；干扰废水处理和回用设备的工作。

2. 需氧污染物

无机的需氧物主要有 Fe^{2+}、NO_2^-、S^{2-}、SO_3^{2-}、CN^-等，绝大多数需氧物是有机物，因而在特定的情况下，需氧物即指有机物。

3. 重金属及其化合物

汞、铬、锰、镉、锌、铜、铅等重金属在工业中广泛使用，它们都能通过食物链富集，人体摄取过多就会引起中毒，重金属通过抑制人体化学反应酶的活动，以细胞质中毒的形式伤害神经组织。还可导致直接的组织中毒，损害人体解毒功能的关键器官——肝、肾等。

4. 有机化学毒物

有机化学毒物多为人工合成物质，主要有酚类化合物，如苯酚、甲酚，它们对人的神经系统造成很大的危害。芳烃及其衍生物，如苯、二甲苯、苯酐等，损害人的中枢神经，造成神经系统障碍，危害造血器官和生殖系统。氰及氰化物，如丙烯氰、己氰、氰醇等中毒时造成细胞氧化作用障碍。不少有机氯化物都有致癌作用，如多氯联苯的急性中毒造成人的死亡，还可通过胎盘造成胎儿中毒。

5. 油类污染物

石油及其加工成品的应用十分广泛，因此含油废水的排出和石油产品的泄漏使石油成为污染水体的重要物质。石油及产品一旦排入水体，便会浮出水面形成油膜，进一步扩展成薄膜，油膜覆盖海面，不仅影响海洋生物的生长，破坏海岸设施，还可以影响局部地区的水文气象条件和降低海洋的自净能力。

6. 无机污染物

pH>8. 5 或 pH<6. 5 时，则会消灭或抑制微生物的生长，妨碍水体的自净能力，从而对生态系统发生不良影响。无机盐的存在量增大还会造成水体的硬度增大，增加工业用水的处理费用。

7. 氮、磷、钾等营养物质

氮、磷、钾等营养物质是植物生长所需要的物质，但水体中营养物质过多，就会产生

"富营养化"，导致水生生物主要是各类藻类的大量繁殖和旺盛生长，使水中溶解氧大量消耗，水体处于严重缺氧状况，造成鱼类死亡。

8. 放射性物质

放射性物质主要来自核电站放射性废水处理不当所造成的泄漏，核试验产生的放射性尘埃的降落以及放射性元素在化学、冶金、医学、农业等部门的广泛应用而随污水排入水体。污染水体的放射性物质主要有90Sr、137Cs等，这些物质经水和食物进入人体以后，能产生积累，对人体产生放射性辐射，引起遗传变异或癌症。

9. 热污染

废水温度过高引起的危害称为热污染，其危害表现为熔化或破坏管道接头，破坏生物处理过程、危害水生物和农作物、加速水体的富营养化进程。

10. 生物性污染物

生物性污染物主要是病原微生物，来自生活污水和医院废水，制革、食品加工等工业废水及牲畜污水。病原微生物有病菌、病毒、寄生虫三类，对人体健康影响很大，造成传染病发病率和死亡率提高。

一、工业废水的采集

废水的采样涉及采样时间、地点和频率三个方面。采样要求取决于调查目的和分析项目。有些是为了掌握污染物浓度的瞬间变化，以控制或调节生产工艺过程；有些是为了取得污染物的平均浓度，以了解对环境造成的污染。

1. 采样点的设置

① 车间或车间设备出口处应布点采样测定一类污染物。这些污染物主要包括汞、镉、砷、铅和它们的无机化合物，六价铬的无机化合物，有机氯和强致癌物质等。

② 在工厂总排污口处应布点采样测定二类污染物。这些污染物有：悬浮物、硫化物、挥发酚、氰化物、有机磷、石油类、酮、锌、氟和它们的无机化合物、硝基苯类、苯胺类。

2. 工业废水采集的时间和频率

① 可在一个生产周期内每隔0.5h或1h采样1次，混合后测定污染物的平均值。

② 取3~5个生产周期的废水样监测，可每隔2h取样1次

③ 排污复杂、变化大的废水，时间间隔要短，有时要5~10min采样1次，使用连续自动采样装置。

④ 水质和水量变化稳定或排放规律好的废水，找出污染物在生产周期内的变化规律，采样频率可降低，如每30天采样测定2次。

各种工业废水都含有特殊的污染物质，其排放量、浓度等因工艺而有很大差异。采样的时间和采样频率的选择是一个复杂的问题，主要取决于排污情况和分析要求。一般情况下，工业废水的采样时间尽可能选择在开工率、运转时间及设备等正常的情况下，并且至少以一个操作日作为一个变化单位。在生产和废水排放的周期内，应根据废水排放的具体情况，确定采样的时间间隔。

3. 工业废水采集的基本类型

(1) 瞬时废水样

废水的化学组成和浓度强烈地依赖于生产工艺流程和管理状况。对于生产工艺和过程连续、恒定，废水中组分及浓度随时间变化不大的工业废水，一般采用瞬时采样的方法。

(2) 平均废水样

不同的工厂和车间生产周期时间长短各不相同，排污的周期差别也很大。一般应在一个或几个生产或排放周期内，按一定的时间间隔分别采样。对于稳定的污染物，可对分别采集的样品进行混合后一次测定，对于不稳定的污染物可在分别采样、分别测定后取平均值。

生产的周期性也影响废水的排放量。若排放量不恒定，可将一个排污口不同时间的废水样，按照流量的大小，按比例混合，可得平均比例混合废水样。

二、工业废水中 COD 的测定

各种类型的含 COD 值大于 30mg/L 的水样，或未经稀释的水样 COD 上限为 700mg/L，现国家标准测定方法为重铬酸钾法(本标准不适用于含氯化物大于 1000mg/L 稀释后的含盐水)。对于测定油气田氯离子含量高达几万或十几万毫克，每升高氯废水中的 COD，可采用碘化钾-碱性高锰酸钾法，此法的最低检出限 0.2mg/L，测定上限为 62.5mg/L。

下面介绍碘化钾-碱性高锰酸钾法测定高氯废水中的 COD。

1. 测定原理

在碱性条件下，加一定量高锰酸钾溶液于水样中，并在沸水浴上加热反应一定时间，以氧化水中的还原性物质。加入过量的碘化钾还原剩余的高锰酸钾，以淀粉做指示剂，用硫代硫酸钠滴定释放出的碘。根据消耗的高锰酸钾的量，换算为氧的浓度，用 COD_{OH-KI}表示。

2. 测定步骤

① 吸取 100mL 待测水样(若水样 COD_{OH-KI}高于 12.5mg/L，则少取水样，用水稀释至 100mL)于 250mL 碘量瓶中，加入 50%NaOH 溶液 0.5mL，摇匀。

② 加入 0.05mol/L 高锰酸钾溶液 10.00mL，摇匀。将碘量瓶立即放入沸水浴中加热 60min(从水浴重新沸腾起计时)，沸水浴液面要高于反应溶液的液面。

③ 从水浴中取出碘量瓶，用冷水冷却至室温后，加入 4%叠氮化钠溶液 0.5mL，摇匀。

④ 加入 30%氟化钾溶液 1mL，摇匀。

⑤ 加 10%碘化钾溶液 10.00mL，摇匀。加入(1+5)硫酸 5mL，加盖摇匀，暗处置 5min。

⑥ 用 0.0250mol/L 硫代硫酸钠溶液滴定至溶液呈淡黄色，加入 1mL 淀粉溶液，继续滴定至溶液蓝色刚刚消失，记下硫代硫酸钠溶液的体积 V_1。

⑦ 另取 100mL 水代替试样，按照①至⑥步骤做全程空白，记下滴定消耗的硫代硫酸钠溶液的体积 V_2。

3. 结果计算

废水中的 COD 含量以 $COD_{OH-KI}(O_2)$的质量浓度(mg/L)表示，计算如下：

$$COD_{OH-KI}(O_2) = \frac{c(V_1 - V_2)M(O_2)}{4V_0} \times 10^3 \tag{12-10}$$

式中 c——硫代硫酸钠标准溶液的浓度，mol/L；

V_1——试样消耗硫代硫酸钠溶液的体积，mL；

V_2——空白消耗硫代硫酸钠溶液的体积，mL；

V_0——试样的体积，mL。

4. 注意事项

① 配制试剂溶液时，所用纯水均指不含有机物的蒸馏水。

② 水样采集于玻璃瓶后，应尽快分析。若不能立即分析，应加入硫酸调节 pH<2、4℃

冷藏保存并在 48h 内测定。

③ 水样中含 Fe^{3+} 时，可加入 30%氟化钾溶液消除铁的干扰。

④ 由于碘化钾-碱性高锰酸钾法与重铬酸盐法氧化条件不同，对同一样品的测定值也不相同，而我国的污水综合排放标准中 COD 指标是指重铬酸盐法的测定结果。通过求出碘化钾-碱性高锰酸钾法与重铬酸盐法间的比值 K，可将碘化钾-碱性高锰酸钾法的测定结果换算成重铬酸盐法的 COD_{Cr} 值，来衡量水体中的有机物污染状况。

K 值的求得：

分别用重铬酸盐法和碘化钾碱性高锰酸钾法测定有代表性的废水样品(或主要污染物质)的需氧量 COD_1、COD_2 确定该类废水的 *K* 值，按下式计算。

$$K=\frac{COD_2}{COD_1} \tag{12-11}$$

$$COD_{Cr}=\frac{COD_{OH-KI}}{K} \tag{12-12}$$

三、铅的测定

铅的测定方法主要有原子吸收分光光度法、示波极谱法、原子荧光光度法、双硫腙分光光度法等。下面介绍双硫腙分光光度法，测定天然水和废水中的微量铅(铅浓度在 0.01~0.30mg/L 之间)，铅浓度高于 0.30mg/L，可对样品作适当稀释后再进行测定。

1. 测定原理

在 pH 为 8.5~9.5 的氨性柠檬酸盐-氰化物的还原性介质中，铅与双硫腙形成可被氯仿萃取的淡红色的双硫腙-铅螯合物，萃取的氯仿混合液于 510nm 波长下进行吸光度测量，从而求出铅的含量。

2. 水样的采集及处理

按照国家标准的有关规定进行采集水样。采集后每 1000mL 水样立即加入 2.0mL 硝酸加以酸化(pH 约为 1.5)，加入 5mL 碘溶液(0.05mol/L)，以避免挥发性有机铅化合物在水样处理和消化过程中损失。

除非证明试样的消化处理是不必要的，例如不含悬浮物的地下水和清洁的地面水可直接测定，否则要按下述二种情况进行预处理。

(1) 比较浑浊的地面水

每 100mL 试样加入 1mL 硝酸，置于电热板上微沸消解 10min，冷却后用快速滤纸过滤，滤纸用硝酸(1+9)洗涤数次，然后用硝酸(1+9)稀释到一定体积供测定用。

(2) 含悬浮物和有机物较多的地面水或废水

每 100mL 试样(含铅量 1μg)加入 5mL 硝酸，在电热板上加热消解到 10mL 左右，稍冷，再加入 5mL 硝酸和 2mL 高氯酸(严禁将高氯酸加到含有还原性有机物的热溶液中，只有预先用硝酸加热处理后才能加入高氯酸，否则会引起强烈爆炸)，继续加热消解蒸发至近干(但勿蒸干)，冷却后用硝酸(1+9)温热溶解残渣，再冷却后用快速滤纸过滤，滤纸用硝酸(1+9)洗涤数次，滤液用硝酸(1+9)稀释定容，供测定用。每分析一批试样要平行操作两个空白试验。

3. 测定步骤

(1) 显色萃取

向试样(含铅量不超过30μg，最大体积不大于100mL)加入10mL硝酸(1+4)和50mL柠檬酸盐—氰化钾还原性溶液，摇匀后冷却到室温，加入10mL双硫腙工作溶液，塞后剧烈摇动分液漏斗30s，然后放置分层。

(2) 吸光度的测量

在分液漏斗的管颈内塞入一小团无铅脱脂棉花，然后放出下层有机相，弃去1~2mL氯仿层后，用1cm比色皿，在510nm波长处测量萃取液的吸光度，由测量所得吸光度扣除空白试验吸光度，再从校准曲线上求出铅量。

(3) 校准曲线

向一系列250mL分液漏斗中，分别加入0.00、0.50、1.00、5.00、7.50、10.00、15.00mL铅标准工作液，各加适量无铅去离子水以补充到100mL。然后按(1)、(2)所述步骤进行操作。从上述测得吸光度中扣除试剂空白(零浓度)的吸光度后，绘制校准曲线。

4. 结果计算

废水中的铅(Pb^{2+})的含量(W)以质量浓度(mg/L)表示，计算如下：

$$W(Pb^{2+}) = \frac{m}{V} \tag{12-13}$$

式中 m——从校准曲线上求得的铅的含量，μg；

V——用于测定的水样的体积，mL。

5. 注意事项

① 过量干扰物的消除。

铋、锡和铁的双硫腙盐与双硫腙铅的最大吸收波长不同，在510nm和465nm分别测量试样的吸光度可以检查上述干扰是否存在。从每个波长位置的试样吸光度中扣除同一波长位置空白试验的吸光度，计算出试样吸光度的校正值。计算510nm处吸光度校正值与465nm处吸光度校正值的比值。吸光度校正值的比值对双硫腙铅盐为2.08，而对双硫腙铋盐为1.07，如果分析试样时求得的比值明显小于2.08，即表明存在干扰。这时需另取100mL试样并按以下步骤处理。对未经消化的试样加5mL亚硫酸钠溶液(50g/L)以还原残留的碘。根据需要用硝酸(1+4)或氨水(1+9)将试样的pH调为2.5。将试样转入250mL分液漏斗中，用双硫腙溶液至少萃取三次，每次用10mL，或者萃取到氯仿层呈明显的绿色，然后用氯仿萃取，每次用20mL以除去双硫腙(绿色消失)，水相备作测定用。

② 水样中的氧化性物质如(Fe^{3+})易氧化双硫腙，在氨性介质中加入盐酸羟胺去除。加入氰化钾可掩蔽铜、锌、镍、钴等离子，为了防止钙、镁、铝、铬、铁等离子形成氢氧化物沉淀，可加入柠檬酸盐掩蔽。

四、铬的测定

铬的毒性与其存在的价态有关，六价铬比三价铬毒性高100倍，并易被人体吸收，六价铬、三价铬可以相互转化。对于水质中的总铬的测定，是将三价铬氧化为六价铬后，用二苯碳酰二肼分光光度法测定。当铬含量高时(大于1mg/L)，也可采用硫酸亚铁铵滴定法。

下面介绍高锰酸钾-二苯碳酰二肼分光光度法测定工业废水中的总铬。

1. 测定原理

在酸性溶液中，试样中的三价铬被高锰酸钾氧化成六价铬。六价铬与二苯碳酰二肼反应生成紫红色化合物，于波长540nm处进行分光光度测定。

过量的高锰酸钾用亚硝酸钠分解，而过量的亚硝酸钠又被尿素分解。

2. 采样与样品

实验室样品应该用玻璃瓶采集。采集时，加入硝酸调节样品 pH 值小于 2。在采集后尽快测定，如放置，不得超过 24h。

3. 测定步骤

(1) 样品的预处理

一般较清洁的水可直接用高锰酸钾氧化后测定。

① 硝酸-硫酸消解。

样品中含有大量的有机物需进行消解处理。

取 50mL 或适量样品(含铬少于 50μg)，置于 100mL 烧杯中，加入 5mL 硝酸和 3mL 硫酸，蒸发至冒白烟，如溶液仍有色，再加入 5mL 酸重复上述操作，至溶液清澈，冷却。

用水稀释至 10mL，用氨水溶液(1+1)中和至 pH 为 1~2，移入 50mL 容量瓶中，用水稀释至标线，摇匀，供测定。

② 铜铁试剂-氯仿萃取除去钼、钒、铁、铜。

取 50mL 或适量样品(铬含量少于 50μg)，置于 100mL 分液漏斗中，用氨水溶液(1+1)调至中性，加水至 50mL，加入 3mL 硫酸溶液(1+1)。

用冰水冷却后，加入 5mL 铜铁试剂(50g/L)后振摇 1min，置冰水中冷却 2min，每次用 5mL 氯仿，共萃取 3 次，弃去氯仿层。

将水层移入锥形瓶中，用少量水洗涤分液漏斗，洗涤水亦并入锥形瓶中。加热煮沸，使水层中氯仿挥发后，按①和②处理。

(2) 高锰酸钾氧化三价铬。

取 50mL 或适量样品(铬含量少于 50μg)或经按①和②处理的试样，置于 150mL 锥形瓶中，用氨水溶液(1+1)或硫酸溶液(1+1)调至中性，加入几粒玻璃珠，加 0.5mL 硫酸(1+1)溶液，0.5mL 磷酸溶液(1+1)，加水至 50mL，摇匀，加 2 滴高锰酸钾溶液(40g/L)，如紫红色消退，则应添加高锰酸钾溶液保持紫红色，加热煮沸至溶液体积约剩 20mL。

取下冷却，加入 1mL 尿素溶液(200g/L)，摇匀。滴加亚硝酸钠溶液(20g/L)，每加一滴充分摇匀，至高锰酸钾的紫红色刚好褪去。稍停片刻，待溶液内气泡逸出，转移至 50mL 比色管中。

4. 结果计算

铬(Cr)的含量(W)以质量浓度(mg/L)表示，计算如下：

$$W(\mathrm{Cr}) = \frac{m}{V} \tag{12-14}$$

式中 m——从校准曲线上查得的试样中含铬量，μg；

V——试样体积，mL。

5. 注意事项

① 样品中含有少量铁(Fe^{3+})干扰测定，可将(2)中加入 0.5mL 硫酸、0.5mL 磷酸溶液改为加入 1.5mL 磷酸溶液。

② 含铁量大于 1mg/L 时，显色后呈黄色。六价钼和汞也和显色剂反应，生成有色化合物，但在本方法的显色酸度下，反应不灵敏。钼和汞的浓度 200mg/L 不干扰测定。钒含量高于 4mg/L 即干扰显色，但钒与显色剂反应 10min 后可自行褪色。

五、汞的测定

汞的测定常采用冷原子吸收法、冷原子荧光法，也常采用双硫腙分光光度法。前面两种方法的最低检测限为 0.1μg/L。双硫腙分光光度法，取 250mL 水样测定，汞的最低检出浓度为 2μg/L，测定上限为 40μg/L。上述方法所测定的都是总汞。总汞是指未过滤的水样，经剧烈的消解后测得的汞浓度，它包括无机的和有机的、可溶的和悬浮的全部汞。下面介绍高锰酸钾—过硫酸钾消解双硫腙分光光度法测定水样中的总汞。

1. 测定原理

在 95℃用高锰酸钾和过硫酸钾将试样消解，把所含汞全部转化为二价汞。

用盐酸羟胺将过剩的氧化剂还原，在酸性条件下，汞离子与双硫腙生成橙色螯合物，用有机溶剂萃取，再用碱溶液洗去过剩的双硫腙。在 485nm 波长下，以氯仿作参比，测定其吸光度。

2. 采样与试样

(1) 采样

每采集 1000mL 水样后立即加入约 7mL 硝酸，调节试样 pH 为 1.0。若取样后不能立即进行测定，向每升试样中加入 4mL 高锰酸钾溶液(50g/L)，必要时再多加一些，使其呈现持久的淡红色。试样贮存在硼硅玻璃瓶中。

注意：记录样品的体积和加入的试剂体积，以便在空白试验中进行同样的操作。

(2) 试样

向整个样品中加入盐酸羟胺溶液(100g/L)，使所有二氧化锰完全溶解，然后立即取两份试样，每份 250mL，取时应得到溶解部分和悬浮部分均具有代表性的试样，然后立即进行测定。第二份试样用于制备校核试验中使用的试份。

3. 测定步骤

(1) 消解

将试样或已经稀释成 250mL 的部分待测试样(含汞不超过 10μg)，放入锥形瓶中，小心地加入 10mL 硫酸和 2.5mL 硝酸，混匀。

加入 15mL 高锰酸钾溶液(50g/L)，如果不能在 15min 内维持深紫色，则混合后再加 15mL 高锰酸钾溶液以使颜色能持久，然后加入 8mL 过硫酸钾溶液(50g/L)，在 95℃的水浴上加热 2h，然后冷却至 40℃。

将第二个用于校核试验的试样保存起来，然后继续第一份的测定。

加入盐酸羟胺溶液(100g/L)还原过剩的氧化剂，直至溶液的颜色刚好消失和所有锰的氧化物都溶解为止，打开塞子，放置 5~10min，将溶液转移至 500mL 分液漏斗中，以少量水洗锥形瓶两次，并入分液漏斗中。

(2) 萃取和测定

① 萃取　向各份消解液中加入 1mL 亚硫酸钠溶液(200g/L)，混匀后，再加入 10.0mL 双硫腙—氯仿溶液，缓缓旋摇并放气，再密塞振摇 1min，静置分层。

将有机相转入已盛有 20mL 双硫腙洗脱液的 60mL 分液漏斗中，振摇 1min，静置分层。必要时再重复洗涤 1~2 次，直至有机相不带绿色。

② 测定　用滤纸吸去分液漏斗放液管内的水珠，塞入少许脱脂棉，将有机相放入 2cm 比色皿中，在 485nm 波长下，以氯仿作参比，测定吸光度。将试样的吸光度减去空白试验

的吸光度后，从校准曲线上查得汞含量。

(3) 空白试验

用水代替试样，按以上操作进行，测定空白溶液吸光度。

当测定在接近检出限的浓度下进行时，必须控制空白试验的吸光度不超过0.01单位。如果超过0.01单位，检查所用纯水、试剂和器皿等，换掉含汞量较高的试剂和水并重新配制，并对玷污的器皿重新处理，以确保测定有意义。

4. 校准曲线

取6个500mL锥形瓶，分别加入新配制的汞标准溶液(1.00g/L)0.00、0.50、1.00、2.50、5.00、10.00mL，加水至250mL。然后对每一标准溶液进行处理，最后分别以测定的各吸光度减去试剂空白的吸光度后，与对应的汞含量绘制校准曲线。

5. 结果计算

水样中汞(Hg)的含量(W)以质量浓度(mg/L)表示，计算如下：

$$W=\frac{m}{V} \tag{12-15}$$

式中 m——校准曲线上查得的含汞量，μg；

V——测定用试样体积，mL。

6. 注意事项

① 在消解过程中，含悬浮物或有机物较少的水可把加热时间缩短为1h；不含悬浮物的较清洁的水可把加热时间缩短为30min。

② 所用玻璃器皿在两次操作之间不应让其干燥，而应充满硝酸溶液，临用前倾出硝酸溶液，再用水冲洗干净。

第一次使用的器皿应预先进行下述处理

a. 用1+1硝酸溶液浸泡过夜；

b. 临用前用4份硫酸加1份高锰酸钾(50g/L)(体积比)的混合溶液清洗；

c. 用盐酸羟胺(100g/L)清洗，以除去所有沉积的二氧化锰；

d. 最后用水冲洗数遍。

③ 双硫腙洗脱液的配制。

将8g氢氧化钠溶于煮沸放冷的水中，加入10gEDTA二钠盐，稀释至1000mL，贮存于聚乙烯瓶中。用双硫腙分光光度法测定汞含量时，在酸性条件下，干扰物主要是铜离子。在双硫腙洗脱液中加入EDTA二钠盐溶液，至少可掩蔽300μg铜离子的干扰。

六、镉的测定

镉的测定方法有原子吸收光度法、双硫腙分光光度法、催化极谱法等。下面介绍双硫腙分光光度法测定水质中的总镉，本法测定镉的浓度范围为0.001~0.05mg/L，当浓度高于0.05mg/L时，可适当稀释后再进行测定。

1. 测定原理

在强碱性溶液中，镉离子与双硫腙生成红色络合物，在波长518nm处比色测定，从而求出镉的含量。

2. 采样与样品

(1)采样

样品须用聚乙烯瓶采集，盛器应预先在硝酸溶液(2%)中浸泡24h。用水洗洁后使用。样品采集后应立即用硝酸调节至pH<2。

(2) 试样

除非证明水样的消化处理是不必要的。例如：不含悬浮物的地下水和清洁地面水可以直接测定。否则要按下述两种情况进行预处理。

① 较浑浊的地面水，每100mL水样加入1mL硝酸，置于电热板上微沸10min，冷却后快速用滤纸过滤，滤纸用硝酸(2%)洗涤数次，然后用硝酸(2%)稀释到一定体积，供测定用。

② 含悬浮物和有机质较多的地下水或废水，每100mL水样加5mL硝酸，在电热板上加热，消解到10mL左右，稍冷后，再加入5mL硝酸和2mL高氯酸后，继续加热消解，蒸至近干。冷却后用硝酸(2%)温热溶解残渣，冷却后，用快速滤纸过滤，滤纸用硝酸(2%)洗涤数次，滤液用硝酸(2%)定容，供测定用。

3. 测定步骤

① 吸取含1~10μg镉的适量试样放入250mL分液漏斗中，用水补充至100mL，加入3滴百里酚蓝乙醇溶液(0.1%)，用氢氧化钠溶液(6mol/L)或盐酸溶液(6mol/L)，调节溶液刚至稳定的黄色，此时pH值为2.8。

② 向分液漏斗中依次加入1mL酒石酸钾钠溶液(50%)，5mL40%氢氧化钠与0.05%氰化钾的混合溶液，1mL盐酸羟胺溶液(20%)，每加入一种试剂后均需充分摇匀，最后加15mL双硫腙—三氯甲烷溶液，振摇1min，此步骤应迅速进行。

③ 另取125mL分液漏斗，加入25mL冷却的酒石酸(2%)溶液，然后放入双硫腙—三氯甲烷萃取液，用10mL三氯甲烷洗涤250mL分液漏斗，并入125mL分液漏斗。(注意：切勿将水放入125mL分液漏斗中)。加入双硫腙后，要立即进行以上两次萃取(双硫腙和被氯仿饱和的强碱长时间接触后会分解)。

④ 将125mL分液漏斗振摇2min后，弃去三氯甲烷层，再加入三氯甲烷5mL，振1min，弃去三氯甲烷层。

⑤ 依次向125mL分液漏斗中加入0.25mL盐酸羟胺(20%)、15.0mL双硫腙溶液、5mL氢氧化钠-氰化钾的混合溶液，立即振摇2min，静止分层，在分液漏斗管颈中塞入一小团无镉脱脂棉花，将双硫腙—三氯甲烷溶液滤入3cm比色皿中，待测定。

⑥ 吸光度的测定。在波长518nm处，以三氯甲烷为参比，测量吸光度。

⑦ 确定镉含量。将测得的吸光度扣除空白吸光度后从校准曲线上查得镉含量。

⑧ 校准曲线绘制。分别取镉标准溶液(1.00μg/mL)0.00、0.25、0.50、1.00、3.00、5.00mL，用水补足到100mL，然后按①~⑥操作，测得的各标准吸光度扣除零标准吸光度后，绘制吸光度对镉量的校准曲线。

4. 结果计算

水样中镉(Cd)的含量(W)以质量浓度(mg/L)表示，计算如下：

$$W=\frac{m}{V} \tag{12-16}$$

式中 m——校准曲线上查得的含镉量，μg；

V——测定用试样体积，mL。

5. 注意事项

① 双硫腙提纯。

称取0.5g双硫腙溶于100mL三氯甲烷中，将溶液在分液漏斗中加入50mL1%(v/v)氨水振摇，放出水相，重复四次，将所得水相合并，用管颈内塞入一小团脱脂棉花的漏斗过滤，以除去残余三氯甲烷，然后用盐酸或SO_2酸化(用SO_2酸化为宜。SO_2具有还原作用，且不会使溶液引入痕量的金属)。沉淀后的双硫腙，用三氯甲烷萃取几次(每次用15~20mL)，合并萃取液，用水洗涤几次，于50℃水浴上蒸去三氯甲烷，将双硫腙溶液存放在棕色瓶中，保存阴暗处备用。

② 在强碱性介质中，有酒石酸盐存在时，20mg/LPb^{2+}、30mg/LZn^{2+}、4mg/LMn^{2+}、4mg/LFe^{3+}、20mg/LMg^{2+}，对镉的测定无干扰。

七、氰化物的测定

氰化物可能以氰氢酸、氰离子和络合氰化物的形式存在于水中，这些氰化物可作为总氰化物和氰化物分别加以测定。

氰化物的测定方法有硝酸银滴定法，最低检测浓度为0.25mg/L，检测上限为100mg/L；异烟酸—吡唑啉酮比色法，最低检测浓度为0.004mg/L，检测上限为0.25mg/L；吡啶—巴比妥酸比色法，最低检测浓度为0.002mg/L，检测上限为0.45mg/L等。

下面分别介绍硝酸银滴定法、异烟酸—吡唑啉酮比色法测定水质中的总氰化物。

(一) 硝酸银滴定法测定总氰化物

1. 测定原理

总氰化物是指在磷酸和EDTA存在下，pH<2介质中，加热蒸馏，能形成氰化氢的氰化物。包括全部简单氰化物(多为碱金属和碱土金属的氰化物、铵的氰化物)和绝大部分络合氰化物(锌氰络合物、铁氰络合物、镍氰络合物、铜氰络合物等)，不包括钴氰络合物。

向水样中加入磷酸和EDTA二钠盐，在pH<2条件下加热蒸馏，利用金属离子与EDTA络合能力比与氰离子络合能力强的特点，使络合氰化物离解出氰离子并以氰化氢形式被蒸馏出，用氢氧化钠吸收。经蒸馏得到的碱性馏出液用硝酸银标准溶液滴定，氰离子与硝酸银作用生成可溶性的银氰络合离子$[Ag(CN)_2]^-$，过量的银离子与试银灵指示剂反应，溶液由黄色变为橙红色。

2. 采样和样品

① 集水样后必须立即加氢氧化钠固定。一般每升水样加0.5g固体氢氧化钠。当水样酸度高时，应多加固体氢氧化钠，使样品的pH>12，并将样品存于聚乙烯塑料瓶或硬质玻璃瓶中。

② 水样中含有大量硫化物时，应先加碳酸镉($CdCO_3$)或碳酸铅($PbCO_3$)固体粉末，除去硫化物后，再加氢氧化钠固定。否则在碱性条件下，氰离子和硫离子作用形成硫氰酸离子而干扰测定。

注：检验硫化物方法，可取1滴水样放在乙酸铅试纸上，若变黑色(硫化铅)，说明有硫化物存在。

③ 采样后，应在24h内分析样品。如果不能及时分析样品，必须将样品存放在冷暗的冰箱内。

3. 测定步骤

① 量取200mL样品于500mL蒸馏瓶中(若氰化物含量高，可少取样品，加水稀释至200mL)，加数粒玻璃珠。

② 往接收瓶内加入 10mL 氢氧化钠溶液(1%)作为吸收液。当样品中存在亚硫酸钠和碳酸钠时，可用4%氢氧化钠溶液作为吸收液。

③ 馏出液导管上端接冷凝管出口，下端插入接收瓶的吸收液中，检查连接部气密性。

④ 将 10mLEDTA 二钠溶液(10%)加入蒸馏瓶内。

⑤ 迅速加入 10mL 磷酸，当样品碱度大时，可适当多加磷酸，使 pH 小于 2，立即盖瓶塞，打开冷凝水，打开可调电炉，由低档逐渐升高，馏出液以 2~4mL/min 速度进行加热蒸馏。

⑥ 接收瓶内溶液近 100mL 时，停止蒸馏，用少量水洗馏出液导管，取出接收瓶，用水稀释至标线，此碱性馏出液"A"待测定总氰化物用。

图 12-1 为总氰化物蒸馏装置图。

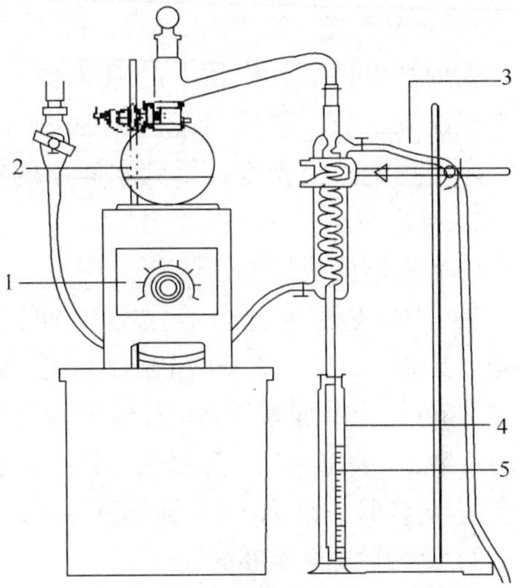

图 12-1 总氰化物蒸馏装置图

1—可调电炉；2—蒸馏瓶；3—冷凝水出口水；4—接收瓶；5—流出液导管

⑦ 空白试验。

用实验用水代替样品按步骤①至⑥操作，得到空白试验馏出液"B"，待测定总氰化物用。

⑧ 测定。

取 100mL 馏出液 A(如试样中氰化物含量高时，可少取试样用水稀释至 100mL 于具柄瓷皿或锥形瓶中，加入 0.2mL 试银灵指示剂(0.2g/L)摇匀，用硝酸银标准溶液(0.010mol/L)滴定至溶液由黄色变为橙红色为止，记下读数(V_a)。

⑨ 空白测定

另取 100mL 空白试验馏出液"B"于锥形瓶中，按⑧进行滴定，记下读数(V_0)。

注：若样品氰化物浓度小于 1mg/L，可用 0.0010mol/L 硝酸银标准溶液滴定。

4. 结果计算

水样中氰化物(CN^-)的含量(W)以质量浓度(mg/L)表示，计算如下：

$$W(CN^-)=\frac{2c(V_a-V_0)\cdot M(CN^-)\dfrac{V_1}{V_2}\times 1000}{V} \tag{12-17}$$

式中 c——硝酸银标准溶液的浓度，mol/L；

V_a——测定试样时硝酸银标准溶液用量，mL；

V_0——测定空白试样时硝酸银标准溶液用量，mL；

V_1——试样(馏出液 A)的体积，mL；

V_2——试份(测定试样时所取馏出液 A)的体积，mL；

V——蒸馏时所取水样的体积，mL；

$M(CN^-)$——CN^-的摩尔质量，g/moL。

5. 注意事项

① 若样品中存在活性氯等氧化剂，由于蒸馏时，氰化物会被分解，使结果偏低，干扰测定。可量取两份体积相同的样品，向其中一份样品投加碘化钾淀粉试纸 1~3 片，加硫酸(1+5)酸化，用亚硫酸钠溶液(12.6g/L)滴至碘化钾淀粉试纸由蓝色变为无色，

记下用量；另一份样品不加试纸，仅加上述用量的亚硫酸钠溶液，然后按步骤①至⑥操作。

② 若样品中有大量硫化物存在，将200mL样品②过滤，沉淀物用1%氢氧化钠洗涤，合并滤液和洗涤液，然后按步骤①至⑥操作。

③ 若样品中含有大量亚硝酸离子，将干扰测定，可加入适量的氨基磺酸分解亚硝酸离子。一般1mg亚硝酸离子需要加2.5mg氨基磺酸，然后按步骤①至⑥操作。

（二）异烟酸—吡唑啉酮比色法测定水样中的氰化物

1. 测定原理

在中性条件下，样品中的氰化物与氯胺T反应生成氯化氰，再与异烟酸作用，经水解后生成戊烯二醛，最后与吡唑啉酮缩合生成蓝色染料，其颜色与氰化物的含量成正比，在638nm处测定其吸光度，得到水样中的氰化物的含量。

2. 测定步骤

（1）校准曲线绘制

① 取8支具塞比色管，分别加入氰化钾标准溶液(1.00μg/mL)0.00、0.20、0.50、1.00、2.00、3.00、4.00和5.00mL，各加氢氧化钠溶液(1g/L)至10mL。

② 向各管中加入5.00mL磷酸盐缓冲溶液(pH=7)，混匀，迅速加入0.2mL氯胺T溶液(10g/L)，立即盖塞子，混匀，放置3~5min。

③ 向各管中加入5mL异烟酸—吡唑啉酮溶液，混匀，加水稀释至标线，摇匀，在25~35℃的水浴中放置40min。

④ 用分光光度计，在638nm波长下，用10mm比色皿，以试剂空白(零浓度)作参比，测定吸光度，并绘制校准曲线。

（2）水样测定

分别吸取按硝酸银滴定法测定水样中氰化物的馏出液“A”10.00mL和馏出液“B”10.00mL于具塞比色管中，按标准曲线绘制测定方法进行操作。

（3）从校准曲线上查出相应的氰化物含量

3. 结果与计算

水样中氰化物(CN^-)的含量(W)以质量浓度(mg/L)表示，计算如下：

$$W(CN^-) = \frac{m_a - m_b}{V \times \frac{V_1}{V_2}} \tag{12-18}$$

式中 m_a——从校准曲线上查出试份(比色时，所取馏出液“A”)的氰化物含量，μg；

m_b——从校准曲线上查出空白试验(馏出液“B”)的氰化物含量，μg；

V——样品的体积，mL；

V_1——试样(馏出液“A”)的体积，mL；

V_2——试份(测定试样时所取馏出液A)的体积，mL。

八、氟化物的测定

测定氟化物的方法有氟离子选择电极法、离子色谱法、氟试剂分光光度法和滴定法。下面介绍氟离子选择电极法，最低检测限(以F^-记)为0.05mg/L。

1. 测定原理

当氟电极与含氟试液接触时，电池的电动势 E 随溶液中氟离子活度变化而改变(遵守 Nernst 方程)。

2. 采样与样品

(1) 采样

实验室样品应该用聚四氟乙烯瓶采集和贮存。如果水样中氟化物含量不高，pH 值在 7 以上，也可以用硬质玻璃瓶存放。采样时应先用水冲洗取样瓶 3~4 次。

(2) 试样

试样如果成分不太复杂，可直接取出试份。如果含有氟硼酸盐或者污染严重，则应先进行蒸馏。在沸点较高的酸溶液中，氟化物可形成易挥发的氢氟酸和氟硅酸与干扰物质按以下步骤分离。

准确取适量水样，置于蒸馏瓶中，并在不断摇动下缓慢加入 15mL 高氯酸，按下图连接好装置，加热，待蒸馏瓶内溶液温度约 130℃时，开始通入蒸汽，并维持温度 140±5℃，控制蒸馏速度约为5~6mL/min，待接收瓶流出体积约为 150mL 时，停止蒸馏，并用水稀释至 200mL，供测定用。

图 12-2 为氟化物水蒸气蒸馏装置。

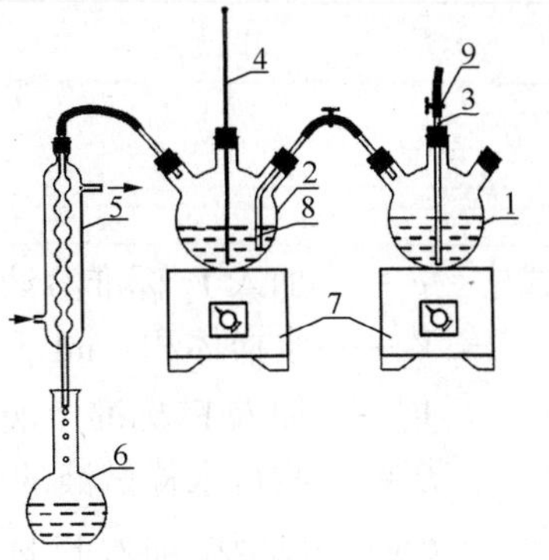

图 12-2 氟化物水蒸气蒸馏装置

1—1000mL 三口烧瓶；2—500mL 三口烧瓶；3—安全管；4—温度计；5—冷凝管；6—接收瓶；7—可调电炉；8—水蒸气导管；9—螺栓水止

3. 测定步骤

(1) 仪器的准备

按照所用测量仪器和电极使用说明，首先接好线路，将各开关置于“关”的位置，开启电源开关，预热 15min，以后操作按说明书要求进行。测定前，试液应达到室温，并与标准溶液温度一致(温差不得超过±1℃)。

(2) 测定

用无分度吸管吸取适量水样于 50mL 容量瓶中，用乙酸钠或盐酸溶液调节至近中性，加入 10mL 总离子强度调节缓冲溶液(0.2mol/L 柠檬酸钠— 1mol/L 硝酸钠)，用水稀释至标线，摇匀。将其移入 100mL 聚乙烯杯中，放入一只塑料搅拌子，插入电极，连续搅拌溶液，待电位稳定后，在继续搅拌下读取电位值(E_X)。在每次测量之前，都要用水充分洗涤电极，并用滤纸吸去水分。根据测得的毫伏数，由标准曲线上查得氟化物的含量。

(3) 空白实验

用蒸馏水代替水样，按测定样品的条件和步骤进行测定。

(4) 校准

校准曲线

用无分度吸管吸取 1.00、3.00、5.00、10.00、20.00mL 氟化物标准溶液(10μg/mL)，分别置于 50mL 容量瓶中，加入 10mL 总离子强度调节缓冲溶液，用水稀释至标线，摇匀。分别移入 100mL 聚乙烯杯中，各放入一只塑料搅拌子，按浓度由低到高的顺序，依次插入电极，连续搅拌溶液，读取搅拌状态下的稳态电位值(E)。在每次测量之前，都要用水将电极冲洗净，并用滤纸吸去水分。在半对数坐标纸上绘制 E-lg$c$ 标准曲线，浓度标于对数分格上，最低浓度标于横坐标的起点线上。

(5) 一次标准加入法

当水样组成复杂或成分不明时，宜采用一次标准加入法，以减小基体的影响。其操作是先按步骤(2)测定试液的电位值(E_1)，然后向试液中加入一定量(与试液中氟的含量相近)的氟化物标准液，在不断搅拌下读取稳态电位值(E_2)。

4. 结果与计算

根据测定所得的电位值，从校准曲线上查得相应的以 mg/L 表示的氟离子含量。

水中氟化物(F^-)的含量(W)以质量浓度(mg/L)表示，计算如下：

$$W(F^-)=\frac{c_s\left(\frac{V_s}{V_x+V_s}\right)}{10^{\frac{E_2-E_1}{S}}-\left(\frac{V_x}{V_x+V_s}\right)} \tag{12-19}$$

式中 c_s——加入 F^- 标准溶液的浓度，mg/L；

V_x——水样体积，mL；

V_s——加入 F^- 标准溶液的体积，mL；

E_1——测得水样试液的电位值，mV；

E_2——试液中加入 F^- 标准溶液后测得的电位值，mV；

S——氟离子选择性电极的实测斜率。

5. 注意事项

① 电极用后应用水冲洗干净，并用滤纸吸去水分，放在空气中，或者放在稀的氟化物标准溶液中。如果短时间不再使用，应洗净，吸去水分，套上保护电极敏感部位的保护帽。电极使用前仍应洗净，并吸去水分。

② 如果试液中氟化物含量低，则应从测定值中扣除空白试验值。

③ 不得用手触摸电极的敏感膜。如果电极膜表面被有机物等玷污，必须先清洗干净后才能使用。

④ 一次标准加入法所加入标准溶液的浓度(c_s)，应比试液浓度(c_x)高 10~100 倍，加入的体积为试液的 1/10~1/100，以使体系的总离子强度调节缓冲溶液浓度变化不大。

思考题及习题

1. 何谓水质、水质指标和水质标准？水质指标分哪几类？

2. 水质分析的特点是什么？污水取样应注意哪些问题？怎样才能取得具有代表性的试样？

3. 溶解氧与化学需氧量的测定原理是什么？测定中干扰元素有哪些，如何消除？并需注意哪些问题才能得到可靠的结果？

4. 工业用水分析中溶解氧的测定，如何正确获得分析试样？

5. 水体中的铬有何危害？比色法测定铬的原理是什么？干扰元素有哪些，应如何消除？

6. 工业废水中铅的分析，其水样的采集及分析试样的获得应注意哪些问题？

7. 高锰酸钾-过硫酸钾法测定汞的原理是什么？干扰元素有哪些，应如何消除？

8. 总氰化物的测定包括哪些氰化物？硝酸银滴定法测定水样中总氰化物时，其干扰元素如何消除？

9. 对于成分复杂的水样，选用氟离子选择电极法测定氟离子时，如何消除基体干扰？

10. 用分光光度法测定水中Cr(Ⅵ)其标准曲线数据为：

Cr(Ⅵ)/μg	0	0.20	0.50	1.00	2.00	4.00	6.00	8.00	10.00
A	0	0.010	0.020	0.044	0.090	0.183	0.268	0.351	0.441

(1) 用偏最小二乘法求回归方程，计算线性相关系数。

(2) 若取5.00mL水样进行测定，测得吸光度为0.088，求水样中Cr(Ⅵ)的浓度。

第十三章　基本有机化工产品分析

第一节　概　述

一、基本有机化工产品的分类

基本有机化工产品是有机合成工业的重要的物质基础。由天然资源(如煤、石油、天然气等)及初级加工品和副产品(如电石、炼焦油、渣油等)经化学合成方法加工成的最基本的有机产品，如乙炔、乙烯、苯、萘等。这些产品经再加工，成为供各工业部门作为原料大量使用的重要有机产品，如甲醇、乙醇、乙酸、甲醛、丙酮、苯酚等。

基本有机化工产品通常分为烯烃、炔烃、醇类、酚类、酯类、醛和酮、羧酸及其衍生物、碳水化合物等。

二、基本有机化工产品的分析特点

基本有机化工产品的分析检验，是运用分析化学的方法和技能对其进行定性、定量分析。由于在实际工业生产中，产品多为已知的，含有的杂质也是已知的，故常常采用有机定量分析。而有机定量分析是根据有机物官能团的性质，在一定条件下，使试剂与官能团进行定量的反应，采用化学分析法测量试剂的消耗量或产物之一的生成量，从而确定被测组分的含量。

由于有机定量分析主要靠官能团的测定，而有机物的同系物很多，含有同一官能团的化合物都有类似的反应，所以会发生干扰，因此，分离手段在有机分析中占有很重要的地位。过去常使用结晶、蒸馏、升华、渗析、溶剂萃取等方法，现在这些方法虽仍在发挥作用，但20世纪50年代以来出现的气相色谱法和薄层层析，70年代发展的高效液相色谱法，可以迅速而有效地分离和测定许多复杂的混合物。

本章主要介绍醇类、醛和酮类、羧酸和酯以及工业乙酸乙酯的产品分析。

第二节　醇类的测定

由于与羟基直接相连接部分的组成和结构不同，不同醇分子中羟基的化学性质也不完全相同。因此，根据羟基的某一化学性质建立的测定方法，是不能通用的，即使测定方法相同，测定时的条件也不一样。通常是根据醇容易酰化成酯的性质，用酰化方法测定。其中以乙酰化法应用最为普遍。

按照乙酰化试剂组成的不同，该法可分为乙酸酐-乙酸钠乙酰化法，乙酸酐-吡啶乙酰化法，乙酸酐-高氯酸-吡啶乙酰化法，主要用于伯醇和仲醇的测定。

叔醇分子中的羟基在酰化过程中易脱水消除生成烯烃，难以用酰基化成酯方法测定，但可采用以三氟化硼为催化剂的乙酸-三氟化硼乙酰化法。

位于相邻碳原子的多元醇羟基(α-多羟醇)，具有醇羟基的一般性质，同时也具有其特殊性，可采用高碘酸氧化法——专属分析法。

重铬酸钾氧化法也用于测定某些α-多羟醇，例如，甘油在强酸性条件下，被重铬酸钾定量氧化，生成二氧化碳和水，过量的重铬酸钾用碘量法测定。

微量醇可以用比色法测定。其方法大多是将醇氧化成相应的羰基化合物，然后再测定。

也可将醇酯化后，用羟肟酸铁比色法测定生成的酯。

一、乙酸酐-乙酸钠乙酰化法

用乙酰化法测定醇，通常是先用乙酰酐作为乙酰化试剂，乙酸酐性质比较稳定不易挥发。虽酰化反应速度比较慢，但可加催化剂来提高反应速率，必要时还可以加热来加快反应速度。

不同醇的乙酰化反应速度有很大的差异，一般是伯醇的乙酰化反应速度比仲醇快，烯醇的酰化速度比相应的饱和醇慢。酚、伯胺、仲胺、硫醇、环氧化物和低相对分子质量的醛等干扰酰化反应，应该在测定之前除去。

1. 测定原理

以乙酸钠作为催化剂，醇与乙酸酐发生乙酰化反应，反应生成的乙酸和过量的乙酸酐用碱溶液中和后，加入一定量过量的碱，使生成的酯定量皂化，剩余碱用酸标准溶液滴定。由空白和试样滴定的差值即可求得羟值和醇的含量。以季戊四醇为例，其反应过程为：

① 乙酰化：$C(CH_2OH)_4+4(CH_3CO)_2O \xrightarrow{CH_3COONa} C(CH_2OCOCH_3)_4+4CH_3COOH$

② 水解反应：$(CH_3CO)_2O+H_2O \longrightarrow 2CH_3COOH$

③ 中和反应：$CH_3COOH+NaOH \longrightarrow CH_3COONa+H_2O$

④ 皂化反应：$C(CH_2OCOCH_3)_4+4NaOH \longrightarrow C(CH_2OH)_4+4CH_3COONa$

⑤ 滴定反应：$2NaOH+H_2SO_4 \longrightarrow Na_2SO_4+2H_2O$

2. 反应条件

中和反应和滴定反应都是以酚酞为指示剂。因为溶液中乙酸钠存在，所以终点颜色均为微红色；中和反应是本法的关键。如果中和不准确，颜色过深或过浅，则会造成误差，若颜色过深，即 NaOH 过量，酯局部皂化使得测得值偏低，反之偏高。

以乙醇钠为催化剂，避免使用有臭有毒的吡啶，这是此法的优点，同时简便、迅速、准确度也比较高。

此法测定醇可消除伯胺、仲胺的干扰。在反应条件下，伯胺和仲胺酰化为相应的酰胺，醇酰化为酯。用碱中和后，加入过量碱，酯被定量的皂化，而酰胺不反应。

3. 测定步骤

准确称取 5~6mmol 试样于 500mL 干燥锥形瓶中，加入 1g 无水乙酸钠、5mL 乙酸酐，轻轻摇动，使固体润湿，在电炉上缓慢加热，微沸 2~3min，使回流现象至锥形瓶 3/4 处，取下锥形瓶，加 25mL 水，再继续加热至沸使溶液澄清后，取下冷却至室温。加入 4 滴酚酞(2%乙醇溶液)指示剂，用 1mol/L 氢氧化钠中和至微红色，然后准确滴加 50.00mL、1mol/L 氢氧化钠溶液，加热煮沸 10min 后，装上碱石棉干燥管，急速冷却至室温，再加 4 滴酚酞指示剂，用硫酸标准溶液[$c\left(\frac{1}{2}H_2SO_4\right)=1mol/L$]滴定至微红色即为终点。同样条件下作空白实验。

4. 结果计算

羟基含量 $w(\mathrm{OH})$ 以质量分数(%)表示，计算如下：

$$w(\mathrm{OH})=\frac{(V_0-V)\times c(\frac{1}{2}\mathrm{H_2SO_4})\times 17.01}{1000m}\times 100 \qquad (13-1)$$

醇含量 w(醇)以质量百分含量(%)表示，计算如下：

$$w(\text{醇})=\frac{(V_0-V)\times c(\frac{1}{2}\mathrm{H_2SO_4})\times M}{1000m\times n}\times 100 \qquad (13-2)$$

式中 V_0——空白实验消耗硫酸标准溶液的体积；mL；

V——滴定样品时所消耗硫酸标准溶液的体积；mL；

$c\left(\frac{1}{2}\mathrm{H_2SO_4}\right)$——硫酸标准溶液的浓度，mol/L；

17.01——羟基的摩尔质量，g/mol；

n——醇分子中含羟基的个数；

M——醇的摩尔质量，g/mol；

m——样品质量，g。

5. 注意事项

① 氢氧化钠浓度不大于 1mol/L，硫酸标液浓度不小于 0.5mol/L，否则空白值超过 50mL。

② 样品与固体乙酸钠应轻轻摇动后，再加入 5mL 乙酸酐，然后轻轻摇动使乙酸酐将混合固体润湿。

③ 乙酰化试剂加入时，可轻轻转动瓶子，但切忌摇动，否则发生迸溅现象。

④ 以氢氧化钠中和乙酸时，滴加速度不宜太快，以免局部提前皂化。

二、高碘酸氧化法

在弱酸介质中，高碘酸能定量地氧化位于 α-碳原子上的羟基，氧化的结果碳链断裂，生成相应的羰基化合物和羧酸，一元醇或羟基不在相邻碳原子上的多元醇等均不被氧化。其反应可用下式表示：

$$\underset{\mathrm{OH}}{\underset{|}{\mathrm{CH_2}}}(\mathrm{CHOH})_n\underset{\mathrm{OH}}{\underset{|}{\mathrm{CH_2}}}+(n+1)\mathrm{HIO_4}\longrightarrow 2\mathrm{HCHO}+n\mathrm{HCOOH}+(n+1)\mathrm{HIO_3}+\mathrm{H_2O}$$

高碘酸氧化 α-多羟基醇后，可通过测定剩余高碘酸或测定氧化产物醛或酸来计算 α-多羟基醇的含量，一般常用的方法有碘量法和酸量法，下面介绍碘量法。

1. 测定原理

试样中加入一定量的高碘酸，氧化反应完全后，加入碘化钾溶液与剩余的高碘酸和反应生成的碘酸反应，析出碘，用硫代硫酸钠溶液滴定析出的碘，同时做空白试验。根据空白测定与试样测定消耗的硫代硫酸钠标准溶液的差值，计算出试样中 α 一多羟基醇的含量。以乙二醇、丙三醇为例，反应过程如下：

(1) 氧化反应

$$\begin{matrix}\mathrm{CH_2OH}\\ |\\ \mathrm{CH_2OH}\end{matrix}+\mathrm{HIO_4}\longrightarrow 2\mathrm{HCHO}+\mathrm{H_2O}+\mathrm{HIO_3}$$

$$\begin{array}{l} CH_2OH \\ | \\ CHOH + 2HIO_4 \longrightarrow 2HCHO + HCOOH + H_2O + 2HIO_3 \\ | \\ CH_2OH \end{array}$$

(2)还原反应

$$HIO_4+7KI+7H^+ \longrightarrow 7K^+ +4H_2O+4I_2$$

$$HIO_3+5KI+5H^+ \longrightarrow 5K^+ +3H_2O+3I_2$$

(3) 滴定反应

$$I_2+2S_2O_3^{2-} \longrightarrow 2I^- +S_4O_6^{2-}$$

从上述反应可知，在乙二醇与高碘酸的反应中，1mol 乙二醇与 2mol 硫代硫酸钠相当，1mol 丙三醇与 4mol 硫代硫酸钠相当。

α-多羟基醇化学计量关系为：

$$n(\alpha - \text{多羟醇}) = \frac{1}{2E} \times n(Na_2S_2O_3)$$

式中 E 是 1mol α-多羟基醇反应所消耗的高碘酸的物质的量(如乙二醇为 1mol，丙三醇为 2mol)。

2. 测定条件

(1) 高碘酸加入量的影响

滴定样品消耗的硫代硫酸钠标准溶液的体积必须超过空白试验消耗量的 80%，以保证有足够的高碘酸，使氧化反应完全。如仅为空白试验所消耗的 75%，则表明所有高碘酸已经全部消耗，此时应该减小试样称量或增加高碘酸用量，重新滴定。

(2) 酸度和温度对氧化反应的速度的影响

一般 pH=4 左右，反应发生的温度宜在室温或者低于室温。温度较高时会导致生成的醛或者酸被进一步氧化等副反应的发生。当反应生成物是甲醛或甲酸时，要特别小心，因为这些化合物在室温下也会逐渐缓慢氧化，造成测定误差。

反应需静置 30~90min，乙二醇、丙三醇等多数化合物 30min，羟基酸如酒石酸、糖如葡萄糖、甘露醇、环氧乙烷等需 60~90min。非水溶性试样可以三氯甲烷溶解或稀释。

3. 结果计算

羟基含量(X)以质量分数(%)表示，计算如下：

$$X = \frac{(V_0 - V) \times c \times M}{m \times 2E \times 1000} \times 100 \qquad (13\text{-}3)$$

式中 V_0——空白测定所消耗硫代硫酸钠标准溶液的体积，mL；

V——滴定样品消耗硫代硫酸钠标准溶液的体积，mL；

c——硫代硫酸钠标准溶液的浓度，mol/L；

M——样品的摩尔质量，g/mol；

E——1molα-多羟基醇反应所消耗的高碘酸的物质的量；

m——样品的质量，g。

第三节　醛和酮的测定

醛和酮都是烃类的含氧衍生物，分子中都含有羰基，故又称为羰基化合物。由于醛类和酮类分子中有相同的结构(羰基)，因而有共同的性质；又因为醛和酮分子中除羰基外的其他部分不完全相同，所以性质上醛和酮有差异。例如：醛类能发生跟托伦试剂的银镜反应、与斐林试剂的反应、与希夫试剂(品红醛试剂)的反应等，酮类则不可发生这些反应。

有机分析测定醛和酮的常用方法有：盐酸羟胺法、2，4 —二硝基苯肼法、亚硫酸氢钠加成法、次碘酸钠氧化法等。

一、盐酸羟胺法

试样与盐酸羟胺盐进行肟化反应，当反应完全后，用碱标准溶液滴定释放出来的酸或者用卡尔·费休法测定生成的水，即可测出醛和酮的含量。

$$\rangle C{=}O + H_2NOH \cdot HCl \longrightarrow \rangle C{=}NOH + HCl + H_2O$$

1. 测定原理

先用碱中和盐酸羟胺，使其产生游离的羟胺，试样与羟胺发生肟化反应，待反应完全后，以盐酸标准溶液中和剩余的碱，并使未反应羟胺生成羟胺盐酸盐，同样条件下进行空白试验。根据空白试验与试样测定消耗的盐酸标准溶液的体积差，计算出试样中醛或酮的含量。

$$H_2NOH \cdot HCl + NaOH \rightarrow H_2NOH + NaCl + H_2O$$

$$R(R'/H)C{=}O + H_2NOH \longrightarrow R(R'/H)C{=}NOH + H_2O$$

（上式中，C 上两取代基为 R 和 (H)R。）

$$H_2NOH + HCl \rightarrow H_2NOH \cdot HCl$$

2. 测定条件

① 肟化反应是可逆反应，常过量 1 倍的试剂，反应趋于完全。乙醇能增大试样的溶解度，又可以稀释生成水的浓度，抑制逆反应的进行，故常用乙醇作介质。

② 反应时间和温度，醛和甲基酮在室温下 30min 反应完全；其他醛酮，尤其空间位阻大的酮，反应时间更长，应根据具体情况而定。

③ 滴定终点的确定

使用溴酚蓝为指示剂，终点的颜色变化不是很明显，必须同时做空白试验加以对照。测定过程中，若需加热，应注意溴酚蓝指示剂在加热或冷却时成可逆变化(蓝到黄)。因此，应冷却到室温再进行测定。

本方法所得结果关键在于准确观察滴定的终点。所有滴定操作都应该在相同玻璃仪器中进行，照射光线也应该相同，以便进行对比。如果采用电位滴定不存在此问题

④ 试样中有酸性或碱性物质存在时会影响测定结果，必须用另一份试样滴定校正。另外，羟胺是强的还原剂，要避免氧化性物质的干扰。

3. 测定步骤

称取 2 ~ 3mmol 试样置于洁净的小烧杯中，移取 25.00mL0.5mol/L 盐酸羟胺溶液和 25.00mL0.2mol/LNaOH 乙醇溶液于小烧杯中，加入 10mL95%的中性乙醇，用表面皿盖好，在室温下放置 40min，然后加 2 滴溴酚蓝(4g/L)指示剂，以盐酸标准溶液滴定至溶液颜色由蓝色变为黄色为终点。

若采用电位滴定法，当滴定至溶液由深蓝色变为浅蓝色后，每滴 0.5mL 记录一次 pH

值。继续滴定至黄绿色后，每滴 0.2mL 记录一次 pH 值。当溶液为黄色后，再按每滴 0.2mL 记录一次 pH 值，共记录 5 次后停止滴定。记录数据，以滴定体积(V)为横坐标，ΔpH 值/ΔV 为纵坐标绘制曲线，与 ΔpH 值/ΔV 极大值对应的体积即为终点体积。

同样条件下作空白试验。

4. 结果计算

羰基(OH)含量(w)以质量分数(%)表示，计算如下：

$$w(\mathrm{OH}) = \frac{(V_0 - V) \times c \times 28.01}{m \times 1000} \times 100 \qquad (13\text{-}4)$$

羰基化合物含量(X)以质量百分含量(%)表示，计算如下：

$$X = \frac{(V_0 - V) \times c \times M}{m \times n \times 1000} \times 100 \qquad (13\text{-}5)$$

式中 c——盐酸标准溶液的浓度，mol/L；

V——滴定样品时消耗盐酸标准溶液的体积，mL；

V_0——空白试验时消耗盐酸标准溶液的体积，mL；

m——试样质量，g；

n——试样分子中羰基的个数；

M——羰基化合物的摩尔质量，g/mol，

28.01——羰基的摩尔质量，g/mol。

二、2，4-二硝基苯肼光度法

1. 测定原理

试样中的羰基化合物在酸性介质中与 2，4-二硝基苯肼反应，生成 2，4-二硝基苯腙，与氢氧化钾反应，生成显红色的物质，在波长 480nm 处用分光光度计测量吸光度，得到羰基化合物含量。

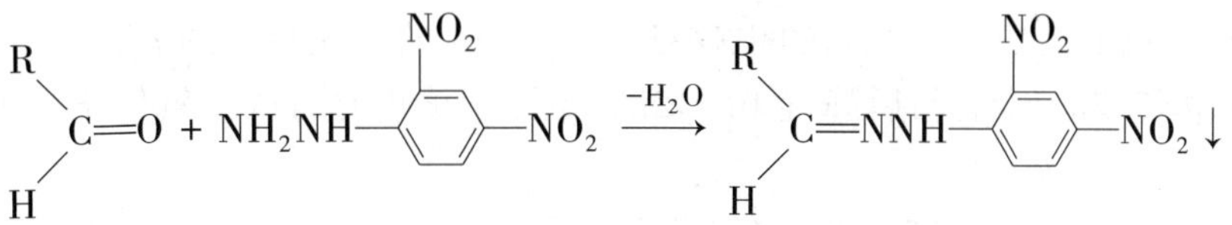

2. 测定步骤

(1) 标准曲线的绘制

① 标准溶液配制。

称取 0.643g 2-丁酮溶于约 50mL 无羰基甲醇中，转移至 100mL 容量瓶中，用无羰基的甲醇稀释至刻度，摇匀。用时再稀释 10 倍，即为羰基化合物标准溶液(0.25mg/mL，以 CO 计)。

分别移取 0.0，2.0，4.0，6.0，8.0，10.0mL 0.25mg/mL 羰基化合物标准溶液于 6 个 100mL 容量瓶中，用无羰基的甲醇稀释至刻度，摇匀。每 2.0mL 此标准溶液分别含(0，10，20，30，40，50)μg 羰基化合物。

② 吸光度测定。

向 6 个 25mL 容量瓶中分别移取 2.0mL 上述标准溶液，各加入 2.0mL 2，4-二硝基苯肼溶液，盖塞，在室温下反应(30±2)min，用氢氧化钾-甲醇溶液稀释至刻度，加塞摇匀，放

置(12±1)min。用1cm比色皿，在480nm处，以试剂空白为参比，测定吸光度。

③ 绘制标准曲线。

以测定的吸光度为纵坐标，相对应的标准溶液中羰基化合物的质量(μg)为横坐标，绘制标准曲线。

(2) 样品测定

移取2.0mL含羰基化合物(0.5~50μg)的样品于已预先称量的25mL容量瓶中，称量，精确至0.0001g。两次称量之差为样品的质量。

注：如果2.0mL样品中羰基化合物质量超过50μg，可用无羰基的甲醇稀释后再测定。

按(1)中②的步骤测定样品的吸光度。同时移取2.0mL无羰基的甲醇进行空白试验。

3. 结果计算

羰基(CO)含量(w_1)以质量分数计(%)，计算如下：

$$w_1 = \frac{(m_1 - m_0) \times 10^{-5}}{m} \times 100 \tag{13-6}$$

式中 m_1——由标准曲线上查得的羰基的质量，μg；

m_0——由标准曲线上查得空白试验的羰基的质量，μg；

m——称取样品的质量，g。

三、希夫试剂比色法

1. 测定原理

希夫试剂(品红醛试剂)与醛类作用生成紫蓝色的化合物，通过比色测定，即可确定试样中醛的含量。

2. 测定步骤

(1) 希夫试剂的配制

称取0.075g碱性品红，溶解于适量的80℃水中，冷却至室温后加水稀释至50mL，移入1000mL棕色细颈瓶中，加入新配制的相对密度为1.038的亚硫酸氢钠溶液50mL，和相对密度为1.84的硫酸7.5mL，摇匀后静置10~12h，至溶液褪色并有浓二氧化硫气味，保存到阴凉处。

0.0004%、0.0010%、0.0030%醛标准溶液：称取乙醛0.1386g，用95%~96%无醛酒精溶解并稀释至100mL，即得0.1%乙醛标准溶液。将溶液储存至冰箱中。于三只100mL容量瓶中各注入适量的95%~96%无醛酒精，分别加入0.40mL，1.00mL，3.00mL0.1%乙醛标准溶液，用同样酒精稀释至刻度，摇匀，即得0.0004%、0.0010%、0.0030%醛标准溶液。

(2) 样品测定

在4支25mL比色管中，分别注入乙醛试样及0.0004%、0.0010%、0.0030%醛标准溶液各5mL，各加水5mL，品红醛试剂2mL，静置20min后进行比色。

四、应用实例——工业环己酮质量检验

环己酮的分子式：$C_6H_{10}O$，结构式：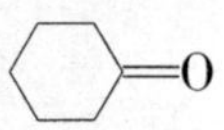，相对分子质量为98.15。

1. 密度的测定

比重瓶法：将15~35℃之间任一温度下测得之密度换算至20℃的密度，按下式计算：

$$\rho_{20}=\rho_t+0.00089(t-20) \tag{13-7}$$

式中　ρ_{20}——样品在20℃时的密度，g/cm^3；

ρ_t——样品在任一温度下测得的密度，g/cm^3；

t——测定密度时的温度，℃；

0.00089——环己酮密度的温度校正系数，$g/(cm^3 \cdot ℃)$。

2. 酸度的测定

取100mL95%的乙醇溶液于500mL三角瓶中，加入0.5mL酚酞指示剂，以500±50mL/min的速度通氮10~15min。在磁力搅拌下，用0.1mol/L氢氧化钠标准溶液滴定至粉红色。于上述溶液中加入100mL试样，以同样的操作条件，用0.1mol/L氢氧化钠标准溶液滴定至粉红色。

酸度含量X_1(以乙酸计)用质量分数(%)表示，计算如下：

$$X_1=\frac{cV_1\times 0.06005}{V_2\times\rho}\times 100 \tag{13-8}$$

式中　c——氢氧化钠标准溶液浓度，mol/L；

V_1——滴定试样时消耗氢氧化钠标准溶液的体积，mL；

V_2——试样的体积，mL；

ρ——测定时试样的密度，g/cm^3；

0.06005——乙酸的毫摩尔质量，g/mmol。

3. 纯度的测定

（1）测定原理

盐酸羟胺与已知量的三乙醇胺水溶液反应部分转变成游离羟胺，生成的游离羟胺与环己酮反应生成相应的肟。有关反应式为：

$$NH_2OH \cdot HCl+(HOCH_2CH_2)N \longrightarrow NH_2OH+(HOCH_2CH_2)_3N \cdot HCl$$

$$CH_2(CH_2)_4CO+NH_2OH \longrightarrow CH_2(CH_2)_4CNOH+H_2O$$

用标准硫酸溶液滴定剩余的羟胺而得出环己酮的含量。

（2）主要试剂

三乙醇胺水溶液：$c[(HOCH_2CH_2)N]=0.5mol/L$，称取74g98%的三乙醇胺溶解在水中，用水稀释至1L，并调整此溶液的浓度略低于硫酸标准溶液的浓度；

盐酸羟胺水溶液：$c(NH_2OH \cdot HCl)=0.5mol/L$，称取35g盐酸羟胺溶解在150mL水中，用99%异丙醇稀释至1L；

异丙醇：99%；硫酸标准溶液：$c(H_2SO_4)=0.5mol/L$；溴酚蓝指示剂：0.04%乙醇溶液，称取0.04g溴酚蓝溶解在100mL乙醇溶液中，用$c(NaOH)=0.1mol/L$的氢氧化钠溶液滴定至淡红铜色。

（3）测定步骤

① 中和盐酸羟胺溶液：在500mL盐酸羟胺水溶液中，加入15mL溴酚蓝指示剂，并用滴定管向溶液中滴加三乙醇胺溶液，直至通过透射光线溶液呈现蓝绿色。此溶液在使用前配制。

② 空白对比液：在65mL中性盐酸羟胺溶液中，加入100mL水作为空白对比液。

③ 空白试验：用量筒向锥形瓶中加入65mL中和后的盐酸羟胺水溶液，再用一支移液管加入50mL三乙醇胺水溶液，用硫酸标准溶液滴定至与空白对比液的颜色相同。

④ 样品测定：用安培球称取试样 1.1~1.4g(称准至 0.0001g)，加入到预先准备好的盛有 65mL 盐酸羟胺和 50mL 三乙醇胺的锥形瓶中，并激烈振荡，打破安培球，室温下放置 30min，间断地摇动锥形瓶。用少量水(约 15mL 左右)冲洗瓶口瓶盖，以硫酸标准溶液滴定，直至通过透射光线观察与空白的颜色相同。

(4) 结果计算

酮含量 X(以环己酮计)用质量分数(%)表示，计算如下：

$$X = \frac{(V_1 - V_2) \times c \times 0.09815}{m} \times 100 \tag{13-9}$$

式中 V_1——滴定空白溶液时所消耗硫酸标准溶液的体积，mL；

V_2——滴定试样溶液时所消耗硫酸标准溶液的体积，mL；

c——硫酸标准溶液浓度，mol/L；

m——样品质量，g；

0.09815——环己酮的质量，毫摩尔质量，g/mmol。

注：根据室温校正到实际浓度，若分析时试剂的温度与标定时的温度不同时，则试剂浓度需加校正。在校正时用摄氏每度的校正因子为 $\Delta c/t = 0.00014$ 乘以温度差。

第四节　羧酸和酯的测定

羧酸类有机分子的结构特点是含有羧基官能团，因而具有一定的酸性，能与碱作用生成盐，因此测定羧酸常用酸碱滴定的方法。酯在碱性条件下水解生成酸的钠盐或者钾盐以及一种醇，借此可以进行酯的测定，即用皂化法测定酯的含量。

一、酯的测定

1. 测定原理

样品中的游离酸类和酯类与氢氧化钾乙醇溶液共热时，发生皂化反应，剩余的碱可用标准滴定酸液进行滴定，从而计算出中和样品所需的氢氧化钾毫克数或含酯量。

$$RCOOR' + KOH = RCOOK + R'OH$$

$$RCOOH + KOH = RCOOK + H_2O$$

$$KOH + HCl = KCl + H_2O$$

式中 R、R′代表脂肪族的、芳香族的或脂环族的基(R 也可能是氢原子)。

2. 测定步骤

称取若干克样品(精确至 0.0002g，视皂化值或含酯量多少具体规定)，置于 250mL 酯化瓶中。准确加入 50mL 氢氧化钾-乙醇溶液[c(KOH)=0.5mol/L]，然后装上回流冷凝管，在水浴上维持微沸状态回流 1/2~2h(视样品性质而定)，勿使蒸汽逸出冷凝管。取下冷凝管，用 10mL 中性乙醇冲洗冷凝管的内壁和塞的下部，加 2 滴酚酞指示液(10g/L 乙醇溶液)，用盐酸标准溶液[c(HCl)=0.5mol/L]滴定剩余的氢氧化钾，到溶液的粉红色刚好褪去为终点。同时在同样的条件下作空白试验。

3. 结果计算

酯的测定结果常用皂化值或酯含量表示。

皂化值是指皂化 1g 样品中含有的游离酸类和酯类所需氢氧化钾的毫克数。

$$皂化值_{(mgKOH/g)} = \frac{(V_1 - V_2) \times c \times 56.11}{m} \tag{13-10}$$

$$酯含量(\%) = \frac{(V_1 - V_2) \times c \times \frac{M}{n} \times 1000}{m} \times 100 - x \tag{13-11}$$

式中 V_1——空白试验耗用盐酸标准溶液的体积，mL；

V_2——滴定样品耗用盐酸标准溶液的体积，mL；

c——盐酸标准溶液的浓度，mol/L；

m——样品质量，g；

M——样品的相对分子质量；

n——酯的价数；

x——酸值换算为酯含量的百分数(酸值小于 1 可忽略不计)。

二、羧酸的测定

1. 测定原理

利用碱标准溶液对试样进行中和滴定，测出羧酸含量。

$$RCOOH+NaOH = RCOONa+H_2O$$

由于羧酸分子结构复杂，没有一个合适于所有羧酸测定的通用方法。要根据羧酸酸碱性的强弱和对不同试剂的溶解性，选择适当的溶剂和滴定剂，根据滴定突跃的范围来正确选择滴定指示剂或者电位滴定。

2. 测定方法

对电离常数大于 10^{-8} 且能溶解于水的羧酸，在水溶液中用氢氧化钠标准溶液直接滴定；难溶于水的羧酸，可将试样先溶解于过量的碱标准溶液中，再用酸标准溶液滴定过量的碱。但是，分子中含碳原子数大于 10 的羧酸，在用碱溶液溶解时，往往生成胶状溶液，难以用酸滴定，可用醇作为溶剂，常用的醇有甲醇、乙醇、异丙醇等，其中，以乙醇应用最普遍。试样用中性乙醇溶解后，用标准氢氧化钠水溶液进行滴定。

不溶于水的羧酸或者酸性太弱的羧酸，滴定突跃不明显而不能准确测定，应采用非水滴定。常用的非水溶剂有丙醇、乙二胺、二甲基酰胺等，若以丙酮作为溶剂，可用氢氧化钠—甲醇溶液滴定，以二甲基酰胺作为溶剂时，可用甲醇钠—苯溶液滴定。

确定终点通常使用酸碱指示剂，如果试样溶液颜色较深或测定的羧酸较弱，或滴定不同强度酸的混合物，滴定终点难以观察或不突变，可改为电位滴定法。如果酸的强度不明显时，可先用电位法求出终点时大约的 pH 值，再选择合适的指示剂。指示剂可用酚酞，若试样酸性太弱，则以百里酚酞为宜。采用混合指示剂，可用于化学计量点附近滴定曲线的突跃范围较小的滴定。

在生产实际中，常用羧基含量、羧酸的质量分数和酸值表示结果。在化工生成中，酸值是指在规定条件下，中和 1g 试样中的游离酸所消耗的氢氧化钾的质量(mg)。

测定时可能的干扰：

① 在水溶液中，甲酸酯，乙酸酯，二羟酸酯等易水解的酯极易皂化，有干扰，水解酯的存在，滴定终点极易褪色。

② 酰酐、酰氯存在，也易水解成羧酸，在碱滴定时水解更严重。

③ 活泼醛在水溶液中，有碱参与时易发生羟醛缩合消耗碱产生干扰。

三、应用实例—苯甲酸含量的测定

1. 测定原理

苯甲酸属芳香羧酸类物质，其 $K_a=6.3\times10^{-3}$，故可以用标准碱溶液直接滴定。其滴定反应为：

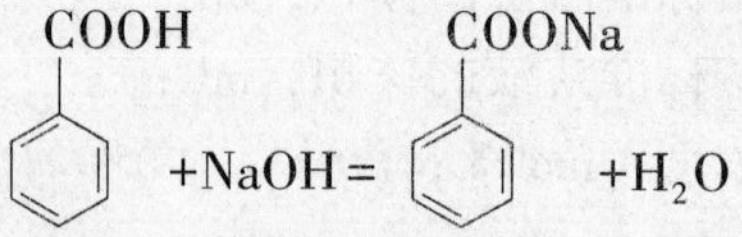

化学计量点时，由于生成共轭碱，溶液呈微碱性，可选用酚酞为指示剂。

2. 测定步骤

称取苯甲酸约 0.27g(精确至 0.0002g)，加中性乙醇(对酚酞指示剂中性)25mL 溶解后，加酚酞指示剂 3 滴，用 NaOH 标准溶液(0.1mol/L)滴定至显淡红色，即达终点。同时作空白试验，空白值为 V_0。

3. 结果计算

苯甲酸含量(w)以质量分数(%)表示，计算如下：

$$w=\frac{c_{NaOH}(V_{NaOH}-V_0)\times M_{C_7H_6O_2}}{m\times1000}\times100 \qquad (13-12)$$

式中　m——样品质量，g。

第五节　工业乙酸乙酯分析

一、乙酸乙酯的性质及用途

乙酸乙酯无色、易挥发、中性的可燃性液体，带有果香气味。熔点为-83.6℃，沸点为77.06℃，相对密度为 0.9003，微溶于水。乙酸乙酯具有酯的一般性质。

乙酸乙酯是应用最广的脂肪酸酯之一，是一种快干性溶剂，具有优异的溶解能力，是极好的工业溶剂。可用于硝酸纤维、乙基纤维、氯化橡胶和乙烯树脂、乙酸纤维素酯、纤维素乙酸丁酯和合成橡胶，也可用于复印机用液体硝基纤维墨水。可作黏结剂的溶剂、喷漆的稀释剂；在纺织工业中可用作清洗剂，在食品工业中可作为香味添加剂。

乙酸乙酯也是用途广泛的一种重要的有机化工原料，可用于制造乙酰胺、乙酰醋酸酯、甲基庚烯酮等，并在香精香料、油漆、医药、高级油墨、火胶棉、硝化纤维、人造革、染料等行业广泛应用。

二、乙酸乙酯质量检验

(一) 乙酸乙酯中水分的测定

1. 卡尔·费休法测定水分的原理

卡尔·费休法测定水分含量时，主要依据电化学反应：

$$I_2+2e\longrightarrow 2I^-$$

在反应池的溶液中同时存在 I_2 和 I^- 时，该反应在电极的正负两端同时进行，即在一个电

极上 I_2 被还原，而在另一个电极上 I^- 被氧化，因此在两个电极之间有电流通过。如果溶液中只有 I^- 而无 I_2 同时存在，则两个电极间没有电流通过。卡尔·费休试剂中含有效成分吡啶和碘等物质，把其计量滴入反应池，能与待测溶液中的水发生如下化学反应：

$$H_2O+SO_2+I_2+3C_5H_5N \longrightarrow 2C_5H_5N \cdot HI+C_5H_5N \cdot SO_3$$

$$C_5H_5N \cdot SO_3+CH_3OH \longrightarrow C_5H_5N \cdot HSO_4\ CH_3$$

$$C_5H_5N \cdot HI \longrightarrow C_5H_5N \cdot H^+ + I^-$$

该反应持续进行，不断消耗水，生成 I^-，一直到反应滴定终点，水分消耗完毕。这时，溶液有微量未发生反应的卡尔·费休试剂存在，才能发生 I_2 和 I^- 同时存在的情况，两个铂电极之间的溶液开始导电，由电流指示达到终点，停止滴定。从而通过计量已消耗的卡尔·费休试剂体积(容量)来标定溶液中的水分含量。

2. 测定步骤

加入电解液(卡尔·费休试剂)，按仪器说明书调节仪器，当仪器进入工作状态后，按仪器说明书要求进行标定。

取 50μL 或适量样品，注入水分测定仪中，待反应完毕后在显示屏上读出水的质量或直接读取质量分数值。

3. 结果计算

若读取的是水的质量，则水的质量分数(w,%)计算如下：

$$w = \frac{m_1}{\rho_t V \times 10} \tag{13-13}$$

式中 m_1——水分测定仪显示屏上读取的水的质量，μg；

ρ_t——测定温度下的试样密度，g/mL；

V——加入试样的体积。

(二) 皂化-离子交换法测定乙酸乙酯含量

1. 测定原理

酯皂化后，通过氢型强酸性阳离子交换树脂(RSO_3H)交换出来的酸，直接用碱标准溶液滴定，即可求出酯的含量。

① 皂化反应： $$RCOOR' + KOH \longrightarrow RCOOK + R'OH$$

②交换反应： $$RCOOK + RSO_3H \longrightarrow RCOOH + RSO_3K$$

$$RSO_3H + KOH \longrightarrow RSO_3K + H_2O$$

$$RSO_3H + K_2CO_3 \longrightarrow RSO_3K + H_2CO_3$$

$$H_2CO_3 \longrightarrow CO_2 + H_2O$$

2. 测定步骤

(1) 交换柱的填充

将交换柱洗净，低端垫上 5mm 的玻璃纤维，把 6g 已处理好的树脂悬浮液用短头移液管加入交换柱中，将树脂沉降，防止形成槽沟，保持树脂在水中，再垫上 5mm 的玻璃纤维与交换柱中，用蒸馏水淋洗交换柱，直到洗脱下来的水的 pH 值为 6~7 并不含氯离子为止。

(2) 皂化

用安瓿瓶称取 0.1~0.2g 乙酸乙酯放入圆底烧瓶中，用 10mL 中性乙醇溶解后，加入一滴酚酞指示剂，用 0.1mol/L 氢氧化钠标准溶液滴定至呈粉红色，记录氢氧化钠标准溶液的消耗量，然后加入 10mL1mol/L 的氢氧化钾乙醇溶液于圆底烧瓶中，再加几粒沸石，在 95℃

水浴中加热回流 40min，以少量蒸馏水冲洗冷凝管，并使洗涤液流入圆底烧瓶中，于流水中冷却至室温。

(3) 交换

放掉交换柱中大部分水，交换柱下面用一个洁净的 250mL 锥形瓶作接液瓶。将反应液定量地从圆底烧瓶转入交换柱中，打开交换柱旋塞，使溶液以 50~60 滴/min 的速度交换，并用 40mL 中性乙醇洗涤圆底烧瓶，将洗液一并转入交换柱中，最后以中性乙醇淋洗交换柱，直到 pH 约为 6，此时交换结束，关闭旋塞。

(4) 滴定

交换结束的液体加热微沸，立即取下，于流水中冷却至室温，加入 2 滴酚酞指示剂，以 0.1mol/L 氢氧化钠标准溶液滴定至呈粉红色为终点。

3. 结果计算

乙酸乙酯的含量(w)以质量分数(%)表示，计算如下：

$$w(\text{乙酸乙酯}) = \frac{(V - V_0 - V_1) \times c \times 88.11}{m \times 1000} \times 100 \tag{13-14}$$

皂化值计算如下：

$$\text{皂化值} = \frac{(V - V_0 - V_1) \times c \times 56.11}{m} \tag{13-15}$$

式中 V——试样消耗氢氧化钠标准溶液的体积，mL；

V_0——空白消耗氢氧化钠标准溶液的体积，mL；

V_1——滴定乙酸乙酯中游离酸消耗氢氧化钠标准溶液的体积，mL；

c——氢氧化钠标准溶液的浓度，mol/L；

m——试样的质量，g；

88.11——乙酸乙酯的摩尔质量，g/mol；

56.11——氢氧化钾的摩尔质量，g/mol。

(三) 乙酸乙酯酸度的测定(按乙酸百分含量计)

量取 20mL 乙醇于 100mL 锥形瓶中，加入 2 滴酚酞指示剂摇匀，用浓度为 $c(NaOH)$= 0.02mol/L 的氢氧化钠标准溶液滴定至溶液呈粉红色；准确加入 20.00mL 试样，摇匀，用 $c(NaOH)$= 0.02mol/L 的氢氧化钠标准溶液滴定至溶液呈粉红色，并保持 15s 不褪色。

乙酸含量(以 CH_3COOH 计)(w_1)以质量分数表示，计算如下：

$$w_1 = \frac{V \times c \times 0.0601}{V_1 \times \rho_t} \times 100 \tag{13-16}$$

式中 V——试样消耗氢氧化钠标准溶液的体积，mL；

c——氢氧化钠标准溶液的浓度；mol/L；

0.0601——氢氧化钠标准溶液的摩尔质量，g/mol；

V_1——试样的体积；mL；

ρ_t——测定温度时试样的密度；g/cm^3。

(四) 乙酸酯组成的测定

1. 测定原理

样品及其被测组分被汽化后，随载气同时进入色谱柱，利用被测定的组分与固定相进行气固两相间的吸附、脱附等物化性质的差异，在柱内形成组分迁移速度的差别而进行分离。

分离后的各组分先后流出色谱柱，进入检测器，由记录仪绘制相应的色谱图。各组分的保留值和色谱峰面积或峰高值分别作为定性和定量的依据。

2. 色谱条件

气相色谱仪；备有热导检测器；

色谱柱：柱管：柱长 2m，内径 4mm 的不锈钢管；

聚己二酸乙二醇酯(固定液)；丙酮；401 担体：0.25~0.18mm(60~80 目)；

配比：担体：固定液=100：10(质量比)；

色谱柱：长 2m，直径 4mm；

色谱柱的填装量：2.0g/m；

色谱柱的老化：采用分段老化。同载气先与 80℃老化 2h，逐渐升温至 120℃老化 2h，在升温至 180℃老化 4h 以上；

载气：氢气，流速 40mL/min；

柱温：130℃；检测室：130℃；汽化室：250℃；

进样量：2~4μL。

3. 测定步骤

① 色谱仪启动后，进行必要的调节，以达到仪器的最佳分析条件。

② 乙酸乙酯中水、乙醇的质量校正因子的测定。

③ 样品测定。

4. 结果计算

(1) 面积归一化法

$$X_i = \frac{F_i \times A_i}{\sum (F_i \times A_i)} 100\% \tag{13-17}$$

式中 X_i——试样中组分 i 的含量；

F_i——组分 i 的校正因子；

A_i——组分 i 的峰面积，cm^2。

此处采用质量校正因子，为了简单计算，只对水和相应的醇进行校正，其他酯类杂质属主体同系物，含羰基相差不大，响应值接近，可不予校正。

(2) 外标法计算

$$X_i = \frac{E_i \times A_i}{A_n} \tag{13-18}$$

式中 X_i——试样中组分 i 的含量；

E_i——标准混合物中组分的含量；

A_i——试样中组分的峰值；

A_n——标准混合物中组分的峰值。

思考题及习题

1. 在乙酸酐-乙酸钠乙酰化法测定醇的含量时，加入氢氧化钠的作用有哪些？应注意什么问题？

2. 在高碘酸氧化法测定甘油含量时，为什么滴定样品消耗的硫代硫酸钠标准溶液的体积必须超过空白试验消耗量的80%？否则，会有什么后果？

3. 苯甲酸含量测定中，为什么要用中性乙醇作溶剂？可采用空白校正法来校正乙醇的影响吗？

4. 卡尔·费休容量法水分测定的测定原理是什么？卡尔·费休试剂的组成及作用分别是什么？

5. 下列各酸，应选择什么方法进行测定？如果能用氢氧化钠标准溶液直接滴定，写出测定条件及浓度计算公式。

（1）丁酸，（$K_a = 1.5 \times 10^{-5}$）

（2）水杨酸，（$K_{a1} = 1.0 \times 10^{-3}$，$K_{a2} = 1.5 \times 10^{-14}$）

（3）甲酸，（$K_a = 1.8 \times 10^{-4}$）

（4）α-丙氨酸，（$K_a = 1.3 \times 10^{-10}$）

（5）邻苯二甲酸，（$K_{a1} = 1.3 \times 10^{-3}$，$K_{a2} = 3.9 \times 10^{-6}$）

（6）二氯乙酸，（$K_a = 5.6 \times 10^{-2}$）

（7）顺丁烯二酸，（$K_{a1} = 1.0 \times 10^{-2}$，$K_{a2} = 5.5 \times 10^{-7}$）

（8）乳酸，（$CH_3CHOHCOOH$），（$K_a = 1.4 \times 10^{-4}$）

6. 称取某乙二醇试样1.2550g，溶解后定容于250mL容量瓶中。吸取该溶液10.00mL于碘量瓶中以高碘酸氧化法进行测定，假设样品中乙二醇含量为95%左右，问：(1)理论上应加入浓度为0.1mol/L的高碘酸溶液多少毫升？(2)如果加入的高碘酸过量20%，用浓度为0.5mol/L的$Na_2S_2O_3$标准溶液滴定时，空白试验理论上应消耗$Na_2S_2O_3$标准溶液多少毫升？

7. 准确称取某乙酸乙酯试样0.9560g，加20mL中性乙醇溶液溶解，用浓度为0.02000mol/L的NaOH标准溶液滴定，消耗0.28mL。于上述溶液中准确加入50.00mL浓度为0.5mol/L的NaOH溶液，回流水解后，用浓度为0.5030mol/L的盐酸标准溶液滴定，消耗22.45mL。同样条件下作空白试验，消耗盐酸标液40.45mL。计算试样中游离乙酸、乙酸乙酯的质量分数？酸值、酯值和皂化值分别是多少？

8. 实验室有两瓶分析纯固体试剂，已无标签，只知道可能是柠檬酸、酒石酸或琥珀酸。今以酸碱滴定法进行测定。称取第一瓶中固体试样1.908g，第二瓶中固体试样1.756g，各自以水溶解后，定容为250mL；然后分别吸取25.00mL溶液，用浓度为0.09802mol/L的NaOH标准溶液滴定，以酚酞为指示剂，第一瓶试样消耗28.98mLNaOH标液，第二瓶消耗26.68mLNaOH标液。试确定试剂的名称和质量分数。

柠檬酸，$M_r(C_6H_8O_7 \cdot H_2O) = 210.4$，

（$K_{a1} = 7.4 \times 10^{-4}$，$K_{a2} = 1.7 \times 10^{-5}$，$K_{a3} = 4.0 \times 10^{-7}$）

酒石酸，$M_r(C_4H_6O_6) = 150.9$，（$K_{a1} = 9.1 \times 10^{-4}$，$K_{a2} = 4.3 \times 10^{-5}$）

琥珀酸，$M_r(H_2C_4H_4O_4) = 118.09$，（$K_{a1} = 6.4 \times 10^{-5}$，$K_{a2} = 2.7 \times 10^{-6}$）

第十四章　其他精细化工产品分析

第一节　概　　论

精细化工产品是指对基本化学工业生产的初级或次级品进行深加工而制取的具有特定功能、特定用途，小批量生产而产值高的系列产品。

进入20世80年代，以电子工业为代表的新兴产业蓬勃发展，促进了新精细化工产品的开发，如信息记录材料、电子器件用材料等。这一时期，采用生物技术生产精细化工品(尤其是药物)也有突出发展。它们的开发应用，给精细化工开辟了崭新的发展领域。这些产品生产技术复杂，产量小，质量要求高，专用性极强，更体现了精细化工产品技术密集程度高，附加价值高，应用领域单一的特点，是今后精细化工发展的方向。

本章主要介绍黏合剂、涂料与颜料、染料的检验方法。

第二节　黏合剂的检验

黏合剂是指借表面键合和内力(黏附力和内聚力等)作用，能使一固体表面与另一固体表面结合在一起的非金属材料的总称。黏合剂是最重要的辅助材料之一，在包装作业中应用极为广泛。

一、黏合剂的组成

黏合剂是一类混合物，不同品种的黏合剂组成不同，有简单、有复杂，但黏料是黏合剂的主要组分，根据需要还配合一种或多种其他组分。

1. 黏料

黏料也称基料、主剂，是决定黏合剂性能的主要组分，能起到胶黏的作用。作为黏料的物质可以是天然高分子、合成树脂及合成橡胶。天然高分子有淀粉、蛋白质、天然橡胶等，还有无机材料如硅酸盐、硝酸盐等。黏料的选择需考虑聚合物的特性和被黏物的特性。

2. 固化剂和固化促进剂

以热固性聚合物为黏料时，必须加入固化剂使黏合组分交联形成体型结构。固化促进剂是加速交联反应，缩短固化时间或降低固化温度的组分。

3. 增塑剂和增韧剂

为了改善胶层柔韧性，提高胶层冲击强度而加入的配合剂。

4. 稀释剂

稀释剂是为了降低黏合剂黏度、增加黏合剂浸稳透力而使用的低分子化合物，有些稀释剂还能降低黏合剂的活性，延长黏合剂的使用期。

5. 填料

填料的作用是改善黏合性能和降低黏合剂的成本。填料一般是粉末状或细短纤维状。填料的用量要合适，否则会导致黏接性能下降。

6. 偶联剂

偶联剂是为了改善黏合剂和被黏物表面之间的界面强度而使用的助剂。偶联剂是具有反应性基团的化合物，可与被黏物表面分子形成化学键合。偶联剂又称增黏剂。

7. 其他助剂

黏合剂组分除上述必需的组分外，有些根据黏料的结构性质、用途还需加入防老化剂、着色剂等组分。

二、黏合剂的分类

黏合剂的种类很多，通常有以下几种分类方法。

1. 按材料来源分

（1）天然黏合剂

它取自于自然界中的物质。包括淀粉、蛋白质、糊精、动物胶、虫胶、皮胶、松香等生物黏合剂；也包括沥青等矿物黏合剂。

（2）人工黏合剂

是用人工制造的物质，包括水玻璃等无机黏合剂，以及合成树脂、合成橡胶等有机黏合剂。

2. 按使用特性分

（1）水溶型黏合剂

用水作溶剂的黏合剂，主要有淀粉、糊精、聚乙烯醇、羧甲基纤维素等。

（2）热熔型黏合剂

通过加热使黏合剂熔化后使用，是固体黏合剂。一般热塑性树脂均可使用，如聚氨酯、聚苯乙烯、聚丙烯酸酯、乙烯-醋酸乙烯共聚物等。

（3）溶剂型黏合剂

不溶于水而溶于某种溶剂的黏合剂。如虫胶、丁基橡胶等。

（4）乳液型黏合剂

多在水中呈悬浮状，如醋酸乙烯树脂、丙烯酸树脂、氯化橡胶等。

（5）无溶剂液体黏合剂

在常温下呈黏稠液体状，如环氧树脂等。

3. 按包装材料分

（1）纸基材料黏合剂

主要包括淀粉糨糊，糊精，水玻璃，化学糨糊等。

（2）塑料黏合剂

主要包括丁苯胶、聚氨酯、硝酸纤维素、聚醋酸乙烯等溶剂型黏合剂；乙烯-醋酸乙烯共聚物、乙烯-丙烯酸共聚物等水溶型黏合剂；醋酸乙烯树脂、丙烯酸树脂等乳液型黏合剂；聚苯乙烯、聚氨酯、聚丙烯酸酯等热塑性树脂组成的热熔型黏合剂等。

（3）木材黏合剂

主要包括骨胶、皮胶、鲠胶、干酪素、血胶等动物胶；也包括酚醛树脂胶、聚醋酸乙烯树脂胶、脲醛树脂胶等合成树脂胶；还包括豆胶等植物胶等。

4. 按化学成分分类

(1) 无机黏合剂

包括硅酸盐、磷酸盐、硼酸盐、陶瓷类及低熔点金属类。

(2) 有机黏合剂

包括天然系及合成系。

天然系包括淀粉系类、蛋白系类、天然树脂系类、天然橡胶系列、沥青系类。

合成系包括树脂型、橡胶型(氯丁橡胶、丁腈橡胶、丁苯橡胶、丁基橡胶、聚硫橡胶、羧基橡胶、有机硅橡胶、热塑性橡胶)及复合型。其中树脂型包括热塑性类(聚醋酸乙烯、聚乙烯醇、聚乙烯醇缩醛类、聚丙烯酸酯类、纤维素类、饱和聚酯、聚氨酯等)及热固性类(脲醛树脂、蜜醛树脂、酚醛树脂、间苯二酚甲醛树脂、环氧树脂、不饱和聚酯)等。

三、黏合剂的质量检验

黏合剂的性能测试方法主要由其性质决定，国内外对黏合剂的检测制定了很多标准。本节介绍几种基本性能指标的检测方法。

(一) 黏合剂黏度的测定

1. 旋转黏度计法

(1) 适用范围

旋转黏度计法适用于牛顿流体或近似牛顿流体特性的黏合剂黏度的测定。

(2) 测定原理

旋转黏度计(见图 14-1)测量的黏度是动力黏度，它是基于表观黏度随剪切速率变化而呈可逆变化。一定转速转动的转筒(或转子)在液体中克服液体的黏滞阻力所需的转矩与液体的黏度成正比关系。将已知恒速的转子侵入到被测量的黏合剂样品中，所产生的阻力通过与转子相连的指针在一个刻度盘上表示出来，即指示出它的黏度和它黏度的倍数。

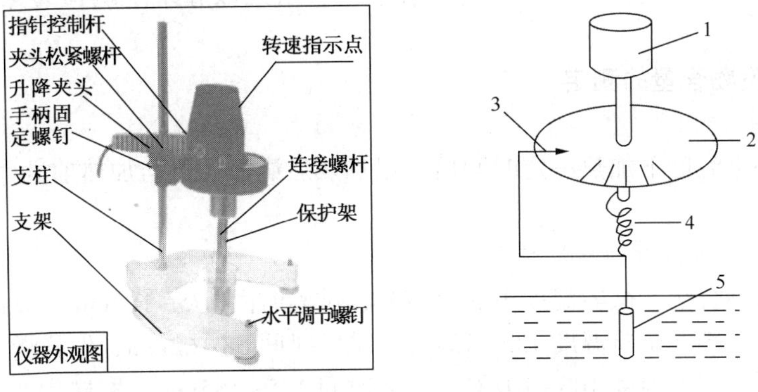

图 14-1 旋转黏度计外形及构造示意图

1—电机；2—读数盘；3—指针；4—游丝；5—转子

(3) 试样

试样应该均匀无气泡；试样量要能满足旋转黏度计测定需要。

(4) 测定步骤

同种试样应该选择适宜的相同转子和转速，使读数在刻度盘的 20%～80% 范围内。将盛有试样的容器放入恒温浴中，使试样温度与试验温度平衡，并保持试样温度均匀；将转子垂直浸入试样中心部位，并使液面达到转子液位标线；开动旋转黏度计，读取旋转时指针在圆盘上不变时的读数；每个试样测定三次。

（5）结果表示

取三次试样测试中最小一个读数值，取有效数字三位。将读数按黏度计规定进行计算，以 Pa·s 或 mPa·s 表示。

2. 黏度杯法

（1）适用范围

适用于 50mL 试样流出时间在 30~100s 内黏合剂黏度测定。

（2）测定原理

黏度杯测量的黏度是条件黏度，它是以一定体积的黏合剂在一定温度下从规定直径的孔中所流出的时间来表示的黏度。

图 14-2　黏度杯

（3）试样

试样应该均匀无气泡，能满足黏度杯测定需要。

（4）测定步骤

揩干净黏度杯(见图 14-2)，并在空气中干燥或用冷风吹干，对光观察黏度杯流出孔应该清洁；将试样和黏度杯放在恒温室中恒温；将黏度杯和 50mL 量筒垂直固定在支架上，流出孔距离量筒底面 20cm，并在黏度杯流出孔下面放一只 50mL 量筒；用手堵住流出孔，将试样倒满黏度杯；松开手指，使试样流出。记录手指移开流出孔至接收的量筒中试样达到 50mL 时的时间，以流出时间 s 作为试样黏度；重复测定，两次测定值之差不应大于平均值的 5%。

（5）结果表示

黏度杯法中，结果以算术平均值表示，取有效数字三位，以 s 表示。

（二）不挥发物含量的测定

1. 测定原理

使试样在一定温度下加热一定时间后，以加热后试样质量与加热前试样质量的百分比值表示。

2. 试验温度、试验时间和取样量

氨基系树脂黏合剂：试验温度 103~107℃，试验时间 175~185min，取样量 1.5g。

酚醛树脂黏合剂：试验温度 132~137℃，试验时间 58~62min，取样量 1.5g。

其他黏合剂：试验温度 103~107℃，试验时间 175~185min，取样量 1.0g。

3. 测定步骤

按要求称取黏合剂试样，精确到 0.001g，置于已在试验温度恒重并称量过的容器中，放入已按试验温度调好的鼓风恒温烘箱内加热，加热时间按有关规定。取出试样，放入干燥器中冷却至室温，称其质量。

4. 结果表示

不挥发物含量(X)以质量分数(%)表示，计算如下：

$$X = \frac{m}{m_0} \times 100 \qquad (14-1)$$

式中 m——加热后试样的质量，g；

m_0——加热前试样的质量，g。

（三）黏合剂适用期的测定

双组分或多组分类型黏合剂适用期的测定；适用于通过胶接强度、黏度或两者测定，确定黏合剂在规定条件下的适用期。不适用于测定适用期非常短的黏合剂（一般认为适合本测定的黏合剂最小适用期是 5min）。

1. 测定原理

适用期：配制后的黏合剂能维持其使用性能的时间。

按规定时间间隔测定黏合剂的黏度和（或）胶接强度，当黏度达到规定变化值和（或）胶接强度低于规定值的时间作为黏合剂的适用期。

2. 测定步骤

在试验时把黏合剂的所有组分放置在 23 ±2℃ 试验温度下至少 4h，也可以采用其他温度，但在试验报告中应予说明；按黏合剂使用说明书规定配制约 250mL 黏合剂，把黏合剂放入烧杯中，在各组分充分混合后计时，作为黏合剂适用期的起始时刻。

试验过程中烧杯应敞开，从适用期起始时刻起，按一定时间间隔重复测定黏度。按黏合剂黏度确定适用期时，适用期应是刚配制黏合剂记录的时间和黏合剂黏度达到预先规定值或增加到预先规定百分率之间的时间。按上述规定配制和搅拌黏合剂，从适用期起始时刻起，按一定时间间隔重复制备胶接试样。按黏合剂胶接强度确定适用期时，适用期应是刚配制黏合剂记录的时间和胶接强度小于预先规定值或低于预先规定百分率之间的时间。

3. 试验结果

按黏合剂黏度和胶接强度确定适用期时，以黏度达到规定变化值和胶接强度小于规定值的时间中取较短的时间确定为黏合剂的适用期，用 h 或 min 表示。

（四）羟值的测定

羟值的测定主要是针对氨基聚氨酯胶黏剂。广泛应用于制鞋、包装、建筑、汽车等领域，由于其优良的性能，被认为是国内最有发展潜力的胶种之一。

1. 测定原理

含羟值的样品所消耗 KOH（NaOH）的质量。羟基能与酸酐发生酯化反应。反应式为：

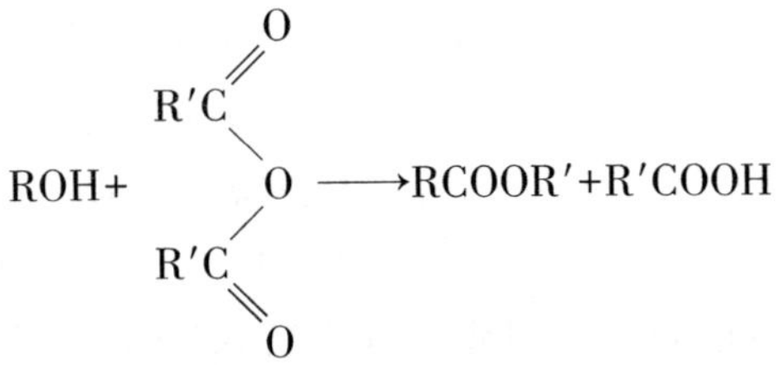

KOH（NaOH）溶液滴定此反应所消耗的酸酐的量可求羟值，常用的酸酐有醋酸酐和邻苯二甲酸酐。

2. 测定步骤

在洁净干燥的棕色瓶中加入 100mL 新蒸馏的吡啶和 15mL 新蒸馏醋酸酐混合均匀后备用；定量称取真空干燥后的样品，放在磨口锥形瓶中，用移液管准确称取 10mL 配好的醋酸酐—吡啶混合液，放入瓶中并用2mL 蒸馏水洗瓶口。放入几粒沸石，接上磨口空气冷凝管，加热回流 20min，冷却至室温，依次用 10mL 吡啶和 10mL 蒸馏水冲洗冷凝管内壁和磨口，加入 3~5 滴 1%的酚酞–乙醇指示剂，用 1mol/LKOH 标准溶液滴定。同样操作做空白实验。

3. 结果计算

羟值计算如下：

$$羟值 = \frac{(V - V_0) \times c \times 56.11}{m} \tag{14-2}$$

式中 V——样品滴定所消耗的 KOH 的量，mL；

V_0——样品滴定和空白滴定所消耗的 KOH 的量，mL；

c——KOH 标准溶液的浓度，mol/L；

m——样品的质量，g。

（五）环氧当量与环氧值的测定

环氧树脂黏合剂既能黏接金属材料，也能黏接非金属材料。而且黏接能力特别强被称为万能胶，是应用最广泛的一类黏合剂。

环氧当量：含有 1g 当量环氧基的环氧树脂的质量克数，以 EEW 表示。

环氧值：100g 环氧树脂中环氧基的克数。

环氧值是鉴定环氧树脂质量的重要手段。环氧值的大小，对黏合剂的黏度大小、固化剂用量的多少和黏接强度等性能均有一定的影响。因此，控制环氧树脂的环氧值的幅度，对于确保黏合剂的质量的稳定有重要的意义。

化学分析法是在适当的溶剂中，使用过量的盐酸与环氧基作用，定量生成氯醇，将过量的盐酸用碱滴定法定量，氯离子用硝酸银溶液进行电位滴定。常用的溶剂有丙酮、无水乙醚、吡啶等。

有时不用盐酸，而用溴化氢酸、碘化钾与盐酸、过氯酸与季铵溴化物等为卤化剂，进行直接滴定。此外，也有以盐酸滴定环氧基与亚硫酸钠反应生成氢氧化钠的方法，以乙酸滴定环氧基与硫代硫酸钠反应生成氢氧化钠的方法，以过碘酸将环氧基变为乙二醇而滴定过量的过碘酸的方法等，但是其适用范围有限，不常使用。

1. 盐酸丙酮法

（1）测定原理

在待测试样中加入过量的盐酸–丙酮标准溶液，过量的盐酸用氢氧化钠标准溶液滴定。

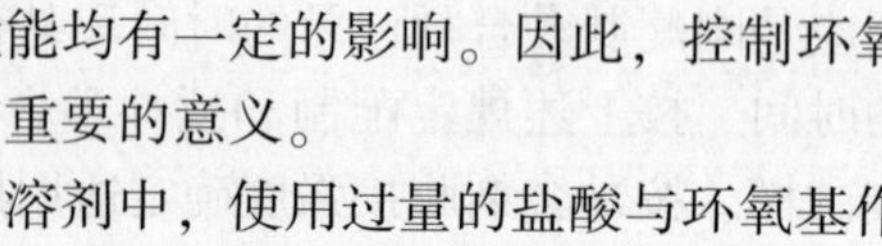

$$HCl+NaOH \longrightarrow NaCl+H_2O$$

（2）测定步骤

精确称取 2~4mg 环氧当量的环氧树脂试样，装入 250mL 具塞锥形瓶中，用吸量管加 0. 2mol/L 的盐酸–丙酮溶液 20mL，充分摇匀，使试样完全溶解，在室温下放置 15min 后，加入中性乙醇 25mL，然后用 0. 1mol/L 氢氧化钠标准溶液滴定过量的盐酸。当甲酚红指示剂从粉红色先变成黄色，接着逐渐变为紫色为滴定终点。同时做空白试验。

（3）结果计算

环氧当量（EEW）计算如下：

$$EEW = \frac{1000W}{c(V_0 - V)} \tag{14-3}$$

式中 W——环氧树脂试样的质量，g；

V_0——空白试验所需氢氧化钠标准溶液的体积，mL；

V——试样液定所需氢氧化钠标准溶液的体积，mL；

c——氢氧化钠标准溶液的浓度，mol/L。

2. 溴化季铵盐直接滴定法

称取0.5~1.0mg环氧当量的环氧树脂试样，溶于100mL氯仿(或丙酮、苯、氯化苯等)溶剂中。再加入10mL四乙基溴化胺试剂及4滴0.1%的结晶紫指示剂，用0.1mol/L的高氯酸—冰醋酸标准溶液滴定至绿色为终点。

环氧当量(EEW)计算如下：

$$EEW = \frac{1000W}{cV} \tag{14-4}$$

式中 W——环氧树脂试样的质量，g；

c——高氯酸—冰醋酸标准溶液的浓度，mol/L；

V——滴定所消耗的高氯酸—冰醋酸标准溶液的体积，mL。

3. 光谱分析法

光谱分析法如红外光谱、拉曼光谱或核磁共振光谱等分析方法是很普及的，可用于环氧树脂的定性分析或环氧基的定量分析。光谱分析比化学分析容易操作，但需要用标准试样做成定量线。

红外光谱吸收法首先用一系列已知环氧当量的环氧树脂的红外光谱做出A910cm^{-1}/A1610cm^{-1}(其中910cm^{-1}是环氧基的吸收峰，1610cm^{-1}是苯环的吸收峰)基线，然后做出A910cm^{-1}/A1610cm^{-1}与环氧当量标准曲线。在测定某一环氧树脂试样的环氧当量时，只需知道该环氧树脂A910/M1610的比值，即可确定其环氧当量。

第三节 涂料和颜料的检验

涂料是一种可以用不同的施工工艺涂覆在物件表面，形成黏附牢固、具有一定强度、连续的固态薄膜的物质。这种膜通称为涂膜，又称漆膜或涂层。由于早期大多以植物油为主要原料，故又叫做“油漆”。

颜料是一种具有装饰和保护作用的有色物质，它不溶于水、油、树脂等介质中，通常是以分散状态应用在油墨、塑料、橡胶、陶瓷、造纸等工业中，使这些制品呈现颜色。它具有遮盖力、着色力，对光相对稳定，常用于配制涂料、油墨以及着色塑料和橡胶，因此又可称为着色剂。

不论是传统的以天然物质为原料的涂料产品，还是现代发展中的以合成化工产品为原料的涂料产品，都属于有机化工高分子材料，所形成的涂膜属于高分子化合物类型。按照现代通行的化工产品的分类，涂料属于精细化工产品。现代涂料正在逐步成为一类多功能性的工程材料，是化学工业中的一个重要行业。

一、涂料的组成

涂料主要由成膜物质、颜料、溶剂、助剂等组成。

1. 成膜物质

成膜物质是涂料的基础，它对涂料和涂膜的性能起决定性的作用，它具有黏结涂料中其他组分形成涂膜的功能。可作为成膜物质使用的物质品种很多，当代的涂料工业主要使用树脂。树脂是一种无定型状态存在的有机物，通常指高分子聚合物。过去，涂料使用天然树脂为成膜物质，现代则广泛应用合成树脂，例如：醇酸树脂、丙烯酸树脂、氯化橡胶树脂、环氧树脂等。

2. 颜料

颜料是有颜色的涂料(色漆)的一个主要组分。颜料使涂膜呈现色彩，使涂膜具有遮盖被涂物体的能力，以发挥其装饰和保护作用。有些颜料还能提高漆膜机械性能、漆膜耐久性、防腐蚀、导电、阻燃等性能。

3. 溶剂

溶剂是能将涂料中的成膜物质溶解或分散为均匀的液态，以便于施工成膜，当施工后又能从漆膜中挥发至大气中的物质。原则上溶剂不构成涂膜，也不应存留在涂膜中。

很多物质包括水、无机化合物和有机化合物都可作为涂料的溶剂组分。某些涂料中开发应用了一些既能溶解或分散成膜物质为液态，又能在施工成膜过程中与成膜物质发生化学反应形成新的物质而存留在漆膜中的化合物，被称为反应活性剂或活性稀释剂。溶剂有的是在涂料制造时加入，有的是在涂料施工时加入。

4. 助剂

也称为涂料的辅助材料组分，但它不能独立形成涂膜，它在涂料成膜后可作为涂膜的一个组分而在涂膜中存在。助剂的作用是对涂料或涂膜的某一特定方面的性能起改进作用。不同品种的涂料需要使用不同作用的助剂；即使同一类型的涂料，由于其使用的目的、方法或性能要求的不同，而需要使用不同的助剂；一种涂料中可使用多种不同的助剂，以发挥其不同作用(例如：消泡剂、润湿剂、防流挂、防沉降、催干剂、增塑剂、防霉剂等)。

二、涂料分类

涂料品种繁多，用途十分广泛，性能各异。涂料的分类方法很多，通常有以下几种分类方法：

(1) 按涂料的形态可分为水性涂料、溶剂性涂料、粉末涂料高固体分涂料等。

(2) 按施工方法可分为刷涂涂料、喷涂涂料、辊涂涂料、浸涂涂料、电泳涂料等。

(3) 按施工工序可分为底漆、中涂、漆(二道底漆)、面漆、罩光漆等。

(4) 按功能可分为装饰涂料、防腐涂料、导电涂料、防锈涂料、耐高温涂料、示温涂料、隔热涂料等。

(5) 按用途可分为建筑涂料、罐头涂料、汽车涂料、飞机涂料、家电涂料、木器涂料、桥梁涂料、塑料涂料、纸张涂料等。

三、颜料的分类

颜料就其水溶性不同，可分为可溶性颜料和不可溶性颜料；颜料从化学组成不同，可分为无机颜料与有机颜料两大类；就其来源又可分为天然颜料和合成颜料；以颜料的功能可分为防锈颜料、磁性颜料、发光颜料、珠光颜料、导电颜料等；以颜色分类颜料可分为白色、黄色、红色、蓝色、绿色、棕色、紫色、黑色等。

天然颜料以矿物为来源，主要有朱砂、红土、雄黄、孔雀绿、重质碳酸钙、硅灰石、滑石粉、云母粉、高岭土等，以生物为来源有胭脂虫红、天然鱼磷粉等，以及来自植物的藤黄、茜素红、靛青等。

合成颜料通过人工合成而得，如钛白、锌钡白、铅铬黄、铁蓝、铁红、红丹等无机颜料，以及大红粉、偶氮黄、酞菁蓝、喹吖啶酮等有机颜料。

四、涂料及颜料的质量检验

(一) 涂料细度的测定

涂料的细度，是表示涂料中所含颜料在漆中分散的程度。细度小能使涂层均匀，对涂层的外观和装饰性能均能改善。

细度单位是微米(μm)，检测细度目的是控制涂料中颗粒的大小及涂膜的细腻程度。细度越细涂膜越平滑、细腻，反之则涂膜粗糙。

1. 测定原理

用刮板细度计将涂料铺展为厚度不同的薄膜，观察在何种厚度下显现出粒子。

2. 测定步骤

刮板细度计在使用前须用溶剂仔细洗净擦干，在擦洗时应用细软布。

将符合产品标准黏度的试样，用小调漆刀充分搅匀，然后在刮板细度计的沟槽最深部分，滴入试样数滴，以能充满沟槽而略有多余为宜。

以双手持刮刀(如图 14-3 所示)，横置在磨光平板上端(在试样边缘处)，使刮刀与磨光平板表面垂直接触。在 3s 内，将刮刀由沟槽深的部位向浅的部位拉过，使漆样充满沟槽而平板上不留有余漆。刮刀拉过后，立即(不超过 5s)使视线与沟槽平面成 15°～30°角，对光观察沟槽中颗粒均匀显露处，记下读数(精确到最小分度值)。

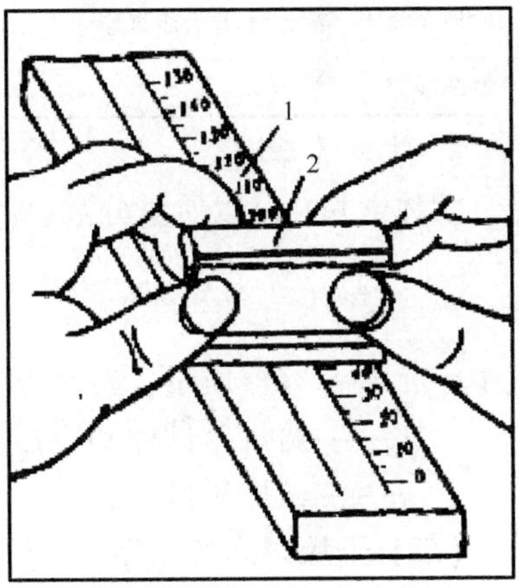

图 14-3 刮板细度计

1—磨光平板；2—刮刀

如有个别颗粒显露于其他分度线时，则读数与相邻分度线范围内，不得超过三个颗粒。

(二) 涂料固体含量的测定

1. 测定原理

涂料在一定温度下加热烘后剩余物质量与试样质量的比值，以百分数表示。

2. 测定步骤

(1) 培养皿法

先把干燥洁净的培养皿在 105±2℃烘箱内焙烘 30min。取出放入干燥器中，冷却至室温后，称量。用磨口滴瓶取样，以减量法称取 1.5～2g 试样(过氯乙烯漆取样 2～2.5g，丙烯酸漆及固体含量低于 15%的漆类取样 4～5g，置于已称量的培养皿中，使试样均匀地流布于容器的底部，然后放于已调节到按表 14-1 所规定温度的鼓风恒温烘箱内焙烘一定的时间后，取出放入干燥器中冷却至室温后，称量。然后再放入烘箱内焙烘 30min，取出放入干燥器中冷却至室温后，称量，至前后两次称量的质量差不大于 0.01g 为止(全部称量精确至 0.01g)。

（2）表面皿法

本方法适用于不能用（1）测定的高黏度涂料如腻子、乳液和硝基电缆漆等。

先将两块干燥洁净可以互相吻合的表面皿在 105 ±2℃ 烘箱内焙烘 30min。取出放入干燥器中冷却至室温，称量。将试样放在一块表面皿中，使两块表面皿互相吻合，轻轻压下，再将皿分开，使试样面朝上，放入已调节至按下表所规定温度的恒温鼓风烘箱内焙烘一定时间后，取出放入干燥器中冷却至室温，称量。然后再放入烘箱内焙烘 30min，取出放入干燥器中冷却至室温，称量。至前后两次称量的质量差不大于 0.01g 为止（全部称量精确至 0.01g），平行测定两个试样。

表 14-1　各类漆类焙烘温度规定

涂料名称	焙烘温度/℃	涂料名称	焙烘温度/℃
硝基漆类、过氯乙烯漆类、丙烯酸漆类、虫胶漆	80 ±2	水性漆	60 ±2
缩醛胶	100 ±2	聚酰亚胺漆	180 ±2
油基漆类、酯胶漆、沥青漆类、酚醛漆类、氨基漆类、醇酸漆类、环氧酯漆类	120 ±2	有机硅漆类	在 1～2h 内，由 120℃ 升至 180℃ 再于 180 ±2℃ 保温
聚酯漆类、大漆	150 ±2	聚酯漆包线漆	200 ±2

3. 结果计算

固体含量（X）以质量分数（%）表示，计算如下：

$$X = \frac{m_2 - m_1}{m} \times 100 \quad (14-5)$$

式中　m_1——容器质量，g；

m_2——焙烘后试样和容器质量，g；

m——试样质量，g。

（三）干燥时间的测定

1. 测定原理

按产品标准规定的干燥条件进行干燥，到产品标准规定时间，在距膜面边缘不小于 1cm 的范围内检测膜是否表面干燥或实际干燥。

2. 测定步骤

在标准条件下将试样搅匀后按产品要求涂刷于铝板上制备涂膜，不允许有空白，记录涂刷结束的时间。经过若干时间后，在距膜面边缘不小于 10mm 的范围以手指轻触除膜表面，如感到有些发黏，但无涂料粘在手指上，即为表干，记下时间为表干时间。

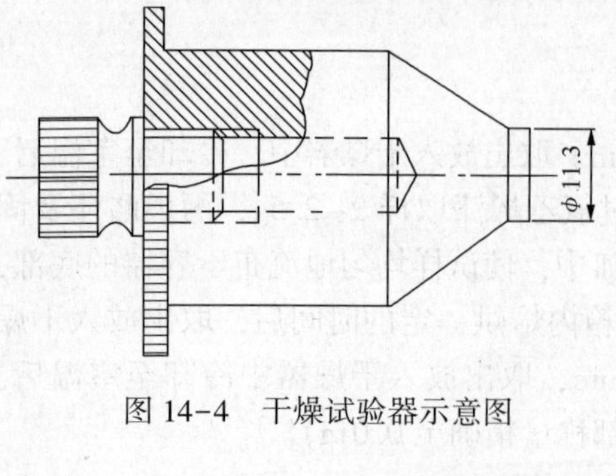

图 14-4　干燥试验器示意图

在表干后的试样涂层上放一张定性滤纸，光滑面接触涂面，滤纸上再轻轻放置干燥试验器，若干时间后移去干燥试验器，将试件翻转滤纸能自由落下，或在背面用握板之手的食指轻轻敲几下滤纸能自由落下而滤纸纤维不沾在旅膜上则认为涂膜实干，记下涂膜达到实干所用的时间，即为实干时间。

（四）硬度的测定

涂层的硬度，是指该表面被另一更硬的物体穿入时所表现的阻力。涂层的硬度是表示涂层机械强度的重要性能之一。干燥后涂层应具有硬度的坚硬性，才能承受物理性的外来损害而起到保护物面的作用。

硬度由小到大是涂层在干燥后时间的函数，也就是涂层的硬度随干燥程度而增大，完全干燥的涂层，才具有特定的最高硬度。

测试方法有：摆杆阻尼硬度法、斯华硬度法、克利曼硬度法、铅笔硬度法、巴霍尔硬度法等。较常用的是摆杆阻尼硬度法、铅笔硬度法。

1. 铅笔硬度法

制好干板，干燥后，选择相应的产品铅笔硬度计，将硬度计铅笔削好，笔尖要磨平，将硬度计放成45°角均力向前用于推进，然后观察漆膜有无擦损，无擦损为通过。铅笔硬度计分别有6B、5B、4B、3B、2B、1B、F、HB、H、1H、2H、3H、4H、5H、6H等级，6B硬度最低，6H硬度最强。

（1）测定原理

利用一系列不同硬度的铅笔测定涂料薄膜的硬度。

（2）测定步骤

如图14-5，利用湿膜拉棒将涂料置于一硬底材上，待涂料全干后测硬度（干膜表面需平滑）。

用砂纸以90度方向将铅笔之笔尖磨至平滑之圆形横切面。

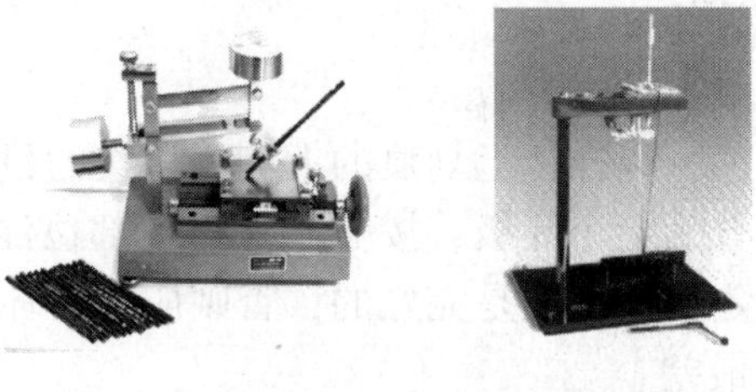

图14-5　铅笔硬度计和摆杆硬度计

将附有全干漆膜之底材平放，稳固好。先用最硬之铅笔以45°角（指离操作员）接触漆膜并推出约6.5mm，向下及向前推出之力度需平均。

重复上述操作，直至某一硬度之铅笔有刮花或挂伤漆膜表面。记录铅笔硬度。

2. 摆杆阻尼硬度法

（1）测定原理

利用科尼格摆测定漆膜硬度。接触漆膜表面的摆杆以一定的周期摆动时，摆杆的摆幅衰减与硬度成反比，表面越软，摆幅衰减越快，反之，越慢。

（2）测定步骤

将玻璃板（10mm×10mm×0.5mm）按GB 9271中玻璃标准试样处理方法处理，并按GB 1727规定制备涂膜样板。将样板在试验条件（23±2℃，相对湿度50%±5%）下至少放置16h。调节仪器并使工作台呈水平。

将被测样板涂膜朝上放在水平工作台上，使摆杆慢慢降落代样板上，调整摆尖与标尺零点处于同一垂直位置，将摆杆偏转6°，松开摆杆计时，记录摆幅6°～3°的时间，并在同一样板上三个位置测量涂层阻尼时间，以三次测量平均值表示。

（五）附着力的测定

1. 附着力形成机理

当不相似的两种材料达到“紧密”接触时，在空气中的两个自由表面消失，形成新的界面。界面相互作性质决定了涂料和底材之间成键的强度，这种相互作用的程度基本由一相被另一相的润湿性决定，使用液料时，液相的流动性也有很大帮助，因此润湿可被看作涂料和底材的密切接触。为了保持涂层与底材的附力，除了保证初步的润湿外，在涂膜形成后的完全润湿和固化后仍保持键合情况不变是很重要的。

涂料附着力是指涂层与被涂物表面或涂层之间相互粘结的能力。这种性能对涂层的保护和装饰性是有一定影响的。

漆膜附着力的好坏，一方面取决于成膜物质对底材润湿程度和极性基团，另一方面也与底材表面的处理方法有关，如在潮湿、有锈、性黏、有油脂的金属表面涂装，则其附着力就差。

附着力是涂料检测中非常重要检测项目，也是涂料的根本要求，没有附着力的涂料也失去对物体表面保护和装饰的作用。

2. 附着力的测定

测定方法有：画圈法、百格法、十字法、拉力法等。

（1）画圈测定法

按《漆膜一般制备法》在马口铁板上制备样板三块，待漆膜实干后，于恒温、恒湿条件下测定。以附着力测定仪的针头按规定刻划样板。最后取出样板，以四倍放大镜检查划痕并评级。

评级方法：

以样板上划痕的上侧为检查的目标，依次标出 1、2、3、4、5、6、7 等七个部位，相应分为七个等级，按顺序检查各部位漆膜的完整程度。如某一部位格子有 70%以上完好，则定为该部位是完好的，否则应认为坏损。附着力最佳的定为一级，共分七级，七级为附着力最差。

设备：四倍放大镜；附着力测定仪，见图 14-6、图 14-7。

图 14-6　附着力测定仪

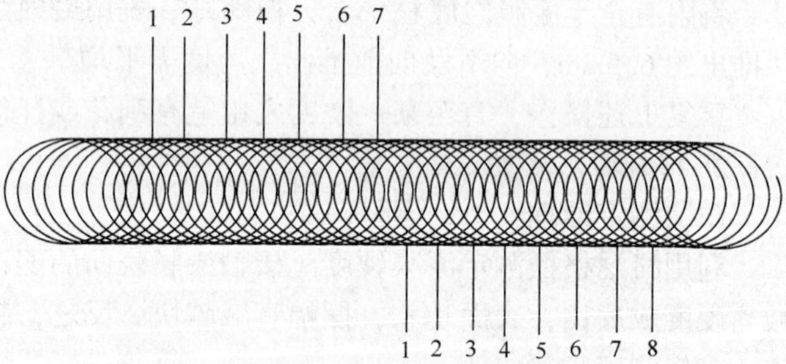

图 14-7　标准划痕圆滚线

（2）百格测试法

用美工刀在制备好的干板上划出 2mm 百格，然后用胶带粘到百格处，压牢再瞬速将胶带撕开，连续三次，观察有无掉漆情况，没有掉漆为合格。百格附着力检测方法主要适用于 100μm 内漆膜测试。

用溶剂将底材抹干净并弄干。在底材上方或背面写上有关试样的资料（例如：货号、批号、测试日期等）。按配方指定方法于底材上涂一层均匀漆膜，并按指定方法弄干。将准备好的样板置于水平工作台上，手持刀片，用刀尖以一均匀速度的力在漆膜上划一直线（刀尖必须透过漆膜，但不宜深入底材）。

重复上一步骤，以等距离约 1mm 划 11 条平行刀痕。

将样板转 90°角，重复上述两步骤，在漆膜表面划出一格数为 10×10 的正方格群。用柔软的布或纸巾抹净漆膜表面。

剪约75mm长胶纸，将胶纸之中心轻置于上述正方格群上，用手指按之(或用铅笔头上胶擦轻擦)，以确保其完全附于漆膜上。

贴上胶纸后90 ±30s内，迅速地将胶纸180°角施力扯脱，观察漆膜被破坏的程度(分为六级5B、4B、3B、2B、1B、0B，详见表14-2)。

注：干膜厚度小于50mm划相距1mm的11条痕，干膜厚度在50mm~125mm间划相距2mm的6条痕。

表14-2 附着力判断表

级别	漆膜破坏情况说明
5B	边角保护完整，无明显破损
4B	边角有少量破损，但整体完整
3B	边角破损较多，但无整格脱落情况
2B	边角破损严重，同时有少量整格脱落情况
1B	边角破损严重，同时有较多整格脱落，但总面积保留65%以上不脱落
0B	保留面积小于65%

(3) 其他方法

十字法：涂膜上用美工刀画出十字，然后观察膜有无破损剥落情况，无破损剥落为合格，它主要适用于防腐涂料等漆膜较厚的涂料产品附着力的检测。

拉力附着力测试法：在制备好的干板上用拉力附着力测试专用黏胶把拉力附着力测试器的栓子黏在一块，等待黏胶固化样板与拉力附着测试器的栓子牢固黏住，再用拉力附着测试器铸在栓子上进行拉力测试，单位MPa(一般环氧、聚氨酯涂料附着拉力在3~5MPa醇酸、酚醛在0.5~2MPa)。它主要用涂装工程涂料附着力测试。

(六) 抗冲击的测试

抗冲击测试是测定涂膜抵抗外来冲击的能力，也表现了涂膜的弹性和对底板的附着力，以及涂膜经受高速度的负荷作用下的变形程度。

用涂膜冲击试验器测试，以1kg的重锤落在涂膜上而不引起涂膜破坏的最大高度来表示，单位为kg/cm。

待涂膜实干后，将涂料样板平放于枕垫块上，涂膜朝上，样板受冲击部分边缘要大于15mm，重锤借控制装置维持在10cm的高度，按压控制钮，重锤即自由地落于涂料样板上，提起重锤，用4倍放大镜观察涂料样板，当涂膜无裂纹、皱皮及剥落现象时，可依次增大重锤高度到20~50cm再测。

(七) 柔韧性的测试

涂膜的柔韧性是涂膜经过一定幅度的弯曲后，不发生破裂的性能，故也叫做涂膜的弯曲性。如果涂膜经过规定的弯曲而不被破坏，就说明这种涂料的柔韧性好。

测定涂膜的柔韧性，是在柔韧性测定器上进行的，如图14-8。将涂有涂料的马口铁样板，在柔韧性测定器上的一定直径的轴棒上弯曲，以其弯曲后不引起涂膜破坏的最小轴棒的直径来表示。

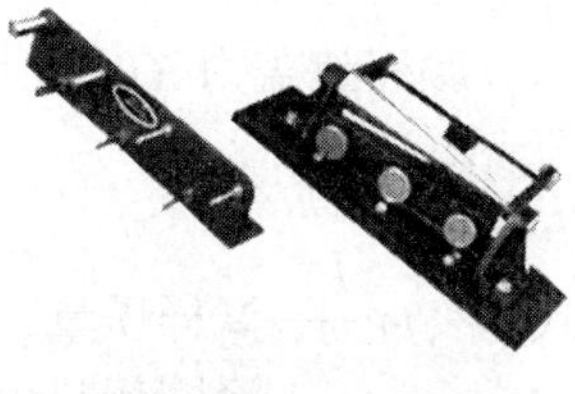

图14-8 柔韧性测定器

测试时，将长和宽为25×120mm、厚为0.2~0.3mm的涂有涂料的马口铁样板，涂膜朝上，放在轴棒上弯曲180°，弯曲时间为2~3s，然后用4倍放大镜观察，看是否有裂纹、网纹和剥落现象。如无异样，则为合格。如有网纹、裂纹及剥落等现象，即为不合格。

涂膜在轴棒上弯曲时，涂膜伸长，弯曲的直径越小，涂膜外表面的伸长率越大，所以通过1mm直径的柔韧性最好。

轴棒的尺寸如下：

轴棒1：直径10mm；轴棒2：直径15mm；

轴棒3：截面5mm×10mm，曲率半径为2.5mm；

轴棒4：截面4mm×10mm，曲率半径为2mm；

轴棒5：截面3mm×10mm，曲率半径为1.5mm；

轴棒6：截面2mm×10mm，曲率半径为1mm；

轴棒7：截面1mm×10mm，曲率半径为0.5mm；

(八) 颜料遮盖能力的测定

1. 测定原理

本方法是指颜料和调墨油研磨成色浆，均匀的涂刷于黑白格玻璃板上，使黑白格恰好被遮盖的最小用颜料量，以g/m^2表示。

2. 测定步骤

称取试样3~5g(准确至0.2g)，参照表14-3称取调墨油，取其总量的1/2~1/3置于平磨机下层的磨砂玻璃面上，用调墨刀调匀，加5MPa压力，进行研磨，每25转或50转调和一次，调和四次共100或200转，加入剩余的调墨油，用调墨刀调匀，放入容器内备用。

在天平(感量0.2g)上称取黑白格板质量(面积为$2\times10^4mm^2$)(见图14-9)，用漆刷蘸取颜料色浆均匀纵横交错地涂于黑白格上，涂刷时不允许颜料色浆在板的边缘黏附，在暗箱(见图14-9)内距离磨砂玻璃150~200mm，视线与板面倾斜成30度角，于两支15W日光灯照射下观察，黑白格恰好被颜料色浆遮盖即为终点。将涂有颜料色浆的黑白格板称量。

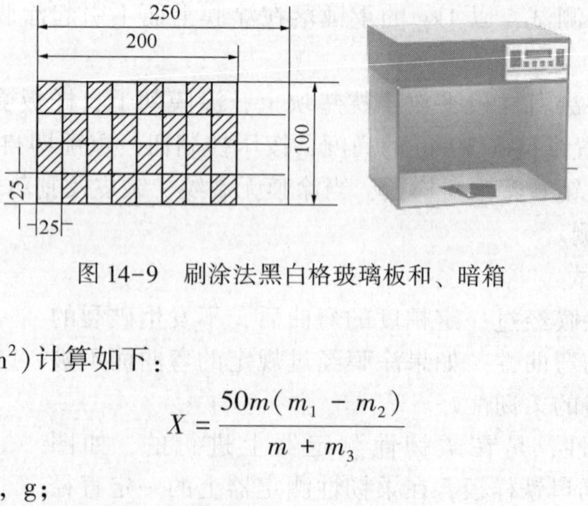

图14-9 刷涂法黑白格玻璃板和、暗箱

3. 结果计算

颜料遮盖力$X(g/m^2)$计算如下：

$$X = \frac{50m(m_1 - m_2)}{m + m_3} \tag{14-6}$$

式中 m——试样质量，g；

m_1——涂刷颜料色浆后黑白格板的质量，g；

m_2——涂刷前黑白格板的质量，g；

m_3——用去调墨油的质量，g。

4. 注意事项

① 调墨油(纯亚麻仁油制)：黏度 140~160mPa·s/25℃或 38~42s/25℃(涂-4 黏度计)；酸值不大于 7mgKOH/g；颜色不大于 7(铁钴比色计)

② 颜料与调墨油的配比量见表 14-3。

表 14-3　测定遮盖力时颜料与油的配比量

颜料吸油量/%	颜料：油(以 g 比)	颜料吸油量/%	颜料：油(以 g 比)
10~20	1：1.2	30~40	1：4
20~30	1：2.5	40 以上	1：5

第四节　染料的检验

染料是能使纤维和其他材料着色的物质，分天然和合成两大类。染料是有颜色的物质。但有颜色的物质并不一定是染料。作为染料，必须能够使一定颜色附着在纤维上。且不易脱落、变色。

一、发色机理

染料的颜色是染料对入射的可见光线发生选择吸收的结果。若入射的可见光线全部被物体吸收，则此物体呈黑色；若入射的可见光线全部被反射，则呈白色；若物体吸收入射的可见光中某一段波长的光线，则此物体显示的颜色呈反射光线的颜色，吸收的光谱色和显示的颜色互为补色，如表 14-4 所示。

当改变染料分子结构，使其最大吸收波长增大或缩短时，染料的色光就相应地加深或变浅。染料吸收可见光线的范围和颜色的纯度有关，吸收范围愈窄，颜色的纯度愈高。染料的吸收曲线形状各异，颜色也千差万别。用分光光度仪可测定入射到染液中的光线强度和透过染液后的光线强度的比值，由此得出染料的吸收曲线图和最大吸收波长。

表 14-4　吸收的光谱色和显示的颜色

最大吸收波长范围/nm	760~647	647~585	585~565	565~492	492~455	455~424	424~400
吸收的光谱色	红	橙	黄	绿	青	蓝	紫
显示的颜色	蓝绿	青	蓝	紫红	橙	青	黄绿

染料分子中含有一个或数个特殊的官能团，称为发色团，如偶氮基、硝基、亚硝基、羰基等。这些发色团在吸收光线后产生的电子跃迁不同，最大吸收波长也不同。此外，染料必须含有助色团，如氨基、羟基、磺酸基和甲基等，它们对染料的色光、纯度、深浅度和溶解度等都有影响。

二、染料分类

染料按来源可分为天然染料和合成染料。

天然染料分植物染料，如茜素、靛蓝等；动物染料，如胭脂虫等。合成染料又称人造染料，主要从煤焦油分馏出来(或石油加工)经化学加工而成，称为"煤焦油染料"。

按染料性质及应用方法，可将染料进行下列分类。

1. 直接染料

这类染料因不需依赖其他药剂而可以直接染着于棉、麻、丝、毛等各种纤维上而得名。它的染色方法简单，色谱齐全，成本低廉。但其耐洗和耐晒牢度较差，如采用适当后处理的方法，能够提高染色成品的牢度。

2. 不溶性偶氮染料

这类染料实质上是染料的两个中间体，在织物上经偶合而生成不溶性颜料。因为在印染过程中要加冰，所以又称冰染料。由于它的耐洗、耐晒牢度一般都比较好，色谱较齐，色泽浓艳，价格低廉，所以目前广泛用于纤维素纤维织物的染色和印花。

3. 活性染料

又称反应性染料。它的分子结构中含有一个或一个以上的活性基因，在适当条件下，能够与纤维发生化学反应，形成共价键结合。它可用于棉、麻、丝、毛、粘纤、锦纶、维纶等多种纺织品的染色。

4. 还原染料

这类染料不溶于水，在强碱溶液中借助还原剂还原溶解进行染色，染后氧化重新转变成不溶性的染料而牢固地固着在纤维上。由于染液的碱性较强，一般不适宜于羊毛、蚕丝等蛋白质纤维的染色。这类染料色谱齐全，色泽鲜艳，色牢度好，但价格较高，且不易均匀染色。

5. 可溶性还原染料

它由还原染料的隐色体制成硫酸酯钠盐后，变成能够直接溶解于水的染料，所以叫可溶性还原染料，可用作多种纤维染色。这类染料色谱齐全，色泽鲜艳，染色方便，色牢度好。但它的价格比还原染料还要高，同时亲和力低于还原染料，所以一般只适用于染浅色织物。

6. 硫化染料

这类染料大部分不溶于水和有机溶剂，但能溶解在硫化碱溶液中，溶解后可直接染着纤维。但也因染液碱性太强，不适宜于染蛋白质纤维。这类染料色谱较齐，价格低廉，色牢度较好，但色光不鲜艳。

7. 硫化还原染料

硫化还原染料的化学结构和制造方法与一般硫化染料相同，而它的染色牢度和染色性能介于硫化和还原染料之间，所以称为硫化还原染料。染色时可用烧碱—保险粉或硫化碱—保险粉溶解染料。

8. 酞菁染料

酞菁染料往往作为染料中间体，在织物上产生缩合和金属原子络合而成色淀。目前这类染料的色谱只有蓝色和绿色，但由于色牢度极高，色光鲜明纯正，因此很有发展前途。

9. 氧化染料

某些芳香胺类的化合物在纤维上进行复杂的氧化和缩合反应，就成为不溶性的染料，叫做氧化染料。实质上这类染料只是坚牢地附着在纤维上的颜料。

10. 缩聚染料

用不同种类的染料母体，在其结构中引入带有硫代硫酸基的中间体而成的暂溶性染料。在染色时，染料可缩合成大分子聚集沉积于纤维中，从而获得优良的染色牢度。

11. 分散染料

这类染料在水中溶解度很低，颗粒很细，在染液中呈分散体，属于非离子型染料，主要用于涤纶的染色，其染色牢度较高。

12. 酸性染料

这类染料具有水溶性，大都含有磺酸基、羧基等水溶性基因。可在酸性、弱酸性或中性介质中直接上染蛋白质纤维，但湿处理牢度较差。

13. 酸性媒介及酸性含媒染料

这类染料包括两种。一种染料本身不含有用于媒染的金属离子，染色前或染色后将织物经媒染剂处理获得金属离子；另一种是在染料制造时，预先将染料与金属离子络合，形成含媒金属络合染料，这种染料在染色前或染色后不需进行媒染处理，这类染料的耐晒、耐洗牢度较酸性染料好，但色泽较为深暗，主要用于羊毛染色。

14. 碱性及阳离子染料

碱性染料早期称盐基染料，是最早合成的一类染料，因其在水中溶解后带阳电荷，故又称阳离子染料。这类染料色泽鲜艳，色谱齐全，染色牢度较高，但不易匀染，主要用于腈纶的染色。

目前世界各国生产的各类染料已有七千多种，常用的也有两千多种。由于染料的结构、类型、性质不同，必须根据染色产品的要求对染料选行选择，以确定相应的染色工艺条件。

三、染料命名

上面所介绍的各类染料，不但数量多，而且每类染料的性质和使用方法又各不相同。为了便于区别和掌握，对染料进行统一的命名方法已经正式采用。只要看到染料的名称，就可以大概知道该染料是属于哪一种类染料，以及其颜色、光泽等。我国对染料的命名统一使用三段命名法，染料名称分为三个部分，即冠称、色称和尾注。

1. 冠称

主要表示染料根据其应用方法或性质分类的名称，如分散、还原、活性、直接等。

2. 色称

表示用这种染料按标准方法将织物染色后所能得的颜色的名称，一般有下面四种方法表示：

① 采用物理上通用名称，如红、绿、蓝等。

② 用植物名称，如橘黄、桃红、草绿、玫瑰等。

③ 用自然界现象表示，如天蓝、金黄等。

④ 用动物名称表示，如鼠灰、鹅黄等。

3. 尾注

表示染料的色光、性能、状态、浓度以及适用什么织物等，一般用字母和数字代表。染料的三段命名法，使用比较方便。例如还原紫 RR，就可知道这是带红光的紫色还原染料，冠称是还原，色称是紫色，R 表示带红光，两个 R 表示红光较重。

目前，有关染料的命名尚未在世界各国得到统一，各染厂都为自己生产的每种染料取一个名称，因此出现了同一种染料可能有几个名称的情况。

四、染色性能

使被染物着色后，抵抗外界各类化学、物理机械等作用并保持原来色泽的能力，称为坚牢度或牢度。染色牢度是衡量染色成品的重要质量指标之一，容易褪色的染色牢度低，不易褪色的染色牢度高。染色牢度在很大程度上取决于染料化学结构。此外，染料在纤维上的物理状态、分散程度、染料与纤维的结合情况、染色方法和工艺条件等也有很大影响。抵抗能力大的即牢度高，抵抗能力小的即牢度低。

通常以标准试样作为牢度的基准，采用比较法来确定若干等级，如耐光牢度分为 8 级，耐洗、耐氯漂、耐摩擦、耐升华等牢度均分为 5 级，级数越小，牢度越低。牢度的高低，决定于染料和被染物的性质以及染色的方法。染色牢度是多方面的，一般比较主要的包括：日晒、皂洗、汗渍、摩擦、刷洗、熨烫、烟气等牢度。另外，纺织品的用途不同或加工过程不同，它们的牢度要求也不一样。为了对产品进行质量检验，纺织部门和商业部门参照纺织品的使用情况，制订了一套染色牢度的测试方法和标准，下面分别予以简单介绍。

1. 日晒牢度

染色织物的日晒褪色是个比较复杂的过程。在日光作用下，染料吸收光能，分子处于激化态而变得极不稳定，容易产生某些化学反应，使染料分解褪色，导致染色织物经日晒后产生较大的褪色现象。日晒牢度随染色浓度而变化，浓度低的比浓度高的日晒牢度要差。同一染料在不同纤维上的日晒牢度也有较大差异，如靛蓝在纤维素纤维上日晒牢度仅为 3 级，但在羊毛上则为 7~8 级；日晒牢度还与染料在纤维上的聚集状态、染色工艺等因素有关。日晒牢度共分 8 级，1 级最差，8 级最好。

2. 皂洗牢度

指染色织物在规定条件下于肥皂液中皂洗后褪色的程度，包括原样褪色及白布沾色两项。原样褪色是印染织物皂洗前后褪色情况。白布沾色是将白布与已染物缝叠在一起，经皂洗后，因已染物褪色而使白布沾色的情况。皂洗牢度与染料的化学结构和染料与纤维的结合状态有关。除此之外，皂洗牢度还与染料浓度、染色工艺、皂洗条件等有关。皂洗牢度的试验条件随构成织物的纤维品种而不同，皂洗温度可分为 40℃、60℃ 和 95℃ 三种。测试样品经试验、淋洗、晾干后即用“灰色褪色样卡”按国家规定标准评级。皂洗牢度按分为五级九档，其中一级最差，五级最好，沾色也分为五级九档，一级沾色最严重，五级为不沾色。

3. 摩擦牢度

染色织物的摩擦分为干摩擦及湿摩擦牢度两种。前者是用于白布摩擦织物，看白布的沾色情况，后者用含水 100% 的白布摩擦染色织物，看白布沾色情况。湿摩擦是由外力摩擦和水的作用而引起，其湿摩擦牢度一般低于干摩擦牢度。织物的摩擦牢度主要取决于浮色的多少、染料与纤维的结合情况和染料渗透的均匀度。如果染料与纤维发生共价键结合，则它的摩擦牢度就较高。染色时所用染料浓度常常影响摩擦牢度，染色浓度高，容易造成浮色，则摩擦牢度低。摩擦牢度由“沾色灰色样卡”依五级九档制比较评级，一级最差，五级最好。

评定染料的染色牢度，应将纺织物染成规定色泽浓度才能进行比较，这是由于染色浓度不同，会使测得的牢度亦不同之故。有关染后织物的各项染色牢度的试验方法，应根据国家规定的方法进行，各项牢度的标准也应以国家标准为准。能将纤维或其他被染物染成各种颜色的有机化合物。染色时先将染料制成水溶液、有机溶液、悬浮液等染液，当染液对纤维进行染色时，染料分子通过吸附、扩散以及一系列其他化学或物理化学的作用，从染液转移到纤维等被染物上，使其染色。对于染料分类、结构、制法、性能、应用和发色理论等进行研究的科学称为染料化学。

五、染料的质量检验

(一) 染料不溶物的测定

1. 测定原理

使染料充分溶解在适宜的溶剂中，然后用过滤器过滤，充分洗涤后，用称量法测定不溶物的含量。

2. 测定方法

(1) 染料的溶解

称取试样 1g(准确至 0.0001g)于 800mL 烧杯中，按下述方法溶解。

水溶性染料：加入 600mL 热蒸馏水溶解(如系碱性染料，则先加入少许乙酸)并加热至沸腾(不易加热的染料则另行规定)。

硫化染料：加入 250mL 预先澄清过的 50g/L 硫化钠溶液，加热至沸腾，保持 10min，使染料充分溶解，再用蒸馏水稀释 1 倍。

色酸：用少许乙醇将其润湿，加入 35mL200g 氢氧化钠溶液，搅拌均匀，再加入 400mL 蒸馏水，加热至沸腾，保持 5min，使其充分溶解。

色基：加盐酸(密度 1.19g/mL)20mL，搅拌均匀，再加入 500mL 沸蒸馏水，使其充分溶解。

(2) 过滤

将染料溶液在已知恒量的过滤器上趁热过滤，必要时可真空吸滤。

(3) 洗涤

水溶性染料：用热蒸馏水(80~90℃)洗涤至洗液无色为之。

硫化染料：先用 2%硫化钠溶液充分洗涤，再用蒸馏水洗涤至洗液无色，并不含有硫离子为止(洗液滴在乙酸铅试纸上不变色)。

色酸：用热蒸馏水(80~90℃)洗涤至洗液滴入酚酞指示剂无色为止。

色基：用热蒸馏水(80~90℃)洗涤至洗液中无氯离子为止(加入硝酸银溶液不发生沉淀)。

(4) 干燥和称量

将过滤器卸下，放入 100~105℃烘箱中烘至恒量，在干燥器中冷却至室温，称量(准确至 0.0001g)。

3. 结果计算

染料中的不溶物含量(X)以质量分数(%)表示，计算如下：

$$X = \frac{M_1 - M_2}{M} \times 100 \qquad (14-7)$$

式中 M——试样的质量，g；

M_1——过滤器的质量，g；

M_2——过滤器及不溶物的质量。

(二) 染料筛分细度的测定

染料筛分细度：以样品在给定网目的标准筛上振动过筛后的残余物的质量表示。

称取试样 10g(称准至 0.05g)，在规定网目的标准筛上振动过筛，然后用羊毛排刷至放在筛子下面的纸上在半分钟内无细粒落下为止。称量筛子上残余的染料(称准至

0.05g）。

残余物含量（X）以质量分数（%）表示，计算如下：

$$X = \frac{M_1}{M_2} \times 100 \qquad (14-8)$$

式中 M_1——筛分过残余物的质量，g；

M_2——试样的质量，g。

（三）水溶性染料的溶解度和溶液的稳定性的测定

1. 测定原理

在指定的温度下，制备一组包括溶解度极限在内的已知浓度的待测染料溶液，然后在该温度下，采用可加热的布氏漏斗对溶液进行抽滤，并通过目测滤纸的残渣和测定过滤的时间，来确定溶解度的极限。

染料的溶解度一般在90℃测定，对某些类别的染料在较低的温度下测定，一般参照生产厂的建议来选择测定的温度。温度必须在结果中标明。

染料的溶液稳定性的测定是把溶液存放2h，按需要在过滤前将上述溶液冷却并作评价，溶解温度和存放温度必须在结果中标明。

2. 测定步骤

① 制备的染料溶液的浓度档次将按预计的该染料的溶解度的极限值来选定。

表14-5 染料溶液浓度档次选定参考表

预计的溶解度介于	接近溶解度极限的染料浓度增加档次	预计的溶解度介于	接近溶解度极限的染料浓度增加档次
1~10g/L	1g/L	50~100g/L	10g/L
10~50g/L	5g/L	100g/L以上	20g/L

② 90℃溶解度的测定。

准备60℃左右不超过溶解温度的水200mL，先用少量水将一份已知量的待测染料调浆，并移入广口锥形瓶中，带完全润湿之后，把余下的水全部倒入烧瓶中。将该溶液放入调整至95℃的加热浴中启动电磁搅拌器，当该溶液达到95±2℃的温度时，在该温度继续搅拌5min。然后立即把该溶液过滤测定该染料在90℃的溶解度。

对每一个被测染料重复此过程。

其他温度与此过程相同。

③ 溶液稳定性的测定。将上述制备溶液的锥形瓶置于恒温水浴中，放置2h后过滤，过滤前摇动烧瓶使溶液混合均匀。

④ 过滤：将布氏漏斗预热到实验温度，并在整个过滤操作的过程中，保持此温度；在过滤前，把布氏漏斗中的双层滤纸用至少50mL的实验温度的水润湿；调整真空度至3~4kPa；染料溶液在测定温度下过滤，用秒表测量过滤的时间，目测放置染料溶液的烧瓶中是否有残余物的存在；在规定真空度下，如果染液不能在2min内滤下，可开大真空度，但时间不能超过2min；溶液过滤完后，开大真空度，把滤纸脱水1min。

3. 结果与分析

目测评定过滤过的各种已知浓度染料溶液的干燥滤纸，当滤纸上能看到残渣的时的浓度就作为溶解度极限或溶液稳定极限，有时候可以通过手指轻轻摩擦滤纸以发现不易看到的残渣。过滤时间的长短也可以作为进一步评定的依据，当过滤时间随染料浓度的增加而产生突越时就表明已经超过了溶解度的极限，或表示该溶液不能长时间稳定。

思考题及习题

1. 什么黏合剂，黏合剂的主要组成有哪些？

2. 旋转黏度计法、黏度杯法分别测定的是什么黏度？各有什么特点？

3. 什么是涂膜表面干燥？什么是涂膜实际干燥？检验涂膜表面干燥和实际干燥有哪些方法？

4. 摆杆阻尼法测定涂层硬度的原理是什么？如何记录测定结果？

5. 什么是附着力？影响漆膜附着力的因素有哪些？

6. 环氧值是如何定义的？它对于环氧树脂黏合剂质量有什么影响？

7. 什么是染料的牢度？常用检测染料的牢度标准有哪些？

8. 什么是染料的日晒牢度？如何测定日晒牢度？

9. 称取某氨基聚氨酯胶黏剂试样 1g，加入过量醋酸酐—吡啶混合液，反应完全后，加入 3~5 滴 1%的酚酞–乙醇指示剂，用 1mol/LKOH 标准溶液滴定，消耗 KOH 溶液 13mL。同时做空白实验消耗 KOH 溶液 7mL，求该样品的羟值。

10. 称取 0.003g 环氧树脂试样，用 0.2mol/L 的盐酸–丙酮溶液 20mL，使其完全溶解。以甲酚红为指示剂，用 0.1mol/L 的氢氧化钠标准溶液滴定过量的盐酸，消耗氢氧化钠的量为 37.85mL。相同条件下空白消耗的氢氧化钠标准溶液的量为 38.00mL。求环氧树脂试样的环氧当量。

第十五章　工业生产中的在线分析技术

第一节　概　述

随着现代工业的飞速发展，传统的通过采样、制样、化验室分析试样、结果报告这一漫长过程之后出来的结果已经远远滞后，如果再完全依据该结果指挥操作，已不能满足生产的需要。过程分析面对的困难与问题如：高温、高压、高粉尘、高水分、负压及结晶、腐蚀性等恶劣工作条件，分析工作者无法准确及时地得到分析结果。随着计算机技术、自动化技术和检测技术的发展，在线分析技术可以很好地解决这些难题。

为适应现代高科技技术研究和产业的迅速发展，作为信息时代信息获取—处理—传输链的源头技术，分析仪器技术的发展是必然的。在线分析技术是现代工业生产中不可缺少的一部分，并且在某些行业部门起着"指导"和"把关"的作用。为保证产品质量和生产安全，各种工业生产，尤其是连续自动化生产关键环节的质量控制发挥了重要作用。

在线分析技术是将分析仪器的检测装置置于生产流程线上，并与被测对象直接或间接接触，在生产流程上自动测量物质的成分和性质的实时分析技术。与经典的化学分析或实验室一般的仪器分析相比，在线分析具有分析速度快、效率高、操作简单、自动化程度高、智能化、连续监测、数据处理计算机化、大量节省劳动力等特点。

在线分析技术已在环境监测、生物化学、冶金工业、煤炭工业、材料工业、硅酸盐工业、石油工业、天然气工业、食品工业、原子能工业、环境保护等方面获得了广泛应用。

第二节　在线分析仪器

一、在线分析仪器的发展

在线分析仪器是指能对分析对象的组分及性质进行在线自动分析与测量的一类仪器。它是分析仪器的一类，也是在线检测仪表的一个分支，是随着生产过程自动化程度的提高而出现的。20 世纪 60 年代，许多在线仪器如磁氧分析仪、电化学式分析仪、红外分析仪在一些化肥企业中得到应用。20 世纪 80 年代，在线气相色谱仪、紫外光谱分析仪、工业酸度计、工业黏度计等在石油化学工业、炼油工业及环境保护与治理方面广泛使用。20 世纪 90 年代对工业质谱仪、近红外光谱仪、智能工业色谱仪等进行了研究开发。进入 21 世纪以来，在线分析仪器趋向于微型化、智能化、网络化、专用化发展，以及目前虚拟仪器技术的发展都将带动在线分析技术更新并带来更广阔的应用领域。

二、在线分析仪器的分类

在线分析仪器按照测量原理划分，可分为电化学式如在线电导仪、工业电导仪、工业酸度计等；色谱式如过程气相色谱仪、液相色谱仪等；光学式，离子光学及电子光学式如红外光谱仪、在线质谱仪、过程质谱仪等；磁学式如顺磁过程氧分析仪等；射线式如同位素分析仪、X射线荧光光谱仪等；热化学式如热导式气体分析器等；物性分析仪如在线黏度计、在线粒度仪。

在线分析仪器常用的是电化学式仪器和光学式仪器。电化学式仪器主要是应用电位分析、电导分析技术进行在线分析监测。光学式分析仪器中，测量光的吸收、折射或散射技术应用较为普遍。

三、在线分析仪器的组成

大型在线分析仪器的自动化控制程度高，通常由六个部分构成。

(1) 自动采样装置

它是工业过程连续采样的重要设备，根据测试对象的状态选择合适的采样装置如流动注射仪、各种传感器等，快速把试样取到仪器主机处。

(2) 预处理系统

对气体试样进行过滤、冷却、干燥等操作处理；对一些液体试样进行稀释、富集、洗脱、分离等等进行预处理。对不均匀固体试样进行破碎、混合、缩分等操作。

(3) 检测系统

根据物理或物理化学原理把检测对象的成分信息转换成相应的可检测信号。

(4) 信息处理系统

对检测系统给出的信号进行放大、模数转换、数据统计处理等信息处理工作。

(5) 整机自动控制系统

保证仪器在线正常运行，控制各个部分自动而协调地工作，每次检测时用标准样品自动校准，出现故障时有报警功能或能够自动处理故障。

(6) 信号显示和记录系统

用各种参数显示器(表)显示被测组分量的数值。连续控制的数据配以记录仪或由计算机贮存和显示信息的变化趋势。

四、在线分析仪器的特点

在线分析仪器与实验室一般分析仪器比较，具有以下三方面的特点：

① 具有自动采样、试样预处理和自动完成分析程序功能。

② 能够连续对批量样品进行检测。

③ 仪器的精密度可稍低，但长时间连续工作能力强，稳定性高。

在线分析仪器主要用于流程工业生产中，如石油化工行业的乙烯生产线、合成氨、水泥生产线，冶金行业的转炉生产、炉前分析，以及环境监测等。目前，在线分析仪器已经广泛应用于工业生产的各个部门。

第三节　在线分析技术的应用

一、在水质分析中的应用

1. COD_{Cr}在线监测仪

在线分析技术在水质分析领域用的十分广泛。随着科学技术的发展，传统测量方法由于其测量时间长，测量费用高，测量后的废液会形成二次污染等，越来越不能满足环境监测部门的需要，国内外厂家通过对传统测量方法的改进和研发新的测量方法，希望能克服传统法的缺点，这使得 COD 监测仪器有了长足的发展。在国外，人们已普遍使用无需试剂、没有二次污染的 UV 计取代了 COD_{Cr}。

（1）测定原理与仪器结构

在试样中加入已知量的重铬酸钾溶液，在硫酸介质中，以银盐为催化剂，采用加热回流 2h 或微波消解 15min 等方式，将试样中的某些有机物和无机还原性物质氧化，用硫酸亚铁铵滴定未被还原的重铬酸钾，用双铂电极电位法指示滴定终点。由消耗硫酸亚铁铵的量换算成消耗氧的质量浓度，得到试样的 COD_{Cr} 值。自动分析仪的量程应不低于 1000mg/L。如图 15-1 所示。

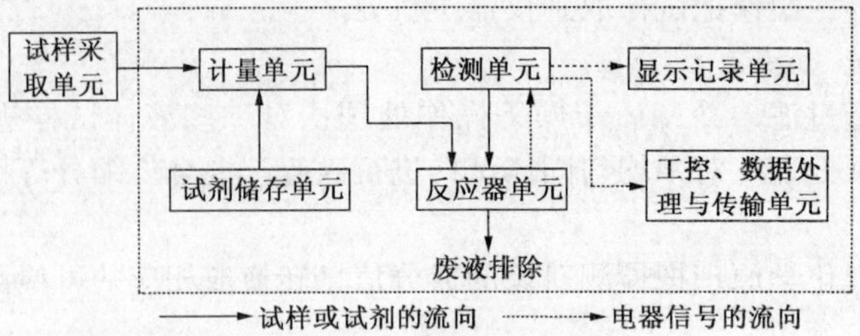

图 15-1　COD_{Cr} 在线监测仪示意图

（2）COD_{Cr} 在线自动分析仪的性能指标

对 COD_{Cr} 水质自动在线监测仪还提出了具体的要求，零点漂移是指采用不含还原性物质的蒸馏水作为零点校正液为试样进行连续测试，自动分析仪的指示值在一定时间内变化的大小。量程漂移是指采用 0.10mol/L 硫酸亚铁铵溶液作为量程校正液为试样连续测试，相对于自动分析仪的测定量程，仪器指示值在一定时间内变化的大小。平均无故障连续运行时间是指自动分析仪在检验期间总运行时间与发生故障次数的比值，以“MTBF”表示，单位为 h/次。对 COD 在线自动分析仪的性能指标如表 15-1 所示。

表 15-1　COD 在线自动分析仪的性能指标

项　目	性　能	项　目	性　能
重现性或精密度	±10%	平均无故障连续运行时间	≥360h/次
零点漂移	±5mg/L	电压稳定性	±10%(测量误差)
量程漂移	±10%	绝缘阻抗	20MΩ 以上
邻苯二甲酸氢钾试验	±10%(测量误差)	耐电压	无异常现象(电弧和击穿等)
实际废水样品对比实验	相对误差绝对值的平均值 15%		

2. COD_{uv} 在线连续监测系统

（1）系统原理

紫外吸光度(UVA)是与化学需氧量相并列的有机污染综合指标。在监测原理上，是纯物理的光学方法，利用大部分有机物在紫外 254nm 处有吸收的特性，将水样经过 254nm 紫外光的照射，从吸光度的大小来判断水质污染的程度。为了减少悬浮物质对测定的影响，一般都采用双波长测定(254nm 为测量波长，550nm 为扣背景)。这种方法是纯物理的方法，无需化学试剂，无化学反应，无二次污染，且易于实现在线自动化。

(2) 系统结构(如图 15-2)

系统由 4 个单元组成：采水单元、清洗单元、UV 测量单元、控制与数据处理单元。四个单元相互独立，相互依存，通过系统集成，在 PC 机软件控制下，协同动作，对 COD_{uv} 实时浓度与总量实施连续监控。

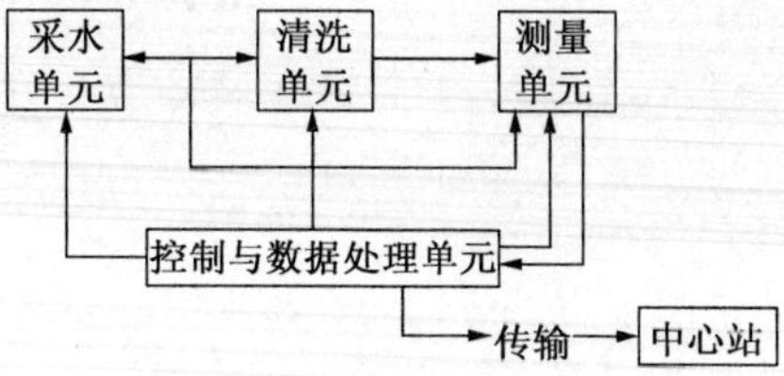

图 15-2 COD_{uv} 在线连续监测系统构成图

(3) 系统的应用

该方法可用于造纸废水、印染污水、高浓度水样以及不稳定的水样的测量；不适用于无机废水(如电镀厂)的测量，不适用于只含饱和烃的污水测量(如糖厂)。采用紫外吸光度(UVA)时，方便易行，维护方便，但此法未纳入国家标准。在应用中也有一定的局限性，如废水中的主要成分为紫外 254nm 处无吸收的有机物(如直链烃类化合物)时，就不宜使用紫外吸光度法。当紫外吸光度转换成 COD 时，要求水样的 UVA 和 COD 之间有比较好的相关关系，事先需要得到两者之间的相关方程，应用数理统计方法判断相关方程的可靠性。当这些基础工作完善以后，只要间隔一段时间作些校正就可以了。应用紫外吸光度这一指标来对照污水处理厂出水和进水水质，以此判断污水处理效率显得更为方便有效。

二、在大气污染监测方面的应用

大气中污染物质的浓度和分布是随时间、空间、气象条件及污染源排放等因素的变化而不断变化的。为了及时获得污染物质在环境中的动态变化信息，必须采用连续自动监测技术。下面介绍两种在线检测技术。

1. 紫外荧光法二氧化硫监测仪

(1) 测定原理

空气中的 SO_2 被吸入仪器反应室后，吸收紫外光生成激发态 SO_2，当它回到基态时，发射出荧光紫外线，其发射荧光强度与 SO_2 浓度成正比。用光电倍增管及电子测量系统测量荧光强度，即可测定 SO_2 的浓度。

(2) 仪器结构

紫外荧光 SO_2 监测仪由气路系统及荧光监测系统两部分组成。将待测气体送入测量气室，测量气室左边的激发光源所发出的紫外光经过中心波长为 214nm，半宽 12nm 的干涉滤光片进入气室。当紫外光射过待测气体时，气体中浓度很低的 SO_2 分子受紫外光的激发成为激发态，分子在返回基态的过程中发射出荧光。在测量气室的上方，通过石英凸透镜收集荧光并使其穿过窄带干涉滤光片，被光电倍增管接收。电机的转动使两个滤光片交替透射荧光，在间隔很短的时间产生两个采样波段不同的荧光电信号，这两个信号通过信号处理系统的放大、运算，最后转换成二氧化硫的浓度显示出来，如图 15-3 和图 15-4。

(3) 仪器特点与应用

用紫外荧光法测定大气中的 SO_2，选择性好，不消耗化学试剂，适于连续自动监测，已被世界卫生组织用于全球监测系统。

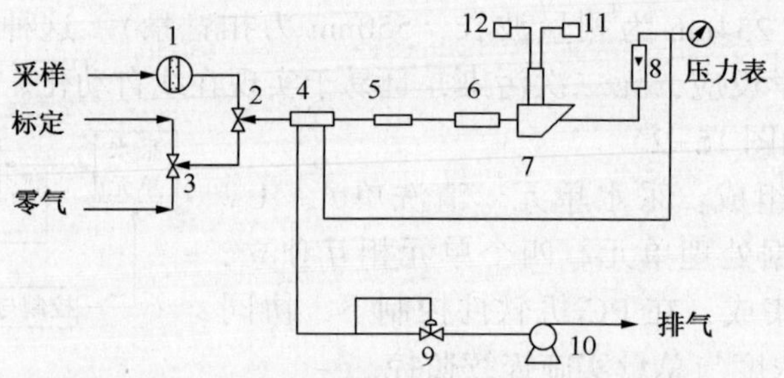

图 15-3　紫外荧光 SO_2 监测仪气路系统

1—除尘过滤器；2—采样电磁阀；3—零气/标定电磁阀；4—渗透膜除水器；5—毛细管；6—除烃器；7—反应室；8—流量计；9—调节阀；10—抽气泵；11—电源；12—信号处理及显示系统

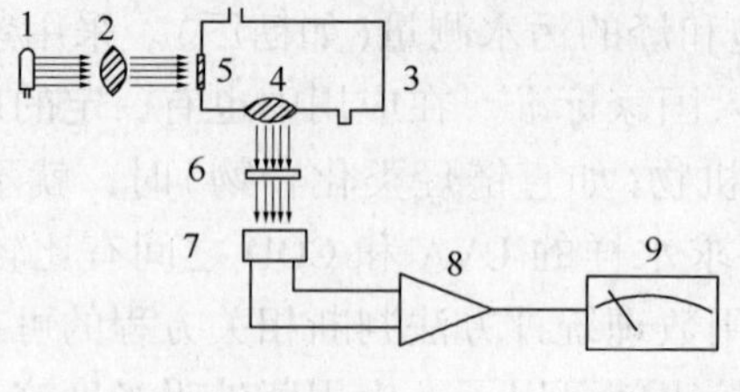

图 15-4　SO_2 监测仪荧光计工作原理

1—紫外光源；2、4—透镜；3—反应室；4—激发光滤光片；5—石英玻璃；6—发射光滤光片；7—光电倍增管；8—放大器；9—指示表

2. 氮氧化物监测仪

（1）测定原理

用冰乙酸、对氨基苯磺酸和盐酸萘乙二胺配成吸收液。采样时大气中的 NO_x 经氧化管后以 NO_2 的形式被吸收，生成亚硝酸和硝酸，再与吸收液中的对氨基苯磺酸起重氮化反应，最后与盐酸萘乙二胺偶合，生成玫瑰红色的偶氮化合物，其颜色深浅与气样中 NO_2 浓度成正比，可用分光光度法定量。

（2）仪器结构原理(图 15-5)

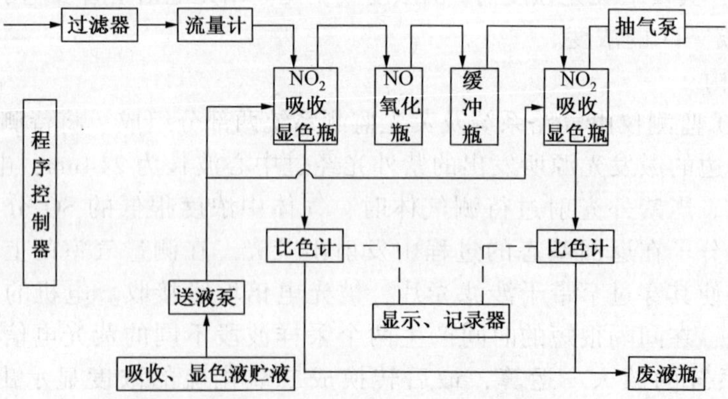

图 15-5　比色法 NO_x 自动分析仪结构原理

（3）仪器特点

采样和显色同时进行，操作简便，灵敏度高，是国内外普遍采用的方法。可分别测定 NO、NO_2、和 NO_x 总量。

三、在石化工业中的应用

近几年来，为提高生产水平和经济效益，国内石化工业大力推广集中控制和先进过程控制(APC)信息技术，以期实现资源的合理利用、产品质量“卡边”控制以及装置平稳操作，所以特别需要在线近红外分析技术快速、准确、可靠和及时地为其提供质量信息。

在线近红外光谱分析技术是当前最先进和最有前途的过程分析技术之一。它与先进控制技术结合，可明显提高工业生产效率。许多发达国家的石化公司，如美国 Ashland、Paul、AA 公司、英国 BP 公司、法国、日本等，都已采用了在线近红外油品分析仪，用于原油蒸馏，汽油调和，催化裂化，催化重整，蒸汽裂解和乙烯裂解等装置的生产监测与控制。在线测量数据及时指导工艺操作，实现了质量“卡边”控制，增加油品收率，保证产品质量，提高生产管理水平。在线近红外光谱分析技术的应用为国际石化工业带来了巨大的经济效益。下面介绍一种 CCD 在线近红外光谱分析系统。

1. 分析原理

当油品的组成和结构发生变化时，则油品的物化性质和近红外光谱也随之改变。组成变化或性质变化与光谱变化是相关的。收集在组成和性质变化上具有代表性的大量样品，采用标准分析方法测定其各种性质数据。使用化学计量学方法将油品的被测数据(组成或物化性质)变化直接与相应的光谱变化关联，建立光谱数据与被测数据的函数关系。对待测样品，根据其近红外光谱和上述建立的模型便可计算出被测油品的性质数据。

2. 系统结构

CCD 在线近红外油品质量分析仪主要由光谱仪系统、电源电路与控制系统、光纤及其附件与检测流通池系统、防爆系统、样品前处理系统、模型界外样品抓样系统、实时光谱测量和化学计量学软件系统等部分组成，其构造框图如图 15-6 所示。

图 15-7 是样品前处理系统。它由从被测物料管线接出的快速回路、恒流恒压、机械杂质脱除、脱水、脱气泡等单元组成。

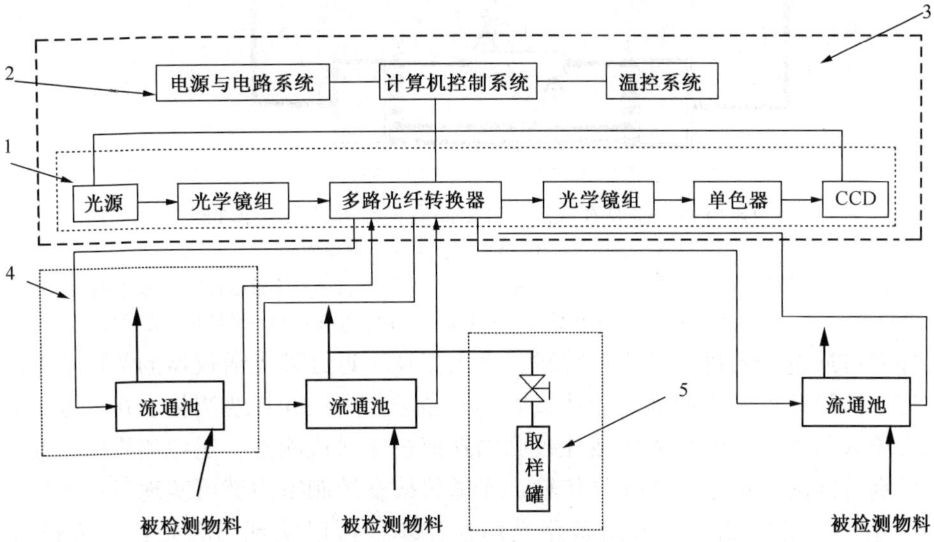

图 15-6　CCD 在线近红外油品分析仪构造图

1—光谱仪系统；2—电源电路与控制系统；3—防爆系统；4—光纤与检测流通池系统；5—模型界外样品抓样系统

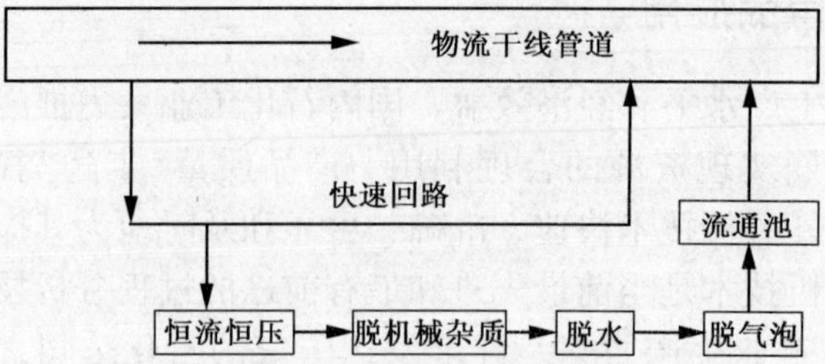

图 15-7　样品前处理系统构造图

3. 光学原理结构

如图 15-8，由光源(1)发出复合光，经过透镜组(2)进行会聚和准直后，再经过光纤会聚透镜组(3)导入入口光纤(4)内，由光纤进入多路光纤转换器(5)，通过操作该多路光纤转换器，将光导入其中一路光纤进入所选择的流通池(6)内，光通过流通池的油品产生了光的吸收，从流通池出来的光携带了被测油品的组成与性质信息，又回到多路光纤转换器(5)，并被导入出口光纤，然后通过另一组光纤会聚透镜组进入单色器的狭缝(10)，经过准直和反射处理，由光栅(12)分光成为单色光，并经平场处理(13)，在被色散后光焦面上有一个线阵 CCD 检测器(14)，经过 CCD 的光电转换和耦合传输，得到被测油品的光吸收后的能量波长曲线。通过光路转换器实现对多路样品检测功能。

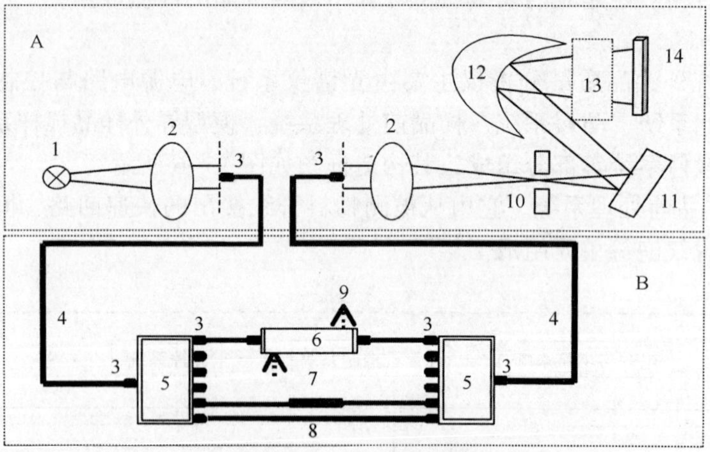

图 15-8　CCD 在线近红外油品质量分析仪光学原理图

A—光谱仪；B—光纤、光开关及测量附件

1—光源；2—透镜组；3—光纤会聚透镜；4—光纤；5—光开关；6—流通池；7—镨铷玻璃标准片；8—空白参比光纤；9—测量样品；10—狭缝；11—平面镜；12—光栅；13—平场正交光学组；14—CCD

近红外光可通过光纤进行长距离传输，大大拓宽了近红外光谱仪器的测量范围。各种光纤探头或流通池设计可以方便地对液体或固体样品进行离线和在线测量。在线测量时，直接将光纤探头放入装置加工的物流中或让被测物料流过流通检测池，避免离线样品取样存在污染、采样失真等问题。由于采用光纤传输，光谱仪放在控制室内就可实现对一些复杂、危险环境中的样品进行实时测量。采用多路光切换技术，可以实现一台近红外光谱仪对多点(4~8点/台)快速测量，具有分析速度快和测量效率高的优点。将近红外光谱仪测量的结果传送到 DCS 系统上，可最终实现实时分析指导控制的目的。

4. 工业应用

在兰州炼厂联合重整装置上进行了在线测量汽油辛烷值的工业试验，连续试验周期为5个月，测量精度为0.3辛烷值单位；试验结果与国标方法(GB 5478)测量结果一致，符合标准方法再现性要求。该机目前仍在兰炼重整装置上运行，并已开展组成和馏程的在线测量工作。工业试验及方法比对结果如图15-9。

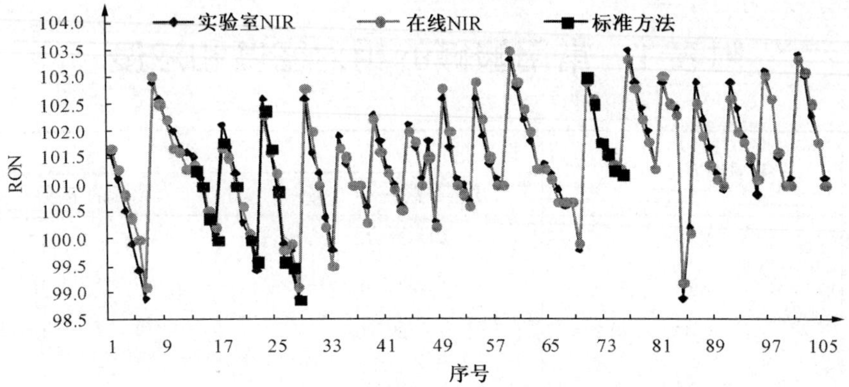

图15-9 在线近红外、实验室近红外和标准方法测定重整液体产物辛烷值的对比结果

四、其他方面的应用

如多组分冶金炉气成分分析技术、半导体激光在线气体分析系统、飞行时间质谱在线分析技术、在线气相色谱分析技术以及其他在线分析仪器在冶金、环保、煤炭等行业中的在线分析技术应用越来越广泛，由于篇幅所限，本章仅介绍一部分应用实例，起抛砖引玉的作用。

思考题及习题

1. 在线分析仪器一般由哪几部分构成？
2. 在线分析仪器与实验室仪器的有何异同点？
3. 在线分析仪器的技术指标一般有哪些？
4. 在线分析仪器的发展趋势？

附　表

附表 1　常用酸碱的相对密度和浓度

名称	相对密度(20℃)	浓度(约数)	
		质量分数/g·(100g)$^{-1}$	物质的量浓度/mol·L^{-1}
盐酸	1.19	37.22	12
硫酸	1.84	95.6	18
硝酸	1.42	69.80	16
高氯酸	1.67	70.0	12
磷酸	1.69	85.0	14.7
醋酸	1.05	90.5	17
氢氟酸	1.14	48	27
氢溴酸	1.49	47	9
氢碘酸	1.50	45	5.3
氨水	0.90	25~27	15
氢氧化钾	1.40	40	10
氢氧化钠	1.52	50	19

附表 2　弱酸弱碱的离解常数

(一) 弱酸(K_a)

名　称	温度/℃	离解常数	pK_a
碳酸(H_2CO_3)	25	$K_1=4.3\times10^{-7}$	6.37
		$K_2=5.61\times10^{-11}$	10.25
草酸($H_2C_2O_4$)	25	$K_1=5.9\times10^{-2}$	1.23
		$K_2=6.4\times10^{-5}$	4.19
硫酸(H_2SO_4)	25	$K_2=1.2\times10^{-2}$	1.92
磷酸(H_3PO_4)	25	$K_1=7.52\times10^{-3}$	2.12
		$K_2=6.23\times10^{-8}$	7.21
		$K_3=2.2\times10^{-13}$	12.67
亚硫酸(H_2SO_3)	18	$K_1=1.54\times10^{-2}$	1.81
		$K_2=1.02\times10^{-7}$	6.91

续表

名　称	温度/℃	离解常数	pK_a
醋酸(CH_3COOH)	20	1.76×10^{-5}	4.75
氢氰酸(HCN)	25	4.93×10^{-10}	9.31
氢氟酸(HF)	25	3.53×10^{-4}	3.45
硫化氢(H_2S)	18	$K_1=9.1\times10^{-8}$	7.04
		$K_2=1.1\times10^{-12}$	11.96
亚硝酸(HNO_2)	12.5	4.6×10^{-4}	3.37
铬酸(H_2CrO_4)	25	$K_1=1.8\times10^{-1}$	0.74
		$K_2=3.2\times10^{-7}$	6.49
砷酸(H_3AsO_4)	18	$K_1=5.62\times10^{-3}$	2.25
		$K_2=1.7\times10^{-7}$	6.77
		$K_3=3.95\times10^{-12}$	11.60
酒石酸($H_2C_4H_4O_6$)	25	$K_1=1.04\times10^{-3}$	2.98
		$K_2=4.55\times10^{-5}$	4.34
柠檬酸($H_3C_6H_5O_7$)	18	$K_1=7.1\times10^{-4}$	3.14
		$K_2=1.68\times10^{-5}$	4.77
		$K_3=6.4\times10^{-6}$	5.19
甲酸(HCOOH)	20	1.77×10^{-4}	3.75
苯甲酸(C_6H_5COOH)	25	$K_1=6.46\times10^{-5}$	4.19
邻苯二甲酸	25	$K_1=1.3\times10^{-3}$	2.89
[$C_6H_5(COOH)_2$]		$K_2=2.9\times10^{-6}$	5.51
苯酚(C_6H_5OH)	20	1.28×10^{-10}	9.89
硼酸(H_3BO_3)	20	7.3×10^{-10}	9.14

(二) 弱碱(K_b)

名　称	温度/℃	离解常数	pK_b
氢氧化铵(NH_4OH)	25	1.79×10^{-5}	4.75
羟铵(NH_2OH)	20	1.07×10^{-8}	7.97
氢氧化铅[$Pb(OH)_2$)]	25	$K_1=9.6\times10^{-4}$	3.02
氢氧化银(AgOH)	25	1.1×10^{-4}	3.96
氢氧化铍[$Be(OH)_2$]	25	$K_2=5\times10^{-11}$	10.30
氢氧化锌[$Zn(OH)_2$]	25	9.6×10^{-4}	3.02
苯胺($C_6H_5NH_2$)	25	4.6×10^{-10}	9.34

附表3 难溶化合物溶度积

化合物	K_{sp}(I=0)	K_{sp}(I=0.1)
Ag_3AsO_4	1.12×10^{-30}	1.3×10^{-19}
AgBr	4.95×10^{-13}	8.7×10^{-13}
Ag_2CO_3	8.1×10^{-12}	4×10^{-11}
AgCl	1.77×10^{-10}	3.2×10^{-10}
Ag_2CrO_4	1.12×10^{-12}	5×10^{-12}
AgOH	1.9×10^{-8}	3×10^{-8}
AgI	8.3×10^{-17}	1.48×10^{-16}
$Ag_2C_2O_4$	1.0×10^{-11}	4×10^{-11}
Ag_3PO_4	1.45×10^{-16}	2×10^{-15}
Ag_2SO_4	1.53×10^{-5}	8×10^{-5}
Ag_2S	6×10^{-50}	6×10^{-49}
AgSCN	1.07×10^{-12}	2×10^{-2}
$Al(OH)_3$	4.6×10^{-32}	3×10^{-32}
$BaCO_3$	4.9×10^{-9}	3×10^{-8}
$BaCrO_4$	1.17×10^{-10}	8×10^{-10}
BaC_2O_4	1.6×10^{-7}	1×10^{-6}
$BaSO_4$	1.07×10^{-10}	6×10^{-10}
BaF_2	1.06×10^{-6}	5×10^{-6}
$Bi(OH)_2Cl$	1.8×10^{-31}	
$CaCO_3$	3.8×10^{-9}	3×10^{-8}
CaC_2O_4	2.3×10^{-9}	1.6×10^{-8}
CaF_2	3.4×10^{-11}	1.6×10^{-10}
$Ca_3(PO_4)_2$	1×10^{-26}	1×10^{-23}
$CaSO_4$	2.4×10^{-5}	1.6×10^{-4}
$CdCO_3$	3×10^{-14}	1.6×10^{-13}
$Cd(OH)_2$新沉淀	3×10^{-14}	6×10^{-14}
CdC_2O_4	1.51×10^{-8}	1×10^{-7}
CdS	8×10^{-27}	5×10^{-26}
$Co(OH)_2$	1.6×10^{-15}	4×10^{-15}
$Co(OH)_3$	3×10^{-45}	1.6×10^{-44}
α-CoS	4×10^{-21}	3×10^{-20}
β-CoS	2×10^{-25}	1.3×10^{-24}
$Cr(OH)_3$	1×10^{-31}	5×10^{-31}
CuBr	5.2×10^{-9}	1×10^{-8}

续表

化合物	K_{sp}(I=0)	K_{sp}(I=0.1)
CuCl	1.9×10^{-7}	3×10^{-7}
CuI	1.1×10^{-12}	2×10^{-12}
CuOH		1×10^{-14}
Cu_2S	3×10^{-48}	2×10^{-13}
CuSCN		1.6×10^{-9}
$CuCO_3$	2.3×10^{-10}	6×10^{-19}
$Cu(OH)_2$	2.6×10^{-19}	4×10^{-35}
CuS	6×10^{-36}	2×10^{-15}
$Fe(OH)_2$	8×10^{-16}	4×10^{-17}
FeS	6×10^{-18}	1.3×10^{-38}
$Fe(OH)_3$	3×10^{-39}	1.3×10^{-32}
$FePO_4$		6×10^{-18}
Hg_2Cl_2	1.32×10^{-18}	5×10^{-24}
$Hg_2(OH)_2$	2×10^{-24}	2×10^{-28}
Hg_2I_2	4.5×10^{-29}	1×10^{-25}
$Hg(OH)_2$	4×10^{-26}	
HgS 红色	4×10^{-53}	1×10^{-51}
黑色	1.6×10^{-52}	
$MgNH_4PO_4$	3×10^{-13}	6×10^{-5}
$MgCO_3$	1×10^{-5}	5×10^{-4}
MgC_2O_4	8.5×10^{-5}	3×10^{-8}
MgF_2	7.1×10^{-9}	4×10^{-11}
$Mg(OH)_2$	1.8×10^{-11}	3×10^{-9}
$MnCO_3$	5.0×10^{-10}	5×10^{-13}
$Mn(OH)_2$	1.9×10^{-13}	1.6×10^{-9}
MnS 粉红	3×10^{-10}	
绿色	3×10^{-13}	5×10^{-15}
$Ni(OH)_2$新沉淀	2×10^{-15}	
α-NiS	3×10^{-19}	
β-NiS	1×10^{-24}	
γ-NiS	2×10^{-26}	5×10^{-13}
$PbCO_3$	8×10^{-14}	8×10^{-5}
$PbCl_2$	1.6×10^{-5}	1.3×10^{-13}
$PbCrO_4$	1.8×10^{-14}	1.3×10^{-7}
PbF_2	2.7×10^{-8}	3×10^{-18}
PbI_2	6.5×10^{-9}	8×10^{-13}
$PbMoO_4$	1×10^{-13}	2×10^{-16}

续表

化合物	$K_{sp}(I=0)$	$K_{sp}(I=0.1)$
$Pb(OH)_2$	8.1×10^{-17}	
$PbSO_4$	1.7×10^{-8}	1×10^{-7}
PbS	3×10^{-27}	1.6×10^{-26}
$Sn(OH)_2$	8×10^{-29}	2×10^{-28}
SnS	1×10^{-25}	
$Sn(OH)_4$	1×10^{-56}	
$SrCO_3$	9.3×10^{-10}	6×10^{-9}
$SrCrO_4$	2.2×10^{-5}	
SrC_2O_4	5.6×10^{-8}	3×10^{-7}
$SrSO_4$	3×10^{-7}	1.6×10^{-6}
$TiO(OH)_2$	1×10^{-29}	3×10^{-29}
$ZnCO_3$	1.7×10^{-11}	1×10^{-10}
$Zn(OH)_2$	2.1×10^{-16}	5×10^{-16}
ZnS(闪锌矿)	1.6×10^{-24}	
ZnS(纤维锌矿)	5×10^{-25}	

附表4　常用缓冲溶液的配制

pH 值	配制方法
0	1mol/L 盐酸
1	0.1mol/L 盐酸
2	0.01mol/L 盐酸
3.5	8g $NaAc\cdot3H_2O$，溶于适量水中，加 134mL6mol/LHAc，稀释至 500mL
4.0	20g $NaAc\cdot3H_2O$，溶于适量水中，加 134mL6mol/LHAc，稀释至 500mL
4.5	32g $NaAc\cdot3H_2O$，溶于适量水中，加 68mL6mol/LHAc，稀释至 500mL
5.0	50g $NaAc\cdot3H_2O$，溶于适量水中，加 34mL6mol/LHAc，稀释至 500mL
5.5	100g $NaAc\cdot3H_2O$，溶于适量水中，加 134mL6mol/LHAc，稀释至 500mL
7	77g NH_4Ac，溶于适量水中，稀释至 500mL
7.5	60g NH_4Cl，溶于适量水中，加 1.4mL1 5mol/L 氨水，稀释至 500mL
8	50g NH_4Cl，溶于适量水中，加 3.5mL 15mol/L 氨水，稀释至 500mL
8.5	40g NH_4Cl，溶于适量水中，加 8.8mL 15mol/L 氨水，稀释至 500mL
9	35g NH_4Cl，溶于适量水中，加 24mL 15mol/L 氨水，稀释至 500mL
9.5	30g NH_4Cl，溶于适量水中，加 65mL 15mol/L 氨水，稀释至 500mL
10	27g NH_4Cl，溶于适量水中，加 197mL 15mol/L 氨水，稀释至 500mL
10.5	9g NH_4Cl，溶于适量水中，加 175mL 15mol/L 氨水，稀释至 500mL
11	3g NH_4Cl，溶于适量水中，加 207mL 15mol/L 氨水，稀释至 500mL

附表5 常用基准物质及其干燥条件

基准物质		干燥后的组成	干燥条件/℃	标定对象
名称	分子式			
碳酸氢钠	$NaHCO_3$	Na_2CO_3	270~300	酸
碳酸钠	$Na_2CO_3 \cdot 10H_2O$	Na_2CO_3	270~300	酸
硼砂	$Na_2B_4O_7 \cdot 10H_2O$	$Na_2B_4O_7 \cdot 10H_2O$	放在含 NaCl 和蔗糖饱和液的干燥器中	酸
碳酸氢钾	$KHCO_3$	K_2CO_3	270~300	酸
草酸	$H_2C_2O_4 \cdot 2H_2O$	$H_2C_2O_4 \cdot 2H_2O$	室温空气干燥	碱或 $KMnO_4$
邻苯二甲酸氢钾	$KHC_8H_4O_4$	$KHC_8H_4O_4$	110~120	碱
重铬酸钾	$K_2Cr_2O_7$	$K_2Cr_2O_7$	140~150	还原剂
溴酸钾	$KBrO_3$	$KBrO_3$	130	还原剂
碘酸钾	KIO_3	KIO_3	130	还原剂
铜	Cu	Cu	室温干燥器中保存	还原剂
三氧化二砷	As_2O_3	As_2O_3	室温干燥器中保存	氧化剂
草酸钠	$Na_2C_2O_4$	$Na_2C_2O_4$	130	氧化剂
碳酸钙	$CaCO_3$	$CaCO_3$	110	EDTA
硝酸铅	$Pb(NO_3)_2$	$Pb(NO_3)_2$	室温干燥器中保存	EDTA
氧化锌	ZnO	ZnO	900~1000	EDTA
锌	Zn	Zn	室温干燥器中保存	EDTA
氯化钠	NaCl	NaCl	500~600	$AgNO_3$
氯化钾	KCl	KCl	500~600	$AgNO_3$
硝酸银	$AgNO_3$	$AgNO_3$	220~250	氯化物

附表6 处理样品常用熔剂和坩埚

熔剂物质	用量倍数	适用坩埚							熔剂性质和用途
		铂	铁	镍	银	瓷	刚玉	石英	
Na_2CO_3(无水)	6~8	+	+	+	−	−	+	−	碱性熔剂，分析不溶性酸性矿渣、黏土、耐火材料、不溶于酸的残渣、难溶硫酸盐等
$NaHCO_3$	12~14	+	+	+	−	−	+	−	
$1Na_2CO_3$：$1K_2CO_3$	6~8	+	+	+	−	−	+	−	
$6Na_2CO_3$：$0.5KNO_3$	8~12	+	+	+	−	−	+	−	碱性氧化熔剂，测定矿石中全硫、砷、铬、钒，分离铬钒中的钛
$3Na_2CO_3$：$2Na_2B_4O_7$	10~12	+	−	−	−	+	+	+	碱性氧化熔剂，分析铬铁矿、钛铁矿
$2Na_2CO_3$：$1MgO$	10~14	+	+	+	−	+	+	+	碱性氧化熔剂，聚附剂，测定铬锰时分解铁合金、铬铁矿
$1Na_2CO_3$：$2MgO$	4~10	+	+	+	−	+	+	+	碱性氧化熔剂，聚附剂，分解铁合金，或测定煤中的硫
$2Na_2CO_3$：$1ZnO$	8~10	−	−	−	−	+	+	+	碱性氧化熔剂，聚附剂，测定矿石中的硫(主要硫化物)
$4NaKCO_3$：1酒石酸钾	8~10	+	−	−	−	+	+	−	碱性还原熔剂，用来将铬与钒分离
Na_2O_2	6~8	−	+	+	−	−	+	−	碱性氧化熔剂，测定矿石和铁合金中的硫铬钒锰硅磷钨钼等
$5Na_2O_2$：$1Na_2CO_3$	6~8	−	+	+	+	−	+	−	
$2Na_2CO_3$：$4Na_2O_2$	6~8	−	+	+	+	−	+	−	
Na(K)OH	8~10	−	+	+	+	−	−	−	碱性熔剂，测定锡矿中的锡，分解硅酸盐，有铁存在时将钛与铝分离
6Na(K)OH：0.5Na(K)NO_3	4~6	−	+	+	+	−	−	−	碱性氧化熔剂，代替Na_2O_2
KCN	3~4	−	−	−	−	+	+	+	碱性还原熔剂，分离锡、锑中的铜磷铁等
$1Na_2CO_3$：1S	8~12	−	−	−	−	+	+	+	碱性硫化熔剂，分解有色金属矿石焙烧后的产品，由铅、铜、银中分离钼锑砷以及钛和钒的分离
$KHSO_4$	12~14	+	−	−	−	+	−	+	酸性熔剂，熔融钛铝铁铜的氧化物，分解硅酸盐和钨矿以测硅钨
$K_2S_2O_7$	8~12	+	−	−	−	+	−	+	酸性熔剂，熔融钛铝铁铜的氧化物，分解硅酸盐和钨矿以测硅钨
1KHF：$10K_2S_2O_7$	8~10	+	−	−	−	−	−	−	分解锆矿石
硼酸酐	5~8	+	−	−	−	−	−	−	酸性熔剂，分解硅酸盐，测定碱金属

注：表中“+”表示可以使用，“−”表示不可以使用。

附表 7　国际相对原子质量表

元素		相对原子质量	元素		相对原子质量	元素		相对原子质量
符号	名称		符号	名称		符号	名称	
Ac	锕	[227]	Ge	锗	72.5_9	Pr	镨	140.907
Ag	银	107.868	H	氢	1.0079	Pt	铂	195.0_9
Al	铝	26.98154	He	氦	4.0026	Pu	钚	[244]
Am	镅	[243]	Hf	铪	178.4_9	Ra	镭	226.0254
Ar	氩	39.94_8	Hg	汞	200.5_9	Rb	铷	85.467_8
As	砷	74.9216	Ho	钬	164.9304	Re	铼	186.2
At	砹	[210]	I	碘	126.9045	Rh	铑	102.9055
Au	金	196.9665	In	铟	114.82	Rn	氡	[222]
B	硼	10.81	Ir	铱	192.2_2	Ru	钌	101.0_7
Ba	钡	137.3_4	K	钾	39.09_8	S	硫	32.06
Be	铍	9.01218	Kr	氪	83.80	Sb	锑	121.7_5
Bi	铋	208.9808	La	镧	138.905_5	Sc	钪	44.9559
Bk	锫	[247]	Li	锂	6.941	Se	硒	78.9_6
Br	溴	79.904	Lr	铹	[257]	Si	硅	28.08_6
C	碳	12.011	Lu	镥	174.94	Sm	钐	150.4
Ca	钙	40.08	Md	钔	[256]	Sn	锡	118.6_9
Cd	镉	112.40	Mg	镁	24.305	Sr	锶	87.62
Ce	铈	140.12	Mn	锰	54.9380	Ta	钽	180.947_9
Cf	锎	[251]	Mo	钼	95.9_4	Tb	铽	158.9254
Cl	氯	35.453	N	氮	14.0067	Tc	锝	98.9062
Cm	锔	[247]	Na	钠	22.9898	Te	碲	127.60
Co	钴	58.9332	Nb	铌	92.9064	Th	钍	232.0381
Cr	铬	51.996	Nd	钕	144.2_4	Ti	钛	47.90
Cs	铯	132.9054	Ne	氖	20.17_6	Tl	铊	204.3_7
Cu	铜	63.546	Ni	镍	58.7_1	Tm	铥	168.9342
Dy	镝	162.50	No	锘	[254]	U	铀	238.029
Er	铒	167.26	Np	镎	237.0489	V	钒	50.941_4
Es	锿	[254]	O	氧	15.999_4	W	钨	183.8_5
Eu	铕	151.96	Os	锇	190.2	Xe	氙	131.30
F	氟	18.9984	P	磷	30.97376	Y	钇	88.9059
Fe	铁	55.84_7	Pa	镤	231.0359	Yb	镱	173.0_4
Fm	镄	[257]	Pb	铅	207.2	Zn	锌	65.38
Fr	钫	[223]	Pd	钯	106.4	Zr	锆	91.22
Ga	镓	69.72	Pm	钷	[145]			
Gd	钆	157.2_5	Po	钋	[~210]			

参考文献

1 张燮．工业分析化学[M]．北京：化学工业出版社，2003.

2 张锦柱，杨保民，王红等．工业分析化学[M]．北京：化学工业出版社，2008.

3 梁红．工业分析[M]．北京：中国环境科学出版社，2005.

4 俞林．水质监测分析方法标准实务手册[M]．北京：中国环境科学出版社，2002.

5 李广超．工业分析[M]．北京：化学工业出版社，2007.

6 蔡明招主编．实用工业分析[M]．广州：华南理工大学出版社，2006.

7 张小康．工业分析[M]．北京：化学工业出版社，2004.

8 陆为林编著．实用工业分析[M]．南京：东南大学出版社，1995.

9 唐除痴，李煜昶，陈彬等编．农药化学[M]．天津：南开大学出版社，1998.

10 庞国芳编．农药兽药残留现代分析技术[M]．北京：科学出版社，2007.

11 王惠等．农药分析及残留分析[M]．北京：化学工业出版社，2006.

12 廖克俭，戴跃玲，丛玉凤．石油化工分析[M]．北京：化学工业出版社，2005.

13 王宝仁等．石油产品分析[M]．北京：化学工业出版社，2004.

14 平海宏等．石油化工分析[M]．北京：化学工业出版社，2007.

15 王光明，范跃．化工产品质量检验[M]．北京：中国计量出版社，2006.

16 徐宝财，郑福平．日用化学品与原材料分析手册[M]．北京：化学工业出版社，2002.

17 毛培坤．化妆品功能性评价和分析方法．北京：中国轻工业出版社，1998.

18 屠海令，干勇．金属材料理化测试全书[M]．北京：化学工业出版社，2007.

19 有色金属工业分析丛书编委会．轻金属冶金分析[M]．北京：冶金工业出版社，1992.

20 王海舟．冶金物料分析[M]．北京：科学出版社，2007.

21 李凤贵等．铁矿石检验技术[M]．北京：中国标准出版社，2005.

22 天然气分析测试技术与其标准化编写组编．天然气分析测试技术与其标准化[M]．北京：石油工业出版社，2000.

23 王玉枝等．有机分析[M]．长沙：湖南大学出版社，2004.

24 于洋编著．在线分析仪器[M]．北京：电子工业出版社，2006.

25 陆婉珍，袁洪福．现代近红外光谱分析技术[M]．北京：中国石化出版社，2000.